设备性能：

1. 采用标准模块化设计，产品升级更为方便；
2. 关键部件选用特种优质材料并采用CNC精密加工，提高了零件的质量和使用寿命，保证设备运行的稳定性；
3. 所有加工的零件均标识有激光喷码，方便质量追踪和售后服务；
4. 与国际知名的配套商开展战略合作，可配套具有全球同步技术的优质产品；
5. 工艺流程成熟稳定，保证了产品质量的稳定，提高了成品合格率；
6. 不断增加研发和创新投入，公司现拥有多项发明专利（专利号：ZL 2010 1 0504868.7、ZL 2011 1 0088099.1、ZL 2010 1 0618492.2等等），设备具有自主知识产权。

Equipment characteristics:

1. Using modularization design makes product upgrading much easier;
2. The key components use high-quality materials and adopt CNC precision machining to improve the quality and the service life of the components and ensure the stable running of the machine;
3. All the processing components in our company are marked with laser printing codes which is necessary and convenient for us to provide after-sale service;
4. We develop strategic cooperation with international well-known suppliers and we can provide high-quality products equipped with global synchronization technology;
5. We have mature and stable technological process which ensures the quality of the products and increases the pass rate of finished products;
6. We continue to increase R&D and innovation investment and now the company has many patents of inventions. In addition, our equipment owns proprietary intellectual property right.

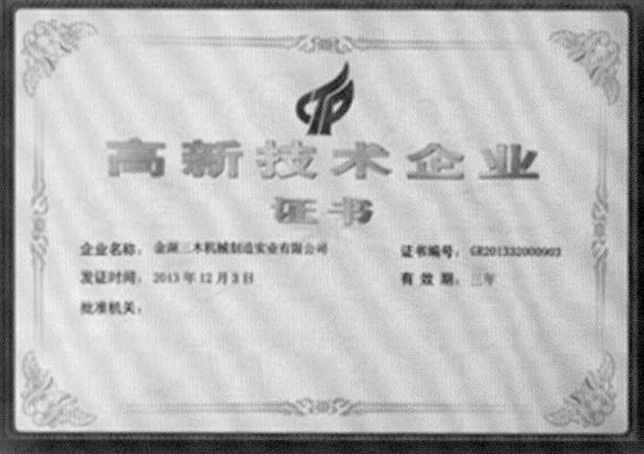

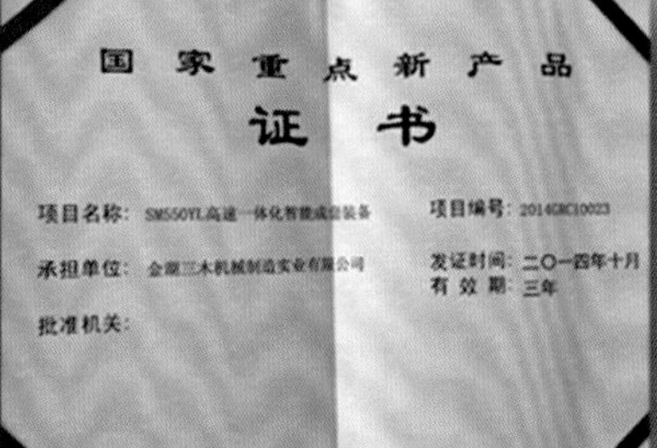

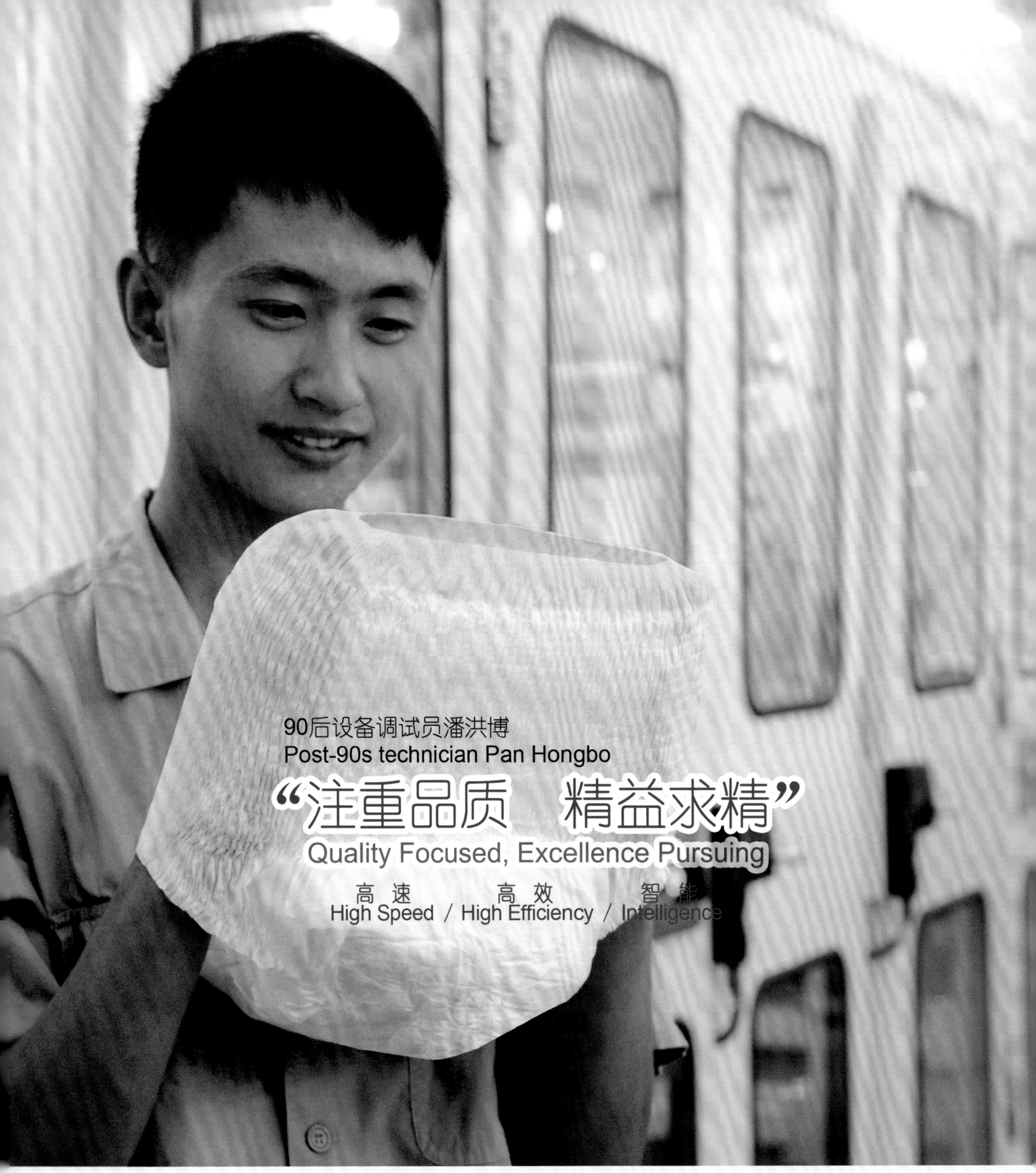

90后设备调试员潘洪博
Post-90s technician Pan Hongbo
“注重品质 精益求精”
Quality Focused, Excellence Pursuing
高速 高效 智能
High Speed / High Efficiency / Intelligence

HengChang Turkey

Telephone: (90)(264)2914062
Contact: Murat Komurcu
Mobile: (90)(532)6091270
Email: mkomurcu@dispopak.com

HengChang Latin America

Contact: Xiao Yuan
Email: xiaoyuan@aqhch.com.cn

恒昌中国

地址：中国安徽省安庆市开发区小孤山路
电话：(86)(556)5325888
传真：(86)(556)5357893
邮箱：aqhch@aqhch.com.cn
网址：www.aqhch.com.cn

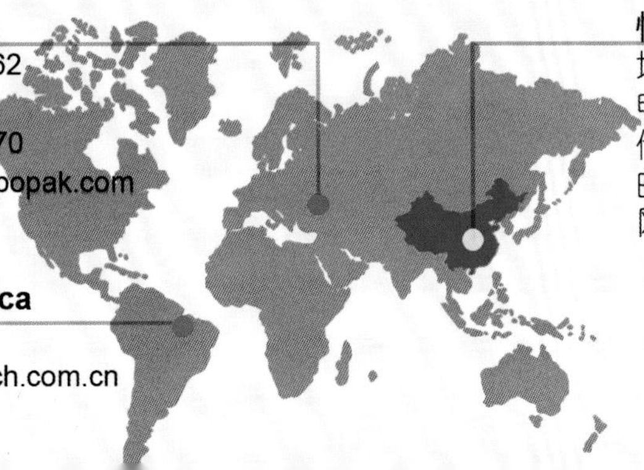

高 速
High Speed
信息化
Informatization
高 效
High Efficiency
低 耗
Low Consum
模块化
Modularization
智能化
Intelligentialize
持续创新
Continuous Innovation

本机采用20个独立纸架，原材料使用不停机自动换料，并增加了张力控制和自动纠偏。

生产速度：70~80包/分

Packing Speed: 70~80 Bags/Min

CD-2000H-20L全自动30~120片湿巾生产线

Fully Automatic 30-120Pcs Wet Wipes Production Line

全国销售热线：4000-988-996

www.chuangdamachine.com

泉州市创达机械制造有限公司

Quanzhou Chuangda Machinery Manufacture Co., Ltd.

地址：福建省泉州市鲤城区华锦路 118 号

Add: No.118 Huajin Road, Licheng, Quanzhou, Fujian, China.

Tel: 86-595-22461618　Fax: 86-595-22461918　手机：13850772410

E-mail: sales@chuangdamachine.com　sales@chuangdatrade.cn

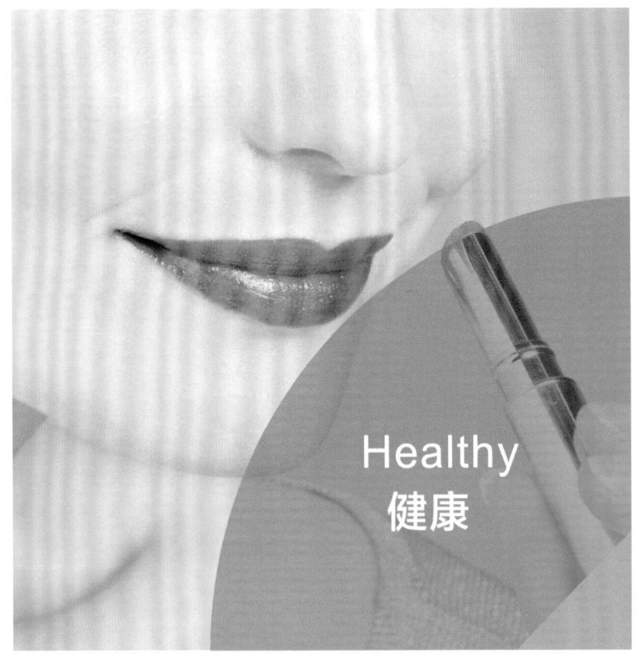
Healthy
健康

Safe
安全

Environmental
环保
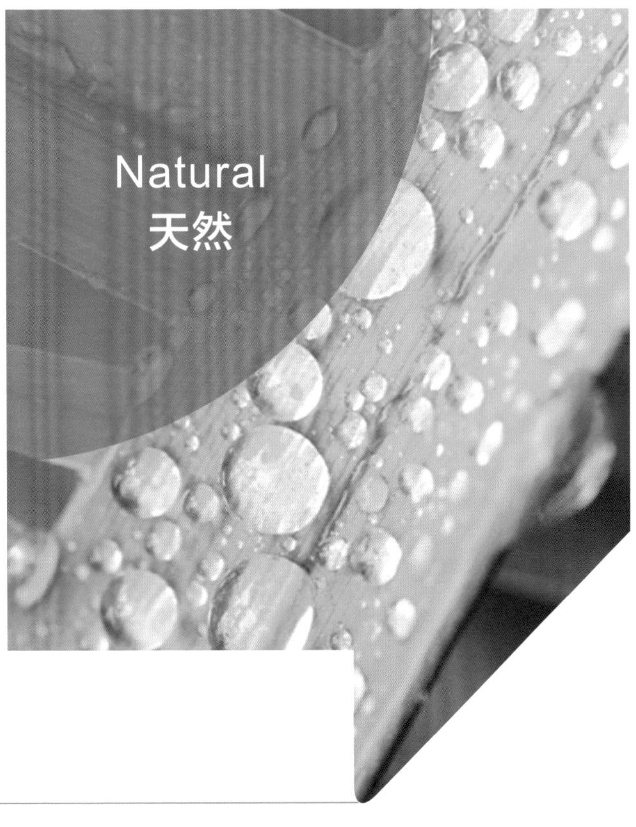
Natural
天然

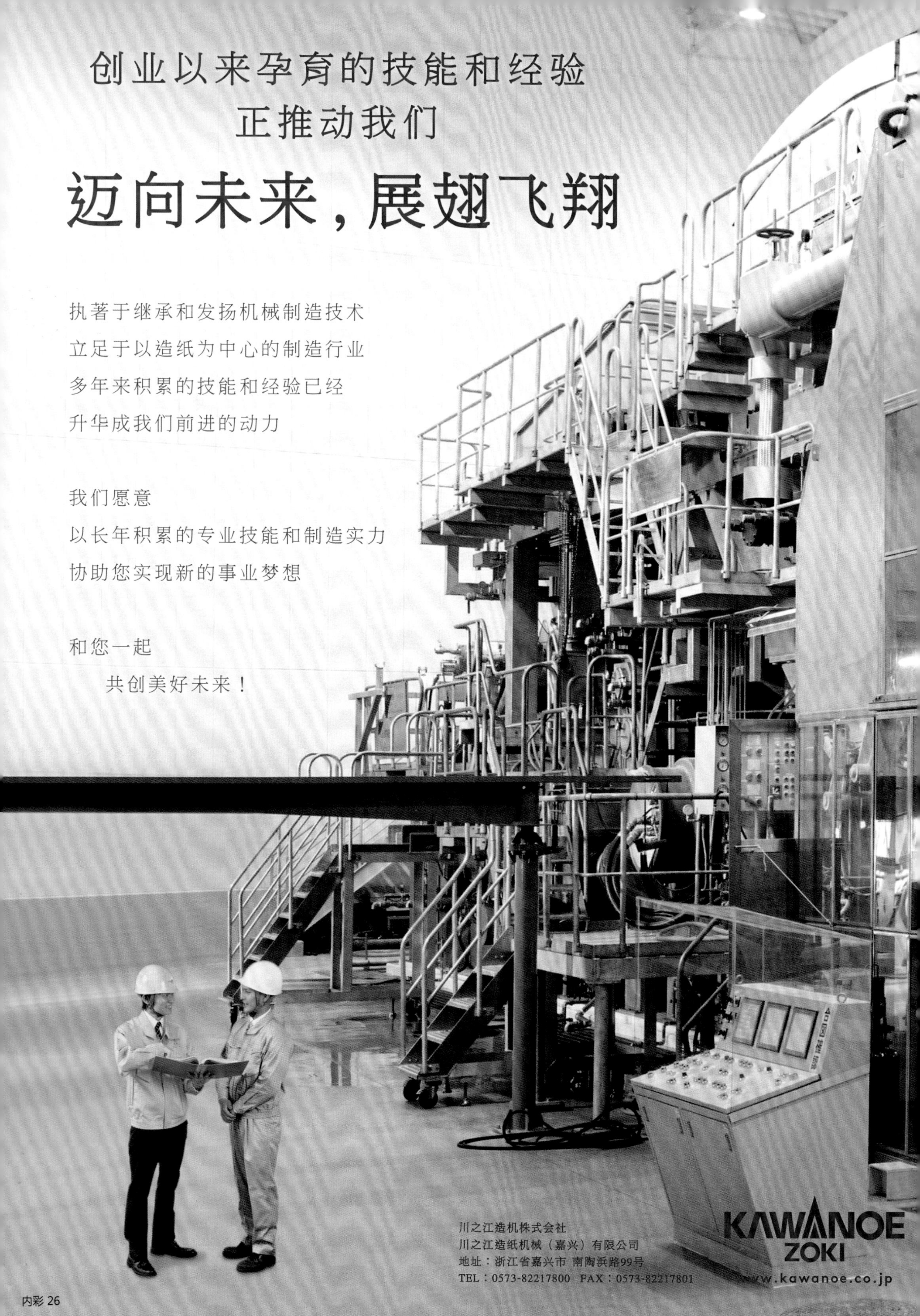

IMAKO®
AUTOMATIC SOLUTIONS
爱美高自动化设备有限公司
IMAKO AUTOMATIC EQUIPMENT CO.,LTD.
爱美高自动化，
是值得您信赖的合作伙伴！
爱美高—生活用纸产品智能化包装系统领域的探索者
爱美高自动化设备有限公司拥有卫生卷纸、抽取式面巾纸产品输送、整理、分配、单包/中包全自动化包装的完整解决方案和成熟产品。
单粒卫生卷纸包装机
卫生卷纸中包机
单包软抽纸包装机
单包软抽纸中包机
爱美高公司物流输送及后道包装设备事业部工厂地址：广东省汕头市龙湖区庐山北路龙新工业区龙新五街12号A座
总机：0754-88896569 传真：0754-88897269 客户服务电话：0754-88898269
爱美高公司生活用纸包装设备事业部工厂地址：广东省汕头市龙湖区洛河周厝塭工业区
总机：0754-88850635 传真：0754-88850263 客户服务电话：0754-88850253
网址：www.imakoautomation.com E-mail:imakoservice@163.com
产品及解决方案技术咨询电话：13902735423 18688012169

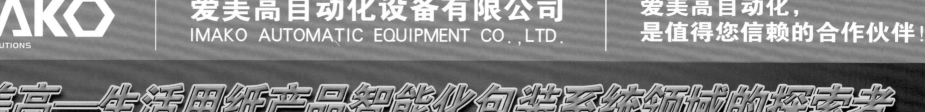

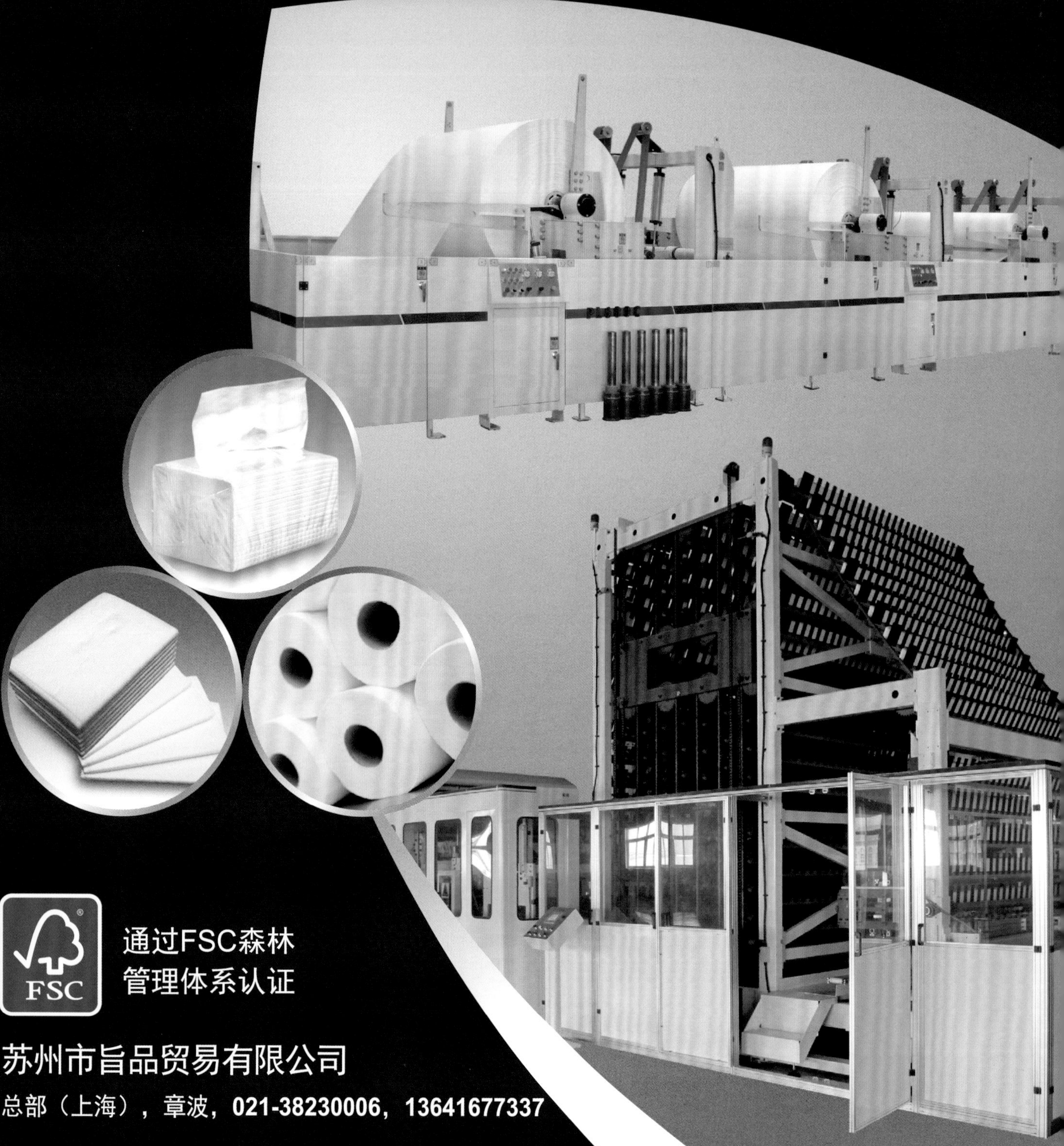

杭州轻通博科自动化技术有限公司

HANGZHOU QINGTONG & BOKE AUTOMATION TECHNOLOGY CO., LTD.

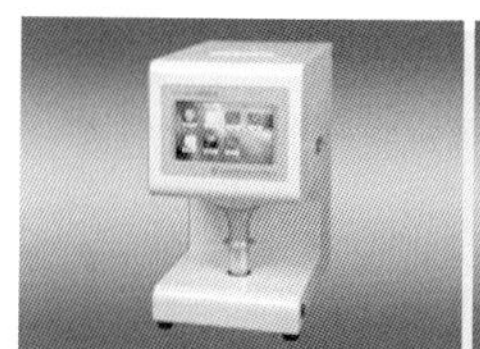
QY-Z-48B 白度测定仪

RRY-1000柔软度测定仪

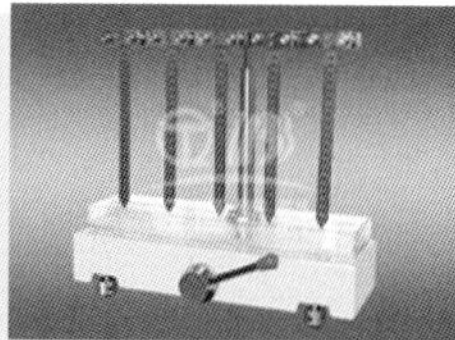
XSY-200纸张吸水率测定仪

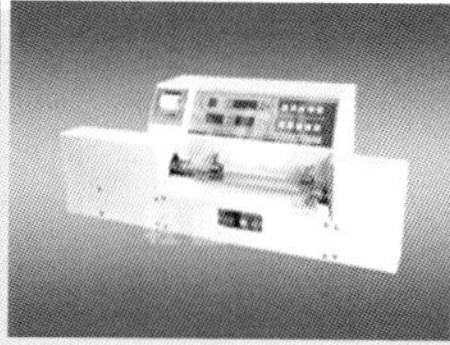
WZL-30生活用纸专用拉力仪

WZL-30B生活用纸专用拉力仪

TTM-30生活用纸专用拉力仪

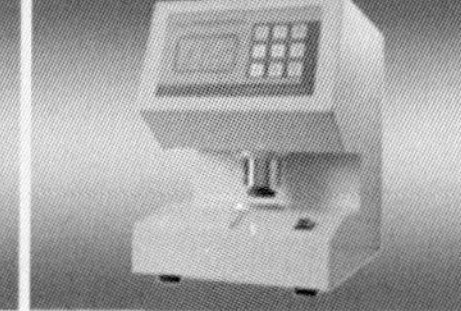
GDH-10 高精度生活用纸电动厚度仪

SDJ-100纸浆打浆度测定仪

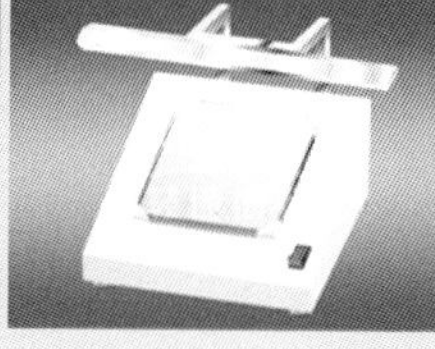
CAY-250纸张尘埃度测定仪

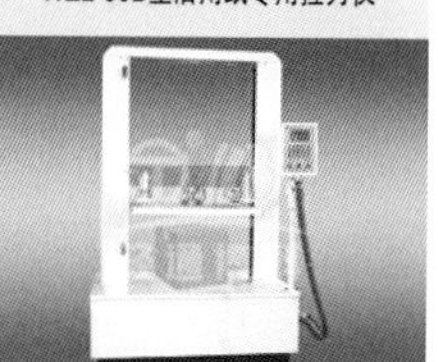
CT-5000B电脑整箱抗压试验机

CT-300A压缩强度测定仪

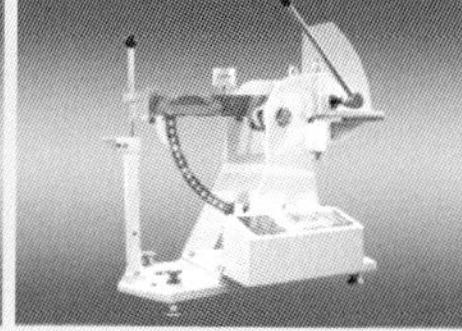
PRT戳穿强度测定仪

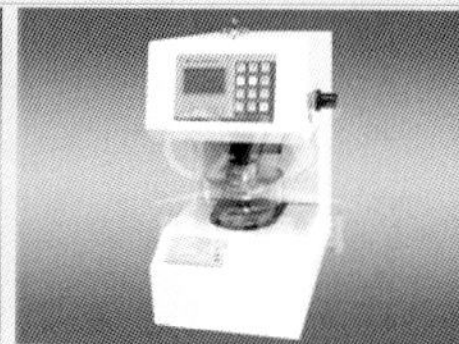
BSM-6000纸板耐破度测定仪

CT-500C纸管抗压试验机

WTD-1000挺度测定仪

生活用纸检测设备专家

杭州轻通博科自动化技术有限公司是由轻工业自动化研究所（原轻工业部自动化仪表科学研究所）控股的一家省级高新技术企业，是全国轻工机械标委会、全国造纸工业标委会及全国试验机标委会委员单位，中国包装联合会、中国生活用纸专业委员会以及中国特种纸专业委员会会员单位，是白度测定仪、卧式电子拉力仪等检测设备 JJG 轻工检定规程起草单位，以及行业标准 QB/T1051—2012《纸板挺度测定仪》、QB/T1668—2012《可勃吸收性测定仪》、QB/T1664—2012《纸板戳穿强度测定仪》的修订单位。公司专业从事造纸、包装检测设备研发、生产、销售已 30 多年，累计已获多项专利（实用新型专利号：ZL 2006 2 01080381.1 ZL 2008 2 0169020.1）和软件著作权以及众多获奖产品，通过了省级高新技术企业、省级高新技术企业研究开发中心认定以及 ISO9001 质量管理体系认证和 ISO14001 环境管理体系认证。

产品领域：纸张、纸板及薄膜等材料的物理性能检测仪器；
纸张、纸板及薄膜等制品的物理性能检测仪器；
其他行业的检测仪器及机电一体化设备及装置。

企业精神：务实高效，追求卓越。

企业经营理念：以市场为导向，以技术为核心，创造客户价值最大化。

地址：浙江省杭州市舟山东路66号
电话：0571-88293902 88023152 88026010 88290715
传真：0571-88290716
网址：www.qtboke.com

漯河舒尔莱纸品有限公司

漯河舒尔莱纸品有限公司位于宁洛、京港澳高速交汇处——河南省漯河市，交通物流发达，运输便利，公司地址紧邻漯河银鸽第三基地。公司主营各类吸水材料：高分子复合吸水纸，高分子木浆复合吸水纸，兼营进口高分子。

本公司坚持**“质量第一，诚信为本，服务至上”**的经营宗旨，以先进的设备和灵活的管理方式，专业生产吸水纸十年有余，目前卫生巾吸水纸单月产能60吨，计划2016年再扩产能100吨。

主要产品

- 湿强纸复合高分子吸水纸，木浆复合高分子吸水纸，干法（无尘）纸复合高分子吸水纸，非织造布湿强纸复合吸水纸。
- 超高含量高分子复合吸水纸系我公司特色产品，其高分子含量可达70%以上。

我公司技术实力雄厚，可为客户提供吸水纸量身设计产品，并提供卫生巾结构设计等技术服务。

地址：河南省漯河市轻工食品工业园

联系人：潘登 13603956985　18939588182

微信：

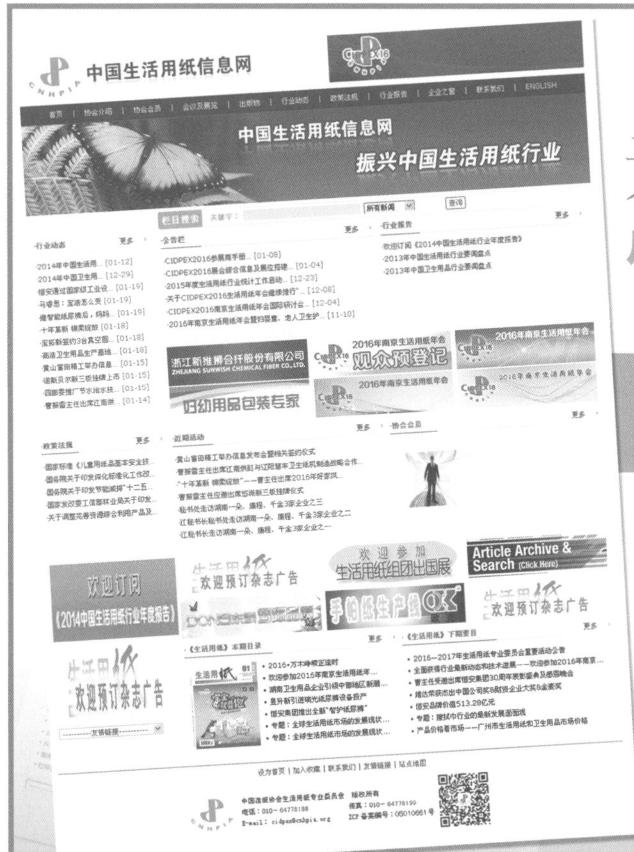

无限商机

尽在中国生活用纸信息网

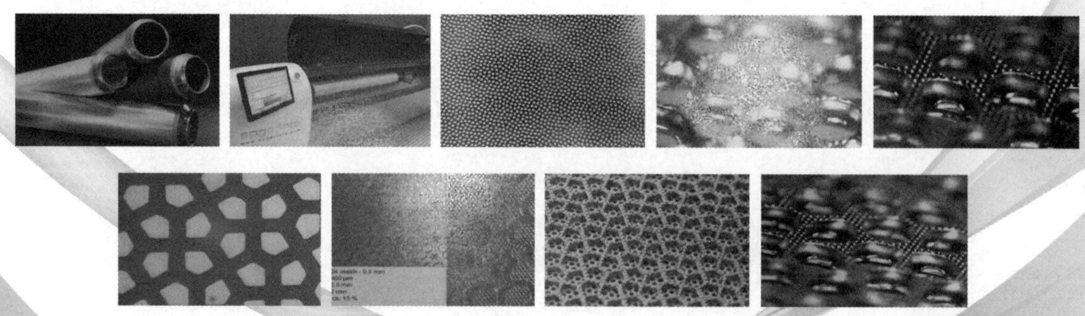

Directory of Tissue Paper & Disposable Products【China】

中国生活用纸年鉴 2016/2017

中国造纸协会生活用纸专业委员会　编

中国石化出版社

图书在版编目（CIP）数据

中国生活用纸年鉴. 2016~2017 / 中国造纸协会生活用纸专业委员会编. —北京：中国石化出版社，2016. 5
ISBN 978-7-5114-3918-5

Ⅰ. ①中… Ⅱ. ①中… Ⅲ. ①生活用纸-中国-2016~2017-年鉴 Ⅳ. ①TS761. 6-54

中国版本图书馆 CIP 数据核字（2016）第 069510 号

责任编辑　张正威
责任校对　李　伟

中国石化出版社出版发行
地址:北京市东城区安定门外大街 58 号
邮编:100011　电话:(010)84271850
读者服务部电话:(010)84289974
http://www.sinopec-press.com
E-mail:press@sinopec.com
北京科信印刷有限公司印刷
全国各地新华书店经销
*
889×1194 毫米 16 开本 28 印张 54 彩页 741 千字
2016 年 6 月第 1 版　2016 年 6 月第 1 次印刷
定价:450.00 元(含光盘)

《中国生活用纸年鉴 2016/2017》编委会

EDITORIAL BOARD

对本书有关的各项业务与意见请与编委会直接联系。

地址：北京市朝阳区望京启阳路 4 号中轻大厦 6 楼

邮编：100102

电话：010-64778188　　官方 QQ 号：800081501

传真：010-64778199　　官方微信号：cnhpia

Any business refers to this book, please contact the editorial board.

Address: Floor 6, Sinolight Plaza, No.4, Qiyang Road, Wangjing, Chaoyang District, Beijing 100102

Tel: 010-64778188　　Offical QQ: 800081501

Fax: 010-64778199　　Offical WeChat: cnhpia

E-mail: info@ cnhpia.org, cidpex@ cnhpia.org, editor@ cnhpia.org

Http:// www.cnhpia.org

编 写 说 明

由中国造纸协会生活用纸专业委员会编写的《中国生活用纸年鉴》，作为委员会服务于行业企业的重要工作，从1994年开始编辑出版，已经出版发行了十二卷。从2002年的第六卷开始，每两年一卷逢双年的第一季度出版。《中国生活用纸年鉴》是目前国内唯一反映生活用纸及相关行业全貌的资料和从业人员的工具书，所收录的资料详实可靠，全面、准确地反映我国生活用纸行业的发展和变化。在引导资金投向，推动行业技术进步和促进企业间经贸活动中起着积极的作用。本卷为第十三卷即《中国生活用纸年鉴2016/2017》。

《中国生活用纸年鉴2016/2017》仍由中国石化出版社出版。2016/2017年版生活用纸年鉴的编写继续秉持以往编写年鉴详尽务实、真实可靠的原则，扩大信息量，编入行业的最新和最适用资料，各章节的内容都进行了认真的核实和补充，其中第二章生产和市场，对生活用纸和卫生用品行业从2010年到2014年的运行情况进行了全面的回顾。年鉴的编排形式也更便于读者查阅和检索。为便于外国人阅读，目录和主要内容有中英文对照。

本卷年鉴首次增加了光盘版，便于读者通过计算机更快捷查阅和使用资料。其中第四章、第五章企业名录，印刷的纸制版年鉴只刊登企业名称，企业的详细信息，刊登在光盘电子版中。

Foreword

As an important part of the services provided by China National Household Paper Industry Association (CNHPIA) to the industry enterprises, *Directory of Tissue Paper & Disposable Products (China)*, compiled by CNHPIA, has been published for 12 volumes since 1994. Since the 6th volume in 2002, it has been published biennially in the 1st quarter of the even years. It is currently the one and only domestic reference book presenting a panorama of tissue paper and related industries for the employed. The information included in it is complete and reliable, which enables a comprehensive and precise reflection of the development and changes of Chinese tissue paper and related industries. It plays an active role in guiding investment and promoting industry technological improvement and trade activities between enterprises. *2016/2017 Directory of Tissue Paper & Disposable Products (China) (the 13th volume)* is published this year to present related information of the industry.

2016/2017 Directory of Tissue Paper & Disposable Products (China) is published by the China Petrochemical Press. The compiling of the new directory follows the principles of previous editions: completeness and reliability. New information as well as the latest and most related information has been added. In addition, details of each chapter have undergone careful checking and supplementing. In Chapter Two Production and Market, the development of China tissue paper and disposable hygiene products industry in 2010-2014 is completely reviewed. Its entire format is arranged in such a way in order to provide easy reader access and information retrieval. For the sake of foreigners, it is a bilingual version in both Chinese and English for the contents and the major parts.

The new directory includes CD for the first time in order to facilitate the readers to search and use the information on the computer. The printed copy only shows the name of the enterprises in the directory of Chapter 4 and 5. The detailed information of the enterprises will be contained in the CD.

目　　录

TABLE OF CONTENTS

彩色页广告目录

No.	企业名称	主要产品/业务	页码
1	江苏金卫集团	一次性卫生用品设备，生活用纸加工设备，粉碎机	封面，内彩 35
2	法比奥百利怡机械设备(上海)有限公司(Fabio Perini)	生活用纸加工设备	封二
3	佛山市宝索机械制造有限公司	生活用纸加工设备	扉页
4	广州市兴世机械制造有限公司	一次性卫生用品设备	内彩 2~3
5	杭州新余宏机械有限公司	一次性卫生用品设备	内彩 4
6	上海松川远亿机械设备有限公司	生活用纸包装机	内彩 5
7	三木机械制造实业有限公司	一次性卫生用品设备	内彩 6~7
8	恒昌机械制造有限责任公司	一次性卫生用品设备及包装机	内彩 8~11
9	泉州市创达机械制造有限公司	湿巾设备	内彩 12
10	法麦凯尼柯机械(上海)有限公司(Fameccanica)	一次性卫生用品设备	内彩 13
11	三明市普诺维机械有限公司	各类旋切刀辊刀架	内彩 14
12	泉州市汉威机械制造有限公司	一次性卫生用品设备，堆垛包装机	内彩 15
13	北京桑普生物化学技术有限公司	湿巾防腐杀菌剂	内彩 16
14	诺信(中国)有限公司(Nordson)	热熔胶机	内彩 17
15	上海富永纸品包装有限公司	生活用纸/卫生用品包装机	内彩 18~19
16	山东华林机械有限公司	卫生纸机	内彩 20
17	杭州珂瑞特机械制造有限公司	一次性卫生用品设备	内彩 21
18	厦门延江新材料股份有限公司	打孔膜及打孔非织造布	内彩 22
19	上海东冠纸业有限公司	生活用纸，卫生用品	内彩 23
20	佛山市南海毅创设备有限公司	生活用纸加工设备	内彩 24
21	佛山市南海置恩机械制造有限公司	生活用纸加工设备	内彩 25
22	川之江造纸机械(嘉兴)有限公司(Kawanoe)	卫生纸机，复卷分切机	内彩 26
23	江西欧克科技有限公司	生活用纸加工设备及包装设备	内彩 27
24	丹东市丰蕴机械厂	干法纸设备，木浆粉碎设备，干法纸	内彩 28
25	丹东北方机械有限公司	干法纸机，粉碎机，一次性卫生用品设备	内彩 29
26	汕头市爱美高自动化设备有限公司	生活用纸包装机	内彩 30
27	意大利拓斯克公司(Toscotec S. p. A.)	卫生纸机，钢制烘缸	内彩 31
28	特艺佳国际有限公司(Tech. Vantage)	代理经销进口生活用纸加工及卫生用品设备	内彩 32~33
29	温州市王派机械科技有限公司	面巾纸包装/入盒封盒/贴把/装箱机	内彩 34
30	印度卫生用品行业协会(BCH)	行业协会	内彩 37
31	*Nonwovens Industry*	媒体	内彩 38

No.	企业名称	主要产品/业务	页码
32	中国造纸协会生活用纸专业委员会	行业协会	内彩 39
33	盐城纺织进出口有限公司	干法纸，复合短纤维	内彩 40
34	《生活用纸》杂志	媒体	内彩 40
35	晋江市顺昌机械制造有限公司	一次性卫生用品设备	与封三对开背面
36	诺斯贝尔化妆品股份有限公司	湿巾，面膜	与封三对开
37	佛山市南海区德昌誉机械制造有限公司	生活用纸加工设备，非织造布加工设备	封三
38	苏州市旨品贸易有限公司	造纸化学品，粘合剂，化学品添加设备，分切刀	封底，内彩 36

内页广告目录

No.	企业名称	主要产品/业务	页码
1	佛山市新飞卫生材料有限公司	离型纸，离型膜，流延膜	内广 1
2	上海丰格无纺布有限公司	热风非织造布，导流层	内广 2
3	杭州轻通博科自动化技术有限公司	造纸、包装检测仪器	内广 3
4	漯河舒尔莱纸品有限公司	湿强纸和复合吸水纸	内广 4
5	中国生活用纸和卫生用品信息网	媒体	内广 4
6	上海联胜化工有限公司	生产聚氧化乙烯(PEO)，经销造纸助剂	内广 5
7	上海吉臣化工有限公司	造纸助剂	内广 6
8	揭阳市洁新纸业股份有限公司	干法纸机，干法纸	内广 7
9	上海唯爱纸业有限公司	生活用纸，卫生用品，湿巾	内广 8
10	斯托克印刷(SPGprint)	网笼	内广 8
11	万华化学集团股份有限公司	高吸收性树脂	P204

中国造纸协会生活用纸专业委员会

CHINA NATIONAL HOUSEHOLD PAPER INDUSTRY ASSOCIATION (CNHPIA)

[1]

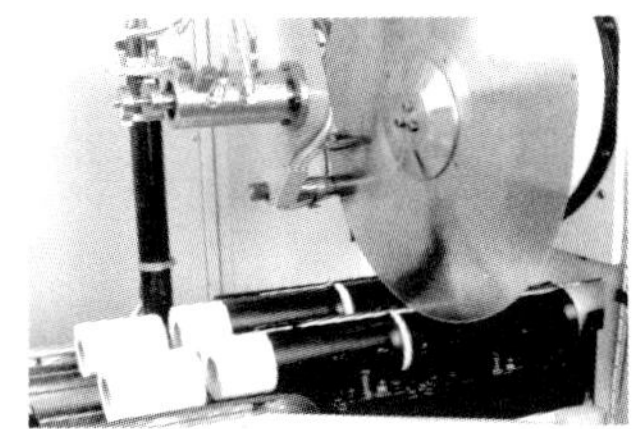

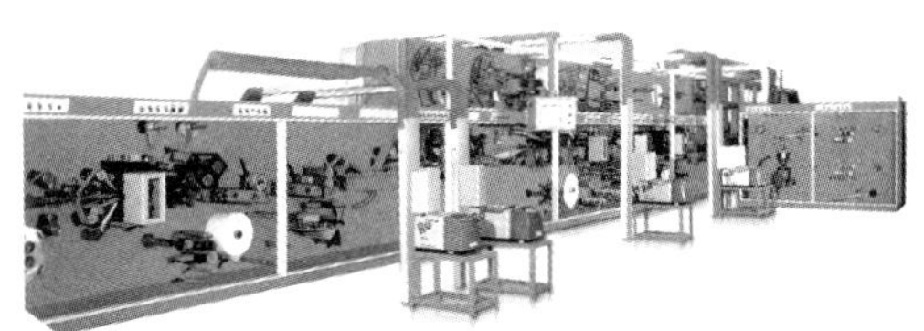

简　介

中国造纸协会生活用纸专业委员会(以下简称专委会)是在中国造纸协会领导下的全国性专业组织。英文名称 China National Household Paper Industry Association(CNHPIA)。会址设在北京，挂靠单位为中国制浆造纸研究院。

专委会于1993年6月8日正式成立。会员包括生活用纸、卫生用品生产企业，相关设备和原辅材料供应企业等，目前有国内会员单位700多个，海外会员单位40多个。通过其成员的积极工作，已在该领域做出了显著成绩。

专委员会是跨部门、跨地区和不分所有制形式的全国性组织，是由生活用纸有关企业自愿组成的社会团体。其宗旨是促进生活用纸行业的技术进步和经济发展，加快现代化步伐。

专委会的主要任务是在企业与政府部门之间起桥梁和纽带作用，加强行业自律和反倾销等工作，为企业提供多种形式的服务：开展技术咨询，发展与海外同行业的联系，加强本行业的国内外信息交流，建立生活用纸行业数据库、信息网和微信平台，开展国际间技术、经济方面的合作与交流，组织会员单位参加国内外有关展览与技术考察活动，定期出版《生活用纸》期刊、《中国生活用纸年鉴》以及《中国生活用纸行业年度报告》，提供国内外生活用纸发展的技术经济和市场信息，为国内外厂商的技术合作和合资经营牵线搭桥。

专委会的最高权力机构为会员代表大会、常委会。常委会下设秘书处、生活用纸组、卫生用品组、机械设备组和原辅材料组等分支机构。

随着工作的开展，根据行业的需要，专委会将坚持服务宗旨，维护行业合法权益，建立健全工作制度和行为准则，以便更好地协助政府部门完成行业管理、发展规划、组织协调和服务等各项工作。

☆ 委员会领导机构

主 任 委 员：曹振雷
副主任委员：许连捷　李朝旺　岳　勇　佘丰宁　张海婴　宫林吉广　陈树明　邓景衡　黄杰胜
秘 书 长：江曼霞
常务副秘书长：张玉兰
副 秘 书 长：曹宝萍　林　茹

☆ 会员单位

国内企业约700家
海外企业32家

☆ 出版物

《生活用纸》(月刊，国内外公开发行)
《中国生活用纸年鉴》(每两年出版一卷)
《中国生活用纸行业企业名录大全》
《中国生活用纸行业年度报告》

☆ 联络方式

地址：北京市朝阳区望京启阳路4号中轻大厦6楼
邮编：100102
电话：010-64778188
传真：010-64778199
E-mail：cidpex@cnhpia.org
info@cnhpia.org
editor@cnhpia.org
Http://www.cnhpia.org
官方微信号：cnhpia
官方QQ号：800081501

Brief introduction of the CNHPIA

China National Household Paper Industry Association (CNHPIA) under China Paper Association is a nationwide organization in China. The site of the association is in Beijing, and the chairman member of the said association is China National Pulp & Paper Research Institute.

CNHPIA was established on June 8, 1993. Members include manufacturers of tissue paper and disposable hygiene products, suppliers of related equipments and raw materials, etc. Up till now, there are over 700 domestic members and more than 40 overseas members in the association. With the positive efforts of all the members, the association has achieved remarkable success in this field.

CNHPIA is a nationwide organization. Its members are from different departments, different regions, and of different ownerships, all the members are voluntary to join in the association. The aim of the association is to promote the technique improvement and economic development of the industry, and to quicken the modernization drive.

The main function of CNHPIA is to act as the bridge between the enterprises and the government, to strengthen industry self-discipline and deal with antidumping. It offers kinds of help for the industry. To provide technical consulting service, to keep in touch with the overseas enterprises, to enhance the communication of information from home and abroad, to set up the database, official website and Wechat of tissue paper and disposable hygiene products industry, to undertake the international cooperation on technology and economy, to organize the members to take part in the exhibitions and technique investigations, to publish *Tissue Paper and Disposable Products* magazine, *Directory of Tissue Paper & Disposable Products (China)* and *Annual Report on Chinese Tissue Paper & Disposable Products Industry* periodically, to provide the technical and market information of tissue paper and disposable hygiene products for overseas and domestic corporations and joint venture business of domestic and overseas manufacturers.

The highest organ of authority in the association is all member congress and standing council. There are secretariat, Tissue Paper Branch, Disposable Hygiene Products Branch, Equipment Branch, and Raw Material Branch under the Council.

Along with the expanding of the work and the requirement of the industry, CNHPIA will aim at service, defend the industry legitimate right, construct and perfect work system and code of conduct, in order to fulfill the functions of industry management, development planning and service, etc.

* Leader of CNHPIA

Chairman: Cao Zhenlei

Vice Chairman: Xu Lianjie, Li Chaowang, Yue Yong, Freda Sher, Mike Zhang, Yoshihiro Miyabayashi, Chen Shuming, William Tang, Huang Jiesheng

Secretary General: Jiang Manxia

Executive Vice Secretary General: Zhang Yulan

Vice Secretary General: Cao Baoping, Lin Ru

* Association Member

Domestic: over 700

Overseas: more than 40

* Publication

Tissue Paper & Disposable Products (monthly)

Directory of Tissue Paper & Disposable Products (*China*) (publish every two years)

Annual Report on Chinese Tissue Paper & Disposable Products Industry

* Contact

Address: Sinolight Plaza, No. 4, Qiyang Road, Wangjing, Chaoyang District, Beijing

Postcode: 100102 Tel: 8610-64778188

Fax: 8610-64778199

E-mail: cidpex@cnhpia.org
info@cnhpia.org
editor@cnhpia.org

Http://www.cnhpia.org

Offical WeChat: cnhpia

Offical QQ: 800081501

领导机构及秘书处成员
（2016 年）

主任委员（1 人）： 曹振雷（中国轻工集团公司）

副主任委员（9 人）： 许连捷（恒安（集团）有限公司）
李朝旺（维达纸业（中国）有限公司）
岳　勇（中顺洁柔纸业股份有限公司）
佘丰宁（北京宝洁技术有限公司）
张海婴（金佰利（中国）有限公司）
宫林吉广（尤妮佳生活用品（中国）有限公司）
陈树明（东顺集团股份有限公司）
邓景衡（广东景兴卫生用品有限公司）
黄杰胜（金光纸业（中国）投资有限公司）

秘书长： 江曼霞（中国制浆造纸研究院）

常务副秘书长： 张玉兰（中国制浆造纸研究院）

副秘书长： 曹宝萍（中国制浆造纸研究院）
林　茹（中国制浆造纸研究院）

常务委员（75 位，按省市排列）：

北京市：	中国轻工集团公司	曹振雷
	中国制浆造纸研究院	江曼霞
	北京宝洁技术有限公司	佘丰宁
	北京倍舒特妇幼用品有限公司	李秋红
	北京桑普生物化学技术有限公司	刘洪生
	北京大源非织造有限公司	张志宇
天津市：	天津市依依卫生用品有限公司	卢俊美
河北省：	河北义厚成日用品有限公司	白红敏
	保定市港兴纸业有限公司	张二牛
上海市：	金佰利（中国）有限公司	吴乃方
	上海唯尔福集团股份有限公司	何幼成
	尤妮佳生活用品（中国）有限公司	宫林吉广
	上海东冠纸业有限公司	孙海瑜
	上海花王有限公司	施学礼
	上海护理佳实业有限公司	夏双印
	上海紫华企业有限公司	沈娅芳
	上海丰格无纺布有限公司	焦　勇
	柯尔柏机械设备（上海）有限公司	邢小平
	诺信（中国）有限公司	谭宗焕
	上海松川远亿机械设备有限公司	黄　松
	富乐胶投资管理（上海）有限公司	Heather. Campe
	波士胶（上海）管理有限公司	Jeffrey Allan Merkt

	上海亿维实业有限公司	祁超训
江苏省：	苏州金红叶纸业集团有限公司	李新久
	永丰余家品投资有限公司	陈忠民
	胜达集团江苏双灯纸业有限公司	赵　林
	贝里塑料集团(Berry)	王维波
	维顺(中国)无纺制品有限公司	许雪春
	宜兴丹森科技有限公司	孙　骁
	依工玳纳特胶粘设备(苏州)有限公司	张国华
	莱芬豪舍塑料机械(苏州)有限公司	Klaus Reifenhauser
	南京松林刮刀锯有限公司	夏松林
浙江省：	杭州可靠护理用品股份有限公司	金利伟
	杭州珍琦卫生用品有限公司	俞飞英
	杭州舒泰卫生用品有限公司	吴　跃
	杭州新余宏机械有限公司	孙小宏
	台塑吸水树脂(宁波)有限公司	黄金龙
	南六企业(平湖)有限公司	郑德明
	浙江她说生物科技有限公司	张　晨
安徽省：	安庆市恒昌机械制造有限责任公司	吕兆荣
	黄山富田精工制造有限公司	方安江
福建省：	恒安(集团)有限公司	许连捷，许水深
	福建恒利集团有限公司	吴家荣
	雀氏(福建)实业发展有限公司	郑佳明
	爹地宝贝股份有限公司	林　斌
	厦门延江新材料股份有限公司	谢继华
江西省：	江西欧克科技有限公司	胡坚胜
山东省：	东顺集团股份有限公司	陈树明
	山东晨鸣纸业集团股份有限公司	李伟先
	山东诺尔生物科技有限公司	荣敏杰
河南省：	漯河银鸽生活纸产有限公司	张　进
	河南舒莱卫生用品有限公司	侯建正
湖北省：	湖北丝宝卫生用品有限公司	罗　健
湖南省：	湖南一朵众赢电商科技股份有限公司	刘祥富
广东省：	维达纸业(中国)有限公司	李朝旺，张东方
	中顺洁柔纸业股份有限公司	岳　勇
	东莞市白天鹅纸业有限公司	卢锦洪
	广东景兴卫生用品有限公司	邓锦明
	佛山市啟盛卫生用品有限公司	关锦添
	广东茵茵股份有限公司	谢锡佳
	广东昱升个人护理用品股份有限公司	苏艺强
	佛山新飞卫生材料有限公司	穆范飞
	佛山市南海必得福无纺布有限公司	邓伟雄

	宝索机械制造有限公司	彭锦铜
	佛山市南海区德昌誉机械制造有限公司	陆德昌
	东莞市佳鸣机械制造有限公司	万雪峰
	佛山市兆广机械制造有限公司	吴兆广
	中山佳健生活用品有限公司	缪国兴
	广州市兴世机械制造有限公司	林颖宗
	广东比伦生活用纸有限公司	许亦南
广西：	广西纯点纸业有限公司	姚子虞
	广西华美纸业集团有限公司	林瑞财
宁夏：	宁夏紫荆花纸业有限公司	纳巨波
重庆市：	重庆百亚卫生用品股份有限公司	冯永林
	重庆珍爱卫生用品有限责任公司	黄诗平

专业机构名单：

生活用纸组

组　长：维达纸业(中国)有限公司

卫生用品组

组长：恒安(集团)有限公司

机械设备组

组长：安庆市恒昌机械制造有限责任公司
宝索机械制造有限公司

原辅材料组

组长：厦门延江新材料股份有限公司

秘书处成员名单：

江曼霞　张玉兰　曹宝萍　林　茹　孙　静　周　杨　张华彬　葛继明　邢婉娜　王　娟
王　潇　张升友　李智斌　漆小华　韩　颖　付显玲　赵　越　罗　霞　王林红

Session board of directors and secretaries of the CNHPIA (2016)

Chairman of Association: 1 person

Cao Zhenlei — Sinolight Corporation

Vice Chairman of Association: 9 persons

Xu Lianjie	Hengan International Group Co., Ltd.
Li Chaowang	Vinda Paper (China) Co., Ltd.
Yue Yong	C & S Paper Co., Ltd.
Freda Sher	P & G Technology (Beijing) Co., Ltd.
Mike Zhang	Kimberly-Clark (China) Co., Ltd.
Miyabayashi Yoshihiro	Unicharm Consumer Products (China) Co., Ltd.
Chen Shuming	Dongshun Group Co., Ltd.
William Tang	Kingdom Sanitary Products Co., Ltd, Guangdong
Huang Shengjie	Sinar Mas Paper (China) Investment Co., Ltd.

Secretary General:

Jiang Manxia — China National Pulp & Paper Research Institute

Executive Vice Secretary General:

Zhang Yulan — China National Pulp & Paper Research Institute

Vice Secretary General:

Cao Baoping — China National Pulp & Paper Research Institute

Lin Ru — China National Pulp & Paper Research Institute

Members of Standing Committee: 75 units (arranged according to provinces)

Beijing:

Sinolight Corporation	Cao Zhenlei
China National Pulp & Paper Research Institute	Jiang Manxia
P & G Technology (Beijing) Co., Ltd.	Freda Sher
Beijing Beishute Maternity & Child Articles Co., Ltd.	Li Qiuhong
Beijing Sunpu Biochem. Tech. Co., Ltd.	Liu Hongsheng
Beijing Dayuan Nonwoven Fabric Co., Ltd.	Kian Zhang

Tianjin:

Tianjin Yiyi Hygiene Products Co., Ltd.	Lu Junmei

Hebei:

Hebei Yihoucheng Commodity Co., Ltd.	Bai Hongmin
Baoding Gangxing Paper Co., Ltd.	Zhang Erniu

Shanghai:

Kimberly-Clark (China) Co., Ltd.	Wu Naifang
Shanghai Welfare Group Co., Ltd.	He Youcheng
Unicharm Consumer Products (China) Co., Ltd.	Yoshihiro Miyabayashi
Shanghai Orient Champion Tissue Co., Ltd.	Sun Haiyu
Kao Corporation Shanghai Co., Ltd.	Steve Shi
Shanghai Foliage Industry Co., Ltd.	Xia Shuangyin
Shanghai Zihua Enterprise Co., Ltd.	Shen Yafang

Shanghai Fengge Nonwoven Co., Ltd.	Jiao Yong
Körber Engineering (Shanghai) Co., Ltd.	Xing Xiaoping
Nordson (China) Co., Ltd.	Tan Zonghuan
Shanghai Soontrue Machinery Equipment Co., Ltd.	Huang Song
H. B. Fuller (China) Adhesives Ltd.	Heather. Campe
Bostik (Shanghai) Management Co., Ltd.	Jeffrey Allan Merkt
Shanghai E-way Industry Co., Ltd.	Qi Chaoxun
Jiangsu:	
Gold Hongye Paper Group Co., Ltd.	Li Xinjiu
Yuen Foong Yu Investment Co., Ltd.	Chen Zhongmin
Shengda Group Jiangsu Sund Paper Industry Co., Ltd.	Zhao Lin
Berry Plastics	Wang Weibo
Fibervisions (China) Textile Products Ltd.	Xu Xuechun
Yixing Danson Science and Technology Co., Ltd.	Sun Xiao
ITW Dynatec Adhesive Equipment (Suzhou) Co., Ltd.	Zhang Guohua
Reifenhauser Plastic Machinery (Suzhou) Co., Ltd.	Klaus Reifenhauser
Nanjing Songlin Doctor Blade & Saw Manufacture Co., Ltd.	Xia Songlin
Zhejiang:	
Hangzhou Coco Healthcare Products Co., Ltd.	Jin Liwei
Hangzhou Zhenqi Sanitary Products Co., Ltd.	Yu Feiying
Hangzhou Shutai Sanitary Products Co., Ltd.	Wu Yue
Hangzhou New Yuhong Machinery Co., Ltd.	Sun Xiaohong
FPC Super Absorbent Polymer (Ningbo) Co., Ltd.	Huang Jinlong
Nan Liu Enterprise (Pinghu) Co., Ltd.	Zheng Deming
Zhejiang Tashuo Biotechnology Co., Ltd.	Zhang Chen
Anhui:	
Anqing Heng Chang Machinery Co., Ltd.	Lü Zhaorong
Huangshan Futian Precision Equipment Manufacturing Co., Ltd.	Fang Anjiang
Fujian:	
Hengan International Group Co., Ltd.	Xu Lianjie, Xu Shuishen
Fujian Hengli Group Co., Ltd.	Wu Jiarong
Chiaus (Fujian) Industrial Development Co., Ltd.	Zheng Jiaming
Daddybaby Corporation Ltd.	Lin Bin
Xiamen Yanjan New Material Co., Ltd.	Xie Jihua
Jiangxi:	
Jiangxi OK Science and Technology Co., Ltd.	Hu Jiansheng
Shandong:	
Dongshun Group Co., Ltd.	Chen Shuming
Shandong Chenming Paper Holdings Ltd.	Li Weixian
Shandong Nuoer Biological Technology Co., Ltd.	Rong Minjie
Henan:	
Luohe Yinge Tissue Paper Industry Co., Ltd.	Zhang Jin
Henan Simulect Health Products Co., Ltd.	Hou Jianzheng
Hubei:	

Hubei C-BONS Sanitary Products Co., Ltd.	Luo Jian
Hunan:	
E Baby Great Group Electronic Commerce Technology Co., Ltd.	Liu Xiangfu
Guangdong:	
Vinda Paper (China) Co., Ltd.	Li Chaowang, Zhang Dongfang
C & S Paper Co., Ltd.	Yue Yong
Dongguan White Swan Paper Products Co., Ltd.	Lu Jinhong
Kingdom Sanitary Products Co., Ltd. Guangdong	Deng Jinming
Foshan Kayson Hygiene Products Co., Ltd.	Guan Jintian
Guangdong Yinyin Co., Ltd.	Xie Xijia
Guangdong Winsun Personal Care Products Inc., Ltd.	Su Yiqiang
Foshan Xinfei Sanitary Material Co., Ltd.	Mu Fanfei
Beautiful Nonwoven Co., Ltd.	Deng Weixiong
Baosuo Paper Machinery Manufacture Co., Ltd.	Peng Jintong
Nanhai Dechangyu Machinery Manufacture Co., Ltd.	Lu Dechang
Dongguan Jumping Machinery Manufacture Co., Ltd.	Wan Xuefeng
Foshan Zhaoguang Paper Machinery Manufacture Co., Ltd.	Wu Zhaoguang
Zhongshan Jiajian Daily-use Products Co., Ltd.	Miao Guoxing
Guangzhou Xingshi Equipment Co., Ltd.	Lin Yingzong
Guangdong BiLun Household Paper Industry Co., Ltd.	Xu Yinan
Guangxi:	
Guangxi Chundian Paper Co., Ltd.	Yao Ziyu
Guangxi Tianyang Huamei Paper Group Co., Ltd.	Lin Ruicai
Ningxia:	
Ningxia Zijinghua Paper Co., Ltd.	Na Jubo
Chongqing:	
Chongqing Baiya Sanitary Products Co., Ltd.	Feng Yonglin
Treasure Health Co., Ltd.	Huang Shiping

List of Branches:

Tissue Paper Branch

Headman: Vinda Paper (China) Co., Ltd.

Sanitary Napkins Branch

Headman: Hengan International Group Co., Ltd.

Machinery Branch

Headman: Anqing Heng Chang Machinery Co., Ltd.
Baosuo Paper Machinery Manufacture Co., Ltd.

Raw Materials Branch

Headman: Xiamen Yanjan New Material Co., Ltd.

The members of CNHPIA secretariat:

Jiang Manxia, Zhang Yulan, Cao Baoping, Lin Ru, Sun Jing, Zhou Yang, Zhang Huabin, Ge Jiming, Xing Wanna, Wang Juan, Wang Xiao, Zhang Shengyou, Li Zhibin, Qi Xiaohua, Han Ying, Fu Xianling, Zhao Yue, Luo Xia, Wang Linhong

工作条例

Rules of the CNHPIA

（2015 年修订稿）

第一章 总 则

第一条 中国造纸协会生活用纸专业委员会（以下简称专委会）是在中国造纸协会领导下的全国性专业组织，是有关生活用纸方面的企业家和科技工作者的群众团体。是中国造纸协会的组成部分，受中国造纸协会理事会的直接领导。

第二条 专委会的宗旨是：促进生活用纸行业的技术进步和经济发展，加快生活用纸技术的现代化。

第二章 任 务

第三条 专委会完成下列任务

1. 在企业与政府部门之间起桥梁和纽带作用，为企业提供多种形式的服务。

2. 组织开展生活用纸方面的学术及技术交流，组织技术协作。

3. 邀请专家、学者和有经验的人士讲学，举办培训班、组织国内外有关展览和技术考察活动。

4. 提出与生活用纸专业有关的技术经济政策和发展规划，做好行业统计与市场调查。为企业正确地进行决策提供依据，建立生活用纸行业信息网和数据库，定期出版生活用纸有关资料、刊物。

5. 开展信息反馈、技术咨询、企业诊断和技术改造等多种技术服务。

6. 参与制定、修订生活用纸行业各类标准的工作。

7. 为国内外厂商进行技术合作和合资经营牵线搭桥。

8. 根据需要，开展其他各项有利于提高生活用纸行业水平的活动。

第三章 会 员

第四条 凡是生活用纸生产企业同意专委会工作条例，向专委会提出申请，经专委会或常委会批准后即成为专委会会员单位，另外，根据发展情况和工作需要，与生活用纸有关的单位，亦可提出申请，其批准程序与上述相同。

第五条 会员单位的代表者，应为该单位的法人代表或法人代表委托的其他负责人，若人事更动，应及时将人员变更情况通知专委会。

第六条 对与本专业有关的专家、学者（包括已离退休者），经专委会同意可以作为本委员会特邀个人会员。

第七条 对与本专业有关的外国和港台地区厂家，经专委会同意可以作为专委会海外会员。

第四章 会员的权利与义务

第八条 权利

1. 有选举权和被选举权。

2. 对专委会有权提出意见和建议。

3. 有权参加专委会组织的学术交流和技术经贸活动及获得有关资料。

4. 有权要求专委会帮助组织技术协作。

第九条 义务

1. 遵守专委会条例。

2. 执行专委会的决议和委托的工作。

3. 受专委会的委托，派出人员参加有关单位的技术协作。

4. 按时交纳会费，会费在每年第三季度内（7月—9月）交清，无故拖欠者，经常委会通过取消会员资格。

第五章 机 构

第十条 专委会的组织原则实行民主集中制。

第十一条 专委会的最高权力机构为常务委员会议或会员大会。其主要职能是：

1. 讨论和修改专委会工作条例及有关文件。

2. 审议和批准专委会的工作报告及活动方案。

3. 按民主程序选举和产生专委会领导成员。

4. 审议批准专委会新成员。

5. 审议和决定其他重要事项。

第十二条 常务委员会设主任委员 1 人，副主任委员 10 人以内，常务委员若干人，常务委员会每年召开 1 次会议。主任委员、副主任委员由常务委员会协商推选产生。任期 4 年，可连选连任。常委单位进入标准：纯生活用纸企业，年产能在 10 万吨以上；纯卫生用品企业，年销售额在5亿元以上；两种业务均有的企业，年销售额在7亿元以上；主要设备和原辅材料企业每大类选重要供应商进入。设秘书长1人、副秘书长4人以内，负责日常工作并与各副主任委员及常务委员单位做好联系工作。

第十三条 专委会的挂靠单位一般为当任的主任委员单位。秘书处设在挂靠单位。

第十四条 为了便于活动，专委会设1个办事机构(秘书处)和4个专业组，各专业组推选组长单位1个，负责本组的联络、协调工作。

1. 生活用纸组。
2. 卫生用品组。
3. 机械设备组。
4. 原辅材料组。

第十五条 主任委员、副主任委员、秘书长、常委报中国造纸协会核准备案。

第六章 活动经费

第十六条 本专委会的活动经费有以下来源：

1. 会员单位交纳的会费。
2. 接收有关单位对部分专项活动的赞助费。
3. 挂靠单位对日常工作费用给予一定补贴。
4. 其他收入。

经费的收支情况定期向会员单位公布。

第七章 附 则

第十七条 本条例经常委扩大会讨论通过后执行，并报中国造纸协会备案，其解释权属于常务委员会。

第十八条 本条例如与上级规定有抵触时，按上级规定执行。

生活用纸企业家高峰论坛章程

Regulations of the China Tissue Paper Executives Summit (CTPES)

(2005年订立，2015年修订)

第一章 总 则

第一条 中国生活用纸企业家高峰论坛是由中国境内的生活用纸骨干企业自发成立的民间组织。

第二条 高峰论坛是生活用纸骨干企业之间交流联谊的平台，通过高峰论坛，成员企业的高层人士能及时沟通和得到各种行业共性化和针对本企业个性化的信息。

第二章 活动内容

第三条 高峰论坛的活动内容包括：

1. 无主题轻松的交流和联谊。

2. 对行业发展和市场开拓方面出现的新情况进行研讨，启发思路和寻找解决方案。

3. 针对企业发展规划、经营管理、市场培育、融资渠道、人力资源、原料采购、清洁生产、节能节水、质量管理、产品安全、环境友好等共性问题进行交流和沟通。

4. 就行业共性的有关问题，与政府部门、有关机构、主流媒体进行对话沟通，积极宣传行业发展情况，加强消费者教育工作。

5. 共同探讨如何把市场的蛋糕做大，开展企业之间多种形式的合作。

6. 邀请有关外国公司列席参加会议，加强国际合作。

第三章 会 员

第四条 高峰论坛采取会员制，遵循准入资格审查和企业自愿相结合的原则，控制会员数逐步增加并在一定的数量范围内。凡承认本高峰论坛章程，愿意履行会员义务并符合准入资格的企业，均可提出加入高峰论坛的申请。

第五条 会员准入资格

1. 中国境内注册的生活用纸企业。

2. 具有一定的高档生活用纸产品(修订前为生活用纸)生产规模，有较高的市场知名度和美誉度。

3. 入会申请经高峰论坛会员大会审核，并得到三分之二以上会员通过。

第六条 会员权利和义务

1. 由企业负责人参加会员活动，如负责人不能出席，可以派副总以上高层管理人员参加。

2. 遵守本高峰论坛的章程，承担会员活动经费。

3. 对高峰论坛的活动安排有参与和提出建议的权利和义务。

4. 高峰论坛会员不得利用高峰论坛进行价格协调等垄断、操纵市场的行为和活动。

第七条 退会

1. 入会企业可以申请自愿退会。

2. 连续三次不参加会员大会，需以书面报告形式，向秘书处说明情况，申请保留会籍，并经会员会议重新确认，否则视为自动退出。

3. 违反本章程第六条规定，不履行会员义务的，经三分之二以上会员通过，劝其退出。

4. 企业破产、被并购、出现重大经营或产品质量问题经会员大会同意作为退会处理。

第四章 组织机构

第八条 高峰论坛设会员大会，主席团和秘书处。

1. 会员大会为高峰论坛最高权力机构，会员大会每年举行一次。

2. 主席由各会员企业领导轮流担任，轮值主席人选在上一届会员大会上确定，主席负责高峰论坛的领导和决策。

3. 主席团由轮值主席、候任主席和秘书长组成。

4. 秘书长由中国造纸协会生活用纸专业委员会秘书长担任。秘书长在主席领导下负责高峰论坛的事务工作，贯彻落实会员大会的决议和决定。

5. 秘书处的日常事务工作(会议组织等)委托中国造纸协会生活用纸专业委员会秘书处代办。

第五章 经费来源及用途

第九条 高峰论坛为非营利组织。高峰论坛的会议或活动由会员企业轮流承办。

第十条 参加会议或活动的代表自付差旅费及住宿费，其他发生费用由承办企业负担。

承办企业可以委托秘书处代办会务和预付费用，并在会后按实际支出与秘书处结算和缴纳费用。

第十一条 本章程已于2005年2月25日获高峰论坛成立大会通过。并于2014年11月修订。

卫生用品企业家高峰论坛章程

Regulations of the China Hygiene Products Executives Summit（CHPES）

（2015年订立）

第一章 总 则

第一条 中国卫生用品企业家高峰论坛是由中国境内的卫生用品及相关原辅材料、机械设备骨干企业自发成立的民间组织。

第二条 高峰论坛是卫生用品及相关原辅材料、机械设备骨干企业之间交流联谊的平台，通过高峰论坛，成员企业的高层人士能及时沟通和得到各种行业共性化和针对本企业个性化的信息，并形成产业链上下游互动，推动技术进步和行业发展。

第二章 活动内容

第三条 高峰论坛的活动内容包括：

1. 无主题或设定主题轻松的交流和联谊。

2. 对行业发展和市场开拓方面出现的新情况进行研讨，启发思路和寻找解决方案。

3. 针对企业发展规划、经营管理、市场培育、融资渠道、人力资源、原料采购、节能降耗、质量管理、产品安全、环境友好等共性问题进行交流和沟通。

4. 就行业共性的有关问题，与政府部门、有关机构、主流媒体进行对话沟通，积极宣传行业发展情况，加强消费者教育和引导工作。

5. 共同探讨如何把市场的做大做强，开展企业之间多种形式的合作。

6. 邀请有关外国公司列席参加会议，加强国际合作。

第三章 会 员

第四条 高峰论坛采取会员制，遵循准入资格审查和企业自愿相结合的原则，控制会员数逐步增加并在一定的数量范围内。凡承认本高峰论坛章程，愿意履行会员义务并符合准入资格的企业，均可提出加入俱乐部的申请。

第五条 会员准入资格

1. 中国境内注册的卫生用品及相关原辅材料、机械设备骨干企业。

2. 原则上：纯卫生用品企业，年销售额在5亿元以上，卫生用品和生活用纸两种业务兼有的企业，年销售额在7亿元以上生产规模，有较高的市场知名度和美誉度。常委单位中与卫生用品相关的原辅材料、机械设备企业。

3. 入会申请经高峰论坛会员大会审核，并得到三分之二以上会员通过。

第六条 会员权利和义务

1. 由企业负责人参加会员活动，如负责人不能出席，可以派副总以上高层管理人员参加。

2. 遵守本高峰论坛的章程，承担会员活动经费。

3. 对高峰论坛的活动安排有参与和提出建议的权利和义务。

4. 会员不得有利用高峰论坛会议进行价格协调等垄断、操纵市场的行为和活动。

第七条 退会

1. 入会企业可以申请自愿退会。

2. 连续三次不参加会员大会，需以书面报告形式，向秘书处说明情况，申请保留会籍，并经会员会议重新确认，否则视为自动退出。

3. 违反本章程第六条规定，不履行会员义务的，经三分之二以上会员通过，劝其退出。

4. 企业破产、被并购、出现重大经营或产品质量问题经会员大会同意作为退会处理。

第四章 组织机构

第八条 高峰论坛设会员大会，主席团和秘书处。

1. 会员大会为高峰论坛最高权力机构，会员大会每年的下半年举行一次。

2. 主席由各会员企业领导轮流担任，轮值主席人选在上一届会员大会上确定，主席负责高峰论坛的领导和决策。

3. 主席团由轮值主席、候任主席和秘书长组成。

4. 秘书长由中国造纸协会生活用纸专业委员会秘书长担任。秘书长在主席领导下负责高峰论坛的事务工作，贯彻落实会员大会的决议和决定。

5. 秘书处的日常事务工作(会议组织等)委托中国造纸协会生活用纸专业委员会秘书处代办。

第五章 经费来源及用途

第九条 高峰论坛为非营利组织。高峰论坛的会议或活动由会员企业(两家或两家以上)轮流承办，具体会务工作由承办企业和秘书处共同完成。

第十条 参加会议或活动的代表自付住宿费，其他发生费用(会议室租用费、餐费、代表接送站服务费、秘书处人员住宿费)由承办企业负担。

第十一条 本章程经 2015 年 5 月 24 日生活用纸委员会常委扩大会议讨论通过。

生活用纸行业文明竞争公约

Fair competition pledge of the China tissue paper and disposable products industry

(1998 年订立)

近年来，我国生活用纸行业发展迅速，市场竞争日趋激烈，市场竞争推动了生活用纸企业乃至整个生活用纸行业的迅速发展，随着中国生活用纸行业的发展壮大，规范竞争行为，共创公平竞争环境，成为每个企业的迫切要求，也是我国生活用纸行业健康发展的需要。

第一章 总 则

第一条 为树立良好的行业风气，建立和维护公平、依法、有序的生活用纸竞争环境，保护经营者和消费者的正当权益，依照国家有关法律、法规特制订此中国生活用纸行业文明竞争公约(以下简称公约)。

第二条 本公约是行业内各企业自律性公约，是企业文明竞争、自我约束的基准。

第三条 现代企业不仅是社会物质的生产者、社会的服务者，同时也应是社会进步的推动者、现代文明的建设者。建立良好的竞争环境，树立文明竞争新风尚是每个生活用纸企业应肩负起的社会职责。

第二章 文明竞争道德规范

第四条 文明竞争道德规范的基本点即诚实、公平、守信用，互相尊重、平等相待、文明经营、以义生利、以德兴业。

第五条 每个企业都要把文明竞争观念作为企业文化的重要组成部分，提高文明竞争意识，正确处理竞争与协作、自主与监督、经济效益与社会效益等关系。

第六条 企业要依靠科学技术进步和科学管理，不断提高生产经营水平，用优质产品、满意的服务质量和良好信誉树立自己的企业形象。

第七条 企业在市场交易中要遵循自愿、平等、诚信的原则，遵守公认的商业道德和市场准则，自觉维护消费者合法权益并尊重其他经营者的正当权益，自觉接受市场和广大消费者的评价和监督。

第八条 企业应加强对职工进行职业责任、职业道德、法律及职业纪律教育，促使职工用道德信念支配自己的行为，树立职业责任感和职业荣誉感，更好地完成本职工作。

第九条 企业要有文明竞争、共同发展的胸襟。

——提倡在平等协商、互惠互利、优势互补的前提下，广泛开展合作、协作、联合，优化本行业产业结构。

——倡导企业间以各种形式向消费者提供联合服务，提高行业为社会及消费者服务的整体水平。

——发扬大事共议，协调发展的风气，树立良好的行业形象。

第三章 文明竞争准则

第十条 企业应严格执行《中华人民共和国产品质量法》、《中华人民共和国消费者权益保护法》、《中华人民共和国广告法》、《中华人民共和国反不正当竞争法》、国家颁布的各类生活用纸的产品标准和卫生标准，让购买生活用纸产品的消费者能够满意、放心和安心。

第十一条 企业销售人员和其他业务人员在任何场合都应避免发生损害其他企业的行为。营销人员为消费者介绍产品，不应借向消费者介绍产品之机，做有损其他企业同类产品的不恰当宣传。

第十二条 宣传自己的企业及产品、服务，不夸大其辞。不得在文章、广告、各种宣传品中有影射、贬低其他企业及其技术、产品和服务。不侵犯其他企业的商业信誉，不损害其他企业知识产权，不损害其他企业的合法权益。切实履行自己的广告承诺与义务。

第十三条 严格执行《中华人民共和国统计法》，按照有关规定，认真负责、客观地向国家主管部门、行业协会提供真实的统计数据，不得虚报或故意错报、漏报各类数据。

——向有关主管部门和行业协会如实上报各项经济指标的统计数据，为国家和行业提供准确的信息。

——不断章取义地利用某些统计资料，做有损于其他企业的宣传。

——企业的统计工作接受统计管理部门、行业协会和社会公众的监督。

第四章 公约实施及违约责任

第十四条 本公约由中国造纸协会生活用纸专业委员会常委会提出，向全国所有生活用纸企业倡议共同遵守。

第十五条 凡生活用纸专业委员会的成员单位都必须承诺、自觉遵守和维护本公约并接受社会各界对遵守公约情况做公正的监督、评议。

第十六条 凡违反第三章文明竞争准则的各项条款，视为违约。

第十七条 企业如果发生违约行为，将承担违约责任。违约企业及当事人(或代表)有责任向受到损害的单位或其代表，在受到损害的范围内，通过一定的形式公开赔礼道歉，对违约行为造成的直接经济损失，依照有关法规给予经济赔偿。

第十八条 企业有责任向全体职工进行遵守和维护本公约的宣传和教育，当发现有违约行为时，要严肃处理。

第十九条 严重违约的企业，应在行业内(会议、会刊)公开检讨。

第二十条 在竞争行为是否违约难以界定时，当事双方(或多方)应本着自觉遵守公约的态度解决矛盾。

第二十一条 在需要第三方对竞争行为是否违约进行界定时，可由中国造纸协会生活用纸专业委员会邀请国家有关部门组成临时机构进行界定。

第二十二条 严重违约，但又不承担违约责任者，中国造纸协会生活用纸专业委员会提请国家反不正当竞争主管部门处理，并向社会舆论曝光和清除出协会。

生活用纸行业加强质量管理倡议书

Written proposal on strengthening quality management in the China tissue paper and disposable products industry

中国造纸协会生活用纸专业委员会各会员单位：

为进一步提高生活用纸行业的产品质量水平，迎接入世挑战，以求共同得到发展，并使消费者利益得到进一步的保障，我们在秘书处的协助下，向全体会员单位发出倡议：

1. 认真学习和贯彻即将在 2000 年 9 月 1 日正式实施的《产品质量法》修正案，进一步完善和加强企业的质量控制体系，确保企业产品质量达到国家标准。

2. 坚决与假冒、伪劣现象作斗争。积极采集假冒品牌、伪劣产品的各种证据，查找制假、造伪的源头，一旦发现假冒伪劣产品，应立即向当地工商行政管理机构举报，为防止地方保护主义的干扰，也可向行业协会反映、举证，由秘书处统一协调，向中央新闻机构和有关工商管理机构反映，以保护我们各企业的合法权益。

3. 积极主动配合，认真接受各级技术监督部门、卫生监督部门的年度抽检和市场查验。如有异议，应当及时申诉，以求公正。在积极维护监督部门的权威性的同时，维护本行业的良好形象。逐步使企业向国际化迈进。

4. 企业要在一个公平、合理的竞争环境中以质量求生存，以品种求发展，从而满足不同消费层次的需求，以合理的价格参与市场竞争。反对低价倾销，正确把握各自的市场定位。

5. 各专业组应经常组织成员单位协商、研讨市场变化及应对措施，共谋行业发展，共商企业进步，为创建行业的精神文明、物质文明而共同努力。

2000 年生活用纸企业高峰会议全体代表

二〇〇〇年八月十八日

1992—2015 年重要活动

Important activities of the CNHPIA（1992—2015）

年份 Year	时间	month	活　动	activities
1992	12 月	December	创建生活用纸专业委员会的筹备会议	Preparatory Meeting for CNHPIA
1993	6 月	June	生活用纸专业委员会成立大会	Establishment Conference for CNHPIA
	6 月	June	出版《生活用纸信息》创刊号（试刊）（内部资料）	Household Paper Information Started Its Publication
1994	5 月	May	'94 生活用纸技术交流会在京举行	'94 China Household Paper Technology Exchange Seminar Held in Beijing
	11 月	November	出版《首届中国生活用纸专业委员会会刊》（内部资料）	Published the [First Annual Directory of Household Paper Industry（China）]
	11 月	November	首届生活用纸年会在广东新会举行	The First China International Household Paper Conference Held in Xinhui
1995	1 月	January	生活用纸专业委员会转为隶属中国造纸协会领导	CNHPIA Changed to Under China Paper Association
	6 月	June	第二届生活用纸年会（一次性卫生用品专题）在京举行	The Second China International Household Paper Conference（Disposable Hygiene Products） Held in Beijing
	11 月	November	第二届生活用纸年会（生活用纸专题）在京举行	The Second China International Household Paper Conference（Tissue Paper） Held in Beijing
1996	3 月	March	生活用纸代表团赴欧洲及香港考察	China Household Paper Delegation Visited Europe and HongKong for Investigation
	5 月	May	出版《'96 中国生活用纸指南》（内部资料）	Published ['96 Directory of Household Paper Industry（China）]
	5 月	May	第三届生活用纸年会在福建厦门举行	The Third China International Household Paper Conference Held in Xiamen, Fujian
	10 月	October	96 一次性纸餐具研讨展示会在京举行	96 Disposable Paper Tableware Seminar Held in Beijing
	12 月	December	国产护翼型卫生巾机研讨展示会在京举行	Domestic Wing Sanitary Machine Seminar Held in Beijing
1997	3 月	March	生活用纸代表团赴法国、德国、奥地利参观考察	China Household Paper Delegation Visited France, Germany and Austria
	4 月	April	第四届生活用纸年会在昆明举行	The Fourth China International Household Paper Conference Held in Kunming, Yunnan
	10 月	October	生活用纸专业委员会主任委员扩大会在京举行	The Chairmen of CNHPIA Conference Held in Beijing
	11 月	November	出版《97—98 中国生活用纸指南》	Published [97—98 Directory of Household Paper Industry（China）]
	11 月	November	生活用纸信息交流暨技贸洽谈会在沪召开	Household Paper Industry Technology & Trade Seminar Held in Shanghai
1998	4 月	April	第五届生活用纸年会在浙江杭州举行	The Fifth China International Household Paper Conference Held in Hangzhou, Zhejiang
	4 月	April	生活用纸代表团赴美国考察	China Household Paper Delegation Visited U.S. for Investigation
	8 月	August	生活用纸专业委员常委扩大会议在汕头举行	The Members of CNHPIA Conference Held in Shantou, Guangdong
	8 月	August	《生活用纸信息》更名为《生活用纸》	[Household Paper Information] Changed Name to [Tissue Paper & Disposable Products]

续表

年份 Year	时间	month	活　动	activities
1999	3月	March	生活用纸代表团赴欧洲考察	China Household Paper Delegation Visited Europe for Investigation
	4月	April	《中国生活用纸年鉴1999》出版	The Publishing of [Tissue Paper and Hygiene Products (China) 1999 Annual Directory]
	5月	May	第六届生活用纸年会在西安举行	The Sixth China International Household Paper Exhibition/Conference (CIHPEC'1999) Held in Xi'an, Shaanxi
	7月	July	中国生活用纸信息网开通	The Launching of the Net of China Household Paper
	7月	July	全国生活用纸行业反低价倾销专题会议在沪召开	The Tissue Paper Conference Held in Shanghai
	9月	September	曹振雷继任生活用纸专业委员会主任委员	Mr.Cao Zhenlei Took the Chair of CNHPIA
	9月	September	'99生活用纸秋季信息交流暨展示交易会在沪举行	'99 China Household Paper Trade & Show Seminar Held in Shanghai
2000	2月	February	江秘书长参加日本卫生材料工业联合会成立五十周年庆典	The Attendance of Secretary General Jiang Manxia at the Celebration of the 50th Anniversary of Japan Hygiene Products Industry Association
	4月	April	第七届生活用纸年会在北京召开	The Seventh China International Household Paper Exhibition/Conference (CIHPEC'2000) Held in Beijing
	5月	May	生活用纸代表团赴欧洲考察	China Household Paper Delegation Visited Europe for Investigation
	6月	June	2000年下半年《生活用纸》逢双月并入《造纸文摘》	Merging [Tissue Paper & Disposable Products] into [Paper Abstract] in No.51, No.53, No.55
	8月	August	生活用纸企业高峰会议在京举行	The Summit Meeting of Household Paper Enterprises Held in Beijing
	10月	October	《中国生活用纸和包装用纸年鉴2000》出版	The Publishing of [2000 Directory of Household Paper & Packaging Paper/Paperboard Industry (China)]
2001	1月	January	《生活用纸》杂志公开发行	Published [Tissue Paper & Disposable Products] in Public
	5月	May	第八届生活用纸年会在珠海召开	The Eighth China International Household Paper Exhibition/Conference (CIHPEC'2001) Held in Zhuhai, Guangdong
	9月	September	生活用纸研讨班和高峰会议在北京举办	The Conference and Summit Meeting of Household Paper Enterprises Held in Beijing
2002	4月	April	《中国生活用纸年鉴2002》出版	The Publishing of [2002 Directory of Household Paper Industry (China)]
	5月	May	第九届生活用纸年会在福州举办	The Ninth China International Household Paper Exhibition/Conference (CIHPEC'2002) Held in Fuzhou, Fujian
	5月	May	"纸尿裤与育儿健康专题研讨会"在北京举办	"Diaper and Baby-Rearing Healthy Seminar" Held in Beijing
	6月	June	生活用纸代表团赴欧洲考察	China Household Paper Delegation Visited Europe for Investigation
	9月	September	生活用纸代表团赴美国、加拿大考察	China Household Paper Delegation Visited U.S. and Canada for Investigation
	11月	November	生活用纸秋季贸易洽谈会在上海举办	China Household Paper Trade Seminar Held in Shanghai

续表

年份 Year	时间	month	活 动	activities
2003	1月	January	《生活用纸》杂志改为半月刊	[Tissue Paper & Disposable Products] Became Semimonthly Magazine
	3月	March	曹振雷主任参加"2003 世界卫生纸会议"	Chairman Cao Zhenlei Attended "Tissue World 2003"
	3月	March	中国生活用纸信息网第一次升级改版	"www.cnhpia.org" Upgraded for the First Time
	4月	April	第十届生活用纸年会在南京召开	The 10th China International Household Paper Exhibition/Conference (CIHPEC'2003) Held in Nanjing, Jiangsu
	7月	July	2003 生活用纸常委扩大会议在上海举办	The Members of CNHPIA Conference Held in Shanghai
	12月	December	生活用纸代表团赴台湾考察	China Household Paper Delegation Visited Taiwan for Investigation
2004	3月	March	《中国生活用纸年鉴 2004》出版	The Publishing of [2004 Directory of Household Paper Industry (China)]
	4月	April	第十一届生活用纸年会在天津召开	The 11th China International Household Paper Exhibition/Conference (CIHPEC'2004) Held in Tianjin
	6月	June	第三届生活用纸专业委员会领导机构增补成员(2004 年)	The Supplementary Members of the Third Session Board of Directors (2004)
	10月	October	生活用纸企业家俱乐部筹备会议在恒安举行	The Preparatory Meeting of China Tissue Paper Executives Club (CTPEC) Held in Hengan Holding Co., Ltd.
	12月	December	首届世界卫生纸中国展览会在上海举办	The First Tissue World China Held in Shanghai
2005	2月	February	中国生活用纸企业家俱乐部成立会议在厦门举行	Establishment Conference of China Tissue Paper Executives Club (CTPEC) Held in Xiamen
	3月	March	第十二届生活用纸年会在南京召开	The 12th China International Tissue/Disposable Hygiene Products Exhibition/Conference (CIHPEC'2005) Held in Nanjing
	4月	April	曹振雷主任等参加在瑞士举办的 INDEX 05	Chairman Cao Zhenlei and His Colleagues Visited INDEX05
	8月	August	第三届生活用纸委员会领导机构增补成员(2005 年)	The Supplementary Members of the Third Session Board of Directors (2005)
	11月	November	第二届生活用纸企业家俱乐部会议在广东新会召开	The Second Meeting of China Tissue Paper Executives Club (CTPEC) Held in Xinhui
2006	1月	January	《中国生活用纸年鉴 2006/2007》出版	The Publishing of [2006/2007 Directory of Tissue Paper & Disposable Products (China)]
	1月	January	《消毒产品标签说明书管理规范》宣贯会在北京召开	Norm of Label Directions for Disinfectant Products Publicize Meeting Held in Beijing
	4月	April	第十三届生活用纸年会在昆明召开	The 13th China International Tissue/Disposable Hygiene Products Exhibition & Conference (CIHPEC'2006) Held in Kunming
	6月	June	第三届生活用纸企业家俱乐部会议在宁夏银川召开	The Third Meeting of China Tissue Paper Executives Club (CTPEC) Held in Yinchuan, Ningxia
	11月	November	2006 年世界卫生纸亚洲展览会在上海举办	Tissue World Asia 2006 Held in Shanghai
	11月	November	第四届生活用纸企业家俱乐部会议在上海召开	The Fourth Meeting of China Tissue Paper Executives Club (CTPEC) Held in Shanghai

续表

年份 Year	时间	month	活　动	activities
2007	2月	February	生活用纸企业家俱乐部增补2家会员单位	Two New Members Joined China Tissue Paper Executives Club (CTPEC)
	3月	March	曹振雷主任参加"2007年世界卫生纸大会"	Chairman Cao Zhenlei Attended "Tissue World 2007"
	3月	March	中国生活用纸信息网第二次改版	"www.cnhpia.org" Upgraded for the Second Time
	4月	April	第五届生活用纸企业家俱乐部会议在海口召开	The Fifth Meeting of China Tissue Paper Executives Club (CTPEC) Held in Haikou
	5月	May	第十四届生活用纸年会在青岛召开	The 14th China International Tissue/Disposable Hygiene Products Exhibition & Conference (CIHPEC'2007) Held in Qingdao
	12月	December	第六届生活用纸企业家俱乐部会议在南宁召开	The Sixth Meeting China Tissue Paper Executives Club (CTPEC) Held in Nanning
2008	1月	January	秘书处开通"企信通"手机短信服务	CNHPIA Started SMS (Short Message Service)
	2月	February	《中国生活用纸年鉴2008/2009》出版	The Publishing of [2008/2009 Directory of Tissue Paper & Disposable Products (China)]
	2月	February	江曼霞秘书长参加cinte欧洲推介会	Secretary General Jiang Manxia Attended cinte European Promotion Conference
	4月	April	第十五届生活用纸年会在厦门召开	The 15th China International Tissue/Disposable Hygiene Products Exhibition & Conference (CIHPEC'2008) Held in Xiamen
	5月	May	生活用纸专业委员会组团参加INDEX08展览会	CNHPIA Organized Groups to Attend INDEX08
	5月	May	第七届生活用纸企业家俱乐部会议在苏州召开	The Seventh Meeting of China Tissue Paper Executives Club (CTPEC) Held in Suzhou
	10月	October	编写《纸尿裤、环境和可持续发展》报告	Publishing the Diapers, Environment and Sustainability Report
	10月	October	"纸尿裤、环境与可持续发展论坛"在上海举行	The Forum of Diapers, Environment and Sustainability Held in Shanghai
	11月	November	2008年世界卫生纸亚洲展览会在上海举办	Tissue World Asia 2008 Held in Shanghai
	11月	November	第八届生活用纸企业家俱乐部会议在东莞召开	The Eighth Meeting of China Tissue Paper Executives Club (CTPEC) Held in Dongguan
2009	4月	April	第十六届生活用纸年会在苏州召开	The 16th China International Tissue/Disposable Hygiene Products Exhibition & Conference (CIHPEC'2009) Held in Suzhou
	5月	May	第九届生活用纸企业家俱乐部会议在上海召开	The Ninth Meeting of China Tissue Paper Executives Club (CTPEC) Held in Shanghai
	10月	October	组团参加"2009阿拉伯造纸、卫生纸及加工工业国际展览会"	CNHPIA Organized Group to Attend Paper Arabia 2009
	11月	November	第十届生活用纸企业家俱乐部会议在厦门召开	The 10th Meeting of China Tissue Paper Executives Club (CTPEC) Held in Xiamen
2010	2月	February	生活用纸企业家俱乐部增补5家会员单位	Five New Members Joined China Tissue Paper Executives Club (CTPEC)

续表

年份 Year	时间	month	活　动	activities
2010	3月	March	《中国生活用纸年鉴2010/2011》出版	The Publishing of [2010/2011 Directory of Tissue Paper & Disposable Products (China)]
	4月	April	第十七届生活用纸年会在南京召开	The 17th China International Tissue/Disposable Hygiene Products Exhibition & Conference (CIHPEC' 2010) Held in Nanjing
	5月	May	第十一届生活用纸企业家俱乐部会议在台北召开	The 11th Meeting of China Tissue Paper Executives Club (CTPEC) Held in Taipei
	9月	September	组团参加"2010阿拉伯造纸、卫生纸及加工工业国际展览会"	CNHPIA Organized Group to Attend Paper Arabia 2010
	11月	November	2010年世界卫生纸亚洲展览会在上海举办	Tissue World Asia 2010 Held in Shanghai
	12月	December	"中国纸业可持续发展论坛2010之生活用纸系列"在苏州举办	China Paper Industry Sustainable Development Forum (Tissue Paper) Held in Suzhou
	12月	December	第十二届生活用纸企业家俱乐部会议在东莞召开	The 12th Meeting of China Tissue Paper Executives Club (CTPEC) Held in Dongguan
2011	3月	March	组团参加"2011年世界卫生纸尼斯展览会"	CNHPIA Organized Group to Attend "Tissue World Nice 2011"
	4月	April	"2011年中国纸尿裤发展论坛"在北京举行	China Diapers Development Forum 2011 Held in Beijing
	5月	May	第十八届生活用纸年会在青岛召开	The 18th China International Tissue/Disposable Hygiene Products Exhibition & Conference (CIHPEC' 2011) Held in Qingdao
	6月	June	第十三届生活用纸企业家俱乐部会议在绍兴召开	The 13th Meeting of China Tissue Paper Executives Club (CTPEC) Held in Shaoxing
	7月	July	组团参加"2011非洲造纸、卫生纸及加工工业国际展览会"	CNHPIA Organized Group to Attend Paper Africa 2011
	9月	September	组团参加"2011年阿拉伯造纸、卫生纸及加工工业展览会"	CNHPIA Organized Group to Attend Paper Arabia 2011
	9月	September	生活用纸企业家俱乐部增补4家会员单位	Four New Members Joined China Tissue Paper Executives Club (CTPEC)
	10月	October	"2011年中国湿巾发展论坛"在北京举行	China Wet Wipes Development Forum 2011 Held in Beijing
	11月	November	"首届中日卫生用品企业交流会"在上海举办	First China - Japan Hygiene Products Entrepreneurs Joint Meeting Held in Shanghai
	11月	November	第十四届生活用纸企业家俱乐部会议在江苏盐城召开	The 14th Meeting of China Tissue Paper Executives Club (CTPEC) Held in Yancheng
	12月	December	组团参加"第十届印度国际纸浆纸业展览会"	CNHPIA Organized Group to Attend Paperex 2011
2012	3月	March	组团参加"2012年世界卫生纸美国展览会"	CNHPIA Organized Group to Attend "Tissue World Americas 2012"
	4月	April	《中国生活用纸年鉴2012/2013》出版	The Publishing of [2012/2013 Directory of Tissue Paper & Disposable Products (China)]
	4月	April	第十五届生活用纸企业家俱乐部会议在晋江召开	The 15th Meeting of China Tissue Paper Executives Club (CTPEC) Held in Jinjiang

续表

年份 Year	时间	month	活　动	activities
2012	4月	April	第十九届生活用纸年会在厦门召开	The 19th China International Disposable Paper Expo (CIDPEX2012) Held in Xiamen
	4月	April	组团参加“2012亚洲纸业展览会”	CNHPIA Organized Group to Attend “Asia Paper 2012”
	6月	June	生活用纸专业委员会派员出席2012 GSPCS会议	CNHPIA Attends 2012 GSPCS Conference
	9月	September	曹振雷主任参加“2012世界个人护理用品大会”	Chairman Cao Zhenlei Attended Outlook 2012
	10月	October	组团参加“2012年阿拉伯造纸、卫生纸及加工工业展览会”	CNHPIA Organized Group to Attend Paper Arabia 2012
	11月	November	举办“绿色承诺，绿色发展”——中国纸业可持续发展论坛2012	Held “Green Commitment, Green Development”——China Paper Industry Sustainable Development Forum 2012
	11月	November	2012年世界卫生纸亚洲展览会在上海举办	Tissue World Asia 2012 Held in Shanghai
	12月	December	第十六届生活用纸企业家俱乐部会议在潍坊召开	The 16th Meeting of China Tissue Paper Executives Club (CTPEC) Held in Weifang
2013	3月	March	江秘书长等参加“亚洲个人护理用品大会”	Ms. Jiang Manxia Attended Outlook Asia 2013
	5月	May	庆祝中国造纸协会生活用纸专业委员会创建20周年暨《生活用纸》杂志创刊20周年	The 20th Anniversary of the CNHPIA and [Tissue Paper & Disposable Products]
	5月	May	第十七届生活用纸企业家俱乐部会议在深圳召开	The 17th Meeting of China Tissue Paper Executives Club (CTPEC) Held in Shenzhen
	5月	May	第二十届生活用纸年会在深圳召开	The 20th China International Disposable Paper Expo (CIDPEX2013) Held in Shenzhen
	9月	September	组团参加“2013年阿拉伯造纸、卫生纸及加工工业国际展览会”	CNHPIA Organized Group to Attend Paper Arabia 2013
	10月	October	组团参加第十一届印度国际造纸及造纸装备展览会	CNHPIA Organized Group to Attend Paperex 2013
	12月	December	第十八届生活用纸企业家俱乐部会议在苏州举行	The 18th Meeting of China Tissue Paper Executives Club (CTPEC) Held in Suzhou

2014年4月　《中国生活用纸年鉴2014/2015》及《中国生活用纸行业企业名录大全2014/2015》出版

April 2014　The Publishing of [2014/2015 Directory of Tissue Paper & Disposable Products (China)] and [2014/2015 Directory of Tissue Paper & Disposable Products (China) (Volumed)]

《中国生活用纸年鉴》作为生活用纸委员会服务于行业企业的重要工作，从1994年开始出版，已经出版发行了十一卷。第十二卷即《中国生活用纸年鉴2014/2015》于2014年4月正式出版，在5月14日—16日成都生活用纸年会上首发。

本版年鉴的编写继续秉持以往编写年鉴详尽务实、真实可靠的原则，扩大信息量，编入行业的最新和最适用资料，各章节的内容都进行了认真的核实和补充，编排形式也更便于读者查阅和检索。为便于外国人阅读，目录和主要内容有中英文对照。年鉴继续在引导资金投向，推动行业技术进步和促进企业间经贸活动中发挥积极的作用。

同时为方便国内外生活用纸行业上下游企业快速查阅到中国生活用纸/卫生用品生产企业名录、原辅材料及设备器材企业名录，以《2014/2015中国生活用纸年鉴》为基础，特别编制了《中国生活用纸行业企业名录大全2014/2015》，全套共包括5个分册——《生活用纸分册》、《卫生用品分册》、《原辅材料分册》、《设备器材分册》和《经销商分册》。各分册目录和部分名录信息为中英文对照。

2014 年 4 月　第十九届生活用纸企业家俱乐部会议在济南召开
April 2014　The 19th Meeting of China Tissue Paper Executives Club（CTPEC）Held in Jinan

第十九届中国生活用纸企业家俱乐部会议在轮值主席单位东顺集团股份有限公司的周到安排和大力支持下，于 2014 年 4 月 26 日在山东济南园博园度假酒店举行，来自俱乐部成员企业和特邀企业的代表共计 41 人参加了会议。

面对目前生活用纸行业产能阶段性过剩的问题，大家普遍以积极乐观的心态面对困难和挑战，纷纷表示现阶段企业的当务之急是需要努力修炼内功，优质高效运营，开发特色产品，精耕细作市场；同时要维护行业信誉，增进企业间良性竞争，避免价格战，实现合力共赢。

代表的发言，集中涉及以下几点内容：

一、要提升设备自动化水平，产品要创新，增加产品卖点；

二、目前各企业新增项目平稳推进，同时落后产能淘汰加速；

三、当前木浆价格保持稳定，非木浆优势走低；

四、要加强企业间沟通与合作，实现和谐共赢。

曹振雷主任在总结讲话中指出：

目前行业投资过热，产能过剩，市场竞争更加激烈，很多企业通过更新技术装备，引进全自动生产线，及立体化仓库等进行生产和管理创新，建议今后应重视四个方面的问题：

（1）品牌保护。产能过剩会导致零售商品牌入侵，虽然目前尚未有苗头，但提醒各生产企业今后应尽量避免与零售商品牌合作，以降低市场风险。

全国性品牌未来将保持 4~5 家，更多的还是区域品牌，经营好区域品牌同样可以使企业快速成长。在区域市场精耕细作，也是企业长期立足的根本。今后企业还需要通过特色产品和特殊品种引导消费者，在利基市场有所作为。

（2）创新能力。生活用纸行业近年来创新能力和自动化程度增强，使生产成本降低，产品品质提高。大企业采用信息化管理、自动化仓库等都对行业意义重大。市场创新、管理创新对每一家企业、每一个地区都有不同的要求。中国幅员辽阔，各地区文化、消费习惯差异很大，应努力引导消费者向高端产品过渡。

（3）环保压力。目前政府对企业的综合能效管理加强，对空气、水、固体废弃物，及电耗、能耗等问题都更加关注。近期小型热电联产项目都会逐步被淘汰，大企业推行规模化的热电联产模式，可以提高自身竞争力。

（4）原料供应。由于近年来电子媒体的发展，使全球文化纸消费量下降，预计近几年浆价不会有大的变化，尤其是阔叶木浆价格不会大幅增长，这将使草浆、竹浆继续面临压力。广西的甘蔗种植产业国家会大力保护和扶持，企业应继续利用好蔗渣浆资源。我国林木资源有限，木浆产量不足，木浆主要依靠进口的局面近期不会改变。

此外，曹主任还指出，目前行业已进入调整阶段，企业需要维护好市场，练好内功，期待各企业在今年取得更好的业绩。

参会人员名单：

中国造纸协会生活用纸专业委员会　曹振雷

恒安集团有限公司　许文默、蔡永铨

金红叶纸业集团有限公司　徐锡土、洪千淑

维达国际控股有限公司　张健

中顺洁柔纸业股份有限公司　岳勇

东顺集团股份有限公司　陈树明、陈立栋、陈小龙、陈树法、张士华

金佰利（中国）有限公司　吴乃方

永丰余投资有限公司　谢英才

上海东冠华洁纸业有限公司　莫建新、许明艳

王子制纸妮飘（苏州）有限公司　吴金龙

东莞市白天鹅纸业有限公司　李刚

上海唯尔福集团股份有限公司　董国昌、胡勇

胜达集团江苏双灯纸业有限公司　赵林

广西华美纸业集团有限公司　林瑞财

广西华美纸业集团绿金纸业集团有限公司　庄仁贵

潍坊恒联美林生活用纸有限公司　栾咏、臧雷

河南银鸽实业投资股份有限公司　王伟

漯河银鸽生活纸产有限公司　谭洪涛

山东晨鸣纸业集团生活用纸有限公司　李伟先、韩庆国

宁夏紫荆花纸业有限公司　张东红

广西贵糖(集团)股份有限公司/广西纯点纸业有限公司　姚子虞

福建恒利集团有限公司　陈绍虬

上海护理佳实业有限公司　夏双印、周国敏

齐鲁工业大学(特邀)　陈嘉川

东莞市达林纸业有限公司(特邀)　黎景均

山东泉林纸业有限责任公司(特邀)　刘晓旭、李志华

中国造纸协会生活用纸专业委员会　张玉兰、周杨、邢婉娜

2014 年 5 月　第二十一届生活用纸年会在成都召开
May 2014　The 21st China International Disposable Paper EXPO (CIDPEX2014) Held in Chengdu

第二十一届生活用纸年会于 2014 年 5 月 14—16 日在成都世纪城新国际会展中心成功举办。作为全球最大的生活用纸和卫生用品行业展会，本届年会吸引了来自 23 个省市自治区的 660 家国内企业及包括中国香港和中国台湾的 18 个国家和地区的 64 家海外企业参展，展出面积近 8 万米^2；39 家企业在国际研讨会上进行了 41 场的演讲；200 多台设备现场展示。

参观观众来自全国 31 个省市自治区和海外 48 个国家和地区，参观人数达到 2.4 万。其中来自包括香港台湾在内的 51 个国家和地区的海外观众 715 人；参加国际研讨会的听众来自全国 19 个省市自治区和包括中国香港、中国台湾的海外 7 个国家和地区，共 297 人。

2014 年 6 月　生活用纸委员会开通官方微信
June 2014　CNHPIA Opens Offical WeChat

为加强生活用纸专业委员会与企业间的沟通，方便企业快速了解委员会活动信息和行业发展动态，生活用纸专业委员会于 2014 年 6 月 23 日起开通微信公众账号，正式入驻微信公众平台。微信号：cnhpia，微信号名称：生活用纸杂志。

2014 年 9 月　“纸尿裤专业技能培训班(第一期)”在上海举办
September 2014　Diapers Professional Skills Training Class (I) Held in Shanghai

针对目前纸尿裤生产企业对相关研发、品管人员综合技能的提高有着迫切需求的情况，为提高纸尿裤企业研发、品管等技术人员的专业技能，提升纸尿裤的品质，规范并引导行业向更加专业化的方向良性发展，2014 年 9 月 23—25 日在上海，中国造纸协会生活用纸专业委员会举办了“纸尿裤专业技能培训班(第一期)”，共有 92 名来自纸尿裤生产企业的学员参加培训。

培训特邀 12 位业内专家进行专题讲座，他们分别来自厦门延江工贸有限公司、上海丰格无纺布有限公司、GP 纤维公司、上海紫华企业有限公司、盟迪(中国)薄膜科技有限公司、巴斯夫(中国)有限公司、汉高股份(上海)有限公司、依工玳纳特胶粘设备(苏州)有限公司及波士胶(上海)管理有限公司。培训内容全面围绕纸尿裤生产技术，切实满足了参会学员的需求。共安排了 15 个专题讲座，内容涉及纸尿裤生产的各个方面，包括非织造布、绒毛浆、SAP、芯层结构、透气膜、热熔胶、弹性材料、产品检测等，25 日下午还安排参观了波士胶公司的研发中心。

培训班活动得到生活用纸委员会领导的关心和重视，曹振雷主任在培训第二天专程来到培训班，与学员见面和交流，并发表讲话。

2014年9月 组团参加“2014年阿拉伯造纸、卫生纸及加工工业国际展览会”
September 2014 CNHPIA Organized Group to Attend Paper Arabia 2014

2014年9月21—23日，“第七届阿拉伯造纸、卫生纸及加工工业国际展览会(Paper Arabia 2014)”在阿联酋迪拜国际会议展览中心举行。中国造纸协会生活用纸专业委员会自2008年以来，第6次组织国内生活用纸及卫生用品企业参展。为参展企业提供扩展中东市场平台的同时，也是中东地区及全球其他地区业内企业了解中国企业及市场最新风貌的窗口。

本届展会共吸引了22个国家和地区，共计90家企业参展，超过8,000名观众参观、洽谈，展览面积比上届扩大。中国展团包括福建百润、山东诺尔、佛山宝索、佛山宝拓、佛山德昌誉、晋江东南、上海松川、江西耐斯、汕头爱美高等共计35家企业参展，是本届展会参展企业最多的国家展团，也是历届展会中中国参展企业数量最多的一届。中国参展企业普遍评价参展效果良好，Paper Arabia展会是企业进一步开拓中东市场的有效平台。

2014年10月 第二届中日卫生用品企业交流会在东京举办
October 2014 The Second China-Japan Hygiene Products Entrepreneurs Joint Meeting Held in Tokyo

2014年10月20—23日，由中国造纸协会生活用纸专业委员会和日本卫生材料工业连合会共同主办的第二届中日卫生用品企业交流活动在日本举行并取得圆满成功。活动包括一天的中日企业代表交流会，以及中方代表团成员参观考察日本领先的非织造布企业——宝翎株式会社东京工厂、纤维公司——JNC纤维株式会社守山工厂、卫生用品设备制造公司——瑞光株式会社大阪总公司和东京杜之风・上原特护养老院等内容。

交流会于2014年10月21日在东京经团联会馆举行，中方39家企业80名代表参会，日方41家企业的94名代表参会，日本厚生劳动省等政府机构、相关协会、新闻媒体的代表也参加了会议，日方参会代表共100余人。

交流会的主要内容如下：

演讲人	公司及职务	题　目
上岛慎也	日本厚生劳动省医药食品局审查管理课	关于医药品医疗器械等的法律
近藤秀树	日本卫生材料工业连合会生理处理用品部会委员、尤妮佳株式会社	日本的卫生巾相关法律法规管制
中尾直人	日本卫生材料工业连合会技术委员、大王制纸株式会社	纸尿布自主标准的介绍
史记	中国制浆造纸研究院、国家纸张质量监督检验中心、全国造纸工业标准化技术委员会	中国国家标准介绍
江曼霞	中国造纸协会生活用纸专业委员会秘书长	(1)中国纸尿布和女性卫生用品的市场 (2)中国废弃纸尿裤和女性卫生用品的处置情况
藤田直哉	日本卫生材料工业连合会专务理事	关于日本的卫生用品市场
熊谷善敏	日本卫生材料工业连合会环境委员会、宝洁(日本)株式会社	使用过的纸尿布在日本的废弃处理现状

除专题演讲外，技术交流会现场还设置了展示室和一对一洽谈室。展示室中展出的有花王、尤妮佳、宝洁、大王、妮飘、白十字等公司的卫生巾、婴儿纸尿裤和成人纸尿裤等样品。以及尤妮佳公司展示的用于成人纸尿裤的尿液自动吸引排除系统、爱客美公司展示的废弃纸尿裤密封包装机和Total Care System株式会社展示的废弃纸尿裤分离与回收利用系统等新技术、新装置。

2014 年 11 月　2014 年世界卫生纸亚洲展览会在上海举办
November 2014　Tissue World Asia 2014 Held in Shanghai

由亚洲博闻(UBM)公司和中国造纸协会生活用纸专业委员会联合主办的“2014 年世界卫生纸亚洲展览会(Tissue World Asia 2014)”于 11 月 11—13 日在上海国际展览中心成功举办。本届展览会有来自 20 多个国家和地区的 50 家海外公司和 52 家国内公司参展，展览面积 6000m^2。共有约 3,000 名专业观众参会，其中，国外观众约 600 多人。

展会主要为生活用纸行业的生产加工、设备制造和原料供应等企业提供交流合作的平台，集中展示了生活用纸行业的新产品、新技术和国内外发展的新趋势、新理念。

展会同期举办了为期 1 天半的高水平研讨会，研讨会的主题是“可持续发展、消费者与技术：亚洲生活用纸行业的发展状况”，分为高级管理和新技术两个专题，16 篇报告，吸引了多达 90 位海内外听众参加。

世界卫生纸亚洲展览会以其较高的国际化和专业化水平，为中国生活用纸企业拓展业务、开发海外市场、引进国际先进技术提供了良好的平台，也为世界进一步了解中国生活用纸市场搭建了一座桥梁。

2014 年 11 月　第二十届生活用纸企业家高峰论坛会议在南宁召开
November 2014　The 20th Meeting of China Tissue Paper Executives Summit (CTPES) Held in Nanning

从第二十届会议开始，中国生活用纸企业家俱乐部更名为中国生活用纸企业家高峰论坛。

第二十届中国生活用纸企业家高峰论坛会议在轮值主席单位广西华美纸业集团有限公司的周到安排和大力支持下，于 2014 年 11 月 22 日在广西南宁举行，来自高峰论坛成员企业和特邀企业的代表共计 38 人参加了会议。

在会议发言和讨论中，代表一致认为，面对目前生活用纸行业产能“井喷式”增长及严峻的市场竞争形势，企业应该对新增项目更加理性，做到量体裁衣、适度推进，降低运营成本；同时要积极优化产品结构，促进品类多元化发展，以改善整体利润空间。

对于非木纤维原料的发展问题，生活用纸委员会曹振雷主任指出，目前国际原油价格下跌，也会连带国内糖价和蔗渣价格下降，促使蔗农种植热情下降，最终导致蔗渣浆供应不足。而由于人工成本提高，使竹子和稻麦草的收购成本高企，竹浆和草浆价格也将继续上涨。所以非木材纤维今后不可能有大发展，今后行业仍将继续依赖进口木浆。

曹振雷主任总结讲话：

我国的经济发展模式正在改变，对各企业来说，机遇与挑战并存。就今后如何拉动市场消费量的增长，以及维护和推动行业的健康可持续发展，曹主任指出：

(1) 宏观形势。近两年，国家经济进入低速发展时期。当前中国经济发展战略是推动国际化进程，包括人民币国际化、产品国际化、资源国际化等方面。当前的国家政策支持大型民营企业更多地走出去，这也给大型造纸企业带来良好的机会，使品牌走向国际市场，使企业持续发展壮大。

(2) 国际浆价。由于欧洲的文化纸行业低迷，导致全球短纤浆供过于求，预计短纤浆近 3 ~5 年不会有大幅波动。长纤浆则受到加拿大加息等政策的影响，仍有上涨的可能。

(3) 对企业的影响。浆价下降会使企业生产成本降低，小企业的加速淘汰也给大企业的发展腾出市场空间。而此时大企业的品牌建设则尤为重要，企业应通过打造品牌和提升品质，保持自身的竞争力。

参会人员名单：

中国造纸协会生活用纸专业委员会　曹振雷

金红叶纸业集团有限公司　徐锡土、胡美花、洪千淑

维达国际控股有限公司　张健

中顺洁柔纸业股份有限公司　岳勇

广西华美纸业集团有限公司　林瑞财、殷进海、庄仁贵、章晓辉、陈云、班志军、黄懿

永丰余投资有限公司　苏守斌、陈忠民、曾世阳

东顺集团股份有限公司　陈小龙、张士华

东莞市白天鹅纸业有限公司　李刚

上海东冠华洁纸业有限公司　莫建新

上海唯尔福集团股份有限公司　何幼成

胜达集团江苏双灯纸业有限公司　赵林

潍坊恒联美林生活用纸有限公司　李瑞丰、栾咏

王子制纸妮飘(苏州)有限公司　吴金龙

宁夏紫荆花纸业有限公司　张东红

福建恒利集团有限公司　陈绍虬

上海护理佳实业有限公司　周国敏

广西纯点纸业有限公司　姚子虞、甘嘉逸

山东晨鸣纸业集团生活用纸有限公司　韩庆国

漯河银鸽生活纸产有限公司　王奇峰

东莞市达林纸业有限公司(特邀)　黎景均

广西东糖投资有限公司(特邀)　林伟民、洪承博

中国造纸协会生活用纸专业委员会　江曼霞、张玉兰、周杨

2014 年 12 月　组团参加“首届印尼纸浆和造纸行业国际展览会”
December 2014　CNHPIA Organized Group to Attend Paperex Indonesia 2014

2014 年 12 月 3—4 日，首届印尼纸浆和造纸行业国际展览会(PAPEREX INDONESIA 2014)在印尼雅加达会议中心举办。展会由 ITE 展览集团和印尼本地 Prakarsa Sinergi Utama 公司联合主办，展览面积为 $2500m^2$，共有 75 家企业参展，来自 18 个国家和地区，包括澳大利亚、中国、捷克、芬兰、法国、德国、中国香港、印度、印尼、韩国、马来西亚、新加坡、西班牙、瑞典、泰国、沙特阿拉伯、英国和美国等。吸引了世界各地 700 多名专业观众参观。

展会同期举办了为期 1 天的高水平全球纸业领导者论坛，有 5 场技术演讲，来自世界各地的造纸技术专家围绕加强印尼造纸业价值链、绿色造纸、造纸工艺进展和技术突破、以及特种纸和牛皮纸发展情况等议题进行了演讲和讨论。

生活用纸委员会组织“中国生活用纸国家展团”参展，参展净面积达 $108m^2$，展团企业包括中国领先的生活用纸加工设备和包装设备制造商宝索机械、德昌誉机械、松川远亿机械设备，非织造布生产企业山东荣泰新材料、金迪无纺科技，以及宝拓造纸设备、松林刮刀锯、温州王派机械和浙江双元科技、创达机械 10 家企业。展团团员共计 22 人。

由于 PAPEREX INDONESIA 2014 在印尼是首届举办，为期两天的展览虽然整体观众数量不多，但专业观众质量较高。到中国企业展台参观洽谈的客户主要来自印尼、马来西亚、新加坡等东南亚国家，巴林等中东国家，以及印度等国家和地区。

中国参展企业表示，这个展会提供了一个与新老客户面对面沟通和交流的平台，为中国企业更加深入地了解印尼生活用纸市场帮助很大。

展会期间，生活用纸专业委员会与印尼制浆造纸协会(Indonesian Pulp and Paper Association-APKI)见面交流了协会工作和行业情况等。

2015 年 1 月　《生活用纸》杂志由半月刊变更为月刊
January 2015　[Tissue Paper & Disposable Products] Changed from Semimonthly to Monthly Magazine

为适应当前出版业数字化发展变化的形势，满足读者的阅读需求，经研究和申请，北京市新闻出版广电局以“京新广函[2014]244 号”函批复，自 2015 年 1 月起，《生活用纸》(CN11-4571/TS)杂志由半月刊变更为月刊。

变更刊期后的《生活用纸》杂志将继续遵循以往的办刊方针，在栏目设计和内容上进一步提升，并着重加强杂志数字化进程，为生活用纸及

相关行业从业人员提供更便捷的阅读查询方式和更加专业的信息、参考资料。

2015 年 3 月　生活用纸委员会领导机构调整
March 2015　CNHPIA Board of Directors Change

根据近年来生活用纸行业、企业发生巨大变化的实际情况，2015 年 3 月秘书处按照工作条例中规定的程序，对生活用纸专业委员会领导机构做了调整。目的是加强生活用纸委员会领导机构的力量，适应生活用纸行业发展的新形势，更好地发挥行业协会的服务作用，推动行业进步，促进行业发展。

调整具体包括取消 2 家副主任委员单位、12 家常委单位。增补 2 家副主任委员单位、1 家常委单位，1 名副秘书长。

调整后的领导机构包括主任委员 1 人，副主任委员 8 人，秘书长 1 人，常务副秘书长 1 人，副秘书长 2 人，常务委员单位 60 家。

常委单位情况：

1. 除中国轻工集团公司和中国制浆造纸研究院外，担任常委的单位共计 58 家企业。分布在 15 个省、市、自治区。

2. 58 家常委单位企业中，生活用纸和卫生用品生产企业 37 家；设备及器材相关企业 10 家；原辅材料企业 11 家。

（1）37 家生活用纸和卫生用品生产企业中，单纯的生活用纸企业 9 家；单纯的卫生用品企业 18 家；2 种产品兼有的企业 10 家。

（2）10 家设备及器材相关企业中，卫生用品及包装设备制造企业 2 家；生活用纸成品加工及包装设备制造企业 6 家；胶机制造企业 2 家。

（3）11 家原辅材料企业中，产品涉及 SAP（2 家）、流延膜（1 家）、打孔膜（1 家）、非织造布（5 家）、离型纸（1 家）、湿巾防腐剂（1 家）。

2015 年 5 月　第二十一届生活用纸企业家高峰论坛会议在深圳召开
May 2015　The 21st Meeting of China Tissue Paper Executives Summit（CTPES）Held in Shenzhen

在轮值主席单位中顺洁柔纸业股份有限公司的周到安排和大力支持下，第二十一届中国生活用纸企业家高峰论坛会议于 2015 年 5 月 24 日上午在深圳举行，来自成员企业和特邀企业的代表共计 33 人参加了会议。

各企业代表重点围绕中国经济新常态下生活用纸市场格局的变化，企业如何转型升级来应对产能过剩及产品同质化问题，共同促进行业健康发展等议题展开深入讨论。讨论中，代表对行业总体形势和发展有着共同的看法和愿望。

一是在目前行业产能过剩的大背景下，应提倡企业间理性竞争，不能以低价来占领市场，要维护好产品品牌形象和企业合理的利润率，即使在产能过剩情况下企业还是要按市场规律来运营。在行业产能过剩、竞争加剧的情况下，企业更要在产品研发创新方面加大投入，使产品增值。二是节能降耗、清洁环保是行业发展的永恒主题。

曹振雷主任在总结讲话中，建议企业今后发展中应重视两个方面的问题：

第一，多元化。企业要充分研究市场，根据所在地的区域市场及消费特点，推出具有更多价值的特色产品。市场竞争要走正路，不能做损害行业的事。无论是价格战，还是所谓的“发明创造”，都是会对行业造成伤害。要用科学的方法来宣传推广我们的产品，推动行业健康发展。

第二，生态文明。行业要推动环境友好型的产品发展，比如在中国推广低白度的纸，生活用纸白度在 90%ISO 以上是没有必要的，对环境无益。要协同上游浆厂，获得低白度浆的稳定供应，并应采用有 FSC 等森林认证的产品。生活用纸消费者的忠诚度不高，有些消费者愿意为环境友好型的产品买单，但投资废纸脱墨浆生产线一定要谨慎。

参会人员名单

中国造纸协会生活用纸专业委员会　曹振雷

中国制浆造纸研究院　曹春昱

恒安集团有限公司　许连捷

维达国际控股有限公司　李朝旺、董义平

中顺洁柔纸业股份有限公司　邓颖忠、岳勇

金红叶纸业集团有限公司　徐锡土、文英勇、洪千淑

东顺集团股份有限公司　陈小龙、张士华

永丰余投资有限公司　陈忠民、曾世阳

上海东冠纸业有限公司　莫建新、俞伟军

上海唯尔福集团股份有限公司　何幼成、董国昌

胜达集团江苏双灯纸业有限公司　赵林

福建恒利集团有限公司　陈绍虬

上海护理佳实业有限公司　夏双印

宁夏紫荆花纸业有限公司　张东红

漯河银鸽生活纸产有限公司　张进、王奇峰

广西纯点纸业有限公司　姚子虞

山东晨鸣纸业集团股份有限公司　韩庆国

广西华美纸业集团有限公司(福建绿金纸业)庄仁贵

东莞市达林纸业有限公司(特邀)　黎景均

河北义厚成卫生用品有限公司(特邀)　白红敏

保定市港兴纸业有限公司(特邀)　张博信

中国造纸协会生活用纸专业委员会　江曼霞、张玉兰、周杨

2015年5月　2015年生活用纸委员会常委会议在深圳举行

May 2015　The 2015 Conference of CNHPIA Standing Committee Members Held in Shenzhen

2015年5月24日下午，中国造纸协会生活用纸专业委员会在深圳召开了2015年度常委会议。56家常委单位的60多名代表参加了会议。中国轻工集团公司副总经理/生活用纸委员会主任曹振雷博士，恒安(集团)有限公司CEO许连捷，维达纸业(中国)有限公司董事局主席李朝旺，中顺洁柔纸业股份有限公司董事长邓颖忠，金红叶纸业集团有限公司总经理徐锡土等业内领军人物出席常委会议。

会议按照计划，完成了各项内容，包括：(1)秘书处汇报：成立“卫生用品企业家高峰论坛”及今后的活动内容、方式的设想。(2)讨论通过卫生用品企业家高峰论坛章程。(3)生活用纸委员会工作条例修订。(4)秘书处报告：“2014年卫生用品行业的状况和发展趋势”。(5)嘉宾论坛：许连捷、李朝旺、邓颖忠、徐锡土四位嘉宾做专题发言，畅谈行业和企业的可持续发展。(6)代表讨论：在当前经济新常态下，卫生用品行业和企业如何发展。

在四位嘉宾的发言中，他们分享了各自企业发展历程中的成功经验、失败教训，鼓励企业以创新的理念参与市场竞争，促进发展；在代表讨论中，大家对秘书处提议新组建“中国卫生用品企业家高峰论坛”并定期举办沟通交流活动，一致赞同和积极响应，并希望高峰论坛能够成为中国卫生用品行业企业间沟通交流、促进合作、推动行业进步和发展的平台。

代表在讨论行业的发展状况及问题时，有着以下5个方面的共同看法：

(1) 卫生用品行业发展速度快、竞争激烈，以往的成功不代表未来的成功，无论是设备供应商、原料供应商还是产品生产企业，都要全方位地与时俱进，包括设备、技术、产品标准和规范、人才等。

(2) 加大研发投入，提高研发和创新能力。原料企业、设备企业要与产品生产企业战略合作、共同研发，开发出差异化的产品，满足消费者的需求。

(3) 互联网时代对传统产业造成很大的冲击，原来的渠道优势在淡化。渠道碎片化、客户细分是趋势，应对措施要跟上市场的变化，要充分利用互联网的平台。

(4) 要加强行业自律，尊重和保护知识产权，有序竞争，促进行业规范、健康地发展。

(5) 加强产品安全性、可靠性的宣传力度，正确引导消费，提升消费者对国产品牌产品的信心。

曹振雷主任在总结讲话中强调：

(1) 生活用纸委员会秘书处将通过网站、微信公众平台等手段，提高行业服务水平；搭建好“卫生用品企业家高峰论坛”的平台，为企业提供沟通与合作的机会；推动行业健康有序发展。

(2) 卫生用品行业要加强自主研发和创新能力，企业间更要加强合作，研发和生产满足消费

者需求的产品，提高核心竞争力，推动行业转型升级。

（3）加强环境意识，提倡绿色发展，践行社会责任。企业要从节能降耗做起，未来更高、更远的终极目标是开发可再生、可降解的新材料，实现可持续发展。

会议取得圆满成功。

2015 年 5 月　第二十二届生活用纸年会在深圳召开
May 2015　The 22nd China International Disposable Paper EXPO（CIDPEX2015）Held in Shenzhen

第二十二届生活用纸年会暨妇婴童、老人卫生护理用品展会于 2015 年 5 月 25—27 日在深圳会展中心成功举行。本届年会共有来自 22 个省市自治区的 556 家国内企业及包括香港和台湾的 18 个国家和地区的 64 家海外企业参展，35 家企业在国际研讨会上进行了 38 场的演讲。近 200 台设备现场展示。

参观观众来自全国 31 个省市自治区和海外 58 个国家和地区，参观人数近 3 万人。其中来自包括香港、澳门、台湾在内的 58 个国家和地区的海外观众约 2000 人。

参加国际研讨会的听众来自全国 23 个省市自治区和包括香港、台湾的海外 14 个国家和地区，近 400 人。国际研讨会在往年的基础上更进一步升级，今年在“生活用纸专题”、“卫生用品专题”两个专题的基础上，新增了“管理与营销专题”，邀请了业内领军企业、咨询公司、行业协会等演讲，共同探讨行业发展现状及趋势。

“生活用纸专题”和“卫生用品专题”首次采用同声传译，所有的演讲均用中英双语进行，突破了语言障碍，印制了中英文版的《国际研讨会论文集》，满足了国内外听众的需求，也进一步增添了研讨会的国际化氛围。新增设的“管理与营销专题”，特别构建生产厂与经销商“零距离”面对面交流互动平台，邀请行业大佬及领先企业、经销商代表、优秀市场咨询公司和品牌授权管理机构，围绕现代企业管理和品牌建设、销售渠道变化和应对等研讨主题发表主旨演讲。并设立特约嘉宾互动论坛，共同探讨生活用纸和卫生用品行业经销商如何发展，互联网时代下的厂商和经销商的改变等。研讨问题深入有效、贴近企业实际需求，与会代表纷纷表示收获很大。

2015 年 9 月　组团参加“2015 年阿拉伯造纸、卫生纸及加工工业国际展览会”
September 2015　CNHPIA Organized Group to Attend Paper Arabia 2015

2015 年 9 月 14—16 日，“第八届阿拉伯造纸、卫生纸及加工工业国际展览会（Paper Arabia 2015）”在阿联酋迪拜国际会议展览中心举行。中国造纸协会生活用纸专业委员会连续第 7 年组织“中国生活用纸国家展团”参展，帮助中国生活用纸和卫生用品企业走出国门，发掘中东地区市场机遇。其中，包括浙江英凯莫、佛山宝索、佛山德昌誉、泉州创达、北京万丰力、汕头爱美高在内的 12 家中国生活用纸和卫生用品行业企业亮相展会。中国参展企业数量占到总展商数的近一半，而其中生活用纸相关企业为数最多。随着连续多年对中东市场的关注和业务积累，中国生活用纸和卫生用品企业对中东市场情况和特点已有一定认识，中国企业已逐步打开中东市场，产品出口更具针对性，中国产品及设备以高性价比和逐步提升的品质受到越来越多海外客户的青睐。

本届展会共有来自阿联酋、中国、捷克、埃及、利比亚、印度、芬兰、德国等 22 个国家和地区的近 90 家企业参展，约 10000 名专业观众参观。

中国参展企业普遍反映本届展会依然保持了往届的高水准，参观观众专业性高，观众人流量较大，展出效果理想，对于中东市场前景也持续看好。

2015年10月 成立卫生用品企业家高峰论坛，召开首届卫生用品企业家高峰论坛会议
October 2015 Set up the China Hygiene Products Executives Summit (CHPES), Held the First Meeting of China Hygiene Products Executives Summit

2015年10月18日，首届卫生用品企业家高峰论坛在上海召开，来自高峰论坛成员单位及特邀企业的70位高层代表参加论坛。首届论坛的轮值主席单位由上海护理佳实业有限公司、上海紫华企业有限公司和上海丰格无纺布有限公司3家企业联合担任。

此次论坛主要针对当前行业的发展变化情况，着重围绕四个专题进行了讨论，有20位代表精彩发言。

专题一：机遇和挑战——①如何应对进口产品剧增和跨境电商对行业的冲击；②国内企业如何实施“走出去”战略。

专题二：破解同质化魔咒——提倡中小企业专业聚焦，做专精特新企业，形成在细分市场独特的竞争优势，成为某一领域的“隐形冠军”。

专题三：全球化视野改变短板——如何推动行业技术进步：①卓有成效的研发和创新；②领先企业要在引导生产和消费方面发挥作用。

专题四：原材料和设备企业如何助力产品创新。

恒安集团许连捷总裁到会并从行业的高度阐述了在市场竞争中企业要坚持练好内功，迎接挑战。

生活用纸专业委员会主任曹振雷博士在总结讲话中指出，我们必须“克服浮躁文化的影响，加强民族品牌的建设”。他提出：

(1)要专心、专业地做好小而美的企业，争取成为隐形冠军，要把心沉下来，踏踏实实做企业，为消费者提供有价值的产品；

(2)创新要适度，戒除浮躁，不忘初心，只有对消费者、员工和企业三者都有益的创新才有价值；

(3)企业在做宣传策划的时候都要从整个行业的长远利益和企业的长远利益出发，不能因为一时的利益而损害了整个行业的利益；

(4)加强品牌建设，提升民族品牌形象，注重研发，由生产企业牵头，原材料和设备企业联合起来共同开发、培育品牌。

会议还确定了第二届卫生用品企业家高峰论坛的轮值主席单位：福建恒安集团、爹地宝贝股份有限公司和厦门延江新材料股份有限公司。

首届卫生用品企业家高峰论坛是一个良好的开端，取得了良好的效果。参会人员一致反映论坛为卫生用品企业提供了新的沟通交流平台，通过面对面的交流和思想碰撞，大家对行业的发展达成了共识。

参会人员名单：

中国轻工集团公司　曹振雷

北京倍舒特妇幼用品有限公司　李秋红、贺瑞成

河北义厚成日用品有限公司　白红敏

上海护理佳实业有限公司　夏双印、夏国印、陆国雄

上海唯尔福集团股份有限公司　何幼成

上海东冠纸业有限公司　孙海瑜

上海紫华企业有限公司　沈娅芳、朱整伟

上海丰格无纺布有限公司　焦勇、冯云

上海亿维实业有限公司　祁超训

诺信(中国)有限公司　谭宗焕

汉高(中国)投资有限公司　康群、霍婷

波士胶(上海)管理有限公司　王苏、陈洋

上海卓麟投资管理事务所　杨林、叶丽

普杰无纺布(中国)有限公司　宋铁寅、王平

维顺(中国)无纺制品有限公司　许雪春

宜兴丹森科技有限公司　洪锡全

依工玳纳特胶粘设备(苏州)有限公司　张国华、陈小进

金光纸业中国投资有限公司　薛源、王训毅

杭州舒泰卫生用品有限公司　吴跃

杭州珍琦卫生用品有限公司　毛红有

杭州可靠护理用品股份有限公司　金利伟

浙江优全护理用品科技有限公司　严华荣、何国明

台塑吸水树脂(宁波)有限公司　王汉雄、游志贤

悠派护理用品科技股份有限公司　程岗

安庆恒昌机械制造有限责任公司　吕兆荣、吕子恒

恒安集团有限公司 许连捷

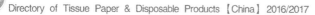

福建恒利集团有限公司 陈绍虬

爹地宝贝股份有限公司 林斌

雀氏（福建）实业发展有限公司 林登峰

厦门延江新材料股份有限公司（原厦门延江工贸有限公司） 谢继华

东方洁昕卫生用品有限公司 陈小龙、张士华

山东俊富非织造材料有限公司 黄声福

河南舒莱卫生用品有限公司 侯建刚

湖北丝宝股份有限公司 陈莺、罗健

维达国际控股有限公司 张健

广东景兴卫生用品有限公司 邓景衡

广东昱升卫生用品实业有限公司 苏艺强、龚斯琪

中山佳健生活用品有限公司 缪国兴

佛山市啟盛卫生用品有限公司 关启明、黄博

佛山市南海必得福无纺布有限公司 邓伟添

广东佰分爱卫生用品有限公司 何永深

佛山市新飞卫生材料有限公司 穆范飞

广州市兴世机械制造有限公司 吴婉宁

广州贝晓德传动配套有限公司 黄葆钧

重庆百亚卫生用品有限公司 冯永林

特邀代表 房雨、吴勇、张帅

中国造纸协会生活用纸专业委员会秘书处 江曼霞、张玉兰、孙静、王娟、漆小华

2015 年 11 月 组团参加“第十二届印度国际造纸及造纸装备展览会”
November 2015 CNHPIA Organized Group to Attend Paperex 2015

2015 年 11 月 1—4 日，第 12 届“印度国际造纸及造纸装备展览会（Paperex 2015）”在印度新德里 Pragati Maidan 展览中心举办。Paperex 是著名的国际造纸展览，二年一届，2015 年展会规模达 25000m^2，共有来自 33 个国家和地区的 545 家造纸及相关行业企业参展，其中中国参展企业共计 58 家。约有来自 55 个国家的 30000 名专业观众参观此次展会。展会同期还举办了为期 3 天的主题为“印度浆纸行业——创新亟待满足”的高水平技术研讨会。

中国造纸协会生活用纸专业委员会组织了包括佛山宝索、佛山德昌誉、汕头爱美高、泉州创达、广州欧克、浙江英凯莫、上海松川、温州王派、万华化学和郑州非尔特在内的 10 家中国生活用纸和卫生用品及相关行业企业的“中国生活用纸国家展团”盛大亮相，参展面积达 108m^2，展团人员共计 20 人。这是生活用纸委员会连续第三次组团参展，帮助中国生活用纸和卫生用品行业企业“走出去”，挖掘印度及周边国家市场机遇，为中国企业国际贸易业务的开拓提供优质服务和平台。

印度生活用纸市场正处于起步阶段，由于印度庞大的人口基数，未来内需会持续扩大。并且随着印度经济的发展、生活水平和居民消费意识的提高，印度生活用纸的使用量将会逐渐增加，所以中国企业的重点是要培育市场，深度挖掘印度市场的潜力，抢占先机，以赢取在印度市场的长远发展。

此次中国企业参展收获圆满。展览现场与新老客户交流洽谈，推介公司的最新设备和技术。中国产品的高性价比和过硬质量赢得了众多客户的关注，展出效果十分良好。中国参展企业普遍反映本届展会参观观众专业性高，观众人流量较大，对于印度市场前景相当看好。

虽然展会以造纸业为主，但不少印度客户对纸尿裤等卫生用品很感兴趣，卫生用品成为展会现场受关注度较高的产品之一。

为更加深入地了解印度生活用纸和卫生用品行业发展现况，推动中印两国同行间经贸交流与技术合作，Paperex2015 展会期间，生活用纸专业委员会与印度造纸学会（IPPTA）、印度非织造布协会（BCH）和印度农业及再生纸协会（IARPMA），对中印的生活用纸行业状况进行了深入交流。

会员单位名单(2015年)
List of the CNHPIA members(2015)

国内会员单位

	会员名称
北京	金佰利(中国)有限公司
	北京宝洁技术有限公司
	北京倍舒特妇幼用品有限公司
	北京特日欣卫生用品有限公司
	北京爱华中兴纸业有限公司
	北京桑普生物化学技术有限公司
	北京艾雪伟业科技有限公司
	钛玛科(北京)工业科技有限公司
	北京大森长空包装机械有限公司
	芬欧汇川(中国)有限公司
	北京绎尚优品商贸有限公司
	北京九佳兴卫生用品有限公司
	北京大源非织造有限公司
	中卫安(北京)认证中心
天津	天津市依依卫生用品有限公司
	博爱(中国)膨化芯材有限公司
	小护士(天津)实业发展股份有限公司
	天津市英赛特商贸有限公司
	天津市双马香精香料新技术有限公司
	天津骏发森达卫生用品有限公司
	天津天辉机械有限公司
	天津市中科健新材料技术有限公司
	天津市实骁伟业纸制品有限公司
	天津市麒麟造纸有限公司
	天津比朗德机械制造有限公司
	天津莫莱斯柯科技有限公司
河北	唐山市博亚树脂有限公司
	河北义厚成日用品有限公司
	东纶科技实业有限公司
	河北雄县鹏程彩印有限公司
	保定市三莱特纸品机械有限公司
	保定市港兴纸业有限公司
	新乐华宝塑料薄膜有限公司
	河北雪松纸业有限公司
	河北中信纸业有限公司
	河北氏氏美卫生用品有限责任公司
	保定市东升卫生用品有限公司
	满城县新宇纸业有限公司
	廊坊金洁卫生科技有限公司(廊坊市洁平卫生用品有限公司)
	邢台北人印刷有限公司
山西	山西云冈纸业有限公司(大同市恒洁卫生用品有限公司)

续表

	会员名称
辽宁	沈阳东联日用品有限公司
	丹东市丰蕴机械厂(丹东市天和纸制品有限公司)
	丹东北方机械有限公司
	辽阳慧丰造纸技术研究所
	大连富源纤维制品有限公司
	大连富源非织造布有限公司
	大连日之宝商贸有限公司
吉林	白城福佳科技有限公司
	四平圣雅生活用品有限公司
	吉化集团吉林市星云化工有限公司
上海	上海唯尔福(集团)有限公司
	尤妮佳生活用品(中国)有限公司
	上海沛龙特种胶粘材料有限公司
	上海联宾塑胶工业有限公司
	上海紫华企业有限公司
	上海联胜化工有限公司
	上海东冠纸业有限公司
	康那香企业(上海)有限公司
	上海护理佳实业有限公司
	上海花王有限公司
	意大利亚赛利有限公司上海代表处
	巴斯夫(中国)有限公司
	亿利德纸业(上海)有限公司
	上海唯爱纸业有限公司
	上海智联精工机械有限公司
	上海高聚实业有限公司
	上海亿维实业有限公司
	上海德山塑料有限公司
	上海丰格无纺布有限公司
	上海御流包装机械有限公司
	德旁亭(上海)贸易有限公司
	汉高股份有限公司
	香港联昌证券有限公司上海代表处
	上海富永纸品包装有限公司
	中丝(上海)新材料科技有限公司
	上海松川远亿机械设备有限公司
	上海奕嘉恒包装材料有限公司
	恒信金融租赁有限公司
	上海柔亚尔卫生材料有限公司
	上海迪凯标识科技有限公司
	山特维克国际贸易(上海)有限公司

续表

	会员名称
上海	上海守谷国际贸易有限公司
	上海森明工业设备有限公司
	伊士曼(上海)化工商业有限公司
	奥普蒂玛包装机械(上海)有限公司
	苏州市旨品贸易有限公司上海办事处
	包利思特机械(上海)有限公司
	上海庄生实业有限公司
	纳尔科(中国)环保技术服务有限公司
	上海黛龙生物工程科技有限公司
	乐金化学(中国)投资有限公司上海分公司
	德国舒美有限公司上海代表处
	上海华谊丙烯酸有限公司
	上海恒意得信息科技有限公司
	雅柏利(上海)粘扣带有限公司
	晓星国际贸易(嘉兴)有限公司上海处
	上海世展化工科技有限公司
	上海吉臣化工有限公司
	上海市松江印刷厂有限公司
	上海嘉好胶粘制品有限公司
	上海善实机械有限公司
	斯道拉恩索投资管理(上海)有限公司
	上海贝睿斯生物科技有限公司
	知为(上海)实业有限公司(BPI CHINA 上海代表处)
	巴西金鱼浆纸公司上海代表处
	欧睿信息咨询(上海)有限公司
	帝化国际贸易(上海)有限公司
	远纺工业(上海)有限公司
	上海斐庭日用品有限公司
江苏	盟迪(中国)薄膜科技有限公司
	江苏金卫机械设备有限公司
	常州市东风卫生机械设备制造厂
	松林国际刮刀锯有限公司
	维顺(中国)无纺制品有限公司
	王子制纸妮飘(苏州)有限公司
	APP(中国)生活用纸
	永丰余家品(昆山)有限公司
	胜达集团江苏双灯纸业有限公司
	泰州远东纸业有限公司
	顺昶塑胶(昆山)有限公司
	南京森和纸业有限公司
	江苏三笑集团有限公司
	金王(苏州工业园区)卫生用品有限公司
	日触化工(张家港)有限公司
	金湖三木机械制造实业有限公司
	苏州龙邦贸易有限公司
	无锡沪东麦斯特环境工程有限公司

续表

	会员名称
江苏	江阴金凤特种纺织品有限公司
	江苏德邦卫生用品有限公司
	宜兴丹森科技有限公司
	江苏美灯纸业有限公司(滨海县蓝天纸业有限公司)
	苏州婴爱宝胶粘材料科技有限公司
	兰精(南京)纤维有限公司
	如东县宝利造纸厂
	普杰无纺布(中国)有限公司
	莱芬豪舍塑料机械(苏州)有限公司
	金顺重机(江苏)有限公司
	达伯埃(江苏)纸业有限公司
	淮安金华卫生用品(设备)有限公司
	江苏斯尔邦石化有限公司
	江苏华西村股份有限公司特种化纤厂
	常州市铸龙机械有限公司
	江苏必康嘉隆制药股份有限公司
	苏州市苏宁床垫有限公司
	江苏贝斯特数控机械有限公司
	无锡中鼎物流设备有限公司
	溧阳市江南烘缸制造有限公司
	常州盖亚材料科技有限公司
	昆山尚威包装科技有限公司
	江苏米咔婴童用品有限公司
	恒天长江生物材料有限公司
	江苏金莲纸业有限公司
	盐城天盛卫生用品有限公司
浙江	杭州新余宏机械有限公司
	杭州可悦卫生用品有限公司
	浙江诸暨造纸厂
	嘉兴市申新无纺布厂
	宁波东誉无纺布有限公司
	衢州双熊猫纸业有限公司
	瑞安市瑞乐卫生巾设备有限公司
	杭州小姐妹卫生用品有限公司
	杭州珂瑞特机械制造有限公司
	浙江省华夏包装有限公司
	杭州川田卫生用品有限公司
	杭州珍琦卫生用品有限公司
	浙江金通纸业有限公司
	台塑吸水树脂(宁波)有限公司
	温州昌隆纺织科技有限公司
	杭州品享科技有限公司
	浙江鼎业机械设备有限公司
	温州市王派机械科技有限公司
	杭州纸邦自动化技术有限公司
	杭州可靠护理用品股份有限公司

续表

	会员名称
浙江	德清县武康镇创智热喷涂厂
	杭州大路装备有限公司
	杭州舒泰卫生用品有限公司
	浙江新维狮合纤股份有限公司
	浙江卫星石化股份有限公司
	湖州优全护理用品科技有限公司
	瑞安市金邦喷淋技术有限公司
	杭州豪悦实业有限公司
	杭州轻通博科自动化技术有限公司
	浙江珍琦护理用品有限公司
	杭州嘉杰实业有限公司
	瑞安市启扬机械有限公司
	浙江耐特过滤技术有限公司
	温州市天铭印刷机械有限公司
	瑞安市大伟机械有限公司
	浙江代喜卫生用品有限公司
	杭州维美德造纸机械有限公司
	浙江英凯莫实业有限公司
	杭州翰永物资有限公司
	嘉兴南华无纺材料有限公司
	温州胜泰机械有限公司
	俐特尔(杭州)包装材料有限公司
	湖州东日环保科技有限公司
	浙江弘安纸业有限公司
	浙江正华纸业有限公司
	杭州余宏卫生用品有限公司
	义乌市广鸿无纺布有限公司
	浙江紫佰诺卫生用品股份有限公司
	浙江省消毒产品标准化技术委员会
	浙江瑞康日用品有限公司
安徽	安庆市恒昌机械制造有限责任公司
	铜陵洁雅生物科技股份有限公司
	芜湖悠派卫生用品有限公司
	安徽宏泰纸业有限公司
	黄山富田精工制造有限公司
	马鞍山市富源机械有限公司
	安徽格义循环经济产业园有限公司
	合肥博玛机械自动化有限公司
福建	恒安(集团)有限公司
	福建恒利集团有限公司
	福建莆田佳通纸制品有限公司
	厦门延江工贸有限公司
	建亚保达(厦门)卫生器材有限公司
	福建培新机械制造实业有限公司
	泉州市汉威机械制造有限公司
	泉州市东工机械制造有限公司

续表

	会员名称
福建	泉州大昌纸品机械制造有限公司
	福建妙雅卫生用品有限公司
	泉州新日成热熔胶设备有限公司
	晋江市东南机械制造有限公司
	福建泉州明辉轻工机械有限公司
	邦丽达(福建)新材料股份有限公司
	三明市普诺维机械有限公司
	南安长利塑胶有限公司
	中天(中国)工业有限公司
	龙海市明发塑料制品有限公司
	漳州市芗城晓莉卫生用品有限公司
	南安市满山红纸塑彩印有限公司
	雀氏(福建)实业发展有限公司
	厦门市立克传动科技有限公司
	福建省南安市乔东复合制品有限公司
	福建满山红包装股份有限公司
	晋江汇森高新材料科技有限公司
	美佳爽(中国)有限公司
	福建漳州市智光纸业有限公司
	泉州市创达机械制造有限公司
	厦门安德立科技有限公司
	福建亿发集团有限公司
	福建省昌德胶业科技有限公司
	爹地宝贝股份有限公司
	晋江市新合发塑胶印刷有限公司
	泉州天娇妇幼卫生用品有限公司
	厦门恒大工业有限公司
	福建益川自动化设备股份有限公司
	晋江市兴泰无纺制品有限公司
	晋江市顺昌机械制造有限公司
	厦门佳创机械有限公司
	福建冠泓工业有限公司
	泉州丰泽恩加品牌策划有限公司
	福建省长汀县天乐卫生用品有限公司
	泉州恒新纸品机械制造有限公司
	晋江市德豪机械有限公司
	厦门力和行光电技术有限公司
	利安娜(厦门)日用品有限公司
	中南纸业(福建)有限公司
	福建蓝雁卫生科技有限公司
	晋江市恒质纸品有限公司
	长城崛起(福建)新材料科技股份公司
	泉州市茂源石油机械设备制造有限公司
	泉州新威达粘胶制品有限公司
	福建省汉和护理用品有限公司
	福建新超机械有限公司

续表

	会员名称
福建	石狮市宏信商业有限责任公司
	泉州市肯能自动化机械有限公司
	松嘉(泉州)机械有限公司
	晋江海纳机械有限公司
江西	江西省美满生活用品有限公司
	江西妈宝婴儿用品有限公司
	江西欧克科技有限公司
山东	潍坊恒联美林生活用纸有限公司
	山东信成纸业有限公司
	东明县康迪妇幼用品有限公司
	诸城市大正机械有限公司
	东营市胜安卫生用品有限公司
	山东银光机械制造有限公司
	山东含羞草卫生科技股份有限公司
	山东华林机械有限公司
	诸城市金隆机械制造有限责任公司
	山东泉林纸业有限责任公司
	东顺集团股份有限公司
	山东晨鸣纸业集团股份有限公司
	山东艾丝妮乐卫生用品有限公司
	山东俊富非织造材料有限公司
	诸城市汇川机械厂
	山东赛特新材料股份有限公司
	山东信和造纸工程有限公司
	山东诺尔生物科技有限公司
	潍坊中顺机械科技有限公司
	万华化学集团股份有限公司
	山东太阳生活用纸有限公司
	山东中科博源新材料科技有限公司
	东营市海科新源化工有限责任公司
	山东开泰石化股份有限公司
	山东昊月树脂有限公司
	东营海容新材料有限公司
	青岛瑞利达机械制造有限公司
河南	漯河银鸽生活纸产有限公司
	陆丰机械(郑州)有限公司
	河南舒莱卫生用品有限公司
	河南省许昌浩森纸制品有限公司
	平舆中南纸业有限公司
湖北	湖北丝宝卫生用品有限公司
	湖北世纪雅瑞纸业有限公司
	湖北乾峰新材料科技有限公司
	武汉友道自动化控制有限公司
	湖北省弘洋集团纸业有限公司
	湖北佰斯特卫生用品有限公司
	武汉市天天纸业有限公司

续表

	会员名称
湖南	湖南恒安纸业有限公司
	湖南省恒昌卫生用品有限公司
	湖南爽洁卫生用品有限公司
	常德烟草机械有限责任公司
	长沙正达轻科纸业设备有限公司
	一朵众赢电商科技股份有限公司
	湖南千金卫生用品股份有限公司
	湖南盛顺纸业有限公司
	湘潭金诚纸业有限公司
	长沙长泰机械股份有限公司
广东	维达纸业(中国)有限公司
	广州卓德嘉薄膜有限公司
	广州市兴世机械制造有限公司
	万益纸巾(深圳)有限公司
	东莞市白天鹅纸业有限公司
	美亚无纺布纺织产业用布科技(东莞)有限公司
	东莞市佳鸣机械制造有限公司
	东莞佳鸣造纸机械研究所
	佛山华韩卫生材料有限公司
	佛山市联塑万嘉新卫材有限公司
	佛山市啟盛卫生用品有限公司(佛山市美适卫生用品有限公司)
	南海市桂城景兴商务拓展有限公司
	佛山市兆广机械制造有限公司
	佛山佩安婷卫生用品实业有限公司
	佛山市南海区宝索机械制造有限公司
	中山瑞德卫生纸品有限公司
	中顺洁柔纸业股份有限公司
	中山佳健生活用品有限公司
	中山市川田生活用品有限公司
	佛山市南海区德昌誉机械制造有限公司
	深圳市腾科系统技术有限公司
	佛山市南海置恩机械制造有限公司
	汕头市万安纸业有限公司
	中山市宜姿卫生制品有限公司
	国桥实业(深圳)有限公司
	佛山市南海必得福无纺布有限公司
	东莞皇尚企业股份有限公司
	广东茵茵股份有限公司
	佛山市新飞卫生材料有限公司
	揭阳市洁新纸业股份有限公司
	佛山市顺德区乐从康怡卫生用品有限公司
	东莞利良纸巾制品有限公司
	深圳市嘉美斯机电科技有限公司
	深圳市亿宝纸业有限公司
	东莞市常兴纸业有限公司

续表

	会员名称
广东	东莞嘉米敦婴儿护理用品有限公司
	江门市新龙纸业有限公司
	佛山市南海毅创设备有限公司
	西朗纸业(深圳)有限公司
	广州贝晓德传动配套有限公司
	惠州市汇德宝护理用品有限公司
	东莞市达林纸业有限公司
	广东一洲无纺布实业有限公司
	东莞瑞麒婴儿用品有限公司
	佛山南宝高盛高新材料有限公司
	深圳市嘉丰印刷包装有限公司
	佛山市南海区德利劲包装机械厂
	佛山市鹏轩机械制造有限公司
	佛山市南海区宝拓造纸设备有限公司
	广州市睿漫化工有限公司
	佛山市南海区德虎纸巾机械厂
	广州市顶丰自动化设备有限公司
	深圳市轩泰机械设备有限公司
	东莞市科环机械设备公司
	广东省信达纸业有限公司
	广东昱升卫生用品实业有限公司
	佛山市协合成机械设备有限公司
	江门市蓬江区跨海工贸有限公司
	东莞市成铭胶粘剂有限公司
	深圳市迅科自动化设备有限公司
	佛山市精拓机械设备有限公司
	江门市新会区宝达造纸实业有限公司
	东莞市程富实业有限公司
	佛山市腾华塑胶有限公司
	广东省佰分爱卫生用品有限公司
	广东省佛山市南海区志胜激光制辊有限公司
	佛山市今飞机械制造有限公司
	佛山市南海铭阳机械制造有限公司
	深圳市御品坊日用品有限公司
	江门市新会区园达工具有限公司
	心丽卫生用品(深圳)有限公司
	广州彼岸品牌营销策划有限公司
	美塞斯(珠海保税区)工业自动化设备有限公司
	江门市东雷达实业有限公司
	广东聚胶粘合剂有限公司
	深圳市嘉美高科系统技术有限公司
	深圳市爱普克流体技术有限公司
	广东比伦生活用纸有限公司
	中山市恒广源吸水材料有限公司
	诺斯贝尔(中山)无纺日化有限公司
	广州德渊精细化工有限公司

续表

	会员名称
广东	深圳市鑫冠臣机电有限公司
	东莞市宝盈妇幼用品有限公司
	佛山市科牛机械有限公司
	深圳市耀邦日用品有限公司
	佛山市南海区科能达包装彩印有限公司
	深圳市弘捷琳自动化设备有限公司
	诺信新科技有限公司
	广东佛山宏发塑料加工场
	深圳市佳萱纸业有限公司
	东莞市佛尔盛机电科技有限公司
	广东鑫雁科技有限公司
	东莞市沙田新易恒机械设备厂
	广州韶能本色纸品有限公司
	佛山市德翔机械有限公司
	广州市富尔菱自动化系统有限公司
	东莞市汉氏纸业有限公司
	佛山市嘉和机械制造有限公司
	汕头市节能环保科技有限公司
	广东美联新材料股份有限公司
	广州市粤盛工贸有限公司
	广州市永麟卫生用品有限公司
	广州科毅工艺有限公司
	广州银森企业有限公司
	广州艾泽尔机械设备有限公司
	广东花坪卫生材料工业有限公司
	江门市宝柏纸业有限公司
	深圳市哈德胜精密科技有限公司
	东莞市自成机械设备有限公司
	实宜机械设备(佛山)有限公司
广西	广西洁宝纸业有限公司
	南宁侨虹新材料有限责任公司
	广西贵糖(集团)股份有限公司
	广西华怡纸业有限公司
	南宁市佳达纸业有限责任公司
	广西横县江南纸业有限公司
	柳州两面针纸业有限公司
	柳州市卓德机械科技有限公司
	广西百色百盛机械有限公司
	广西乐达包装有限公司
	柳州市维特印刷机械制造有限公司
重庆	重庆百亚卫生用品有限公司
	重庆珍爱卫生用品有限责任公司
	重庆理文卫生用纸制造有限公司
	重庆盛丰纸业有限公司
四川	四川友邦纸业有限公司
	成都市豪盛华达纸业有限公司

续表

	会员名称
四川	成都彼特福纸品工艺有限公司
	成都市丰裕纸业制造有限公司
	四川佳益卫生用品有限公司
	成都居家生活造纸有限责任公司
	四川亿达纸业有限公司
	四川信联融创实业有限公司
贵州	贵州恒瑞辰机械制造有限公司
云南	云南嘉信和纸业有限公司
	云南汉光纸业有限公司
	云南万达纸业股份有限公司
西藏	西藏坎巴嘎布卫生用品有限公司
陕西	陕西欣雅纸业有限公司(陕西兴包企业集团有限责任公司)
	西安航天华阳机电装备有限公司
	陕西理工机电科技有限公司
宁夏	宁夏紫荆花纸业有限公司

海外会员单位

	会员名称
日本	日本卫生材料工业连合会 (JHPIA)
	日本池上交易株式会社(IKEGAMI KOEKI)
	日本株式会社瑞光(ZUIKO)
	川之江造纸机械(嘉兴)有限公司(KAWANOE)
	日惠得造纸器材(上海)有限公司(NIPPON FELT)
	上海伊藤忠商事有限公司(ITOCHU)
	广州伊藤忠商事有限公司(ITOCHU)
	伊藤忠(中国)集团有限公司(ITOCHU)

续表

	会员名称
日本	住友精化贸易(上海)有限公司(SUMITOMO)
	大王(南通)生活用品有限公司(GOO. N)
	贝亲母婴用品(常州)有限公司(PIGEON)
	日东(中国)新材料有限公司(NITTO)
美国	美国诺信(中国)有限公司(NORDSON)
	美国惠好(亚洲)有限公司(WEYERHAEUSER)
	GP 纤维亚洲香港有限公司(GP Cellulose)
	依工玳纳特公司(ITW DYNATEC)
	致优无纺布(无锡)有限公司(First Quality)
	富乐(中国)粘合剂有限公司
意大利	法麦凯尼柯机械(上海)有限公司(FAMECCANICA)
	意大利柯尔柏机械贸易(上海)有限公司(KÖRBER)
	意大利拓斯克公司(Toscotec)
	Tissue Machinery Company S. P. A. (TMC)
芬兰	维美德集团(Valmet)
香港	特艺佳国际有限公司(TECH VANTAGE)
	灯塔亚洲有限公司(DOMTAR)
台湾	台湾百和工业股份有限公司(PAIHO)
德国	威刻勒机器设备(上海)有限公司(W+D)
	恩格利特公司(UNGRICHT Roller+Engraving Technology)
	德国 TKM 集团(TKM)
法国	波士胶芬得利(中国)粘合剂有限公司(Bostik Findley)
	罗盖特管理(上海)有限公司
波兰	PMPoland S. A. 造纸设备有限公司(PMP)
韩国	HYUKSAN PROFEIL CO., LTD.

生活用纸企业家高峰论坛成员单位名单(2015年)
List of the China Tissue Paper Executives Summit (CTPES) members (2015)

会员名称	会员人选
中国轻工集团公司	曹振雷
恒安集团有限公司	许连捷
维达纸业(中国)有限公司	李朝旺
中顺洁柔纸业股份有限公司	岳勇
金红叶纸业集团有限公司	李新久
东顺集团股份有限公司	陈树明
永丰余家品(昆山)有限公司	陈忠民
上海东冠纸业有限公司	孙海瑜
福建恒利集团有限公司	吴家荣
上海唯尔福集团股份有限公司	何幼成
胜达集团江苏双灯纸业有限公司	赵林
广西纯点纸业有限公司	姚子虞
漯河银鸽生活纸产有限公司	张进
上海护理佳纸业有限公司	夏双印
宁夏紫荆花纸业有限公司	纳巨波
山东晨鸣纸业集团生活用纸有限公司	李伟先
东莞市白天鹅纸业有限公司	卢锦洪
广西华美纸业集团有限公司	林瑞财
河北义厚成日用品有限公司	白红敏
保定市港兴纸业有限公司	张二牛
广东比伦生活用纸有限公司	许亦南

卫生用品企业家高峰论坛成员单位名单(2015 年)

List of the China Hygiene Products Executives Summit (CHPES) members (2015)

省市	公司名称	参会人选
北京市	中国轻工集团公司	曹振雷
	北京倍舒特妇幼用品有限公司	李秋红
	北京桑普生物化学技术有限公司	刘洪生
	北京大源非织造有限公司	张志宇
天津市	天津依依卫生用品有限公司	卢俊美
河北省	河北义厚成日用品有限公司	白红敏
上海市	上海唯尔福集团股份有限公司	何幼成
	上海东冠纸业有限公司	孙海瑜
	上海护理佳实业有限公司	夏双印
	上海紫华企业有限公司	沈娅芳
	上海丰格无纺布有限公司	焦勇
	诺信(中国)有限公司	谭宗焕
	富乐胶投资管理(上海)有限公司	Heather. Campe
	波士胶(上海)管理有限公司	Jeffrey Allan Merkt
	上海亿维实业有限公司	祁超训
江苏省	金红叶纸业集团有限公司	李新久
	贝里塑料集团(Berry)	王维波
	维顺(中国)无纺制品有限公司	许雪春
	宜兴丹森科技有限公司	孙骁
	依工玳纳特胶粘设备(苏州)有限公司	张国华
	莱芬豪舍塑料机械(苏州)有限公司	Klaus Reifenhauser
浙江省	杭州可靠护理用品股份有限公司	金利伟
	杭州珍琦卫生用品有限公司	俞飞英
	杭州舒泰卫生用品有限公司	吴跃
	杭州新余宏机械有限公司	孙小宏
	台塑吸水树脂(宁波)有限公司	黄金龙
	南六企业(平湖)有限公司	郑德明
	浙江她说生物科技有限公司	张晨
安徽省	安庆恒昌机械制造有限责任公司	吕兆荣
	黄山富田精工制造有限公司	方安江
福建省	恒安集团有限公司	许连捷，许水深
	福建恒利集团有限公司	吴家荣
	爹地宝贝股份有限公司	林斌
	厦门延江新材料股份有限公司	谢继华
	雀氏(福建)实业发展有限公司	郑佳明
山东省	东顺集团股份有限公司	陈小龙
	山东诺尔生物科技有限公司	荣敏杰
河南省	河南舒莱卫生用品有限公司	侯建正
湖北省	湖北丝宝卫生用品有限公司	罗健

续表

省市	公司名称	参会人选
湖南省	湖南一朵众赢电商科技股份有限公司	刘祥富
广东省	维达纸业(中国)有限公司	李朝旺，张东方
	广东景兴卫生用品有限公司	邓景衡
	佛山市啟盛卫生用品有限公司	关锦添
	东莞白天鹅纸业有限公司	卢锦洪
	广东茵茵股份有限公司	谢锡佳
	广东昱升个人护理用品股份有限公司	苏艺强
	佛山新飞卫生材料有限公司	穆范飞
	佛山市南海必得福无纺布有限公司	邓伟雄
	中山佳健生活用品有限公司	缪国兴
	广州市兴世机械制造有限公司	林颖宗
重庆市	重庆百亚卫生用品股份有限公司	冯永林
	重庆珍爱卫生用品有限责任公司	黄诗平

生产和市场
PRODUCTION AND MARKET

[2]

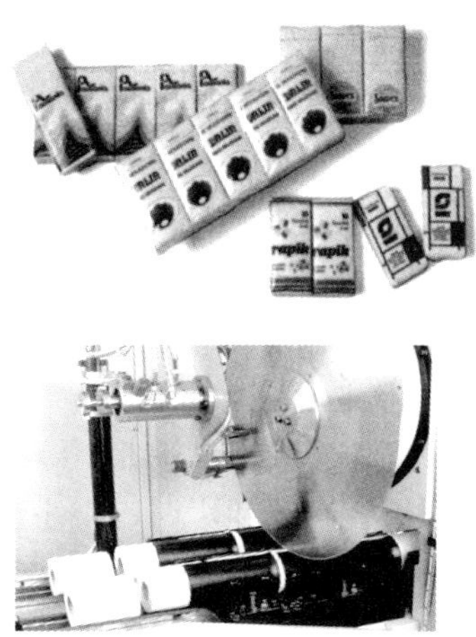

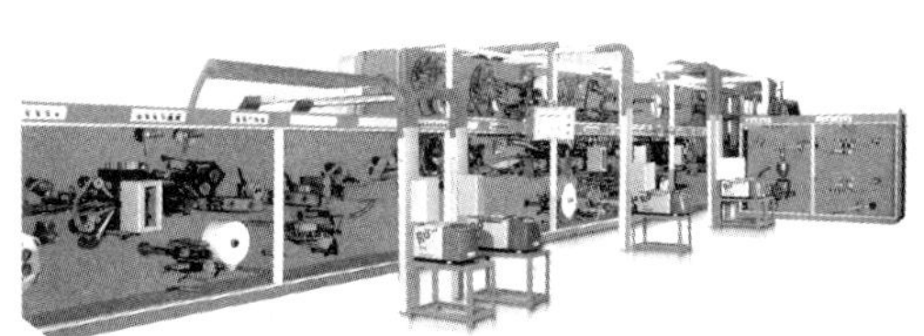

中国生活用纸行业的回顾与展望(2010—2014年)

张玉兰　周杨　江曼霞　中国造纸协会生活用纸专业委员会

2010—2014年，中国生活用纸市场持续增长，行业整体生产技术、装备水平和产品品质继续提高，新技术的应用以及淘汰落后产能和转型升级加速，产业结构和产品结构不断优化。

在供需平衡方面，从2012年开始，新增产能迅速增加，2014年新增产能达到历年最高。由于产能的增长量超过了消费量的增长，整个行业开始出现阶段性产能过剩。供需失衡使市场竞争更加激烈，表现为产品平均出厂价和零售价持续下降，设备利用率降低。与此同时，行业投资也逐步回归理性，部分投资项目延期，新宣布投资项目明显减少。

1　生产量和消费量

2014年生活用纸行业产量为736.3万吨，比2010年增长约40%；消费量为643.1万吨，比2010年增长约38%；年人均消费量为4.7千克，比2010年增加1.22千克。

表1　生活用纸的生产量和消费量(2010—2014年)

年　份	2014	2013	2012	2011	2010	年复合增长/%
产能/万吨	944.0	851.0	784.0	684.8	617.0	11.22
产量/万吨	736.3	680.8	627.3	582.1	524.8	8.83
销售量/万吨	714.2	663.8	612.0	567.4	510.0	8.78
进口量/万吨	3.58	3.36	3.59	4.2	2.8	6.34
出口量/万吨	74.7	63.52	52.81	46.2	46.5	12.58
净出口量/万吨	71.12	60.16	49.22	42.0	43.7	12.95
消费量/万吨	643.1	603.6	562.8	525.4	466.3	8.37
年人均消费量/千克	4.7	4.4	4.2	3.9	3.48	7.80
出厂均价/(元/吨)	9700	9900	10200	10491	9700	0
工厂销售总额/亿元	692.8	657.2	624.0	595.3	494.7	8.78
市场均价/(元/吨)	12610	12870	13260	12600	11650	2.00
国内市场规模/亿元	810.9	776.9	746.3	662.0	543.2	10.54

注：(1) 根据国家统计局资料，2014年年底总人口13.68亿人，2013年年底总人口13.61亿人；2012年年底总人口13.54亿人，2011年年底总人口13.47亿人，2010年年底总人口13.41亿人。

(2) 2014年、2013年、2012年市场均价按出厂均价加价30%计，2011年、2010年市场均价按出厂均价加价20%计。

2　主要生产商和品牌

中国目前的生活用纸市场仍是由多个生产商组成，但原纸生产的行业集中度不断提升，2014年有原纸生产环节的综合性生产商已经减少至400家左右。2010—2014年，排名前15位和排名前4位的企业产能、产量、销售额占比逐年提高。目前原纸生产企业主要分布在山东、广东、四川、河北、广西、福建、湖南、湖北、辽宁等省、自治区。其中四川、河北和广西以中小型企业为主。全国性的三大品牌是心相印、维达、清风。

表2　综合排序前15位的生活用纸生产商(2010—2014年)

年份	2014		2013		2012		2011		2010	
序号	公司名称	产能/(万吨/年)	公司名称	产能/(万吨/年)	公司名称	产能/(万吨/年)	公司名称	产能/(万吨/年)	公司名称	产能/(万吨/年)
1	恒安	96	金红叶	100	恒安	90	恒安	60	恒安	55.52
2	金红叶	139	恒安	90	金红叶	88	金红叶	60	维达	37

续表

年份	2014		2013		2012		2011		2010	
3	维达	89	维达	76	维达	54	维达	47	金红叶	49.44
4	中顺洁柔	47.7	中顺洁柔	32.5	中顺洁柔	29.5	中顺洁柔	23.6	中顺洁柔	21.1
5	山东东顺	31.6	山东东顺	28	上海东冠	14	上海东冠	6.72	上海东冠	6.2
6	上海东冠	14	上海东冠	14	山东东顺	20.3	上海金佰利	2.4(含外加工)	上海金佰利	2.27(含外加工)
7	永丰余	15	永丰余家品	10	永丰余家品	10	永丰余家品	5.92	永丰余家品	5.92
8	上海金佰利	1.5	上海金佰利	1.5	上海金佰利	2.9(含外加工)	东莞白天鹅	5(含蔗渣浆纸)	东莞白天鹅	5(含蔗渣浆纸)
9	宁夏紫荆花	9.8(含麦草浆纸)	宁夏紫荆花	10(含草浆纸)	宁夏紫荆花	12(含草浆纸)	宁夏美洁	14(含草浆纸)	宁夏美洁	14(含草浆纸)
10	福建恒利	9	广西洁宝	7.2(含蔗渣浆纸)	广西洁宝	7.2(含蔗渣浆纸)	广西洁宝	8.26(含蔗渣浆纸)	广西贵糖	4+5.6(含蔗渣浆纸)
11	东莞白天鹅	8(含蔗渣浆纸)	东莞白天鹅	8(含蔗渣浆纸)	东莞白天鹅	6(含蔗渣浆纸)	宁夏紫荆花	12(含草浆纸)	宁夏紫荆花	10(含草浆纸)
12	江苏双灯	10(含稻麦草浆、废纸浆纸)	江苏双灯	10(含草浆、废纸浆纸)	江苏双灯	12(含草浆、再生纸)	江苏双灯	14(含草浆、再生纸)	王子妮飘	1.5
13	漯河银鸽	16	广西华美	43(含蔗渣浆纸)	广西华美	27(含蔗渣浆纸)	山东东顺	15	惠州福和	8.46(含再生纸)
14	保定市港兴	8	福建恒利	9	福建恒利	9	广西华美	18(含蔗渣浆纸)	江苏双灯	10(含草浆、再生纸)
15	山东晨鸣	12	漯河银鸽	15.5	河南奥博	18	河南奥博	18	山东东顺	10.5

表 3 排名前 15 位企业合计规模在行业占比情况(2010—2014 年)

年 份	2010	2011	2012	2013	2014
产能/%					53.7
产量/%	36.8	40.3	45.0	47.8	48.1
销售额/%	41.3	43.5	48.3	51.1	51.9

APP(金红叶)、恒安、维达、中顺洁柔是中国领先的 4 家生活用纸企业，据 RISI 数据显示，2012 年这 4 家企业产能在全球分别排在第 5(包括在印尼的产能)、第 7、第 13 和第 19 位，在亚洲分别排在第 1(包括在印尼的产能)、第 2、第 3 和第 6 位。到 2014 年在全球分别为第 4(包括在印尼的产能)、第 7、第 13 和第 17 位，在亚洲排名保持不变。

恒安是目前居中国第 1 位的生活用纸生产商。根据恒安国际年报，2014 年，恒安生活用纸业务销售额为 108.57 亿港元，比 2013 年增长约 6.4%，生活用纸业务占集团总销售额的约 45.6%(2013 年：48.2%)。生活用纸业务的毛利率上升至约 34.5%(2013 年：34.1%)，主要由于木浆价格于 2014 年下半年起开始回落，抵销因产能过剩及市场竞争激烈对平均售价下降的负面影响[1]。

金红叶是 APP 在中国的生活用纸集团，是位居第 2 的生活用纸生产商。2014 年产能增至 139 万吨/年，目前为中国产能最大的生活用纸生产商。

维达是中国最早的生活用纸专业生产商之一，多年来保持平稳发展的领先地位，目前是居第 3 位的生活用纸生产商。2014 年 7 月，维达国际宣布与公司最大股东爱生雅集团(SCA)签订协议，维达集团将以总代价约 11.4 亿港元现金收购爱生雅于中国内地、香港及澳门的商业营运业务。买卖协议完成后，在生活用纸业务方面，维达集团在免专利权费的基础上取得爱生雅品牌“Tempo 得宝”位于中国内地、香港及澳门的永续及独家使用权，并取得爱生雅全球性品牌“TORK多康”在中国内地、香港及澳门的独家使用权。根据维达年报，2014年维达国际的业绩全面增长。实现营业收入(含少量湿巾、卫生巾、婴儿纸尿裤)79.85亿港元，同比增长17.5%；毛利润24.09亿港元，同比增长22.2%。由于当年木浆成本略有降低及产品结构优化，毛利率增长1.2个百分点至30.2%[2]。维达当年超韧系列等新品的市场推广策略成效显著，是2014年生活用纸业务增长最突出的生产商。

中顺洁柔目前是居第4位的生活用纸生产商，根据中顺洁柔年报，2014年，中顺洁柔营业收入(主要为生活用纸业务销售额)达25.22亿元，同比增长0.8%；净利润为6750.2万元，同比下降41.8%[3]。2014年的经营状况较差。

表4 2010—2014年排名前4位企业合计规模在行业占比情况

年 份	2010	2011	2012	2013	2014
合计产能/万吨	163.1	190.6	261.5	298.5	371.7
产能/%	26.4	27.8	33.3	35.1	39.4
产量/%	22.6	24.1	27.8	30.7	32.8
销售额/%	27.9	30.0	32.3	35.4	36.2

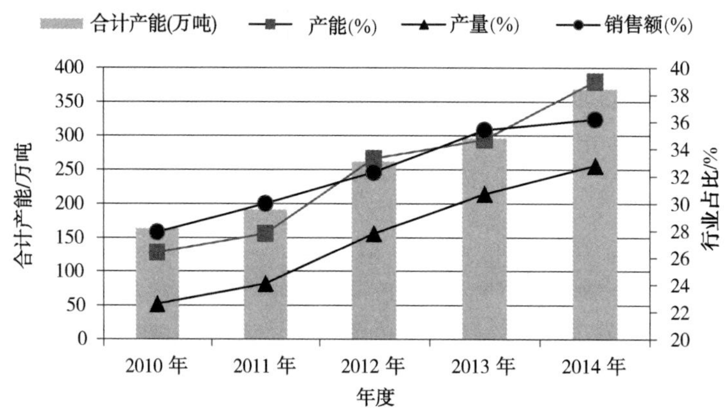

图1 2010—2014年排名前4位企业合计规模在行业占比情况

山东东顺、上海东冠和永丰余目前分别位居第5至7位，在2000—2014年期间产能均有较大增长。东顺是我国北方区域最大的综合性生活用纸生产商，2014年产能提升到30万吨以上，直追中顺洁柔；上海东冠经过数年来的平稳发展，洁云品牌产品在上海和华东地区占有重要的市场份额；永丰余是台湾最大的生活用纸生产商，五月花品牌产品知名度较高；位居第8位的金佰利是全球最大的生活用纸生产商，但目前在中国的业务重点是纸尿裤，生活用纸原纸产量很少，而且没有扩产计划，但其舒洁品牌产品以优质著称。漯河银鸽和山东晨鸣是新进入生活用纸领域的大型造纸企业，拥有较大产能。

3 进出口情况

表 5 生活用纸进出口情况(2010—2014 年)

商品编号	产品	数量/吨					金额/美元				
		2014 年	2013 年	2012 年	2011 年	2010 年	2014 年	2013 年	2012 年	2011 年	2010 年
进口		35803. 39	33615. 005	35947. 079	42415. 718	27937. 672	65261455	57732487	60464236	62285073	42846108
48030000	原纸	27966. 242	26982. 14	30737. 722	36611. 989	21610. 278	46047184	42542917	46937463	46800244	27098300
48181000	卫生纸	3579. 944	2900. 274	2453. 09	3916. 985	4343. 276	8912055	6521806	6951539	10491650	10249617
48182000	面巾纸、手帕纸	2521. 798	2122. 113	1672. 669	1240. 17	1387. 146	5775685	4891493	4060956	3127178	3774458
48183000	纸台布、餐巾纸	1735. 401	1610. 478	1083. 598	646. 574	596. 972	4526531	3776271	2514278	1866001	1723733
出口		747009. 5	635166. 52	528141. 68	461847. 62	465259. 75	1799570986	1256312963	754087518	660777193	586303828
48030000	原纸	223095. 386	196004. 017	140412. 113	83570. 799	76562. 014	342844324	284468628	150353564	94961089	77426857
48181000	卫生纸	282997. 57	242661. 164	226401. 748	229729. 86	249919. 771	764299941	490110657	301683205	286980915	275864519
48182000	面巾纸、手帕纸	200813. 021	161544. 067	124539. 827	115608. 773	102679. 309	571968708	384340808	223541508	207769148	170740639
48183000	纸台布、餐巾纸	40103. 522	34957. 272	36787. 987	32938. 189	36098. 655	120458013	97392870	78509241	71066041	62271813

表 6 2010—2014 年各类生活用纸出口平均价格

美元/吨

商品编号	商品名称	2014 年	2013 年	2012 年	2011 年	2010 年
48030000	原纸	1536. 76	1451. 34	1070. 8	1136. 3	1011
48181000	卫生纸	2700. 73	2019. 73	1332. 51	1249. 21	1104
48182000	面巾纸、手帕纸	2848. 27	2379. 17	1794. 94	1797. 17	1663
48183000	纸台布、餐巾纸	3003. 68	2786. 05	2134. 1	2157. 56	1725
总平均价格		2409. 03	1977. 93	1427. 81	1430. 73	1260. 16

我国是生活用纸的净出口国。2011—2014年，出口持续保持增长，出口量在生产量中的占比约为8%～10%。出口产品的平均价格提高，2014年达2409美元/吨。出口产品结构优化，加工产品占比增加至70%左右。企业应对产能过剩开拓国际市场的努力取得成效。生活用纸进口量较少，2010—2014年，年进口量为4万吨左右，进口量在消费量中的占比不足1%。进口产品以原纸为主，占进口量的80%左右。

出口产品的企业相对集中，恒安、维达、金红叶3家企业占总出口量的40%以上。附录表1是2014年生活用纸出口量排名前20位的企业，这20家公司的出口量合计约41.56万吨，约占出口总量的56%。

4 产品结构

表7 生活用纸消费量中各类产品的份额(2010—2014年)

产品	2014年		2013年		2012年		2011年		2010年	
	消费量/万吨	份额/%	消费量/万吨	份额/%	消费量/万吨	份额/%	消费量/万吨	份额/%	消费量/万吨	份额/%
卫生纸	379.5	59	365.8	60.6	348.8	62	341	64.9	310.1	66.5
面巾纸	157.8	24.5	138.9	23	124	22	106.7	20.3	84.9	18.2
手帕纸	49.2	7.7	46.4	7.7	40	7.1	36.3	6.9	33.7	7.2
餐巾纸	19.9	3.1	19.6	3.3	17.4	3.1	12.6	2.4	12.1	2.6
厨房纸巾	5.3	0.8	4.2	0.7	3.3	0.6	4.2	0.8	6.5	1.4
擦手纸	20.3	3.2	18.3	3	15.7	2.8	13.1	2.5	8.4	1.8
衬纸	7	1.1	6	1	7.2	1.3	7.4	1.4	6.4	1.4
其他	4	0.6	4.4	0.7	6.4	1.1	4.1	0.8	4.2	0.9
生活用纸合计	643.1	100	603.6	100	562.8	100	525.4	100	466.3	100

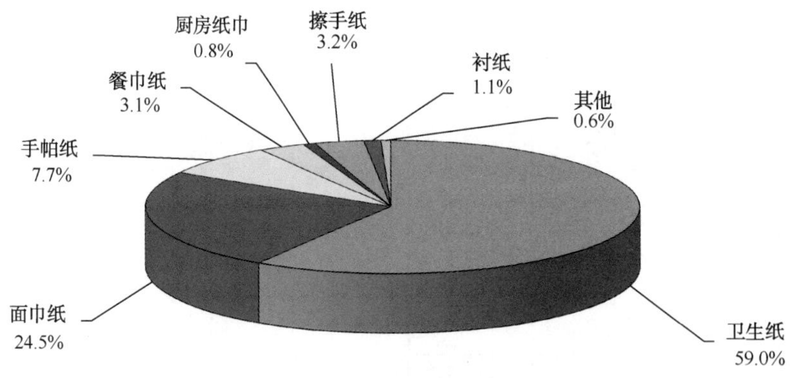

图2 2014年生活用纸的产品结构图示

从2010—2014年中国消费的生活用纸产品结构变化中可以看出，生活用纸消费的产品结构逐渐向西欧、北美和日本等发达国家和地区的水平接近。其中占主导地位的产品是卫生纸，所占份额从2010年的66.5%下降到2014年的59%，仍高于发达国家，发达国家和地区的卫生纸份额(销售量)在55%左右。擦拭纸类产品(厨房纸巾和擦手纸)的消费量，特别是厨房纸巾的消费量仍然远低于发达国家水平(发达国家擦拭纸份额约30%)。从各生产商的产品结构来看，一般大企业的产品结构中，卫生纸的份额低于平均水平，如按产量计，2014年恒安纸业、金红叶均低于50%，金佰利和王子妮飘仅约为10%～25%；而小企业，或使用非木浆、废纸原料的企业，卫生纸的份额则高于平均水平，有些甚至达90%以上。

面巾纸在生活用纸中的份额从2010年的18.2%提高到2014年的24.5%，这是由于面巾纸产品不断向三、四线城市普及，销售量持续地提高，同时软抽面巾纸所占比例越来越高的原因。此外，由于公共场所卫生间配备擦手纸的情况进一步普及，所以擦手纸所占份额从 2010 年的 1.8%提高到2014 年的 3.2%。厨房纸巾消费量增长缓慢，所占份额不足 1%，远未达到发达国家水平，是需要进行消费引导的品类。

5 原料结构

表 8 生活用纸纤维原料结构(2010—2014 年)

纤维原料	2010 年	2011 年	2012 年	2013 年	2014 年
	占比/%	占比/%	占比/%	占比/%	占比/%
木浆	47.5	58.8	71.2	72.8	76.7
草浆	17.2	15.3	9.7	4.5	3.4
蔗渣浆	10.6	10.2	7.6	11.5	9.7
竹浆	9.5	8.9	6.7	7.2	8
废纸浆	6.7	6.8	4.8	4	2.3
其他浆	8.5				

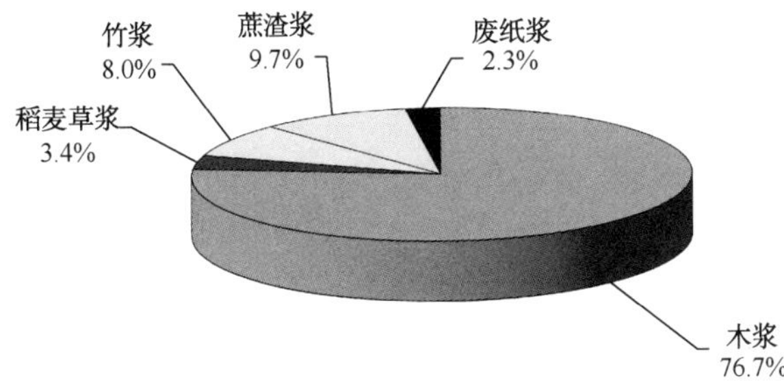

图 3 2014 年中国生活用纸的纤维原料结构图示

生活用纸纤维原料结构在 2010—2014 年期间发生较大变化，其中木浆占比持续提高，从 2010 年的 47.5%提高到 2014 年的 76.7%，而且远高于造纸行业平均水平(2014 年为 26%[4])，草浆的占比下降明显。分析原因主要是从 2012 年开始，商品木浆价格处于低位，而稻麦草浆原料收购成本和制浆成本不断提高，草浆企业转向使用木浆原料的情况也不断增加。

废纸浆使用量也在明显下降，从 2010 年的 6.7%下降到 2014 年的 2.3%。主要由于成本与环保的压力。从长期发展的角度来看，我国生活用纸行业有待进一步优化原料结构，在完善污水处理和保证产品卫生指标的前提下，提高废纸浆在卫生纸、擦手纸原料中的使用比例，这有利于资源的循环利用和行业的可持续发展。

6 木浆价格总体下降，非木浆纤维原料成本优势减弱

2014 年我国生活用纸使用的纤维原料中，木浆已经占 76.7%，而且主要是进口的商品木浆，所以对进口纸浆的依存度大，产品成本受国际纸浆市场价格波动的影响大。2014 年生活用纸使用进口木浆量约占纸浆进口总量的 3 成，在漂白阔叶木浆总量中的占比更大。

根据海关统计数据，2014 年我国纸浆进口总量约 1796 万吨，同比增长 6.6%。进口金额为 120.7 亿美元，同比增长 6.2%。2014 年我国进口纸浆平均价格比 2013 年下降 0.4%。其中，漂白针叶木浆总量约 668 万吨，同比增长 2.8%，均价 718 美元/吨，同比增长 6.8%；漂白阔叶木浆总量约 709 万吨，同比增长 8.2%，均价 577 美元/吨，同比下降 6.9%，详见附表 2。漂白针叶木浆主要进口自加拿大、美国、智利、芬兰、俄罗斯联邦等国家，漂白阔叶木浆主要进口自巴西、印度尼西亚、乌拉圭、智利、美国等国家。

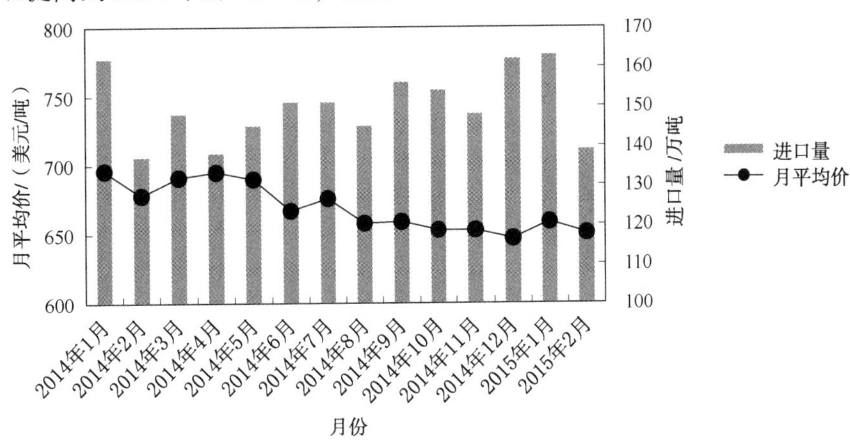

图 4 2014 年 1 月—2015 年 2 月纸浆进口量和价格情况

2014 年，由于生活用纸的主要原料进口漂白阔叶木浆价格走低，国产阔叶木浆也紧随国际浆价走势波动而持续下行，使生活用纸生产企业的木浆成本总体下降。此外，根据国家统计局数据，2014 年原材料、燃料、动力等工业生产资料购进价格比 2013 年下降 2.2%。2014 年人民币兑美元汇率较为平稳，人民币兑欧元、加元处于上升态势，对于以进口浆为主要原料的企业，也产生一定积极作用，这些都有利于抵消产能过快增长导致的行业竞争压力升级。虽然 2014 年众多生产企业仍在为提高市场占有率而大力降价促销，但企业毛利普遍维持在合理区间。据生活用纸委员会统计，行业总体的产品出厂平均价格下调 2.0%。据卓创资讯数据显示，国内 4 个主要省份的卫生纸原纸主流出厂报价走势详见图 5。

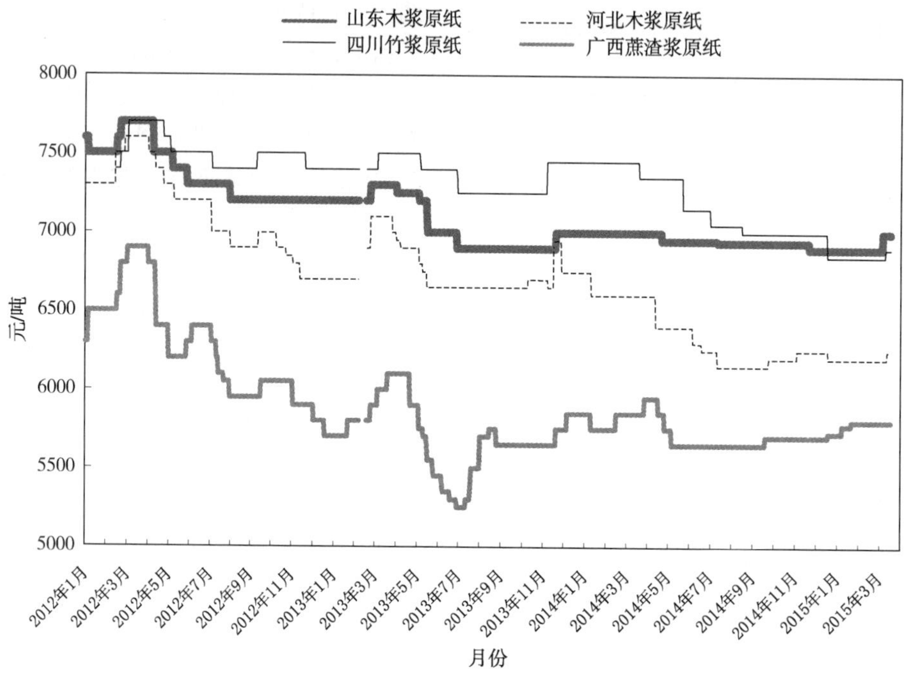

图 5　2012 年 1 月—2015 年 3 月国内生活用纸原纸出厂平均价格

使用非木浆原料的生活用纸生产企业大多规模较小，缺乏资金和设备改造能力，商品浆价波动对这些企业的影响较大。2014 年，由于木浆价格走低、木浆纸产能的大量释放，行业竞争加剧，导致木浆纸的价格继续处于下行趋势。同时由于人工成本的增加等原因造成稻麦草的收购困难和成本提高，加上环境保护压力也在增大，使得稻麦草浆与木浆的价格差别已很小，导致宁夏、陕西及河南等地区走中低端路线的稻麦草浆纸产品成本优势大大减弱，更多的生产企业停产或关闭。四川、重庆的竹浆企业也面临同样的困难，由于成本居高不下，多数浆厂处于亏损或微利状态，虽竹浆纸的总体产销量有所增长，但产品利润空间有限，目前竹浆纸企业也正在积极推出差异化产品，以提高产品附加值。而广西的蔗渣浆纸产品由于国际食糖供过于求，国内食糖价格持续下跌，导致蔗农种植甘蔗面积减少，蔗渣原料供应紧张问题逐渐凸显，蔗渣浆价经多轮调涨，蔗渣浆纸价也水涨船高，与木浆纸的价格差大幅缩小，竞争优势明显降低，产销量下降。

7　产业结构优化和投资热降温

经过 20 多年的发展，中国生活用纸行业已从以国内市场为主转型为具有国际竞争力的产业结构。由于国家实施节能减排和强制淘汰落后产能政策，以及市场竞争的结果，现代化产能的比例持续提高。

表 9　2009—2016 年新增现代化产能情况

年份	2009	2010	2011	2012	2013	2014	2015	2016 及之后计划
新增产能/万吨	33.3	40.35	57.4	110.5	83.15	124.2	111.7	323.3

注：2014 年虽未达到年初时宣布计划投产的产能 244.6 万吨/年，但仍达到历年来年度新增产能最高值。

引进先进卫生纸机生产线使中国生活用纸行业的产业结构发生了巨大的变化，截至2014年年底，我国已投产的进口新月型成形器卫生纸机累计达101台，产能合计391.2万吨；真空圆网型卫生纸机累计达88台，产能合计118.3万吨/年；斜网卫生纸机1台，产能1万吨/年。以上进口卫生纸机产能总计为510.5万吨/年，约占2014年生活用纸总产能的54.1%。

装备现代化的趋势还表现在新月型纸机逐步成为引进纸机的主导机型，而且单条纸机生产线能力达6万吨/年及以上的项目不断增加，2009年为2条，2010年为3条，2011年为4条，2012年为12条，2013年为3条，2014年为9条，2015年为7条，2016年及之后计划为17条。

但前几年投资过热，形成的产能明显过剩。因此，2014年，行业领先企业的扩产步伐趋缓，新进入者明显减少。

大企业的扩张有利于提高行业的集中度、提高行业装备水平、提高产品质量和档次、降低能耗和原材料消耗、减少污染。2014年虽然新增产能达到历年最高值，但新项目投资已趋于理性，产能增长趋势放缓。从企业公布的发展规划来看：

- APP金红叶(2014年达到139万吨，另有12万吨投产计划延期；2015年达到157万吨/年的计划延期)；
- 恒安(2014年达到96万吨，另有18万吨投产计划延期；2015年达到102万吨/年)；
- 维达(2014年达到89万吨、2015年达到95万吨/年)；
- 中顺洁柔(2014年达到47.7万吨，另有2.5万吨投产计划延期；2015年达到50.2万吨/年)。

2014年，新进入生活用纸领域的造纸企业、制浆企业及新的市场参与者包括香港理文、太阳纸业、云南云景、浙江景兴、河北义厚成等，这些有资金实力的企业都投产了大型现代化卫生纸机。

2014年，国家加大淘汰落后产能的力度，工业和信息化部分批强制淘汰落后产能，其中涉及生活用纸相关企业54家，合计淘汰产能约42万吨；同时市场淘汰法则在生活用纸行业中的表现也愈加明显，一是部分企业对高能耗的小纸机主动进行陆续淘汰，另外部分中小型企业因资金及市场等压力被迫停产，已知涉及淘汰和停产的产能约23万吨。两者合计达65万吨，创历年来已知淘汰和停产总产能的新高。即便如此，2014年产能增长(新增现代化产能124万吨，宽幅普通圆网纸机产能30万吨，淘汰产能65万吨，净增产能89万吨)超过了市场需求的增长，行业仍处于阶段性的产能过剩时期，市场竞争更加激烈。大型制浆造纸企业等新进入的生产商，其品牌知名度和市场渠道薄弱，经营普遍困难，主要靠销售原纸维持甚至亏损。中小型生活用纸企业抗风险能力差，没有及时改造升级和经营不善者被加速挤出了市场，优胜劣汰表现得更加活跃，行业呈现加速洗牌的局面，退出的产能为原有大型生活用纸企业腾出市场空间，这些企业的经营情况普遍良好，这也反映了生活用纸行业产业优化升级的良性变化。

8 主要新增产能项目

- 金红叶纸业

2014年产能增加到139万吨，包括：

(1) 苏州的5台新月型纸机(其中1台产能6万吨/年的进口新月型纸机于2014年投产)和6台国产短长网纸机，合计产能37万吨/年；

(2) 海南的10台新月型纸机和18台APP下属机械厂金顺制造的国产新月型纸机(其中3台每台产能6万吨/年的进口新月型纸机和6台每台产能2.5万吨/年的国产新月型纸机于2014年投产，合计新增产能33万吨/年)，合计产能84万吨/年；

(3) 湖北孝感的2台新月型纸机，合计产能12万吨/年；

(4) 辽宁沈阳的1台新月型纸机，产能6万吨/年。

2015年已公布的计划总产能达到157万吨/年。新增项目包括：

(1) 在湖北孝感增加12万吨/年产能；

(2) 在江苏苏州增加6万吨/年产能。

金红叶纸业2012—2015年的产能和卫生纸机数量见附表3。

- 恒安纸业

2014年生产能力增加到96万吨/年。包括：

(1) 湖南恒安纸业5台新月型纸机(其中1台产能6万吨/年的进口新月型纸机于2014年投

产)，合计产能约 24 万吨/年；

(2) 山东恒安纸业 3 台新月型纸机，合计产能 18 万吨/年；

(3) 恒安(中国)纸业 5 台新月型纸机，合计产能 30 万吨/年；

(4) 重庆恒安纸业的 2 台新月型纸机，合计产能 12 万吨/年；

(5) 安徽恒安纸业的 2 台新月型纸机，合计产能 12 万吨/年。

2015 年总产能达到 102 万吨/年。新增项目为在湖南常德增加 6 万吨/年产能。

2016 年计划总产能达到 114 万吨/年。新增项目为在安徽芜湖增加 12 万吨/年产能。

恒安纸业 2012—2015 年的产能和卫生纸机数量见附表 4。

• 维达纸业

2014 年生产能力增加到 89 万吨/年。包括：

(1) 广东江门新会会城的 2 台 BF 型纸机和 1 台新月型纸机，合计产能 6 万吨/年；

(2) 四川德阳的 4 台 BF 型纸机，合计产能 4.5 万吨/年；

(3) 湖北孝感的 9 台 BF 型纸机、4 台新月型纸机，合计产能 18 万吨/年；

(4) 北京的 3 台 BF 型纸机，合计产能 3 万吨/年；

(5) 广东江门新会双水的 6 台 BF 型纸机，合计产能 12 万吨/年；

(6) 浙江龙游的 6 台 BF 型纸机、2 台新月型纸机(2 台均于 2014 年投产，合计新增产能 6 万吨/年)，合计产能 15 万吨/年；

(7) 辽宁鞍山的 4 台 BF 型纸机，合计产能 5.5 万吨/年；

(8) 广东江门新会三江的 8 台新月型纸机(其中 2 台于 2014 年投产，合计新增产能 7 万吨/年)，合计产能 20 万吨/年。

(9) 山东莱芜的 2 台新月型纸机，合计产能 5 万吨/年。

2015 年总产能达到 95 万吨/年。新增项目包括：

(1) 在山东莱芜增加 3 万吨/年产能；

(2) 在四川德阳增加 3 万吨/年产能。

维达纸业 2012—2015 年的产能和卫生纸机数量见附表 5。

• 中顺洁柔纸业

2014 年产能增加到 47.7 万吨/年。包括：

分布在广东中山、广东江门、湖北孝感、四川成都、浙江嘉兴、河北唐山、广东云浮共 7 个生产基地的 11 台 BF 型纸机、10 台新月型纸机和若干台国产纸机。其中 2 台新月型纸机，合计产能 12 万吨/年，于 2014 年在广东云浮投产；1 台新月型纸机，产能 3.2 万吨/年，于 2014 年在四川成都投产。

2014 年底，公司发布公告称，计划将广东中山生产基地的 1 台 BF-10 纸机及相关配套设备转让到浙江嘉兴生产基地，转让完成后，中山基地将不生产原纸。

2015 年总产能达到 50.2 万吨/年。新增项目为在四川成都新增 2.5 万吨/年产能。

中顺洁柔的发展目标为总产能达到 100 万吨/年。

中顺洁柔纸业 2012—2015 年的产能和卫生纸机数量见附表 6。

附表 7—13 为 2010—2016 年投产和计划投产的卫生纸机一览表(未包括新增的国产普通圆网纸机)。

9 技术进展

9.1 继续引进先进纸机和加工设备

随着生活用纸新项目的设备引进和投产，中国生活用纸行业的技术装备水平大大提高。新建大项目和部分企业新增产能引进高速宽幅卫生纸机及产成品加工和包装设备，技术起点与世界先进水平同步，生产出高质量的产品。卫生纸机单机最大年产能达到 7 万吨/年，最大车速达到 2400m/min。采用的最新技术包括双层流浆箱、靴式压榨、钢制烘缸、新型起皱刮刀、热能回收系统等，2014 年特别突出的是钢制烘缸的应用。引进的产成品加工和包装设备具有世界最新技术水平。

9.2 进口纸机供应商积极推动本土化进程

为降低成本和应对国家 2008 年 1 月 1 日起对幅宽小于 3m 的造纸机取消进口免税的政策，国外纸机生产商陆续在国内建厂。

① 维美德在上海嘉定的工厂从事机架制造、烘缸铸造、设备预安装等业务，并已成功地铸造出第一台在中国生产的 DCT40 扬克缸。2014 年 12 月，维美德宣布将加大对外高桥和广州两座服

务中心的投资力度，进一步提高其辊面包覆等部件加工能力。

② 安德里茨在佛山的工厂从事生产纸机构件及组装业务。2014年，安德里茨加强在中国的制造能力，在佛山工厂建设钢制烘缸生产线，新建车间面积4200m²，可年产10~15台钢制扬克缸，烘缸直径最大为22英尺。截至2014年底，车间已安装用于加工制造和表面处理的全部设备，并于2015年1月全线投产。

③ 福伊特正在进行昆山工厂的升级扩建项目，并加速本土化人才建设。2014年4月，德国福伊特集团中国培训中心于江苏昆山落成。福伊特在中国投资建设钢制烘缸生产线于2013年投产，年产能12~15台。2014年已供货2台，其中1台在中国，1台在印尼。

④ PMP集团在江苏常州的工厂，为集团配套制造新月型卫生纸机(关键部件从PMP集团进口)。

⑤亚赛利在上海的工厂，也已实现卫生纸机非关键部件的国产化。

⑥ 川之江在浙江嘉兴的工厂，从事BF纸机和相关设备的生产、组装等业务。

2013年，维美德与川之江展开在中国市场卫生纸机技术方面的合作，川之江的浙江嘉兴厂将对Advantage DCT 40和60型卫生纸机实施生产、销售及安装。作为川之江供货的一部分，维美德将提供包括OptiFlo II TIS流浆箱、扬克缸以及真空压辊在内的关键部件。2014年7月，由川之江和维美德公司合作制造的首台DCT60卫生纸机在川之江造纸机械(嘉兴)有限公司完成预组装，已于2015年10月在山东东顺集团正式投产。

⑦ 拓斯克(特斯克)在其上海的工厂，从事卫生纸机的组装以及卫生纸机非关键部件的制造。拓斯克卫生纸机的关键部件在意大利设计和制造。拓斯克上海设立了负责中国市场的售后服务中心，本地的技术人员能为中国客户提供更快捷的服务。拓斯克面对整个亚洲市场的销售网络也设于其上海子公司。拓斯克十分重视中国市场，并不断拓展其业务范围，目前已开展为中国客户现有的铸铁烘缸替换为钢制烘缸的卫生纸机改造项目，以及提供一整套的拓斯克节能干燥优化解决方案。

9.3 国产纸机技术进步明显

随着国内生活用纸市场的快速发展，国内有关研究单位和机械制造企业加紧现代化卫生纸机的研发工作，取得可喜业绩，其中，统计已有7家设备厂可以制造新月型卫生纸机，包括山东潍坊凯信、山东信和、上海轻良、辽阳慧丰、山东华林、金顺重机、西安炳智，最高设计车速达到1800米/分钟。7家设备厂可以制造真空圆网型卫生纸机，包括佛山宝拓、山东潍坊凯信、山东华林、辽阳慧丰、杭州大陆、贵州恒瑞辰、天津天轻，最高设计车速达到1000米/分。

9.4 国产加工和包装设备追赶世界先进水平

根据国家统计局数据，2014年大陆地区16岁~59岁劳动年龄人口为91583万人，相比2013年的91954万人减少了371万人，延续了2013年的下降趋势，意味着劳动力成本将继续上升。由于企业招工难和劳动力成本不断增加，企业对全自动化加工设备和包装设备的需求增加，这已成为国内企业发展的大势所趋。

2014年，国内加工设备制造企业加大研发力度，通过提高车速、一机多能等设计理念，在满足国内市场需求的同时，提升国产设备在国际市场的竞争力。

① 宝索推出的YH-PL型全自动抽式面巾纸机生产线，幅宽2900~3600mm，生产车速150m/min；

② 德昌誉推出DCY60104-600型全自动卷纸生产线，生产车速550m/min；

③ 欧克推出OK-1860/2860/3600/型软抽纸自动折叠机，生产车速170m/min，以及双通道进料多功能卷筒纸包装机，针对卫生卷纸及厨房纸巾卷纸，可分别进行单卷、两卷、四卷包装；

④ 佳鸣推出双通道餐巾纸压花折叠机，生产车速300m/min；

⑤王派推出OPR-120型全自动软抽面巾纸包装机，生产车速120包/min；

⑥ 松川推出双通道进料软抽中包机，生产速度为40包/min，以及卷纸扁卷中包机，可在扁卷、有芯圆卷、无芯圆卷三种卫生卷纸产品间切换，实现一机三用；

⑦ 金顺的“SDW2516单底辊复卷机”科技成果通过专家鉴定。复卷机幅宽2480mm，采用无轴式放卷架、中心扭矩控制、实心夹头、单底辊等技术，攻克了复卷表面容易出现纸病、分切并包等技术难题。

9.5 龙头企业率先引进世界领先的自动化立体仓库，节约仓储空间和提高效率

2013年3月，维达集团新会新原纸生产基地一期8万吨工程项目全自动化生产线—包装线—自动化立体式仓库连线成功，实现生产和仓储全自动化运作，成为全国首个最先使用该物流系统的造纸企业，也是全球最早应用自动化立体式仓库的造纸企业之一。该自动化物流系统分三期配套全部(年产能26万吨)工程建设，一期占地面积为1.8万平方米，建筑高度12米、24米。整套自动化系统包括输送线、全自动码堆机械手、裹膜机、AGV无人小车等设备。二、三期占地面积为3.2万平方米，建筑高度24米。此外，维达广东双水厂、浙江龙游厂、山东莱芜厂和辽宁鞍山厂的自动化物流仓储系统项目也将陆续建成。

2013年下半年，恒安集团启动建设的芜湖原纸基地二期项目中也将建设立体化仓库，计划于2015年投产。此外，芜湖基地于2012年投产的一期项目已建成多层厂房，通过改善工艺实现设备立体布局，使占地面积减少了一半。浙江工厂的立体仓库，于2015年投入了使用。

2014年，中顺洁柔在云浮和成都的工厂分别引进建设自动化仓库，云浮项目于2014年5月投产，自动化物流仓储系统占地面积2万多平方米，建筑高度24米，可处理成品约84万件。

山东泉林在山东高唐生产基地的自动化物流仓储系统建设10万货位的24米高的立体仓库正在进行中。

9.6 产品创新

生活用纸企业不断创新和开发差异化产品，增加产品的卖点和利润增长点，扩大市场份额；知名企业在创新中处于前沿地位，在引导消费和寻找新的市场空间方面起到积极的引领作用。生活用纸产品的创新质量主要表现在两个方面：

一是通过推出差异化产品寻求高利润的利基市场，如添加香精和乳霜、芦荟、维生素等表面处理剂，使产品气味清香或具有更好的护肤性等功能性产品表现更加突出。2014年推出的新产品包括：

- 恒安推出心相印“茶语．丝享”高端系列面巾纸、手帕纸，产品具有干用柔软、湿用强韧等特点，以及心相印“湿厕纸”，采用可冲散的干法纸为基材，产品可温和杀菌，有效清洁，对金黄色葡萄球菌、大肠杆菌的杀灭率达90%以上；
- 中顺洁柔推出洁柔“LOTION”超迷你手帕纸，产品手感柔润、细滑，已获得两项国家专利；
- 金红叶推出清风“新韧时代”系列生活用纸产品，产品具有加厚、加韧、吸水不易破等特点，可供干湿两用；
- 妮飘推出保湿手帕纸，产品具有保湿润肤功能，适合女性、感冒/鼻炎患者及皮肤敏感等人群使用；
- 晨鸣推出“森爱之心”新品牌系列生活用纸产品，特点包括手帕纸细腻厚实、湿水不破，面巾纸细腻丝滑、柔韧亲肤，卫生纸加入可冲水配方，可以直接冲入马桶。
- 金佰利推出舒洁“绿茶洋甘菊”手帕纸，添加洋甘菊精华，及清新的印花图案，产品手感柔软、顺滑。

二是以环保和可持续发展的理念，开发差异化的本色生活用纸产品：

- 金红叶推出本色木浆卫生纸和擦手纸产品，主要面向居家外用市场推广；
- 环龙推出本色竹浆面巾纸、卫生纸产品，主推配合卫生巾使用的正方巾厕用卫生纸；
- 韶能本色生活用纸项目，一期3万吨/年生产线2016年初投产；
- 永丰计划进军本色竹浆生活用纸市场；
- 泉林麦草浆本色生活用纸的市场推广取得较好效果；
- 广西华欣推出56°系列婴童专用本色生活用纸产品；
- 宁夏紫荆花以麦草为原料，2015年推出“麦田本色”系列生活用纸；
- 双灯纸业以苇、草为原料，推出本色系列生活用纸产品；
- 江门新龙纸业，以本色竹浆为原料，推出本色系列生活用纸产品。

10 市场展望

10.1 发展机遇和潜力

- 虽然中国目前的生活用纸消费量仅次于北美和西欧地区，位居世界第三位，但由于人口众多，2014年我国生活用纸的人均消费量为4.7千克，虽与2013年的世界平均水平(4.6千克)相

当，但相比北美（25千克）、日本和西欧（15千克）、中国香港/澳门/台湾（10千克以上）都还有相当大的差距，市场的长期增长潜力仍非常大。随着我国经济的发展和城市化、国际化进程的加快，市场需求潜力将不断释放，将为生活用纸这一朝阳行业带来巨大的发展空间。

• 中国经济进入新常态，增长趋缓，但仍是新兴市场国家中发展态势最好的，预计2015年GDP增长率为7%左右。欧债危机及美国经济放缓等不利因素逐渐走出低谷，全球经济形势开始好转。生活用纸产品属于快速消费品，具有刚性需求的特征，所以受国际经济环境影响较小，加上2014—2016年期间新项目产能的大量释放，预计中国生活用纸将继续以高于世界平均水平的速度稳步增长，并逐渐呈现小康型消费特征。消费层次出现多样化且向中高档过渡，消费领域不断扩展，市场容量持续增加。

• 生活用纸行业市场化程度高，落后产能的淘汰更多地体现了市场机制的作用，这为领先企业腾出发展空间。

10.2 风险

• 中国生活用纸行业短期内市场容量（国内外）增速很难满足今后几年预期新产能的增长量，近几年产能还会相对过剩。企业为争取市场份额，会选择低价促销，从而使价格战频发，压缩企业利润空间。

• 虽然目前中国生活用纸行业零售商品牌的市场份额很小，但由于产能阶段性过剩，同时随着零售商竞争的加剧，今后将极有可能会产生大型零售商以低价扩大贴牌产品市场，夺取企业的市场份额。

• 中国生活用纸行业主要原材料纸浆依靠进口程度高，企业面临着浆价波动的成本压力风险。

• 企业快速扩张，投资过度，过分依赖贷款发展，可能会造成资金链断裂产生债务危机，影响企业正常发展。

10.3 生产量和消费量预测

基于比较保守的预测，到2015年，产能在2014年944万吨的基础上新增产能130万吨，淘汰落后产能30万吨，总产能达到1044万吨。按设备利用率76%计，2015年产量达到794万吨，销售量770万吨，净出口量87万吨，消费量683万吨（按同比增长6.2%计），年人均消费量4.95千克，达到或超过世界平均水平。

表10 生产量和消费量预测

年份	生产量/万吨	消费量/万吨	人口/万人	人均消费量/（千克/人·年）
2007	410.0	357.2	132129	2.70
2008	443.7	391.3	132802	2.95
2009	479.1	419.7	133474	3.14
2010	524.8	466.3	134100	3.48
2011	582.1	525.4	134735	3.90
2012	627.3	562.8	135404	4.2
2013	680.8	603.6	136072	4.4
2014	736.3	643.1	136782	4.7
2015	794.0	683.0	138000	4.95
2020	1062.6	914.0	141500	6.5

参考文献

[1] 恒安国际集团有限公司2014年年报.
[2] 维达国际控股有限公司2014年年报.
[3] 中顺洁柔纸业股份有限公司2014年年报.
[4] 中国造纸工业2013年度报告.

附　　录

附表 1　生活用纸出口量排名前 20 位的企业(2014 年)

排名	公司名称	排名	公司名称
1	恒安集团有限公司	11	心丽卫生用品(深圳)有限公司
2	金红叶纸业集团有限公司	12	江门日佳纸业有限公司
3	维达纸业集团有限公司	13	安丘市翔宇包装彩印有限公司
4	惠州福和纸业有限公司	14	金钰(清远)卫生纸有限公司
5	佛山市高明日畅纸业有限公司	15	潍坊恒联美林生活用纸有限公司
6	福建恒利纸业有限公司	16	东莞利良纸巾制品有限公司
7	中顺洁柔纸业股份有限公司	17	诸城市中顺工贸有限公司
8	广州市洁莲纸品有限公司	18	江门市雅枫纸业有限公司
9	厦门新阳纸业有限公司	19	广州市启鸣纸业有限公司
10	寿光美伦纸业有限责任公司	20	青岛北瑞纸制品有限公司

附表 2　2014 年我国木浆进口量和月度均价

月份	漂白针叶木浆		漂白阔叶木浆	
	进口量/万吨	均价/(美元/吨)	进口量/万吨	均价/(美元/吨)
2014 年 1 月	61. 19	715. 31	59. 95	615. 23
2014 年 2 月	45. 09	718. 06	60. 46	615. 63
2014 年 3 月	58. 69	722. 70	54. 54	603. 70
2014 年 4 月	54. 17	729. 39	51. 34	599. 47
2014 年 5 月	54. 87	733. 82	53. 33	589. 30
2014 年 6 月	55. 53	727. 26	57. 28	564. 85
2014 年 7 月	57. 53	714. 81	53. 31	567. 32
2014 年 8 月	54. 28	710. 17	58. 49	558. 75
2014 年 9 月	60. 79	710. 80	59. 41	559. 22
2014 年 10 月	54. 12	708. 81	64. 78	552. 85
2014 年 11 月	55. 44	712. 18	62. 20	558. 39
2014 年 12 月	56. 67	710. 47	73. 79	556. 61
合计	668	718	709	577

附表 3　金红叶纸业的产能和卫生纸机数量(2012—2015 年)

生产基地	2012 年		2013 年		2014 年		2015 年	
	产能/万吨	卫生纸机数量/台	产能/万吨	卫生纸机数量/台	产能/万吨	卫生纸机数量/台	产能/万吨	卫生纸机数量/台
江苏苏州	31	10	31	10	37	11	43	12
海南海口	30	12	51	19	84	28	84	28
湖北孝感	12	2	12	2	12	2	24	4
辽宁沈阳	6	1	6	1	6	1	6	1
四川雅安								
四川遂宁								
合计	79	25	100	32	139	42	157	45

附表 4　恒安纸业的产能和卫生纸机数量(2012—2015 年)

生产基地	2012 年		2013 年		2014 年		2015 年	
	产能/万吨	卫生纸机数量/台	产能/万吨	卫生纸机数量/台	产能/万吨	卫生纸机数量/台	产能/万吨	卫生纸机数量/台
湖南常德	18	4	18	4	24	5	30	6
山东潍坊	18	3	18	3	18	3	18	3
福建晋江	30	5	30	5	30	5	30	5
安徽芜湖	12	2	12	2	12	2	12	2
重庆巴南	12	2	12	2	12	2	12	2
合计	90	16	90	16	96	17	102	18

附表 5　维达纸业的产能和卫生纸机数量(2012—2015 年)

生产基地	2012 年		2013 年		2014 年		2015 年	
	产能/万吨	卫生纸机数量/台	产能/万吨	卫生纸机数量/台	产能/万吨	卫生纸机数量/台	产能/万吨	卫生纸机数量/台
广东江门新会会城	6	3	6	3	6	3	6	3
湖北孝感	10	9	18	13	18	13	18	13
北京	3	3	3	3	3	3	3	3
四川德阳	4.5	4	4.5	4	4.5	4	7.5	5
广东江门新会双水	12	6	12	6	12	6	12	6
浙江龙游	9	6	9	6	15	8	15	8
辽宁鞍山	5.5	4	5.5	4	5.5	4	5.5	4
广东江门新会三江	4	2	13	6	20	8	20	8
山东莱芜			5	2	5	2	8	3
合计	54	37	76	47	89	51	95	53

附表 6　中顺纸业的产能和卫生纸机数量(2012—2015 年)

生产基地	2012 年		2013 年		2014 年		2015 年(未计入国产小纸机)	
	产能/万吨	卫生纸机数量/台	产能/万吨	卫生纸机数量/台	产能/万吨	卫生纸机数量/台	产能/万吨	卫生纸机数量/台
广东中山	2	18(17 台国产小纸机)	2	18(17 台国产小纸机)	2	18(17 台国产小纸机)		
广东江门	17	7	17	7	17	7	17	7
湖北孝感	2	2	2	2	2	2	2	2
四川成都	4	11(8 台国产小纸机)	7	12(8 台国产小纸机)	10.2	13(8 台国产小纸机)	12.7	6
浙江嘉兴	2	3	2	3	2	3	4	4
河北唐山	2.5	1	2.5	1	2.5	1	2.5	1
广东云浮					12	2	12	2
合计	29.5	42	32.5	43	47.7	46	50.2	22

附表 7　2010 年投产的卫生纸机一览表

集团省份	公司名称	项目地点	阶段	规模/(万吨/年)	纸机					投产时间	供应商	备注
					型式	型号	数量/台	幅宽/mm	车速/(m/min)			
辽宁	开原大宇纸业	辽宁开原	新增	0.9	新月型		1	2700	600	2010 年 10 月	辽阳慧丰造纸技术研究所	国产
江苏	胜达集团江苏双灯纸业	江苏射阳	新增	1	真空圆网型		1	2800	660	2010 年 1 月	杭州大路	国产
浙江	唯尔福集团	浙江绍兴	新增	1.25	真空圆网型	BF-10EX	1	2760	770	2010 年 9 月	日本川之江	进口
福建	恒安纸业	恒安中纸(福建晋江)	新增	6	新月型		1	5600	2000	2010 年 6 月	意大利亚赛利	进口
		山东恒安(山东潍坊)	新增	6	新月型	DCT200，软靴压	1	5600	1900	2010 年 11 月	维美德	进口
山东	寿光美伦(晨鸣)	山东寿光	新建	6	新月型	靴式压榨	1	5600	2000	2010 年 12 月	安德里茨	进口
	山东东顺集团	山东东平	新增	2.4	真空圆网型	BF-10EX	2	2760	770	2010 年 4 月、12 月	日本川之江	进口
湖北	荆州市知音纸业	湖北荆州	新建	1.2	真空圆网型	BF-10EX	1	2760	770	2010 年	日本川之江	进口
广东	维达纸业	湖北孝感	新增	5	真空圆网型	BF-10EX	4	2760	770	2010 年 10 月 2 台，11 月 2 台	日本川之江	进口
	中顺洁柔纸业	广东江门	新增	2.5	新月型	AHEAD 1.5M，钢制烘缸	1	3450	1400	2010 年 11 月	意大利拓斯克	进口
	惠州福和纸业	广东惠州	新增	2.3	新月型	DCT60	1	2850	1300	2010 年 12 月	维美德	进口
	新会宝达纸业	广东江门	新增	1	真空圆网型		1	2660	800	2010 年 7 月	宝拓	中外合作
	东莞白天鹅纸业	广东东莞	新增	1	真空圆网型		1	2800	600	2010 年 8 月	贵州恒瑞辰	国产
广西	南宁佳达纸业	广西南宁	新建	1	真空圆网型		1	2660	800	2010 年 10 月	宝拓	中外合作
宁夏	紫荆花纸业	宁夏	新增	1.8	新月型		1	2850	1200	2010 年	山东华林与韩国合作	中外合作
		宁夏	新增	1	真空圆网型		1	2700	700	2010 年	山东华林	国产
总计				40.35			20					

附表 7—附表 13 注：① 表中未包括新增的国产普通圆网纸机项目。

② 集团企业在不同地区有生产厂的，该集团的所有生产厂列在总部所在省份。

附表 8　2011 年投产的卫生纸机一览表

集团省份	公司名称	项目地点	阶段	规模/（万吨/年）	纸机					投产时间	供应商	备注
					型式	型号	数量/台	幅宽/mm	车速/（m/min）			
河北	保定港兴	河北保定	新增	1.2	真空圆网型	BF-10EX	1	2700	770	2011 年 8 月	日本川之江	进口
辽宁	抚顺矿业集团	辽宁抚顺	新建	6	新月型		1	5600	2000	2011 年 10 月	安德里茨	进口
上海	上海东冠纸业	上海	新增	3	新月型	DCT100	1	2850		2011 年 9 月	维美德	进口
江苏	金红叶纸业	江苏苏州	新增	6	新月型		1	5600	2200	2011 年 3 月	意大利亚赛利	进口
		湖北孝感	新建	6	新月型		1	5600	2200	2011 年 10 月	意大利亚赛利	进口
浙江	唯尔福集团	浙江绍兴	新增	2.5	真空圆网型	BF-10EX	2	2760	770	2011 年 1 月、年底各投产 1 台	日本川之江	进口
福建	恒安纸业	重庆巴南	新建	6	新月型	18 英尺烘缸	1	5600	2000	2011 年 12 月	安德里茨	进口
山东	山东东顺集团	山东东平	新增	2.4	真空圆网型	BF-10EX	2	2760	770	2011 年底	日本川之江	进口
河南	银鸽集团	河南漯河	新增	1.5	新月型		1	2800	1150	2011 年 2 月	上海轻良和韩国三养合作	中外合作
	护理佳纸业	河南鹿邑	新建	3	新月型		2	2850	1200	分别于 2011 年 5 月、11 月	上海轻良和韩国三养合作	中外合作
广东	维达纸业	辽宁鞍山	新增	2.5	真空圆网型	BF-10EX	2	2760	770	2011 年 7 月	日本川之江	进口
		四川德阳	新增	2.5	真空圆网型	BF-10EX	2	2760	770	2011 年 11 月	日本川之江	进口
		浙江龙游	新增	5	真空圆网型	BF-10EX	4	2760	770	2011 年 6 月、8 月各投产 2 台	日本川之江	进口
	中顺洁柔	广东江门	新增	2.5	新月型	AHEAD 1.5M，钢制烘缸	1	3450	1400	2011 年 10 月	意大利拓斯克	进口
重庆	重庆龙璟纸业	重庆	新建	2.4	真空圆网型	BF-10EX	2	2760	770	2011 年 9 月	日本川之江	进口
	重庆维尔美纸业	重庆潼南县	新建	2.4	真空圆网型	BF-10EX	2	2760	770	2011 年 4 月	日本川之江	进口
宁夏	紫荆花纸业	宁夏	新增	2.5	新月型	AHEAD 1.5M	1	3500	1500	2011 年底	意大利拓斯克	进口
总计				57.4			27					

附表 9　2012 年投产的卫生纸机项目一览表

集团省份	公司名称	项目地点	阶段	规模/（万吨/年）	纸机					投产时间	供应商	备注
					型式	型号	数量/台	幅宽/mm	车速/（m/min）			
河北	保定港兴	河北保定	新增	1.2	真空圆网型	BF-10EX	1	2760	770	2012 年 11 月	日本川之江	进口
上海	上海东冠纸业	上海	新增	4	新月型	DCT135	1	3400		2012 年 4 月	维美德	进口
江苏	金红叶纸业	江苏苏州	新增	7	新月型		1	5620	2400	2012 年 3 月	福伊特	进口
		湖北孝感	新增	6	新月型		1	5600	2200	2012 年 5 月	意大利亚赛利	进口
		辽宁沈阳	新建	6	新月型		1	5600	2200	2012 年 3 月	意大利亚赛利	进口
	永丰余	江苏扬州	新建	5	新月型		2	2800	1600	2012 年 8 月	波兰 PMP 集团	进口
福建	恒安纸业	福建晋江	新增	12	新月型	16 英尺钢制烘缸	2	5600	2000	分别于 2012 年 7 月、9 月	安德里茨	进口
		重庆巴南	新增	6	新月型	18 英尺烘缸	1	5600	2000	2012 年 5 月	安德里茨	进口
		安徽芜湖	新建	12	新月型		2	5600	2000	分别于 2012 年 9 月、12 月	福伊特	进口
	福建恒利集团	福建南安	新增	6	新月型	DCT200 HS，软靴压	1	5600	2000	2012 年 6 月	维美德	进口
	厦门新阳纸业	福建	新建	6	新月型	DCT200 HS，软靴压	1	5600	2000	2012 年 9 月	维美德	进口
山东	山东东顺集团	山东东平	新增	1.2	真空圆网型	BF-10EX	1	2760	770	2012 年 7 月	日本川之江	进口
		黑龙江肇东	新建	1.2	真空圆网型	BF-10EX	1	2760	770	2012 年 11 月	日本川之江	进口
	山东含羞草卫生科技股份有限公司	山东昌乐	新增	1.6	新月型		1	2850	1200	2012 年 8 月	上海轻良和韩国三养合作	中外合作
河南	银鸽集团	河南漯河	新建	12	新月型		2	5550	2000	分别于 2012 年 3 月、12 月	福伊特	进口
	河南奥博纸业	河南辉县	新增	3	新月型		2	2850	1200	2012 年 6 月	上海轻良和韩国三养合作	中外合作
广东	维达纸业	辽宁鞍山	新增	3	真空圆网型	BF-V100	2	2760	770	2012 年 9 月	日本川之江	进口
		广东江门新会三江	新建	4	新月型	MODULO PLUS ES	2	2700	1300	2012 年第 4 季度	意大利拓斯克	进口
	中顺洁柔	广东江门	新增	2.8	新月型	AHEAD1.5M	1	3500	1600	2012 年 5 月	意大利拓斯克	进口

续表

集团省份	公司名称	项目地点	阶段	规模/（万吨/年）	纸机 型式	纸机 型号	数量/台	幅宽/mm	车速/（m/min）	投产时间	供应商	备注
广东	中顺洁柔	广东江门	新增	2.8	新月型	AHEAD 1.5M	1	3500	1600	2012 年底	意大利拓斯克	进口
		河北唐山	新建	2.5	新月型	AHEAD 1.5M	1	3450	1400	2012 年底	意大利拓斯克	进口
	广东宝达纸业	广东江门	新增	1	真空圆网型		1	2660	800	2012 年 12 月	宝拓	中外合作
	广东中桥纸业	广东东莞	新增	1	真空圆网型		1	2820	900	2012 年 2 月	凯信	国产
广西	广西华怡纸业	广西贵港	新增	1	新月型		1	2700	900	2012 年 3 月	山东华林	国产
		广西贵港	新增	1	新月型		1	2800	700	2012 年 6 月	辽阳慧丰造纸技术研究所	国产
陕西	陕西兴包集团	陕西兴平	新增	1.2	真空圆网型	BF-10EX	1	2760	770	2012 年 11 月	日本川之江	进口
总计				110.5			33					

附表 10　2013 年投产的卫生纸机项目一览表

集团省份	公司名称	项目地点	阶段	规模/（万吨/年）	纸机 型式	纸机 型号	数量/台	幅宽/mm	车速/（m/min）	投产时间	供应商	备注
江苏	金红叶纸业	海南海口	新增	15	新月型		6	2800	1800	2013 年	金顺	国产
		海南海口	新增	6	新月型		1	5630	2000	2013 年 12 月	意大利亚赛利	进口
浙江	唯尔福集团	浙江绍兴	新增	1.25	真空圆网型	BF-10EX	1	2760	770	2013 年 11 月	日本川之江	进口
山东	山东东顺集团	山东东平	新增	10	真空圆网型	BF-1000	5	2760	1000	分别于 2013 年 3 月、6 月、8 月、10 月、11 月	日本川之江	进口
	晨鸣	湖北武汉	新建	6	新月型	DCT200，软靴压	1	5600	2000	2013 年 11 月	维美德	进口
河南	河南聚源	河南漯河	新增	1.8	新月型	钢制烘缸（由 ABK 公司提供）	1	2850	1200	2013 年 8 月	上海轻良	国产
湖北	湖北真诚纸业	湖北荆州	新增	1	真空圆网型		1	2800	700	2013 年 8 月	辽阳慧丰造纸技术研究所	国产
广东	维达纸业	广东江门新会三江	新增	4	新月型	MODULO PLUS ES	2	2700	1300	2013 年 1 月	意大利拓斯克	进口
		广东江门新会三江	新增	5	新月型	AHEAD 1.5S	2	2700	1500	2013 年年底	意大利拓斯克	进口

续表

集团省份	公司名称	项目地点	阶段	规模/(万吨/年)	纸机 型式	纸机 型号	数量/台	幅宽/mm	车速/(m/min)	投产时间	供应商	备注
广东	维达纸业	湖北孝感	新增	4	新月型	MODULO PLUS ES	2	2700	1300	2013 年 1 月	意大利拓斯克	进口
		湖北孝感	新增	4	新月型	MODULO PLUS ES	2	2700	1300	2013 年下半年	意大利拓斯克	进口
		山东莱芜	新建	5	新月型	AHEAD 1.5S	2	2700	1500	2013 年 8 月	意大利拓斯克	进口
	中顺洁柔	四川成都	新增	3	新月型	AHEAD 1.5M	1	3500	1600	2013 年 2 月	意大利拓斯克	进口
	广东中桥纸业	广东东莞	新增	1	真空圆网型		1	2820	900	2013 年 4 月	凯信	国产
广西	赣州华劲(广西华劲)	江西赣州	新建	6	新月型	靴式压榨	1	5600	2000	2013 年 9 月	安德里茨	进口
	南宁凤凰纸业	广西南宁	新增	4.5	新月型	16 英尺钢制烘缸	1	3650	2000	2013 年 3 月	安德里茨	进口
四川	四川蜀邦实业	四川彭州	新建	1.2	真空圆网型		1	2860	800	2013 年 1 月	宝拓	中外合作
	四川沐川禾丰纸业	四川乐山	新增	1	真空圆网型		1	2820	900	2013 年 7 月	凯信	国产
		四川乐山	新增	1	真空圆网型		1	2800	720	2013 年 11 月	杭州大路	国产
陕西	陕西兴包集团	陕西兴平	新增	1.2	真空圆网型	BF-10EX	1	2760	770	2013 年 3 月	日本川之江	进口
新疆	巴州明星纸业	新疆库尔勒	新建	1.2	真空圆网型	BF-10EX	1	2760	770	2013 年 10 月	日本川之江	进口
总计				83.15			35					

附表 11　2014 年投产的卫生纸机项目一览表

集团省份	公司名称	项目地点	阶段	规模/(万吨/年)	纸机 型式	纸机 型号	数量/台	幅宽/mm	车速/(m/min)	投产时间	供应商	备注
河北	河北义厚成	河北保定	新建	2.5(项目规划 20)	新月型		1	2850	1650	2014 年 5 月(原计划 2013 年 6 月投产)	安德里茨	进口
	河北雪松纸业	河北保定	新增	2	新月型	Intelli-Tissue® 1200	1	2850	1200	2014 年 4 月	波兰 PMP 集团	进口
	保定港兴	河北保定	新增	1.5	真空圆网型	BF-1000	1	2760	1000	2014 年 7 月	日本川之江	进口
	保定成功	河北保定	新增	3.6	新月型		2	2850	1200	2014 年	上海轻良和韩国三养合作	中外合作
	河北金光纸业	河北保定	新增	0.8	真空圆网型		1	2860	600	2014 年 12 月	宝拓	中外合作
江苏	金红叶纸业	海南海口	新增	18	新月型		3	5630	2000	分别于 2014 年 4 月、7 月	意大利亚赛利	进口

续表

集团省份	公司名称	项目地点	阶段	规模/（万吨/年）	纸机					投产时间	供应商	备注
					型式	型号	数量/台	幅宽/mm	车速/（m/min）			
江苏	金红叶纸业	海南海口	新增	15	新月型		6	2800	1800	2014 年第一季度	金顺	国产
		江苏苏州	新增	6	新月型		1	5630	2000	2014 年 5 月	意大利亚赛利	进口
	永丰余	江苏扬州	新增	5	新月型	Intelli-Tissue® 1600	2	2800	1600	分别于 2014 年 7 月、8 月	波兰 PMP 集团	进口
浙江	浙江景兴纸业	浙江平湖	新建	3	新月型	18 英尺钢制烘缸	1	2850	1900	2014 年 12 月	安德里茨	进口
		浙江平湖	新建	1.2	真空圆网型		1	2860	800	2014 年 8 月	宝拓	中外合作
福建	恒安纸业	湖南常德	新增	6	新月型	18 英尺钢制烘缸	1	5600	1800	2014 年 9 月	安德里茨	进口
	晋江凤竹纸业	福建漳州	新增	1.2	真空圆网型	BF-10EX	1	2760	770	2014 年 3 月	日本川之江	进口
山东	山东东顺集团	黑龙江肇东	新增	1.6	真空圆网型	BF-1000	1	2760	1000	2014 年 7 月	日本川之江	进口
		山东东平	新增	2	真空圆网型	BF-1000	1	2760	1000	2014 年 7 月	日本川之江	进口
	山东太阳纸业	山东兖州	新建	6	新月型	18 英尺钢制烘缸	1	5600	2000	2014 年 6 月	安德里茨	进口
河南	护理佳纸业	河南鹿邑	新增	1.7	新月型	Intelli-Tissue® 1200	1	2850	1160	2014 年 9 月（原计划 2013 年底投产）	波兰 PMP 集团	进口
湖北	湖北真诚纸业	湖北荆州	新增	1.5	新月型		1	3600	900	2014 年 12 月	辽阳慧丰造纸技术研究所	国产
广东	维达纸业	广东江门新会三江	新增	7	新月型	AHEAD 2.0M	2	3400	1600	分别于 2014 年 8 月、9 月	意大利拓斯克	进口
		浙江龙游	新增	5	新月型	AHEAD1.5M	2	3400	1500	2014 年 10 月	意大利拓斯克	进口
	中顺洁柔	广东云浮	新建	12	新月型	18 英尺钢制烘缸	2	5600	1900	分别于 2014 年 5 月、11 月	安德里茨	进口
		四川成都	新增	3.2	新月型	AHEAD 1.5M	1	3500	1650	2014 年 6 月	意大利拓斯克	进口
	香港理文集团	重庆永川	新建	3	真空圆网型	BF-1000	2	2760	1000	2014 年 7 月	日本川之江	进口
	广东飘合纸业	广东汕头	新增	1.2	真空圆网型		1	2860	800	2014 年 12 月（原计划于 2013 年 6 月投产）	宝拓	中外合作

续表

集团省份	公司名称	项目地点	阶段	规模/（万吨/年）	纸机					投产时间	供应商	备 注
					型式	型号	数量/台	幅宽/mm	车速/（m/min）			
广西	赣州华劲（广西华劲）	江西赣州	新增	6	新月型	靴式压榨	1	5600	2000	2014 年 3 月	安德里茨	进口
	南宁佳达纸业	广西南宁	新增	1.2	真空圆网型		1	2660	800	2014 年 7 月（原计划 2013 年 6 月投产）	宝拓	中外合作
重庆	重庆维尔美纸业（江苏华机集团投资）	重庆潼南县	新增	3	新月型		1	2850	2000	2014 年 5 月（原计划 2013 年 5 月）	意大利亚赛利	进口
四川	四川绵阳超兰	四川绵阳	新增	1	真空圆网型		1	2820	900	2014 年底（原计划 2013 年 11 月投产）	凯信	国产
云南	云南云景林纸	云南景谷	新建	3（项目规划 6）	新月型	DCT100+，软靴压	1	2850	1900	2014 年 8 月	维美德	进口
总计				124.2			42					

附表 12　2015 年投产的卫生纸机项目一览表

集团省份	公司名称	项目地点	阶段	规模/（万吨/年）	纸机					投产时间	供应商	备 注
					型式	型号	数量/台	幅宽/mm	车速/（m/min）			
河北	保定西而曼能威纸业	河北保定	新增	2	新月型	钢制烘缸	1	3600	1200	2015 年 11 月（原计划 2015 年 5 月投产）	山东信和	国产
	保定雨森卫生用品	河北保定	新增	1.3	真空圆网型	钢制烘缸	1	2850	1000	2015 年 6 月	凯信	国产
	保定港兴	河北保定	新增	1.5	真空圆网型	BF-1000	1	2760	1000	2015 年 6 月	日本川之江	进口
	保定东方纸业	河北保定	新增	3.2	新月型		2	2850	1100	2015 年	上海轻良	国产
	满城诚信纸业	河北保定	新增	2	真空圆网型		2	3500	600	分别于 2015 年 3 月、5 月	天津天轻	国产
	保定达亿纸业	河北保定	新增	3	新月型	钢制烘缸	2	2850	1500	2015 年 7 月	山东信和	国产
	保定富民纸业	河北保定	新增	1	新月型	BZ2580-0	1	2850	700	2015 年 6 月	西安炳智	国产
	河北姬发造纸有限公司	河北保定	新增	1.7	新月型		1	2850	1300	2015 年	上海轻良	国产
辽宁	锦州金月亮纸业有限公司	辽宁锦州	新增	1.7	新月型		1	3600	900	2015 年 4 月	辽阳慧丰造纸技术研究所	国产

续表

集团省份	公司名称	项目地点	阶段	规模/（万吨/年）	纸机					投产时间	供应商	备注
					型式	型号	数量/台	幅宽/mm	车速/（m/min）			
江苏	金红叶纸业	江苏苏州	新增	6	新月型		1	5630	2000	2015 年 2 月（原计划 2014 年 12 月投产）	意大利亚赛利	进口
		湖北孝感	新增	12	新月型		2	5630	2000	分别于 2015 年 3 月、6 月	意大利亚赛利	进口
	永丰余	广东肇庆	新建	2.5	新月型	Intelli-Tissue® 1600	1	2800	1600	2015 年 12 月（原计划 2014 年投产）	波兰 PMP 集团	进口
浙江	浙江景兴纸业	浙江平湖	新增	3	新月型	18 英尺钢制烘缸	1	2850	1900	2015 年 6 月	安德里茨	进口
福建	恒安纸业	湖南常德	新增	6	新月型	18 英尺钢制烘缸	1	5600	1800	2015 年初（原计划于 2014 年 12 月投产）	安德里茨	进口
山东	山东东顺集团	山东东平	新增	6	新月型	DCT60	2	3000	1600	分别于 2015 年 8 月、10 月（原计划于 2014 年下半年投产）	日本川之江与维美德合作	进口
		山东东平	新增	4	真空圆网型	擦手纸机，DS1200	1	2850	450	2015 年 12 月（原计划 2014 年底投产）	日本川之江	进口
	山东太阳纸业	山东兖州	新增	6	新月型	18 英尺钢制烘缸	1	5600	2000	2015 年初	安德里茨	进口
	泉林纸业	山东聊城	新增	1	真空圆网型		1	2850	900	2015 年初	凯信	国产
湖北	湖北世纪雅瑞纸业	湖北荆州	新增	1.2	真空圆网型		1	2860	800	2015 年 9 月（原计划 2015 年 4 月投产）	宝拓	中外合作
广东	维达纸业	四川德阳	新增	3	新月型	AHEAD 1.5M	1	3400	1500	2015 年第 3 季度	意大利拓斯克	进口
		山东莱芜	新增	3	新月型	AHEAD 1.5M	1	3400	1500	2015 年第 4 季度	意大利拓斯克	进口
	中顺洁柔	四川成都	新增	2.5	新月型	AHEAD 1.5S	1	2850	1700	2015 年 2 月（原计划 2014 年 3 月投产）	意大利拓斯克	进口
	香港理文集团	重庆	新增	6	新月型	VMT4，钢制烘缸	1	5600	2000	2015 年 6 月	福伊特	进口
		重庆	新增	6	新月型	DCT200HS，软靴压	1	5600	2000	2015 年 10 月	维美德	进口

续表

集团省份	公司名称	项目地点	阶段	规模/(万吨/年)	纸机					投产时间	供应商	备注
					型式	型号	数量/台	幅宽/mm	车速/(m/min)			
广东	广东信达纸业	广东揭阳	新增	3.4	新月型		2	3600	900	分别于2015年2月、6月(原计划于2014年7月投产)	辽阳慧丰造纸技术研究所	国产
	广东飘合纸业	广东汕头	新增	1.2	真空圆网型		1	2860	800	2015年1月(原计划于2013年8月投产)	宝拓	中外合作
	广东肇庆万隆纸业	广东高要	新增	0.8	真空圆网型		1	2860	600	2015年6月(原计划2014年6月)	宝拓	中外合作
	东莞白天鹅纸业	广东东莞	新增	3	新月型		2	3500	1000	2015年4月	山东华林	国产
	东莞达林纸业	广东东莞	新增	1.5	新月型		1	4000	800	2015年	上海轻良	国产
		广东东莞	新增	2.3	短长网型		1	4000	500	2015年	上海轻良	国产
广西	广西华欣纸业	广西来宾	新增	2.6	新月型	钢制烘缸	2	2850	900	2015年9月	山东信和	国产
	柳州两面针纸业	广西柳州	新建	4.6	新月型	MODULO PLUS ES	2	2850	1500	2015年9月	意大利拓斯克	进口
四川	四川三角纸业	四川绵阳	新增	1.7	新月型		1	2800	1200	2015年2月(原计划2014年5月投产)	辽阳慧丰造纸技术研究所	国产
	成都精华纸业	四川成都	新增	1	新月型	钢制烘缸	1	2850	650	2015年3月	山东信和	国产
	成都志豪纸业	四川成都	新增	1	真空圆网型		1	4060	600	2015年3月	绵阳同成装备公司	国产
	夹江汇丰纸业	四川乐山	新增	2	真空圆网型		2	2820	900	2015年8月(原计划2014年10月投产)	凯信	国产
云南	云南汉光纸业	云南玉溪	新增	1	真空圆网型		1	2820	900	2015年5月(原计划2014年8月投产)	凯信	国产
总计				111.7			47					

附表 13　2016 年及之后计划投产的卫生纸机项目一览表

集团省份	公司名称	项目地点	阶段	规模/（万吨/年）	纸机					投产时间	供应商	备注
					型式	型号	数量/台	幅宽/mm	车速/（m/min）			
河北	河北雪松纸业	河北保定	新增	2	新月型	Intelli-Tissue® 1200	1	2850	1200	2016 年初（原计划 2015 年底投产）	波兰 PMP 集团	进口
	河北义厚成	河北保定	新增	2.5（项目规划 20）	新月型		1	2850	1650	2016 年（原计划 2014 年 12 月投产）	安德里茨	进口
	保定东升纸业	保定满城	新增	5（项目规划 16）	新月型		3	2850	1200	2016 年 7 月（原计划 2014 年 12 月投产）	山东华林	国产
	保定港兴	河北保定	新增	1.6	真空圆网型	BF-1000S	1	2760	1100	2016 年	日本川之江	进口
	河北金博士集团	保定满城	新增	2.7	新月型	Intelli-Tissue® EcoEc1200，钢制烘缸	1	3650	1200	2016 年底	波兰 PMP 集团	进口
		保定满城	新增	2.7	新月型	Intelli-Tissue® EcoEc1200，钢制烘缸	1	3650	1200	2017 年	波兰 PMP 集团	进口
	保定雨森卫生用品	河北保定	新增	2.6	真空圆网型	钢制烘缸	2	2850	1000	分别于 2016 年 6 月、9 月	凯信	国产
	河北立发纸业	河北保定	新增	1.3	真空圆网型	钢制烘缸	1	3500	950	2016 年 7 月	凯信	国产
	河北中信纸业	河北保定	新增	1.3	真空圆网型	钢制烘缸	1	3500	950	2016 年 7 月	凯信	国产
	河北瑞丰纸业	河北保定	新增	1.2	真空圆网型		1	2860	900	2016 年 8 月（原计划于 2015 年 6 月投产）	宝拓	中外合作
	保定富民纸业	河北保定	新增	1.5	新月型	BZ2850-II	1	2850	1000	2016 年 1 月	西安炳智	国产
	满城宝洁纸业	河北保定	新增	1	新月型	BZ2850-I	1	2850	700	2016 年上半年	西安炳智	国产
	满城印象纸业	河北保定	新增	1	新月型	BZ2850-I	1	2850	700	2016 年 6 月	西安炳智	国产
	保定金能卫生用品	河北保定	新增	1.5	新月型	BZ3500-I	1	3500	700	2016 年 8 月	西安炳智	国产
	保定华康纸业	河北保定	新增	1.5	新月型		1	3600	900	2016 年	辽阳慧丰造纸技术研究所	国产
	保定明月纸业	河北保定	新增	0.8	真空圆网型		1	2900	600	2016 年	天津天轻	国产
	保定立新纸业	河北保定	新增	1	真空圆网型		1	3500	600	2016 年	天津天轻	国产

续表

集团省份	公司名称	项目地点	阶段	规模/(万吨/年)	纸机					投产时间	供应商	备注
					型式	型号	数量/台	幅宽/mm	车速/(m/min)			
河北	保定金光纸业	河北保定	新增	0.8	真空圆网型		1	2880	600	2016年	天津天轻	国产
	保定豪峰纸业	河北保定	新增	1	真空圆网型		1	2880	800	2016年	天津天轻	国产
辽宁	辽宁阜新小保姆纸业	辽宁阜新	新增	1	真空圆网型		1	3500	600	2016年	天津天轻	国产
	辽宁豪唐纸业	辽宁开原	新增	3.4	新月型		2	2850	1300	2016年	上海轻良	国产
上海	赤天化纸业	贵州赤水	新建	6(项目规划30万吨)	新月型	PrimeLineST,20英尺钢制烘缸	1	5600	1900	2016年底	安德里茨	进口
		贵州赤水	新增	6(项目规划30万吨)	新月型	PrimeLineST,20英尺钢制烘缸	1	5600	1900	2017年初	安德里茨	进口
江苏	金红叶纸业	四川遂宁	新建	6	新月型		1	5630	2000	2016年4月(原计划2014年投产)	意大利亚赛利	进口
		四川遂宁	新增	6	新月型		1	5630	2000	2017年及之后	意大利亚赛利	进口
		江苏苏州	新增	12	新月型	DCT200，软靴压	2	5600	2000	分别于2016年7月、8月	维美德	进口
		四川雅安	新建	1.5	新月型		1	2860	1200	2016年12月	金顺	国产
			新增	42.5	新月型					2017年及之后	意大利亚赛利、金顺	进口、国产
	永丰余	广东肇庆	新建	2.5	新月型	Intelli-Tissue® 1600	1	2800	1600	2016年1月(原计划2014年投产)	波兰PMP集团	进口
浙江	唯尔福集团	安徽六安	新建	1.2(项目规划5万吨)	真空圆网型	BF-W10S	1	2760	850	2016年10月	日本川之江	进口
		安徽六安	新增	1.2(项目规划5万吨)	真空圆网型	BF-W10S	1	2760	850	2017年8月	日本川之江	进口
安徽	安徽冠亿纸业	安徽安庆	新增	1.2	真空圆网型		1	2860	900	2017年	宝拓	中外合作
福建	恒安纸业	山东潍坊	新增	12	新月型	DCT200	2	5600	2000	2017年及之后	维美德	进口
		重庆巴南	新增	12	新月型	18英尺钢制烘缸	2	5600	2000	2017年(原计划分别于2014年10月、12月投产)	安德里茨	进口

续表

集团省份	公司名称	项目地点	阶段	规模/(万吨/年)	纸机					投产时间	供应商	备注
					型式	型号	数量/台	幅宽/mm	车速/(m/min)			
福建	恒安纸业	安徽芜湖	新增	12	新月型	DCT200	2	5600	2000	2016年(原计划2015年投产)	维美德	进口
	歌芬卫生用品(福州)有限公司	福建福州江阴港	新建	6	新月型	DCT200，软靴压	1	5600	2000	2016年计划整厂转让(原计划于2011年3月投产)	维美德	进口
	福建铭丰纸业	福建龙岩	新增	2	真空圆网型	BF-12EX	1	3400	1000	已停产(原计划于2012年7月投产)	日本川之江	进口
山东	山东东顺集团	山东东平	新增	6	新月型	DCT60	2	3000	1600	2016年底(原计划于2015年上半年投产)	日本川之江与维美德合作	进口
		山东东平	新增	4	真空圆网型	擦手纸机，DS1200	1	2850	450	2016年下半年(原计划2014年底投产)	日本川之江	进口
	泉林纸业	山东聊城	新增	25	真空圆网型		25	2850	900	2017年及之后	凯信	国产
		山东聊城	新增	2	新月型	钢制烘缸	1	2850	1600	2016年8月(原计划2015年10月投产)	凯信	国产
		吉林德惠	新建	1	真空圆网型		1	2850	900	2016年上半年	凯信	国产
		吉林德惠	新建	3	真空圆网型	HY-1500	3	2850	900	2016年	杭州大路	国产
		吉林德惠	新建	10	真空圆网型	HY-1500	10	2850	900	2017年及之后	杭州大路	国产
		黑龙江佳木斯	新建	10	真空圆网型		10	2850	900	2016年7月(原计划2015年投产)	凯信	国产
		黑龙江佳木斯	新建	10	真空圆网型		10	2850	900	2017年及之后(原计划2015年投产)	凯信	国产
	山东德广工贸	山东东平	新增	1.2	真空圆网型		1	2860	800	安装完毕，投产时间未定(原计划2014年6月投产)	宝拓	中外合作
河南	河南宏涛纸业	河南沁阳	新增	1	新月型	BZ2850-I	1	2850	700	2016年3月	西安炳智	国产
		河南沁阳	新增	1.5	新月型	BZ2850-II	1	2850	1000	2016年9月	西安炳智	国产

续表

集团省份	公司名称	项目地点	阶段	规模/(万吨/年)	纸机					投产时间	供应商	备注
					型式	型号	数量/台	幅宽/mm	车速/(m/min)			
湖北	湖北真诚纸业	湖北荆州	新增	2.4	新月型		1	3650	1200	2016年7月	辽阳慧丰造纸技术研究所	国产
广东	东莞永昶	广东东莞	新增	2	真空圆网型	BF-12EX	1	3400	1100	2015年设备已转让，退出生活用纸行业(原计划2010年投产，2013年设备已安装完毕)	日本川之江	进口
广东	香港理文集团	重庆	新增	24	新月型	DCT200HS，软靴压	4	5600	2000	2016年下半年	维美德	进口
广东	维达纸业	山东莱芜	新增	3	新月型	AHEAD 1.5M	1	3400	1500	2016年	意大利拓斯克	进口
广东	维达纸业	广东江门新会三江	新增	6	新月型	AHEAD 2.0M	2	3400	1600	2016年	意大利拓斯克	进口
广东	广东韶能集团南雄珠玑纸业	广东韶关	新建	3	新月型		1	2850	1600	2016年初(原计划2015年投产)	安德里茨	进口
广东	广东飘合纸业	广东汕头	新增	2	新月型		1	2850	1600	2016年	凯信	国产
广东	新会宝达纸业	广东江门	新增	1.2	真空圆网型		1	2660	800	项目推迟(原计划2015年8月投产)	宝拓	中外合作
广东	广东肇庆万隆纸业	广东高要	新增	1.5	真空圆网型		1	2860	1000	2017年初	宝拓	中外合作
广西	广西桂海金浦纸业	广西北海	新增	3.2	真空圆网型	BF-1000S	2	2760	1050	2016年2月	日本川之江	进口
广西	广西华美(福建绿金)	福建福清	新建	3	新月型	DCT100	1	2850	1600	2017年及之后	维美德	进口
广西	广西华怡纸业	广西贵港	新增	3	新月型		2	2800	900	2016年5月	山东华林	国产
广西	广西华欣纸业	广西来宾	新建	2.6(项目总计7.8)	新月型		2	2800	900	2016年6月(原计划2014年8月投产)	山东华林	国产
广西	南宁佳达纸业	广西南宁	新增	1.5	真空圆网型		1	2860	1000	2017年	宝拓	中外合作
广西	田林荔森纸业	广西田林	新增	2	真空圆网型		2	2950	900	2016年10月	凯信	国产
广西	广西荔森纸业	广西河池	新增	2	真空圆网型		2	2950	900	2016年10月	凯信	国产
广西	广西天力丰	广西南宁	新增	2	新月型		1	3500	1300	2016年底	上海轻良	国产
四川	蜀邦实业	四川彭州	新增	1.5	真空圆网型	BF-1000	1	2860	1000	2016年底(原计划2016年4月投产)	日本川之江	进口

续表

集团省份	公司名称	项目地点	阶段	规模/（万吨/年）	纸机					投产时间	供应商	备注
					型式	型号	数量/台	幅宽/mm	车速/（m/min）			
四川	安县纸业	四川安县	新建	2.4	真空圆网型	BF-10EX	2	2760	770	2016年底（原计划2013年4月投产）	日本川之江	进口
四川	四川绵阳超兰	四川绵阳	新增	1	真空圆网型		1	2850	900	2016年	绵阳同成装备公司	国产
四川	四川绵阳超兰	四川绵阳	新增	1	真空圆网型		1	2820	900	2016年（原计划2014年8月投产）	凯信	国产
四川	成都居家生活用纸有限公司	四川成都	新增	2.6	真空圆网型		2	2850	1000	2016年10月	凯信	国产
四川	四川犍为凤生纸业	四川乐山	新增	2.6	真空圆网型	钢制烘缸	2	2850	1000	2016年7月	凯信	国产
四川	四川犍为凤生纸业	四川乐山	新增	2.6	真空圆网型		2	2850	1000	2016年12月	凯信	国产
云南	云南汉光纸业	云南玉溪	新增	1	真空圆网型		1	2820	900	2016年10月（原计划2015年8月投产）	凯信	国产
甘肃	宝马纸业	甘肃平凉	新增	2	真空圆网型		1	2860	900	2016年5月	宝拓	中外合作
总计				323.3			149					

Review and Prospect of the Chinese Tissue Paper Industry (2010-2014)

Ms. Zhang Yulan, Ms. Zhou Yang, Ms. Jiang Manxia, CNHPIA

China's tissue paper market witnessed constant increase during 2010 - 2014. The overall production technology, equipment level and product quality of the industry continued to improve along with applications of new technologies, elimination of outdated capacities, accelerating industry restructuring & upgrading, and continuously optimized industrial structure and product structure.

In terms of balance of supply and demand, new production capacity has kept increasing since 2012, reaching an all-time high in 2014. The faster growth of production capacity than the consumption growth has led to the periodic overcapacity across the industry. The imbalance of supply and demand intensifies the market competition, which is reflected in the constant decline of average producer price and retail price of products and the low rate of equipment utilization. At the same time, industrial investment has gradually become more rational with part of investment projects delayed and new investment projects reducing.

1 Production and Consumption

In 2014, the production of the tissue paper industry was 7.363 million tons, an increase of about 40% over that of 2010. The consumption was 6.431 million tons, an increase of about 38% over that of 2010. The annual per capita consumption was 4.7kg, an increase of 1.22kg over that of 2010.

Table 1 Production and Consumption of Tissue Paper Industry (2010-2014)

Year	2014	2013	2012	2011	2010	Compound annual growth rate/%
Capacity/10,000t	944.0	851.0	784.0	684.8	617.0	11.22
Production/10,000t	736.3	680.8	627.3	582.1	524.8	8.83
Sales volume/10,000t	714.2	663.8	612.0	567.4	510.0	8.78
Import/10,000t	3.58	3.36	3.59	4.2	2.8	6.34
Export/10,000t	74.7	63.52	52.81	46.2	46.5	12.58
Net export/10,000t	71.12	60.16	49.22	42.0	43.7	12.95
Consumption/10,000t	643.1	603.6	562.8	525.4	466.3	8.37
Annual per capita consumption/kg	4.7	4.4	4.2	3.9	3.48	7.80
Average producer price/(yuan/t)	9700	9900	10200	10491	9700	0
Factory sales revenue/hundred million yuan	692.8	657.2	624.0	595.3	494.7	8.78
Average market price/(yuan/t)	12610	12870	13260	12600	11650	2.00
Domestic market size/hundred million yuan	810.9	776.9	746.3	662.0	543.2	10.54

Note: (1) According to data released by the National Bureau of Statistics, the total population was 1.341 billion, 1.347 billion, 1.354 billion, 1.361 billion, and 1.368 billion by the end of 2010, 2011, 2012, 2013, 2014 and 2015 respectively.

(2) The average market price of 2014, 2013, and 2012 was a markup of 30% of the average producer price, while the average market price of 2011 and 2010 was a markup of 20% of the average producer price.

2 Major Manufacturers and Brands

Currently, China's tissue paper market is still composed of a number of manufacturers, but the concentration ratio of tissue parent roll production keeps rising. In 2014, the number of integrated manufacturers involved in tissue parent roll production has been reduced to about 400. During 2010-2014, the capacity, production, and sales revenue of top 15 and top 4 enterprises accounted for a larger proportion in the whole industry. At present, the tissue parent roll manufacturers are mainly located in Shandong, Guangdong, Sichuan, Hebei, Guangxi, Fujian, Hunan, Hubei, Liaoning and other provinces and autonomous regions. Particularly, manufacturers in Sichuan, Hebei and Guangxi are mainly small- and medium-sized enterprises. The main three national brands include Mind Act Upon Mind, Vinda and Clear Wind.

Table 2 Top 15 Tissue Paper Manufacturers (2010-2014)

Year	2014		2013		2012		2011		2010	
Num	Company Name	Capacity/ (10,000t/ year)	Company Name	Capacity/ (10,000t/ year)	Company Name	Capacity/ (10,000t/ year)	Company Name	Capacity/ (10,000t/ year)	Company Name	Capacity/ (10,000t/ year)
1	Hengan	96	Gold Hongye Paper	100	Hengan	90	Hengan	60	Hengan	55. 52
2	Gold Hongye Paper	139	Hengan	90	Gold Hongye Paper	88	Gold Hongye Paper	60	Vinda	37
3	Vinda	89	Vinda	76	Vinda	54	Vinda	47	Gold Hongye Paper	49. 44
4	C&S Paper	47. 7	C&S Paper	32. 5	C&S Paper	29. 5	C&S Paper	23. 6	C&S Paper	21. 1
5	Shandong Dongshun	31. 6	Shandong Dongshun Group	28	Shanghai Orient Champion Paper	14	Shanghai Orient Champion Paper	6. 72	Shanghai Orient Champion Paper	6. 2
6	Shanghai Orient Champion Paper	14	Shanghai Orient Champion Paper	14	Shandong Dongshun Group	20. 3	Shanghai Kimberly-Clark Paper Co., Ltd.	2. 4 (including OEM products)	Shanghai Kimberly-Clark Paper	2. 27 (including OEM products)
7	Yuen Foong Yu	15	Yuen Foong Yu	10	Yuen Foong Yu	10	Yuen Foong Yu	5. 92	Yuen Foong Yu	5. 92
8	Shanghai Kimberly-Clark Paper	1. 5	Shanghai Kimberly-Clark Paper	1. 5	Shanghai Kimberly-Clark Paper Co., Ltd.	2. 9 (including OEM products)	Dongguan White Swan	5 (including bagasse pulp paper)	Dongguan White Swan Paper	5 (including bagasse pulp paper)
9	Ningxia Zijinghua Paper	9. 8 (including straw pulp paper)	Ningxia Zijinghua Paper Co., Ltd.	10 (including straw paper)	Ningxia Zijinghua Paper Co., Ltd.	12 (including straw paper)	Ningxia Meijie	14 (including straw paper)	Ningxia Meijie	14 (including straw paper)
10	Fujian Hengli	9	Guangxi Jeanper	7. 2 (including bagasse pulp paper)	Guangxi Jeanper	7. 2 (including bagasse pulp paper)	Guangxi Jeanper	8. 26 (including bagasse pulp paper)	Guangxi Guitang	4+5. 6 (including bagasse pulp paper)
11	Dongguan White Swan Paper	8 (including bagasse pulp paper)	Dongguan White Swan Paper	8 (including bagasse pulp paper)	Dongguan White Swan Paper	6 (including bagasse pulp paper)	Ningxia Zijinghua Paper	12 (including straw paper)	Ningxia Zijinghua Paper	10 (including straw paper)

续表

Year	2014		2013		2012		2011		2010	
Num	Company Name	Capacity/ (10,000t/ year)	Company Name	Capacity/ (10,000t/ year)	Company Name	Capacity/ (10,000t/ year)	Company Name	Capacity/ (10,000t/ year)	Company Name	Capacity/ (10,000t/ year)
12	Jiangsu Sund Paper	10 (including rice straw pulp andwaste paper pulp)	Jiangsu Sund Paper	10 (including straw pulp and recycled paper)	Jiangsu Sund Paper	12 (including straw pulp and regenerated paper)	Jiangsu Sund Paper	14 (including straw pulp and regenerated paper)	Oji Nepia	1.5
13	LuoheYinge	16	Guangxi Huamei	43 (including bagasse pulp paper)	Guangxi Huamei	27 (including bagasse pulp paper)	Shandong Dongshun	15	Huizhou Fook Woo Paper	8.46 (including regenerated paper)
14	Baoding Gang Xing Paper	8	Fujian Hengli Group	9	Fujian Hengli Group	9	Guangxi Huamei	18 (including bagasse pulp paper)	Jiangsu Sund Paper	10 (including straw pulp and regenerated paper)
15	Shandong Chenming	12	LuoheYinge	15.5	Henan Aobo Paper	18	Henan Aobo Paper	18	Shandong Dongshun	10.5

Table 3 Proportion of the Total Size of Top 15 Enterprises in the Industry (2010-2014)

Year	2010	2011	2012	2013	2014
Capacity/%					53.7
Production/%	36.8	40.3	45.0	47.8	48.1
Sales/%	41.3	43.5	48.3	51.1	51.9

APP (Gold Hongye Paper), Hengan Paper, Vinda Paper and C&S Paper Co.,Ltd. are the 4 leading tissue paper companies in China. According to the statistics of RISI, they ranked 5 (including the capacity in Indonesia), 7, 13 and 19 respectively in the world and ranked 1 (including the capacity in Indonesia), 2, 3 and 6 respectively in Asia in 2012. Up till to 2014, they are the 4th, 7th, 13th and 17th largest manufacturers in the world (including the capacity in Indonesia) with their rankings in Asia remaining unchanged.

Hengan is currently the first largest tissue paper manufacturer in China. According to Hengan's annual report, its sales revenue of tissue paper reached 10.857 billion HK dollars in 2014, up about 6.4% than 2013. Tissue paper accounted for about 45.6% of Hengan's total sales revenue (48.2% in 2013). The gross profit ratio of Hengan's tissue paper business increased to about 34.5% (34.1% in 2013). The main reason is that the pulp price fell in the second half of 2014, which offset the negative influences of excess capacity and fierce market competition on the decreased average market price[1].

Gold Hongye is the tissue paper company under APP group in China. It is currently the second largest tissue paper manufacturer in China. Its production capacity increased to 1.39 million tpy in 2014. It is now the largest tissue paper manufacturer in China.

Vinda is one of the earliest professional manufacturers of tissue paper in China. It maintained steady development and leading position in the past years. It is now the third largest tissue paper manufacturer in China. In July 2014, Vinda International announced that the Group and its largest shareholder

SCA had signed an agreement. Vinda will acquire SCA's commercial operations in mainland China, Hong Kong and Macau for a cash consideration of approximately HK $1.14 billion. After the completion of the sale and purchase agreement, in the tissue paper business, Vinda group obtained perpetual and exclusive right to use SCA brand Tempo, in mainland China, Hong Kong and Macau on a royalty-free basis. Vinda also obtained the exclusive rights to use the SCA global brand Tork in mainland China, Hong Kong and Macau. According to Vinda's annual report, its achievements grew in an all-round way in 2014. The sales revenue (including a small amount of wet wipes, sanitary napkins and baby diapers) reached HK $7.985 billion, up 17.5% than 2013. The gross profit was HK $2.409 billion, up 22.2% than 2013. Pulp cost slightly decreased and product structure was optimized in 2014 as a result of which gross profits increased by 1.2%, reaching 30.2%[2]. Meanwhile, marketing strategy for Vinda ultra strong series new products achieved a remarkable effect, making Vinda the manufacturer with the most considerable business growth in tissue paper in 2014.

C&S Paper is the fourth largest tissue paper enterprise in China. According to C&S's annual report, its sales revenue (mainly sales revenue of tissue paper) in 2014 reached 2.522 billion yuan, up 0.8% than 2013. The net profit was 67.502 million yuan, down 41.8% than 2013[3]. Its operations in 2014 were not good.

Table 4 Proportion of the Total Size of Top 4 Enterprises in the Industry During 2010-2014

Year	2010	2011	2012	2013	2014
Total capacity/10,000t	163.1	190.6	261.5	298.5	371.7
Capacity/%	26.4	27.8	33.3	35.1	39.4
Production/%	22.6	24.1	27.8	30.7	32.8
Sales revenue/%	27.9	30.0	32.3	35.4	36.2

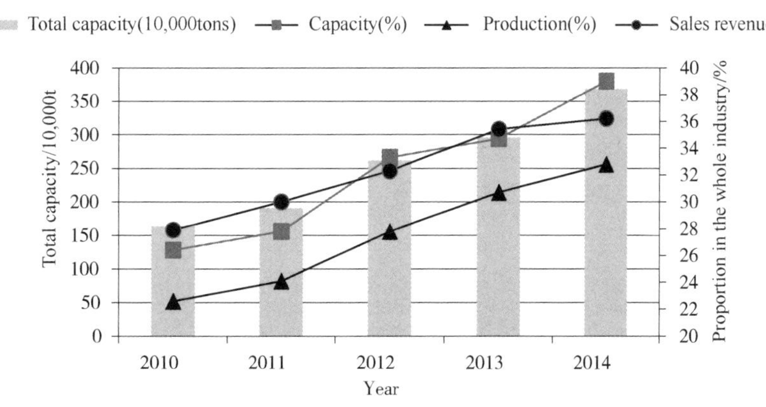

Figure 1 Proportion of the Total Size of Top 4 Enterprises in the Industry During 2010-2014

Shandong Dongshun, Shanghai Orient Champion, and Yuen Foong Yu currently ranked from 5 to 7 and realized remarkable increase in capacity during 2000-2014. Dongshun is the largest tissue paper manufacturer in northern China. Its capacity in 2014 exceeded 300,000 tons, almost catching up with C&S. After years of steady growth, the brand Hygienix of Shanghai Orient Champion has occupied an important market share in Shanghai and east China. Yuen Foong Yu is Taiwan's largest tissue paper manufacturer. Its brand May Flower enjoys a high reputation. Kimberly-Clark, which takes the 8th spot, is the largest tissue paper manufacturer in the world. But its core business in China is diapers. It has little tissue parent roll capacity in China and doesn't plan to expand the tissue paper business. Its brand Kleenex is famous for its high quality. Luohe Yinge and Shandong Chenming Paper are two paper-making enterprises in the tissue paper industry, boasting greater capacity.

3 Import and Export

Table 5 Import and Export of Various Tissue Papers (2010–2014)

Commodity Number	Product	Volume/tons					Value/US $				
		2014	2013	2012	2011	2010	2014	2013	2012	2011	2010
Import		35803. 39	33615. 005	35947. 079	42415. 718	27937. 672	65261455	57732487	60464236	62285073	42846108
48030000	Tissue parent roll	27966. 242	26982. 14	30737. 722	36611. 989	21610. 278	46047184	42542917	46937463	46800244	27098300
48181000	Toilet tissue	3579. 944	2900. 274	2453. 09	3916. 985	4343. 276	8912055	6521806	6951539	10491650	10249617
48182000	Facial tissue and handkerchief tissue	2521. 798	2122. 113	1672. 669	1240. 17	1387. 146	5775685	4891493	4060956	3127178	3774458
48183000	Table tissue and paper napkins	1735. 401	1610. 478	1083. 598	646. 574	596. 972	4526531	3776271	2514278	1866001	1723733
Export		747009. 5	635166. 52	528141. 68	461847. 62	465259. 75	1799570986	1256312963	754087518	660777193	586303828
48030000	Tissue parent roll	223095. 386	196004. 017	140412. 113	83570. 799	76562. 014	342844324	284468628	150353564	94961089	77426857
48181000	Toilet tissue	282997. 57	242661. 164	226401. 748	229729. 86	249919. 771	764299941	490110657	301683205	286980915	275864519
48182000	Facial tissue and handkerchief tissue	200813. 021	161544. 067	124539. 827	115608. 773	102679. 309	571968708	384340808	223541508	207769148	170740639
48183000	Table tissue and paper napkins	40103. 522	34957. 272	36787. 987	32938. 189	36098. 655	120458013	97392870	78509241	71066041	62271813

Table 6 Average Price of Various Imported and Exported Tissue Papers During 2010-2014

	Year	2014	2013	2012	2011	2010
	Total average price / (US $ / ton)	2409. 03	1977. 93	1427. 81	1430. 73	1260. 16
Commodity Number	Commodity Name					
48030000	Tissue parent roll	1536. 76	1451. 34	1070. 8	1136. 3	1011
48181000	Toilet tissue	2700. 73	2019. 73	1332. 51	1249. 21	1104
48182000	Facial tissue and handkerchief tissue	2848. 27	2379. 17	1794. 94	1797. 17	1663
48183000	Table tissue and paper napkins	3003. 68	2786. 05	2134. 1	2157. 56	1725

China is a net exporter of tissue paper. During 2011-2014, exports continued to grow, accounting for about 8% to 10% of the production. The average price of exports has seen an increase, which reached 2,409 US dollars per ton in 2014. Export product structure has optimized, with the proportion of processing products growing up to 70%. Enterprises have been proved quite successful in their efforts to explore the international market in order to cope with relative overcapacity. China' s imports of tissue papers are small. During 2010-2014, the annual import stayed at around 40,000 tons, accounting for less than 1% in consumption. Imports are dominated by tissue parent roll, which accounts for about 80% of total imports.

The export enterprises are relatively concentrated with the exports of Hengan, Vinda, and Gold Hongye Paper accounting for more than 40% of the total. Attached Table 1 shows the top 20 tissue manufacturers ranked on export volume in 2014. The total export volume of the top 20 companies was about 415,600 tons, which accounted for 56% among the total.

4 Product Structure

Table 7 Proportion of Various Tissue Papers in the Consumption (2010-2014)

Year	2014		2013		2012		2011		2010	
Product	Consumption/ 10,000t	Share/%	Consumption/ 10,000t	Share/%	Consumption/ 10,000t	Share/%	Consumption/ 10,000t	Share/%	Consumption/ 10,000t	Share/%
Toilet tissue	379. 5	59	365. 8	60. 6	348. 8	62	341	64. 9	310. 1	66. 5
Facial tissue	157. 8	24. 5	138. 9	23	124	22	106. 7	20. 3	84. 9	18. 2
Handkerchief tissue	49. 2	7. 7	46. 4	7. 7	40	7. 1	36. 3	6. 9	33. 7	7. 2
Paper napkin	19. 9	3. 1	19. 6	3. 3	17. 4	3. 1	12. 6	2. 4	12. 1	2. 6
Kitchen towel	5. 3	0. 8	4. 2	0. 7	3. 3	0. 6	4. 2	0. 8	6. 5	1. 4
Hand towel	20. 3	3. 2	18. 3	3	15. 7	2. 8	13. 1	2. 5	8. 4	1. 8
Liner tissue	7	1. 1	6	1	7. 2	1. 3	7. 4	1. 4	6. 4	1. 4
Other	4	0. 6	4. 4	0. 7	6. 4	1. 1	4. 1	0. 8	4. 2	0. 9
Total	643. 1	100	603. 6	100	562. 8	100	525. 4	100	466. 3	100

The product structure changes of tissue papers consumed in China during 2010-2014 illustrate that the product structure of tissue papers consumed in China moves closer to that of developed countries and regions like Western Europe, North America and Japan. In the product structure, the dominant product is toilet paper, the share of which dropped from 66. 5% in 2010 to 59% in 2014, still higher than that of developed countries. The share of toilet paper (by sales volume) in developed countries and regions is about

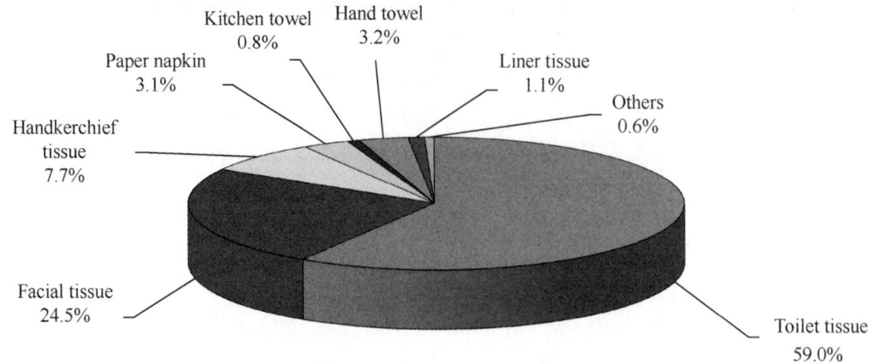

Figure 2 Tissue Paper Product Structure in 2014

55%. The consumption volume of towels (kitchen towels and hand towels) especially kitchen towels was far less than that of developed countries (the proportion of towels in developed countries is about 30%). As far as the product structure of tissue manufacturers, the toilet tissue proportion is lower than the average level for large mills. For instance, in 2014, it was less than 50% both in Hengan Paper and Gold Hongye Paper and only about 10%-25% in Kimberly-Clark and Oji Nepia (based on production). However, the toilet tissue proportion was higher than the average level, even over 90%, in small mills or the mills using non-wood pulp and waste paper as raw materials.

The share of facial tissue in tissue papers increased from 18.2% in 2010 to 24.5% in 2014 as facial tissues become popularized in the third- and fourth-tier cities constantly, while the sales volume of facial tissue continue to grow with the proportion of plastic pack facial tissue increasing continuously. Furthermore, as a growing number of public toilets begin to provide hand towels, the share of hand towels has increased from 1.8% in 2010 to 3.2% in 2014. The consumption of kitchen towel grows slowly, and the share of kitchen towel is less than 1%, lagging far behind from that of developed countries. Therefore, the guidance is needed for consumption of the kitchen towel.

5 Structures of Raw Materials

Table 8 The Structure of Fabrics Used in China Tissue Industry (2010-2014)

Year	2010	2011	2012	2013	2014
Variety of Fabrics	Proportion/%	Proportion/%	Proportion/%	Proportion/%	Proportion/%
Wood pulp	47.5	58.8	71.2	72.8	76.7
Straw pulp	17.2	15.3	9.7	4.5	3.4
Bagasse pulp	10.6	10.2	7.6	11.5	9.7
Bamboo pulp	9.5	8.9	6.7	7.2	8
Waste paper pulp	6.7	6.8	4.8	4	2.3
Other pulp	8.5				

Great changes have taken place in the structure of fabrics used in China tissue industry during 2010-2014 when the proportion of wood pulp continued to increase from 47.5% in 2010 to 76.7% in 2014, much higher than the average level of the paper industry (26% in 2014[4]), while the proportion of straw pulp has fallen markedly. By analysis, the main reason is that since 2012, market wood pulp has been at a low price, while the purchase cost and production cost of rice and wheat straw pulp have kept rising, which drove more straw pulp enterprises to turn to wood pulp.

The amount of waste paper pulp has decreased, falling from 6.7% in 2010 to 2.3% in 2014. This

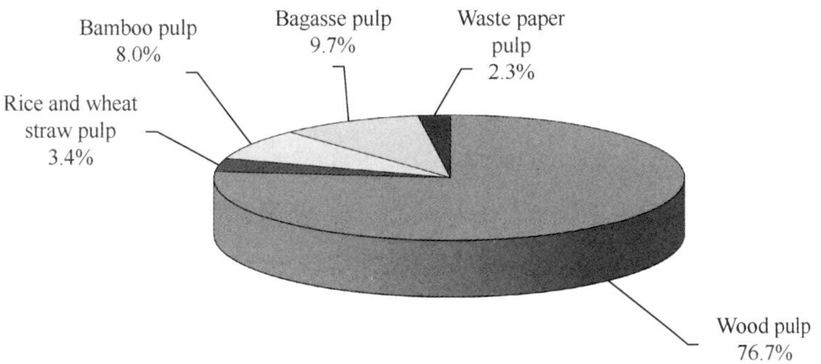

Figure 3 The Structure of Fabrics Used in China Tissue Industry in 2014

mainly comes from the pressure of cost and environmental protection. In the long run, materials structure of tissue industry in China remains to be further optimized. While sewage treatment should be improved and hygienic indicators of products ensured, the utilization of waste paper pulp in toilet paper and hand towel should be enhanced, which is good for recycling of resources as well as sustainable development of the industry.

6 The Overall Price of Wood Pulp Decreased, and Cost Advantages of Non-wood Pulp Fiber Materials Weaken Continually

Wood pulp accounts for 76.7% of the fiber materials used in China's tissue paper in 2014, and it is dominated by imported market wood pulp. As a result, the industry relies greatly on the imported pulp. The production cost is greatly influenced by the international market pulp price volatility. In 2014, imported pulp used in tissue paper accounted for about 30% of the total imported pulp, and the percentage was higher for the total bleached hardwood pulp.

According to the Customs, in 2014, the total import pulp volume in China was 17.96 million tons, up 6.6% than 2013. The total import value was 12.07 billion US dollars, up 6.2% than 2013. The average price of imported pulp went down by 0.4% than 2013. Among the total imported pulp, the volume of bleached softwood pulp was about 6.68 million tons, up 2.8% than 2013. The average price was 718 USD per ton, up 6.8% than 2013. The volume of bleached hardwood pulp was 7.09 million tons, up 8.2% than 2013. The average price was 577 USD per ton, down 6.9% than 2013. The details are listed in Attached Table 2. The bleached softwood pulp was mainly imported from Canada, the United States, Chile, Finland, Russia, etc. The bleached hardwood pulp was mainly imported from Brazil, Indonesia, Uruguay, Chile, the United States, etc.

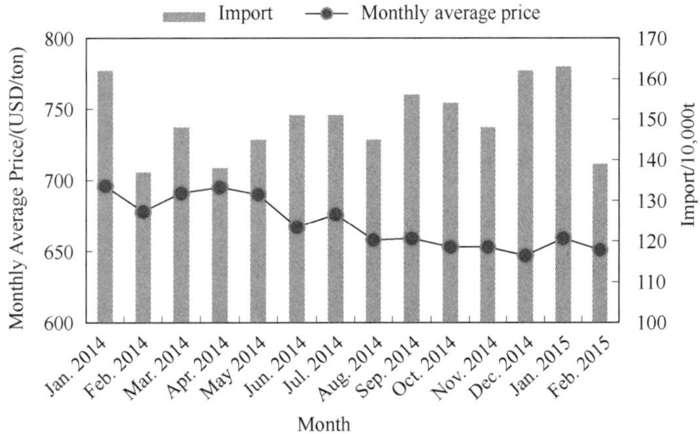

Figure 4 Quantity and Price of Imported Pulp from Jan. 2014 to Feb. 2015

In 2014, price of imported bleached hardwood pulp, which is the major raw material for tissue paper, went down due to which price of domestic hardwood pulp also continued to decrease with the fluctuations in international pulp price. As a result, pulp costs for tissue paper manufacturers generally lowered. In addition, according to China National Bureau of Statistics, in 2014, the IPI such as raw material, fuel and energy decreased by 2.2% than 2013. In 2014, the exchange rate of RMB against U. S. Dollar remained fairly stable, while that of RMB against Euro and Canadian Dollar kept rising, which had some positive influence on enterprises with imported pulp as major material. All the above were helpful to mitigate intensifying industry competition brought by excessive growth of capacity. In 2014, a large number of manufacturers tried to increase market share by means of price - cut promotions, in spite of which their gross profits remained acceptable in general. According to CNHPIA, the average producer price of tissue paper products was reduced by 2.0% on the whole. According to Sublime China Information, the detailed producer price of tissue parent roll in 4 major provinces is shown in Figure 5.

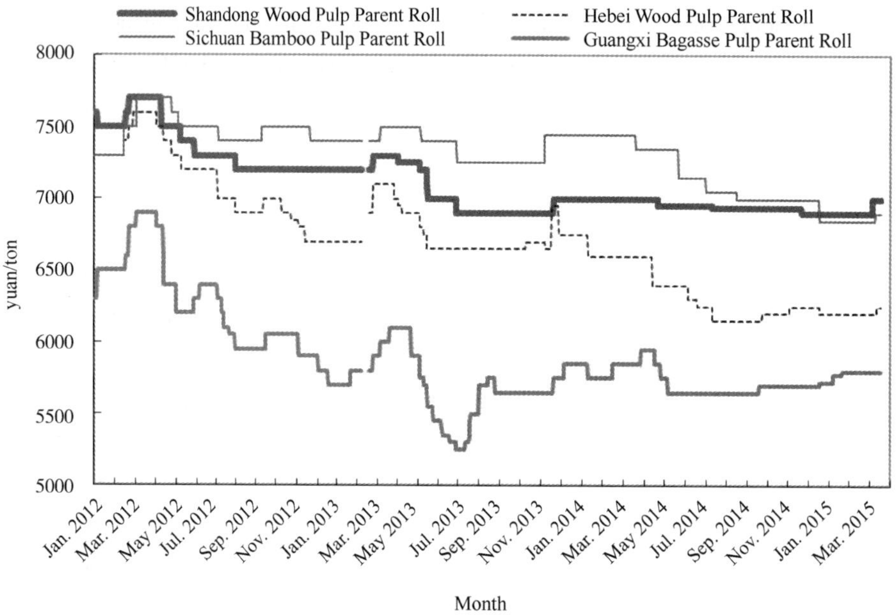

Figure 5　Average Producer Price of China Tissue Parent Roll from Jan. 2012 to Mar. 2015

The manufacturers who use non - wood pulp as raw material are mostly small scale companies. They do not have enough funds and the equipment upgrading ability. So the pulp price volatility had great influence on these manufacturers. In 2014, industry competition became more intensified as a result of dropping pulp price and sharp release of wood pulp tissue capacity, due to which wood pulp tissue price continued to decrease. At the same time, rising labor cost and reasons as such made purchase of rice straw more difficult and cost much higher. Besides, price gap between rice straw pulp and wood pulp had been quite narrow as environmental protection pressure became increasingly heavy. This has weakened the price advantage of medium and low grade straw pulp paper products in Ningxia, Shaanxi, Henan and other regions. More manufacturers stopped production or shut down. The bamboo pulp paper manufacturers in Sichuan and Chongqing were also facing the same difficulties. Due to the high cost, the majority of the bamboo pulp mills had deficit or small profit. And their product profits remained limited even if the overall production and sales of bamboo pulp had increased to some extent. Currently, the bamboo pulp paper manufacturers are actively launching differentiated products to add products value. As for bagasse pulp paper products of Guangxi, due to oversupply of international sugar and decreasing price of domestic sugar, sugarcane planting areas were curtailed and insufficient supply of bagasse materials became a heated issue. After several rounds of bagasse pulp price rises, bagasse pulp paper price also rose accordingly. As a result, its price gap with wood pulp paper was greatly narrowed, competition advantage faded significantly, and both production and sales decreased.

7 Optimization of Industry Structure and Cool-down of Investment Fever

Through more than two-decade long development, China tissue paper industry has transformed from domestic market-oriented to the industry structure with international competitiveness. Because Chinese government implemented the policy of energy conservation and emission reduction and backward production capacity elimination, as well as market competition, the proportion of modern production capacity continued to increase.

Table 9 Modern New Capacity During 2009-2016

Year	2009	2010	2011	2012	2013	2014	2015	Plan in and after 2016
New capacity/10,000t	33.3	40.35	57.4	110.5	83.15	124.2	111.7	323.3

Note: Though incremental capacity fell short of the capacity of 2.446 million tpy proposed at the beginning of 2014, it was still the maximum incremental capacity over the years.

The introduction of advanced tissue machines brought great changes to China tissue paper industry structure. Until the end of 2014, there were 101 imported new crescent tissue machines launched in China with the total capacity of 3.912 million tpy, 88 BF tissue machines with the total capacity of 1.183 million tpy, 1 oblique net tissue machine with the capacity of 10,000 tpy. The total capacity of above imported tissue machines reaches 5.105 million tpy, which accounts for about 54.1% of the total capacity in 2014.

Equipment modernization trend is also reflected in that imported new crescent tissue machines gradually become dominant machines among the imported ones. The projects of single tissue machine with the capacity above 60,000 tpy are increasing significantly, 2 in 2009, 3 in 2010, 4 in 2011, 12 in 2012, 3 in 2013, 9 in 2014, 7 estimated in 2015 and 17 estimated in and after 2016.

For the past a few years, capacity has been considerably excessive due to overheated investment. Hence, in 2014 industry leaders slowed down expansion speed and the number of newcomers to this industry greatly decreased.

The expansion of large manufacturers is helpful to increase the industry concentration, raise the equipment level, improve products quality and grade, reduce energy and raw material consumption, and reduce pollution. In 2014, incremental capacity reached the ever highest level over the years, yet investment in new projects tended to be more rational and capacity growth slowed down. From the development programs released by some enterprises:

- APP Gold Hongye Paper (The capacity was 1.39 million tpy in 2014. Another 0.12 million tpy of production plan was postponed. The plan of 1.57 million tpy in 2015 would be postponed).
- Hengan Group (The capacity was 0.96 million tpy in 2014. Another 0.18 million tpy of production plan was postponed. It reached 1.02 million tpy in 2015).
- Vinda Paper (The capacity was 0.89 million tpy in 2014. It reached 0.95 million tpy in 2015).
- C&S Paper (The capacity was 0.477 million tpy in 2014. Another 0.025 million tpy of production plan was postponed. It reached 0.502 million tpy in 2015).

In 2014, the companies producing paper, pulp and new players with financial strength all also entered the tissue paper field and invested in big and modern tissue machines, such as Hong Kong Lee & Man Paper, Sun Paper, Yunnan Yunjing, Zhejiang Jingxing, Hebei Yihoucheng, etc.

In 2014, China made more efforts in eliminating outdated capacity, and the Ministry of Industry and Information Technology forced to eliminate outdated capacity in groups, wherein 420,000 tons of capacity in 54 tissue paper enterprises was eliminated. Market eliminating law was enforced in tissue paper industry. In consequence, some enterprises successively eliminated small tissue machines with high energy consumption, some other small and medium enterprises had to shut down operation under pressure of capital and market, with related eliminated and shut down capacity reported to be up to about 230,000 tons. The eliminated and shut down capacity totaled 650,000 tons altogether, making a new record for the eliminated and shut down capacity over the years. Nevertheless, in 2014, this industry still boasted excess capacity for certain period and market competition became fiercer as the capacity growth (while incremental modern capacity was 1.24 million tons, capacity of wide common cylinder machine was 300,000 tons, and the eliminated capacity was 650,000 tons, the net incremental capacity was 890,000 tons) was faster than the demand growth. Large pulp paper manufacturers and other new manufacturers, generally in poor management, mainly maintained operations relying on tissue parent roll sales, and some were even involved in a loss due to vulnerable brand popularity and marketing channels. Moreover, as small and medium tissue paper manufacturers had weak anti-risk ability, those who failed to timely restructure and upgrade and those who maintained poor operations were driven out of the market in a short period. The survival of the fittest became more prominent, and companies of the industry were put in new order with faster speed. As such, the eliminated capacity made room for the existing large tissue paper manufacturers. As a result, these manufacturers generally maintained good performance, which proved that tissue paper industry was experiencing healthy changes manifested by industry restructuring.

8 Main New Production Capacity Expansion Projects

- Gold Hongye Paper

In 2014, its production capacity increased to 1,390,000 tpy. Its capacity included:

(1) 5 new crescent tissue machines (one imported new crescent tissue machine with the capacity of 60,000 tpy was launched in 2014) and 6 home-made fourdrinier tissue machines in Suzhou, with the total capacity of 370,000 tpy.

(2) 10 new crescent tissue machines and 18 new crescent tissue machines made by APP's subordinate factory Gold Sun Machinery (3 imported new crescent tissue machine with the capacity of 60,000 tpy and 6 home-made new crescent tissue machines with the capacity of 25,000 tpy respectively were launched in 2014. The total new production capacity was 330,000 tpy) in Hainan, with the total capacity of 840,000 tpy.

(3) 2 new crescent tissue machines in Xiaogan Hubei, with the total capacity of 120,000 tpy.

(4) 1 new crescent tissue machine in Shenyang, Liaoning, with the capacity of 60,000 tpy.

Gold Hongye plans to increase its total capacity to 1.57 million tpy in 2015. The new projects include:

(1) 120,000 tpy new capacity in Xiaogan Hubei.

(2) 60,000 tpy new capacity in Suzhou Jiangsu.

See Table 3 for capacity and the number of tissue machines of Gold Hongye Paper during 2012-2015.

- Hengan Paper

In 2014, its production capacity increased to 960,000 tpy. Its capacity included:

(1) 5 new crescent tissue machines in Hunan Hengan Paper (one imported new crescent tissue machine with the capacity of 60,000 tpy was launched in 2014), with the total capacity of 240,000 tpy.

(2) 3 new crescent tissue machines with the total capacity of 180,000 tpy located in Shandong Hengan Paper.

(3) 5 new crescent tissue machines with the total capacity of 300,000 tpy located in Hengan (China) Paper.

(4) 2 new crescent tissue machines with the total capacity of 120,000 tpy located in Chongqing Hengan Paper.

(5) 2 new crescent tissue machines with the total capacity of 120,000 tpy located in Anhui Hengan

Paper.

Hengan increases its total capacity to 1.02 million tpy in 2015. 60,000 tpy new capacity is achieved in Changde Hunan.

Hengan plans to increase its total capacity to 1.14 million tpy in 2016. The new project is to increase 120,000 tpy capacity in Wuhu Anhui.

See Attached Table 4 for capacity and the number of tissue machines of Hengan during 2012-2015.

• Vinda Paper

In 2014, its production capacity increased to 890,000 tpy. Its capacity included:

(1) 2 BF tissue machines and one new crescent tissue machine with the total capacity of 60,000 tpy located in Xinhuihuicheng Jiangmen Guangdong.

(2) 4 BF tissue machines with the total capacity of 45,000 tpy located in Deyang Sichuan.

(3) 9 BF tissue machines and 4 new crescent tissue machines with the total capacity of 180,000 tpy located in Xiaogan Hubei.

(4) 3 BF tissue machines with the total capacity of 30,000 tpy located in Beijing.

(5) 6 BF tissue machines with the total capacity of 120,000 tpy located in Shuangshui, Xinhui, Jiangmen, Guangdong.

(6) 6 BF tissue machines and 2 new crescent tissue machines (The two new crescent tissue machines were launched in 2014. The total new production capacity was 60,000 tpy) with the total capacity of 150,000 tpy in Longyou Zhejiang.

(7) 4 BF tissue machines with the total capacity of 55,000 tpy in Anshan Liaoning.

(8) 8 new crescent tissue machines (among which 2 machines were launched in 2014. The total new production capacity was 70,000 tpy) with the total capacity of 200,000 tpy located in Sanjiang, Xinhui, Jiangmen, Guangdong.

(9) 2 new crescent tissue machines with the total capacity of 50,000 tpy located in Laiwu Shandong.

Vinda increases its total capacity to 0.95 million tpy in 2015. The new projects include:

(1) 30,000 tpy new capacity is achieved in Laiwu Shandong.

(2) 30,000 tpy new capacity is achieved in Deyang Sichuan.

See Attached Table 5 for capacity and the number of tissue machines of Vinda during 2012-2015.

• C&S Paper

In 2014, its production capacity increased to 477,000 tpy. Its capacity included:

It has 11 BF tissue machines, 10 new crescent tissue machines and many home-made tissue machines located in 7 production bases such as Zhongshan and Jiangmen Guangdong, Xiaogan Hubei, Chengdu Sichuan, Jiaxing Zhejiang, Tangshan Hebei and Yunfu Guangdong. Among them, two new crescent tissue machines with the capacity of 120,000 tpy were launched in 2014 in Yunfu Guangdong. One new crescent tissue machine with the capacity of 32,000 tpy was launched in 2014 in Chengdu Sichuan.

At the end of 2014, C&S Paper announced that it planned to transfer one BF-10 tissue machine and related equipments from the production base in Zhongshan, Guangdong to the base in Jiaxing, Zhejiang, after which the base in Zhongshan would stop manufacturing of tissue parent roll.

C&S increases its total capacity to 0.502 million tpy in 2015. The new project is to increase 25,000 tpy capacity in Chengdu Sichuan.

C&S Paper's development goal is to increase its total capacity to 1 million tpy.

See Attached Table 6 for capacity and the number of tissue machines of C&S Paper during 2012-2015.

Attached Table7-13 shows the overview of tissue machines put or to be put into operation during 2010-2016 (not including new home-made common cylinder machine).

9 Technology Advances

9.1 Continuing Import of Advanced Tissue Machines and Converting Equipment

With the importing and launching of new tissue machines, tissue equipment level in China has been promoted greatly. In large new projects and some capacity expansion projects, high speed tissue machines with big width and converting and packing machines have been imported. They keep the same level with the world advanced technologies and could manufacture premium products. The biggest capacity per machine could reach 70,000tpy and the highest speed 2,400m/min. The new technologies adopted included duplex flow box, press shoe, steel dry cylinder, new creping doctor, and thermal recycling system, etc. Among which the use of steel dry cylinder attracted special attention in 2014. The imported converting and packing equipments have reached world-class level.

9.2 Suppliers of Imported Tissue Machine Actively Promote Localization Process

The Chinese government released to cancel the imports tax-free policy concerned of the paper machines within the width of 3 meters from January 1, 2008. Thus, foreign tissue machinery suppliers started to establish plants in China.

① The plant of Valmet in Shanghai Jiading works on the business of rack producing, dryer moulding, equipment pre-installation, etc. It also successfully produced the first DCT40 Yankee dryer in China. In Dec. 2014, Valmet announced that they would increase investment in two service centers of Waigaoqiao and Guangzhou, and to further improve the roll cover and other parts processing capacity.

② The plant of Andritz in Foshan works on the producing and assembling of machine components. In 2014, Andritz strengthened the capacity of manufacturing in China. The steel dry cylinder production line in Foshan factory was build, with the new workshop area of 4,200m^2, and an annual output of 10-15 steel yankee cylinders. The maximum cylinder diameter could reach 22 feet. Till the end of 2014, all the equipments of the processing and surface treatment in the workshop had been installed, and full line was put into operation in January 2015.

③ Voith is upgrading and expanding its Kunshan plant, and speeding up the construction of local talent. In Apr. 2014, Chinese training center of Germany Voith group was completed in Jiangsu Kunshan. The steel drycylinder production line established by Voith in China was put into operation in 2013, with annual production capacity of 12-15 cylinders. In 2014, two cylinders were supplied, one to China and another to Indonesia.

④ The plant of PMP Group in Changzhou Jiangsu produces new crescent tissue machines for the Group (with key parts imported from the PMP Group).

⑤ A. Celli's Shanghai factory has also achieved the localization of non-key parts of tissue machines.

⑥ The plant of Kawanoe Zoki in Jiaxing Zhejiang works on the producing and assembling of BF machines and related equipment.

In 2013, Valmet and Kawanoe Zoki cooperated in tissue machine technologies of China market. Kawanoe Zoki's mill in Jiaxing Zhejiang is responsible for manufacturing, selling and installing Advantage DCT 40 and DCT 60 tissue machines. Valmet is responsible for providing the key parts including OptiFlo II TIS headbox, yankee cylinder and vacuum pressure roller, as part of Kawanoe Zoki's supply. In July 2014, the pre-assembled of the first DCT 60 tissue machines made by Valmet and Kawanoe Zoki was completed at Kawanoe Zoki (Jiaxing), which was put into operation officially in Shandong Dongshun Group in October 2015.

⑦ At its Shanghai factory, Toscotec carries out tissue machine pre-assembly and manufacturing of non-key technological components. The tissue machine's main technological components are designed and manufactured in Italy. Toscotec Shanghai hosts the Service Centre dedicated to the Chinese market, where local technical staff can timely respond directly to the mill's requests. Toscotec's sales network for Asia is also based there. Toscotec attaches great importance to the Chinese market and the expansion of its range of operations. It has already launched for Chinese customers the possibility to do Yankee rebuilds, as the substitution of cast iron Yankee wity Steel Yankee Dryer, and further a whole well known TT DOES solution in order to reach the most energy saving effect for Chinese customers.

9.3 Considerable Progress of Domestic Tissue Machine Technology

As the domestic tissue paper market undergoes rapid development, related domestic research institutions and machinery manufacturing enterprises have lavished great efforts on the research and development of modern tissue machines, for which encouraging results have been achieved. According to the statistics, seven equipment factories can manufacture crescent tissue machine with a maximum design speed of 1800m/min, including Shandong Weifang Hicredit, Shandong Xinhe, Shanghai Qingliang, Liaoyang Allideas, Shandong Hualin, Goldsun Machinery, Xi' an Bingzhi. Seven equipment factories can manufacture Vacuum cylinder tissue machines with the maximum design speed of 1000m/min, including Foshan Baotuo, Shandong Weifang Hicredit, Shandong Hualin, Liaoyang Allideas, Hangzhou Dalu, Guizhou Hengruichen and Tianjin Tianqing.

9.4 Homemade Converting and Packaging Machines Approach World Advanced Level

According to National Bureau of Statistics, the working age population (between 16-59 years old) was 915.83 million in 2014. Compared with 919.54 million in 2013, it was reduced by 3.71 million, which continued the downward trend of 2013. It means the labor cost will keep rising. As recruitment is difficult and labor cost continues to rise, enterprises have increasing demands for automatic processing equipments and packing equipments, which has become the irresistible trend for domestic enterprises.

In 2014, the domestic converting machinery suppliers strengthened research and development, contributing to increasing speed and designing multiple-uses machine. They not only met the domestic market demands, but also improved the competitiveness in the international market.

① Baosuo launched YH-PL fully-automatic facial tissue production line, with the trimmed width at 2,900-3,600mm and designing speed at 150m/min.

② Dechangyu launched DCY60104-600 fully-automatic toilet roll/kitchen towel rewinding machine, with the designing speed at 550m/min.

③ Ouke launched OK-1860/2860/3600 automatic folding machine, with the designing speed at 170m/min. It also launched multifunctional packaging machine with double channel feed. The machine is designed especially for toilet roll and kitchen towel and is suitable for packing single roll, two rolls and four rolls respectively.

④ Jumping launched double channel napkin embossing folding machine, with the designing speed at 300m/min.

⑤ One Paper launched OPR-120 fully-automatic plastic-pack facial tissue packaging machine, with the designing speed at 120 packs/min.

⑥ Soontrue launched double channel feed plastic-pack tissue packaging machine, with the designing speed at 40 packs/min. It also launched toilet tissue packaging machine, which could change among the productions of flat, round with core and round without core. It has three functions.

⑦ Gold Sun launched SDW2516 rewinder with single bottom roll which had passed expert identification. It has a trimmed width of 2,480mm, using the technologies of roll frame without axis, central torque control, solid chuck, single bottom roll, etc. It has overcome such technical problems as the tissue surface tends to appear paper defects and slitting often becomes rewound.

9.5 Leading Enterprises Introduce Automatic Three-dimensional Warehouse, Save Storage Space and Improve Efficiency

In March 2013, Vinda successfully finished its automatic production lines-packaging lines-automatic three-dimensional warehouse construction for its first phase 80,000 tpy project in its new parent roll production base in Xinhui and achieved full-automatic operation of production and storage. Vinda became the first domestic tissue enterprise to use this advanced logistics system and also one of the tissue enterprises in the world who first use automatic three-dimensional warehouse. The automatic logistics system is divided into three phase to support the overall project (with production capacity of 260,000 tpy) construction. The first phase covered an area of

18,000m^2 and building height is 12 meters and 24 meters. The entire automatic system includes transmission lines, automatic robotic palletizer, wrapping machine, the AGV unmanned car, etc. The second and third phase covered an area of 32,000m^2 and building height is 24 meters. Besides, automatic logistic warehousing system projects of Guangdong Shuangshui Factory, Zhejiang Longyou Factory, Shandong Laiwu Factory and Liaoning Anshan Factory of Vinda would be completed in succession.

In the second half of 2013, Hengan Group started its second phase of Wuhu parent roll production base project. In the project, Hengan will also construct the three-dimensional warehouse. The project is scheduled to be put into production in 2015. Besides, Hengan already built multi-storey plant in this first phase of Wuhu production base launched in 2012. With the use of stereo machinery layout, half space has been saved. The three-dimensional warehouse of Zhejiang plant is put into operation in 2015.

In 2014, factories of C&S Paper in Yunfu and Chengdu introduced automatic warehouses. The Yunfu project was put into operation in May 2014, with an automatic logistic warehousing system covering an area of more than 20,000 square meters and buildings as high as 24 meters, capable of processing about 840,000 finished products.

Shandong Tralin Group has an automatic logistic warehousing system in Shandong Gaotang Production Base, where a 24m-high three-dimensional warehouse with 100,000 allocations is under construction.

9.6 Product Innovation

Tissue manufacturers have continued to innovate and develop differentiated products, to increase the selling point and profit growth of the product in order to expand market share. Well-known companies are in the forefront of innovation and play a positive leading role in guiding consumers and looking for new market space. The trends of quality innovation for tissue products are as the following two aspects:

One is to exploit high profit niche markets by launching differential products, such as the tissue products added with balm, lotions, aloe, vitamin, etc. Those functional products have fresh scents or have better body care function, thus achieving outstanding performance. New products launched in 2014 include:

- Hengan launched Mind Act Upon Mind Tea Classical Sixiang series high grade facial tissue and handkerchief tissue. The products are soft when being dry and strong when being wet. Hengan also launched Mind Act Upon Mind wet toilet tissue, using flushable airlaid as substrates. It has the functions of mild sterilization and effective cleaning. Its sterilization rate of staphylococcus aureus and escherichia coli reached above 90%.
- C&S launched C&S LOTION super mini handkerchief tissue, which feels soft, moist and smooth. It has obtained two national patents.
- Gold Hongye launched Clear Wind Ultra series tissue paper. The new product has increased thickness and strength, not easy to break after absorbing water and can be used in both wet and dry forms.
- Nepia launched moisturizing handkerchief tissue with the function of moisturizing and skin care. The product is suitable for women, patients who catch cold/rhinitis, skin sensitive persons, etc.
- Chenming launched new brand Forestlove series tissue paper. The handkerchief tissue under this brand is exquisite, thick and not easy to break after absorbing water. The facial tissue is exquisite, soft, smooth, strong, and skin-friendly. The toilet tissue is flushable by using relevant formula.
- Kimberly-Clark has launched Kleenex "Green Tea Chamomile" handkerchief tissue, which has chamomile essences and fresh printings, and feels soft and smooth.

Differentiated unbleached tissue paper products, which were developed following the environmental protection and sustainable development concept, were gradually accepted by the market and consumers.

- Gold Hongye launched unbleached wood pulp toilet tissue and hand towel, which were primarily promoted in the AFH tissue paper market.

• Vanov Group launched unbleached bamboo pulp facial tissue and toilet tissue. It focused on the promotion of square toilet tissue using together with sanitary napkins.

• As for the Shaoneng unbleached tissue paper project, the Phase I production line with a capacity of 30,000tpy is planned to be put into operation in 2016.

• Sichuan Yongfeng planned to move in the unbleached bamboo pulp tissue paper market.

• Tralin received relatively good result in promoting unbleached straw pulp tissue paper.

• Guangxi Huaxin Paper launched 56° series tissue paper products for babies.

• With straw pulp as raw materials, Ningxia Zijinghua Paper launched " Wheat Essence" series tissue paper in 2015.

• With reed and grass as raw materials, Sund Paper launched unbleached tissue paper products.

• With unbleached bamboo pulp as raw materials, Jiangmen Xinlong Paper launched unbleached tissue paper products.

10 Market Prospects

10. 1 Development Opportunity and Potential

• The current tissue consumption in China ranks the third in the world, only next to North America and Western Europe. However, as a result of large population, the per capita consumption of tissue paper in China was only 4. 7kg in 2014, though it is equal to the average level (4. 6kg) in 2013. And it has a big difference with North America (25kg), Japan and Western Europe (15kg), China Hong Kong/Macau/Taiwan (over 10kg). The market still has large potential development in the long run. With the economic development and the quickening urbanization and internationalization process in China, the market potential demand will be released continuously, which will provide tremendous development space in the rising tissue industry.

• China's economy has entered a new normal when economic growth slows down, but still leads emerging market countries. It is expected that GDP in 2015 will grow by about 7%. The Europe debt crisis and slow down of U. S. economy had gradually been out of recession. The global economy began to improve. Tissue paper products are little influenced by the global economy, because they belong to the FMCG and have the characteristics of rigid demand. In addition, many new projects capacity will be released during 2014 - 2016. It is estimated that the annual growth rate of China tissue industry will be higher than the global average level. It gradually tends to have the fairly comfortable consumption characteristics. The hierarchy of consumption is diversified and transits towards middle- and high-grade level. The consumption fields continue to expand and market demand continues to increase.

• Tissue paper industry has a high degree of marketization. Backward capacity elimination are mostly caused by market mechanism. Thus it could provide development space for leading enterprise.

10. 2 Risk

• In China tissue paper industry, short-term consumption growth can hardly meet the expected rapid new capacity expansion in the next few years. Capacity is overplus reversely in recent years. Manufacturers will choose lower-price promotion in order to fight for the market share, thus likely to cause frequent price wars and put a squeeze on the profit margins of enterprises.

• Although the market share of private label products is very small in China tissue industry, large-scale retailers would likely seize the opportunity to expand private label products market at a low price and grab the market shares of enterprises in future due to the periodical overcapacity and the increasingly fierce competition among retailers.

• In China tissue paper industry, wood pulp as major raw materials greatly rely on imports. Therefore tissue companies will face the cost pressure risk from the volatility of wood pulp.

• Quick expansion, overheated investment and over-reliance on loans may bring about risks of capital chain rupture and debt crisis, thus hindering the normal development of enterprises.

10. 3 Production and consumption forecast

Based on conservative estimates, by year 2015, it will increase 1. 3 million tons new production capacity based on 9. 44 million tons in 2014. With the elimination of 0. 3 million tons laggard production capacity, the total production capacity will reach 10. 44 million tons. In 2015, calculated on 76% machinery utilization rate, the output will be 7. 94 million tons, sales volume will be 7. 70 million tons, net export will be 0. 87 million tons, consumption will be 6. 83 million tons (calculated on annual growth rate 6. 2%) and the annual per capita consumption will be 4. 95kg, reaching or exceeding the world average level.

Table 10 Production and Consumption Forecast

Year	Production/10,000t	Consumption/10,000t	Population/10,000people	Per capita consumption/(kg/person · year)
2007	410. 0	357. 2	132129	2. 70
2008	443. 7	391. 3	132802	2. 95
2009	479. 1	419. 7	133474	3. 14
2010	524. 8	466. 3	134100	3. 48
2011	582. 1	525. 4	134735	3. 90
2012	627. 3	562. 8	135404	4. 2
2013	680. 8	603. 6	136072	4. 4
2014	736. 3	643. 1	136782	4. 7
2015	794. 0	683. 0	138000	4. 95
2020	1062. 6	914. 0	141500	6. 5

References

[1] The 2014 Annual Report of Hengan International Holdings Limited
[2] The 2014 Annual Report of Vinda International Holdings Limited
[3] The 2014 Annual Report of C&S Paper Co., Ltd.
[4] The 2013 Annual Report of China Paper Industry

Appendix

Attached Table 1 Top 20 Tissue Manufacturers Ranked on Export Volume (2014)

Num	Company Name	Num	Company Name
1	Hengan Group	11	Sunlight Hygiene Products (Shenzhen) Co., Ltd.
2	Gold Hongye Paper(China) Co., Ltd.	12	Jiangmen Rijia Paper Co., Ltd.
3	Vinda Paper Group Co., Ltd.	13	Anqiu Xiangyu Packaging and Printing Co., Ltd.
4	Huizhou Fook Woo Paper Co., Ltd.	14	Jinyu (Qingyuan) Tissue Paper Industry Co., Ltd.
5	Foshan Gaoming Super Trans Paper Co., Ltd.	15	Weifang Lancel Hygiene Products Co., Ltd.
6	Fujian Hengli Paper Co., Ltd.	16	Dongguan Nice Bonus Tissue Products Co., Ltd.
7	C&S Paper Co., Ltd.	17	Zhucheng Zhongshun Industry & Trading Co., Ltd.
8	Guangzhou Jielian Paper Co., Ltd.	18	Jiangmen Yafeng Paper Industry Co., Ltd.
9	Xiamen Sinyang Paper Co., Ltd.	19	Guangzhou Qiming Paper Co., Ltd.
10	Shouguang Meilun Paper Co., Ltd.	20	Qingdao Beirui Paper Co., Ltd.

Attached Table 2 Import and Monthly Average Price of Wood Pulp in 2014

Month	Bleached softwood pulp		Bleached hardwood pulp	
	Import/10, 000t	Average price/(USD/ton)	Import/10, 000t	Average price/(USD/ton)
Jan. 2014	61.19	715.31	59.95	615.23
Feb. 2014	45.09	718.06	60.46	615.63
Mar. 2014	58.69	722.70	54.54	603.70
Apr. 2014	54.17	729.39	51.34	599.47
May. 2014	54.87	733.82	53.33	589.30
Jun. 2014	55.53	727.26	57.28	564.85
Jul. 2014	57.53	714.81	53.31	567.32
Aug. 2014	54.28	710.17	58.49	558.75
Sept. 2014	60.79	710.80	59.41	559.22
Oct. 2014	54.12	708.81	64.78	552.85
Nov. 2014	55.44	712.18	62.20	558.39
Dec. 2014	56.67	710.47	73.79	556.61
Total	668	718	709	577

Attached Table 3 Capacity and the Number of Tissue Machines of Gold Hongye Paper (2012-2015)

Production Base	2012		2013		2014		2015	
	Capacity/10,000t	Number of tissue machines/set	Capacity/10,000t	Number of tissue machines/set	Capacity/10,000t	Number of tissue machines/set	Capacity/10,000t	Number of tissue machines/set
Suzhou Jiangsu	31	10	31	10	37	11	43	12
Haikou Hainan	30	12	51	19	84	28	84	28
Xiaogan Hubei	12	2	12	2	12	2	24	4
Shenyang Liaoning	6	1	6	1	6	1	6	1
Yaan Sichuan								
Suining Sichuan								
Total	79	25	100	32	139	42	157	45

Attached Table 4 Capacity and the Number of Tissue Machines of Hengan Paper (2012-2015)

Production Base	2012		2013		2014		2015	
	Capacity/ 10,000t	Number of tissue machines/set	Capacity/ 10,000t	Number of tissue machines/set	Capacity/ 10,000t	Number of tissue machines/set	Capacity/ 10,000t	Number of tissue machines/set
Changde Hunan	18	4	18	4	24	5	30	6
Weifang Shandong	18	3	18	3	18	3	18	3
Jinjiang Fujian	30	5	30	5	30	5	30	5
Wuhu Anhui	12	2	12	2	12	2	12	2
Banan Chongqing	12	2	12	2	12	2	12	2
Total	90	16	90	16	96	17	102	18

Attached Table 5 Capacity and the Number of Tissue Machines of Vinda Paper (2012-2015)

Production Base	2012		2013		2014		2015	
	Capacity/ 10,000t	Number of tissue machines/set	Capacity/ 10,000t	Number of tissue machines/set	Capacity/ 10,000t	Number of tissue machines/set	Capacity/ 10,000t	Number of tissue machines/set
Huicheng XinhuiJiangmen Guangdong	6	3	6	3	6	3	6	3
Xiaogan Hubei	10	9	18	13	18	13	18	13
Beijing	3	3	3	3	3	3	3	3
Deyang Sichuan	4.5	4	4.5	4	4.5	4	7.5	5
Shuangshui XinhuiJiangmen Guangdong	12	6	12	6	12	6	12	6
Longyou Zhejiang	9	6	9	6	15	8	15	8
Anshan Liaoning	5.5	4	5.5	4	5.5	4	5.5	4
Sanjiang Xinhui Jiangmen Guangdong	4	2	13	6	20	8	20	8
Laiwu Shandong			5	2	5	2	8	3
Total	54	37	76	47	89	51	95	53

Attached Table 6 Capacity and the Number of Tissue Machines of C&S Paper (2012-2015)

Production Base	2012		2013		2014		2015(without homemade)	
	Capacity/ 10,000t	Number of tissue machines/set	Capacity/ 10,000t	Number of tissue machines/set	Capacity/ 10,000t	Number of tissue machines/set	Capacity/ 10,000t	Number of tissue machines/set
Zhongshan Guangdong	2	18 (17 homemade)	2	18 (17 homemade)	2	18 (17 homemade)		
Jiangmen Guangdong	17	7	17	7	17	7	17	7
Xiaogan Hubei	2	2	2	2	2	2	2	2
Chengdu Sichuan	4	11 (8 homemade)	7	12 (8 homemade)	10.2	13 (8 homemade)	12.7	6
Jiaxing Zhejiang	2	3	2	3	2	3	4	4
Tangshan Hebei	2.5	1	2.5	1	2.5	1	2.5	1
Yunfu Guangdong					12	2	12	2
Total	29.5	42	32.5	43	47.7	46	50.2	22

Attached Table 7　Tissue Machines Projects Started in China in 2010

Province	Company Name	Project Location	Stage	PM Capacity (10,000tpy)	TissueMachine					Production Time	PM Supplier	Remark
					Type	Model	Number (Set)	Trimmed Width (mm)	Speed (m/min)			
Liaoning	KaiyuanDayu Paper	Kaiyuan Liaoning	new	0.9	New Crescent		1	2700	600	Oct. 2010	Liaoyang Allideas	Homemade
Jiangsu	Shengda Group Jiangsu Sund Paper	Sheyang Jiangsu	new	1	Vacuum cylinder		1	2800	660	Jan. 2010	Hangzhou Dalu	Homemade
Zhejiang	Welfare Group	Shaoxing Zhejiang	new	1.25	Vacuum cylinder	BF-10EX	1	2760	770	Sept. 2010	Kawanoe Zoki Japan	Import
Fujian	Hengan Paper	Hengan (Jinjiang Fujian)	new	6	New Crescent		1	5600	2000	Jun. 2010	A.Celli Italy	Import
		Hengan (Weifang Shandong)	new	6	New Crescent	DCT200, soft shoe press	1	5600	1900	Nov. 2010	Valmet	Import
Shandong	Shouguang Meilun (Chenming)	Shouguang Shandong	Greenfield mill	6	New Crescent	shoe press	1	5600	2000	Dec. 2010	Andritz	Import
	Shandong Dongshun Group	Dongping Shandong	new	2.4	Vacuum cylinder	BF-10EX	2	2760	770	Apr., Dec. 2010	Kawanoe Zoki Japan	Import
Hubei	Jingzhou Zhiyin Paper	Jingzhou Hubei	Greenfield mill	1.2	Vacuum cylinder	BF-10EX	1	2760	770	2010	Kawanoe Zoki Japan	Import
Guangdong	Vinda Paper	Xiaogan Hubei	new	5	Vacuum cylinder	BF-10EX	4	2760	770	2 in Oct. 2010, 2 in Nov. 2010	Kawanoe Zoki Japan	Import
	C&S Paper	Jiangmen Guangdong	new	2.5	New Crescent	AHEAD 1.5M, steel drying cylinder	1	3450	1400	Nov. 2010	Toscotec Italy	Import
	Huizhou Fook Woo Paper	Huizhou Guangdong	new	2.3	New Crescent	DCT60	1	2850	1300	Dec. 2010	Valmet	Import
	Xinhui Baoda Paper	Jiangmen Guangdong	new	1	Vacuum cylinder		1	2660	800	Jul. 2010	Baotuo	Chinese-foreign cooperation
	Dongguan White Swan Paper	Dongguan Guangdong	new	1	Vacuum cylinder		1	2800	600	Aug. 2010	Guizhou Hengruichen	Homemade
Guangxi	Nanning Jiada Paper	Nanning Guangxi	Greenfield mill	1	Vacuum cylinder		1	2660	800	Oct. 2010	Baotuo	Cooperation
Ningxia	Zijinghua Paper	Ningxia	new	1.8	New Crescent		1	2850	1200	2010	Shandong Hualin in cooperation with South Korea	Chinese-foreign cooperation
		Ningxia	new	1	Vacuum cylinder		1	2700	700	2010	Shandong Hualin	Homemade
Total				40.35			20					

Table 7-Table13 Notes: ① The above tables don't include the projects of homemade common cylinder tissue machines.
② If one group has mills in different regions, all of the mills are listed in the province where their group's headquarter is located.

Attached Table 8　Tissue Machines Projects Started in China in 2011

Province	Company Name	Project Location	Stage	PM Capacity (10,000tpy)	Tissue Machine					Production Time	PM Supplier	Remark
					Type	Model	Number (Set)	Trimmed Width (mm)	Speed (m/min)			
Hebei	Baoding Gangxing	Baoding Hebei	new	1.2	Vacuum cylinder	BF-10EX	1	2700	770	Aug. 2011	Kawanoe Zoki Japan	Import
Liaoning	Fushun Mining Group	Fushun Liaoning	Greenfield mill	6	New Crescent		1	5600	2000	Oct. 2011	Andritz	Import
Shanghai	Shanghai Orient Champion Paper	Shanghai	new	3	New Crescent	DCT100	1	2850		Sept. 2011	Valmet	Import
Jiangsu	Gold Hongye Paper	Suzhou Jiangsu	new	6	New Crescent		1	5600	2200	Mar. 2011	A.Celli Italy	Import
		Xiaogan Hubei	Greenfield mill	6	New Crescent		1	5600	2200	Oct. 2011	A.Celli Italy	Import
Zhejiang	Welfare Group	Shaoxing Zhejiang	new	2.5	Vacuum cylinder	BF-10EX	2	2760	770	1 set put into operation in Jan. 2011 and the end of 2011 respectively	Kawanoe Zoki Japan	Import
Fujian	Hengan Paper	Banan Chongqing	Greenfield mill	6	New Crescent	18ft drying cylinder	1	5600	2000	Dec. 2011	Andritz	Import
Shandong	Shandong Dongshun Group	Dongping Shandong	new	2.4	Vacuum cylinder	BF-10EX	2	2760	770	End of 2011	Kawanoe Zoki Japan	Import
Henan	Yinge Group	Luohe Henan	new	1.5	New Crescent		1	2800	1150	Feb. 2011	Cooperated by Shanghai Qingliang & Korea Samyang	Chinese-foreign cooperation
	Foliage Paper	Luyi Henan	Greenfield mill	3	New Crescent		2	2850	1200	May and Nov. 2011	Cooperated by Shanghai Qingliang & Korea Samyang	Chinese-foreign cooperation
Guangdong	Vinda Paper	Anshan Liaoning	new	2.5	Vacuum cylinder	BF-10EX	2	2760	770	Jul. 2011	Kawanoe Zoki Japan	Import
		Deyang Sichuan	new	2.5	Vacuum cylinder	BF-10EX	2	2760	770	Nov. 2011	Kawanoe Zoki Japan	Import
		Longyou Zhejiang	new	5	Vacuum cylinder	BF-10EX	4	2760	770	2 in Jun. and Aug.2011 respectively	Kawanoe Zoki Japan	Import
	C&S Paper	Jiangmen Guangdong	new	2.5	New Crescent	AHEAD 1.5M, steel drying cylinder	1	3450	1400	Oct. 2011	Toscotec Italy	Import

续表

Province	Company Name	Project Location	Stage	PM Capacity (10,000tpy)	Tissue Machine					Production Time	PM Supplier	Remark
					Type	Model	Number (Set)	Trimmed Width (mm)	Speed (m/min)			
Chongqing	Chongqing Longjing Paper	Chongqing	Greenfield mill	2.4	Vacuum cylinder	BF-10EX	2	2760	770	Sept. 2011	Kawanoe Zoki Japan	Import
	Chongqing Weiermei Paper	Tongnan Chongqing	Greenfield mill	2.4	Vacuum cylinder	BF-10EX	2	2760	770	Apr. 2011	Kawanoe Zoki Japan	Import
Ningxia	Zijinghua Paper	Ningxia	new	2.5	New Crescent	AHEAD 1.5M	1	3500	1500	End of 2011	Toscotec Italy	Import
Total				57.4			27					

Attached Table 9 Tissue Machines Projects Started in China in 2012

Province	Company Name	Project Location	Stage	PM Capacity (10,000tpy)	Tissue Machine					Production Time	PM Supplier	Remark
					Type	Model	Number (Set)	Trimmed Width (mm)	Speed (m/min)			
Hebei	Baoding Gangxing	Baoding Hebei	new	1.2	Vacuum cylinder	BF-10EX	1	2760	770	Nov. 2012	Kawanoe Zoki Japan	Import
Shanghai	Shanghai Orient Champion Paper	Shanghai	new	4	New Crescent	DCT135	1	3400		Apr. 2012	Valmet	Import
Jiangsu	Gold Hongye Paper	Suzhou Jiangsu	new	7	New Crescent		1	5620	2400	Mar. 2012	Voith	Import
		Xiaogan Hubei	new	6	New Crescent		1	5600	2200	May. 2012	A.Celli Italy	Import
		Shenyang Liaoning	Greenfield mill	6	New Crescent		1	5600	2200	Mar. 2012	A.Celli Italy	Import
	Yuen Foong Yu	Yangzhou Jiangsu	Greenfield mill	5	New Crescent		2	2800	1600	Aug. 2012	Poland PMP	Import
Fujian	Hengan Paper	Jinjiang Fujian	new	12	New Crescent	16ft. steel drying cylinder	2	5600	2000	Jul. and Sept. 2012 respectively	Andritz	Import
		Banan Chongqing	new	6	New Crescent	18ft drying cylinder	1	5600	2000	May. 2012	Andritz	Import
		Wuhu Anhui	Greenfield mill	12	New Crescent		2	5600	2000	Sept. and Dec. 2012 respectively	Voith	Import
	Fujian Hengli Group	Nanan Fujian	new	6	New Crescent	DCT200 HS, soft shoe press	1	5600	2000	Jun. 2012	Valmet	Import
	Xiamen Sinyang Paper	Fujian	Greenfield mill	6	New Crescent	DCT200 HS, soft shoe press	1	5600	2000	Sept. 2012	Valmet	Import

续表

Province	Company Name	Project Location	Stage	PM Capacity (10,000tpy)	Tissue Machine					Production Time	PM Supplier	Remark
					Type	Model	Number (Set)	Trimmed Width (mm)	Speed (m/min)			
Shandong	Shandong Dongshun Group	Dongping Shandong	new	1.2	Vacuum cylinder	BF-10EX	1	2760	770	Jul. 2012	Kawanoe Zoki Japan	Import
		Zhaodong Heilongjiang	Greenfield mill	1.2	Vacuum cylinder	BF-10EX	1	2760	770	Nov. 2012	Kawanoe Zoki Japan	Import
	Shandong Mimosa Health Technology Co., Ltd.	Changle Shandong	new	1.6	New Crescent		1	2850	1200	Aug. 2012	Cooperated by Shanghai Qingliang & Korea Samyang	Chinese-foreign cooperation
Henan	Yinge Group	Luohe Henan	Greenfield mill	12	New Crescent		2	5550	2000	Mar. and Dec. 2012 respectively	Voith	Import
	Henan Aobo Paper	Huixian Henan	new	3	New Crescent		2	2850	1200	Jun. 2012	Cooperated by Shanghai Qingliang & Korea Samyang	Chinese-foreign cooperation
Guangdong	Vinda Paper	Anshan Liaoning	new	3	Vacuum cylinder	BF-V100	2	2760	770	Sept. 2012	Kawanoe Zoki Japan	Import
		Sanjiang, Xinhui, Jiangmen, Guangdong	Greenfield mill	4	New Crescent	MODULO PLUS ES	2	2700	1300	4th quarter, 2012	Toscotec Italy	Import
	C&S Paper	Jiangmen Guangdong	new	2.8	New Crescent	AHEAD 1.5M	1	3500	1600	May 2012	Toscotec Italy	Import
		Jiangmen Guangdong	new	2.8	New Crescent	AHEAD 1.5M	1	3500	1600	End of 2012	Toscotec Italy	Import
		Tangshan Hebei	Greenfield mill	2.5	New Crescent	AHEAD 1.5M	1	3450	1400	End of 2012	Toscotec Italy	Import
	Guangdong Baoda Paper	Jiangmen Guangdong	new	1	Vacuum cylinder		1	2660	800	Dec. 2012	Baotuo	Chinese-foreign cooperation
	Guangdong Zhongqiao Paper	Dongguan Guangdong	new	1	Vacuum cylinder		1	2820	900	Feb. 2012	Hicredit	Homemade
Guangxi	Guangxi Huayi Paper	Guigang Guangxi	new	1	New Crescent		1	2700	900	Mar. 2012	Shandong Hualin	Homemade
		Guigang Guangxi	new	1	New Crescent		1	2800	700	Jun. 2012	Liaoyang Allideas	Homemade
Shannxi	Shannxi Xingbao Group	Xingping Shannxi	new	1.2	Vacuum cylinder	BF-10EX	1	2760	770	Nov. 2012	Kawanoe Zoki Japan	Import
Total				110.5			33					

Attached Table 10 Tissue Machines Projects Started in China in 2013

Province	Company Name	Project Location	Stage	PM Capacity (10,000tpy)	Tissue Machine					Production Time	PM Supplier	Remark
					Type	Model	Number (Set)	Trimmed Width (mm)	Speed (m/min)			
Jiangsu	Gold Hongye Paper	Haikou Hainan	new	15	New Crescent		6	2800	1800	2013	Gold Sun	Homemade
		Haikou Hainan	new	6	New Crescent		1	5630	2000	Dec. 2013	A.Celli Italy	Import
Zhejiang	Welfare Group	Shaoxing Zhejiang	new	1.25	Vacuum cylinder	BF-10EX	1	2760	770	Nov. 2013	Kawanoe Zoki Japan	Import
Shandong	Shandong Dongshun Group	Dongping Shandong	new	10	Vacuum cylinder	BF-1000	5	2760	1000	Mar,Jun.,Aug., Oct.,and Nov. 2013 respectively	Kawanoe Zoki Japan	Import
	Chenming	Wuhan Hubei	Greenfield mill	6	New Crescent	DCT200, soft shoe press	1	5600	2000	Nov. 2013	Valmet	Import
Henan	Henan Juyuan	Luohe Henan	new	1.8	New Crescent	ABK stainless steel drying cylinder	1	2850	1200	Aug. 2013	Shanghai Qingliang	Homemade
Hubei	Hubei Zhencheng Paper	Jingzhou Hubei	new	1	Vacuum cylinder		1	2800	700	Aug. 2013	Liaoyang Allideas	Homemade
Guangdong	Vinda Paper	Sanjiang, Xinhui, Jiangmen, Guangdong	new	4	New Crescent	MODULO PLUS ES	2	2700	1300	Jan. 2013	Toscotec Italy	Import
		Sanjiang, Xinhui, Jiangmen, Guangdong	new	5	New Crescent	AHEAD 1.5S	2	2700	1500	End of 2013	Toscotec Italy	Import
		Xiaogan Hubei	new	4	New Crescent	MODULO PLUS ES	2	2700	1300	Jan. 2013	Toscotec Italy	Import
		Xiaogan Hubei	new	4	New Crescent	MODULO PLUS ES	2	2700	1300	Second half of 2013	Toscotec Italy	Import
		Laiwu Shandong	Greenfield mill	5	New Crescent	AHEAD 1.5S	2	2700	1500	Aug. 2013	Toscotec Italy	Import
	C&S Paper	Chengdu Sichuan	new	3	New Crescent	AHEAD 1.5M	1	3500	1600	Feb. 2013	Toscotec Italy	Import
	Guangdong Zhongqiao Paper	Dongguan Guangdong	new	1	Vacuum cylinder		1	2820	900	Apr. 2013	Hicredit	Homemade
Guangxi	Ganzhou Hwagain (Guangxi Hwagain)	Ganzhou Jiangxi	Greenfield mill	6	New Crescent	shoe press	1	5600	2000	September, 2013	Andritz	Import
	Nanning Phoenix Paper	Nanning Guangxi	new	4.5	New Crescent	16ft. steel drying cylinder	1	3650	2000	Mar. 2013	Andritz	Import

续表

Province	Company Name	Project Location	Stage	PM Capacity (10,000tpy)	Tissue Machine					Production Time	PM Supplier	Remark
					Type	Model	Number (Set)	Trimmed Width (mm)	Speed (m/min)			
Sichuan	Sichuan Shubang	Pengzhou Sichuan	Greenfield mill	1.2	Vacuum cylinder		1	2860	800	Jan. 2013	Baotuo	Chinese-foreign cooperation
	Sichuan Muchuan Hefeng Paper	Leshan Sichuan	new	1	Vacuum cylinder		1	2820	900	Jul. 2013	Hicredit	Homemade
		Leshan Sichuan	new	1	Vacuum cylinder		1	2800	720	Nov. 2013	Hangzhou Dalu	Homemade
Shannxi	Shannxi Xingbao Group	Xingping Shannxi	new	1.2	Vacuum cylinder	BF-10EX	1	2760	770	Mar. 2013	Kawanoe Zoki Japan	Import
Xinjiang	Bazhou Mingxing Paper	Korla Xinjiang	Greenfield mill	1.2	Vacuum cylinder	BF-10EX	1	2760	770	Oct. 2013	Kawanoe Zoki Japan	Import
Total				83.15			35					

Attached Table 11 Tissue Machines Projects Started in China in 2014

Province	Company Name	Project Location	Stage	PM Capacity (10,000tpy)	Tissue Machine					Production Time	PM Supplier	Remark
					Type	Model	Number (Set)	Trimmed Width (mm)	Speed (m/min)			
Hebei	Hebei Yihoucheng	Baoding Hebei	Greenfield mill	2.5 (program 20)	New Crescent		1	2850	1650	May 2014 (planned to be launched in Jun. 2013 before)	Andritz	Import
	Hebei Xuesong Paper	Baoding Hebei	new	2	New Crescent	Intelli-Tissue® 1200	1	2850	1200	Apr. 2014	Poland PMP	Import
	Baoding Gangxing	Baoding Hebei	new	1.5	Vacuum cylinder	BF-1000	1	2760	1000	Jul. 2014	Kawanoe Zoki Japan	Import
	Baoding Chenggong	Baoding Hebei	new	3.6	New Crescent		2	2850	1200	2014	Cooperated by Shanghai Qingliang& Korea Samyang	Chinese-foreign cooperation
	Hebei Jinguang	Baoding Hebei	new	0.8	Vacuum cylinder		1	2860	600	Dec. 2014	Baotuo	Chinese-foreign cooperation
Jiangsu	Gold Hongye Paper	Haikou Hainan	new	18	New Crescent		3	5630	2000	Apr. and Jul. 2014 respectively	A.Celli Italy	Import
		Haikou Hainan	new	15	New Crescent		6	2800	1800	First Quarter 2014	Gold Sun	Homemade
		Suzhou Jiangsu	new	6	New Crescent		1	5630	2000	May 2014	A.Celli Italy	Import
	Yuen Foong Yu	Yangzhou Jiangsu	new	5	New Crescent	Intelli-Tissue 1600	2	2800	1600	Jul. and Aug. 2014 respectively	Poland PMP	Import

续表

Province	Company Name	Project Location	Stage	PM Capacity (10,000tpy)	Tissue Machine					Production Time	PM Supplier	Remark
					Type	Model	Number (Set)	Trimmed Width (mm)	Speed (m/min)			
Zhejiang	Zhejiang Jingxing Paper	Pinghu Zhejiang	Greenfield mill	3	New Crescent	18ft. steel drying cylinder	1	2850	1900	Dec. 2014	Andritz	Import
		Pinghu Zhejiang	Greenfield mill	1.2	Vacuum cylinder		1	2860	800	Aug. 2014	Baotuo	Chinese-foreign cooperation
Fujian	Hengan Paper	Changde Hunan	new	6	New Crescent	18ft. steel drying cylinder	1	5600	1800	Sept. 2014	Andritz	Import
	Jinjiang Fengzhu Paper	Zhangzhou Fujian	new	1.2	Vacuum cylinder	BF-10EX	1	2760	770	Mar. 2014	Kawanoe Zoki Japan	Import
Shandong	Shandong Dongshun Group	Zhaodong Heilongjiang	new	1.6	Vacuum cylinder	BF-1000	1	2760	1000	Jul. 2014	Kawanoe Zoki Japan	Import
		Dongping Shandong	new	2	Vacuum cylinder	BF-1000	1	2760	1000	Jul. 2014	Kawanoe Zoki Japan	Import
	Shandong Sun Paper	Yanzhou Shandong	Greenfield mill	6	New Crescent	18ft. steel drying cylinder	1	5600	2000	Jun. 2014	Andritz	Import
Henan	Foliage Paper	Luyi Henan	new	1.7	New Crescent	Intelli-Tissue® 1200	1	2850	1160	Sept. 2014 (planned to be launched by the end of 2013 before)	Poland PMP	Import
Hubei	Hubei Zhencheng Paper	Jingzhou Hubei	new	1.5	New Crescent		1	3600	900	Dec. 2014	Liaoyang Allideas	Homemade
Guangdong	Vinda Paper	Sanjiang, Xinhui, Jiangmen, Guangdong	new	7	New Crescent	AHEAD 2.0M	2	3400	1600	Aug. and Sept. 2014 respectively	Toscotec Italy	Import
		Longyou Zhejiang	new	5	New Crescent	AHEAD 1.5M	2	3400	1500	Oct. 2014	Toscotec Italy	Import
	C&S Paper	Yunfu Guangdong	Greenfield mill	12	New Crescent	18ft. steel drying cylinder	2	5600	1900	May and Nov. 2014	Andritz	Import
		Chengdu Sichuan	new	3.2	New Crescent	AHEAD 1.5M	1	3500	1650	Jun. 2014	Toscotec Italy	Import
	Hongkong Lee & Man Group	Yongchuan Chongqing	Greenfield mill	3	Vacuum cylinder	BF-1000	2	2760	1000	Jul. 2014	Kawanoe Zoki Japan	Import
	Guangdong Piaohe Paper	Shantou Guangdong	new	1.2	Vacuum cylinder		1	2860	800	Dec. 2014 (planned to be launched in Jun. 2013 before)	Baotuo	Chinese-foreign cooperation

续表

Province	Company Name	Project Location	Stage	PM Capacity (10,000tpy)	Tissue Machine					Production Time	PM Supplier	Remark
					Type	Model	Number (Set)	Trimmed Width (mm)	Speed (m/min)			
Guangxi	Ganzhou Hwagain (Guangxi Hwagain)	GanzhouJiangx	new	6	New Crescent	shoe press	1	5600	2000	Mar. 2014	Andritz	Import
	Nanning Jiada Paper	Nanning Guangxi	new	1.2	Vacuum cylinder		1	2660	800	Jul. 2014 (planned to be launched in Jun. 2013 before)	Baotuo	Chinese-foreign cooperation
Chongqing	Chongqing Weiermei Paper (invested by Jiangsu Huaji Group)	Tongnan Chongqing	new	3	New Crescent		1	2850	2000	May 2014 (planned to be launched in May. 2013 before)	A.Celli Italy	Import
Sichuan	Sichuan Mianyang Chaolan	Sichuan Mianyang	new	1	Vacuum cylinder		1	2820	900	End of 2014 (planned to be launched in Nov. 2013 before)	Hicredit	Homemade
Yunan	Yunnan Yunjing Forestry & Pulp	Jinggu Yunnan	Greenfield mill	3 (program 6)	New Crescent	DCT100+, soft shoe press	1	2850	1900	Aug. 2014	Valmet	Import
Total				124.2			42					

Attached Table 12　Tissue Machines Projects Started in China in 2015

Province	Company Name	Project Location	Stage	PM Capacity (10,000tpy)	Tissue Machine					Production Time	PM Supplier	Remark
					Type	Model	Number (Set)	Trimmed Width (mm)	Speed (m/min)			
Hebei	Baoding Xiermannengwei Paper	Baoding Hebei	new	2	New Crescent	steel drying cylinder	1	3600	1200	November 2015 (planned to be launched in May 2015 before)	Shandong Xinhe	Homemade
Hebei	Baoding Yusen Paper	Baoding Hebei	new	1.3	Vacuum cylinder	steel drying cylinder	1	2850	1000	Jun. 2015	Hicredit	Homemade
	Baoding Gangxing	Baoding Hebei	new	1.5	Vacuum cylinder	BF-1000	1	2760	1000	Jun. 2015	Kawanoe Zoki Japan	Import
	Baoding Dongfang Paper	Baoding Hebei	new	3.2	New Crescent		2	2850	1100	2015	Shanghai Qingliang	Homemade
	Mancheng Chengxin Paper	Baoding Hebei	new	2	Vacuum cylinder		2	3500	600	Mar. and May. 2015 respectively	Tianjin Tianqing Machinery	Homemade

续表

Province	Company Name	Project Location	Stage	PM Capacity (10,000tpy)	Tissue Machine					Production Time	PM Supplier	Remark
					Type	Model	Number (Set)	Trimmed Width (mm)	Speed (m/min)			
Hebei	Baoding Dayi Paper	Baoding Hebei	new	3	New Crescent	steel drying cylinder	2	2850	1500	Jul. 2015	Shandong Xinhe	Homemade
	Baoding Fumin Paper	Baoding Hebei	new	1	New Crescent	BZ2850-O	1	2850	700	Jun. 2015	Xi'an Bingzhi	Homemade
	Hebei Jifa Paper	Baoding Hebei	new	1.7	New crescent		1	2850	1300	2015	Shanghai Qingliang	Homemade
Liaoning	Jinzhou Gold Moon Paper	Jingzhou Liaoning	new	1.7	New Crescent		1	3600	900	Apr. 2015	Liaoyang Allideas	Homemade
Jiangsu	Gold Hongye Paper	Suzhou Jiangsu	new	6	New Crescent		1	5630	2000	Feb. 2015 (planned to be launched in Dec. 2014 before)	A.Celli Italy	Import
		Xiaogan Hubei	new	12	New Crescent		2	5630	2000	Mar. and Jun. 2015 respectively	A.Celli Italy	Import
	Yuen Foong Yu	Zhaoqing Guangdong	Greenfield mill	2.5	New Crescent	Intelli-Tissue® 1600	1	2800	1600	December 2015 (planned to be launched in 2014 originally)	Poland PMP	Import
Zhejiang	Zhejiang Jingxing Paper	Pinghu Zhejiang	new	3	New Crescent	18ft. steel drying cylinder	1	2850	1900	Jun. 2015	Andritz	Import
Fujian	Hengan Paper	Changde Hunan	new	6	New Crescent	18ft. steel drying cylinder	1	5600	1800	Beginning of 2015 (planned to be launched in Dec. 2014 before)	Andritz	Import
Shandong	Shandong Dongshun Group	Dongping Shandong	new	6	New Crescent	DCT60	2	3000	1600	Aug.and Oct. 2015 respectively (planned to be launched in the second half of 2014 before)	Kawanoe Zoki Japan, Valmet	Import
		Dongping Shandong	new	4	Vacuum cylinder	Hand towel machine, DS1200	1	2850	450	Dec. 2015 (planned to be launched by the end of 2014 before)	Kawanoe Zoki Japan	Import
	Shandong Sun Paper	Yanzhou Shandong	new	6	New Crescent	18ft. steel drying cylinder	1	5600	2000	Beginning of 2015	Andritz	Import
	Shandong Tralin Group	Liaocheng Shandong	new	1	Vacuum cylinder		1	2850	900	Beginning of 2015	Hicredit	Homemade

续表

Province	Company Name	Project Location	Stage	PM Capacity (10,000tpy)	Tissue Machine					Production Time	PM Supplier	Remark
					Type	Model	Number (Set)	Trimmed Width (mm)	Speed (m/min)			
Hubei	Hubei Shiji Yarui Paper	Jingzhou Hubei	new	1.2	Vacuum cylinder		1	2860	800	Sept. 2015 (planned to be launched in Apr. 2015 before)	Baotuo	Chinese-foreign cooperation
Guangdong	Vinda Paper	Deyang Sichuan	new	3	New Crescent	AHEAD 1.5M	1	3400	1500	3rd quarter, 2015	Toscotec Italy	Import
		Laiwu Shandong	new	3	New Crescent	AHEAD 1.5M	1	3400	1500	4th quarter, 2015	Toscotec Italy	Import
	C&S Paper	Chengdu Sichuan	new	2.5	New Crescent	AHEAD 1.5S	1	2850	1700	Feb. 2015 (planned to be launched in Mar. 2014 before)	Toscotec Italy	Import
	Hongkong Lee & Man Group	Chongqing	new	6	New Crescent		1	5600	2000	Jun. 2015	Voith	Import
		Chongqing	new	6	New Crescent	DCT200HS, soft shoe press	1	5600	2000	Oct. 2015	Valmet	Import
	Guangdong Xinda Paper	Jieyang Guangdong	new	3.4	New Crescent		2	3600	900	Feb., Jun. 2015 (planned to be launched in Jul. 2014 before)	Liaoyang Allideas	Homemade
	Guangdong Piaohe Paper	Shantou Guangdong	new	1.2	Vacuum cylinder		1	2860	800	Jan. 2015 (planned to be launched in Aug. 2013 before)	Baotuo	Chinese-foreign cooperation
	Guangdong Zhaoqing Wanlong Paper	Gaoyao Guangdong	new	0.8	Vacuum cylinder		1	2860	600	Jun. 2015 (planned to be launched in Jun. 2014 before)	Baotuo	Chinese-foreign cooperation
	Dongguan White Swan Paper	Dongguan Guangdong	new	3	New Crescent		2	3500	1000	Apr. 2015	Shandong Hualin	Homemade
	Dongguan Dalin Paper	Dongguan Guangdong	new	1. 5	New Crescent		1	4000	800	2015	Shanghai Qingliang	Homemade
		Dongguan Guangdong	new	2. 3	Fourdrinier		1	4000	500	2015	Shanghai Qingliang	Homemade
Guangxi	Guangxi Huaxin Paper	Laibin Guangxi	new	2.6	New Crescent	steel drying cylinder	2	2850	900	Sept. 2015	Shandong Xinhe	Homemade
	Liuzhou Liangmianzhen Paper	Liuzhou Guangxi	Greenfield mill	4.6	New Crescent	MODULO PLUS ES	2	2850	1500	Sept. 2015	Toscotec Italy	Import

续表

Province	Company Name	Project Location	Stage	PM Capacity (10,000tpy)	Tissue Machine					Production Time	PM Supplier	Remark
					Type	Model	Number (Set)	Trimmed Width (mm)	Speed (m/min)			
Sichuan	Sichuan Sanjiao Paper	Mianyang Sichuan	new	1.7	New Crescent		1	2800	1200	Feb. 2015(planned to be launched in May 2014 before)	Liaoyang Allideas	Homemade
	Chengdu Jinghua Paper	Chengdu Sichuan	new	1	New Crescent	steel drying cylinder	1	2850	650	Mar. 2015	Shandong Xinhe	Homemade
	Chengdu Zhihao Paper	Chengdu Sichuan	new	1	Vacuum cylinder		1	4060	600	Mar. 2015	Mianyang TOC Auto-Equipment	Homemade
	Jiajiang Allideas Paper	Leshan Sichuan	new	2	Vacuum cylinder		2	2820	900	Aug. 2015 (planned to be launched in Oct. 2014 before)	Hicredit	Homemade
Yunan	Yunnan Hanguang Paper	Yuxi Yunnan	new	1	Vacuum cylinder		1	2820	900	May 2015 (planned to be launched in Aug. 2014 before)	Hicredit	Homemade
Total				111.7			47					

Attached Table 13 Newly Planned Tissue Machine Projects in China in and after 2016

Province	Company Name	Project Location	Stage	PM Capacity (10,000tpy)	Tissue Machine					Production Time	PM Supplier	Remark
					Type	Model	Number (Set)	Trimmed Width (mm)	Speed (m/min)			
Hebei	Hebei Xuesong Paper	Baoding Hebei	new	2	New Crescent	Intelli-Tissue® 1200	1	2850	1200	Beginning of 2016 (planned to be launched in the end of 2015 before)	Poland PMP	Import
	Hebei Yihoucheng	Baoding Hebei	new	2.5 (program 20)	New Crescent		1	2850	1650	2016(planned to be launched in Dec. 2014 before)	Andritz	Import
	Baoding Dongsheng Paper	Baoding Mancheng	new	5 (program 16)	New Crescent		3	2850	1200	Jul.2016(planned to be launched in Dec. 2014 before)	Shandong Hualin	Homemade
	Baoding Gangxing	Baoding Hebei	new	1.6	Vacuum cylinder	BF-1000S	1	2760	1100	2016	Kawanoe Zoki Japan	Import

续表

Province	Company Name	Project Location	Stage	PM Capacity (10,000tpy)	Tissue Machine					Production Time	PM Supplier	Remark
					Type	Model	Number (Set)	Trimmed Width (mm)	Speed (m/min)			
Hebei	Hebei Golden Doctor Group	Baoding Mancheng	new	2.7	New Crescent	Intelli-Tissue® EcoEc1200, steel drying cylinder	1	3650	1200	End of 2016	Poland PMP	Import
		Baoding Mancheng	new	2.7	New Crescent	Intelli-Tissue® EcoEc1200, steel drying cylinder	1	3650	1200	2017	Poland PMP	Import
	Baoding Yusen Paper	Baoding Hebei	new	2.6	Vacuum cylinder	steel drying cylinder	2	2850	1000	Jun., Sep.2016 respectively	Hicredit	Homemade
	Hebei Lifa Paper	Baoding Hebei	new	1.3	Vacuum cylinder	steel drying cylinder	1	3500	950	Jul.2016	Hicredit	Homemade
	Hebei Zhongxin Paper	Baoding Hebei	new	1.3	Vacuum cylinder	steel drying cylinder	1	3500	950	Jul.2016	Hicredit	Homemade
	Hebei Ruifeng Paper	Baoding Hebei	new	1.2	Vacuum cylinder		1	2860	900	Aug.2016 (planned to be launched in Jun.2015 before)	Baotuo	Homemade
	Baoding Fumin Paper	Baoding Hebei	new	1.5	New Crescent	BZ2850-Ⅱ	1	2850	1000	Jan.2016	Xian Bingzhi	Homemade
	Mancheng Baojie Paper	Baoding Hebei	new	1	New Crescent	BZ2850-Ⅰ	1	2850	700	First half of 2016	Xian Bingzhi	Homemade
	Mancheng Yinxiang Paper	Baoding Hebei	new	1	New Crescent	BZ2850-I	1	2850	700	Jun.2016	Xian Bingzhi	Homemade
	Baoding King Sanitary Products	Baoding Hebei	new	1.5	New Crescent	BZ2850-I	1	3500	700	Aug.2016	Xian Bingzhi	Homemade
	Baoding Huakang Paper	Baoding Hebei	new	1.5	New Crescent		1	3600	900	2016	Liaoyang Allideas	Homemade
	Baoding Mingyue Paper	Baoding Hebei	new	0.8	Vacuum cylinder		1	2900	600	2016	Tianjin Tianqing	Homemade
	Baoding Lixin Paper	Baoding Hebei	new	1	Vacuum cylinder		1	3500	600	2016	Tianjin Tianqing	Homemade
	Baoding Jinguang Paper	Baoding Hebei	new	0.8	Vacuum cylinder		1	2880	600	2016	Tianjin Tianqing	Homemade
	Baoding Haofeng Paper	Baoding Hebei	new	1	Vacuum cylinder		1	2880	800	2016	Tianjin Tianqing	Homemade
Liaoning	Fuxin Xiaobaomu Paper	Fuxin Liaoning	new	1	Vacuum cylinder		1	3500	600	2016	Tianjin Tianqing	Homemade
	Liaoning Haotang Paper	Kaiyuan Liaoning	new	3.4	New Crescent		2	2850	1300	2016	Shanghai Qingliang	Homemade

续表

Province	Company Name	Project Location	Stage	PM Capacity (10,000tpy)	Tissue Machine					Production Time	PM Supplier	Remark
					Type	Model	Number (Set)	Trimmed Width (mm)	Speed (m/min)			
Shanghai	Chitianhua Paper	Chishui Guizhou	Greenfield mill	6 (program 30)	New Crescent	PrimeLineST, 20ft. steel drying cylinder	1	5600	1900	End of 2016	Andritz	Import
		Chishui Guizhou	new	6 (program 30)	New Crescent	PrimeLineST, 20ft. steel drying cylinder	1	5600	1900	Beginning of 2017	Andritz	Import
Jiangsu	Gold Hongye	Suining Sichuan	Greenfield mill	6	New Crescent		1	5630	2000	Apr.2016 (planned to be launched in 2014 before)	A.Celli Italy	Import
		Suining Sichuan	new	6	New Crescent		1	5630	2000	2017 and after	A.Celli Italy	Import
		Suzhou Jiangsu	new	12	New Crescent	DCT200, soft shoe press	2	5600	2000	Jul., Aug.2016 respectively	Valmet	Import
		Yaan Sichuan	Greenfield mill	1.5	New Crescent		1	2860	1200	Dec.2016	Gold Sun	Homemade
			new	42.5	New Crescent					2017 and after	A.Celli Italy, Gold Sun	Import, Homemade
	Yuen Foong Yu	Zhaoqing Guangdong	Greenfield mill	2.5	New Crescent	Intelli-Tissue® 1600	1	2800	1600	Jan.2016 (planned to be launched in 2014 before)	Poland PMP	Import
Zhejiang	Welfare Group	Lu'an Anhui	Greenfield mill	1.2 (program 5)	Vacuum cylinder	BF-W10S	1	2760	850	Oct.2016	Kawanoe Zoki Japan	Import
		Lu'an Anhui	new	1.2 (program 5)	Vacuum cylinder	BF-W10S	1	2760	850	Aug.2017	Kawanoe Zoki Japan	Import
Anhui	Anhui Guanyi Paper	Anqing Anhui	new	1.2	Vacuum cylinder		1	2860	900	2017	Baotuo	Cooperation
Fujian	Hengan Paper	Weifang Shandong	new	12	New Crescent	DCT200	2	5600	2000	2017 and after	Valmet	Import
		Banan Chongqing	new	12	New Crescent	18ft. steel drying cylinder	2	5600	2000	2017 (planned to be launched in Oct., Dec.2014 respectively before)	Andritz	Import
		Wuhu Anhui	new	12	New Crescent	DCT200	2	5600	2000	2016 (planned to be launched in 2015 before)	Valmet	Import

续表

Province	Company Name	Project Location	Stage	PM Capacity (10,000tpy)	Tissue Machine					Production Time	PM Supplier	Remark
					Type	Model	Number (Set)	Trimmed Width (mm)	Speed (m/min)			
Fujian	Garven Sanitary Product (Fuzhou) Co., Ltd.	Jiangyin Harbor Fuzhou Fujian	Greenfield mill	6	New Crescent	DCT200, soft shoe press	1	5600	2000	The whole plant will be transferred in 2016(planned to be launched in Mar.2011 before)	Valmet	Import
	Fujian Mingfeng Paper	Longyan Fujian	new	2	Vacuum cylinder	BF-12EX	1	3400	1000	The plant was shut down (planned to be launched in Jul.2012 before)	Kawanoe Zoki Japan	Import
Shandong	Shandong Dongshun Group	Dongping Shandong	new	6	New Crescent	DCT60	2	3000	1600	End of 2016 (planned to be launched in first half of 2015 before)	Kawanoe Zoki Japan, Valmet	Import
		Dongping Shandong	new	4	Vacuum cylinder	Hand towel machine, DS1200	1	2850	450	Second half of 2016 (planned to be launched in the end of 2014 before)	Kawanoe Zoki Japan	Import
	Shandong Tralin Group	Liaocheng Shandong	new	25	Vacuum cylinder		25	2850	900	2017 and after	Hicredit	Homemade
		Liaocheng Shandong	new	2	New Crescent	steel drying cylinder	1	2850	1600	Aug.2016(planned to be launched in Oct.2015 before)	Hicredit	Homemade
		Dehui Jilin	Greenfield mill	1	Vacuum cylinder		1	2850	900	First half of 2016	Hicredit	Homemade
		Dehui Jilin	Greenfield mill	3	Vacuum cylinder	HY-1500	3	2850	900	2016	Hangzhou Dalu	Homemade
		Dehui Jilin	Greenfield mill	10	Vacuum cylinder	HY-1500	10	2850	900	2017 and after	Hangzhou Dalu	Homemade
		Jiamusi Heilongjiang	Greenfield mill	10	Vacuum cylinder		10	2850	900	Jul.2016(planned to be launched in 2015 before)	Hicredit	Homemade
		Jiamusi Heilongjiang	Greenfield mill	10	Vacuum cylinder		10	2850	900	2017 and after (planned to be launched in 2015 before)	Hicredit	Homemade
	Shandong Deguang I&T	Dongping Shandong	new	1.2	Vacuum cylinder		1	2860	800	Installation complete, Production time is to be determined(planned to be launched in Jun.2014 before)	Baotuo	Cooperation

续表

Province	Company Name	Project Location	Stage	PM Capacity (10,000tpy)	Tissue Machine					Production Time	PM Supplier	Remark
					Type	Model	Number (Set)	Trimmed Width (mm)	Speed (m/min)			
Henan	Henan Hongtao Paper	Qinyang Henan	new	1	New Crescent	BZ2850-I	1	2850	700	Mar.2016	Xian Bingzhi	Homemade
		Qinyang Henan	new	1.5	New Crescent	BZ2850-Ⅱ	1	2850	1000	Sep.2016	Xian Bingzhi	Homemade
Hubei	Hubei Zhencheng Paper	JingzhouHubei	new	2.4	New Crescent		1	3650	1200	Jul.2016	Liaoyang Allideas	Homemade
Guangdong	Dongguan Yongchang Paper Co., Ltd.	Dongguan Guangdong	new	2	Vacuum cylinder	BF-12EX	1	3400	1100	Equipment has been transferred in 2015. The company exited theindustry(planned to be launched in 2010 before, installed in 2013)	Kawanoe Zoki Japan	Import
	Hongkong Lee & Man Group	Chongqing	new	24	New Crescent	DCT200HS, soft shoe press	4	5600	2000	Second half of 2016	Valmet	Import
	Vinda Paper	Laiwu Shandong	new	3	New Crescent	AHEAD1.5M	1	3400	1500	2016	Toscotec Italy	Import
		Xinhuisanjiang Jiangmen Guangdong	new	6	New Crescent	AHEAD2.0M	2	3400	1600	2016	Toscotec Italy	Import
	Nanxiong Zhuji Paper, Guangdong Shaoneng Group	Shaoguan Guangdong	Greenfield mill	3	New Crescent		1	2850	1600	Beginning of 2016 (planned to be launched in 2015 before)	Andritz	Import
	Guangdong Piaohe Paper	Shantou Guangdong	new	2	New Crescent		1	2850	1600	2016	Hicredit	Homemade
	Xinhui Baoda Paper	Jiangmen Guangdong	new	1.2	Vacuum cylinder		1	2660	800	Project delay (planned to be launched in Aug.2015 before)	Baotuo	Cooperation
	Guangdong Wanlong Paper	Gaoyao Guangdong	new	1.5	Vacuum cylinder		1	2860	1000	Beginning of 2017	Baotuo	Cooperation
Guangxi	Guangxi Guihai Jinpu Paper	Beihai Guangxi	new	3.2	Vacuum cylinder	BF-1000S	2	2760	1050	Feb.2016	Kawanoe Zoki Japan	Import
	Guangxi Huamei (Fujian Lvjin)	Fuqing Fujian	Greenfield mill	3	New Crescent	DCT100	1	2850	1600	2017 and after	Valmet	Import
	Guangxi Huayi Paper	Guigang Guangxi	new	3	New Crescent		2	2800	900	May 2016	Shandong Hualin	Homemade

续表

Province	Company Name	Project Location	Stage	PM Capacity (10,000tpy)	Tissue Machine					Production Time	PM Supplier	Remark
					Type	Model	Number (Set)	Trimmed Width (mm)	Speed (m/min)			
Guangxi	Guangxi Huaxin Paper	Laibin Guangxi	Greenfield mill	2.6 (program 7.8)	New Crescent		2	2800	900	Jun.2016(planned to be launched in Aug. 2014 before)	Shandong Hualin	Homemade
	Nanning Jiada Paper	Nanning Guangxi	new	1.5	Vacuum cylinder		1	2860	1000	2017	Baotuo	Cooperation
	Tianlin Lisen Paper	Tianlin Guangxi	new	2	Vacuum cylinder		2	2950	900	Oct.2016	Hicredit	Homemade
	Guangxi Lisen Paper	Hechi Guangxi	new	2	Vacuum cylinder		2	2950	900	Oct.2016	Hicredit	Homemade
	Guangxi Tianlifeng	Nanning Guangxi	new	2	New Crescent		1	3500	1300	End of 2016	Shanghai Qingliang	Homemade
Sichuan	Sichuan Shubang Industrial Co., Ltd.	Pengzhou Sichuan	new	1.5	Vacuum cylinder	BF-1000	1	2860	1000	End of 2016 (planned to be launched in Apr. 2016 before)	Kawanoe Zoki Japan	Import
	Anxian Paper	Anxian Sichuan	Greenfield mill	2.4	Vacuum cylinder	BF-10EX	2	2760	770	End of 2016 (planned to be launched in Apr. 2013 before)	Kawanoe Zoki Japan	Import
	Sichuan Mianyang Chaolan	Mianyang Sichuan	new	1	Vacuum cylinder		1	2850	900	2016	Mianyang TOC Auto-Equipment Co., Ltd.	Homemade
		Mianyang Sichuan	new	1	Vacuum cylinder		1	2820	900	2016(planned to be launched in Aug. 2014 before)	Hicredit	Homemade
	Chengdu Family Life Paper-making Co., Ltd.	Chengdu Sichuan	new	2.6	Vacuum cylinder		2	2850	1000	Oct.2016	Hicredit	Homemade
	Sichuan Qianwei Fengsheng Paper	Leshan Sichuan	new	2.6	Vacuum cylinder	steel drying cylinder	2	2850	1000	Jul.2016	Hicredit	Homemade
		Leshan Sichuan	new	2.6	Vacuum cylinder		2	2850	1000	Dec.2016	Hicredit	Homemade
Yunnan	Yunnan Hanguang Paper	Yuxi Yunnan	new	1	Vacuum cylinder		1	2820	900	Oct.2016(planned to be launched in Aug. 2015 before)	Hicredit	Homemade
Gansu	Baoma Paper	Pingliang Gansu	new	2	Vacuum cylinder		1	2860	900	May 2016	Baotuo	Cooperation
Total				323.3			149					

中国用即弃卫生用品行业的回顾与展望(2010—2014年)

江曼霞　孙静　张玉兰　中国造纸协会生活用纸专业委员会

2010—2014年，在我国宏观经济稳中有进的大环境下，随着城镇化进程的加快、人均可支配收入的增加和消费观念的改变，国内市场对用即弃卫生用品的需求不断增加，卫生用品行业取得持续快速的发展。

1　市场总规模和市场潜力

用即弃卫生用品包括吸收性卫生用品(女性卫生用品、婴儿纸尿裤、成人失禁用品、宠物卫生垫等)和湿巾。

从全球来看，2013年吸收性卫生用品的市场规模略高于650亿美元[1]，其中婴儿纸尿裤占50%，女性卫生用品占36%，成人失禁用品占14%。对比之下，2014年中国吸收性卫生用品的市场规模为658.9亿元[2]，约占全球市场份额的16.6%。其中婴儿纸尿裤267.0亿元，女性卫生用品348.5亿元，成人失禁用品43.4亿元，分别占全球对应市场的13.4%，24.3%和7.8%。在吸收性卫生用品的产品结构方面(按销售额)，女性卫生用品占比最大，达52.5%，其次是婴儿纸尿裤，占39.9%，成人失禁用品占比最小，为6.5%。这与全球市场，特别是发达国家的成熟市场中婴儿纸尿裤占比最高的情况有所不同。

回顾2010—2014年期间我国用即弃卫生用品市场的成长，2014年市场总规模比2010年增长64.5%，年复合增长率为13.3%；吸收性卫生用品的产品结构中，女性卫生用品的占比逐年下降，婴儿纸尿裤和成人失禁用品的占比逐年提高，产品结构向成熟市场方向发展。

在各类产品的市场渗透率方面，目前全球市场的情况是[1]：婴儿纸尿裤为30%，女性卫生用品为60%，成人失禁用品市场为14%。发达国家(北美、西欧和日本)前两类产品的市场渗透率均在90%以上，由于人口老龄化，现在增长最快的是成人失禁用品市场。2014年中国各类产品的市场渗透率情况是[2]：婴儿纸尿裤为53.6%(根据中国消费者的实际使用情况，中国造纸协会生活用纸专业委员会—CNHPIA确定的计算依据是0—2岁婴儿平均每天使用3片，如果按照0—2岁婴儿平均每天使用5片计，则市场渗透率在32%左右)，女性卫生用品为91.5%，成人失禁用品为5.6%。可见中国的婴儿纸尿裤和成人失禁用品行业还有很大的发展空间。

表1　用即弃卫生用品市场(2010—2014年)

年份	2014	2013	2012	2011	2010
市场总规模/亿元	683.2	621.0	551.0	477.4	415.3
其中：女性卫生用品	348.5	324.0	285.5	262.8	243.5
婴儿纸尿裤	267.0	240.4	220.0	184.6	144.6
成人失禁用品	43.4	30.1	22.1	16.4	12.2
湿巾	24.3	18.5	15.4	13.6	15.0

注：市场规模按零售加价率40%计算，为便于比较，将2010年数据按此加价率重新计算。

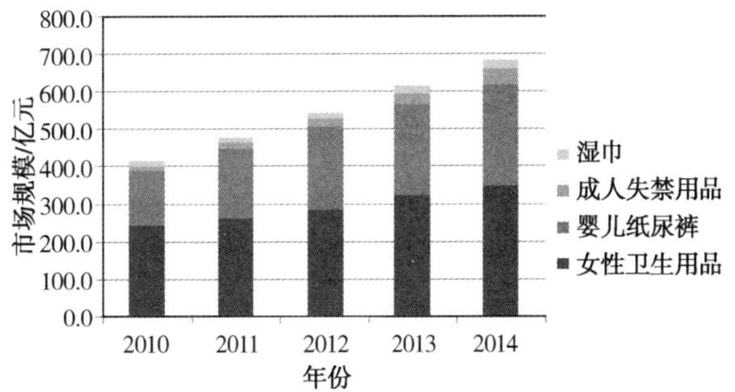

图1　市场总规模(2010—2014年)

表2　吸收性卫生用品产品结构(2010—2014年)

分类	2014年		2013年		2012年		2011年		2010年	
	市场规模/亿元	占比/%	市场规模/亿元	占比/%	市场规模/亿元	占比/%	市场规模/亿元	占比/%	市场规模/亿元	占比/%
女性卫生用品	348.5	52.9	324.0	54.5	285.5	54.1	262.8	56.7	243.5	60.8
婴儿纸尿裤	267.0	40.5	240.4	40.4	220.0	41.7	184.6	39.8	144.6	36.1
成人失禁用品	43.4	6.6	30.1	5.1	22.1	4.2	16.4	3.5	12.2	3.0
吸收性卫生用品合计	658.9	100.0	594.5	100.0	527.6	100.0	463.8	100.0	400.3	100.0

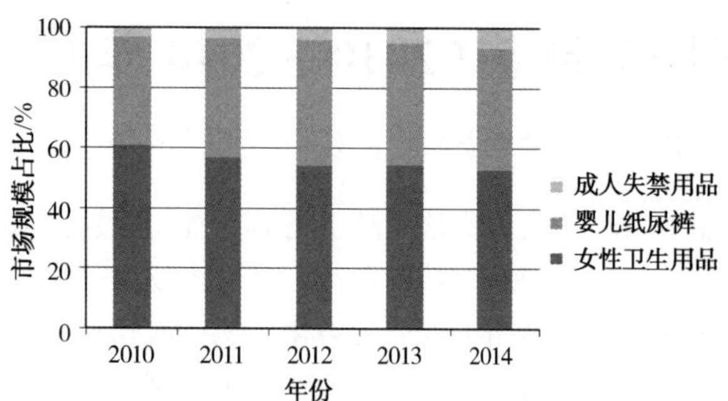

图 2　吸收性卫生用品的产品结构(2010—2014 年)

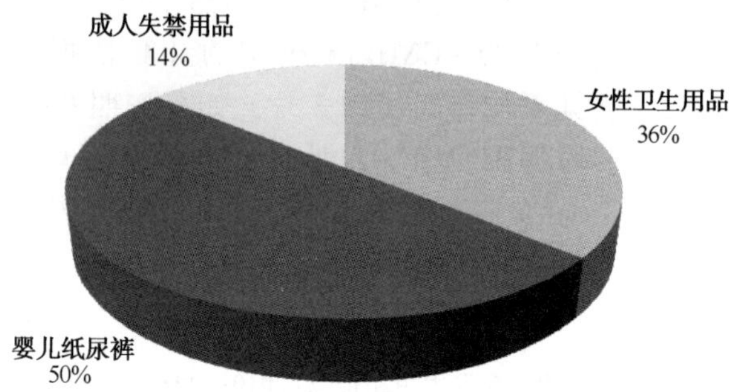

图 3　2013 年全球吸收性卫生用品的市场和产品结构(按销售额)

2　女性卫生用品

2.1　市场继续增长的驱动力

在我国，女性卫生用品是引入最早的用即弃产品。经过 1990 年代的井喷期和 2010 年前的较快增长，市场已经进入成熟期。虽然卫生巾的市场渗透率接近饱和，但 2010—2014 年女性卫生用品市场仍然保持了平稳增长。消费量增长的驱动力来自适龄年龄段的两端延伸，使用频次的增加和新增的消费者。期间销售额的增长高于同期消费量的增长，这是因为除了消费量的提升外，销售额的增长还来自产品价格的提高，中高端类产品占比的提高使产品的平均价格上升。如 2014 年宝洁推出的液体材料卫生巾将卫生巾的零售价推高到每片 3 元左右。

表 3　女性卫生用品的产量和消费量(2010—2014 年)

年份	2014	2013	2012	2011	2010
卫生巾					
产量/亿片	743.0	793.7	758.1	717.0	677.0
消费量/亿片	691.0	650.0	614.0	581.0	548.0
市场渗透率/%	91.5	86.6	82.2	78.1	74.0
卫生护垫					
产量/亿片	400.0	374.6	343.8	338.0	318.0
消费量/亿片	337.2	315.9	298.3	294.0	276.0
女性卫生用品合计					
产量/亿片	1243.0	1168.3	1101.9	1055.0	995.0
消费量/亿片	1025.8	965.9	912.4	875.0	824.0
市场规模/亿元	348.5	324.0	285.5	262.8	243.5

注：(1) 市场规模按零售加价率 40% 计算，为便于比较，将 2010 年数据重新计算。

(2) 市场渗透率的计算基础：按中国大陆适龄女性(15—49 岁)生理期人均需用卫生巾 200 片/年计算。为便于比较，将 2013 年以前的渗透率按此标准重新计算。

2014 年女性卫生用品市场总规模比 2010 年增长了 43.1%，2010—2014 年期间的年复合增长率为 9.4%。2014 年女性卫生用品的市场规模为 348.5 亿元，约占全球吸收性卫生用品市场的 24.3%。2014 年我国卫生巾的市场渗透率达到 91.5%，比全球 60% 的市场渗透率高约 30 个百分点。

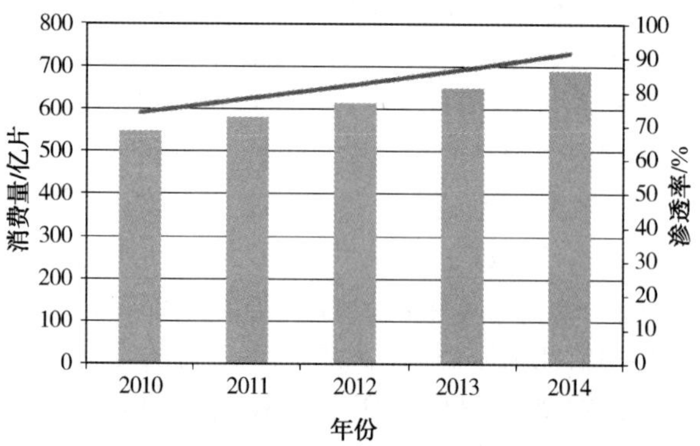

图 4　2010—2014 年卫生巾的消费量和市场渗透率

2.2　主要生产商和品牌

经过多年的发展，女性卫生用品市场相对比较稳定，新进入的大企业很少。市场竞争者仍由多个生产商组成，领先生产商主要集中在上海、福建、广东等地，包括本土生产商：恒安、景兴，国际生产商：宝洁、尤妮佳、金佰利、花王。高端市场的品牌集中度很高，国际性品牌有：苏菲、护舒宝、高洁丝、乐而雅等，全国性国产品牌有七度空间、ABC、安尔乐等，区域性品牌有洁婷、自由点、倍舒特、洁伶、好舒爽等。

表 4 所列是 2014 年排名前 10 位国内女性卫生用品生产商和品牌，表 5 所列为在国内设有工厂的国际女性卫生用品生产商和品牌，排序仅供参考。

表 4　2014 年排名前 10 位国内女性卫生用品生产商和品牌

序号	公司名称	品牌
1	福建恒安集团有限公司	七度空间，安尔乐
2	广东景兴卫生用品有限公司	ABC，Free
3	福建恒利集团有限公司	好舒爽，舒爽
4	佛山市啟盛卫生用品有限公司	美适，小妮
5	上海护理佳实业有限公司	护理佳
6	河南舒莱卫生用品有限公司	舒莱
7	重庆百亚卫生用品有限公司	妮爽，自由点
8	湖北丝宝卫生用品有限公司	洁婷
9	桂林洁伶工业有限公司	洁伶，淘淘氧棉
10	北京倍舒特妇幼用品有限公司	倍舒特，怡悦清爽

表 5　在国内设有工厂的国际女性卫生用品生产商和品牌

序号	公司名称	品牌
1	宝洁(中国)有限公司	护舒宝，朵朵
2	尤妮佳生活用品(中国)有限公司	苏菲
3	金佰利(中国)有限公司	高洁丝，舒而美
4	上海花王有限公司	乐而雅
5	金王(苏州工业园区)卫生用品有限公司	怡丽

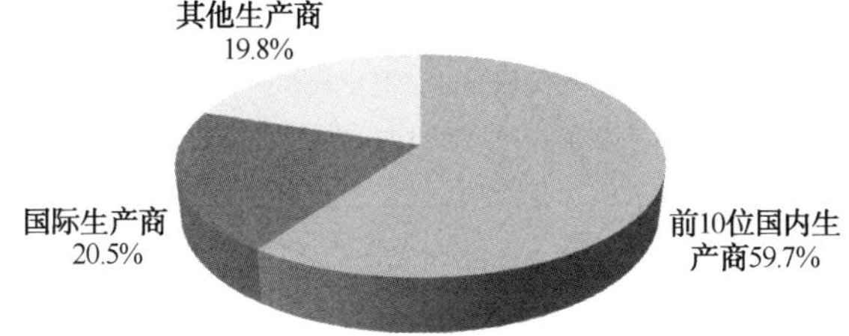

图 5　2014 年女性卫生用品生产商和品牌的市场份额(按销售额)

2.3　进出口情况的变化

我国是女性卫生用品的净出口国，出口量远大于进口量，历年来保持持续增长。2012 年之前，女性卫生用品分布在海关商品编号 4818400000、5601100010、561100090 下，而 4818400000 还包括婴儿纸尿布等产品，因此无法计算卫生巾类产品进出口的确切数据。吸收性卫生用品的进出口情况见附表 1(2010—2011 年)、附表 2(2012—2015 年)。女性卫生用品的出口主要来自为国外品牌的 OEM 代工和跨国公司产品的境内外调剂，2010—2014 年吸收性卫生用品出口量排名前 20 位的企业见附表 3。2012 年海关调整女性卫生用品的商品编号为 96190020，从这两年的数据来看，进出口情况与之前有所变化，表现在进口产品的增长幅度很大，高于出口增长的幅度。进口品牌有所增加，有些品牌的市场份额增加较快，如花王、贵爱娘等。

表 6　卫生巾(卫生护垫)的进出口情况(2010—2015 年)

年份		数量/吨	金额/美元	同比/%	
				数量	金额
2012	进口	1,163.879	10,124,449		
	出口	65,822.377	327,037,131		
2013	进口	1,037.683	10,477,923	-10.84	3.49
	出口	65,370.890	341,336,395	-0.69	4.37
2014	进口	2,306.664	26,421,902	122.29	152.17
	出口	74,189.440	410,926,867	13.24	20.04
2015	进口	5,814.804	76,105,659	152.09	188.04
	出口	79,675.027	417,466,488	7.39	1.59

2.4　满足消费者需求的创新

近年来，女性卫生用品企业在市场竞争中优胜劣汰，为适应中高端产品需求增加的情况，产品整体水平有了很大的提高，从低价竞争转向品质和附加值的竞争。一线品牌的生产商在研发、创新中处于引导消费的地位。区域生产商则更精准地定位市场，推行精益化管理，寻找消费者的“痛点”，注重产品细节和差异化特征，并在产品设计和营销方面按不同年龄消费群体细分市场，推出有卖点的产品，发展电商、微商渠道，专注于做小而美的企业。在产品创新方面主要有：

- 宝洁推出护舒宝全球首款液体材料卫生巾，采用独创 FlexFoam™ 源自液体的吸收材质，一体成形，具有更好的贴身性、弹性和吸液性能；
- 裤型卫生巾：尤妮佳、豪悦、舒泰、爹地宝贝、威海颐和、护理佳、百亚等都推出了经期和产期用的产品；
- 恒安的七度空间“蘑菇贴”，可在各个方位与卫生巾拼接，牢固灵活，起到全方位立体护围的效果；
- 更轻薄、更透气的产品；
- 选择更柔软、更舒适和具有特色的面层材料：推出全棉、桑蚕丝、竹纤维等天然材料面层的产品；
- 包装高档化：采用纸盒、铁盒、礼品装等高档包装的产品。

2.5　市场趋势

虽然面临经济下行的压力，但由于快消品和

生活必需品的特性，预计今后几年女性卫生用品市场仍然会保持5%左右的年增长率，之后进一步放缓，在到2020年期间的年平均增长率为3%左右。城市化将使进入城镇的农村妇女开始使用卫生巾，月经初潮的提前和绝经期的延后增加了适龄妇女人数，生活条件的改善使经期更换卫生巾的频次增加，更多的人选择使用中高端的产品，这些因素都会促进女性卫生用品市场的增长。

表7　女性卫生用品市场的预测

年份	15—49岁女性人数/百万人	卫生巾			卫生巾/卫生护垫		
		消费量/亿片	年平均增长率/%	市场渗透率/%	消费量/亿片	市场规模/亿元	市场规模增长率/%
2014	377.4	691.0	6.3	91.5	1025.8	348.5	7.6
2020	398.3	720	3.0	100	1175	611.0	4.0

注：市场渗透率的计算基础：按中国大陆适龄女性(15—49岁)生理期人均需用卫生巾200片/年计算。

3　婴儿纸尿裤

3.1　市场增长的驱动力

我国婴儿纸尿裤市场经过21世纪第一个10年的井喷期，在2010—2014年期间仍保持较快的增长，但由于基数增大，增速有所放缓。市场继续增长的驱动力来自市场渗透率的持续提高和消费升级。一方面是城镇化进程的加快，新增的消费者和三、四线城市对消费量增长的贡献，另一方面由于高端消费群体的形成和一、二线城市对中高端产品的需求明显增长，推动了市场销售额的增长。

与女性卫生用品市场不同，在婴儿纸尿裤的产品结构中虽然中高档产品的比例提高、纸尿片的比例继续下降(消费量仍保持增长)，但由于市场竞争激烈引发的价格战，导致纸尿裤产品的平均价格呈下降趋势，消费量的增长高于销售额的增长。

2014年婴儿纸尿裤市场总规模比2010年增长了84.6%，2010—2014年期间的年复合增长率为16.6%。2014年婴儿纸尿裤的市场规模为267.0亿元，约占全球婴儿纸尿裤市场的13.4%。2014年我国婴儿纸尿裤的市场渗透率为53.6%，如前所述，由于计算依据的差别，我们与发达国家可以对比的市场渗透率大约与全球的平均水平相当，约为32%。可见中国婴儿纸尿裤市场还有很大的潜力。

经过10多年的发展，我国婴儿纸尿裤企业的技术装备水平有很大的提高，产品的技术指标和使用性能也已经与国际大品牌接近，附表4是2010—2015年新引进纸尿裤(含卫生巾)生产线的情况。在市场竞争环境方面，与以往不同的是，虽然价格竞争仍然普遍存在，但已经向高品质、高性价比和差异化产品方向转变。阶段性的产能过剩和进口产品的冲击是目前最突出的问题。

表8　婴儿纸尿裤的产量和消费量(2010—2014年)

年份	2014	2013	2012	2011	2010
产量/亿片	277.8	247.8	225.5	195.5	162.7
消费量/亿片	249.0	227.1	204.1	178.7	146.7
市场渗透率/%	53.6	47.0	44.3	39.1	32.3
市场规模/亿元	267.0	240.4	220.0	184.6	144.6

注：(1) 市场规模按零售加价率40%计算，为便于比较，将2010年数据重新计算。
(2) 市场渗透率的计算基础：考虑到中国家庭比较节俭的实际消费情况(婴儿2岁之后大多不再使用尿布，纸尿布和布质尿布混合使用，夏季不用、夜间和外出时才用纸尿布的情况比较普遍等)，按0—2岁婴儿人均需用纸尿布3片/天计。

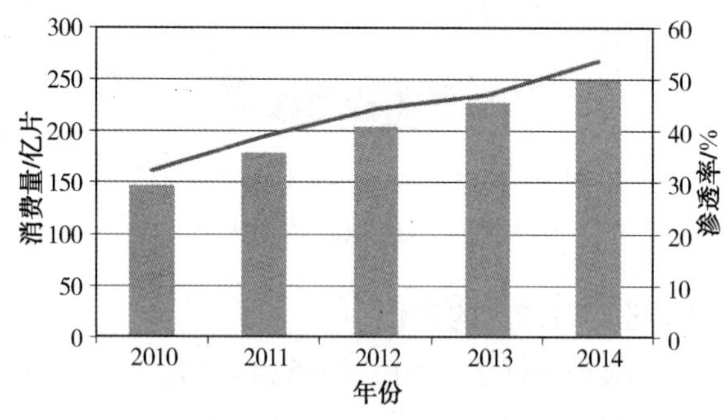

图6　2010—2014年婴儿纸尿裤的消费量和市场渗透率

3.2　主要生产商和品牌

由于新进入的企业较多，婴儿纸尿裤行业正处于调整期，市场竞争激烈。市场竞争者仍由多个生产商组成，领先生产商主要集中在上海、福建、浙江、广东等地，包括本土生产商：恒安、雀氏、茵茵、舒泰、昱升、爹地宝贝等，国际生产商：宝洁、尤妮佳、金佰利、花王、大王等。高端市场的品牌集中度很高，国际性品牌有：帮宝适、妈咪宝贝、Moony、好奇、妙而舒、

GOO. N 等，全国性国产品牌有安儿乐，区域性品牌有：雀氏、茵茵、名人宝宝、爹地宝贝、吉氏等。

表 9 所列是 2014 年排名前 10 位国内婴儿纸尿裤生产商和品牌，表 10 所列为在国内设有工厂的国际婴儿纸尿裤生产商和品牌，排序仅供参考。

表 9　2014 年前 10 位国内婴儿纸尿裤生产商和品牌

序号	公司名称	品牌
1	福建恒安集团有限公司	安儿乐
2	雀氏(福建)实业发展有限公司	雀氏
3	福建恒利集团有限公司	爽儿宝
4	广东茵茵股份有限公司	茵茵 Cojin
5	杭州舒泰卫生用品有限公司	名人宝宝
6	爹地宝贝股份有限公司	爹地宝贝
7	福建中天生活用品有限公司	可爱宝贝
8	广东昱升个人护理用品股份有限公司	吉氏，舒氏宝贝
9	东莞市常兴纸业有限公司	一片爽，片片爽
10	杭州可靠护理用品股份有限公司	酷特适

表 10　在国内设有工厂的国际婴儿纸尿裤生产商和品牌

序号	公司名称	品牌
1	宝洁(中国)有限公司	帮宝适
2	尤妮佳生活用品(中国)有限公司	妈咪宝贝
3	金佰利(中国)有限公司	好奇
4	花王(合肥)有限公司	妙而舒
5	大王(南通)生活用品有限公司	GOO. N
6	好孩子百瑞康卫生用品有限公司	好孩子

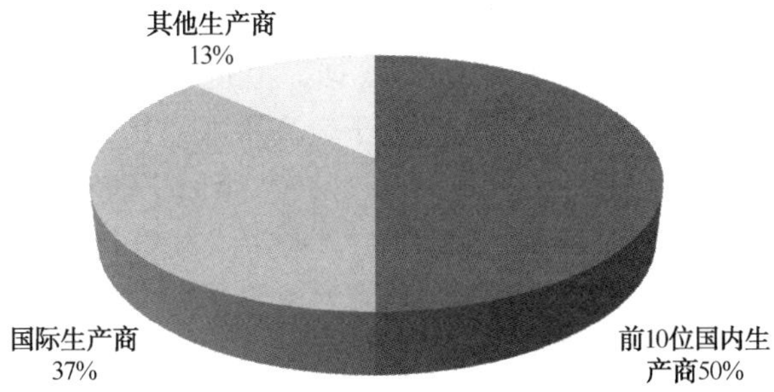

图 7　2014 年婴儿纸尿裤生产商的市场份额(按销售额)

3.3　进出口情况的变化

2012 年海关调整婴儿纸尿裤的商品编号为 96190010。我国是婴儿纸尿裤类产品的净出口国，出口量远大于进口量，出口主要是为国外品牌的 OEM 代工和跨国公司产品的境内外调剂。但从这两年的数据来看，进口纸尿裤特别是原产于日本的产品大幅增长，而且愈演愈烈。

表 11　婴儿纸尿裤的进出口情况(2010—2015 年)

年份		数量/吨	金额/美元	同比/%	
				数量	金额
2012	进口	62,710. 257	286,835,671		
	出口	190,608. 824	611,806,441		
2013	进口	94,220. 691	477,840,146	50. 25	66. 59
	出口	225,997. 960	745,930,406	18. 57	21. 92
2014	进口	125,630. 191	734,177,819	33. 34	53. 78
	出口	276,856. 367	1,002,752,444	22. 50	34. 43
2015	进口	208,954. 554	1,283,269,162	66. 33	74. 79
	出口	289,983. 936	1,020,727,776	4. 74	1. 79

2015 年以来，婴儿纸尿裤的进口在 2014 年的基础上继续大幅增长。虽然出口量仍大于进口量，但与前些年相比，差距已经大大缩小；特别是在金额方面，进口额已经大于出口额。纸尿裤类产品在进口卫生用品中占比达到 95%。2015 年全年进口纸尿裤金额达 12. 8 亿美元，约占国内消费市场份额的 20%～25%。原产地日本的婴儿纸尿裤产品进口量激增，主要是花王、大王、尤妮佳等公司的产品。宝洁也有从日本进口防过敏的产品，2015 年又有更多来自欧洲(法国、意大利、希腊、德国、瑞典、波兰)、日本、韩国、新加坡、美国、澳大利亚等地的品牌进入中国市场。

日本因为少子化原因，其国内婴儿纸尿裤市场萎缩，但由于中国和东南亚等地需求的增加，促使日本婴儿纸尿裤出口量大幅提高，产量的增长达 8%。

分析中国进口纸尿裤剧增的原因有：

- 高消费能力群体的形成，追求高品质、大品牌；
- 由于奶粉三聚氰胺等产品质量安全事件的负面影响，消费者对国内产品信心不足，在选择产品时有盲目跟风和攀比心理，不够理智；
- 国内产品在舒适度方面未满足消费者的某些需求，有些纸尿裤的品质不够稳定；
- 企业(包括境内建厂的外资企业)对产品的性能特点和安全性的宣传推广力度不够；
- 跨境电商的崛起为购买提供了便利，自贸区保税进口和关税降低拉低了进口产品的价格。

3.4　满足消费者需求的创新

在满足消费者需求的创新方面，婴儿纸尿裤

是向着更轻薄、柔软、贴身、舒适、美观的方向发展。

- 立体面料、底膜印花成为标配；
- 针对消费者对轻薄、柔软、贴身的诉求，采用更柔软的非织造布材料、含棉纤维材料和弹性材料；
- 面层添加护肤成分(预防红屁股和过敏)；
- 预成型芯材和无绒毛浆的吸收芯层；
- 注意对立体隔边等产品细节方面的改进；
- 创新的包装设计和礼品装产品。

3.5 拉拉裤市场份额扩大

2010年以来，拉拉裤在婴儿纸尿裤产品中的份额持续扩大，2014年达到12.9%。其更换的便捷性和穿着的舒适性得到消费者认可，而训练如厕的功能弱化。产品进一步细分为爬爬裤、乐步裤、运动裤等，根据我国情况，企业还开发了介于胶贴式纸尿裤和拉拉裤之间的可啦裤、脱拉裤。

除附表4中所列的进口拉拉裤生产线外，2010—2015年新增国产拉拉裤生产线见附表5。

3.6 市场趋势

外资企业继续在国内投资建厂或扩产

婴儿纸尿裤产品是宝洁公司在2000年之前带入中国，并引导消费推动市场发展的。宝洁是全球最大的婴儿纸尿裤生产商，在全球的市场份额达到32%，目前宝洁的帮宝适在中国所占的市场份额也最大。现在全球领先的婴儿纸尿裤生产商宝洁、金佰利、尤妮佳、SCA(与维达合作)，以及日本的花王、大王都已经在中国建厂。中国市场发展的潜力和消费升级是吸引外资扩大生产的动力。尤妮佳除拥有上海、天津的生产基地外，在扬州的纸尿裤车间也已经投产；金佰利除南京的工厂外，在天津建设的新基地已于2015年11月奠基；日本大王(南通)生活用品有限公司2013年秋季正式投产，2014年的销售额就达到5亿元，计划2016年之前全面投产8条生产线。

为适应起步阶段的中国消费者的需求，先进入的跨国公司都推出了中低端产品，而现在中产阶层的消费观念趋向于高端，新进入的外资品牌顺势而为，以高端品牌作为切入点。宝洁公司也推出了帮宝适全新特级棉柔纸尿裤，并引进在日本生产的敏感肌系列产品。尤妮佳是在2000年进入中国市场的，为适应中国市场的变化，除在妈咪宝贝品牌下推出超特级云柔绵抱全新系列纸尿裤和专为6个月到1岁半婴儿设计的爬爬裤外，还引入了原产于日本的Moony品牌。

进口产品逐步切换为本土生产是发展趋势。外资大品牌管理者认为中国消费者对纸尿裤品质的追求非常严苛，对进口产品的偏好也存在非理性的误区，比如同样品牌在国内生产的就没有进口的卖得好，甚至这些产品返销到日本后，又被中国消费者买回来。又比如为满足消费者片面追求吸收量的要求，生产商只得增加高吸收性树脂用量而造成浪费等，这些都反映了消费者对国内产品缺乏信心，鉴别产品的专业知识欠缺，所以把正确的信息传递给经销商和消费者是当务之急。

加速行业转型升级

从积极的观点来看，阶段性产能过剩和进口产品的冲击将加速国内婴儿纸尿裤行业的转型升级，倒逼企业从低价竞争转向价值和差异化竞争。企业需要进一步加强与供应商的合作创新，更精准地定位市场和产品线，以工匠精神做出让消费者"尖叫"的产品。同时以攻为守，积极开拓国际市场。目前一批本土企业已经从容应对付诸行动。

进口纸尿裤的消费主要集中在一二线城市的高收入家庭，预计今后几年虽然进口纸尿裤还将呈上升趋势，但由于消费市场容量的增长和产品品质差距的缩小，国内产品的市场份额仍将保持甚至增加，出口贸易也将保持增长。

行业将保持较高的增长

根据国家统计局的数据，上世纪80年代，中国新生人口数量一直处于较高水平，其中1990年是出生人口最多的一年。随着"全面二孩"生育政策的放开以及"80后"、"90后"陆续结婚生子，中国正迎来新一波生育高峰期。2014年，中国新生儿数量为1687万人，预计未来几年将上升到1800万左右，甚至可能达到2000万。虽然中国近几年婴儿纸尿裤行业发展很快，但市场渗透率及婴儿人均年消耗纸尿裤的费用与发达国家相比仍有很大差距，还有很大的发展空间，随着新一代年轻父母消费观念的改变，市场需求将持续走强。

预计在今后10多年婴儿纸尿裤市场还会有较高的增长率。激烈的市场竞争将会加速落后产能的淘汰和行业整合，假以时日阶段性的产能过剩也会得以消化，纸尿裤消费量在三、四线城市的增长更快，高端产品和拉拉裤产品的市场将得到进一步发展。

表 12 婴儿纸尿裤市场预测

年份	2岁以下婴儿人数/万人	消费量/亿片	年平均增长率/%	市场渗透率/%
2014	4240.7	249.0	9.6	53.6
2020	4520	297.5	8.0	60.1

注：市场渗透率的计算基础：考虑到中国家庭比较节俭的实际消费情况(婴儿2岁之后大多不再使用尿布，纸尿布和布质尿布混合使用，夏季不用、夜间和外出时才用纸尿布的情况比较普遍等)，按0-2岁婴儿人均需用纸尿布3片/天计。

4 成人失禁用品

4.1 市场处于井喷前的导入期

2014年末，我国60岁及以上人口达到21242万人，占总人口的15.5%，65岁及以上人口为13755万人，中国的人口老龄化正在加剧。近几年我国失禁用品市场都在低基数的水平上达到两位数的增长，但绝对量仍然很少，生产的产品有相当一部分是给跨国公司贴牌生产销往国外的。究其原因，主要是我国的人均可支配收入还远比不上美国、日本等发达国家，产品没有纳入医保和相关的政府补贴范围(发达国家有政府补贴，新兴市场国家巴西最近也出台了补贴政策)，失禁老年人及其家庭的消费观念还有待改变等。

2014年成人失禁用品市场总规模比2010年增长了255.7%，2010—2014年期间的年复合增长率为37.3%。2014年我国成人失禁用品的市场规模为43.4亿元，在全球市场的占比为7.8%，市场渗透率仅为5.6%，尚未达到全球的平均水平(14%)，因此发展潜力巨大。

表 13 成人失禁用品的产量和消费量(2010—2014年)

年份	2014	2013	2012	2011	2010
成人纸尿裤					
产量/亿片	25.0	16.9	12.78	9.37	6.58
出口量/亿片	6.1	4.44	3.69	2.73	1.55
消费量/亿片	16.8	10.63	7.97	6.31	4.81
护理垫					
产量/亿片	11.1	8.80	7.26	7.57	5.92
出口量/亿片	2.3	1.62	2.33	2.96	3.22
消费量/亿片	7.9	6.48	4.14	3.77	2.63
成人失禁用品合计					
产量/亿片	36.1	25.70	20.04	16.94	12.5
出口量/亿片	8.4	6.06	6.02	5.69	4.77
消费量/亿片	24.7	17.11	12.11	10.08	7.44
市场规模/亿元	43.4	30.11	22.05	16.36	12.22
市场渗透率/%	5.6	3.9	2.8	2.3	1.7

注：市场渗透率计算基础：按失禁人数4000万人，每人每天用3片计算。

4.2 主要生产商和品牌

成人失禁用品主要包括成人纸尿裤/片和护理垫，出口和OEM代工比例很大。生产商主要分布在浙江、福建等地。

表 14 2014年排名前10位成人失禁用品生产商和品牌

序号	企业名称	品牌
1	杭州舒泰卫生用品有限公司	千芝雅，千年舟
2	杭州豪悦实业有限公司	白十字,汇泉,好年,康福瑞
3	杭州珍琦卫生用品有限公司	珍琦,健乐士,念慈恩
4	山东艾丝妮乐卫生用品有限公司	感帮
5	福建恒安集团有限公司	安而康
6	金佰利(中国)有限公司	得伴
7	含羞草卫生科技股份有限公司	含羞草
8	杭州可靠护理用品股份有限公司	可靠
9	中天集团(中国)有限公司	可爱康
10	北京倍舒特妇幼用品有限公司	倍舒特

4.3 市场趋势

2014年，全球成人失禁用品的销售量增长8%，在北美、西欧、日本等成熟市场，由于人口老龄化的原因，成人失禁用品是增长最快的品类。美国和日本作为全球最大的成人失禁用品市场，其销售量占全球份额的53%。新兴市场则在增长方面超过了发达国家，如中国、印度、巴西等国家销售量都保持两位数的增长。

截至2014年底，我国65周岁以上人口达到1.38亿人，占总人口的10.1%，预计2020年将达到2.43亿人，2025年将突破3亿人。虽然老年人口多的特征是推动失禁用品需求增长的动力，但是，通常认为形成相当规模的失禁用品消费群体的必要条件是人均GDP达到8000~10000美元，从总体上看中国的人均GDP仍然较低，2014年约为7485美元，距此还有一定差距。随着人口老龄化、高龄化的加剧，目前我国失能和半失能老年人约有3700万人，占60周岁老年人口总数的17.4%，未富先老使老年人的生活照料问题日益凸显。

当年国内的卫生巾和婴儿纸尿裤市场都是由跨国公司引导推动的。处于导入期的中国成人失禁用品市场目前涉足的国际品牌只有金佰利的得伴、尤妮佳的乐互宜和SCA的添宁，而且大部分是由本土企业代工的产品，量也很少，失禁用品市场是国内企业有机会树立品牌优势的领域。集中在杭州附近的可靠、舒泰、珍琦、豪悦以及福建恒安、广东健朗、必得福、北京倍舒特等已经在这个领域深耕多年。寄希望于这些企业共同给力，顺势而为，激发消费者的潜在需求。相信随着未来进入老年阶段人群消费能力的提高和观念的转变以及社会养老机构的增加，今后5至10年内将迎来成人失禁用品的井喷期，市场渗透率将突破10%，轻度失禁用品的细分市场也将迅速增长。

5 湿巾

5.1 市场增长的驱动力

湿巾是在2000年前后进入中国市场的，开始消费量很少，大部分产品是OEM加工出口海外。2003年非典之后市场开始快速增长。清洁卫生和便利性是湿巾吸引消费者的首要因素。随着良好清洁习惯的养成，湿巾成为居家和外出旅游的必备品。由于工作压力、家务琐事形成的忙碌生活方式以及现代人快节奏的生活使许多人倍感时间紧迫，湿巾可为人们的居家保洁工作节省大量时间。通过市场不断的细分，湿巾的用途越来越广泛，驱动市场不断成长。

表15 湿巾的产量和消费量(2010—2014年)

年份	2014	2013	2012	2011	2010
产量/亿片	411.4	344.8	295.2	256	213
出口量/亿片	143.7	146.3	131.3	109.2	83.2
消费量/亿片	255.4	185.0	151.1	136.3	124.8
市场规模/亿元	24.3	18.5	15.4	13.6	15.0

注：市场规模按零售加价率40%计算，为便于比较，将2010年数据重新计算。

附表6是2010—2015年湿巾的进出口情况。

5.2 主要生产商和品牌

湿巾生产商主要分布在浙江、重庆、上海、江苏、广东、福建等地。很多生产商是给其他国内企业或零售商做贴牌，或为国外品牌做OEM代工产品销往海外。

表16 2014年排名前10位湿巾生产商/品牌

序号	企业名称	品牌
1	铜陵洁雅生物科技股份有限公司	艾妮，喜擦擦，哈哈
2	上海美馨卫生用品有限公司	Cuddsies，凯德馨
3	重庆珍爱卫生用品有限责任公司	珍爱
4	强生(中国)有限公司	强生，嗳呵
5	南六企业(平湖)有限公司	OEM加工
6	福建恒安集团有限公司	心相印
7	金红叶纸业集团有限公司	清风
8	广东景兴卫生用品有限公司	ABC，EC
9	康那香企业(上海)有限公司	康乃馨
10	大连大鑫卫生护理用品有限公司	娇点

5.3 产品构成

2014年，湿巾品类中，婴儿专用湿巾和普通型湿巾仍是占比较大的类别，女性专用湿巾和卸妆用湿巾占比有所提高。

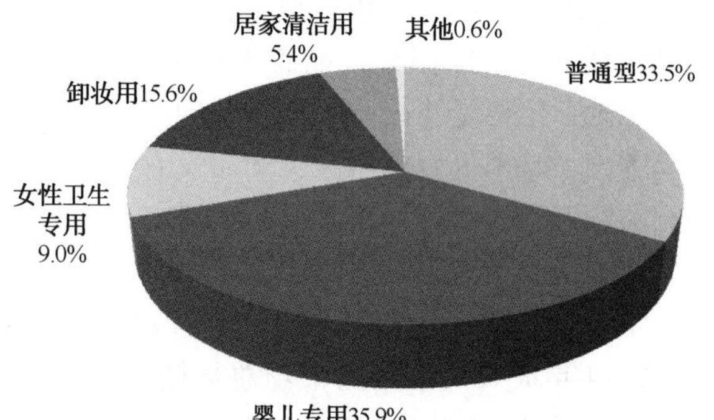

图8 2014年各品类湿巾所占销售量的比例

5.4 市场趋势

国内湿巾的市场普及率总体相对较低。随着良好个人卫生习惯的养成，人们在外出不方便洗手时，湿巾成为必不可少的用品，尤其是杀菌型湿巾发展前景更加乐观。

婴儿专用湿巾将继续占最大市场份额，并细分为护臀用、手口用、洁齿用等。

居家清洁用湿巾在发达国家已经过了多年的发展，但在中国市场，这类产品占比仍较小，还处于起步阶段。一般认为，人均可支配收入达到1万美元以上，居家清洁用湿巾市场才会启动，中国的人均可支配收入水平虽然总体偏低，但是大城市居民可支配收入水平相对较高且对生活品质要求较高，居家清洁用湿巾在这些地区市场将首先得到发展。随着年轻一代卫生意识的提高和对高品质生活的追求，居家清洁用湿巾将首先得到发展，其中最有可能实现突破性增长的是厨房清洁湿巾，目前恒安、维达、珍爱都推出了厨房清洁用湿巾，与厨房纸巾配合使用达到更好的清洁效果。

宠物湿巾、医用酒精单片、产业用擦拭巾等专业用途市场具有很大的发展潜力。各种功能性湿巾以及干湿两用巾也将得到发展。

此外，随着对生态环境的重视，湿巾的可降解和可冲散性也逐渐引起人们的关注，湿巾生产商也在关注相关法规的要求。

参 考 文 献

[1] Global Outlook for Hygiene Absorbent Products and Key Raw Materials, Price Hanna Consultants LLC(2013).

[2] 2014 生活用纸行业年度报告，CNHPIA.

附录

附表 1　2010—2011 年吸收性卫生用品的进出口情况

年份		数量/吨	金额/美元	同比/%	
				数量	金额
2010 年	进口	54,300.470	175,223,899		
	出口	263,262.858	747,144,678		
2011 年	进口	48,931.583	198,495,096	-9.89	13.28
	出口	306,896.114	977,572,873	16.57	30.84

附表 2　2012—2015 年吸收性卫生用品的进出口情况

年份		数量/吨	金额/美元	同比/%	
				数量	金额
2012 年	进口	69,456.830	315,763,659	42.12	59.34
	出口	342,042.374	1,143,107,302	11.78	17.22
2013 年	进口	100,262.011	505,487,759	44.35	60.08
	出口	425,387.420	1,395,003,710	24.37	22.04
2014 年	进口	134,549.300	783,603,871	34.20	55.15
	出口	507,165.972	1,778,129,094	19.18	27.37
2015 年	进口	219,359.482	1,376,957,576	63.03	75.72
	出口	544,946.661	1,843,936,712	7.45	3.70

附表 3　2010—2014 年吸收性卫生用品出口量排名前 20 位的企业

排名	2014 年	2013 年	2012 年	2011 年	2010 年
1	天津市依依卫生用品有限公司	天津市依依卫生用品有限公司	杭州可靠护理用品股份有限公司	杭州侨资纸业有限公司(现更名为杭州可靠护理用品股份有限公司)	大连爱丽思生活用品有限公司
2	浙江珍琦卫生用品有限公司/杭州珍琦卫生用品有限公司	杭州可靠护理用品股份有限公司	大连爱丽思生活用品有限公司	大连爱丽思生活用品有限公司	北京金佰利个人卫生用品有限公司
3	杭州可靠护理用品股份有限公司	大连爱丽思生活用品有限公司	杭州珍琦卫生用品有限公司	天津市依依卫生用品有限公司	广州宝洁有限公司
4	河北义厚成日用品有限公司	福建省石狮市外商投资服务中心	天津市依依卫生用品有限公司	广州宝洁有限公司	福建恒安集团厦门商贸有限公司
5	中天集团(中国)有限公司	广州宝洁有限公司	广州宝洁有限公司	福建恒安集团厦门商贸有限公司	博爱(中国)膨化芯材有限公司
6	大连爱丽思生活用品有限公司	中天集团(中国)有限公司	福建恒安集团厦门商贸有限公司	杭州珍琦卫生用品有限公司	中天集团(中国)有限公司
7	福建省石狮市外商投资服务中心	河北义厚成日用品有限公司	美佳爽(福建)卫生用品有限公司	中天集团(中国)有限公司	福建莆田佳通纸制品有限公司
8	广州宝洁有限公司	杭州珍琦卫生用品有限公司	北京金佰利个人卫生用品有限公司	北京金佰利个人卫生用品有限公司	杭州豪悦实业有限公司

续表

排名	2014 年	2013 年	2012 年	2011 年	2010 年
9	博爱(中国)膨化芯材有限公司	博爱(中国)膨化芯材有限公司	福建莆田佳通纸制品有限公司	大连环球纸业有限公司	东莞瑞麒婴儿用品有限公司
10	东莞嘉米敦婴儿护理用品有限公司	福建恒安集团厦门商贸有限公司	博爱(中国)膨化芯材有限公司	博爱(中国)膨化芯材有限公司	芜湖悠派生活用品有限公司
11	北京倍舒特妇幼用品有限公司	北京金佰利个人卫生用品有限公司	石狮市外商投资服务中心	福建莆田佳通纸制品有限公司	东莞嘉米敦婴儿护理用品有限公司
12	佛山市南海昭盈进出口贸易有限公司	美佳爽(福建)卫生用品有限公司	芜湖悠派卫生用品有限公司	美佳爽(福建)卫生用品有限公司	金佰利(南京)个人卫生用品有限公司
13	北京金佰利个人卫生用品有限公司	芜湖悠派卫生用品有限公司	中天集团(中国)有限公司	杭州豪悦实业有限公司	义乌市嘉华日化有限公司
14	芜湖悠派卫生用品有限公司	北京倍舒特妇幼用品有限公司	杭州豪悦实业有限公司	东莞瑞麒婴儿用品有限公司	杭州侨资纸业有限公司
15	福建恒安集团厦门商贸有限公司	杭州豪悦实业有限公司	东莞瑞麒婴儿用品有限公司	芜湖悠派生活用品有限公司	广西舒雅护理用品有限公司
16	杭州豪悦实业有限公司	福建莆田佳通纸制品有限公司	浙江省医药保健品进出口有限责任公司	东莞嘉米敦婴儿护理用品有限公司	好孩子百瑞康卫生用品有限公司
17	福建恒利生活用品有限公司	浙江省医药保健品进出口有限责任公司	昆山依德五金工业有限公司	石狮市龙整进出口贸易有限公司	北京倍舒特妇幼用品有限公司
18	福建莆田佳通纸制品有限公司	东莞嘉米敦婴儿护理用品有限公司	苏州市苏宁床垫有限公司	浙江省医药保健品进出口有限责任公司	安泰士卫生用品(扬州)有限公司
19	浙江省医药保健品进出口有限责任公司	合肥精诚塑料制品有限公司	江苏中恒宠物用品股份有限公司	义乌市嘉华日化有限公司	尤妮佳生活用品(中国)有限公司
20	美佳爽(中国)有限公司	昆山依德五金工业有限公司	北京倍舒特妇幼用品有限公司	亿利德纸业(上海)有限公司	昆山依德五金工业有限公司

附表 4　2010—2015 年新引进纸尿裤(含卫生巾)生产线

省市	公司名称	生产线	数量	制造厂商	投产时间
江苏	金佰利(中国)有限公司	成长裤生产线	1	BCM，美国 KC	2013. 5
浙江	杭州舒泰卫生用品有限公司	婴儿拉拉裤生产线	1	瑞光(上海)	2010. 10
		婴儿纸尿裤生产线	1	瑞光(上海)	2013. 4
		婴儿拉拉裤生产线	2	瑞光(上海)	2013. 3
		成人拉拉裤生产线	1	瑞光(上海)	2012. 11
		婴儿拉拉裤生产线	1	瑞光(上海)	2013. 7
		婴儿拉拉裤生产线	2	瑞光(上海)	2013. 11
	杭州豪悦实业有限公司	婴儿纸尿裤生产线	2	瑞光(上海)	2014. 3
		婴儿拉拉裤生产线	1	瑞光(上海)	2014. 3
	杭州珍琦卫生用品有限公司	婴儿纸尿裤生产线	2	意大利 GDM	2014. 6
福建	中天集团(中国)有限公司	婴儿训练裤生产线	1	日本瑞光	2011. 8
		婴儿拉拉裤生产线	1	日本瑞光	2013. 1
		婴儿训练裤生产线	1	日本瑞光	2013. 12
	福建恒利集团有限公司	婴儿纸尿裤生产线	2	意大利法麦凯尼柯	2012

续表

省市	公司名称	生产线	数量	制造厂商	投产时间
福建	爹地宝贝股份有限公司(原福建天使日用品有限公司)	婴儿纸尿裤生产线	1	日本瑞光	2011.12
		婴儿拉拉裤生产线	1	日本瑞光	2012.2
		婴儿拉拉裤生产线	1	日本瑞光	2013.12
		婴儿纸尿裤生产线	1	日本瑞光	2013.5
		成人纸尿裤生产线	1	韩国	2013.3
		婴儿拉拉裤生产线	1	日本瑞光	2014.1
		婴儿拉拉裤生产线	1	日本瑞光	2015.2
		婴儿拉拉裤生产线	1	日本瑞光	2015.6
		卫生巾生产线	2	日本瑞光	2015.12
山东	山东日康卫生用品有限公司	成人拉拉裤生产线	1	瑞光(上海)	2012.6
	威海颐和成人护理用品有限公司	成人拉拉裤生产线	1	意大利法麦凯尼柯	2012.3
	东顺集团股份有限公司	婴儿纸尿裤生产线	1	意大利法麦凯尼柯	2012.1
		婴儿纸尿裤生产线	1	意大利 GDM	2013.11
		卫生巾生产线	1	意大利 GDM	2013.6
		卫生护垫生产线	1	意大利 GDM	2013.11
湖南	一朵众赢电商科技股份有限公司(原湖南一朵生活用品有限公司)	婴儿纸尿裤生产线	1	意大利 GDM	2014.5
	湖南爽洁卫生用品有限公司	婴儿纸尿裤生产线	1	瑞光(上海)	2014.10
广东	广东茵茵股份有限公司(原广东百顺纸品有限公司)	婴儿纸尿裤生产线	2	意大利 GDM	2012.9
		婴儿拉拉裤生产线	1	瑞光(上海)	2013.6
	广东昱升个人护理用品股份有限公司	婴儿纸尿裤生产线	1	日本瑞光	2011
		婴儿纸尿裤生产线	2	日本瑞光	2012.7
		婴儿纸尿裤生产线	2	日本瑞光	2013.4
		婴儿拉拉裤生产线	1	日本瑞光	2013.7
		婴儿拉拉裤生产线	1	日本瑞光	2014.5
		婴儿纸尿裤生产线	1	日本瑞光	2015.11
	东莞市常兴纸业有限公司	婴儿纸尿裤生产线	2	意大利 GDM	2014.9
重庆	重庆百亚卫生用品有限公司	婴儿纸尿裤生产线	1	法麦凯尼柯(上海)	2010

附表 5　2010—2015 年新增国产拉拉裤生产线

省市	公司名称	生产线	数量	制造厂商	投产时间
浙江	杭州豪悦实业有限公司	婴儿拉拉裤生产线	1	珂瑞特	2013.3
	杭州可靠护理用品股份有限公司	婴儿拉拉裤生产线	1	珂瑞特	2013.9
		成人拉拉裤生产线	1	珂瑞特	2012.4
福建	福建莆田佳通纸制品有限公司	婴儿拉拉裤生产线	1	珂瑞特	2014.1
	美佳爽(福建)卫生用品有限公司	婴儿拉拉裤生产线	1	顺昌	2014.2
	福建省莆田市荔城纸业有限公司	拉拉裤生产线	1	珂瑞特	2014.4
	福建亿发卫生用品有限公司	婴儿拉拉裤生产线	1	海纳	2015.2
湖南	一朵众赢电商科技股份有限公司(原湖南一朵生活用品有限公司)	婴儿拉拉裤生产线	1	珂瑞特	2013
广东	东莞市白天鹅纸业有限公司	婴儿拉拉裤生产线	1	安庆恒昌	2014.6
		婴儿拉拉裤生产线	1	福建东南	2014.6

续表

省市	公司名称	生产线	数量	制造厂商	投产时间
广东	广东省鹤山市嘉美诗保健用品有限公司	婴儿拉拉裤生产线	1	广州兴世	2014. 7
	东莞常兴纸业有限公司	婴儿拉拉裤生产线	1	国产	2013. 1
	广东美洁卫生用品有限公司	婴儿拉拉裤生产线	1	广州兴世	2014. 6
	广东昱升个人护理用品股份有限公司	婴儿拉拉裤生产线	1	珂瑞特	2015. 12

附表 6 2010—2015 年湿巾的进出口情况

年份		数量/吨	金额/美元	同比/%	
				数量	金额
2010	进口	6,628. 758	11,577,012	11. 91	18. 87
	出口	71,998. 511	120,199,710	46. 31	54. 04
2011	进口	5,453. 395	9,649,906	-17. 73	-16. 65
	出口	97,742. 229	168,062,687	35. 76	39. 82
2012	进口	8,819. 692	13,625,363	61. 73	41. 20
	出口	118,843. 544	226,306,664	21. 59	34. 66
2013	进口	10,557. 499	16,621,954	19. 70	21. 99
	出口	132,975. 300	264,545,231	16. 90	11. 89
2014	进口	15,752. 840	23,714,488	49. 21	42. 67
	出口	124,375. 818	232,639,438	-6. 55	-12. 15
2015	进口	12,021. 389	19,774,952	-23. 69	-16. 61
	出口	123,780. 879	221,787,893	-0. 48	-4. 66

Review and Prospect of the Chinese Disposable Hygiene Product Industry (2010-2014)

Ms. Jiang Manxia, Ms. Sun Jing, Ms. Zhang Yulan, CNHPIA

Against the backdrop of steady macroeconomic growth while securing progress during 2010-2014, the domestic market has exhibited an increasing demand for disposable hygiene products, and the hygiene product industry has made sustained and rapid development when the urbanization process accelerates, per capita disposable income witnesses rapid increase and consumption concepts are changing.

1 Total Market Size and Market Potential

Disposable hygiene products include absorbent hygiene products (feminine sanitary products, baby diapers, adult incontinent products, sanitary pads for pets, etc.) and wet wipes.

On a global basis, the market size of absorbent hygiene products in 2013 was a little more than 65 billion US dollars[1], among which baby diapers, feminine sanitary products and adult incontinent products accounted for 50%, 36%, and 14% respectively. By contrast, Chinese market size of absorbent hygiene products in 2014[2] is 65.89 billion yuan, about 16.6% of the global market. To be specific, baby diapers earned 26.70 billion yuan, feminine sanitary products 34.85 billion yuan, and adult incontinent products 4.34 billion yuan, accounting for 13.4%, 24.3% and 7.8% respectively of the global market. In terms of the structure of absorbent hygiene products (by sales revenue), feminine sanitary products make up the largest proportion of up to 52.5%, followed by baby diapers (39.9%), and adult incontinent products take up the smallest proportion of 6.5%. This is different from the global market, especially the mature markets of developed countries, where baby diapers grab the largest market share.

When we look back on the development of domestic market of disposable hygiene products during 2010-2014, the total market size in 2014 increased by 64.5% over 2010, exhibiting a compound annual growth rate of 13.3%. In the structure of absorbent hygiene products, the proportion of feminine sanitary products took on a downward trend, while the proportion of baby diapers and adult incontinent products took on an upward trend gradually, which signals that the product structure was getting mature.

In terms of market penetration of various products, the composition of global market is as follows[1]: 30% for baby diapers, 60% for feminine sanitary products, and 14% for adult incontinent products. The market penetration of the former two kinds of products in developed countries (North America, Western Europe and Japan) is more than 90%. Due to the population aging, now the market of adult incontinent products undergoes the fastest growth. In 2014, the market penetration of various products in China is as follows[2]: baby diapers account for 53.6% (based on actual usage of Chinese consumers, China National Household Paper Industry Association-CNHPIA defined the calculation basis that 0-2 year-old babies use three diapers every day. If these babies use five diapers each day, the market penetration rate will be around 32%), feminine sanitary products for 91.5%, and adult incontinent products for 5.6%. Therefore, it is fair to say that baby diaper industry and adult incontinent product industry have great potential to tap.

Table 1 Disposable Hygiene Product Market (2010-2014)

Year	2014	2013	2012	2011	2010
Total market size/hundred million yuan	683.2	621.0	551.0	477.4	415.3
Among them: Feminine Sanitary Products	348.5	324.0	285.5	262.8	243.5
Baby Diapers	267.0	240.4	220.0	184.6	144.6
Adult Incontinent Products	43.4	30.1	22.1	16.4	12.2
Wet Wipes	24.3	18.5	15.4	13.6	15.0

Note: The market size is calculated based on the markup rate of 40% for retail products. For the sake of comparison, the 2010 data are recalculated on the basis of current markup rate.

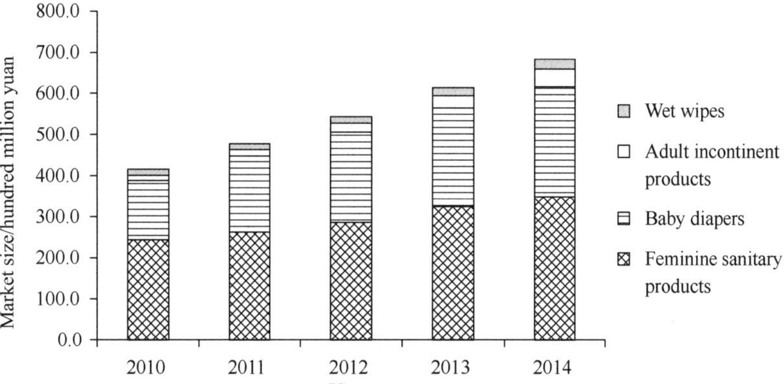

Figure 1 Total Market Size (2010-2014)

Table 2 Structure of Absorbent Hygiene Products (2010-2014)

Year	2014		2013		2012		2011		2010	
	Market size/ hundred million yuan	Proportion/ %	Market size/ hundred million yuan	Proportion/ %	Market size/ hundred million yuan	Proportion/ %	Market size/ hundred million yuan	Proportion/ %	Market size/ hundred million yuan	Proportion/ %
Feminine Sanitary Products	348. 5	52. 9	324. 0	54. 5	285. 5	54. 1	262. 8	56. 7	243. 5	60. 8
Baby Diapers	267. 0	40. 5	240. 4	40. 4	220. 0	41. 7	184. 6	39. 8	144. 6	36. 1
Adult Incontinent Products	43. 4	6. 6	30. 1	5. 1	22. 1	4. 2	16. 4	3. 5	12. 2	3. 0
Total of Disposable Hygiene Products	658. 9	100. 0	594. 5	100. 0	527. 6	100. 0	463. 8	100. 0	400. 3	100. 0

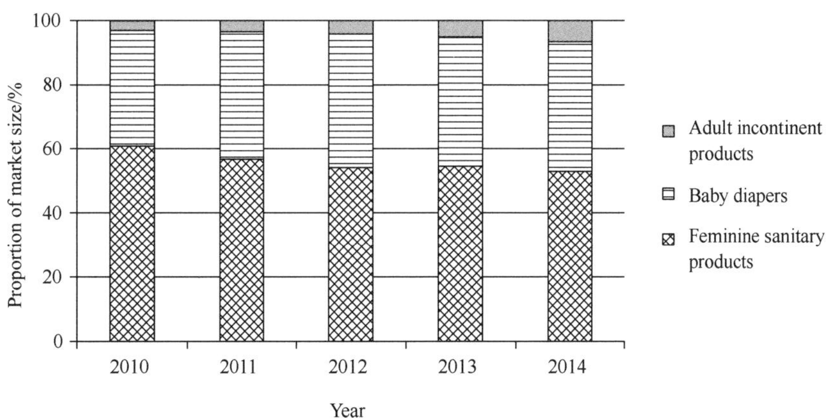

Figure 2 Structure of Absorbent Hygiene Products (2010-2014)

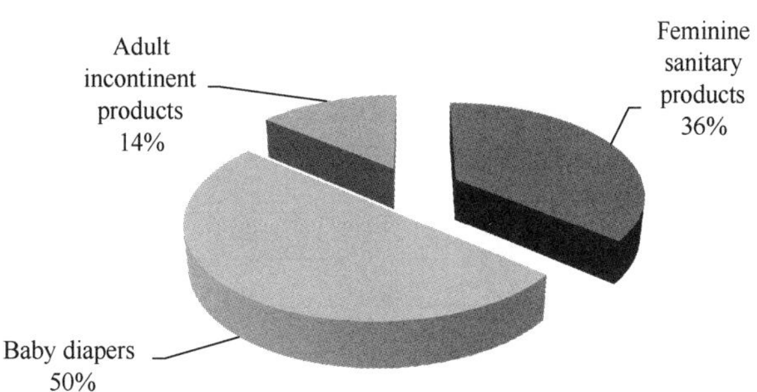

Figure 3 Global Market and Structure of Absorbent Hygiene Products in 2013 (by Sales Revenue)

2 Feminine Sanitary Products

2.1 Driving forces of sustainable market development

Feminine hygiene products are the first disposable product introduced to China. Going through the blowout in the 1990s and the rapid growth prior to 2010, the feminine sanitary product market has matured. Although the market penetration of sanitary napkin has become almost saturated, feminine sanitary product market still witnessed a steady growth during 2010-2014. The driving forces of consumption growth originate from the extension at the both ends of the appropriate ages, increasing frequency of usage and growing consumers. The sales revenue growth is higher than consumption growth over the same period. In addition to the consumption increase, the sales revenue grow due to the facts that product price rises, and a larger proportion of high and mid-end products are consumed which drive up the average price. For instance, P&G launched a kind of liquid sanitary napkin in 2014, pushing the retail price of sanitary napkin to around 3 yuan per piece.

In 2014, the total market size of feminine sanitary products grew by 43.1% over 2010, exhibiting a compound annual growth rate of 9.4% during 2010-2014. Chinese market size of feminine sanitary products in 2014 is 34.85 billion yuan, about 24.3% of the global market. Market penetration of the sanitary napkin in 2014 reached 91.5%, about 30 percentages higher than the global market penetration (60%).

Table 3 Production and Consumption of Feminine Sanitary Products (2010-2014)

Year	2014	2013	2012	2011	2010
Sanitary napkins					
Production/hundred million pieces	743.0	793.7	758.1	717.0	677.0
Consumption/hundred million pieces	691.0	650.0	614.0	581.0	548.0
Market penetration/%	91.5	86.6	82.2	78.1	74.0
Pantiliners					
Production/hundred million pieces	400.0	374.6	343.8	338.0	318.0
Consumption/hundred million pieces	337.2	315.9	298.3	294.0	276.0
Total of feminine sanitary products					
Production/hundred million pieces	1243.0	1168.3	1101.9	1055.0	995.0
Consumption/hundred million pieces	1025.8	965.9	912.4	875.0	824.0
Market size/hundred million yuan	348.5	324.0	285.5	262.8	243.5

Note: 1. The market size is calculated based on the markup rate of 40% for retail products. For the sake of comparison, the 2010 data are recalculated.

2. The calculation basis of market penetration: females aged 15-49 in Mainland China use 200 sanitary napkins per capita each year. For the sake of comparison, the data prior to 2013 are recalculated on the above-mentioned basis.

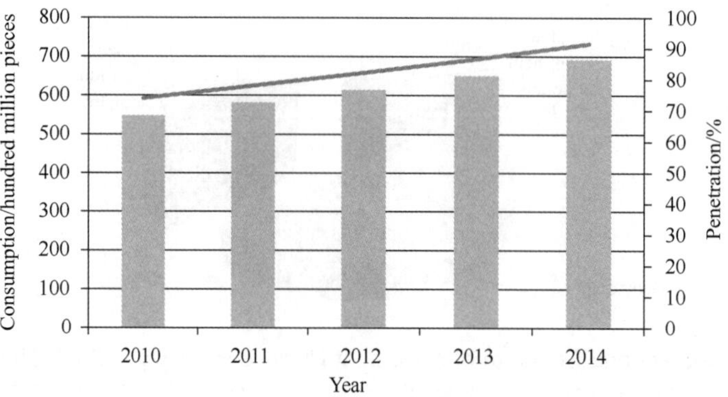

Figure 4 Consumption and Market Penetration of Sanitary Napkins During 2010-2014

2.2 Major manufacturers and brands

Feminine hygiene product market has enjoyed relatively stable growth through years of development with only a few new market players in this regard entering the market. Market competitors include many manufacturers with leading manufacturers concentrating in Shanghai, Fujian, Guangdong and other places, such as domestic manufacturers like Hengan, and Kingdom Sanitary Products, as well as international manufacturers like P&G, Unicharm, Kimberly-Clark, and Kao. High-end brands have a high concentration, including international brands like SOFY, Whisper, Kotex and Laurier, domestically-made national brands like Space 7, ABC and Anerle, as well as regional brands like Ladycare, Freemore, Best, Geron, So-soft, etc.

Table 4 displays top 10 Chinese manufacturers and brands of feminine sanitary products in 2014, and Table 5 shows international manufacturers and brands of feminine sanitary products with plants built in China. The ranking is for reference only.

Table 4 Top 10 Chinese Manufacturers and Brands of Feminine Sanitary Products in 2014

Num	Company Name	Brand
1	Fujian Hengan Group Co., Ltd.	Space 7, An Erle
2	Kingdom Sanitary Products Co., Ltd, Guangdong	ABC, Free
3	Fujian Hengli Group Co., Ltd.	Haoshushuang, Shushuang
4	Foshan Kayson Hygiene Products Co., Ltd.	Meishi, Xiaoni
5	Shanghai Foliage Industry Co., Ltd.	Foliage
6	Henan Simulect Health Products Co., Ltd.	Shulai
7	Chongqing Baiya Sanitary Products Co., Ltd.	Neat&soft, Freemore
8	Hubei C-BONS Co., Ltd.	Ladycare
9	Guilin Jieling Industrial Co., Ltd.	Geron, Softfeeling
10	Beijing Beishute Maternity & Child Articles Co., Ltd.	Best, Yiyueqingshuang

Table 5 International Manufacturers and Brands of Feminine Sanitary Products with Plants Built in China

Num	Company Name	Brand
1	Procter & Gamble (China) Co., Ltd.	Whisper, Naturella
2	Unicharm Consumer Products (China) Co., Ltd.	Sofy
3	Kimberly-Clark (China) Co., Ltd.	Kotex, Comfort&Beauty
4	Kao Corporation Shanghai Co., Ltd.	Laurier
5	Jinwang (Suzhou Industrial Park) Hygiene Products Co., Ltd.	Elis

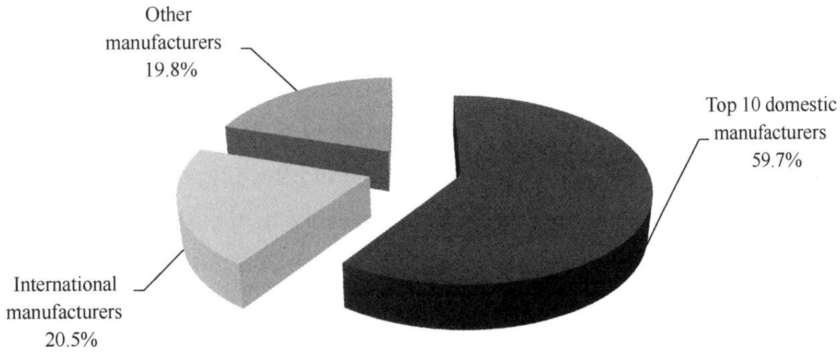

Figure 5 Market Shares of Chinese Manufacturers and Brands of Feminine Sanitary Products in 2014 (by Sales Revenue)

2.3 Changes of import and export

China is a net exporter of feminine sanitary products with exports far exceeding imports, and has achieved sustainable growth in export over the years. Prior to 2012, customs codes of feminine sanitary products were 4818400000, 5601100010 and 561100090, among which products coded with 4818400000 also include baby diapers. Therefore, it is hard to calculate the exact import and export data of sanitary napkin products. See Attached Table 1 and Attached Table 2 for the import and export of absorbent hygiene products during 2010 - 2011 and 2012-2015 respectively. Export of feminine sanitary products mainly comes from OEMs of foreign brands and domestic and foreign transfers. Top 20 export enterprises of absorbent hygiene products during 2010-2014 are shown in Attached Table 3. In 2012, the customs authority changed the code of feminine sanitary products to 96190020. From the data in recent two years, the import and export have changed a lot as import grows considerably, faster than the export growth. Imported brands have seen an increase, with some brands seizing more market shares at a faster pace, such as Kao, Guiainiang and so on.

Table 6 Import and Export of Sanitary Napkins (Pantiliners) (2010-2015)

Year		Volume/tons	Value/US$	YoY/%	
				Volume	Value
2012	Import	1,163.879	10,124,449		
	Export	65,822.377	327,037,131		
2013	Import	1,037.683	10,477,923	-10.84	3.49
	Export	65,370.89	341,336,395	-0.69	4.37
2014	Import	2,306.664	26,421,902	122.29	152.17
	Export	74,189.440	410,926,867	13.24	20.04
2015	Import	5,814.804	76,105,659	152.09	188.04
	Export	79,675.027	417,466,488	7.39	1.59

2.4 Innovations satisfying consumer demands

During recent years, the fittest feminine sanitary products have survived in the fierce competition. In a bid to meet the increasing demand for high-end products, the overall level of hygiene products has been improved markedly, making the price competition shift to competition of quality and added value. Manufacturers of well-known brands have been in a leading position in guiding consumption through R&D and innovation. Targeted at precise market, regional manufacturers implement lean management, seek to identify problems consumers are most concerned, and pay more attention to product details and differentiated features. In terms of product design and marketing, by dividing market according to consumer groups of different ages, they have launched characteristic products, developed e-commerce and WeChat business so as to grow into special and outstanding enterprises. In terms of product innovation:

- P&G introduced the first liquid material sanitary napkin in the global under the brand of Whisper. Its unique FlexFoam™ absorbent material was derived from liquid. It is an integrated product. The product had better fittness, stretchability and absorbency.
- Pant type sanitary napkins: many manufacturers ranging from Unicharm, Haoyue, Shutai, Daddybaby, Weihai Yihe, Foliage to Baiya have launched special sanitary napkins especially designed for females in menstrual period and perinatal period.
- Hengan's Space 7 "mushroom pad" can be attached to sanitary napkin in different positions. It is firm and flexible, and can provide protection from all directions as the 3D side panel.
- Much thinner and more breathable products.
- Manufactured with softer, more comfortable and distinctive surface materials: the newly-released products boast surfaces of natural materials, such as cotton, silk, and bamboo fiber.

- High-grade package: these innovative products adopt high-grade paper box, tin box and gift pack for package.

2.5 Market trend

Though faced with economic downward pressure, due to the features of FMCG and necessities, feminine sanitary products market is expected to maintain an annual growth rate of around 5% in the next few years before the growth rate slows down to an annual growth rate of around 3% during the period lasting to 2020. During the urbanization process, women entering the town start using sanitary napkins. The early arrival of menarche and the delay of menopause increase the number of women of the right age. As living conditions improve, women replace the sanitary napkins more frequently, and more people choose high-end products, which will promote the growth of feminine sanitary market.

Table 7 Forecast of Feminine Hygiene Product Market

Year	Women at the age of 15-49/million persons	Sanitary napkins			Sanitary napkins/Pantiliners		
		Consumption/100 million pcs	Annual average growth rate/%	Market penetration rate/%	Consumption/100 million pcs	Market size/100 million yuan	Growth rate of market size/%
2014	377.4	691.0	6.3	91.5	1,025.8	348.5	7.6
2020	398.3	720	3.0	100	1,175	611.0	4.0

Note: The calculation basis of market penetration: females aged 15-49 in Mainland China use 200 sanitary napkins per capita each year.

3 Baby Diapers

3.1 Driving forces of market development

After going through a blowout in the first ten years of the 21st century, Chinese baby diaper market maintained a rapid growth during 2010-2014. But as the base number enlarged, the growth rate slowed down. The driving forces of market development originate from constant increase of market penetration and consumption upgrade. For one thing, the driving force comes from the accelerating process of urbanization, new consumers and the contribution made by consumers in third- and fourth-tier cities to consumption growth, for another, high-end consumer groups come into being and the first- and second-tier cities show a markedly increasing demand for high-end products, thereby promoting growth of market sales.

Different from that of feminine sanitary product market, medium-and high-grade products take up an increasing proportion in the structure of baby diapers, while diaper pads take on a continuously downward trend (despite the fact that consumption is still growing). However, due to the price war triggered by the fierce competition in the market, the average price of diapers displays a downward trend as consumption is growing faster than sales revenue.

In 2014, the total market size of baby diapers grew by 84.6% over 2010, exhibiting a compound annual growth rate of 16.6% during 2010-2014. Chinese market size of baby diapers in 2014 is 26.70 billion yuan, about 13.4% of the global market. In 2014, Chinese market penetration of baby diapers was 53.6%. As mentioned above, the difference in calculation basis means that, the market penetration we can use to compare with developed countries is almost at the global average, namely, about 32%. It is clear that Chinese baby diaper market has great potential to tap.

After over 10 years of development, technology and equipment of baby diaper enterprises in China has been significantly improved with technical indicators and performance of products comparable with those of international big names. Attached Table 4 illustrates production lines of diapers (including sanitary napkins) newly introduced during 2010-2015. In terms of competitive market environment, what is different from the past is that the price war, ubiquitous as it is, has gradually turned to competition of high-quality, cost-effective and differentiated products. The most prominent problems are periodic overcapacity and the impact brought by imported products.

Table 8 Production and Consumption of Baby Diapers (2010-2014)

Year	2014	2013	2012	2011	2010
Production/hundred million pieces	277.8	247.8	225.5	195.5	162.7
Consumption/hundred million pieces	249.0	227.1	204.1	178.7	146.7
Market penetration/%	53.6	47.0	44.3	39.1	32.3
Market size/hundred million yuan	267.0	240.4	220.0	184.6	144.6

Note: 1. The market size is calculated based on the markup rate of 40% for retail products. For the sake of comparison, the 2010 data are recalculated.

2. Calculation basis for market penetration rate: the average usage of diapers for 0-2 years old baby is calculated at 3 pieces per day considering Chinese families tend to be thrifty (the following situations are common: babies at the age of over 2 years do not use diapers, disposable diapers and cloth diapers are used together, diapers are not used in summer, only used during night and go out time).

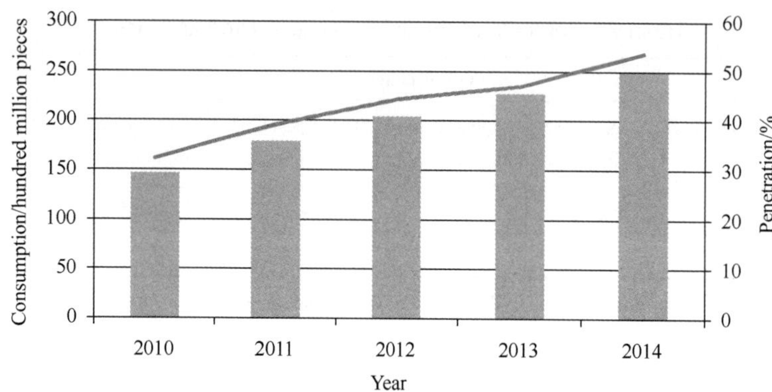

Figure 6 Consumption and Market Penetration of Baby Diapers During 2010-2014

3.2 Major manufacturers and brands

As many new market players enter into the market, baby diaper industry is in a period of adjustment when the fierce competition is widespread in the market. Market competitors include many manufacturers with leading manufacturers concentrating in Shanghai, Fujian, Zhejiang, Guangdong and other places, such as Hengan, Chiaus, Cojin, Shutai, Winsun, Daddybaby and other domestic manufacturers, as well as P&G, Unicharm, Kimeberly-Clark, Kao, Elleair and other international manufacturers. Brand concentration is high in the high-end market, including international brands such as Pampers, MamyPoko, Moony, Huggies, Merries and GOO. N. home-made national brands like Anerle and regional brands like Chiaus, Cojin, Mingrenbaobao, Daddybaby, DRESS, etc.

Table 9 shows the top 10 domestic baby diaper manufacturers and brands in 2014, and Table 10 shows the foreign baby diaper manufacturers and brands with plants built in China. The ranking is for reference only.

Table 9 Top 10 Chinese Manufacturers and Brands of Baby Diapers in 2014

Num	Company Name	Brand
1	Fujian Hengan Group Co., Ltd.	An Erle
2	Chiaus (Fujian) Industrial Development Co., Ltd.	Chiaus
3	Fujian Hengli Group Co., Ltd.	ShuangErbao
4	Guangdong Yinyin Co., Ltd.	Cojin
5	Hangzhou Shutai Sanitary Products Co., Ltd.	Mingrenbaobao
6	Daddybaby Co., Ltd.	Daddybaby
7	AAB Group (China) Co., Ltd.	Mignon Baby
8	Guangdong Winsun Personal Care Products Co., Ltd.	Dress, D-sleepbaby
9	Dongguan Changxing Paper Co., Ltd.	Yipianshuang, Pianpianshuang
10	Hangzhou Coco Healthcare Products Co., Ltd.	Quties

Table 10 International Manufacturers and Brands of Baby Diapers with Plants Built in China

Num	Company Name	Brand
1	Procter & Gamble (China) Co., Ltd.	Pampers
2	Unicharm Consumer Products (China) Co., Ltd.	MamyPoko
3	Kimberly-Clark (China) Co., Ltd.	Huggies
4	Kao (Hefei) Co., Ltd.	Merries
5	GOO. N (Nantong) Living Goods Co., Ltd.	GOO. N
6	Goodbaby Bairuikang Hygienic Products Co., Ltd.	Goodbaby

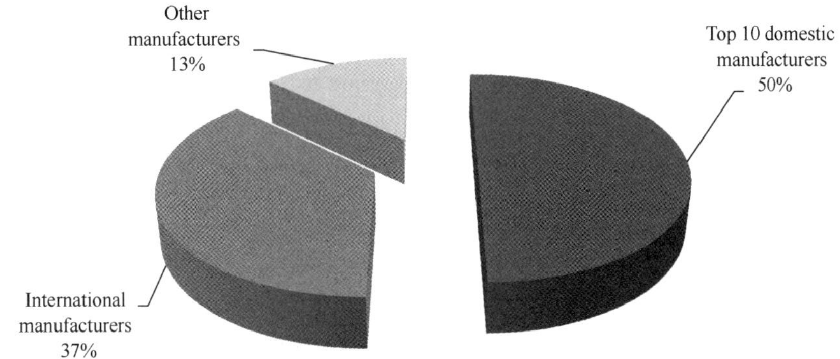

Figure 7 Market Share of Baby Diaper Manufacturers in 2014 (by Sales Revenue)

3.3 Changes of import and export

In 2012, the customs authority changed the code of baby diapers to the current 96190010. China is a net exporter of baby diaper products, with exports far outweighing imports. Export of baby diapers mainly comes from OEMs of foreign brands and domestic and foreign transfers. But according to the data of recent two years, imported diapers, in particular those introduced from Japan, have been increasing remarkably and continuously.

Table 11 Import and Export of Baby Diapers (2010-2015)

Year		Volume/tons	Value/US$	YoY/%	
				Volume	Value
2012	Import	62,710.257	286,835,671		
	Export	190,608.824	611,806,441		
2013	Import	94,220.691	477,840,146	50.25	66.59
	Export	225,997.96	745,930,406	18.57	21.92
2014	Import	125,630.191	734,177,819	33.34	53.78
	Export	276,856.367	1,002,752,444	22.50	34.43
2015	Import	208,954.554	1,283,269,162	66.33	74.79
	Export	289,983.936	1,020,727,776	4.74	1.79

Since 2015, imports of baby diapers on the basis of 2014 continue to grow. Although exports still exceed imports, the gap between imports and exports has been greatly narrowed compared with that of previous years. in terms of the value in particular, imports have been greater than exports. Diapers account for 95% in import and export of hygiene products. The import amount of diapers reached about 1.28 billion US dollars in 2015, which accounted for 20% to 25% of domestic consumption market. Baby diapers imported from Japan have surged, mainly including Kao, Elleair, Unicharm and other companies. P&G has also brought in some hypoallergenic products from Japan. In 2015, more brands will march into Chinese market, such as those from Europe (France, Italy, Greece, Germany, Sweden, and Poland), Japan, South Korea, Singapore, the US, Australia and other countries.

Japan's declining birthrate has led to the gradual shrinkage of Japanese market of baby diapers. However, increasing demand in China and Southeast Asia has driven up the exports of Japanese baby diapers and increased the output of baby diaper by 8%.

By analysis, the sharp increase in Chinese import of diapers can be boiled down to the following reasons:

- The groups of high consumption ability have formed, who go after high quality and famous brands.
- Due to the negative impact of product quality and safety incidents like melamine in milk powder, consumers are less confident in domestic products. In consequence, they tend to follow suit blindly and behave irrationally to compare with others.
- Domestic products fail to meet certain needs of consumers in terms of comfort, while the quality of some diapers is not stable.
- Enterprises (including foreign-funded enterprises with plants built in China) make insufficient efforts to promote the performance features and advantages in safety of their products.
- The rise of cross-border e-commerce makes it easy to purchase, and bonded import and tariff reductions in free trade area drive down the price of imported products.

3.4 Innovations satisfying consumer demands

As to innovations designed to meet consumer demand, baby diapers are becoming much lighter, softer, and fitter, and more comfortable and beautiful.

- 3D fabrics and backsheet printing have become the standard requirements.
- In response to consumer demands for thin, soft and discreet products, the diapers adopt softer nonwoven materials, cotton fiber materials and elastic materials.
- The surface layer is furnished with skin care ingredients (in prevention of red buttocks and allergies).
- Adopt preformed core materials and absorbentcore free of fluff pulp.
- Pay special attention to improvement in product details like such as three-dimensional edges.
- Innovative packaging design and gift packs.

3.5 Increasing market shares of pant type diapers

Pant type diapers have taken up an increasingly larger proportion in baby diapers since 2010, reaching 12.9% in 2014. Pant type diapers have gained extensive recognition of consumers for easy replacement and comfort, while they have a reduced effect on toilet training. Pant type diapers can be subdivided into creepers, diapers for toddlers, sports diapers, etc. According to China's actual situation, enterprises have developed Kelaku and Tuolaku (a kind of diaper between open and pant type diapers).

In addition to the imported production lines of pant type diapers shown in Attached Table 4, home-made production lines of pant type diapers newly established during 2010-2015 are shown in Attached Table 5.

3.6 Market trend

Foreign enterprises continue to invest and build plants or expand their business in China

Baby diaper was brought into China by P&G before 2000, guiding the consumers to promote market development. As the world's largest manufacturer of baby diapers, P&G has about 32% of global market share, with its Pampers grabbing the largest market share in China at present. Now, the world's leading manufacturers of baby diapers such as P&G, Kimberly-Clark, Unicharm, SCA (in collaboration with Vinda), as well as Japan's Kao, Elleair, have built plants in China. Chinese market development potential and consumption upgrade are the driving forces for China to attract foreign investment to expand production. In addition to production bases located in Shanghai and Tianjin, Unicharm also has a diaper plant in Yangzhou, which has been put into operation. Apart from plants in Nanjing, new bases established by Kimberly-Clark in Tianjin have completed the foundation laying in November 2015.

Elleair International China (Nantong) Co., Ltd. of Japan has been officially put into operation since the autumn in 2013 with sales reaching 500 million yuan in 2014. It plans to put eight production lines into full operation by 2016.

In order to meet the needs of Chinese consumers in the initial stage, multinational enterprises taking the lead in entering Chinese market have launched mid- and low-end products. But now when the middle class tend to choose high-end consumption products, new foreign brands make full use of the opportunities to take high-end brands as a starting point. P&G also launches a brand-new Pampers super soft cotton diaper, and introduces products specifically for sensitive skin produced in Japan. After Unicharm stepped into the Chinese market in 2000, in a bid to adapt to changes in the Chinese market, Unicharm has released the brand-new super soft cotton diapers under the trademark of MamyPoko, and creepers designed especially for babies of 6 months to 18 months old, but also has introduced Moony brand from Japan.

The development trend has gradually shifted to domestically-made products from imported products. The management of well-known foreign brands believes that Chinese consumers are particular about quality of imported diapers, and have irrational misunderstandings in their preference over imported products. For instance, products of same brand manufactured in China have a less satisfactory sales performance than those imported from other countries. In some cases, some products are bought back after they are sold to Japan. For another example, in order to meet demands of consumers who seek for large intake, manufacturers have to increase the amount of-SAP, causing waste at last. All of these are indication of Chinese consumers' shortage of confidence in home-made products. Given the fact the consumers are lack of expertise, it is imminent to pass the right information to dealers and consumers.

Accelerate industrial transformation and upgrading

From a positive point of view, periodic overcapacity and the impact of imported products will accelerate the transformation and upgrading of domestic baby diaper industry, forcing enterprises to move toward value and differentiation competition from price war. Enterprises need to further strengthen innovation and cooperation with suppliers, realizing more precise target at market and product lines, and manufacturing products guided with craftsmanship to win the appraisal of consumers. Enterprises should turn from the defensive into the offensive, actively exploring the international market. Currently a number of local enterprises have taken actions calmly.

Imported diapers are mainly consumed by high-income families in the first- and second-tier cities. Although imported diapers will take on an upward trend in the coming years, the market share of domestic products is expected to remain stable or even grow larger, while exports will keep increasing as the consumer market capacity grows and product quality gap narrows.

The diaper industry will grow at a faster space

According to data released by the National Bureau of Statistics, the number of Chinese newborn population was at a high level in the 1980s, and 1990 saw the most newborn population. As China launches the "universal two-child" family planning policy, and those born in 1980s and 1990s have married successively, China is ushering in a new wave of baby boom. It is expected that the number of new babies will increase from 16.87 million in 2014 to 18 million, even 20 million in next few years. Although China's baby diaper industry developed rapidly in recent years, there is still a big gap between the market penetration and per capita fee on baby diapers and those in developed countries, indicating that there is still much room for development. As the new generation of young parents is changing attitudes, the market demand will continue to be robust.

It is expected in the next 10 years that baby diaper market will have a higher growth rate. The fierce market competition will speed up the elimination of backward production capacity and industry consolidation. Over time, periodic overcapacity will be digested, diapers consumption in the third- and fourth-tier cities will grow faster, and high-end product market and pant type diapers market will enjoy further development.

Table 12 Market Forecast of Baby Diapers

Year	Babies at the age of below 2/10,000 persons	Consumption/100 million pcs	Annual average growth rate/%	Market penetration rate/%
2014	4,240.7	249.0	9.6	53.6
2020	4,520	297.5	8.0	60.1

Note: Calculation basis for market penetration rate: the average usage of diapers for 0-2 years old baby is calculated at 3 pieces per day considering Chinese families tend to be thrifty (the following situations are common: babies at the age of over 2 years do not use diapers, disposable diapers and cloth diapers are used together, diapers are not used in summer, only used during night and go out time).

4 Adult Incontinent products

4.1 The market is in the introduction period of blowout

At the end of 2014, China's population aged 60 and above reached 212.42 million, accounting for 15.5% of the total population, and the population aged 65 and above is 137.55 million, indicating that China's population aging is intensifying. In recent years, the market of incontinent products has achieved double-digit growth on the low base, but the absolute amount is still small. A considerable portion of incontinent products is from OEMs of multinationals and they will be sold abroad. The reason is mainly that per capita disposable income of China is still smaller than the US, Japan and other developed countries, and incontinent products are not covered by health insurance and related government subsidies (developed countries have government subsidies in this regard, while emerging market countries like Brazil have recently introduced subsidy policies). Meanwhile, consumer attitudes of the incontinent elderly and their families need to be changed.

In 2014, the total market size of adult incontinent products grew by 255.7% over 2010, exhibiting a compound annual growth rate of 37.3% during 2010-2014. In 2014, the market size of China's adult incontinent products was 4.34 billion yuan, accounting for 7.8% of the global market, and the market penetration rate was only 5.6%, having not reaching the global average (14%). Therefore, development potential is huge.

4.2 Major manufacturers and brands

Adult incontinent products mainly include adult diapers/pads and nursing pads, of which export and OEM take up a large proportion. Manufacturers are mainly located in Zhejiang, Fujian and other provinces.

Table 13 Production and consumption of adult incontinent products (2010-2014)

Year	2014	2013	2012	2011	2010
Adult diapers					
Production/hundred million pieces	25.0	16.9	12.78	9.37	6.58
Export/hundred million pieces	6.1	4.44	3.69	2.73	1.55
Consumption/hundred million pieces	16.8	10.63	7.97	6.31	4.81
Under Pads					
Production/hundred million pieces	11.1	8.80	7.26	7.57	5.92
Export/hundred million pieces	2.3	1.62	2.33	2.96	3.22
Consumption/hundred million pieces	7.9	6.48	4.14	3.77	2.63
Total of adult incontinent products					
Production/hundred million pieces	36.1	25.70	20.04	16.94	12.5
Export/hundred million pieces	8.4	6.06	6.02	5.69	4.77
Consumption/hundred million pieces	24.7	17.11	12.11	10.08	7.44
Market size/hundred million yuan	43.4	30.11	22.05	16.36	12.22
Market penetration/%	5.6	3.9	2.8	2.3	1.7

Note: Calculation basis of market penetration: calculated on the basis that there are 40 million incontinent people who use three incontinent products each day.

Table 14 Top 10 Manufacturers and Brands of Adult Incontinent Products in 2014

Num	Company	Brand
1	Hangzhou Shutai Sanitary Products Co., Ltd.	Kidsyard, Kindsure
2	Hangzhou Haoyue Industrial Co., Ltd.	WHITE CROSS, HUIQUAN, Good Year, Comfrey
3	Hangzhou Zhenqi Sanitary Products Co., Ltd.	Zako, Janurs, Niancien
4	Shandong Aisinile Hygiene Products Co., Ltd.	Ganbang
5	Fujian Hengan Group Co., Ltd.	ElderJoy
6	Kimberly-Clark (China) Co., Ltd.	Depend
7	Mimosa Health Technology Co., Ltd.	Mimosa
8	Hangzhou Coco Healthcare Products Co., Ltd.	COCO
9	AAB Group (China) Co., Ltd.	Coaicom
10	Beijing Beishute Maternity & Child Articles Co., Ltd.	Best

4.3 Market trend

In 2014, global sales of adult incontinent products grew by 8%. Due to population aging in mature markets like North America, Western Europe, and Japan, adult incontinent product is among the fastest-growing category. The sales of US and Japan, the world's largest adult incontinent markets, account for 53% of the global market share. Emerging markets are growing faster than developed countries. For instance, China, India and Brazil have maintained double-digit growth.

By the end of 2014, China's population aged 65 and above reached 138 million, 10.1% of the total population. It is expected the number will reach 243 million in 2020, and exceed 300 million in 2025. While a large aging population will become the driving force of demand growth for incontinent products, it is generally believed that to form a sizable consumer group of incontinent products requires that per capita GDP should reach 8,000 to 10,000 US dollars. On the whole, China's per capita GDP remains low, staying at about 7,485 US dollars in 2014, and there is a certain gap to bridge. As population aging intensifies and most people live longer, inconvenient elders and almost inconvenient elders in China reach 37 million at present, accounting for 17.4% of the total population aged 60 and above. As we grow older before getting rich, the life care of the elderly has become increasingly prominent.

In the past, the domestic market of sanitary napkins and baby diapers was led by the multinationals. In the introduction period at present, international brands entering the Chinese market of adult incontinent products only include Depend under Kimberly-Clark, Lifree under Unicharm and TENA under SCA. Most adult incontinent products are OEMs of local enterprises. Since the amount of adult incontinent products is small, the incontinent product market is a suitable field where the domestic enterprises have the opportunity to establish a brand advantage. Such brands as Coco, Shutai, Zako, Haoyue concentrated in the vicinity of Hangzhou, and Fujian Hengan, Jianlang and Beautiful of Guangdong and Beijing Beishute, have been dedicated to this field for many years. We hope that these enterprises will work together to seize the opportunity to stimulate potential demand of consumers. It is believed that as the groups entering into the phase of old age have a better consumption ability and more old-age care institutions spring up, we will usher in a blowout of adult incontinent products in the next 5-10 years when the market penetration will exceed 10%, and the market segments of modestly incontinent people will also grow rapidly.

5 Wet wipes

5.1 Driving forces of market development

Wet wipes, marching into the Chinese market around 2000, did not sell very well at the very beginning, and were mostly OEMs to be sold overseas. The wet wipe market saw the sharp growth after SARS in 2003. Sanitation, hygiene and convenience are the primary factors for wipes to attract consumers. As good sanitation habits have been formed, wet wipes have become essential goods for household life and traveling. At a time when work pressure and domestic chores make people lead a busy life and the fast-paced modern life make so many people pressed for time, wipes can save a lot of time for those doing household cleaning. Through continuous market division, wet wipes have been more extensively applied, driving the wet wipe market to continue to expand.

Attached Table 6 shows the exports and imports of wet wipes during 2010-2015.

5.2 Major manufacturers and brands

Manufacturers of wet wipes are mainly located in Zhejiang, Chongqing, Shanghai, Jiangsu, Guangdong, Fujian and other places. Many manufacturers are engaged in OEM processing for other domestic enterprises or retailers, or get engaged in OEM processing for foreign brands, of which the products will be sold overseas.

5.3 Product structure

Among the wet wipe products in 2014, wet wipes for babies and general-purpose wet wipes take up a larger proportion, while wet wipes for females and special cleansing wet wipes account for an increasing proportion.

Table 15 Production and Consumption of Wet Wipes (2010-2014)

Year	2014	2013	2012	2011	2010
Production/hundred million pieces	411.4	344.8	295.2	256	213
Export/hundred million pieces	143.7	146.3	131.3	109.2	83.2
Consumption/hundred million pieces	255.4	185.0	151.1	136.3	124.8
Market size/hundred million yuan	24.3	18.5	15.4	13.6	15.0

Note: The market size is calculated based on the markup rate of 40% for retail products. For the sake of comparison, the 2010 data are recalculated.

Table 16 Top 10 Manufacturers/Brands of Wet Wipes in 2014

Num	Company	Brand
1	Tongling Jyair Aviation Necessities Co., Ltd.	Aini, Xicaca, Haha
2	Shanghai American Hygienics Co., Ltd.	Cuddsies
3	Treasure Health Co., Ltd.	Treasure
4	Johnson & Johnson (China) Ltd.	Johnson & Johnson, Elsker
5	Nan Liu Enterprise (Pinghu) Co., Ltd.	OEM
6	Fujian Hengan Group Co., Ltd.	Mind Act Upon Mind
7	Gold Hongye Paper(China) Co., Ltd.	Breeze
8	Kingdom Sanitary Products Co., Ltd, Guangdong	ABC, EC
9	Kang Na Hsiung Enterprise (Shanghai) Co., Ltd.	Carnation
10	Dalian Daxin Health Nursing Products Co., Ltd.	Jodea

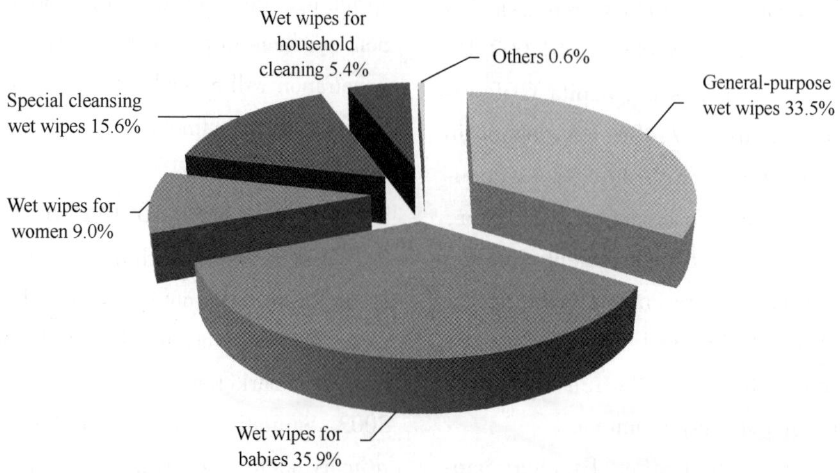

Figure 8 Sales Volume Proportion of Various Wet Wipes in 2014

5.4 Market trend

Market penetration of wet wipes is relatively low on the whole. With good personal hygiene habits developed, wet wipes have become the necessary products when people go out without a condition to wash hands. Especially the prospects of disinfectant wet wipes are more optimistic.

Wet wipes for babies will continue to seize the largest market share, which will be broken down further into wet wipes for buttocks, hands and mouths, as well as teeth.

Wet wipes for household cleaning have gone through years of development in developed countries, while in Chinese market, these products only have a small market share as they are still in the infancy of development. It is generally recognized that home cleansing wipes market will start when per capita disposable income reaches above 10,000 US dollars. Although per capita disposable income in China is low, it is relatively high in big cities with demands of high quality of life, household cleaning wipes will be used a lot in these areas at first. As the new generation improves their sanitation consciousness and is in the pursuit of high-quality life, wet wipes of household cleaning will witness rapid development first, among which kitchen cleaning wet wipes are most likely to achieve breakthrough development. Currently Hengan, Vinda, and Treasure all have launched kitchen cleaning wet wipes, which will have a better cleaning effect used together with Kitchen towels.

Wet wipes for pets, medical alcohol monolithic, industrial wet wipes and other specialized wet wipe markets have great potential for development. Various functional wet wipes and double-purpose wipes (dry/wet) will also face new development.

In addition, as people put high priority on ecological environment, biodegradable and flushable wet wipes have gradually attracted people's attention. In consequence, wet wipe manufacturers are keeping a close eye on relevant laws and regulations.

References

[1] Global Outlook for Hygiene Absorbent Products and Key Raw Materials, Price Hanna Consultants LLC(2013)

[2] 2014 Annual Report of CNHPIA on Tissue Paper Industry, CNHPIA

Appendix

Attached Table 1 Import and Export of Absorbent Hygiene Products (2010-2011)

Year		Volume/tons	Value/US$	YoY/%	
				Volume	Value
2010	Import	54,300.470	175,223,899		
	Export	263,262.858	747,144,678		
2011	Import	48,931.583	198,495,096	-9.89	13.28
	Export	306,896.114	977,572,873	16.57	30.84

Attached Table 2 Import and Export of Absorbent Hygiene Products(2012-2015)

Year		Volume/tons	Value/US$	YoY/%	
				Volume	Value
2012	Import	69,456.830	315,763,659	42.12	59.34
	Export	342,042.374	1,143,107,302	11.78	17.22
2013	Import	100,262.011	505,487,759	44.35	60.08
	Export	425,387.42	1,395,003,710	24.37	22.04
2014	Import	134,549.300	783,603,871	34.20	55.15
	Export	507,165.972	1,778,129,094	19.18	27.37
2015	Import	219,359.482	1,376,957,576	63.03	75.72
	Export	544,946.661	1,843,936,712	7.45	3.70

Attached Table 3 Top 20 Absorbent Hygiene Products Manufacturers Ranked on Export Volume During 2010-2014

Num	2014	2013	2012	2011	2010
1	Tianjin Yiyi Hygiene Products Co., Ltd.	Tianjin Yiyi Hygiene Products Co., Ltd.	Hangzhou Coco Healthcare Products Co., Ltd.	Hangzhou Qiaozi Paper Co., Ltd. (now renamed as Hangzhou Coco Healthcare Products Co., Ltd.)	Dalian Iris Commodity Co., Ltd.
2	Sunkiss Healthcare Co., Ltd./Hangzhou Zhenqi Sanitary Products Co., Ltd.	Hangzhou Coco Healthcare Products Co., Ltd.	Dalian Iris Commodity Co., Ltd.	Dalian Iris Commodity Co., Ltd.	Kimberly-Clark Personal Hygienic Products Co., Ltd. Beijing
3	Hangzhou Coco Healthcare Products Co., Ltd.	Dalian Iris Commodity Co., Ltd.	Hangzhou Zhenqi Sanitary Products Co., Ltd.	Tianjin Yiyi Hygiene Products Co., Ltd.	Guangzhou Procter & Gamble Co., Ltd.
4	Hebei Yihoucheng Commodity Co., Ltd.	Fujian Shishi Foreign Investment Service Center	Tianjin Yiyi Hygiene Products Co., Ltd.	Guangzhou Procter & Gamble Co., Ltd.	Fujian Hengan Group Xiamen Trade Co., Ltd.
5	AAB Group (China) Co., Ltd.	Guangzhou Procter & Gamble Co., Ltd.	Guangzhou Procter & Gamble Co., Ltd.	Fujian Hengan Group Xiamen Trade Co., Ltd.	Fiberweb (China) Airlaid Co., Ltd.
6	Dalian Iris Commodity Co., Ltd.	AAB Group (China) Co., Ltd.	Fujian Hengan Group Xiamen Trade Co., Ltd.	Hangzhou Zhenqi Sanitary Products Co., Ltd.	AAB Group (China) Co., Ltd.
7	Fujian Shishi Foreign Investment Service Center	Hebei Yihoucheng Commodity Co., Ltd.	Mega Soft (Fujian) Hygiene Products Co., Ltd.	AAB Group (China) Co., Ltd.	G.T. Paper (Fujian Putian) Co., Ltd.
8	Guangzhou Procter & Gamble Co., Ltd.	Hangzhou Zhenqi Sanitary Products Co., Ltd.	Kimberly - Clark Personal Hygienic Products Co., Ltd. Beijing	Kimberly - Clark Personal Hygienic Products Co., Ltd. Beijing	Hangzhou Haoyue Industrial Co., Ltd.

续表

Num	2014	2013	2012	2011	2010
9	Fiberweb (China) Airlaid Co., Ltd.	Fiberweb (China) Airlaid Co., Ltd.	G. T. Paper (Fujian Putian) Co., Ltd.	Dalian Global Paper Co., Ltd.	Dongguan AALL & ZYLEMAN Baby Goods Ltd.
10	Dongguan Carmelton Baby Products Manufacturing Ltd.	Fujian Hengan Group Xiamen Trade Co., Ltd.	Fiberweb (China) Airlaid Co., Ltd.	Fiberweb (China) Airlaid Co., Ltd.	U-play Corporation
11	Beijing Beishute Maternity & Child Articles Co., Ltd.	Kimberly - Clark Personal Hygienic Products Co., Ltd. Beijing	Shishi Foreign Investment Service Center	G. T. Paper (Fujian Putian) Co., Ltd.	Dongguan Carmelton Baby Products Manufacturing Ltd.
12	Nanhai Zhaoying Import & Export Trade Co., Ltd.	Mega Soft (Fujian) Hygiene Products Co., Ltd.	U-play Corporation	Mega Soft (Fujian) Hygiene Products Co., Ltd.	Kimberly - Clark (Nanjing) Personal Hygienic Products Co., Ltd.
13	Kimberly - Clark Personal Hygienic Products Co., Ltd. Beijing	U-play Corporation	AAB Group (China) Co., Ltd.	Hangzhou Haoyue Industrial Co., Ltd.	Yiwu Jiahua Daily Chemical Co., Ltd.
14	U-play Corporation	Beijing Beishute Maternity & Child Articles Co., Ltd.	Hangzhou Haoyue Industrial Co., Ltd.	Dongguan AALL & ZYLEMAN Baby Goods Ltd.	Hangzhou Qiaozi Paper Co., Ltd.
15	Fujian Hengan Group Xiamen Trade Co., Ltd.	Hangzhou Haoyue Industrial Co., Ltd.	Dongguan AALL & ZYLEMAN Baby Goods Ltd.	U-play Corporation	Guangxi Shuya Nursing Materials Co., Ltd.
16	Hangzhou Haoyue Industrial Co., Ltd.	G. T. Paper (Fujian Putian) Co., Ltd.	Zhejiang Medicine & Health Products IMP&EXP Co., Ltd.	Dongguan Carmelton Baby Products Manufacturing Ltd.	Goodbaby Bairuikang Hygienic Products Co., Ltd.
17	Fujian Hengli Consumer Products Co., Ltd.	Zhejiang Medicine & Health Products IMP&EXP Co., Ltd.	Kunshan Yide Hardware Industry Co., Ltd.	Shishi Longzheng Import & Export Trading Co., Ltd.	Beijing Beishute Maternity & Child Articles Co., Ltd.
18	G. T. Paper (Fujian Putian) Co., Ltd.	Dongguan Carmelton Baby Products Manufacturing Ltd.	Suzhou Suning Underpad Co., Ltd.	Zhejiang Medicine & Health Products IMP&EXP Co., Ltd.	ONTEX Hygienic Products (Yangzhou) Co., Ltd.
19	Zhejiang Medicine & Health Products IMP&EXP Co., Ltd.	Hefei Jingcheng Plastics Co., Ltd.	Jiangsu Zhongheng Pets Articles Co., Ltd.	Yiwu Jiahua Daily Chemical Co., Ltd.	Unicharm Consumer Products (China) Co., Ltd.
20	Mega Soft (China) Hygiene Products Co., Ltd.	KunshanYide Hardware Industry Co., Ltd.	Beijing Beishute Maternity & Child Articles Co., Ltd.	Yilide Paper (Shanghai) Co., Ltd.	Kunshan Yide Hardware Industry Co., Ltd.

Attached Table 4 Newly Imported Production Lines of Diapers (Including Sanitary Napkins) During 2010-2015

Province	Company Name	Production Line	Number	Supplier	Production Time
Jiangsu	Kimberly-Clark (China) Co., Ltd.	Production line of adult diapers	1	BCM, American KC	2013.5
Zhejiang	Hangzhou Shutai Sanitary Products Co., Ltd.	Production line of pant type baby diaper	1	Zuiko(Shanghai)	2010.10
		Baby diaper production line	1	Zuiko(Shanghai)	2013.4
		Production line of pant type baby diaper	2	Zuiko(Shanghai)	2013.3
		Production line of pant type adult diapers	1	Zuiko(Shanghai)	2012.11
		Production line of pant type baby diaper	1	Zuiko(Shanghai)	2013.7
		Production line of pant type baby diaper	2	Zuiko(Shanghai)	2013.11
	Hangzhou Haoyue Industrial Co., Ltd.	Baby diaper production line	2	Zuiko(Shanghai)	2014.3
		Production line of pant type baby diaper	1	Zuiko(Shanghai)	2014.3
	Hangzhou Zhenqi Sanitary Products Co., Ltd.	Baby diaper production line	2	Italian GDM	2014.6

续表

Province	Company Name	Production Line	Number	Supplier	Production Time
Fujian	AAB Group (China) Co., Ltd.	Production line of training diapers	1	Zuiko Japan	2011.8
		Production line of pant type baby diaper	1	Zuiko Japan	2013.1
		Production line of training diapers	1	Zuiko Japan	2013.12
	Fujian Hengli Group Co., Ltd.	Baby diaper production line	2	Italian Fameccanicas	2012
	Daddybaby Co., Ltd. (formerly Fujian Angel Commodity Co., Ltd.)	Baby diaper production line	1	Zuiko Japan	2011.12
		Production line of pant type baby diaper	1	Zuiko Japan	2012.2
		Production line of pant type baby diaper	1	Zuiko Japan	2013.12
		Baby diaper production line	1	Zuiko Japan	2013.5
		Production line of adult diapers	1	South Korea	2013.3
		Production line of pant type baby diaper	1	Zuiko Japan	2014. 1
		Production line of pant type baby diaper	1	Zuiko Japan	2015.2
		Production line of pant type baby diaper	1	Zuiko Japan	2015.6
		Production line of sanitary napkins	2	Zuiko Japan	2015.12
Shandong	Shandong Rikang Hygienic Products Co., Ltd.	Production line of pant type adult diapers	1	Zuiko(Shanghai)	2012.6
	Weihai Yihe Adult Nursing Materials Co., Ltd.	Production line of pant type adult diapers	1	Italian Fameccanicas	2012.3
	Dongshun Group Co., Ltd.	Baby diaper production line	1	Italian Fameccanicas	2012.1
		Baby diaper production line	1	Italian GDM	2013.11
		Production line of sanitary napkins	1	Italian GDM	2013.6
		Production line of pantiliners	1	Italian GDM	2013.11
Hunan	E Baby Great Group Electronic Commerce Technology Co., Ltd. (formerly Hunan Yido Necessaries of Life Co., Ltd.)	Baby diaper production line	1	Italian GDM	2014.5
	Hunan Shajoy Hygienic Products Co., Ltd.	Baby diaper production line	1	Zuiko(Shanghai)	2014.10
Guangdong	Guangdong Yinyin Co., Ltd. (formerly Guangdong Baishun Paper Co., Ltd.)	Baby diaper production line	2	Italian GDM	2012.9
		Production line of pant type baby diaper	1	Zuiko(Shanghai)	2013.6
	Guangdong Winsun Personal Care Products Co., Ltd.	Baby diaper production line	1	Zuiko Japan	2011
		Baby diaper production line	2	Zuiko Japan	2012.7
		Baby diaper production line	2	Zuiko Japan	2013.4
		Production line of pant type baby diaper	1	Zuiko Japan	2013.7
		Production line of pant type baby diaper	1	Zuiko Japan	2014.5
		Baby diaper production line	1	Zuiko Japan	2015.11
	Dongguan Changxing Paper Co., Ltd.	Baby diaper production line	2	Italian GDM	2014.9
Chongqing	Chongqing Baiya Sanitary Products Co., Ltd.	Baby diaper production line	1	Fameccanicas (Shanghai)	2010

Attached Table 5 Home-made Production Lines of Pant Type Diapers Newly Established During 2010-2015

Province	Company Name	Production Line	Volume	Supplier	Production Time
Zhejiang	Hangzhou Haoyue Industrial Co., Ltd.	Production line of pant type baby diaper	1	Creator	2013.3
	Hangzhou Coco Healthcare Products Co., Ltd.	Production line of pant type baby diaper	1	Creator	2013.9
		Production line of adult pant type diapers	1	Creator	2012.4
Fujian	G.T. Paper (Fujian Putian) Co., Ltd.	Production line of pant type baby diaper	1	Creator	2014.1
	Mega Soft (Fujian) Hygiene Products Co., Ltd.	Production line of pant type baby diaper	1	Shunchang	2014.2
	Fujian Licheng Paper Industry Co., Ltd.	Production line of pant type baby diaper	1	Creator	2014.4
	Fujian Yifa Hygiene Products Co., Ltd.	Production line of pant type baby diaper	1	Haina	2015.2
Hunan	E Baby Great Group Electronic Commerce Technology Co., Ltd. (formerly Hunan Yido Necessaries of Life Co., Ltd.)	Production line of pant type baby diaper	1	Creator	2013
Guangdong	Dongguan White Swan Paper Products Co., Ltd.	Production line of pant type baby diaper	1	Anqing Heng Chang	2014.6
		Production line of pant type baby diaper	1	Fujian Southeast	2014.6
	Jiameishi Sanitary Products Co., Ltd. of Heshan, Guangdong	Production line of pant type baby diaper	1	Guangzhou Xingshi	2014.7
	Dongguan Changxing Paper Co., Ltd.	Production line of pant type baby diaper	1	Homemade	2013.1
	Guangdong Meijie Hygiene Products Co., Ltd.	Production line of pant type baby diaper	1	Guangzhou Xingshi	2014.6
	Guangdong Winsun Personal Care Products Co., Ltd.	Production line of pant type baby diaper	1	Creator	2015.12

Attached Table 6 Import and Export of Wet Wipes During 2010-2015

Year		Volume/tons	Value/US$	YoY/%	
				Volume	Value
2010	Import	6,628.758	11,577,012	11.91	18.87
	Export	71,998.511	120,199,710	46.31	54.04
2011	Import	5,453.395	9,649,906	-17.73	-16.65
	Export	97,742.229	168,062,687	35.76	39.82
2012	Import	8,819.692	13,625,363	61.73	41.20
	Export	118,843.544	226,306,664	21.59	34.66
2013	Import	10,557.499	16,621,954	19.70	21.99
	Export	132,975.30	264,545,231	16.90	11.89
2014	Import	15,752.840	23,714,488	49.21	42.67
	Export	124,375.818	232,639,438	-6.55	-12.15
2015	Import	12,021.389	19,774,952	-23.69	-16.61
	Export	123,780.879	221,787,893	-0.48	-4.66

主要生产企业

MAJOR MANUFACTURERS OF TISSUE PAPER & DISPOSABLE PRODUCTS

[3]

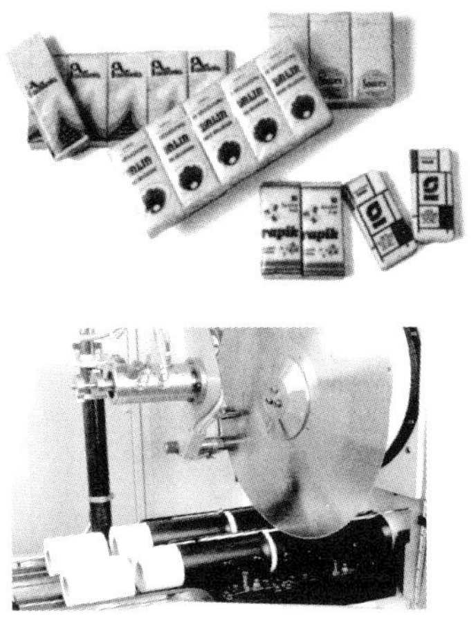

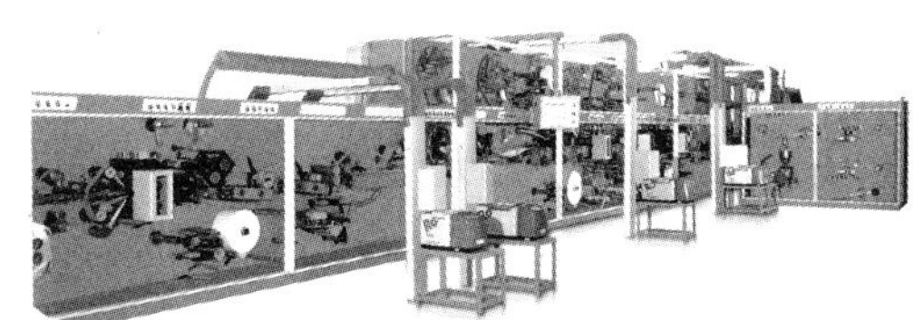

主要生产企业、品牌及地理位置分布图

List of major manufacturers, brands and location maps of major manufacturers in China

生活用纸

Tissue paper and converting products

省市	编号	公司名称	品牌
河北省	1	保定市港兴纸业有限公司 Baoding Gangxing Paper Co., Ltd.	丽邦，港兴
	2	河北雪松纸业有限公司 Hebei Xuesong Paper Co., Ltd.	雪松，佳贝，好人家，真情
	3	保定市东升卫生用品有限公司 Baoding Dongsheng Hygiene Products Co., Ltd.	小宝贝，洁婷
	4	河北义厚成日用品有限公司 Hebei Yihoucheng Commodity Co., Ltd.	妮好，女主角
上海市	5	金佰利(中国)有限公司 Kimberly-Clark (China) Co., Ltd.	舒洁 Kleenex
	6	上海东冠集团 Shanghai Orient Champion Group	洁云，丝柔，自由森林
江苏省	7	金红叶纸业集团有限公司(含苏州、海南、湖北、辽宁、四川遂宁、四川雅安) Gold Hongye Paper Group Co., Ltd.	唯洁雅，清风，真真
	8	永丰余家品(昆山)有限公司(含昆山、北京、扬州、鼎丰) Yuen Foong Yu Family Care (Kunshan) Co., Ltd.	五月花
	9	胜达集团江苏双灯纸业有限公司 Shengda Group Jiangsu Sund Paper Industry Co., Ltd.	双灯，蓝雅，蓝欣，老好
浙江省	10	唯尔福集团股份有限公司 Welfare Group Co., Ltd.	纸音
	11	浙江景兴纸业股份有限公司 Zhejiang Jingxing Paper Joint Stock Co., Ltd.	品萱
福建省	12	恒安(中国)纸业有限公司(含晋江、湖南、山东、重庆、安徽) Hengan (China) Paper Co., Ltd.	心相印，品诺
	13	福建恒利集团有限公司 Fujian Hengli Group Co., Ltd.	好吉利
山东省	14	东顺集团股份有限公司(含山东、黑龙江) Dongshun Group Co., Ltd.	顺清柔，哈里贝贝
	15	山东泉林纸业有限责任公司(含山东、黑龙江) Shandong Tralin Paper Co., Ltd.	泉林本色
	16	山东晨鸣纸业集团股份有限公司(含山东、武汉) Shandong Chenming Paper Holding Co., Ltd.	星之恋
	17	山东太阳生活用纸有限公司 Shandong Sun Household Paper Co., Ltd.	幸福阳光
河南省	18	漯河银鸽生活纸产有限公司 Luohe Yinge Tissue Paper Industry Co., Ltd.	银鸽，舒蕾
	19	河南护理佳纸业有限公司 Henan Foliage Paper Co., Ltd.	品秀
广东省	20	维达纸业(中国)有限公司(含广东新会会城、广东新会双水、广东新会三江、广东阳江、湖北、北京、四川、浙江、辽宁、山东) Vinda Paper (China) Co., Ltd.	维达 Vinda，花之韵
	21	中顺洁柔纸业股份有限公司(含广东江门、广东云浮、湖北、四川、浙江、唐山) C&S Paper Co., Ltd.	洁柔，C&S，太阳
	22	东莞市白天鹅纸业有限公司 Dongguan White Swan Paper Products Co., Ltd.	贝柔
	23	广东比伦生活用纸有限公司(含东莞、安徽) Guangdong Bilun Household Paper Industry Co., Ltd.	好家风
	24	东莞市达林纸业有限公司 Dongguan Dalin Paper Co., Ltd.	达林
广西	25	广西贵糖(集团)股份有限公司 Guangxi Guitang (Group) Co., Ltd.	纯点，碧绿湾
	26	广西洁宝纸业投资股份有限公司 Guangxi Jeanper Paper Industry Co., Ltd.	洁宝，榴花
	27	广西华劲集团股份有限公司(含赣州、南宁) Guangxi Hwagain Group Co., Ltd.	华劲
	28	广西华欣纸业集团有限公司 Guangxi Huaxin Paper Group Co., Ltd.	舒柔，兰黛儿
四川省	29	四川永丰纸业股份有限公司 Sichuan Yongfeng Paper Co., Ltd.	丰尚，禾风，卉洁，永丰
重庆市	30	重庆理文卫生用纸制造有限公司 Chongqing Lee & Man Tissue Paper Manufacturing Limited	亨奇
陕西省	31	陕西欣雅纸业有限公司 Shaanxi Xinya Paper Co., Ltd.	欣雅，欣家，怡诺
宁夏	32	宁夏紫荆花纸业有限公司 Ningxia Zijinghua Paper Industry Co., Ltd.	紫金花，紫荆花，麦田本色

注：表中只包含已投产企业。

生活用纸
Tissue paper and converting products

卫生用品——卫生巾和卫生护垫

Disposable hygiene products——Sanitary napkins & pantiliners

省市	编号	公司名称	品牌
北京市	1	金佰利(中国)有限公司 Kimberly-Clark (China) Co., Ltd.	高洁丝 Kotex
	2	北京倍舒特妇幼用品有限公司 Beijing Beishute Maternity & Child Articles Co., Ltd.	倍舒特
天津市	3	小护士(天津)实业发展股份有限公司 Little Nurse (Tianjin) Industry & Commerce Development Co., Ltd.	小护士
河北省	4	河北义厚成日用品有限公司 Hebei Yihoucheng Commodity Co., Ltd.	女主角
上海市	5	尤妮佳生活用品(中国)有限公司(含上海、天津、扬州) Unicharm Consumer Products (China) Co., Ltd.	苏菲
	6	上海花王有限公司 Kao Corporation Shanghai Co., Ltd.	乐而雅
	7	上海护理佳实业有限公司 Shanghai Foliage Industry Co., Ltd.	护理佳
江苏省	8	江苏三笑集团有限公司 Jiangsu Sanxiao Group Co., Ltd.	笑爽
浙江省	9	唯尔福集团股份有限公司 Welfare Group Co., Ltd.	唯尔福，美丽约会
	10	杭州可悦卫生用品有限公司 Hangzhou Credible Sanitary Products Co., Ltd.	月满好，雅妮娜
	11	川田卫生用品有限公司(含杭州、中山) Kawada Sanitary Products Co., Ltd.	非凡魅力
福建省	12	福建恒安集团有限公司(含福建、天津、辽宁、浙江、安徽、江西、山东、河南、湖北、湖南、广西、四川、陕西) Fujian Hengan Holding Co., Ltd.	安尔乐，安乐
福建省	13	福建恒利集团有限公司 Fujian Hengli Group Co., Ltd.	好舒爽，舒爽
河南省	14	河南舒莱卫生用品有限公司 Henan Simulect Health Products Co., Ltd.	舒莱
湖北省	15	湖北丝宝股份有限公司 Hubei C-BONS Co., Ltd.	洁婷
广东省	16	宝洁(中国)有限公司 Procter & Gamble (China) Ltd.	护舒宝
	17	广东景兴卫生用品有限公司 Kingdom Sanitary Products Co., Ltd.	ABC，Free
	18	中山佳健生活用品有限公司 Zhongshan Jiajian Daily-use Products Co., Ltd.	佳期
	19	佛山市啟盛卫生用品有限公司 Foshan Kayson Hygiene Products Co., Ltd.	美适，小妮，U 适
	20	新感觉卫生用品有限公司 New Sensation Sanitary Products Co., Ltd.	新感觉
广西	21	桂林洁伶工业有限公司 Guilin Jieling Industrial Co., Ltd.	洁伶，淘淘氧棉
重庆市	22	重庆百亚卫生用品股份有限公司 Chongqing Baiya Sanitary Products Co., Ltd.	妮爽，自由点
云南省	23	云南白药清逸堂实业有限公司 Yunnan Baiyao Qingyitang Industrial Co., Ltd.	日子

卫生用品——卫生巾和卫生护垫
Disposable hygiene products——Sanitary napkins & pantiliners

卫生用品——婴儿纸尿布

Disposable hygiene products——Baby diapers

省市	编号	公司名称	品牌
上海市	1	尤妮佳生活用品(中国)有限公司(含上海、天津、扬州) Unicharm Consumer Products (China) Co., Ltd.	妈咪宝贝
江苏省	2	金佰利(中国)有限公司 Kimberly-Clark (China) Co., Ltd.	好奇 Huggies
	3	大王(南通)生活用品有限公司 Elleair International China (Nantong) Co., Ltd.	GOO. N
浙江省	4	杭州舒泰卫生用品有限公司 Hangzhou Shutai Sanitary Products Co., Ltd.	名人宝宝
	5	杭州可靠护理用品股份有限公司 Hangzhou Coco Healthcare Products Co., Ltd.	酷特适
安徽省	6	花王(合肥)有限公司 Kao (Hefei) Co., Ltd.	妙而舒
福建省	7	福建恒安集团有限公司(含福建、天津、辽宁、安徽、江西、河南、四川) Fujian Hengan Holding Co., Ltd.	安儿乐
	8	爹地宝贝股份有限公司 Daddybaby Corporation Ltd.	爹地宝贝
	9	雀氏(中国)日用品有限公司 Chiaus (China) Daily Necessities Co., Ltd.	雀氏
	10	福建恒利集团有限公司 Fujian Hengli Group Co., Ltd.	爽儿宝
	11	福建莆田佳通纸制品有限公司 G. T. Paper (Fujian Putian) Co., Ltd.	柔爱
山东省	12	东顺集团股份有限公司 Dongshun Group Co., Ltd.	哈里贝贝
湖南省	13	一朵众赢电商科技股份有限公司 E Baby Great Group Electronic Commerce Technology Co., Ltd.	一朵
	14	湖南康程护理用品有限公司 Hunan Cosom Baby Care Products Co., Ltd.	倍康
广东省	15	宝洁(中国)有限公司 Procter & Gamble (China) Ltd.	帮宝适
	16	广东茵茵股份有限公司 Guangdong Yinyin Co., Ltd.	茵茵 Cojin
	17	广东昱升个人护理用品股份有限公司 Guangdong Winsun Personal Care Products Inc., Ltd.	Dress，吉氏，婴之良品，舒氏宝贝
	18	东莞市常兴纸业有限公司 Dongguan Changxing Paper Co., Ltd.	一片爽，片片爽，公子帮

卫生用品——婴儿纸尿布
Disposable hygiene products——Baby diapers

卫生用品——成人失禁用品

Disposable hygiene products——Adult incontinent products

省市	编号	公司名称	品牌
北京市	1	金佰利(中国)有限公司 Kimberly-Clark (China) Co., Ltd.	得伴 Depend
	2	北京倍舒特妇幼用品有限公司 Beijing Beishute Maternity & Child Articles Co., Ltd.	倍舒特
天津市	3	天津市依依卫生用品有限公司 Tianjin Yiyi Hygiene Products Co., Ltd.	依依
上海市	4	维达纸业(中国)有限公司(上海) Vinda Paper (China) Co., Ltd.	包大人，添宁
	5	尤妮佳生活用品(中国)有限公司(含上海、扬州) Unicharm Consumer Products (China) Co., Ltd.	乐互宜
江苏省	6	苏州市苏宁床垫有限公司 Suzhou Suning Underpad Co., Ltd.	
浙江省	7	杭州可靠护理用品股份有限公司 Hangzhou Coco Healthcare Products Co., Ltd.	可靠
	8	杭州豪悦实业有限公司 Hangzhou Haoyue Industrial Co., Ltd.	白十字，好年，汇泉
	9	杭州舒泰卫生用品有限公司 Hangzhou Shutai Sanitary Products Co., Ltd.	千芝雅，千年舟
	10	杭州珍琦卫生用品有限公司 Hangzhou Zhenqi Sanitary Products Co., Ltd.	珍琦
福建省	11	福建恒安集团有限公司(含福建、天津、辽宁、江西、四川) Fujian Hengan Holding Co., Ltd.	安而康
	12	中天集团(中国)有限公司 AAB Group (China) Co., Ltd.	可爱康
山东省	13	山东日康卫生用品有限公司 Shandong Rikang Hygiene Products Co., Ltd.	福露达，怡洁康，黄大夫，亿能

卫生用品——成人失禁用品
Disposable hygiene products——Adult incontinent products

卫生用品——湿巾
Disposable hygiene products——Wet wipes

省市	编号	公司名称	品牌
天津市	1	天津康森生物科技有限公司 Tianjin Concept Biotechnology Co., Ltd.	
河北省	2	河北义厚成日用品有限公司 Hebei Yihoucheng Commodity Co., Ltd.	妮好
辽宁省	3	沈阳纳尔实业有限责任公司 Shenyang Naer Industry Co., Ltd.	丝柏
	4	大连大鑫卫生护理用品有限公司 Dalian Daxin Health Nursing Products Co., Ltd.	娇点
上海市	5	康那香企业(上海)有限公司 Kang Na Hsiung Enterprise (Shanghai) Co., Ltd.	康乃馨
	6	上海美馨卫生用品有限公司 Shanghai American Hygienics Co., Ltd.	凯德馨 Cuddsies
	7	强生(中国)有限公司 Johnson & Johnson (China) Ltd.	强生，嗳呵
江苏省	8	扬州倍加洁日化有限公司 Yangzhou Perfect Daily Chemicals Co., Ltd.	倍加洁
	9	金红叶纸业集团有限公司 Gold Hongye Paper Group Co., Ltd.	清风
	10	苏州宝丽洁日化有限公司 Suzhou Borage Daily Chemicals Co., Ltd.	
浙江省	11	南六企业(平湖)有限公司 Nan Liu Enterprise (Pinghu) Co., Ltd.	
安徽省	12	铜陵洁雅生物科技股份有限公司 Jyair Bio-Tech Co., Ltd.	艾妮，喜擦擦，哈哈
福建省	13	福建恒安集团有限公司(晋江) Fujian Hengan Holding Co., Ltd	心相印
江西省	14	江西生成卫生用品有限公司 Jiangxi Sencen Hygienic Products Co., Ltd.	SC，锐派，棉新
广东省	15	深圳市康雅实业有限公司 Shenzhen Well-Come Industry Co., Ltd.	Wetclean，Softclean
	16	广东景兴卫生用品有限公司 Kingdom Sanitary Products Co., Ltd. Guangdong	ABC，EC
	17	深圳市维尼健康用品有限公司 Shenzhen Vinner Health Products Co., Ltd.	维尼
	18	诺斯贝尔(中山)无纺日化有限公司 Nox-Bellcow (ZS) Nonwoven Chemical Co., Ltd.	
重庆市	19	重庆珍爱卫生用品有限责任公司 Treasure Health Co., Ltd.	珍爱

卫生用品——湿巾
Disposable hygiene products——Wet wipes

按区域分的主要企业、产品及位置分布图

Location maps of major manufacturers and products by regions

珠三角地区和福建省

Zhujiang delta and Fujian province

No.	广东省 Guangdong	
1	维达纸业(中国)有限公司(含广东新会会城、广东新会双水、广东新会三江、广东阳江) Vinda Paper (China) Co., Ltd.	△
2	中顺洁柔纸业股份有限公司(含广东江门、广东云浮) C&S Paper Co., Ltd.	△
3	东莞市白天鹅纸业有限公司 Dongguan White Swan Paper Products Co., Ltd.	△★
4	广东比伦生活用纸有限公司 Guangdong Bilun Household Paper Industry Co., Ltd.	△
5	东莞市达林纸业有限公司 Dongguan Dalin Paper Co., Ltd.	△
6	广东鼎丰纸业有限公司(永丰余集团) Guangdong Ding Feng Pulp & Paper Co., Ltd.	△
7	宝洁(中国)有限公司 Procter & Gamble (China) Ltd.	▲★
8	广东景兴卫生用品有限公司 Kingdom Sanitary Products Co., Ltd. Guangdong	▲○
9	中山佳健生活用品有限公司 Zhongshan Jiajian Daily-use Products Co., Ltd.	▲
10	佛山市啟盛卫生用品有限公司 Foshan Kayson Hygiene Products Co., Ltd.	▲
11	新感觉卫生用品有限公司 New Sensation Sanitary Products Co., Ltd.	▲★
12	中山川田卫生用品有限公司 Zhongshan Kawada Sanitary Products Co., Ltd.	▲
13	广东茵茵股份有限公司 Guangdong Yinyin Co., Ltd.	★☆▲
14	东莞市常兴纸业有限公司 Dongguan Changxing Paper Co., Ltd.	★☆
15	广东昱升个人护理用品股份有限公司 Guangdong Winsun Personal Care Products Inc., Ltd.	★☆
16	深圳市康雅实业有限公司 Shenzhen Well-Come Industry Co., Ltd.	○
17	深圳市维尼健康用品有限公司 Shenzhen Vinner Health Products Co., Ltd.	○
18	诺斯贝尔(中山)无纺日化有限公司 Nox-Bellcow (ZS) Nonwoven Chemical Co., Ltd.	○
	福建省 Fujian	
1	恒安(中国)纸业有限公司(晋江) Hengan (China) Paper Co., Ltd.	△
2	福建恒安集团有限公司(晋江) Fujian Hengan Holding Co., Ltd.	▲★☆○
3	福建恒利集团有限公司 Fujian Hengli Group Co., Ltd.	△▲★
4	爹地宝贝股份有限公司 Daddybaby Corporation Ltd.	★▲☆
5	雀氏(中国)日用品有限公司 Chiaus (China) Daily Necessities Co., Ltd.	★☆
6	福建莆田佳通纸制品有限公司 G. T. Paper (Fujian Putian) Co., Ltd.	★▲☆
7	中天集团(中国)有限公司 AAB Group (China) Co., Ltd.	☆▲★

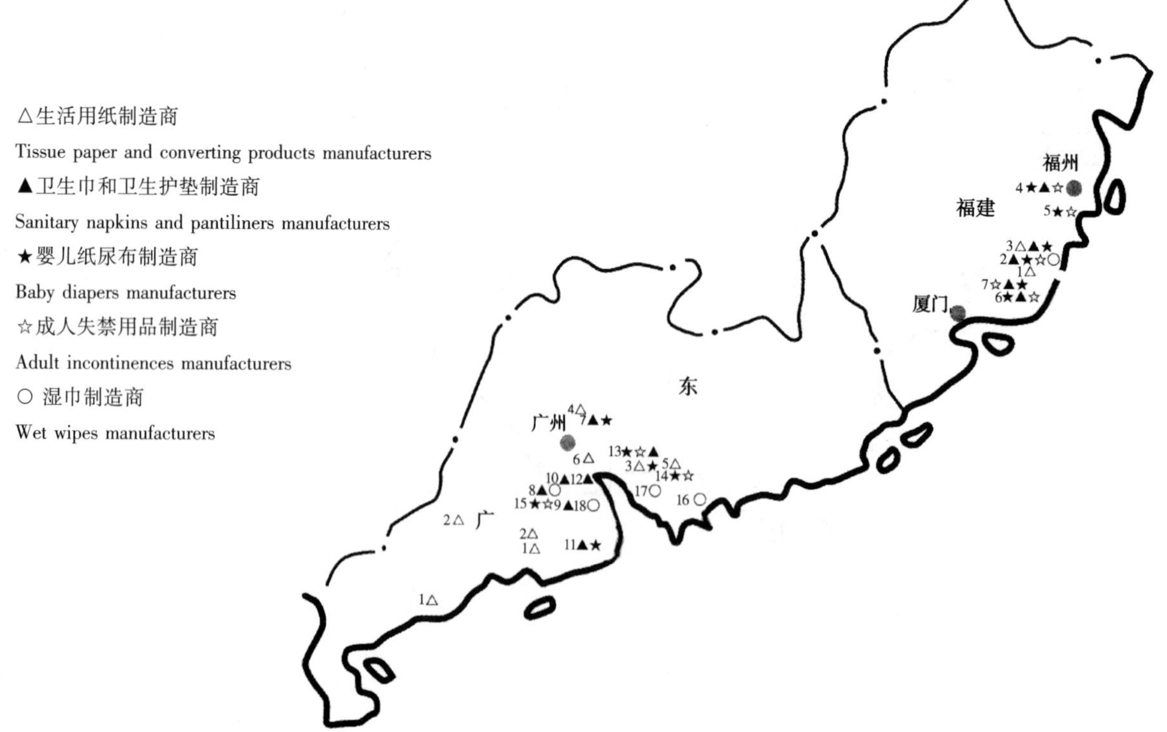

长三角地区

Yangtse delta areas

上海市 Shanghai		
1	金佰利(中国)有限公司(上海金佰利纸业有限公司) Kimberly-Clark (China) Co., Ltd.	△
2	上海东冠集团 Shanghai Orient Champion Group	△▲
3	尤妮佳生活用品(中国)有限公司(上海) Unicharm Consumer Products (China) Co., Ltd.	▲★☆
4	上海花王有限公司 Kao Corporation Shanghai Co., Ltd.	▲
5	上海护理佳实业有限公司 Shanghai Foliage Industry Co., Ltd.	▲△
6	维达纸业(中国)有限公司(上海) Vinda Paper (China) Co., Ltd.	☆★
7	康那香企业(上海)有限公司 Kang Na Hsiung Enterprise (Shanghai) Co., Ltd.	○▲
8	上海美馨卫生用品有限公司 Shanghai American Hygienics Co., Ltd.	○
9	强生(中国)有限公司 Johnson & Johnson (China) Ltd.	○

江苏省 Jiangsu		
1	金红叶纸业集团有限公司(苏州) Gold Hongye Paper Group Co., Ltd.	△○
2	永丰余家品(昆山)有限公司(含昆山、扬州) Yuen Foong Yu Family Care (Kunshan) Co., Ltd.	△
3	胜达集团江苏双灯纸业有限公司 Shengda Group Jiangsu Sund Paper Industry Co., Ltd.	△
4	尤妮佳生活用品(中国)有限公司(扬州) Unicharm Consumer Products (China) Co., Ltd.	▲★☆
5	江苏三笑集团有限公司 Jiangsu Sanxiao Group Co., Ltd.	▲
6	金佰利(南京)个人卫生用品有限公司 Kimberly-Clark (Nanjing) Hygienic Products Co., Ltd.	★
7	大王(南通)生活用品有限公司 Elleair International China (Nantong) Co., Ltd.	★
8	苏州市苏宁床垫有限公司 Suzhou Suning Underpad Co., Ltd.	☆
9	扬州倍加洁日化有限公司 Yangzhou Perfect Daily Chemicals Co., Ltd.	○
10	苏州宝丽洁日化有限公司 Suzhou Borage Daily Chemicals Co., Ltd.	○

浙江省 Zhejiang		
1	维达纸业(中国)有限公司(浙江) Vinda Paper (China) Co., Ltd. (Zhejiang)	△
2	唯尔福集团股份有限公司 Welfare Group Co., Ltd.	△▲☆
3	浙江景兴纸业股份有限公司 Zhejiang Jingxing Paper Joint Stock Co., Ltd.	△
4	浙江中顺纸业有限公司 C&S Paper Zhejiang Co., Ltd.	△
5	恒安(上虞)卫生用品有限公司 Hengan (Shangyu) Hygiene Products Co., Ltd.	▲
6	杭州可悦卫生用品有限公司 Hangzhou Credible Sanitary Products Co., Ltd.	▲
7	杭州川田卫生用品有限公司 Hangzhou Kawada Sanitary Products Co., Ltd.	▲
8	杭州舒泰卫生用品有限公司 Hangzhou Shutai Sanitary Products Co., Ltd.	★☆
9	杭州可靠护理用品股份有限公司 Hangzhou Coco Healthcare Products Co., Ltd.	★☆
10	杭州豪悦实业有限公司 Hangzhou Haoyue Industrial Co., Ltd.	☆▲★
11	杭州珍琦卫生用品有限公司 Hangzhou Zhenqi Sanitary Products Co., Ltd.	☆▲★
12	南六企业(平湖)有限公司 Nan Liu Enterprise (Pinghu) Co., Ltd.	○

△生活用纸制造商

Tissue paper and converting products manufacturers

▲卫生巾和卫生护垫制造商

Sanitary napkins and pantiliners manufacturers

★婴儿纸尿布制造商

Baby diapers manufacturers

☆成人失禁用品制造商

Adult incontinences manufacturers

○ 湿巾制造商

Wet wipes manufacturers

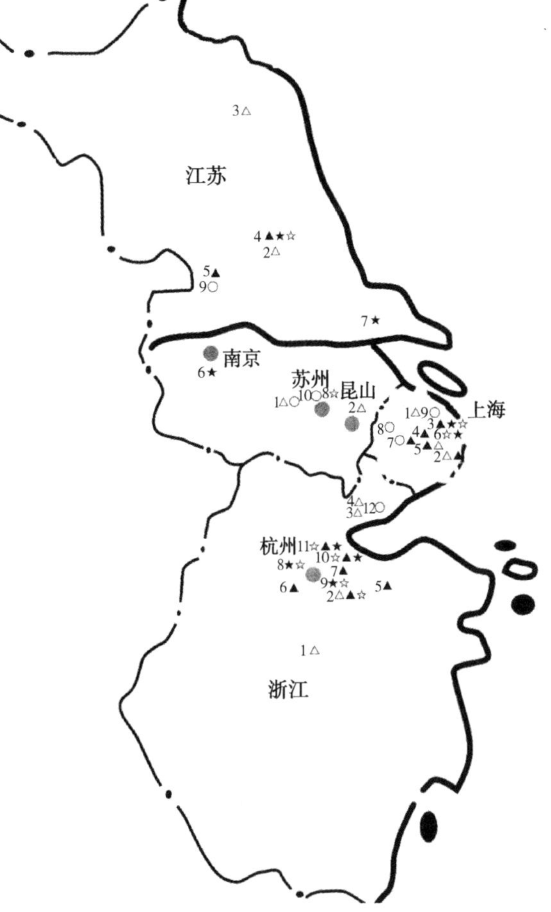

京津冀地区
Beijing-Tianjin-Hebei area

北京市 Beijing		
1	维达北方纸业(北京)有限公司 Vinda Northern Paper (Beijing) Co., Ltd.	△
2	永丰余家纸(北京)有限公司 Yuen Foong Yu Family Paper (Beijing) Co., Ltd.	△
3	金佰利(中国)有限公司 Kimberly-Clark (China) Co., Ltd.	▲☆
4	北京倍舒特妇幼用品有限公司 Beijing Beishute Maternity & Child Articles Co., Ltd.	▲☆★○
天津市 Tianjin		
1	尤妮佳生活用品(中国)有限公司(天津) Unicharm Consumer Products (China) Co., Ltd.	▲★
2	恒安(天津)纸业有限公司 Hengan (Tianjin) Paper Co., Ltd.	▲
3	小护士(天津)实业发展股份有限公司 Little Nurse (Tianjin) Industry & Commerce Development Co., Ltd.	▲
4	天津市依依卫生用品有限公司 Tianjin Yiyi Hygiene Products Co., Ltd.	☆▲
5	天津康森生物科技有限公司 Tianjin Concept Biotechnology Co., Ltd.	○
河北省 Hebei		
1	保定市港兴纸业有限公司 Baoding Gangxing Paper Co., Ltd.	△○
2	河北雪松纸业有限公司 Hebei Xuesong Paper Co., Ltd.	△
3	保定市东升卫生用品有限公司 Baoding Dongsheng Hygiene Products Co., Ltd.	△
4	中顺洁柔纸业股份有限公司(唐山分公司) C&S Paper Co., Ltd. (Tangshan Branch)	△
5	河北义厚成日用品有限公司 Hebei Yihoucheng Commodity Co., Ltd.	△▲○

△生活用纸制造商
Tissue paper and converting products manufacturers
▲卫生巾和卫生护垫制造商
Sanitary napkins and pantiliners manufacturers
★婴儿纸尿布制造商
Baby diapers manufacturers
☆成人失禁用品制造商
Adult incontinences manufacturers
○ 湿巾制造商
Wet wipes manufacturers

生产企业名录(按产品和地区分列)

DIRECTORY OF TISSUE PAPER & DISPOSABLE PRODUCTS MANUFACTURERS IN CHINA(sorted by product and region)

[4]

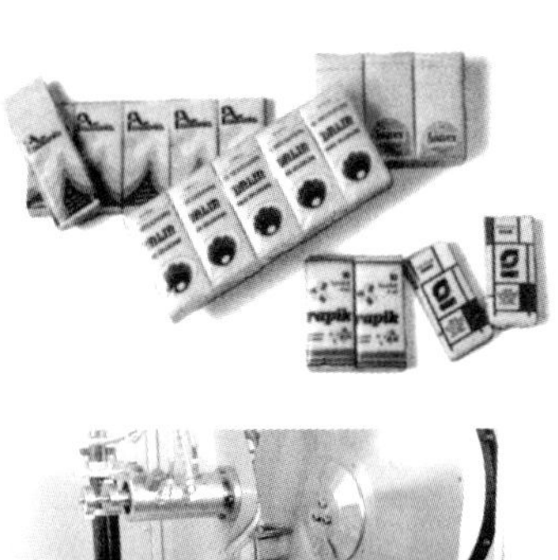

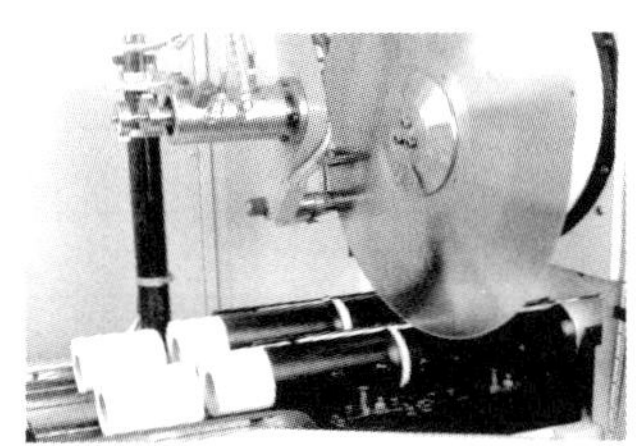

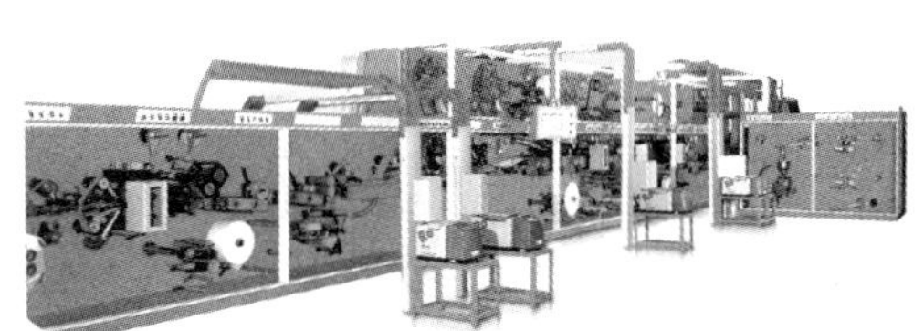

分地区生活用纸生产企业数(2015 年)

Number of tissue paper and converting products manufacturers by region(2015)

地区	Region	企业数(家) Number of manufacturers	生产原纸企业数(家) Number of tissue parent roll manufacturers
总计	Total	1544	372
北京	Beijing	29	2
天津	Tianjin	11	2
河北	Hebei	161	80
山西	Shanxi	7	1
内蒙古	Inner Mongolia	1	0
辽宁	Liaoning	25	12
吉林	Jilin	7	2
黑龙江	Heilongjiang	8	4
上海	Shanghai	43	4
江苏	Jiangsu	78	15
浙江	Zhejiang	81	15
安徽	Anhui	35	3
福建	Fujian	99	12
江西	Jiangxi	45	5
山东	Shandong	137	37
河南	Henan	65	13
湖北	Hubei	43	11
湖南	Hunan	35	3
广东	Guangdong	259	41
广西	Guangxi	90	41
海南	Hainan	6	1
重庆	Chongqing	31	5
四川	Sichuan	148	45
贵州	Guizhou	21	3
云南	Yunnan	28	5
西藏	Tibet	1	0
陕西	Shaanxi	20	3
甘肃	Gansu	8	3
青海	Qinghai	0	0
宁夏	Ningxia	10	1
新疆	Xinjiang	12	3

生活用纸

Tissue paper and converting products

注：(1)★表示生产原纸；(2)按邮编排序

● 北京 Beijing

北京派尼尔纸业有限公司
北京松竹梅兰纸业有限公司
北京洁洁香纸制品有限公司
北京笨小孩纸业有限公司
北京北方开来纸品有限公司
北京金人利丰纸业有限公司
北京沃森纸业有限公司
北京金香玉杰纸业
北京蓝天碧水纸制品有限责任公司
北京爱美华纸制品有限公司
北京天马仁合酒店用品有限公司
北京众诚天通商贸有限公司
北京爱佳卫生保健品厂
北京安洁纸业有限公司
北京金鸿(兴河)纸业有限公司
北京宝润通科技开发有限责任公司
北京熙鑫纸业有限公司
北京爱华中兴纸业有限公司
★维达北方纸业(北京)有限公司
★永丰余家纸(北京)有限公司
北京鼎鑫航空用品有限公司
北京家家乐纸业有限公司
北京清源无纺布制品厂
北京四诚纸业开发公司
北京瑞森纸业有限公司
统汇生活用纸(北京)有限公司
北京中南纸业有限公司
北京雅洁经典家居用品有限公司
北京创利达纸制品有限公司

● 天津 Tianjin

★天津市蓬林纸业有限公司
津西碧泉餐巾纸厂
天津市武清区花蕊纸制品厂
天津忘忧草纸制品有限公司
★天津中凯纸业有限公司
天津市安洁纸业有限公司
恒安(天津)纸业有限公司
天津市三维纸业有限公司
天津市金秋雨之利商贸有限公司
金红叶纸业(天津)有限公司
津西洁康餐巾纸厂

● 河北 Hebei

安新县睡莲纸业有限公司
保定合众纸业有限公司
★保定苑氏卫生用品有限公司
★保定市金能卫生用品有限公司
★河北省保定市满城永昌造纸厂
★东方纸业股份有限公司
★保定市满城瑞丰纸业有限公司
★满城印象纸业有限公司
★保定华康纸业有限公司
★保定明日纸业北厂有限公司
★保定市满城永发造纸厂
保定市第五造纸厂
保定市金利源纸业有限公司
★保定市晨光纸业有限公司
★河北小人国纸业有限公司
★保定市日新工贸有限公司
保定市鑫百合纸业有限公司
保定市众康纸业有限公司
保定市满城美缘纸品厂
满城纯中纯纸制品厂
★满城辰宇纸业有限公司
★保定市满城曙光纸业
满城美亚美亚纸制品厂
和信纸品有限公司
★金铭达造纸实业有限公司
★满城立新纸业
保定市碧柔卫生用品有限公司
保定市金伯利卫生用品有限公司
★河北保定满城万顺纸业有限公司
★河北金博士集团有限公司
★保定市满城跃兴造纸厂

保定东亮纸制品厂
保定爱森卫生纸制品有限公司
保定市满城香雪兰纸业有限公司
保定市满城胜利纸品厂
★保定市满城豪峰纸业
保定市长山纸制品有限公司
满城迎宾纸制品厂
★河北姬发造纸有限公司
★保定市满城永利纸业有限公司
保定市满城奥达纸业
★保定市前进造纸有限公司
河北省保定市顺兴纸制品有限公司
★满城群冠造纸有限公司
三利控股(香港)有限公司
保定洁中洁卫生用品有限公司
★保定满城永兴纸业有限公司
★保定市满城富达造纸有限责任公司
★保定新宇纸业有限公司
★保定嘉禾纸业有限公司
★河北雪松纸业有限公司
保定市满城美华卫生用品厂
★满城益源造纸有限公司
★保定市满城昌盛造纸厂
★保定市满城金光纸业有限公司
保定市富国纸业有限公司
★保定市东升卫生用品有限公司
★满城汇丰纸业有限公司
保定市满城美洁纸业有限公司
★满城立发纸业有限公司
★满城益康造纸厂
北京福运源长纸制品有限公司
保定市满城欣博纸制品有限公司
保定市满城鑫润纸业有限公司
★满城富民纸业有限公司
保定市满城心怡纸业有限公司
★保定市满城慧力达纸品有限公司
★河北省满城跃兴造纸厂
★保定市满城富康纸业有限责任公司
保定市满城金三利纸业
保定市满城四通餐巾纸厂
保定金贝达卫生用品有限公司
保定市东奥纸业有限公司
★河北大发纸品厂有限公司
★保定达亿纸业有限公司
保定市新市区华欣餐巾纸厂
保定市新市区第六造纸厂附属餐巾纸厂
保定市梦晨卫生用品有限公司
★徐水县龙源纸业有限公司
★保定市满城聚润纸业有限公司
河北省景县连镇宏达造纸厂
河北双健卫生用品有限公司
河北金福卫生用品厂
衡水为民纸业
★石家庄市顺美生活用纸科技有限公司
石家庄小布头儿纸业有限公司
石家庄市美鑫包装有限公司
金雷卫生用品厂
河北正定光大卫生用品厂
小陀螺(中国)品牌运营管理机构
白之韵纸制品厂
★中顺洁柔纸业股份有限公司唐山分公司
保定市满城潇童纸业有限公司
保定市洁雅纸业有限公司
满城桥东纸制品制造有限公司
★满城新平纸业有限公司
满城家舒宝纸制品厂
★保定市安信纸业有限公司
保定市清纯纸制品厂
保定市壹张纸业有限公司
★保定林海纸业有限公司
香河岸芷汀兰纸业有限公司
★保定成功纸业有限公司
满城中兴卫生用品厂
★满城新宇纸业有限公司
河北恒源实业集团
石家庄市胜利开拓工贸有限公司
徐水县亿康纸制品厂
★保定市港兴纸业有限公司
博兴纸业有限公司
保定市新市区嘉铭纸制品厂
★保定市满城宝洁造纸厂
★保定诚信纸业有限公司
★河北义厚成日用品有限公司
★保定泰瑞达卫生用品有限公司
祥柔纸制品厂
★河北中信纸业有限公司
★满城和晟卫生用品有限公司
海昌纸业有限公司
石家庄市惠普卫生用品有限公司
★保定顺通卫生纸制造有限公司
保定市雨聪纸制品厂
满城爽悦卫生用品有限公司

★保定市西而曼能威纸业有限公司
保定豪通纸业有限公司
★河北亚光纸业有限公司
绿纯卫生用品有限公司
★保定雨森卫生用品有限公司
保定市雅姿纸业有限公司
保定市中宇卫生用品有限公司
保定市新华纸业
★满城兴荣卫生用品有限公司
石家庄市依春工贸有限公司
河北省唐山宏阔科技有限公司
河北腾盛纸业有限公司
★保定市满城利达纸业有限公司
满城东雨卫生用品有限公司
石家庄和柔卫生用品有限公司
满城景昌纸业
邯郸市丛台金航贸易有限公司
满城腾辉纸业有限公司
河北柏隆卫生纸有限责任公司
满城京源家洁纸制品厂
★白云山造纸北厂
保定川江卫生用品有限公司
石家庄东胜纸业有限公司
★满城县恒信纸业有限公司
★满城晨松造纸厂
★满城红升纸业
★满城鹏飞造纸厂
★满城兴发造纸厂
★满城联达纸业
★满城飞跃纸业
★满城辉腾造纸厂
★满城金利造纸厂
★满城正大造纸厂
★满城四海造纸厂
★满城宏大造纸厂
★满城恒发造纸厂
★满城国利造纸厂
★满城海富纸业

● 山西 Shanxi

太原市晋美纸制品厂
★山西省临猗县力达纸业有限公司
运城大众纸品厂
山西华达纸业
太原市天运酒店用品有限公司
山西云冈纸业有限公司
运城市心心纸巾有限公司

● 内蒙古 Inner Mongolia

呼和浩特市三鑫纸业有限公司

● 辽宁 Liaoning

★维达纸业(辽宁)有限公司
抚顺恒安心相印纸制品有限公司
★抚顺市东洲圣佳民用纸厂
★琥珀纸业有限责任公司
★阜新市小保姆卫生用品有限责任公司
锦州东方卫生用品有限公司
★辽宁森林木纸业有限公司
锦州市万洁卫生巾厂
辽阳恒升实业有限公司
★辽阳兴启纸业有限公司
沈阳跃然纸制品有限公司
沈阳美商卫生保健用品有限公司
沈阳女儿河纸业有限公司
沈阳展春工贸有限公司
沈阳市奇美卫生用品有限公司
辽宁银河纸业制造有限公司
★辽宁尚阳纸业有限公司
辽宁和合卫生用品有限公司
★辽宁省铁岭市清河区福兴纸业有限公司
★辽宁豪唐纸业股份有限公司
★开原大宇纸业有限公司
★金红叶纸业(沈阳)有限公司
★锦州金月亮纸业有限责任公司
沈阳宝洁纸业有限责任公司
大连圣耀科技有限公司

● 吉林 Jilin

白山市金辉福利纸业有限责任公司
★吉林泉德秸秆综合利用有限公司
延边美人松纸业
长春市茜茜卫生用品厂
长春市达驰物资经贸有限公司

★镇赉新盛纸业有限公司
吉林省长春市智强纸业有限公司

● 黑龙江 Heilongjiang

★肇东东顺纸业有限公司
哈尔滨曙光纸业加工厂
★牡丹江市三都特种纸业有限公司
★七台河市康辉纸业有限责任公司
黑龙江省肇东市康嘉纸业有限公司
哈尔滨鑫禾纸业有限责任公司
哈尔滨亿泰纸业有限公司
★黑龙江泉林生态农业有限公司

● 上海 Shanghai

上海香化工贸有限公司
上海可林纸业有限公司
上海申馨纸业有限公司
★上海东冠集团
诺实纸业有限公司
上海惟能贸易有限公司
上海乐采卫生用品有限公司
上海爱妮梦纸业有限公司
上海亿豪贸易有限公司
上海取晨纸业有限公司
上海若云纸业有限公司
★上海玉洁纸业有限公司
上海正应纸业有限公司
上海明阳佳木国际贸易有限公司
高川纸业(上海)有限公司
上海雅臣纸业有限公司
上海南源永芳纸品有限公司
上海明佳卫生用品有限公司
上海洁都纸业有限公司
上海大昭和有限公司
上海亚日工贸有限公司
上海曜颖餐饮用品有限公司
上海汉合纸业有限公司
★上海金佰利纸业有限公司
香诗伊卫生用品有限公司
上海誉森纸制品有限公司
上海月月舒妇女用品有限公司
上海红洁纸业有限公司
上海佳利佳日用品有限公司
上海荷风环保科技有限公司
上海豪发纸业有限公司
上海峰阔纸业有限公司
上海汉生豪斯实业有限公司
上海城峰纸业有限公司
上海轩洁卫生用品有限公司
上海舒康实业有限公司
上海沁柔实业有限公司
上海若缘纸业有限公司
上海存楷纸业有限公司
上海绿鸥日用品有限公司
上海亚芳实业有限公司
★达伯埃(江苏)纸业有限公司
上海斐庭日用品有限公司

● 江苏 Jiangsu

江苏美灯纸业有限公司
常州市佳美卫生用品有限公司
常州泉港纸业制品厂
常州雨迪纸业有限公司
常州市武进伊恋卫生用品厂
淮安市紫燕纸品厂
★江苏洪泽湖纸业有限公司
淮安市明远包装有限公司
★江苏金莲纸业有限公司
江苏金湖鑫胜纸业有限公司
扬州博友高档纸品有限公司
江阴市永贞纸品有限公司
★永丰余家品(昆山)有限公司
江苏连云港市面对面纸制品厂
★淮安三笑纸业有限公司
南京霞飞纸品有限公司
南京市中天纸业
南京美人日用品有限公司
江苏妙卫纸业有限公司
南通正昌经济发展有限责任公司
★如东县宝利造纸厂
南通市万利纸业有限公司
徐州雪花纸品有限公司
启东市天意纸业有限公司
苏州天秀纸业有限公司
苏州市鑫恒隆纸业有限公司
苏州市吉利雅纸业有限公司

苏州爱维诺纸业有限公司
★王子制纸妮飘(苏州)有限公司
★太仓佩博实业有限公司
姜堰市时代卫生用品有限公司
★通州市金博造纸厂
好想纸业有限公司
★新沂市欣悦五洲生活用纸有限公司
宿迁市楚柔纸业有限公司
江苏省盱眙县洁玉卫生纸巾厂
★邳州恒美纸业有限公司
徐州市邓世卫生用品有限公司
江苏俏安卫生保健用品有限公司
★胜达集团江苏双灯纸业有限公司
★永丰余生活用纸(扬州)有限公司
镇江好想纸业有限公司
镇江闽镇纸业有限公司
昆山丝倍奇纸业有限公司
苏州金天宇卫生用品有限公司
常州市伊恋卫生用品厂
常州锐联卫生用品有限公司
无锡市爱得华商贸有限公司
江苏海纳纸业有限责任公司
★南京远阔科技实业有限公司
★金红叶纸业集团有限公司
扬州海星纸业有限公司
南通市港闸区舒馨生活用纸厂
江阴市洁光纸制品有限公司
耀泰纸业(徐州)发展有限公司
淮安洪泽湖纸业有限公司
盱眙洁风纸制品有限公司
镇江新区丁卯风影纸品厂
昆山市伊恩日用品有限公司
江苏省南通市海安鸿海纸制品厂
★徐州玉洁纸业有限公司
扬州市维达卫生用品厂
淮安市天顺纸品公司
一龙纸业有限公司
无锡市一正纸业限公司
扬州市柔欣纸业有限公司
江苏敖广日化集团股份有限公司
江苏句容市晶王纸品厂
昆山市伊恩日用品有限公司
常州笑脸生活用品有限公司
江苏好洁纸业有限公司
淮安市姿俐纸业有限公司
苏州维柔纸业有限公司
南京洁诺纸业有限公司
镇江苏南商贸有限公司
徐州林菲纸业有限公司
南京博洁卫生用品厂
苏州市秀美纸业有限公司

● 浙江 Zhejiang

★富阳顶点纸业有限公司
杭州快乐女孩卫生用品有限公司
富阳市艺顺纸塑有限公司
★富阳登月纸业有限公司
嘉兴金佰德日用品有限公司
杭州朗悦实业有限公司
杭州中申卫生用品有限公司
杭州相宜纸业有限公司
杭州萧山千叶红纸品厂
杭州嵩阳印刷实业有限公司
杭州萧山新河纸业有限公司
安吉华盈泰实业有限公司
★安吉县亚通纸业有限公司
嘉兴福鑫纸业有限公司
★浙江弘安纸业有限公司
★浙江正华纸业有限公司
★浙江中顺纸业有限公司
海宁市许村镇大斌纸制品厂
★嘉善永泉纸业有限公司
嘉兴宝洁纸业有限公司
★浙江金通纸业有限公司
缙云吉利纸业有限公司
临海市鹏远卫生用品厂
浙江龙游南洋纸业有限公司
浙江广博集团股份有限公司
宁波市佰福纸业有限公司
衢州一片情纸业有限公司
★衢州双熊猫纸业有限公司
★维达纸业(浙江)有限公司
★浙江唯尔福纸业有限公司
恒安浙江纸业有限公司
新昌县舒洁美卫生用品有限公司
浙江锦悦纸业有限公司
台洲临海贝尔卫生用品厂
台州娅洁舒卫生用品有限公司
桐乡市黛风纸业有限公司
苍南洁萱纸业有限公司

温州市瓯海景山罗一纸塑厂
温州香约纸业有限公司
永嘉县楠溪江纸品厂
森源纸品厂
宁波木森纸业有限公司
浙江省义乌市安兰清洁用品厂
浙江省金华市雷达纸业有限公司
玉环威斯达纸业有限公司
湖州优全护理用品科技有限公司
诸暨市叶蕾卫生用品有限公司
★浙江省诸暨造纸厂
诸暨市富荣纸品有限公司
奉化市欣禾纸制品有限公司
★富阳市华威纸业有限公司
★杭州富阳大华造纸有限公司
森立纸业集团有限公司
临海市恒联纸业有限公司
★浙江景兴纸业股份有限公司
台州市路桥区月月红面巾纸厂
三门县凯锋纸业有限公司
富阳市天裕纸制品有限公司
温州苍南新达纸品厂
平阳洁达纸制品厂
绍兴市珂蓉卫生用品有限公司
三垟富豪剪纸加工厂
苍南县优信纸业有限公司
杭州幼柔贸易有限公司
苍南县凯胜纸业有限公司
丽水市洁美纸业制品厂
温州市平阳县洁芸纸制品厂
平阳县品福纸制品厂
宁波鄞州姜山万家和日用品厂
台州市路桥区成华卫生用品厂
温州市亿富纸业有限公司
杭州百信工贸有限公司
瑞安市瑞毅日用纸品厂
中国舒达纸业国际集团有限公司
温州爱佳纸巾厂
海宁清风纸业有限公司
浙江创洁纸业有限公司
温州益康纸业有限公司
嘉兴丽菲纸业有限公司
苍南县尚洁纸制品厂
瑞安市永顺妇幼用品有限公司

● 安徽 Anhui

★安庆市新宜造纸业有限公司
太湖县宜瑞达纸业有限责任公司
千里香纸业有限责任公司
安徽木之风纸品有限公司
合肥金红叶纸业有限公司
安徽精诚纸业有限公司
安徽省合肥市安信纸业
合肥康乐纸业有限公司
淮北圣仁生活用品有限公司
淮南市星空商贸有限公司
高洁卫生用品有限公司
安徽宏泰纸业有限公司
六安市佳隆工贸有限公司
★安徽美妮纸业有限公司
安徽合顺纸业有限公司
芜湖市唯意酒店用品有限公司
芜湖市定发纸业有限公司
★恒安(芜湖)纸业有限公司
宿州市乐雅纸业
万方日用品有限公司
安徽汇诚集团依依妇幼用品有限公司
安徽省吉美卫生用品有限公司
安徽嘉能利华实业有限公司
安徽清荷纸业有限公司
朝阳纸业有限公司
固镇县美伦生活用纸厂
安徽文幸卫生用品有限公司
濉溪县唯鹏娜纸业有限公司
安徽省欣秀纸业有限公司
淮北市相山区四季纸品加工厂
安徽高洁纸也有限公司
合肥顺利纸业
安徽阜阳盛鼎纸制品有限公司
安徽荣盛纸品有限公司
安徽格义循环经济产业园有限公司

● 福建 Fujian

★福建省华闽纸业有限公司
★福建绿金纸业有限公司
福清思达卫生用品有限公司
福州保税区全顺泰纸制品有限公司

★歌芬卫生用品(福州)有限公司
福州君竹纸品厂
福州市柯妮尔生活用纸有限公司
福州融达纸业有限公司
舒尔洁(福建)纸业有限公司
恒程纸业有限公司
福州榕丰纸品厂
福州晋安金鸽卫生用品厂
福州洁乐妇幼卫生用品有限公司
金红叶纸业(福州)有限公司
★亿柔纸业(福州)有限公司
福建帝辉纸业有限公司
晋江德信纸业有限公司
福建省晋江市安海镇新安纸巾厂
晋江市益源卫生用品有限公司
★恒安(中国)纸业有限公司
泉州市宏信伊风纸制品有限公司
艾派集团(中国)有限公司
美力艾佳(中国)生活用纸有限公司
福建优兰发集团
龙海市真宝纸业有限公司
龙海市诚龙纸业有限公司
龙岩市群龙日用制品有限公司
家家旺纸业有限公司
★福建省恒兴纸业有限公司
泉州白绵纸业有限公司
福建省天龙纸业有限公司
南安市鑫隆妇幼用品有限公司
福建省时代天和实业有限公司
福建省南安市天天妇幼用品有限公司
★福建恒利集团有限公司
南安市润心纸业有限公司
泉州市娇娇乐卫生用品有限公司
莆田市涵江区福海纸品厂
★亿发集团
莆田市清清纸业有限公司
乐百惠(福建)卫生用品有限公司
福建凤新纸业制品有限公司
惠安和成日用品有限公司
雀氏(福建)实业发展有限公司
泉州顺顺纸巾厂
福建省泉州市盛峰卫生用品有限公司
泉州市汇丰妇幼用品有限公司
泉州市恒源纸业有限公司
泉州来亚丝卫生用品有限公司
福建省三明市宏源卫生用品有限公司
厦门瑞丰纸业有限公司
月恒(厦门)纸业有限公司
厦门耀健纸品有限公司
厦门杰宝日用品有限公司
厦门舒琦纸业有限公司
莎琪(厦门)科技有限公司
厦门源福祥卫生用品有限公司
石狮市大宇纸塑制品有限公司
福建福益卫生用品有限公司
金红叶纸业(漳州)有限公司
福建省漳州市信义纸业有限公司
★福建省佳亿(漳州)纸业有限公司
中南纸业(福建)有限公司
漳州市联安纸业有限公司
漳州隆盛纸品有限公司
漳州市芗城晓莉卫生用品有限公司
★长泰县金明鑫纸品厂
★福鼎市南阳纸业有限公司
石狮市宝骊珑日用品有限公司
福建晋江凤竹纸品实业有限公司
南安环宇纸品有限公司
三明市康尔佳卫生用品有限公司
晋江市恒质纸品有限公司
创佳(福建)卫生用品科技有限公司
厦门金舒心工贸有限公司
长乐市宏一达纸业有限公司
厦门力丽纸制品有限公司
龙岩市汇辉纸业
莆田市金伦纸业有限公司
武夷山市馨留香纸业
福建晖英纸业有限公司
厦门心吉柔生活用纸制品加工厂
泉州市华龙纸品实业有限公司
永定县海莲纸业有限公司
新新纸业有限公司
尤溪县城关蓬莱纸制品厂
福安市辉鸿纸业有限公司
华港纸品厂
演园纸品厂
三明市明溪县唯雅纸品加工厂
★福建省佳亿(漳州)纸业有限公司
福建省大田县众成纸制品有限公司
福建家加旺纸业有限公司
泉州恒通纸业有限公司
厦门鑫厦洁工贸有限公司
康美(福建)生物科技有限公司

福建省诺美护理用品有限公司
福建康臣日用品有限责任公司
雅典娜(福建)日用品科技有限公司

● 江西 Jiangxi

江西省乐平市菊香纸业
南昌金红叶纸业有限公司
江西绮玉纸业有限公司
大余县金丰纸巾厂
赣州蓓丽斯纸业有限公司
★赣州华劲纸业有限公司
赣州市崇星实业有限公司
月兔卫生用品有限公司
吉安旺达纸品厂
吉安市丽洁纸品有限公司
荣辉纸品有限公司
江西白士洁纸业有限公司
吉安阳光纸制品厂
景德镇市瓷都纸业有限公司
九江市白洁卫生用品有限公司
乐平市阳光纸厂
南昌万家洁卫生制品有限公司
南昌市新源纸业有限公司
★南昌鑫隆达纸业有限公司
江西省南昌市友爱纸品厂
南昌市永发纸业有限公司
南昌市展翅纸品公司
南昌市青山湖区皓洁纸品厂
南昌市欣荣纸业有限公司
江西康奥金桥实业有限公司
萍乡市兴鲁纸业
鄱阳湖纸业公司
瑞金市嘉利发纸品有限公司
江西新益卫生用品有限公司
上饶市玉丰纸业有限公司
上饶市林氏玉融纸业有限公司
江西省优久实业有限公司
富贵纸品加工厂
赣州华鑫卫生用品有限公司
江西南鑫纸业有限公司
抚州天新环保纸业有限公司
赣州市洁丽纸品厂
江西省华丽达实业有限公司
鸿福祥纸业
★江西华旺纸业有限公司
江西省赣州市金岚卫生用品厂
★江西贵仁纸业有限公司
南昌东方造纸厂
★南昌市好美家纸业有限公司
赣州市华阳纸品厂

● 山东 Shandong

南昌县川丰纸品厂
山东临邑三维纸业有限公司
★山东华泰纸业集团股份有限公司
肥城市东升纸业有限公司
山东肥城米一纸品有限公司
肥城市兴隆纸业有限公司
肥城市中恒纸业有限责任公司
★恒森纸业有限公司
★山东高密银鹰化纤有限公司
★山东省高唐县泉洁纸业有限公司
★菏泽牡丹纸业有限公司
★山东省菏泽市鲁西南纸业有限公司
★山东省济南君悦纸业有限公司
济南超洁纸品厂
济南市历城区翰林纸品厂
★济南润泽纸业有限公司
山东济宁恒达纸业有限公司
济宁恒安纸业有限公司
★山东省济宁市中区东红晨源纸业有限公司
★山东圣雅洁纸制品有限公司
★山东莱芜市永胜随心印纸业有限公司
★维达纸业(山东)有限公司
莱芜市恒顺纸制品厂
★莱芜市恒利纸业有限公司
莱芜市莱城区鑫宇纸制品厂
烟台市恒达纸业有限公司
★山东省乐陵市正大纸制品厂
山东高唐泉洁纸业有限公司
★山东泉林纸业有限责任公司
山东省聊城市永康纸业制品厂
高唐县嘉美纸业有限公司
山东高唐鸿运纸业
聊城市聊威纸业有限公司
山东阳谷阳光纸业
山东万豪集团临朐纸制品厂
临沂玉龙工贸有限公司

临沂市河东区相公白雪纸品厂
★临沂市华鲁家佳美纸制品有限公司
山东鑫盟纸品有限公司
山东欣洁月舒宝纸品有限公司
★龙口市芦头造纸厂
龙口市明洁纸制品有限公司
青岛德顺纸业有限公司
胶州永恒纸制品厂
青岛金凤纸业有限公司
青岛舒洁纸制品有限公司
青岛明宇卫生制品有限公司
青岛金诺特纸业有限公司
青岛美西南科技发展有限公司
青岛洁尔康卫生用品厂
青岛鑫雨卫生制品有限公司
★青州市东阳纸业有限公司
山东青州顺意纸品有限公司
★日照八方纸业有限公司
日照三奇医保用品(集团)有限公司
山东省日照市洁奥纸业
山东洁丰实业股份有限公司
潍坊寿光瑞祥纸业有限公司
★寿光水立方生物科技有限公司
★寿光市宁安纸制品有限公司
寿光市金通纸制品厂
★山东晨鸣纸业集团股份有限公司
★东顺集团股份有限公司
★山东德广工贸有限公司
宁阳县关王纸制品厂
山东宁阳县大地印刷有限公司
郯城县金港卫生材料用品有限公司
威海市黄埠港造纸厂
宏大卫生用品厂
★山东含羞草卫生科技股份有限公司
★山东恒安纸业有限公司
潍坊福山纸业有限公司
潍坊马利尔纸业有限公司
潍坊临朐华美纸制品有限公司
山东七仙子纸业有限公司
烟台市茂源纸业制品厂
烟台晟源纸业有限公司
济宁昱泰生活用品有限公司
爱他美(山东)日用品有限公司
山东泉林纸业夏津有限公司
诸城市运生纸业股份有限公司
淄博沣泰纸业有限公司
★山东晨晓纸业科技有限公司
山东赛特新材料股份有限公司
淄博市桓台康荣纸制品厂
桓台县益家福纸制品厂
淄博华品有限公司
淄博金宝利纸业有限公司
恒柔纸业有限公司
★淄博博森纸业有限公司
山东淄博泓凯纸制品有限公司
★山东宏伟纸业公司
邹城市唐王山纸业有限公司
济宁金河纸业有限公司
诸城科林恩厨房用纸科技有限公司
济宁众星纸业有限公司
广丰纸业有限公司
青岛青山纸业有限公司
临沂市超柔生活用纸厂
济宁欣康纸业有限公司
烟台彩星纸制品有限公司
青岛北瑞纸制品有限公司
潍坊金枫叶纸业有限公司
★菏泽市喜群纸业有限公司
济南恒安纸业有限公司
菏泽市圣达纸业有限公司
★宁津力百合纸品厂
山东云豪卫生用品股份有限公司
青岛戴氏伟业工贸有限公司
烟台万睿纸制品有限公司
淄博亿佳缘纸业有限公司
菏泽市奇雪纸业有限公司
★山东美洁纸业有限公司
淄博旭日纸业有限公司
★潍坊金润卫生材料有限公司
山东玖盛纸业有限公司
临沂市虎歌卫生用品厂
莱州市凯达利纸业有限公司
潍坊雨洁消毒用品有限公司
烟台海城卫生用品有限公司
山东顺霸有限公司
金得利卫生用品有限公司
山东依派卫生用品有限公司
山东信成纸业有限公司
★山东太阳生活用纸有限公司
潍坊乐福纸业有限公司
★青岛正利纸业有限公司
山东百合卫生用品有限公司

★诸城市利丰纸业有限公司
青岛嘉尚卫生用品有限公司
山东滕森纸业有限公司
淄博圣亚制品厂
青岛顺洁纸业有限公司
★临沂市新思路纸品有限公司
泰安肥城百盛纸业有限公司
青岛柔白纳纸品有限公司
济南亿华纸制品有限公司

● 河南 Henan

安阳市汇丰卫生用品有限责任公司
河南省林泰卫生用品有限公司
鹤壁瑞洲纸业有限公司
★河南博民纸业有限公司
开封金红叶纸业有限公司
开封一晨纸业有限公司
★河南飞越纸业有限公司
河南五彩卫生用品有限公司
河南省洛阳市涧西华丰纸巾厂
★聚源纸业有限公司
★漯河银鸽生活纸产有限公司
西峡县春风实业有限责任公司
★濮阳市三友纸业有限公司
★沁阳市宏涛纸业有限公司
沁阳市天元纸业
三门峡雅洁卫生制品厂
河南商丘强达纸业
许昌雍和工贸有限责任公司
★河南华丰纸业有限公司
★河南新野方正纸业有限公司
河南许昌新诺纸制品有限公司
★许昌芳飞纸业有限公司
许昌浩森纸制品有限公司
河南许昌宏业纸品有限公司
许昌浩元纸制品有限公司
郑州洁良纸业有限公司
莱湾洁品(郑州)有限公司
★郑州嘉和纸业有限公司
郑州万戈免洗用品工贸有限公司
淮阳颐莲坊纸业有限公司
★河南护理佳纸业有限公司
河南恒宝纸业有限公司
★河南省西平县超群纸业有限公司
河南西平新蕾纸业有限公司
许昌兴隆纸业有限公司
郑州奥兴纸业有限公司
焦作卫花纸业
南阳市洋帆纸业
益家缘纸业
安阳小鱼儿卫生用品有限公司
许昌市益佰纸品厂
漯河市诗美格纸业有限公司
焦作修远纸品厂
许昌市芮琳纸业有限公司
河南华兴纸业有限公司
百丰纸业
郑州正德元商贸纸业有限公司
河南潇康卫生用品有限公司
许昌市林风纸业有限公司
博爱县佳鑫纸业有限公司
郑州婷风纸制品有限公司
平舆中南纸业有限公司
漯河临颍恒祥卫生用品有限公司
西平县恒利纸业
漯河洁达纸品业有限公司
★平顶山市昊顺工贸有限公司
许昌完美纸业有限公司
河南洁达纸业有限公司
郑州博信纸业有限公司
河南省林泰卫生用品有限公司
濮阳庆北纸业有限公司
河南美洁纸业
开封市碧源纸业
方舟纸业(驻马店)有限公司
十美纸制品有限公司

● 湖北 Hubei

★湖北省恩施锦华纸业有限责任公司
★湖北省公安县真诚造纸有限公司
荆州市启晨纸业有限公司
★湖北世纪雅瑞纸业有限公司
十堰家佳纸品厂
十堰市向阳花开工贸有限公司
十堰成美工贸有限公司
松滋市特丽丝纸业有限公司
武汉市蔡甸区红明纸品厂
武汉市鑫丽源生活用品厂

黎世生活用品有限责任公司
武汉新宜人纸业有限公司
湖北武汉利发纸业有限公司
武汉瑾泉纸业有限公司
武汉市汉阳区兴华纸品厂
武汉市天天纸业有限公司
武汉福亿光明贸易有限公司
春晖生活用纸厂
武汉市百康纸业有限公司
武汉市硚口区布莱特纸品厂
湖北省武穴市疏朗朗卫生用品有限公司
★中顺洁柔(湖北)纸业有限公司
★维达纸业(湖北)有限公司
恒安(湖北)心相印纸制品有限公司
★金红叶纸业(湖北)有限公司
★湖北舒云纸业有限公司
★宜城市雪涛纸业有限公司
湖北宜城市长风纸业有限公司
枝江市云丽纸业
武汉市玉棉纸品厂
武汉市雅家达纸业有限公司
宜都市雷迪森纸业有限公司
武汉市达力纸业有限公司
湖北楚焱纸业有限公司
襄阳市晟嘉纸业商行
孝南区欧尚纸业有限公司
★武汉市清晨纸业有限公司
★武汉市神龙纸业
宜昌弘洋集团纸业有限公司
湖北真诚纸业有限公司
武汉吉美纸业有限责任公司
★江岸区逸凡纸品加工厂
武汉群芳纸业有限公司

● 湖南 Hunan

恒安(湖南)心相印纸业有限公司
★湖南恒安纸业有限公司
常德金利纸品实业有限公司
湖南省家乐福纸业有限公司
衡阳市杰瑞森纸业有限公司
衡阳市玮大纸业有限公司
衡阳市洁净纸制品厂
湖南花香实业有限公司
★湖南壹帆纸业有限公司
怀化洁净纸业
吉首市鹏程纸巾厂
一朵众赢电商科技股份有限公司
湖南桃源兴盛纸品厂
湖南盛顺纸业有限公司
湖南雪松纸制品有限责任公司
湖南东顺纸业有限公司
益阳碧云风纸业有限公司
岳阳市华维纸品厂
岳阳市岳阳楼区金鹰纸品厂
★岳阳丰利纸业有限公司
岳阳市维丰纸业有限公司
长沙舒尔利卫生用品有限公司
湖南长宜纸业
长沙金红叶纸业有限公司
长沙市雨花区庐景纸品厂
长沙市雨花区高锋纸业公司
长沙美时洁纸业有限公司
湖南株洲慧峰纸品厂
湖南岳阳君山优柔纸业
湖南湘阴县康杰纸制品厂
浏阳市幸福纸品有限公司
醴陵市多美洁生活用纸有限公司
长沙丰之裕纸业有限责任公司
长沙德之馨纸制品厂
永州市金建纸业有限公司

● 广东 Guangdong

潮安县东升纸厂
饶平兰奇纸品厂
饶平国新纸品厂
绿方实业投资有限公司
东莞市常平雪宝纸巾厂
东莞利良纸巾制品有限公司
一张纸业有限公司
东莞市东达纸品有限公司
东莞市大朗宝顺纸品厂
东莞市舒洁纸巾厂
东莞市博大纸业制品厂
东莞市金慧纸巾厂
东莞东慧纸业有限公司
东莞市骋德纸业有限公司
和谐纸巾厂
东莞市厚街华宝纸品厂

东莞市舒洁纸制品公司
东莞市寮步雅洁纸品厂
东莞市天正纸业有限公司
东莞市宝柔纸品厂
东莞市智达纸业制品有限公司
东莞市旭利日用品有限公司
东莞市富雅纸品有限公司
东莞市旺福纸业有限公司
东莞市名品威纸业
东莞市恒华纸品厂
东莞市强兴纸品厂
东莞市嘉祥纸品有限公司
东莞市万景纸品厂
东莞市胜和酒店用品有限公司
★东莞芬洁纸品厂
东莞市恒洁纸品厂
★东莞市白天鹅纸业有限公司
东莞市美日纸巾有限公司
东莞市冠森纸业有限公司
东莞市宜乐纸品厂
东莞市幸运星纸业有限公司
东莞市雅舒达纸品厂
爱家纸品厂
东莞市荣友纸品厂
东莞市万江郑威纸品厂
东莞市昭日纸巾有限公司
东莞市万江万宝纸品厂
东莞市跃峰纸业有限公司
东莞市添柔纸巾厂
广东三星乐百乐纸业有限公司
品润纸业有限公司
东莞市润来纸业有限公司
东莞市韦宏纸品厂
东莞市恒太纸业
东莞市展涛纸业有限公司
东莞市方圆纸业
东莞市腾威纸业有限公司
东莞鑫宝纸品厂
东莞市华美纸品有限公司
东莞市万江惠兴纸品厂
东莞市新华纸品厂
东莞市时和利造纸有限公司
★广东比伦生活用纸有限公司
东莞市俊腾纸业有限公司
★中桥纸业有限公司
★东莞市达林纸业有限公司
东莞市美华纸业有限公司
东莞中堂新星纸巾厂
★江门旺佳纸业有限公司
广东省南海康洁香巾厂
佛山创佳纸业
佛山市南海大沥宏达纸品厂
佛山市南海区桂城德恒餐饮用品厂
佛山市千婷生活用品有限公司
佛山市兴肤洁卫生用品厂
佛山市安倍爽卫生用品有限公司
南海平洲新奇丽日用品有限公司
佛山市南海区平洲夏西雅佳酒店用品厂
佛山市南海富丽华纸业
彩逸纸类制品有限公司
★佛山市维森纸业有限公司
广州龙派纸业有限公司
★广州荣隆纸业有限公司
★广州华程纸业有限公司
广州市恒轩纸业有限公司
广州品维纸业有限公司
广州市森枫纸业有限公司
广州市洁雅纸制品有限公司
★广州纵横纸业有限公司
★广州市启鸣纸业有限公司
广州中嘉进出口贸易有限公司
★博罗县风达纸业有限公司
惠州钟氏联发纸业
通用纸业有限公司
惠州市浩德实业有限公司
恒大纸品有限公司
江门市塘边纸厂
江门市天宝纸业有限公司
江门市明兴保洁纸品厂
江门市大森纸业有限公司
江门新腾纸业有限公司
江门市雅枫纸业有限公司
江门市新会区大泽天恒纸品厂
江门市纯美纸业有限公司
江门市加多福纸业有限公司
★江门市新龙纸业有限公司
★江门市泽森纸业有限公司
★维达纸业(中国)有限公司
★江门仁科绿洲纸业有限公司
★江门中顺纸业有限公司
江门祥达纸业制品有限公司
★星纪纸品有限公司

龙新纸品有限公司
★揭东县新亨镇柏达纸制品厂
揭阳市维康达纸业有限公司
揭阳市明发纸品有限公司
★广东信达纸业有限公司
揭阳诚源纸品厂
开平市顺锋纸品厂
家莅纸品厂
茂名市家和纸业有限公司
梅州市梅江区恒富纸制品厂
梅州市明达纸业
梅州市鼎丰纸品有限公司
富和纸品厂
金钰(清远)卫生纸有限公司
汕头市澄海区佳楠纸类制品厂
汕头市恒康纸业有限公司
汕头市创达纸品厂
华派纸业有限公司
宝韵莱纸业有限公司
★汕头市万安纸业有限公司
汕头市仁达纸业实业有限公司
汕头市大方纸业有限公司
汕头金誉工艺纸业有限公司
★汕头市飘合纸业有限公司
汕头市中洁纸业有限公司
龙臻日用纸品厂
海丰县康太纸业有限公司
★韶关市联进纸业有限公司
牡丹纸巾厂
鹏达纸业有限公司
深圳市金宝利实业有限公司
深圳市御品坊日用品有限公司
深圳市富新隆日用品有限公司
深圳市三友纸业有限公司
惠州泰美纸业有限公司
深圳市博奥实业发展有限公司
深圳安美纸业有限公司
深圳市佳萱纸业有限公司
深圳市杰信纸业有限公司
深圳市桂花香生活用纸有限公司
深圳市嘉盛纸巾厂
鑫丽发纸品厂
深圳市荆江纸制品有限公司
深圳市宝德鸿纸业有限公司
深圳市牡丹纸品厂
深圳市洁雅丽纸品有限公司
★深圳市安健达实业发展有限公司
普昌纸品业有限公司
深圳市广田纸业有限公司
深圳市新达纸品厂
深圳市南龙源纸品有限公司
深圳市联合好柔日用品有限公司
心丽卫生用品(深圳)有限公司
万益纸巾(深圳)有限公司
戴盟纸业有限公司
深圳市美鸿纸业有限公司
深圳市太安纸业有限公司
深圳市鸿利实业有限公司
深圳中益源纸业有限公司
深圳市特利洁环保科技有限公司
深圳亿宝纸业有限公司
深圳健安医药公司
湛江雅泰造纸有限公司
美吉纸业制品厂
吴川市明兴日用品厂
★中顺洁柔(云浮)纸业有限公司
★顺威纸业有限公司
广州永泰保健品有限公司
湛江市宝盈纸业有限公司
肇庆鼎纯卫生用品厂
肇庆市兴健卫生纸厂
广宁县南宝纸业有限公司
中山市桦达纸品厂
中山市腾达纸品有限公司
中山市森宝纸业有限公司
中美纸业实业有限公司
中顺洁柔纸业股份有限公司
★中山市小榄镇远翔纸制品厂
★江门市宝柏纸业有限公司
★肇庆万隆纸业有限公司
西朗纸业(深圳)有限公司
深圳市泽田贸易有限公司
茂盛纸业有限公司
东莞市思搏纸业有限公司
★广东鼎丰纸业有限公司
佛山市宏达纸品有限公司
广州舒馨纸业有限公司
深圳鑫亚华纸业有限公司
汕头市卡洛姿纸业有限公司
东莞市健兰纸业有限公司
★江门日佳纸业有限公司
★江门市新会区宝达造纸实业有限公司

★东莞市湘丽纸业有限公司
东莞唯真纸业有限公司
江门市晨采纸业有限公司
★东莞市明月纸业有限公司
广州市文定纸业有限公司
东莞市源梓纸业有限公司
★广州天兴行生活用纸有限公司
汕头市中顺商贸有限公司
惠州市惠达纸品厂
广州市洁莲纸品有限公司
珠海清岚纸业有限公司
★广州市宏杰达纸业有限公司
★江门市鸿祥纸业有限公司
深圳市俊洁纸业有限公司
惠阳金鑫纸业有限公司
佛山洁达纸业有限公司
深圳市龙新纸业有限公司
东莞市华赢纸品厂
惠阳恒辉纸巾厂
东莞市骏鑫纸品厂
汕头市致远日用品有限公司
广州市钟信餐具厂
美景纸制品厂
★佛山市富恒造纸技术服务有限公司
广州洁达纸业有限公司
天宝阳光生活用纸
东莞市天勤纸业有限公司
东莞市十六花纸业有限公司
广州添进纸品制造有限公司
东莞市滇丰纸品有限公司
惠州市洁一雅实业有限公司
深圳舒雅纸巾制品厂
天誉纸业有限公司
深圳市采悦纸业有限公司
★佛山市南海强顺纸业有限公司
广州金桉林纸业有限公司
东莞市金亨纸业有限公司
深圳市博龙纸业有限公司
国昌纸品厂
东莞光华纸制品有限公司
汕头市英才纸制品厂
东莞芬芳纸业有限公司
东莞市强宏纸业有限公司
江门市建华纸业有限公司
深圳市舒尔雅纸品有限公司
深圳市欧雅纸业有限公司
汕头市豪发纸业制品厂
梅州市一品纸巾厂
深圳市恒圳实业有限公司
★揭阳市裕兴纸业有限公司
★广州韶能本色纸品有限公司
揭阳市吉信纸品有限公司
深圳市锦至达纸业有限公司
佛山市南海塔吉美纸业有限公司
深圳特立生活用品有限公司
广州品维纸业有限公司
东莞市天亨美实业有限公司
江门市贝丽纸业有限公司
东莞市德亨纸业有限公司

● 广西 Guangxi

★广西金荣纸业有限公司
★百色市合众纸业有限责任公司
★广西荔森纸业有限公司
★田林荔森纸业有限责任公司
南宁市绿点纸品厂
★广西崇左市大明纸业有限公司
★龙州曙辉纸业有限公司
★贵港市安丽纸业有限公司
★贵港市金成纸业有限公司
★广西华怡纸业有限公司
广西贵港市华欣纸业有限公司
★广西贵糖(集团)股份有限公司
★广西纯点纸业有限公司
桂林市广嘉工贸有限公司
★合山市恒源纸业有限公司
广西东糖纸业有限责任公司
★郑发纸业有限责任公司
柳江县枫叶卫生用品厂
柳州市芳泰纸业有限公司
柳州市三佳生活用品厂
柳江县桂龙纸品厂
欧业纸品印务有限公司
★柳州市桂中纸业有限公司
★柳州中迪纸业有限公司
柳州迎丽纸业有限公司
金红叶纸业(南宁)有限公司
南宁鑫宝生活纸制品有限责任公司
★广西欣瑞纸业有限公司
★南宁华泽浆纸有限公司
南宁赛雅纸业有限公司
★南宁市佳达纸业有限责任公司
南宁市金山纸业有限公司
★宾阳县江南纸业有限公司

南宁市盛成纸品厂
南宁市乖仔工贸有限责任公司
南宁彩帕纸品制造有限公司
★南宁君盈纸业有限公司
广西舒雅护理用品有限公司
★广西南宁恒业纸业有限责任公司
★南宁市蒲糖纸业有限公司
★广西洁宝纸业有限公司
★南宁市圣大纸业有限公司
★广西横县华宇工贸有限公司
★广西天力丰生态材料有限公司
★广西横县江南纸业有限公司
马山和发强纸业有限公司
★广西华劲集团股份有限公司
★广西华美纸业集团有限公司
南宁市沙龙纸业有限责任公司
南宁市万达纸品厂
南宁市优点纸制品厂
★广西田阳金叶纸业有限公司
★广西象州莲桂纸业有限公司
玉林市亲点纸业有限公司
广西金百洁纸业有限公司
广西新佳士卫生用品有限公司
桂林市宝丽鑫纸业有限公司
桂林市南林纸业有限责任公司
★广西东昇纸业集团有限公司
广西浩林纸业有限公司
★柳州两面针纸业有限公司
广西自然点纸业有限公司
★南宁鑫利纸业有限公司
广西南宁市玉云纸制品有限公司
★南宁市嘉宝纸业有限公司
横县不一样纸品厂
全州亿恒纸业制品厂
广西芯飞扬纸业有限公司
★象州龙腾纸业有限公司
★柳州市柳林纸业有限公司
桂林喜夫人纸业有限公司
广西蒲新纸业有限责任公司
★南宁美纳纸业有限公司
南宁市好印象纸品厂
桂林远扬纸业有限公司
南宁市迪雅日用纸品厂
南宁市家祥纸制品厂
灵川福源纸制品有限公司
南宁梦来圆纸制品有限责任公司
★广西达力纸业有限公司
南宁市先辉纸业有限公司
南宁糖业股份有限公司糖纸加工分公司
广西田东南华纸业有限公司
南宁市金彩桐木瓜纸业有限公司
★桂海金浦纸业有限公司
广西来宾金润纸业有限公司
★来宾市华欣纸业有限公司
南宁风派纸业有限公司
陆川鑫龙纸业有限公司
贵港市三葉纸业有限公司

● 海南 Hainan

海南嘉宝纸业有限公司
★海南金红叶纸业有限公司
海南威成生活用品有限公司
儋州那大豪冠纸品厂
海口秀英昌达纸业制品有限公司
海南欣达纸品贸易有限公司

● 重庆 Chongqing

★恒安(重庆)纸制品有限公司
重庆恒安心相印纸制品有限公司
重庆盛丰纸业有限公司
★重庆市光承纸业公司
重庆博蔚纸业有限公司
重庆三好纸业有限公司
重庆汇广纸业有限公司
重庆良川纸业有限责任公司
重庆星月纸业有限公司
重庆玉红纸制品有限公司
重庆康丽馨酒店用品厂
重庆东实纸业有限责任公司
重庆华奥卫生用品有限公司
重庆香柔纸业有限公司
★维尔美纸业(重庆)有限公司
重庆广泰纸业有限公司
★重庆理文生活用纸制造有限公司
★重庆龙璟纸业有限公司
重庆纯点纸业有限公司
重庆恒动纸业
重庆恒立纸业有限公司
重庆阔天纸业有限公司
重庆升瑞纸品有限公司
重庆市南川区城北纸业
潼南县合家欢纸业有限公司
重庆汇广纸业有限公司
浩源纸业
奉节枫叶纸品厂
重庆真妮丝纸业有限公司
沙坪坝区奥康奇纸制品厂
黔江区黔正纸业发展有限公司

● 四川 Sichuan

成都金红叶纸业有限公司
成都市鑫天美纸制品厂
成都红娇妇幼卫生用品有限公司
★成都志豪纸业有限责任公司
成都市国敏纸品厂
恒安(四川)生活用品有限公司
四川成都好柔洁纸业有限公司
★四川永丰纸业股份有限公司
成都市永顺卫生用品厂
成都百信纸业有限公司
成都柔尔洁纸业有限公司
郫县彩虹纸制品厂
成都市天垚纸业有限公司
★成都精华纸业有限公司
成都来一卷纸业有限公司
成都纤姿纸业有限公司
成都成良纸业有限责任公司
四川欣适运纸品有限责任公司
成都市仲君纸业
成都兴荣纸业有限公司
成都市丰裕纸业制造有限公司
★四川康利斯纸业有限公司
成都香亿纸业有限公司
成都彩虹纸业制品厂
成都市新都爱洁生活用品厂
★四川省津诚纸业有限公司
成都市鑫海峰生活纸业有限公司
★德阳中才纸业
德阳市锦上花纸业
德阳美妆庭纸业有限公司
都江堰市龙安纸品厂
★都江堰市海腾纸业有限责任公司
★广安市安琪日用品有限公司
★四川友邦纸业有限公司
★安县纸业
★四川省犍为凤生纸业有限责任公司
★万安纸业有限责任公司
四川省夹江县雅洁纸厂
夹江心愿纸业
★四川省夹江县欣意纸业
开江阳光纸品厂
欣鑫纸业有限责任公司
★乐山新达佳纸业有限公司
★四川省乐山市夹江县汇丰纸业有限公司
★沐川禾丰纸业有限责任公司
★眉山贝艾佳纸业有限责任公司
★四川佳益卫生用品有限公司
仁寿青青草纸制品有限公司
眉山先锋纸品厂
成都洁仕生活用品有限公司
成都市星友纸业制品有限公司
★成都市阿尔纸业有限责任公司
★彭州市红旗造纸厂
★中顺洁柔(四川)纸业有限公司
成都百顺纸业有限公司
成都鼎洁纸业公司
四川井元纸品制造有限公司
资阳市名扬纸业有限公司
四川省资中县白云纸品厂
四川红富士纸业有限公司
成都市豪盛华达纸业有限公司
成都市苏氏兄弟纸业有限公司
四川亿达纸业有限公司
成都市家洁丝纸业有限公司
★四川环龙新材料有限公司
四川石化雅诗纸业有限公司
★四川兴睿龙实业有限公司
成都安洁儿商贸有限责任公司
成都市青柠檬纸业有限公司
★彭州市大良造纸有限公司
成都市在水一方纸业有限公司
四川清爽纸业有限公司
成都市芳菲乐纸业有限公司
★四川省绵阳超兰卫生用品有限公司
四川森之佳纸业有限公司
成都发利纸业有限公司
成都市家家洁纸业有限公司
四川省天耀纸业有限公司
彭山县福春纸业有限公司
★眉山市洁爱纸业有限公司
成都市砂之船纸业有限公司
★四川云翔纸业有限公司
★四川迪邦卫生用品有限公司
★成都居家生活造纸有限责任公司
成都洁馨纸业有限公司
自贡市荣县洁美康纸制品厂
★崇州市倪氏纸业有限公司
成都市红牛实业有限责任公司
四川望风青苹果纸业有限公司
四川百乐生活用品有限公司
★四川三台三角生活用纸制造有限公司
★成都鑫宏纸品厂
彭州市阳阳纸业有限公司
成都市佰利莱纸业有限公司
成都市康乐纸业有限公司

成都彼特福纸品工艺有限公司
★四川省瑞洁纸厂
成都市鑫洁鑫纸业
四川若禺卫生用品有限责任公司
★成都市奇德卫生用品有限责任公司
成都卫洁纸业有限公司
成都安舒实业有限公司
成都金香城纸业有限公司
★成都景山纸业有限责任公司
★维达纸业(四川)有限公司
成都市武侯区康洁酒店用品厂
成都鑫一达纸业有限公司
南充市达江卫生用品厂
成都金华纸业有限公司
四川省富顺县诚邦纸业
四川纸老虎有限公司
★四川蜀邦实业有限责任公司
★彭州市万兴纸业
白江纸业
达州市浩然旅游用品有限公司
崇州市天美纸业加工厂
达州市通川区玉洁纸业有限公司
广元鑫盛纸塑有限公司
成都舒美姿卫生用品有限公司
成都市大邑西红叶纸业有限公司
成都市新都区吕氏纸制品厂
★都江堰市能兴纸业有限公司
成都鑫合天盛日用品有限公司
绵阳安县玉龙纸业
眉山市家吉立有限公司
成都市天娇纸业有限公司
★彭州市五一纸业有限责任公司
成都市国敏纸业
旺苍县兴凤卫生用品厂
泸州市玖佳玖纸业有限公司
★成都百丽纸业有限责任公司
夹江县联兴纸厂
夹江县清雅纸品厂
★四川省津诚纸业有限公司
成都市金碧纸业有限公司
成都市康健琦纸品厂
★德阳市千秋纸业有限公司
四川省德阳开发区祥和纸制品厂
四川远航工贸(纸业)有限公司
成都凯茜生物制品有限责任公司
成都顺久柯帮纸业有限责任公司
四川恒尚纸业有限公司
江油市玉明纸业有限公司
★犍为县三环纸业有限公司
★四川福华竹浆纸业有限公司
夹江县金达纸业有限公司
福春纸业有限公司
四川奢呈质品贸易有限公司

● 贵州 Guizhou

贵州汇景纸业有限公司
贵阳湘安商贸有限公司
贵州师大经济开发有限责任公司
贵阳市环球卫生制品厂
贵州凯里经济开发区冠凯纸业有限公司
贵州美丽精灵纸业
贵阳雨娇纸业
遵义新天鹏纸业有限责任公司
遵义鼎尚广告有限公司
贵州金倍特纸业有限公司
贵州新洁翔纸业有限公司
★遵义遵荣纸业有限公司
彩华恒丰纸业有限公司
贵阳顺兴纸品有限公司
★贵州赤天化纸业股份有限公司
★贵州赤河纸业有限公司
贵州山河森纸业有限公司
毕节富达纸业有限公司
贵州中柔纸业有限公司
安顺市永恒纸业有限公司
遵义恒风纸业有限责任公司

● 云南 Yunnan

★沧源县富怡纸业有限公司
云南昆和纸业有限公司
昆明紫锦欣商贸有限公司
昆明市胜达生活用纸厂
昆明华安美洁卫生用品有限公司
昆明市大俪生活用纸厂
昆明蓝欧纸业有限公司
昆明南兴纸业有限公司
昆明绿基纸业有限公司
云南省昆明星胜纸制品厂
昆明市丰达生活用纸厂
昆明春城纸巾厂
宏祥纸业公司
★云南南恩糖纸有限公司
昆明维世兄弟工贸有限公司
昆明市大手纸厂

★文山云荷纸业有限责任公司
云南江川翠峰纸业有限公司
宣威市康乐纸业制品厂
云南兴亮实业有限公司
昆明家之品纸业有限责任公司
★云南云景林纸股份有限公司
云南嘉信和纸业有限公司
★云南汉光纸业有限公司
开远市泸江纸业有限责任公司
云南万达纸业有限公司
昆明铭焰纸业有限公司
芒市韵黎纸业有限公司

● 西藏 Tibet

西藏远征纸业有限公司

● 陕西 Shaanxi

大荔县大发纸品厂
★陕西法门寺纸业有限责任公司
西安华源纸业卫生保健用品有限公司
陕西爱洁日用品有限公司
★西安都邦纸业有限公司
西安市西耀纸业商贸有限公司
西安福瑞德纸业有限责任公司
恒安(陕西)纸业有限公司
金红叶纸业(咸阳)有限公司
★陕西欣雅纸业有限公司
西安香泽工贸有限公司
延安市姿爽纸制品有限公司
西安市丰悦纸品厂
陕西欣瑞晨工贸有限公司
陕西旭星纸业有限公司
汉邦纸业
西安天娇纸品有限公司
西安涌泉纸质容器有限公司
西安清清纸制品有限公司
西安华源纸业卫生保健用品有限公司

● 甘肃 Gansu

★靖远银莲纸品厂
兰州市添添纸制品厂
兰州奇洁纸业有限公司
★平凉市宝马纸业有限责任公司
★平凉市峡门造纸厂
庆阳市光中纸厂
甘肃古浪惠思洁纸业有限公司
兰州依帆卫生用品有限公司

● 宁夏 Ningxia

宁夏牵手缘纸业有限公司
宁夏锦程纸业有限公司
★宁夏紫荆花纸业有限公司
宁夏吴忠市永伟纸品包装厂
吴忠市佳佳纸制品厂
固原嘉通(纸业)工贸有限公司
吴忠市智鑫纸业有限公司
贺兰县百隆纸制品厂
宁夏佳美精细纸制品有限公司
宁夏青铜峡市佰分美卫生用品有限公司

● 新疆 Xinjiang

★石河子市惠尔美纸业有限公司
新疆石河子市净美佳纸厂
石河子鑫天宏工贸有限公司
新疆乌鲁木齐市鑫之顺纸业
新疆三兄弟纸品加工厂
新疆舒洁实业有限公司
乌鲁木齐市王业安昌纸品有限公司
乌鲁木齐市佳赫纸业有限公司
★五家渠市卫康纸业有限公司
★巴州名星纸业有限责任公司
乌鲁木齐市环峰(雁峰)纸业
新疆芳菲达卫生用品有限公司

分地区卫生用品生产企业数(2015 年)

Number of disposable hygiene products manufacturers by region(2015)

地区	Region	企业数(家) Number of manufacturers					
		女性卫生用品 Feminine Hygiene Products	婴儿纸尿布 Baby Diapers	成人失禁用品 Adult Incontinent Products	宠物卫生用品 Pet-use Products	擦拭布 Wipes	一次性医用非织造布制品 Disposable Hygiene Medical Nonwoven Products
总计	Total	633	604	414	63	610	153
北京	Beijing	10	7	10	0	21	7
天津	Tianjin	45	18	36	5	11	2
河北	Hebei	40	24	32	1	32	7
山西	Shanxi	0	0	0	0	4	0
内蒙古	Inner Mongolia	0	0	0	0	0	0
辽宁	Liaoning	11	6	14	4	31	3
吉林	Jilin	1	1	0	0	14	0
黑龙江	Heilongjiang	5	1	2	0	6	0
上海	Shanghai	25	21	21	4	42	10
江苏	Jiangsu	37	21	45	18	52	30
浙江	Zhejiang	40	33	20	8	78	19
安徽	Anhui	6	6	9	3	17	11
福建	Fujian	156	175	80	5	58	4
江西	Jiangxi	10	19	5	2	12	3
山东	Shandong	44	35	44	6	57	12
河南	Henan	31	12	14	1	17	9
湖北	Hubei	13	9	7	0	11	11
湖南	Hunan	14	34	2	0	14	1
广东	Guangdong	117	150	63	6	91	19
广西	Guangxi	8	6	1	0	6	0
海南	Hainan	1	1	1	0	2	1
重庆	Chongqing	4	6	1	0	9	0
四川	Sichuan	5	5	3	0	8	2
贵州	Guizhou	2	8	1	0	2	0
云南	Yunnan	5	2	1	0	2	1
西藏	Tibet	0	0	0	0	1	0
陕西	Shaanxi	2	2	0	0	7	1
甘肃	Gansu	0	0	0	0	1	0
青海	Qinghai	0	0	0	0	0	0
宁夏	Ningxia	0	1	2	0	0	0
新疆	Xinjiang	1	1	1	0	4	0

女性卫生用品
Feminine hygiene products

北京 Beijing
北京艾雪伟业科技有限公司
北京倍舒特妇幼用品有限公司
北京金佰利个人卫生用品有限公司
北京特日欣卫生用品有限公司
北京爱华中兴纸业有限公司
金河泰科(北京)科技有限公司
北京舒美卫生用品有限公司
北京吉力妇幼卫生用品有限公司
中国丝绸工业总公司
北京众生平安科技发展有限公司

天津 Tianjin
天津市宝坻区美洁卫生制品有限公司
天津宝龙发卫生制品有限公司
天津市瑞达卫生用品厂
天津骏发森达卫生用品有限公司
利发卫生用品(天津)有限公司
尤妮佳生活用品(天津)有限公司
天津市洁维卫生制品有限公司
天津洁雅妇女卫生保健制品有限公司
天津市亿利来科技卫生用品厂
天津市英华妇幼用品有限公司
天津市美商卫生用品有限公司
天津格格卫生用品有限公司
天津市恒新纸业有限公司
天津市康宝卫生制品有限公司
天津海华卫生制品有限公司
天津市妮娅卫生用品有限公司
天津市武清区七色羽卫生用品厂
天津市武清区誉康卫生用品厂
权健自然医学科技发展有限公司
天津忘忧草纸制品有限公司
天津市虹怡纸业有限公司
天津宝洁工业有限公司
恒安(天津)卫生用品有限公司
天津市依依卫生用品有限公司
天津市三维纸业有限公司
天津洁尔卫生用品有限公司
天津市兰景工贸有限公司
禾丰(天津)卫生用品有限公司
天津迅腾恒业生物科技有限公司
天津市唯美卫生用品厂
天津市三爽纸制品厂
天津市鹏飞纸业有限公司
天津市恒洁卫生用品有限公司
天津市蔓莉卫生制品有限公司
天津市康怡生纸业有限公司
天津市娇柔卫生纸品有限公司
小护士(天津)实业发展股份有限公司
天津花儿纸业有限公司
天津市韩东纸业有限公司
天津市宝坻区大雅卫生制品有限公司
天津市安琪尔纸业有限公司
天津市舒爽卫生制品有限公司
天津市可圣科技发展有限公司
天津市先鹏纸业有限公司
天津市武清区康乃馨卫生用品厂

河北 Hebei
保定苑氏卫生用品有限公司
保定正大阳光日用品有限公司
洁美卫生用品有限公司
和信纸品有限公司
三利控股(香港)有限公司
保定市满城美华卫生用品厂
唐县京旺卫生用品有限公司
徐水县名人卫生巾厂
河北洁人卫生用品有限公司
石家庄宝洁卫生用品有限公司
河北邯郸天宇卫生用品厂
河北金福卫生用品厂
石家庄三合利卫生用品有限公司
石家庄娅丽洁纸业有限公司
石家庄市宏大卫生用品厂
石家庄夏兰纸业有限公司
天津市明大科技开发有限公司
廊坊恒洁纸制品有限公司
安特卫生用品有限公司
内邱舒美乐卫生用品有限责任公司
河北石家庄市长安爱佳卫生用品厂
石家庄美洁卫生用品有限公司
石家庄市顺美生活用纸科技有限公司
石家庄小布头儿纸业有限公司
金雷卫生用品厂
唐山市玲达卫生用品厂
唐山市奥博纸制品有限公司
石家庄梦洁实业有限公司

河北绿洁纸业有限公司
邢台市好美时卫生用品有限公司
沧州市广爱婴童用品有限公司
保定市港兴纸业有限公司
河北宏达卫生用品有限公司
石家庄市贻成卫生用品有限公司
河北东泽卫生用品有限公司
河北义厚成日用品有限公司
石家庄市嘉赐福卫生用品有限公司
唐山市美洁卫生用品厂
保定市完美卫生用品有限公司
石家庄东胜纸业有限公司

辽宁 Liaoning

丹东北方卫生用品有限公司
恒安(抚顺)生活用品有限公司
阜新市小保姆卫生用品有限责任公司
锦州市维珍护理用品有限公司
锦州东方卫生用品有限公司
锦州市万洁卫生巾厂
沈阳美商卫生保健用品有限公司
沈阳东联日用品有限公司
沈阳浩普商贸有限公司
辽宁和合卫生用品有限公司
铁岭小秘密卫生用品有限公司

吉林 Jilin

修正健康集团孕婴童事业部

黑龙江 Heilongjiang

哈尔滨亿嘉欣卫生用品技术开发有限公司
哈尔滨市大世昌经济贸易有限公司
黑龙江省哈尔滨市品客有限公司
哈尔滨医丰卫生用品技术开发有限公司
哈尔滨棉本贸易有限公司

上海 Shanghai

上海同杰良生物材料有限公司
上海申欧企业发展有限公司
强生(中国)有限公司
上海花王有限公司
上海优生婴儿用品有限公司
上海胜孚美卫生用品有限公司
康那香企业(上海)有限公司
上海护理佳实业有限公司
上海马拉宝商贸有限公司
上海亚日工贸有限公司
安旭冠实业(上海)有限公司
上海仕妮工贸有限公司
上海益母妇女用品有限公司
上海舒晓实业有限公司
上海月月舒妇女用品有限公司
上海菲伶卫生用品有限公司
贝亲婴儿用品(上海)有限公司
托普(中国)企业集团
上海美馨卫生用品有限公司
上海白玉兰卫生洁品有限公司
上海亿维实业有限公司
尤妮佳生活用品(中国)有限公司
上海喜康盈母婴用品有限公司
丝缘(上海)生物科技有限公司
上海润逸日化科技有限公司

江苏 Jiangsu

常州康贝妇幼用品有限公司/
常州快高儿童卫生用品有限公司
贝亲母婴用品(常州)有限公司
常州家康纸业有限公司
常州斯纳琪护理用品有限公司
常州市武进伊恋卫生用品厂
常州市梦爽卫生用品有限公司
常州市武进亚星卫生用品有限公司
常州好妈妈纸业有限公司
丹阳市金晶卫生用品有限公司
连云港市东海彩虹卫生用品厂
南京安琪尔卫生用品有限公司
豆丁乐园(南京)婴儿用品有限公司
南京美人日用品有限公司
金王(苏州工业园区)卫生用品有限公司
苏州冠洁生活制品有限公司
吴江丝适卫生用品厂
泰州远东纸业有限公司
徐州市太太舒卫生用品有限公司
江苏俏安卫生保健用品有限公司
心悦卫生用品有限公司
尤妮佳生活用品(江苏)有限公司
扬中九妹日用品有限公司
江苏三笑集团有限公司
安泰士卫生用品(扬州)有限公司
张家港市亿晟卫生用品有限公司
苏州亿越卫生用品有限公司
常州德利斯护理用品有限公司
江苏豪悦实业有限公司
常州柯恒卫生用品有限公司
金佰利(南京)个人卫生用品有限公司
无锡市爱得华商贸有限公司

启东市花仙子卫生用品有限公司
常州护佳卫生用品有限公司
江苏宝姿实业有限公司
常州百仕嘉护理用品有限公司
连云港市东海云林卫生用品厂
苏州爱束生物科技有限公司

浙江 Zhejiang
杭州快乐女孩卫生用品有限公司
杭州余宏卫生用品有限公司
杭州珍琦卫生用品有限公司
杭州诗蝶卫生用品有限公司
杭州小姐妹卫生用品有限公司
杭州淑洁卫生用品有限公司
杭州滕野生物科技有限公司
湖州丝之物语蚕丝科技有限公司
浙江中美日化有限公司
浙江人爱卫生用品有限公司
浙江蓝雁炭业有限公司
衢州一片情纸业有限公司
衢州恒业卫生用品有限公司
上海喜康盈母婴用品有限公司瑞安分公司
恒安(上虞)卫生用品有限公司
浙江竹丽卫生用品有限公司
新昌县舒洁美卫生用品有限公司
台州娅洁舒卫生用品有限公司
伊利安卫生用品有限公司
温州市芳柔卫生用品有限公司
杭州可悦卫生用品有限公司
义乌市佳丽卫生用品厂
浙江安柔卫生用品有限公司
日商卫生保健用品有限公司
湖州优全护理用品科技有限公司
浙江晶岛进出口有限公司
杭州川田卫生用品有限公司
杭州新翔工贸有限公司
杭州豪悦实业有限公司
浙江锦芳卫生用品有限公司
瑞安市宏心妇幼用品有限公司
绍兴唯尔福妇幼用品有限公司
临海市满爽卫生用品有限公司
浙江好时加卫生用品有限公司
绍兴市珂蓉卫生用品有限公司
杭州施俞儿电子商务有限公司
东方洁昕(杭州)卫生用品有限公司
浙江辰玮日化科技有限公司
义乌市优诺日用品有限公司
杭州比因美特孕婴童用品有限公司

安徽 Anhui
恒安(合肥)生活用品有限公司
安徽汇诚集团依依妇幼用品有限公司
安徽悦美卫生用品有限公司
阜阳市洁泰卫生用品有限公司
天长市康辉防护用品工贸有限公司
安徽文幸卫生用品有限公司

福建 Fujian
福清恩达卫生用品有限公司
爹地宝贝股份有限公司
顺源妇幼用品有限公司
舒尔洁(福建)纸业有限公司
益兴堂卫生制品有限公司
福建天源卫生用品有限公司
福州采尔纸业有限公司
福建恒安集团有限公司
恒安(福建)妇幼用品有限公司
恒安集团(晋江)妇女用品有限公司
晋江恒基妇幼卫生用品有限公司
晋江市安信妇幼用品有限公司
福建雅丽莎生活用品股份有限公司
晋江市雅诗兰妇幼用品有限公司
泉州市婷爽卫生用品有限公司
晋江荣安生活用品有限公司
晋江市磁灶镇舒安卫生巾厂
晋江市万成达妇幼卫生用品有限公司
泉州市恒发妇幼用品有限公司
晋江市益源卫生用品有限公司
福建省晋江市圣洁卫生用品有限公司
美特妇幼用品有限公司
晋江市金安纸业用品有限公司
祥发(福建)卫生用品有限公司
兴发妇幼卫生用品有限公司
晋江沧源纸品厂
晋江恒隆卫生用品有限公司
晋江市荣鑫妇幼用品有限公司
晋江市清利卫生用品有限公司
怡佳(福建)卫生用品有限公司
晋江市永芳纸业有限公司
泉州联合纸业有限公司
晋江安宜卫生用品有限公司
盛华(中国)发展有限公司
晋江市佳月卫生用品有限公司
晋江市凤源卫生用品有限公司
福建省晋江市佳利卫生用品有限公司
圣安娜妇幼用品有限公司
晋江市金晖卫生用品有限公司

晋江恒乐卫生用品有限公司
泉州市白天鹅卫生用品有限公司
晋江安婷妇幼用品有限公司
晋江市源泰鑫卫生用品有限公司
华亿(福建)妇幼用品有限公司
晋江市洁昕妇幼用品有限公司
晋江市安雅卫生用品有限公司
福建妙雅卫生用品有限公司
福建铭丰纸业股份有限公司
福建省娭洁日用品有限公司
天乐卫生用品有限公司
利洁(福建)卫生用品科技有限公司
泉州白绵纸业有限公司
南安市鑫隆妇幼用品有限公司
福建省时代天和实业有限公司
中天集团(中国)有限公司
福建省南安市天天妇幼用品有限公司
南安市泉发纸品有限公司
南安市远大卫生用品厂
福建省南安明乐卫生用品有限公司
南安市恒信妇幼卫生用品有限公司
福建省南安市恒丰纸品有限公司
福建恒利集团有限公司
福建省明大卫生用品有限公司
洁婷卫生用品有限公司
泉州市娇娇乐卫生用品有限公司
福建恒昌纸品有限公司
雅芬(福建)卫生用品有限公司
荷明斯卫生制品有限公司
福建省莆田市恒盛卫生用品有限公司
亿发集团
福建省荔城纸业有限公司
福建莆田佳通纸制品有限公司
泉州卓悦纸业有限公司
乐百惠(福建)卫生用品有限公司
泉州市玖安卫生用品有限公司
泉州简洁纸业有限公司
泉州市新丰纸业用品有限公司
盛鸿达卫生用品有限公司
福建省泉州市天益妇幼用品有限公司
泉州金多利卫生用品有限公司
泉州市康洁纸业用品有限公司
泉州市星华生活用品有限公司
泉州贝佳妇幼卫生用品有限公司
富骊卫生用品(泉州)有限公司
福建凤新纸业制品有限公司
惠安和成日用品有限公司
雀氏(福建)实业发展有限公司
泉州市采尔纸业有限公司
泉州市恒亿卫生用品有限公司
泉州市嘉华卫生用品有限公司
泉州市创利卫生用品有限公司
泉州市金汉妇幼卫生用品有限公司
泉州市南方卫生用品有限公司
泉州市恒雪卫生用品有限公司
泉州市宝利来卫生用品有限公司
泉州康丽卫生用品有限公司
泉州市洛江金利达卫生用品厂
泉州天娇妇幼卫生用品有限公司
福建省泉州市盛峰卫生用品有限公司
泉州市恒毅卫生用品有限公司
泉州洛江兴利卫生用品有限公司
泉州市汇丰妇幼用品有限公司
泉州市爱之道日用品有限公司
泉州市爱丽诗卫生用品有限公司
泉州市大华卫生用品有限公司
泉州市祥禾卫生用品有限公司
福建省泉州恒康妇幼卫生用品有限公司
佳禾国际(中国)有限公司
泉州丰华卫生用品有限公司
泉州来亚丝卫生用品有限公司
福建省三明市宏源卫生用品有限公司
厦门亚隆日用品有限公司
厦门悠派无纺布制品有限公司
莎琪(厦门)科技有限公司
厦门源福祥卫生用品有限公司
石狮市绿色空间卫生用品有限公司
福建省漳州市智光纸业有限公司
漳州市富强卫生用品有限公司
福建省漳州市信义纸业有限公司
福建诚信纸品有限公司
漳州市芗城晓莉卫生用品有限公司
福建蓝雁卫生科技有限公司
福建晋江凤竹纸品实业有限公司
泉州美丽岛生活用品有限公司
三明市康尔佳卫生用品有限公司
泉州市洛江区东洋卫生用品科技有限公司
美佳爽(中国)有限公司
福建蓝蜻蜓护理用品股份有限公司
益佰堂(泉州)卫生用品有限公司
泉州市新世纪卫生用品有限公司
泉州市现代卫生用品有限公司
创佳(福建)卫生用品科技有限公司
南安市恒源妇幼用品有限公司
德国凯奔驰国际集团
晋江市大自然卫生用品有限公司

泉州顺安妇幼用品有限公司
福建蓓乐纸业有限公司
福建恒烨卫生用品有限公司
美益高(福建)母婴用品有限公司
泉州锦源妇幼用品有限公司
福建晖英纸业有限公司
漳州天之然卫生用品有限公司
泉州市华利卫生用品有限公司
泉州市华龙纸品实业有限公司
福建利澳纸品有限公司
福建省冬青日化工贸有限公司
福建省诺美护理用品有限公司
泉州市新联卫生用品有限公司
恒金妇幼用品有限公司
苏菲妇幼用品有限公司
泉州雅洁妇幼卫生用品贸易有限公司
百川卫生用品有限公司
福建娃娃爽生活用品有限公司
福建泉州市比奇卫生用品有限公司
福建康臣日用品有限责任公司
雅典娜(福建)日用品科技有限公司

江西 Jiangxi

恒安(江西)卫生用品有限公司
赣州华龙实业有限公司
赣州市长城纸品厂
赣州港都卫生制品有限公司
九江市白洁卫生用品有限公司
南昌康妮保健品厂
仁和药业有限公司消费品事业部
月兔卫生用品有限公司
江西省清宝日用品有限公司
瑞金市嘉利发纸品有限公司

山东 Shandong

恒安(潍坊)卫生用品有限公司
山东临邑三维纸业有限公司
济南商河好娃娃母婴用品有限公司
青岛海唐卫生用品有限公司
山东莱州市益康卫生用品厂
山东省恒发卫生用品有限公司
临沂浩洁卫生用品有限公司
山东鑫盟纸品有限公司
山东省郯城县梦之蓝卫生用品有限公司
山东欣洁月舒宝纸品有限公司
山东临沂恒丰卫生用品有限公司
济南蓝秀卫生用品有限公司
济南月舒宝纸业有限责任公司
太阳谷孕婴用品(青岛)有限公司
青岛竹原爱贸易有限公司
鲁南康之恋妇幼用品有限公司
滕州华宝卫生用品有限公司
山东晨晓纸业科技有限公司
山东含羞草卫生科技股份有限公司
山东益母妇女用品有限公司
山东赛特新材料股份有限公司
淄博美尔娜卫生用品有限公司
临沂兴博卫生用品有限公司
聊城市超群纸业有限公司
威海颐和成人护理用品有限公司
山东顺霸有限公司
安洁卫生用品有限公司
爱他美(山东)日用品有限公司
山东康乐卫生巾用品厂
山东艾丝妮乐卫生用品有限公司
东明县康迪妇幼用品有限公司
金得利卫生用品有限公司
山东依派卫生用品有限公司
山东省郯城瑞恒卫生用品厂
临沂市好景贸易有限公司
青岛华伟恒瑞健康用品有限公司
青岛美西南科技发展有限公司
青岛诺琪生物工程有限公司
青岛秀尔母婴用品有限公司
山东郯城舒洁卫生用品有限公司
郯城县恒顺卫生用品厂
山东郯城鑫源卫生用品有限公司
山东尚婷卫生用品有限公司
山东韩惠日用品有限公司

河南 Henan

恒安(河南)卫生用品有限公司
安阳丽华卫生用品厂
新乡市好洁卫生用品有限公司
河南鹿邑三益卫生用品有限公司
河南五彩卫生用品有限公司
三门峡市蓝雪卫生用品有限公司
新乡市长生卫生用品有限公司
河南省永城市好理想卫生用品有限公司
新郑恒鑫卫生用品厂
新乡市康鑫卫生用品有限公司
郑州市二七永洁卫生用品厂
郑州利水贸易有限公司
河南舒莱卫生用品有限公司
河南养生时代健康产业有限公司
郑州永欣卫生用品有限公司

河南潇康卫生用品有限公司
瑞帮(开封)卫生材料有限公司
长葛市维斯康卫生用品厂
河南丝绸之宝卫生用品有限公司
河南恒宝纸业有限公司
许昌市雨洁卫生用品有限公司
安阳市安爽卫材有限责任公司
安阳市汇丰卫生用品有限责任公司
漯河临颍恒祥卫生用品有限公司
焦作市银河纸业卫生用品有限公司
河南省孟州市洁美卫生用品厂
许昌正德医疗用品有限公司
河南华城商贸有限公司
河南省林泰卫生用品有限公司
河南美伴卫生用品有限公司
郑州市爱慕盛生物科技有限公司

湖北 Hubei

汉川市瑞佳商贸有限公司
湖北丝宝股份有限公司
恒安(孝感)卫生用品有限公司
武汉圣洁卫生用品有限公司
湖北省武穴市疏朗朗卫生用品有限公司
维达护理用品(中国)有限公司
湖北佰斯特卫生用品有限公司
湖北盈乐卫生用品有限公司
宜昌弘洋集团纸业有限公司
茶花女(武汉)卫生用品有限公司
湖北省武穴市恒美实业有限公司
湖北固德仕生活用品有限公司
湖北青山青实业有限公司

湖南 Hunan

永州市金建纸业有限公司
恒安(安乡)卫生用品有限公司
常德金利纸品实业有限公司
湖南省家乐福纸业有限公司
湖南花香实业有限公司
湖南省倍茵卫生用品有限公司
湖南康程护理用品有限公司
长沙舒尔利卫生用品有限公司
湖南千金卫生用品股份有限公司
湖南益百年健康科技有限公司
一朵众赢电商科技股份有限公司
湖南美佳妮卫生用品有限公司
湖南先华生活用品有限公司
湖南乐适日用品有限公司

广东 Guangdong

东莞市白天鹅纸业有限公司
佛山创佳纸业有限公司
东莞市舒华生活用品有限公司
东莞市汉氏纸业有限公司
东莞市佳洁卫生用品有限公司
铭尚日用品有限公司
珠海东美纸业有限公司
东莞市天正纸业有限公司
东莞市雅酷妇幼用品有限公司
宝盈妇幼用品有限公司
东莞市惠康纸业有限公司
东莞嘉米敦婴儿护理用品有限公司
多极实业(深圳)有限公司
深圳市倍安芬日用品有限公司
佛山市超爽纸品有限公司
佛山市美适卫生用品有限公司
佛山市南海吉爽卫生用品有限公司
广东省佛山市康沃日用品有限公司
佛山市百诺卫生用品有限公司
广东景兴卫生用品有限公司
佛山市千婷生活用品有限公司
佛山市中道纸业有限公司
佛山市安倍爽卫生用品有限公司
佛山市怡爽卫生用品有限公司
佛山市南海区倩而宝卫生用品有限公司
广东妇健企业有限公司
佛山市卓维思卫生用品有限公司
佛山市啟盛卫生用品有限公司
佛山市宝爱卫生用品有限公司
佛山市佩安婷卫生用品实业有限公司
广东美洁卫生用品有限公司
广东康怡卫生用品有限公司
佛山市金妇康卫生用品有限公司
佛山市爽洁卫生用品有限公司
佛山市南海钜鸿服饰有限公司
佛山市志达实业有限公司
佛山市顺德区舒乐卫生用品有限公司
金保利卫生用品有限公司
汉方萃取卫生用品有限公司
宝洁(中国)有限公司
深圳市丽的日用品有限公司
顺德乐从其乐卫生用品有限公司
广州粤丰飞跃实业有限公司
广州诺氏巴进出口贸易有限公司
广州护立婷妇幼卫生用品有限公司
泛高卫生制品有限公司
广州艾妮丝日用品有限公司

广州恒朗日用品有限公司
广州市非一般日用品有限公司
宝洁(广州)日用品有限公司
佳莱(香港)国际科技发展有限公司
广东惠生科技有限公司
广东雪美人实业有限公司
惠州市宝尔洁卫生用品有限公司
德升纸业(惠州)有限公司
惠州市汇德宝护理用品有限公司
江门市逸安洁卫生用品有限公司
江门市江海区信盈纸业保洁用品厂
江门市江海区礼乐舒芬纸业用品厂
江门市互信纸业有限公司
江门市凯乐纸品有限公司
江门市新会区爱尔保洁用品有限公司
江门市新会区信发卫生用品厂
江门市新会区完美生活用品有限公司
新会群达纸业有限公司
开平新宝卫生用品有限公司
汕头市通达保健用品厂
汕尾市娜菲生物科技有限公司
深圳市美丰源日用品有限公司
惠州泰美纸业有限公司
深圳市巾帼丽人卫生用品有限公司
深圳市金顺来实业有限公司
深圳全棉时代科技有限公司
深圳市耀邦日用品有限公司
诗乐氏实业(深圳)有限公司
深圳市欧范妇幼关爱用品有限公司
深圳市金凯迪进出口有限公司
深圳天意宝婴儿用品有限公司
肇庆市锦晟纸业有限公司
熙烨日用品有限公司
中山集美黄圃卫生用品分公司
中山市星华纸业发展有限公司
中山市傲辉卫生用品有限公司
中山市龙发卫生用品有限公司
中山市盛华卫生用品有限公司
珠海市健朗生活用品有限公司
珠海市金能纸品有限公司
佛山市优美尔婴儿日用品有限公司
佛山市天润医用科技有限公司
广州萱岱贸易有限公司
江门康而健纸业保洁用品厂
江门市江海区康怡纸品有限公司
广东佰进卫生用品有限公司
中山佳健生活用品有限公司
中山市恒升卫生用品有限公司
新感觉卫生用品有限公司
广东茵茵股份有限公司
中山市宜姿卫生制品有限公司
快宝婴儿用品(深圳)有限公司
广州开丽医用科技有限公司
佛山市南海区佳朗卫生用品有限公司
中山市川田卫生用品有限公司
广州市欧朵日用品有限公司
江门市乐怡美卫生用品有限公司
佛山市邦宝卫生用品有限公司
鹤山市嘉美诗保健用品有限公司
广州比优母婴用品有限公司
广州市永麟卫生用品有限公司
樱宝纸业有限公司
广州市樱格生物科技有限公司
为民日用品有限公司
广州贝思特妇幼用品有限公司
香港多多爽集团有限公司
江门市合盈天下卫生用品有限公司
广州市又一宝婴幼儿用品有限公司
湖南海济生物工程有限公司
佛山市亿越日用品有限公司

广西 Guangxi

桂林市独秀纸品有限公司
恒安(广西)卫生用品有限公司
柳州惠好卫生用品有限公司
广西舒雅护理用品有限公司
南宁洁伶卫生用品有限公司
南宁市爱新卫生用品厂
广西新佳士卫生用品有限公司
桂林洁伶工业有限公司

海南 Hainan

海南欣达纸品贸易有限公司

重庆 Chongqing

重庆华奥卫生用品有限公司
重庆可宜卫生用品有限公司
重庆草清坊日用品有限责任公司
重庆百亚卫生用品股份有限公司

四川 Sichuan

恒安(四川)家庭用品有限公司
四川迪邦卫生用品有限公司
成都安舒实业有限公司
成都红娇妇幼卫生用品有限公司
成都康那香科技材料有限公司

贵州 Guizhou

彩华恒丰纸业有限公司

遵义恒风纸业有限责任公司

云南 Yunnan

云南白药清逸堂实业有限公司

昆明市大手纸厂

云南舒婷护理用品有限公司

昆明美丽好妇幼卫生用品有限公司

森美国际有限公司

陕西 Shaanxi

恒安(陕西)卫生用品有限公司

陕西魔妮卫生用品有限责任公司

新疆 Xinjiang

乌鲁木齐乐宝氏卫生用品有限公司

婴儿纸尿布
Baby diapers

北京 Beijing

北京艾雪伟业科技有限公司
北京倍舒特妇幼用品有限公司
北京王城卫生用品有限公司
北京吉力妇幼卫生用品有限公司
北京舒洋恒达卫生用品有限公司
中国丝绸工业总公司
北京爸爸的选择科技有限公司

天津 Tianjin

天津骏发森达卫生用品有限公司
利发卫生用品(天津)有限公司
尤妮佳生活用品(天津)有限公司
金佰利(天津)护理用品有限公司
天津洁雅妇女卫生保健制品有限公司
天津市英华妇幼用品有限公司
天津市美商卫生用品有限公司
天津德发妇幼保健用品厂
天津宝洁工业有限公司
恒安(天津)卫生用品有限公司
天津市逸飞卫生用品有限公司
天津市依依卫生用品有限公司
天津洁尔卫生用品有限公司
禾丰(天津)卫生用品有限公司
天津迅腾恒业生物科技有限公司
天津市恒洁卫生用品有限公司
小护士(天津)实业发展股份有限公司
天津市舒爽卫生制品有限公司

河北 Hebei

保定苑氏卫生用品有限公司
和信纸品有限公司
徐水县名人卫生巾厂
沧州市德发妇幼卫生用品有限责任公司
石家庄宝洁卫生用品有限公司
河北邯郸天宇卫生用品厂
石家庄三合利卫生用品有限公司
石家庄市宏大卫生用品厂
河北石家庄市长安爱佳卫生用品厂
石家庄小布头儿纸业有限公司
金雷卫生用品厂
唐山市奥博纸制品有限公司
河北绿洁纸业有限公司
邢台市好美时卫生用品有限公司
沧州市广爱婴童用品有限公司
沧州五华卫生用品有限公司
秦皇岛舒康卫生用品有限公司
河北宏达卫生用品有限公司
石家庄市贻成卫生用品有限公司
邯郸市洁雅卫生用品有限公司
河北义厚成日用品有限公司
石家庄市嘉赐福卫生用品有限公司
河北省唐山宏阔科技有限公司
保定市炫昊母婴用品制造有限公司

辽宁 Liaoning

大连莲花姐姐商贸有限公司
恒安(抚顺)生活用品有限公司
锦州市维珍护理用品有限公司
沈阳市奇美卫生用品有限公司
沈阳般舟纸制品包装有限公司
瓦房店市同创卫生用品制造厂

吉林 Jilin

修正健康集团孕婴童事业部

黑龙江 Heilongjiang

肇东东顺纸业有限公司

上海 Shanghai

上海同杰良生物材料有限公司
上海申欧企业发展有限公司
上海秋欣实业有限公司
上海东冠集团
上海胜孚美卫生用品有限公司
上海舒而爽卫生用品有限公司
上海护理佳实业有限公司
上海马拉宝商贸有限公司
上海亚日工贸有限公司
安旭冠实业(上海)有限公司
上海益母妇女用品有限公司
上海舒晓实业有限公司
上海菲伶卫生用品有限公司
贝亲婴儿用品(上海)有限公司
上海美馨卫生用品有限公司
上海白玉兰卫生洁品有限公司
上海亿维实业有限公司
尤妮佳生活用品(中国)有限公司

上海喜康盈母婴用品有限公司
阿蓓纳(上海)贸易有限公司
上海卉丹实业有限公司

江苏 Jiangsu

贝亲母婴用品(常州)有限公司
常州市梦爽卫生用品有限公司
尤妮佳生活用品(江苏)有限公司
南京远阔科技实业有限公司
江苏德邦卫生用品有限公司
好孩子百瑞康卫生用品有限公司
南京安琪尔卫生用品有限公司
豆丁乐园(南京)婴儿用品有限公司
大王(南通)生活用品有限公司
徐州市太太舒卫生用品有限公司
江苏俏安卫生保健用品有限公司
心悦卫生用品有限公司
江苏三笑集团有限公司
苏州亿越卫生用品有限公司
常州德利斯护理用品有限公司
常州锐联卫生用品有限公司
金佰利(南京)护理用品有限公司
苏州柔爱纸业有限公司
江苏宝姿实业有限公司
江苏米咔婴童用品有限公司
苏州舒鑫卫生用品科技有限公司

浙江 Zhejiang

浙江珍琦护理用品有限公司
杭州珍琦卫生用品有限公司
杭州兰泽护理用品有限公司
香港丽欧国际纸业有限公司
杭州临安华晨卫生用品有限公司
杭州舒泰卫生用品有限公司
杭州辉煌卫生用品有限公司
杭州淑洁卫生用品有限公司
杭州嘉杰实业有限公司
杭州滕野生物科技有限公司
杭州千芝雅卫生用品有限公司
浙江中美日化有限公司
浙江人爱卫生用品有限公司
杭州可靠护理用品股份有限公司
衢州一片情纸业有限公司
上海喜康盈母婴用品有限公司瑞安分公司
台州娅洁舒卫生用品有限公司
杭州可悦卫生用品有限公司
浙江安柔卫生用品有限公司
湖州优全护理用品科技有限公司
浙江英凯莫实业有限公司
杭州新翔工贸有限公司
杭州豪悦实业有限公司
浙江锦芳卫生用品有限公司
瑞安市宏心妇幼用品有限公司
绍兴唯尔福妇幼用品有限公司
临海市满爽卫生用品有限公司
浙江代喜卫生用品有限公司
杭州盛恩卫生用品有限公司
浙江辰玮日化科技有限公司
杭州欧果科技有限公司
义乌市优诺日用品有限公司
杭州比因美特孕婴童用品有限公司

安徽 Anhui

恒安(合肥)生活用品有限公司
花王(合肥)有限公司
安徽汇诚集团依依妇幼用品有限公司
婴舒宝(滁州)婴童用品有限公司
安徽清荷纸业有限公司
安徽宝瑞日用品有限公司

福建 Fujian

福清恩达卫生用品有限公司
爹地宝贝股份有限公司
舒尔洁(福建)纸业有限公司
福建安宝乐日用品有限公司
益兴堂卫生制品有限公司
福建天源卫生用品有限公司
福州采尔纸业有限公司
福建恒安集团有限公司
恒安集团(晋江)生活用品有限公司
晋江市安信妇幼用品有限公司
福建雅丽莎生活用品股份有限公司
晋江市雅诗兰妇幼用品有限公司
泉州市婷爽卫生用品有限公司
晋江荣安生活用品有限公司
晋江市益源卫生用品有限公司
福建省晋江市圣洁卫生用品有限公司
美特妇幼用品有限公司
祥发(福建)卫生用品有限公司
兴发妇幼卫生用品有限公司
晋江沧源纸品厂
晋江恒隆卫生用品有限公司
晋江市荣鑫妇幼用品有限公司
婴舒宝(中国)有限公司
怡佳(福建)卫生用品有限公司
晋江市永芳纸业有限公司

泉州联合纸业有限公司
晋江安宜卫生用品有限公司
盛华(中国)发展有限公司
美力艾佳(中国)生活用纸有限公司
福建省晋江市佳利卫生用品有限公司
圣安娜妇幼用品有限公司
晋江市金晖卫生用品有限公司
晋江恒乐卫生用品有限公司
泉州市白天鹅卫生用品有限公司
晋江安婷妇幼用品有限公司
晋江市源泰鑫卫生用品有限公司
华亿(福建)妇幼用品有限公司
福建妙雅卫生用品有限公司
福建铭丰纸业股份有限公司
福建省婖洁日用品有限公司
天乐卫生用品有限公司
利洁(福建)卫生用品科技有限公司
泉州白绵纸业有限公司
南安市鑫隆妇幼用品有限公司
福建省时代天和实业有限公司
中天集团(中国)有限公司
福建省南安市天天妇幼用品有限公司
南安市泉发纸品有限公司
南安市远大卫生用品厂
福建省三盛卫生用品有限公司
南安市恒信妇幼卫生用品有限公司
泉州市爱乐卫生用品有限公司
福建省南安市恒丰纸品有限公司
福建恒利集团有限公司
福建省明大卫生用品有限公司
洁婷卫生用品有限公司
南安市老有福卫生用品厂
泉州市娇娇乐卫生用品有限公司
福建恒昌纸品有限公司
雅芬(福建)卫生用品有限公司
荷明斯卫生制品有限公司
福建省莆田市恒盛卫生用品有限公司
亿发集团
福建省荔城纸业有限公司
福建莆田佳通纸制品有限公司
好乐(福建)卫生用品有限公司
泉州卓悦纸业有限公司
乐百惠(福建)卫生用品有限公司
泉州市玖安卫生用品有限公司
盛鸿达卫生用品有限公司
福建省泉州市天益妇幼用品有限公司
泉州金多利卫生用品有限公司
泉州市康洁纸业用品有限公司
泉州市星华生活用品有限公司
泉州市群英妇幼用品有限公司
福建省乖巧母婴用品有限公司
富骊卫生用品(泉州)有限公司
福建凤新纸业制品有限公司
惠安和成日用品有限公司
雀氏(福建)实业发展有限公司
鸣宝生活用品(福建)有限公司
明芳卫生用品(中国)有限公司
泉州市恒亿卫生用品有限公司
泉州市嘉华卫生用品有限公司
泉州市创利卫生用品有限公司
泉州市金汉妇幼卫生用品有限公司
泉州市南方卫生用品有限公司
泉州市恒雪卫生用品有限公司
泉州市宝利来卫生用品有限公司
泉州天娇妇幼卫生用品有限公司
福建省泉州市盛峰卫生用品有限公司
泉州市恒毅卫生用品有限公司
泉州市汇丰妇幼用品有限公司
泉州市爱之道日用品有限公司
泉州市爱丽诗卫生用品有限公司
泉州市大华卫生用品有限公司
泉州市祥禾卫生用品有限公司
福建省泉州恒康妇幼卫生用品有限公司
福建省汉和护理用品有限公司
佳禾国际(中国)有限公司
泉州丰华卫生用品有限公司
福建利澳纸业有限公司
元龙(福建)日用品有限公司
泉州来亚丝卫生用品有限公司
福建省三明市宏源卫生用品有限公司
厦门帝尔特企业有限公司
厦门亚隆日用品有限公司
厦门安奇儿日用品有限公司
韩顺(厦门)卫生用品有限公司
莎琪(厦门)科技有限公司
厦门源福祥卫生用品有限公司
石狮市绿色空间卫生用品有限公司
福建省漳州市智光纸业有限公司
漳州市富强卫生用品有限公司
福建省漳州市信义纸业有限公司
青蛙王子(中国)日化有限公司
中南纸业(福建)有限公司
福建省梦娇兰日用化学品有限公司
福建舒而美卫生用品有限公司
协丰(福建)卫生用品有限公司
福建诚信纸品有限公司

漳州市芗城晓莉卫生用品有限公司
福建蓝雁卫生科技有限公司
利安娜(厦门)日用品有限公司
福建晋江凤竹纸品实业有限公司
泉州美丽岛生活用品有限公司
婴氏(福建)纸业有限公司
三明市康尔佳卫生用品有限公司
泉州市洛江区东洋卫生用品科技有限公司
美佳爽(中国)有限公司
福建蓝蜻蜓护理用品股份有限公司
益佰堂(泉州)卫生用品有限公司
晋江市恒质纸品有限公司
泉州市新世纪卫生用品有限公司
泉州市现代卫生用品有限公司
创佳(福建)卫生用品科技有限公司
南安市恒源妇幼用品有限公司
晋江市大自然卫生用品有限公司
泉州顺安妇幼用品有限公司
百润(中国)有限公司
泉州创达实业有限公司
泉州恒业纸品科技有限公司
福建美可纸业有限公司
福建中匡集团
泉州市嘉美妇幼卫生用品有限公司
福建蓓乐纸业有限公司
福建恒烨卫生用品有限公司
德茂纸品实业有限公司
晋江泰成贸易有限公司
泉州锦源妇幼用品有限公司
福建晖英纸业有限公司
法国实尚国际控股集团有限公司
倍护(福建)日用品有限公司
厦门沃克威母婴用品有限公司
新宠儿(美国)国际控股有限公司
漳州天之然卫生用品有限公司
泉州市华利卫生用品有限公司
福建利澳纸品有限公司
康美(福建)生物科技有限公司
福建省冬青日化工贸有限公司
福建省诺美护理用品有限公司
泉州市华龙纸品实业有限公司
泉州市新联卫生用品有限公司
晋江市婴凡蒂诺卫生用品有限公司
恒金妇幼用品有限公司
苏菲妇幼用品有限公司
泉州雅洁妇幼卫生用品贸易有限公司
百川卫生用品有限公司
福建娃娃爽生活用品有限公司
福建安琪儿卫生用品有限公司
福建泉州市比奇卫生用品有限公司
福建泉州奇爽生活用品有限公司
超乐(泉州)生活用品有限公司
雅典娜(福建)日用品科技有限公司
福建优佳爽纸品科技有限公司

江西 Jiangxi

赣州华龙实业有限公司
赣州市长城纸品厂
赣州港都卫生制品有限公司
恒安(江西)家庭用品有限公司
南昌安秀科技发展有限公司
南昌佳优宝生态科技有限公司
南昌巨森实业有限公司
江西康奥金桥实业有限公司
江西新益卫生用品有限公司
江西欣旺卫生用品有限公司
江西明婴实业有限公司
南昌爱乐科技发展有限公司
倍护(中国)有限公司
江西美恒卫生用品有限公司
江西绿园卫生用品有限公司
江西睡怡日化有限公司
月兔卫生用品有限公司
江西省清宝日用品有限公司
江西哈尼小象实业有限公司

山东 Shandong

山东临邑三维纸业有限公司
济南商河好娃娃母婴用品有限公司
山东日康卫生用品有限公司
青岛海唐卫生用品有限公司
青岛美西南科技发展有限公司
爱他美(山东)日用品有限公司
菏泽市奇雪纸业有限公司
山东省恒发卫生用品有限公司
临沂宝宝乐妇婴用品厂
山东鑫盟纸品有限公司
山东省郯城县梦之蓝卫生用品有限公司
山东欣洁月舒宝纸品有限公司
山东临沂恒丰卫生用品有限公司
山东省招远市温泉无纺布制品厂
山东临沂图艾丘护理用品有限公司
东明县康迪妇幼用品有限公司
山东省菏泽市金瑞卫生用品有限公司
太阳谷孕婴用品(青岛)有限公司
东顺集团股份有限公司

滕州华宝卫生用品有限公司
山东益母妇女用品有限公司
威海威高医用材料有限公司
潍坊荣福堂卫生制品有限公司
潍坊福山纸业有限公司
郯城县恒顺卫生用品厂
淄博美尔娜卫生用品有限公司
济南蓝秀卫生用品有限公司
山东赛特新材料股份有限公司
济南市润康卫生材料厂
临沂宏民纸业卫生用品有限公司
山东艾丝妮乐卫生用品有限公司
金得利卫生用品有限公司
山东依派卫生用品有限公司
山东省郯城瑞恒卫生用品厂
青岛嘉尚卫生用品有限公司

河南 Henan

河南洁达纸业有限公司
恒安(河南)卫生用品有限公司
河南百蓓儿童用品有限公司
河南恒泰卫生用品有限公司
河南省永城市好理想卫生用品有限公司
郑州永欣卫生用品有限公司
河南潇康卫生用品有限公司
漯河临颍恒祥卫生用品有限公司
南阳市名人生活用品有限公司
河南华城商贸有限公司
河南恒宝纸业有限公司
郑州市爱慕盛生物科技有限公司

湖北 Hubei

武汉永怡纸业有限公司
湖北省武穴市疏朗朗卫生用品有限公司
维达护理用品(中国)有限公司
恒安(孝感)卫生用品有限公司
湖北佰斯特卫生用品有限公司
湖北盈乐卫生用品有限公司
湖北省武穴市恒美实业有限公司
茶花女(武汉)卫生用品有限公司
湖北马应龙护理品有限公司

湖南 Hunan

永州市金建纸业有限公司
邵东县卓如商贸有限公司
湖南省倍茵卫生用品有限公司
湖南省九宜日用品有限公司
江西妈宝婴儿用品有限公司
湖南小贝婴童用品有限公司
长沙舒尔利卫生用品有限公司
长沙洁韵卫生用品有限公司
湖南康程护理用品有限公司
湖南省安迪尔卫生用品有限公司
湖南省越奇生活用品有限公司
长沙星仔宝孕婴用品有限责任公司
湖南冠恩食品有限公司
一朵众赢电商科技股份有限公司
湖南索菲卫生用品有限公司
湖南三友纸业有限公司
湖南子迪卫生用品有限公司
湖南宏鼎卫生用品有限公司
长沙创一日用品有限公司
沅江市豪宇卫生用品有限公司
湖南爽洁卫生用品有限公司
大黄鸭(长沙)母婴用品有限公司
湖南爱贝尔母婴用品有限公司
长沙喜士多日用品有限公司
湖南舒比奇生活用品有限公司
湖南美佳妮卫生用品有限公司
湖南省中亿生活用品有限公司
湖南艾尔法商贸有限公司
湖南先华生活用品有限公司
湖南乐适日用品有限公司
湖南省金广源科技股份有限公司
湖南国宏卫生用品有限公司
湖南省长沙市舒洁婴儿用品有限公司
湖南舒恋卫生用品有限公司

广东 Guangdong

东莞市白天鹅纸业有限公司
佛山创佳纸业有限公司
百润(中国)有限公司
广州中嘉进出口贸易有限公司
东莞瑞麒婴儿用品有限公司
东莞市常兴纸业有限公司
东莞市舒华生活用品有限公司
东莞市汉氏纸业有限公司
东莞嘉米敦婴儿护理用品有限公司
东莞市天正纸业有限公司
东莞市佳洁卫生用品有限公司
东莞市雅酷妇幼用品有限公司
宝盈妇幼用品有限公司
东莞市惠康纸业有限公司
深圳市倍安芬日用品有限公司
佛山市绿之洲日用品有限公司
佛山市超爽纸品有限公司

佛山市美适卫生用品有限公司
佛山市佩安婷卫生用品实业有限公司
佛山市高明怡健卫生用品有限公司
佛山市志达实业有限公司
佛山市恒汇卫生用品有限公司
佛山市泰康卫生用品有限公司
佛山合润卫生用品有限公司
佛山市康诺尔妇婴用品有限公司
广东省南海康洁香巾厂
佛山市婴众幼儿用品有限公司
佛山市顺德区舒乐卫生用品有限公司
佛山市南海吉爽卫生用品有限公司
顺德乐从其乐卫生用品有限公司
广东省佛山市康沃日用品有限公司
广东景兴卫生用品有限公司
佛山市千婷生活用品有限公司
广东康得卫生用品有限公司
佛山市硕氏日用品有限公司
宝洁(中国)有限公司
广东恒一实业有限公司
广州诺氏巴进出口贸易有限公司
百洁(广东)卫生用品有限公司
佛山市中道纸业有限公司
佛山市御晟纸品有限公司
佛山市南海区倩而宝卫生用品有限公司
佛山市南海康索卫生用品有限公司
广东妇健企业有限公司
佛山市卫婴康卫生用品有限公司
佛山市啟盛卫生用品有限公司
佛山市宝爱卫生用品有限公司
深圳市丽的日用品有限公司
广东美洁卫生用品有限公司
广东佰分爱卫生用品有限公司
佛山市顺德区乐从护康卫生用品厂
广东康怡卫生用品有限公司
佛山市爽洁卫生用品有限公司
鼎冠实业有限公司
广州粤丰飞跃实业有限公司
广州蓓爱婴童用品有限公司
广州护立婷妇幼卫生用品有限公司
广州市康贝妇婴用品有限公司
泛高卫生制品有限公司
广州彩舟婴儿用品有限公司
广州永泰保健品有限公司
广州艾妮丝日用品有限公司
广州花花卫生用品有限公司
广州穗德日用品有限公司
广州怡田妇婴用品有限公司
宝洁(广州)日用品有限公司
瑞士康婴宝护理用品(国际)有限公司
广州市富樱日用品有限公司
广东雪美人实业有限公司
惠州市宝尔洁卫生用品有限公司
惠州市汇德宝护理用品有限公司
江门市江海区信盈纸业保洁用品厂
江门市江海区礼乐舒芬纸业用品厂
江门市互信纸业有限公司
江门市凯乐纸品有限公司
江门市新会区爱尔保洁用品有限公司
江门市新会区信发卫生用品厂
江门市新会区完美生活用品有限公司
江门市江海区康怡纸品有限公司
开平新宝卫生用品有限公司
普宁市鸿洁纸品厂
汕头市通达保健用品厂
顶真实业有限公司
深圳市凯迪实业发展有限公司
汕头市集诚妇幼用品厂有限公司
汕尾市娜菲生物科技有限公司
深圳露羽安妮日用品有限公司
深圳市金顺来实业有限公司
深圳市欧范妇幼关爱用品有限公司
深圳市耀邦日用品有限公司
熙烨日用品有限公司
肇庆市锦晟纸业有限公司
中山市星华纸业发展有限公司
中山市华宝乐工贸发展有限公司
中山市龙发卫生用品有限公司
中山瑞德卫生纸品有限公司
中山市盛华卫生用品有限公司
中德有限公司
珠海市健朗生活用品有限公司
珠海市金能纸品有限公司
佛山市优美尔婴儿日用品有限公司
佛山市天润医用科技有限公司
广州立白企业集团有限公司
广州贝乐熊婴幼儿用品有限公司
合生元集团
东莞苏氏卫生用品有限公司
中山市恒升卫生用品有限公司
广州市添禧母婴用品有限公司
汕头市金龙日化实业有限公司
佛山市南海欧比护理用品有限公司
香港曼可国际纸业有限公司
新感觉卫生用品有限公司
盈家(集团)卫生用品有限公司

广东茵茵股份有限公司
中山市宜姿卫生制品有限公司
广州市乐贝施贸易有限公司
佛山汇康纸业有限公司
快宝婴儿用品(深圳)有限公司
广东昱升个人护理用品股份有限公司
佛山市南海区佳朗卫生用品有限公司
中山市川田卫生用品有限公司
佛山市樱黛妇婴用品有限公司
惠阳金鑫纸业有限公司
广州市欧朵日用品有限公司
江门市乐怡美卫生用品有限公司
佛山市邦宝卫生用品有限公司
鹤山市嘉美诗保健用品有限公司
佛山欧品佳卫生用品有限公司
慧氏(中国)实业发展有限公司
东莞市宝适卫生用品有限公司
中山英格美乐商贸有限公司
佛山妈之贝卫生用品有限公司
佛山市酷诺卫生用品有限公司
广州汇聚卫生用品有限公司
佛山市贝奇妇婴用品有限公司
佛山市舒冠贸易有限公司
佛山市合生卫生用品有限公司
樱宝纸业有限公司
广州市亮库环保科技有限公司
爱得利(广州)婴儿用品有限公司
广州爱茵母婴用品有限公司
广州市锦赫婴童用品有限公司
深圳市普森美诺科技有限公司
为民日用品有限公司
广州贝思特妇幼用品有限公司
香港多多爽集团有限公司
江门市合盈天下卫生用品有限公司
广州灰树熊生物科技有限公司
广州市又一宝婴幼儿用品有限公司
广州康柔卫生用品有限公司

广西 Guangxi
桂林市独秀纸品有限公司
广西舒雅护理用品有限公司
南宁洁伶卫生用品有限公司
南宁市爱新卫生用品厂
桂林洁伶工业有限公司
桂林吉臣氏卫生用品有限公司

海南 Hainan
海南欣达纸品贸易有限公司

重庆 Chongqing
重庆华奥卫生用品有限公司
重庆草清坊日用品有限责任公司
重庆百亚卫生用品股份有限公司
重庆抒乐工贸有限公司
重庆善待卫生用品有限公司
重庆启颖美卫生用品有限公司

四川 Sichuan
恒安(四川)家庭用品有限公司
成都安舒实业有限公司
成都红娇妇幼卫生用品有限公司
成都金苹果贸易有限公司
自贡简丹卫生用品有限公司

贵州 Guizhou
贵州汇景纸业有限公司
赤水卫士科技发展有限公司
贵州中柔纸业有限公司
贵州骄子纸业有限公司
彩华恒丰纸业有限公司
贵州贝奇乐卫生用品有限公司
贵州卡布国际卫生用品有限公司
遵义恒风纸业有限责任公司

云南 Yunnan
昆明市大手纸厂
云南舒婷护理用品有限公司

陕西 Shaanxi
西安佳邦无纺布制品有限公司
陕西魔妮卫生用品有限责任公司

宁夏 Ningxia
宁夏青铜峡市佰分美卫生用品有限公司

新疆 Xinjiang
乌鲁木齐乐宝氏卫生用品有限公司

成人失禁用品
Adult incontinent products

北京 Beijing
北京艾雪伟业科技有限公司
北京倍舒特妇幼用品有限公司
北京安宜卫生用品有限公司
北京益康卫生材料厂
北京王城卫生用品有限公司
北京市通州区利康卫生材料制品厂
北京通州鑫宝卫生材料厂
北京舒洋恒达卫生用品有限公司
北京百乐天老年用品有限公司
北京九佳兴卫生用品有限公司

天津 Tianjin
天津骏发森达卫生用品有限公司
利发卫生用品(天津)有限公司
天津市洁维卫生制品有限公司
天津洁雅妇女卫生保健制品有限公司
天津市亿利来科技卫生用品厂
天津市荣立洁卫生用品有限公司
天津市沂美舒卫生用品有限公司
天津市英华妇幼用品有限公司
天津市美商卫生用品有限公司
天津市恒新纸业有限公司
天津市仕诚科技研发中心
天津德发妇幼保健用品厂
天津市康宝卫生制品有限公司
天津市妮娅卫生用品有限公司
天津市武清区七色羽卫生用品厂
天津忘忧草纸制品有限公司
天津市虹怡纸业有限公司
恒安(天津)卫生用品有限公司
天津市逸飞卫生用品有限公司
天津杏林白十字医疗卫生材料用品有限公司
天津市依依卫生用品有限公司
天津市三维纸业有限公司
天津洁尔卫生用品有限公司
天津市爱意德卫生用品加工厂
天津迅腾恒业生物科技有限公司
天津市恒洁卫生用品有限公司
天津市实骁伟业纸制品有限公司
天津市蔓莉卫生制品有限公司
天津市康怡生纸业有限公司
天津市娇柔卫生纸品有限公司
小护士(天津)实业发展股份有限公司
天津花儿纸业有限公司
天津市韩东纸业有限公司
天津市舒爽卫生制品有限公司
天津和顺达塑料制品有限公司
天津市可圣科技发展有限公司

河北 Hebei
北京福运源长纸制品有限公司
徐水县名人卫生巾厂
沧州市德发妇幼卫生用品有限责任公司
石家庄宝洁卫生用品有限公司
河北邯郸天宇卫生用品厂
石家庄三合利卫生用品有限公司
石家庄娅丽洁纸业有限公司
石家庄市宏大卫生用品厂
石家庄康百氏工贸有限公司
石家庄夏兰纸业有限公司
廊坊恒洁纸制品有限公司
河北石家庄市长安爱佳卫生用品厂
石家庄美洁卫生用品有限公司
石家庄市顺美生活用纸科技有限公司
河北石家庄市乐酷卫生用品厂
石家庄小布头儿纸业有限公司
金雷卫生用品厂
小陀螺(中国)品牌运营管理机构
邢台市好美时卫生用品有限公司
沧州市广爱婴童用品有限公司
沧州五华卫生用品有限公司
保定林海纸业有限公司
秦皇岛舒康卫生用品有限公司
河北宏达卫生用品有限公司
石家庄市贻成卫生用品有限公司
邯郸市洁雅卫生用品有限公司
河北义厚成日用品有限公司
廊坊金洁卫生科技有限公司
石家庄市嘉赐福卫生用品有限公司
河北省唐山宏阔科技有限公司
保定市炫昊母婴用品制造有限公司

辽宁 Liaoning
大连善德来生活用品有限公司
大连雄伟保健品有限公司
丹东北方卫生用品有限公司
恒安(抚顺)生活用品有限公司

锦州市维珍护理用品有限公司
锦州东方卫生用品有限公司
锦州市万洁卫生巾厂
沈阳市奇美卫生用品有限公司
沈阳般舟纸制品包装有限公司
辽宁和合卫生用品有限公司
沈阳宝洁纸业有限责任公司
大连欧德意卫生用品有限公司
沈阳市金利达卫生制品厂
瓦房店市同创卫生用品制造厂

黑龙江 Heilongjiang

哈尔滨市道里区华爱卫生用品厂
齐齐哈尔市三硕纸制品有限公司

上海 Shanghai

上海奉影医用卫生用品厂
尤妮佳生活用品(中国)有限公司
上海秋欣实业有限公司
上海天茂纸制品有限公司
上海圆昌复合材料科技有限公司
上海洁安实业有限公司
上海胜孚美卫生用品有限公司
上海必有福生活用品有限公司
上海舒而爽卫生用品有限公司
上海南源永芳纸品有限公司
上海护理佳实业有限公司
上海马拉宝商贸有限公司
上海舒晓实业有限公司
上海菲伶卫生用品有限公司
上海白玉兰卫生洁品有限公司
上海亿维实业有限公司
上海自珍贸易有限公司
阿蓓纳(上海)贸易有限公司
上海润辉实业有限公司
上海卉丹实业有限公司
上海斐庭日用品有限公司

江苏 Jiangsu

豆丁乐园(南京)婴儿用品有限公司
常州市宏泰纸膜有限公司/
常州康贝妇幼用品有限公司
常州快高儿童卫生用品有限公司
常州家康纸业有限公司
常州市梦爽卫生用品有限公司
常州市武进亚星卫生用品有限公司
常州市莱洁卫生材料有限公司
江苏柯莱斯克新型医疗用品有限公司
丹阳市金晶卫生用品有限公司
江苏德邦卫生用品有限公司
南京安琪尔卫生用品有限公司
南京远阔科技实业有限公司
南京美人日用品有限公司
南通开发区豪杰纸业有限公司
南通恒拓进出口贸易有限公司
南通永兴纸业有限公司
启东市天成日用品有限公司
南通锦程护理垫有限公司
苏州市苏宁床垫有限公司
苏州富堡纸制品有限公司
苏州惠康护理用品有限公司
太仓市宝儿乐卫生用品厂
吴江市亿成医疗器械有限公司
泰州远东纸业有限公司
心悦卫生用品有限公司
扬中九妹日用品有限公司
张家港市亿晟卫生用品有限公司
常州宝云卫生用品有限公司
徐州市舒润日用品有限公司
钧儒卫生用品(南通)有限公司
常州德利斯护理用品有限公司
南通开发区女爱卫生用品厂
常州柯恒卫生用品有限公司
苏州市泰升床垫有限公司
无锡市爱得华商贸有限公司
苏州柔爱纸业有限公司
南通锦晟卫生用品有限公司
启东市花仙子卫生用品有限公司
常州护佳卫生用品有限公司
无锡市一正纸业有限公司
苏州维凯医用纺织品有限公司
江苏宝姿实业有限公司
江苏南通益民劳护用品有限公司
连云港市东海云林卫生用品厂
江苏省沭阳县协恒卫生用品有限公司

浙江 Zhejiang

杭州余宏卫生用品有限公司
浙江珍琦护理用品有限公司
杭州珍琦卫生用品有限公司
杭州中迅实业有限公司
杭州舒泰卫生用品有限公司
杭州辉煌卫生用品有限公司
杭州淑洁卫生用品有限公司
杭州千芝雅卫生用品有限公司
浙江中美日化有限公司

杭州可靠护理用品股份有限公司
衢州一片情纸业有限公司
浙江省义乌市安兰清洁用品厂
浙江安柔卫生用品有限公司
浙江英凯莫实业有限公司
杭州豪悦实业有限公司
浙江锦芳卫生用品有限公司
绍兴唯尔福妇幼用品有限公司
杭州聚丰康卫生用品有限公司
浙江好时加卫生用品有限公司
义乌市优诺日用品有限公司

安徽 Anhui
合肥特丽洁卫生材料有限公司
合肥双成非织造布有限公司
安徽精诚纸业有限公司
合肥汉邦医疗用品有限公司
合肥美迪普医疗卫生用品有限公司
合肥卫材医疗器械有限公司
芜湖悠派卫生用品有限公司
合肥嘉斯曼无纺布制品有限公司
合肥洁家卫生材料有限公司

福建 Fujian
爹地宝贝股份有限公司
福州采尔纸业有限公司
福建恒安集团有限公司
恒安集团(晋江)生活用品有限公司
晋江市雅诗兰妇幼用品有限公司
泉州市婷爽卫生用品有限公司
晋江荣安生活用品有限公司
晋江市益源卫生用品有限公司
美特妇幼用品有限公司
晋江市荣鑫妇幼用品有限公司
怡佳(福建)卫生用品有限公司
晋江市永芳纸业有限公司
泉州联合纸业有限公司
晋江安宜卫生用品有限公司
晋江市金晖卫生用品有限公司
天乐卫生用品有限公司
泉州白绵纸业有限公司
福建省时代天和实业有限公司
中天集团(中国)有限公司
南安市泉发纸品有限公司
南安市远大卫生用品厂
福建省三盛卫生用品有限公司
南安市恒信妇幼卫生用品有限公司
泉州市爱乐卫生用品有限公司
福建省南安市恒丰纸品有限公司
福建恒利集团有限公司
福建省明大卫生用品有限公司
南安市老有福卫生用品厂
雅芬(福建)卫生用品有限公司
亿发集团
福建省荔城纸业有限公司
福建莆田佳通纸制品有限公司
泉州市玖安卫生用品有限公司
盛鸿达卫生用品有限公司
福建省泉州市天益妇幼用品有限公司
泉州金多利卫生用品有限公司
惠安和成日用品有限公司
雀氏(福建)实业发展有限公司
鸣宝生活用品(福建)有限公司
明芳卫生用品(中国)有限公司
泉州市采尔纸业有限公司
泉州市金汉妇幼卫生用品有限公司
泉州天娇妇幼卫生用品有限公司
福建省泉州市盛峰卫生用品有限公司
泉州市汇丰妇幼用品有限公司
泉州市爱之道日用品有限公司
泉州市爱丽诗卫生用品有限公司
泉州市大华卫生用品有限公司
福建利澳纸业有限公司
厦门帝尔特企业有限公司
厦门亚隆日用品有限公司
厦门悠派无纺布制品有限公司
韩顺(厦门)卫生用品有限公司
爱得龙(厦门)高分子科技有限公司
厦门源福祥卫生用品有限公司
福建省漳州市智光纸业有限公司
漳州市芗城晓莉卫生用品有限公司
福建蓝雁卫生科技有限公司
泉州市洛江区东洋卫生用品科技有限公司
美佳爽(中国)有限公司
福建蓝蜻蜓护理用品股份有限公司
晋江市恒质纸品有限公司
创佳(福建)卫生用品科技有限公司
南安市恒源妇幼用品有限公司
泉州创达实业有限公司
福建中匡集团
福建蓓乐纸业有限公司
福建恒烨卫生用品有限公司
福建晖英纸业有限公司
漳州天之然卫生用品有限公司
泉州市华利卫生用品有限公司
福建利澳纸品有限公司

福建省诺美护理用品有限公司
厦门康伯乐日用品有限公司
恒金妇幼用品有限公司
泉州雅洁妇幼卫生用品贸易有限公司
福建娃娃爽生活用品有限公司
福建泉州市比奇卫生用品有限公司
福建康臣日用品有限责任公司
雅典娜(福建)日用品科技有限公司

江西 Jiangxi

赣州华龙实业有限公司
赣州港都卫生制品有限公司
江西睡怡日化有限公司
恒安(江西)家庭用品有限公司
江西九江华沃纸健品有限公司

山东 Shandong

山东日康卫生用品有限公司
山东省恒发卫生用品有限公司
临沂浩洁卫生用品有限公司
临沂宝宝乐妇婴用品厂
山东鑫盟纸品有限公司
山东省郯城县梦之蓝卫生用品有限公司
山东欣洁月舒宝纸品有限公司
青岛丁安卫生用品有限公司
青岛美西南科技发展有限公司
爱他美(山东)日用品有限公司
菏泽市奇雪纸业有限公司
山东爱舒乐卫生用品有限公司
郯城县恒顺卫生用品厂
日照三奇医保用品(集团)有限公司
山东郯城舒洁卫生用品有限公司
山东尚婷卫生用品有限公司
太阳谷孕婴用品(青岛)有限公司
山东省菏泽市金瑞卫生用品有限公司
山东含羞草卫生科技股份有限公司
山东临沂图艾丘护理用品有限公司
东明县康迪妇幼用品有限公司
金泰通用医疗器材(青岛)有限公司
山东省招远市温泉无纺布制品厂
威海鸿宇无纺布制品有限公司
滕州华宝卫生用品有限公司
威海威高医用材料有限公司
威海今朝卫生用品有限公司
潍坊荣福堂卫生制品有限公司
沁源卫生用品有限公司
济南康舜日用品有限公司
济南蓝秀卫生用品有限公司
山东淄博光大医疗用品有限公司
临沂宏民纸业卫生用品有限公司
山东安适卫生用品有限公司
临沂兴博卫生用品有限公司
聊城市超群纸业有限公司
威海颐和成人护理用品有限公司
山东顺霸有限公司
安洁卫生用品有限公司
山东艾丝妮乐卫生用品有限公司
金得利卫生用品有限公司
潍坊金一鸣卫生用品有限公司
山东晶鑫无纺布制品有限公司
青岛嘉尚卫生用品有限公司

河南 Henan

新乡市好媚卫生用品有限公司
河南省永城市好理想卫生用品有限公司
郑州永欣卫生用品有限公司
滑县平安福卫生用品制作有限公司
河南潇康卫生用品有限公司
河南华城商贸有限公司
郑州啓福卫生用品有限公司
河南恒泰卫生用品有限公司
河南百乐适卫生用品有限公司
河南互帮卫材有限公司
安阳市汇丰卫生用品有限责任公司
新乡市康鑫卫生用品有限公司
郑州市爱慕盛生物科技有限公司
上海全宇生物科技舞钢有限公司

湖北 Hubei

武汉永怡纸业有限公司
湖北省武穴市疏朗朗卫生用品有限公司
湖北佰斯特卫生用品有限公司
湖北盈乐卫生用品有限公司
湖北省武穴市恒美实业有限公司
茶花女(武汉)卫生用品有限公司
湖北马应龙护理品有限公司

湖南 Hunan

长沙万美卫生用品有限公司
湖南省安迪尔卫生用品有限公司

广东 Guangdong

佛山创佳纸业有限公司
广州中嘉进出口贸易有限公司
东莞瑞麒婴儿用品有限公司
东莞市天正纸业有限公司

东莞市常兴纸业有限公司
东莞嘉米敦婴儿护理用品有限公司
心丽卫生用品(深圳)有限公司
佛山市超爽纸品有限公司
佛山市南海吉爽卫生用品有限公司
佛山市千婷生活用品有限公司
广东康得卫生用品有限公司
佛山市硕氏日用品有限公司
百洁(广东)卫生用品有限公司
佛山市南海必得福无纺布有限公司
佛山市中道纸业有限公司
佛山市佩安婷卫生用品实业有限公司
佛山市南海康索卫生用品有限公司
佛山市宝爱卫生用品有限公司
佛山市泰康卫生用品有限公司
广东美洁卫生用品有限公司
佛山市顺德区乐从护康卫生用品厂
广东康怡卫生用品有限公司
佛山市爽洁卫生用品有限公司
汕头市润物护垫制品有限公司
广州粤丰飞跃实业有限公司
广州市洪威医疗器械有限公司
广州艾妮丝日用品有限公司
惠东县长荣实业有限公司
惠州市宝尔洁卫生用品有限公司
江门市互信纸业有限公司
江门市凯乐纸品有限公司
江门市新会区信发卫生用品厂
开平新宝卫生用品有限公司
汕尾市娜菲生物科技有限公司
同高纺织化纤(深圳)有限公司
深圳全棉时代科技有限公司
深圳市耀邦日用品有限公司
爱得利(广州)婴儿用品有限公司
珠海市健朗生活用品有限公司
佛山市优美尔婴儿日用品有限公司
江门市艾乐诗卫生用品有限公司
东莞苏氏卫生用品有限公司
香港曼可国际纸业有限公司
新感觉卫生用品有限公司
广东茵茵股份有限公司
中山市宜姿卫生制品有限公司
广州开丽医用科技有限公司
熙烨日用品有限公司
广东昱升个人护理用品股份有限公司
佛山市南海区佳朗卫生用品有限公司
江门市乐怡美卫生用品有限公司
佛山市邦宝卫生用品有限公司
鹤山市嘉美诗保健用品有限公司
佛山欧品佳卫生用品有限公司
东莞市宝适卫生用品有限公司
樱宝纸业有限公司
广州市亮库环保科技有限公司
为民日用品有限公司
佛山市三春辉卫生用品有限公司
广州贝思特妇幼用品有限公司
深圳嘉嘉福贸易有限公司
江门市合盈天下卫生用品有限公司
广州灰树熊生物科技有限公司

广西 Guangxi

桂林吉臣氏卫生用品有限公司

海南 Hainan

海南欣达纸品贸易有限公司

重庆 Chongqing

重庆抒乐工贸有限公司

四川 Sichuan

恒安(四川)家庭用品有限公司
福春纸业有限公司
自贡简丹卫生用品有限公司

贵州 Guizhou

贵州中柔纸业有限公司

云南 Yunnan

森美国际有限公司

陕西 Shaanxi

西安市西耀纸业商贸有限公司
西安佳邦无纺布制品有限公司

新疆 Xinjiang

乌鲁木齐乐宝氏卫生用品有限公司

宠物卫生用品
Hygiene products for pets

天津 Tianjin
天津市英华妇幼用品有限公司
天津市恒新纸业有限公司
天津市依依卫生用品有限公司
天津市舒爽卫生制品有限公司
天津和顺达塑料制品有限公司

河北 Hebei
唐县京旺卫生用品有限公司

辽宁 Liaoning
大连爱丽思生活用品有限公司
大连善德来生活用品有限公司
丹东北方卫生用品有限公司
锦州市维珍护理用品有限公司

上海 Shanghai
上海元闲宠物用品有限公司
上海天茂纸制品有限公司
阿蓓纳(上海)贸易有限公司
上海润辉实业有限公司

江苏 Jiangsu
常州市宏泰纸膜有限公司
常州康贝妇幼用品有限公司/
常州快高儿童卫生用品有限公司
常州市梦爽卫生用品有限公司
常州市武进亚星卫生用品有限公司
常州好妈妈纸业有限公司
丹阳市金晶卫生用品有限公司
好孩子百瑞康卫生用品有限公司
南通恒拓进出口贸易有限公司
南通锦程护理垫有限公司
苏州市苏宁床垫有限公司
苏州旭鹏宠物用品有限公司
苏州惠康护理用品有限公司
江苏中恒宠物用品股份有限公司
常州德利斯护理用品有限公司
常州柯恒卫生用品有限公司
苏州市泰升床垫有限公司
南通锦晟卫生用品有限公司
江苏宝姿实业有限公司

浙江 Zhejiang
杭州珍琦卫生用品有限公司
杭州辉煌卫生用品有限公司
杭州可靠护理用品股份有限公司
浙江安柔卫生用品有限公司
浙江英凯莫实业有限公司
杭州新翔工贸有限公司
杭州豪悦实业有限公司
绍兴唯尔福妇幼用品有限公司

安徽 Anhui
芜湖悠派卫生用品有限公司
合肥嘉斯曼无纺布制品有限公司
合肥洁家卫生材料有限公司

福建 Fujian
泉州市婷爽卫生用品有限公司
南安市泉发纸品有限公司
福建省荔城纸业有限公司
韩顺(厦门)卫生用品有限公司
泉州创达实业有限公司

江西 Jiangxi
江西生成卫生用品有限公司
江西九江华沃纸健品有限公司

山东 Shandong
威海威高医用材料有限公司
威海今朝卫生用品有限公司
沁源卫生用品有限公司
青岛正利纸业有限公司
山东爱舒乐卫生用品有限公司
山东晶鑫无纺布制品有限公司

河南 Henan
新乡市康鑫卫生用品有限公司

广东 Guangdong
中山市星华纸业发展有限公司
珠海市健朗生活用品有限公司
深圳天意宝婴儿用品有限公司
汕头市润物护垫制品有限公司
中山市宜姿卫生制品有限公司
中山市川田卫生用品有限公司

擦拭巾
Wipes

北京 Beijing
多尼克(北京)化学有限公司
北京派尼尔纸业有限公司
北京洁洁香纸制品有限公司
北京鹏达雅洁卫生用品有限公司
北京欣龙无纺新材料有限公司
北京北方开来纸品有限公司
北京蓝天碧水纸制品有限责任公司
北京众诚天通商贸有限公司
西藏坎巴嘎布卫生用品有限公司北京分公司
北京爱佳卫生保健品厂
北京宝润通科技开发有限责任公司
北京爱华中兴纸业有限公司
北京一帆清洁用品有限公司
北京鼎鑫航空用品有限公司
北京舒美卫生用品有限公司
北京爱宜洁科技发展有限公司
北京清源无纺布制品厂
北京爱多洁商贸有限公司
北京都百利科技有限公司
北京创利达纸制品有限公司
北京九佳兴卫生用品有限公司

天津 Tianjin
天津骏发森达卫生用品有限公司
天津市艳胜工贸有限公司
天津市亿利来科技卫生用品厂
天津木兰巾纸制品有限公司
瑞安森(天津)医疗器械有限公司
天津忘忧草纸制品有限公司
天津市三维纸业有限公司
天津康森生物科技有限公司
天津市蔓莉卫生制品有限公司
天津市娇柔卫生纸品有限公司
天津科力宏科技发展有限公司

河北 Hebei
石家庄和柔卫生用品有限公司
保定市满城美缘纸品厂
和信纸品有限公司
保定市碧柔卫生用品有限公司
保定市满城豪峰纸业
保定市满城奥达纸业
保定洁中洁卫生用品有限公司
保定市东升卫生用品有限公司
河北省迈特卫生用品有限公司
石家庄市宏大卫生用品厂
沧州聚缘卫生用品有限公司
河北石家庄市长安爱佳卫生用品厂
石家庄小布头儿纸业有限公司
小陀螺(中国)品牌运营管理机构
白之韵纸制品厂
唐山市阳光卫生材料制品有限公司
邢台市好美时卫生用品有限公司
保定林海纸业有限公司
满城新宇纸业有限公司
保定市港兴纸业有限公司
东纶科技实业有限公司
河北义厚成日用品有限公司
河北氏氏美卫生用品有限责任公司
石家庄市嘉赐福卫生用品有限公司
茹达卫生用品有限公司
保定市中宇卫生用品有限公司
河北省唐山宏阔科技有限公司
河北金凯来卫生用品有限责任公司
邯郸市丛台金航贸易有限公司
保定川江卫生用品有限公司
河北唐山安生纸制品制造有限公司
石家庄东胜纸业有限公司

山西 Shanxi
山西森达医疗器械有限责任公司
山西华达纸业
太原市天运酒店用品有限公司
山西中德宝力进出口贸易有限公司

辽宁 Liaoning
鞍山靓倩卫生用品有限公司
大连宇翔家庭用品有限公司
大连桑拓生物新技术有限公司
格瑞恩(大连)科技发展有限公司
宇和特纸有限公司
大连莲花姐姐商贸有限公司
大连欧派科技有限公司
大连雄伟保健品有限公司
丹东康齿灵保洁用品有限公司
锦州东洋松蒲卫生用品有限公司
锦州东方卫生用品有限公司

澳大利亚众和健康产业有限公司
辽阳恒升实业有限公司
沈阳纳尔实业有限责任公司
沈阳天翌纸制品有限公司
沈阳市奇美卫生用品有限公司
沈阳浩普商贸有限公司
沈阳达仕卫生用品有限公司
凌海市爽尔佳保健品有限公司
辽宁和合卫生用品有限公司
大连维多利尔科技有限公司
锦州市雨润保健品有限公司
大连大鑫卫生护理用品有限公司
鞍山市迪奥尼卫生用品有限公司
大连爱洁卫生用品有限公司
大连乐安卫生用品有限公司
大连圣耀科技有限公司
沈阳爱格美贸易有限公司
凌海亚马逊生物科技有限公司
凌海展望生物科技有限公司
大连邦琪卫生用品有限公司

吉林 Jilin

长春遨宇高新技术有限公司
吉林市蕙洁宣卫生用品厂
通化卉云桐生物科技有限公司
长春市茜茜卫生用品厂
长春市达驰物资经贸有限公司
长春福康医疗保健品有限责任公司
长春华清清洁用品有限责任公司
吉林省蓝月亮卫生用品有限公司
长春市月祺医疗卫生用品有限公司
吉林省鸿威生物科技有限公司
四平圣雅生活用品有限公司
春源卫生制品有限公司
四平佳尔生活用品有限公司
四平维佳科技有限公司

黑龙江 Heilongjiang

哈尔滨市运明实业有限公司
哈尔滨康安卫生用品有限公司
哈尔滨市大世昌经济贸易有限公司
哈药集团制药总厂制剂厂
哈尔滨金宵医疗卫生用品厂
哈尔滨鑫禾纸业有限责任公司

上海 Shanghai

上海海拉斯实业有限公司
上海铃兰卫生用品有限公司
上海灿之贸易有限公司
上海元闲宠物用品有限公司
上海任翔实业发展有限公司
康贝(上海)有限公司
上海贝聪婴儿用品有限公司
上海秋欣实业有限公司
上海独一实业有限公司
上海御信堂化妆品有限公司
强生(中国)有限公司
上海优生婴儿用品有限公司
上海奇丽纸业有限公司
上海唯爱纸业有限公司
上海若云纸业有限公司
上海银京医用卫生材料有限公司
上海斐庭日用品有限公司
高川纸业(上海)有限公司
上海雅臣纸业有限公司
上海新络滤材有限公司
上海嗳呵母婴用品国际贸易有限公司
上海世展化工科技有限公司
康那香企业(上海)有限公司
上海大昭和有限公司
上海马拉宝商贸有限公司
上海欣莹卫生用品有限公司
上海亚日工贸有限公司
上海艾顿卫生用品有限公司
上海曜颖餐饮用品有限公司
香诗伊卫生用品有限公司
上海诗美生物科技有限公司
上海欧吉士环保科技有限公司
上海同高实业有限公司
贝亲婴儿用品(上海)有限公司
上海荷风环保科技有限公司
上海基高贸易有限公司
王子奇能纸业(上海)有限公司
上海康奇实业有限公司
上海城峰纸业有限公司
上海美馨卫生用品有限公司
上海三君生活用品有限公司
上海麦世科无纺布集团有限公司

江苏 Jiangsu

常熟市圣利达水刺无纺有限公司
苏州常盛水刺无纺有限公司
江苏东方洁妮尔水刺无纺布有限公司
常州市汇利卫生材料有限公司
贝亲母婴用品(常州)有限公司
常州华纳非织造布有限公司

常州美康纸塑制品有限公司
徐州洁仕佳卫生用品有限公司
江阴金凤特种纺织品有限公司
无锡市伙伴日化科技有限公司
句容东发生活用品有限公司
昆山优护优家贸易有限公司
昆山华玮净化实业有限公司
南京远阔科技实业有限公司
南京特纳斯生物技术开发有限公司
南京市中天纸业
江苏丽洋新材料开发有限公司
江苏通江科技股份有限公司
南通市万利纸业有限公司
南通洁新卫生用品有限公司
苏州逸云卫生用品有限公司
苏州冠洁生活制品有限公司
苏州佳和无纺制品有限公司
苏州创佳纸业有限公司
苏州宝丽洁日化有限公司
苏州成斯无尘科技有限公司
苏州欧德无尘材料有限公司
王子制纸妮飘(苏州)有限公司
苏州恒星医用材料有限公司
苏州铃兰卫生用品有限公司
奈森克林(苏州)日用品有限公司
姜堰市时代卫生用品有限公司
江苏康隆工贸有限公司
江苏省盱眙县洁玉卫生纸巾厂
徐州欧尚卫生用品有限公司
江苏俏安卫生保健用品有限公司
心悦卫生用品有限公司
盐城市天盛卫生用品有限公司
扬州倍加洁日化有限公司
张家港市宏亮卫生用品厂
镇江闽镇纸业有限公司
徐州市舒润日用品有限公司
常州德利斯护理用品有限公司
金红叶纸业集团有限公司
耀泰纸业(徐州)发展有限公司
江阴健发特种纺织品有限公司
创艺卫生用品(苏州)有限公司
无锡市成明电器清洁用品有限公司
无锡市凯源家庭用品有限公司
江苏天佑医用科技有限公司
常州护佳卫生用品有限公司
南京博洁卫生用品厂

浙江 Zhejiang

宁波市奇兴无纺布有限公司
浙江荣鑫纤维有限公司
浙江绿飞诗日用品有限公司
杭州兰泽护理用品有限公司
杭州波一清卫生用品有限公司
浙江华顺涤纶工业有限公司
临安广源无纺制品有限公司
杭州升博清洁用品有限公司
杭州好特路卫生制品有限公司
杭州国光旅游用品有限公司
杭州伟一博实业有限公司
杭州兴农纺织有限公司
杭州小姐妹卫生用品有限公司
杭州妙洁旅游用品厂
杭州南峰非织造布有限公司
杭州申皇无纺布用品有限公司
杭州嘉杰实业有限公司
浙江启美日用品有限公司
杭州思进无纺布有限公司
杭州洁诺清洁用品有限公司
湖州欧宝卫生用品有限公司
浙江富瑞森水刺无纺布有限公司
平湖市瑞恩健康护理卫生用品有限公司
嘉兴市秀洲舒香无纺布湿巾厂
嘉兴市绎新日用品有限公司
浙江弘扬无纺新材料有限公司
浦江县清乐之雅工贸有限公司
临安三鑫清洁用品有限公司
临安威亚无纺布制品厂
临安盈丰清洁用品有限公司
临安大拇指清洁用品有限公司
临安市家美汇清洁用品有限公司
杭州临安海元无纺制品有限公司
杭州临安天福无纺布制品厂
宁海天元无纺制品厂
南六企业(平湖)有限公司
舒尔洁日用品厂
浙江绍兴民康消毒用品有限公司
绍兴海之萱卫生用品有限公司
绍兴市恒盛新材料技术发展有限公司
绍兴叶鹰纺化有限公司
绍兴市袍江家洁生活用品厂
浙江和中非织造股份有限公司
绍兴县康洁生物卫生用品有限公司
新亚控股集团有限公司
温州市瓯海景山罗一纸塑厂
温州市鹿城希伯仑实业公司
浙江省义乌市安兰清洁用品厂
义乌市妙洁日用品厂
玉洁卫生用品有限公司

义乌市润洁日用品有限公司
浙江安柔卫生用品有限公司
浙江省金华市雷达纸业有限公司
湖州优全护理用品科技有限公司
浙江省诸暨造纸厂
杭州国臻实业有限公司
杭州禄康日用品有限公司
宁波炜业科技有限公司
绍兴唯尔福妇幼用品有限公司
绍兴市万方卫生用品有限公司
平阳洁达纸制品厂
杭州康洁日用品制造有限公司
杭州冰儿无纺布有限公司
金华市辉煌无纺用品有限公司
杭州瑞邦医疗用品有限公司
宁波市鄞州艾科日用品有限公司
浙江宝加日用品有限公司
浙江辰玮日化科技有限公司
义乌安朵日用品厂
杭州幼柔贸易有限公司
宁波世洁清洁用品厂
义乌市嘉华日化有限公司
杭州临安诗洁日化有限公司
浙江佳燕日用品有限公司
义乌市优诺日用品有限公司
杭州比因美特孕婴童用品有限公司
丽水市洁美纸业制品厂
温州市平阳县洁芸纸制品厂

安徽 Anhui

安徽木之风纸品有限公司
合肥双成非织造布有限公司
合肥市华润非织造布制品有限公司
合肥特丽洁卫生材料有限公司
合肥欣诺无纺制品有限公司
合肥格兰帝卫生材料有限公司
合肥汉邦医疗用品有限公司
合肥卫材医疗器械有限公司
合肥德易生物科技有限公司
安徽鑫露达医疗用品有限公司
安徽嘉洁雅湿巾有限公司
铜陵洁雅生物科技股份有限公司
芜湖市唯意酒店用品有限公司
芜湖市定发纸业有限公司
芜湖悠派卫生用品有限公司
婴舒宝(滁州)婴童用品有限公司
安徽阳阳酒店用品有限公司

福建 Fujian

福鼎市恒润清洁用品有限公司
福州市柯妮尔生活用纸有限公司
福州晋安金鸽卫生用品厂
益兴堂卫生制品有限公司
福州洁乐妇幼卫生用品有限公司
福建恒安集团有限公司
晋江恒安家庭生活用纸有限公司
晋江德信纸业有限公司
婴舒宝(中国)有限公司
泉州市宏信伊风纸制品有限公司
晋江市永芳纸业有限公司
晋江市老君日化有限责任公司
美力艾佳(中国)生活用纸有限公司
晋江安婷妇幼用品有限公司
晋江市台洋卫生用品有限公司
泉州白绵纸业有限公司
福建省时代天和实业有限公司
福建省明大卫生用品有限公司
亿发集团
福建省荔城纸业有限公司
泉州市玺耀日用化工品有限公司
泉州市星华生活用品有限公司
泉州市奥洁卫生用品有限公司
雀氏(福建)实业发展有限公司
泉州顺顺纸巾厂
福建省泉州市盛峰卫生用品有限公司
泉州市汇丰妇幼用品有限公司
泉州市爱之道日用品有限公司
佳禾国际(中国)有限公司
泉州市华龙纸品实业有限公司
晋江市洁语卫生用品有限公司
厦门帝尔特企业有限公司
厦门开润工贸有限公司
厦门亚隆日用品有限公司
厦门杰宝日用品有限公司
中南纸业(福建)有限公司
福建舒而美卫生用品有限公司
福建百合堂家庭用品有限公司
福建诚信纸品有限公司
漳州市芗城晓莉卫生用品有限公司
利安娜(厦门)日用品有限公司
花之町(厦门)日用品有限公司
晋江市恒质纸品有限公司
康洁湿巾用品有限公司
福建恒烨卫生用品有限公司
晋江泰成贸易有限公司
福建晖英纸业有限公司
厦门沃克威母婴用品有限公司
漳州天之然卫生用品有限公司
康美(福建)生物科技有限公司
厦门大辰生物科技有限公司

漳州市康贝卫生用品有限公司
厦门康伯乐日用品有限公司
泉州舒贝特卫生用品有限公司
福建娃娃爽生活用品有限公司
福建健怡母婴用品有限公司
福建康臣日用品有限责任公司
雅典娜(福建)日用品科技有限公司

江西 Jiangxi
九江市白洁卫生用品有限公司
南昌万家洁卫生制品有限公司
科奇高新技术产品实业有限公司
南昌爱宝多实业有限公司
南昌鑫隆达纸业有限公司
鄱阳湖纸业公司
江西欣旺卫生用品有限公司
江西安顺堂生物科技有限公司
江西省康美洁卫生用品有限公司
江西生成卫生用品有限公司
仁和药业有限公司消费品事业部
吉安市超纤无纺有限公司

山东 Shandong
高密市瑞雪卫生用品厂
山东省润荷卫生材料有限公司
济宁恒安纸业有限公司
山东莱芜市永胜随心印纸业有限公司
山东东海生物科技有限公司
聊城超越日用品有限公司
青岛明宇卫生制品有限公司
青岛洁尔康卫生用品厂
青岛鑫雨卫生制品有限公司
山东洁丰实业股份有限公司
东顺集团股份有限公司
广丰纸业有限公司
潍坊临朐华美纸制品有限公司
山东云豪卫生用品有限公司
山东晨晓纸业科技有限公司
山东赛特新材料股份有限公司
淄博恒润航空巾被有限公司
淄博金宝利纸业有限公司
济南金明发纸业有限公司
济南卡尼尔科技有限公司
济南亿华纸制品有限公司
山东益母妇女用品有限公司
临沂市超柔生活用纸厂
潍坊雨洁消毒用品有限公司
潍坊马利尔纸业有限公司
淄博美尔娜卫生用品有限公司
济南恒安纸业有限公司
济南尤爱生物技术有限公司
惠民县好乐洁卫生用品厂
青岛戴氏伟业工贸有限公司
淄博旭日纸业有限公司
潍坊乐臣卫生用品有限公司
临沂市虎歌卫生用品厂
聊城市超群纸业有限公司
山东柯利无纺制品有限公司
烟台海城卫生用品有限公司
山东艾丝妮乐卫生用品有限公司
金得利卫生用品有限公司
潍坊市金宵医疗卫生用品有限公司
潍坊福山纸业有限公司
山东信成纸业有限公司
山东百合卫生用品有限公司
邹城市福满天食品有限公司
日照三奇医保用品(集团)有限公司
山东省菏泽市金瑞卫生用品有限公司
东明县康迪妇幼用品有限公司
爱他美(山东)日用品有限公司
山东太阳生活用纸有限公司
山东省东营市德瑞卫生用品有限公司
临沂市好景贸易有限公司
青岛克大克生化科技有限公司
青岛嘉尚卫生用品有限公司
青岛美西南科技发展有限公司
威海亿露飞卫生用品有限公司
山东滕森纸业有限公司
韩国尚美(株式会社)
临沂偶迈柯母婴用品有限公司

河南 Henan
河南省洛阳市涧西华丰纸巾厂
平顶山正植科技有限公司
郑州洁良纸业有限公司
河南洁达纸业有限公司
河南美洁纸业
方舟纸业(驻马店)有限公司
三门峡雅洁卫生制品厂
新乡市申氏卫生用品有限公司
河南恒泰卫生用品有限公司
郑州枫林无纺科技有限公司
郑州无纺生活用品有限公司
郑州洁之美无纺新材料有限公司
延津县安康卫生用品有限公司
濮阳市润洁生活用品有限公司

郑州大拇指日用品有限公司
郑州承启科技有限公司
河南省温县伟帆卫生用品有限公司

湖北 Hubei
黎世生活用品有限责任公司
武汉新宜人纸业有限公司
湖北武汉利发纸业有限公司
武汉市百康纸业有限公司
宜都市雷迪森纸业有限公司
襄阳市晟嘉纸业商行
湖北省武穴市疏朗朗卫生用品有限公司
武汉创新欧派科技有限公司
武汉硚口区布莱特纸品厂
茶花女(武汉)卫生用品有限公司
湖北怡和亚太卫生用品有限公司

湖南 Hunan
益阳碧云风纸业有限公司
湖南恒安纸业有限公司
长沙丰之裕纸业有限责任公司
湖南雪松纸制品有限责任公司
湘潭金诚纸业有限公司
湖南冠恩食品有限公司
一朵众赢电商科技股份有限公司
张家界恒鑫卫生用品有限公司
长沙喜士多日用品有限公司
湖南舒比奇生活用品有限公司
湖南康程护理用品有限公司
长沙科阳工贸有限公司
湖南省中亿生活用品有限公司
湖南冰纯式纸业有限公司

广东 Guangdong
东莞市东达纸品有限公司
东莞市大朗宝顺纸品厂
东莞市舒洁纸制品公司
佛山创佳纸业
百润(中国)有限公司
广东省潮州市航空用品实业有限公司
东莞市天正纸业有限公司
宝盈妇幼用品有限公司
深圳市洁雅丽纸品有限公司
心丽卫生用品(深圳)有限公司
万益纸巾(深圳)有限公司
恩平市稳洁无纺布有限公司
广东省南海康洁香巾厂
佛山市婴众幼儿用品有限公司
深圳中益源纸业有限公司
广东景兴卫生用品有限公司
佛山市南海区桂城德恒餐饮用品厂
佛山市千婷生活用品有限公司
佛山市硕氏日用品有限公司
佛山市兴肤洁卫生用品厂
佛山市南海康得福医疗用品有限公司
佛山市中道纸业有限公司
佛山市南海区平洲夏西雅佳酒店用品厂
佛山市顺德区崇大湿纸巾有限公司
佛山市西尔斯日用品有限公司
佛山市佩安婷卫生用品实业有限公司
佛山市德玛母婴用品有限公司
广州创展无纺布制品厂
广州大荣日用化工制品有限公司
广州市高登保健制品厂
广州蓓爱婴童用品有限公司
广州康尔美理容用品厂
广州市白桦日用品有限公司
广州品维纸业有限公司
广州艾妮丝日用品有限公司
广州富海川卫生用品有限公司
广州一兆无纺日化有限公司
广州市科纶实业有限公司
广州成杰日用品科技有限公司
惠州市宝尔洁卫生用品有限公司
深圳市泽田贸易有限公司
江门市晨采纸业有限公司
老蜂农化妆品(汕头)有限公司
汕头市潮阳科星卫生品厂
深圳市康雅实业有限公司
金旭环保制品(深圳)有限公司
深圳市御品坊日用品有限公司
同高纺织化纤(深圳)有限公司
惠州泰美纸业有限公司
深圳市维尼健康用品有限公司
深圳市一帆日用品有限公司
深圳市采悦纸业有限公司
深圳市施尔洁生物工程有限公司
深圳市广田纸业有限公司
深圳市博龙纸业有限公司
南京腾得利工贸有限公司深圳办事处
深圳全棉时代科技有限公司
深圳时间线健康护理用品有限公司
稳健实业(深圳)有限公司
诗乐氏实业(深圳)有限公司
星灏日用制品有限公司
深圳市新纶科技股份有限公司

深圳市恒圳实业有限公司
中山市新洁保日用品有限公司
诺斯贝尔(中山)无纺日化有限公司
中山市华宝乐工贸发展有限公司
珠海松锦企业发展有限公司
珠海市健朗生活用品有限公司
江门市贝丽纸业有限公司
深圳市水润儿婴童用品有限公司
佛山市优美尔婴儿日用品有限公司
广州久神商贸有限公司
广州萱岱贸易有限公司
合生元集团
佛山市爱健宝日用品有限公司
佛山市南海欧比护理用品有限公司
香港曼可国际纸业有限公司
盈家(集团)卫生用品有限公司
广东骏宝实业有限公司
广州博润生物科技有限公司
广州开丽医用科技有限公司
江门市乐怡美卫生用品有限公司
佛山市邦宝卫生用品有限公司
润之雅实业有限公司
中山市德乐生物科技有限公司
汕头市乐帮生活用品有限公司
爱得利(广州)婴儿用品有限公司
广州市又一宝婴幼儿用品有限公司
佛山市亿越日用品有限公司
利洁时家(中国)有限公司
江门市水滋润卫生用品有限公司

广西 Guangxi

广西南宁市玉云纸制品有限公司
广西舒雅护理用品有限公司
桂林雅湿洁卫生用品有限公司
广西南宁甘霖工贸有限责任公司
南宁市好印象纸品厂
广西源安堂药业有限公司

海南 Hainan

海南欣龙无纺科技制品有限公司
海南欣达纸品贸易有限公司

重庆 Chongqing

重庆珍爱卫生用品有限责任公司
重庆东实纸业有限责任公司
重庆升瑞纸品有限公司
重庆市海洁消毒卫生用品有限责任公司
重庆海明卫生用品有限公司
重庆市雅洁纸业有限公司
重庆龙璟纸业有限公司
重庆百亚卫生用品股份有限公司
重庆振汉卫生用品有限公司

四川 Sichuan

四川友邦纸业有限公司
成都市豪盛华达纸业有限公司
成都金香城纸业有限公司
四川宁斐美容化妆品有限公司
润奇湿巾
成都凯茜生物制品有限责任公司
成都彼特福纸品工艺有限公司
福春纸业有限公司

贵州 Guizhou

贵州凯里经济开发区冠凯纸业有限公司
遵义恒风纸业有限责任公司

云南 Yunnan

云南兴亮实业有限公司
昆明安生工贸有限公司

西藏 Tibet

西藏坎巴嘎布卫生用品有限公司

陕西 Shaanxi

陕西爱洁日用品有限公司
西安福瑞德纸业有限责任公司
西安住邦无纺布制品有限公司
西安亮剑科技有限公司
陕西雅润生活用品有限公司
西安琛雄工贸有限公司
西安丹露生物科技有限公司

甘肃 Gansu

兰州依帆卫生用品有限公司

新疆 Xinjiang

新疆乌鲁木齐市鑫之顺纸业
乌鲁木齐市百洁湿巾厂
乌鲁木齐乐宝氏卫生用品有限公司
乌鲁木齐市环峰(雁峰)纸业

一次性医用非织造布制品
Disposable hygiene medical nonwoven products

北京 Beijing
北京圣美洁无纺布制品有限公司
北京赛劳德技术开发研究所
北京鑫田黎明医疗器械有限公司
北京康宇医疗器材有限公司
北京安宜卫生用品有限公司
北京益康卫生材料厂
北京市通州区利康卫生材料制品厂

天津 Tianjin
瑞安森(天津)医疗器械有限公司
天津市可圣科技发展有限公司

河北 Hebei
唐县京旺卫生用品有限公司
石家庄康百氏工贸有限公司
唐山市阳光卫生材料制品有限公司
新乐华宝医疗用品有限公司
邯郸市恒永防护洁净用品有限公司
东纶科技实业有限公司
保定市炫昊母婴用品制造有限公司

辽宁 Liaoning
锦州凌河区帮洁清洁用品厂
辽宁和合卫生用品有限公司
丹东市天和纸制品有限公司

上海 Shanghai
上海英科医疗用品有限公司
上海洁安实业有限公司
上海百府康卫生材料有限公司
上海银京医用卫生材料有限公司
约柏滤材工业(上海)有限公司
上海华新医材有限公司
美迪康医疗用品贸易(上海)有限公司
上海麦世科无纺布集团有限公司
上海立南商贸有限公司
上海润辉实业有限公司

江苏 Jiangsu
好利医用品有限公司
常州市戴溪医疗用品厂
常州市宏泰纸膜有限公司
常州好妈妈纸业有限公司
常州市莱洁卫生材料有限公司
华联保健敷料有限公司
宝利医疗用品有限公司
江苏柯莱斯克新型医疗用品有限公司
丹阳市金晶卫生用品有限公司
江阴金凤特种纺织品有限公司
泰州市华芳医用品有限公司
昆山华玮净化实业有限公司
南京依朋纺织品实业有限公司
南通中纸纸浆有限公司
江苏广达医用材料有限公司
苏州市奥健医卫用品有限公司
苏州杜康宁医疗用品有限公司
苏州恒星医用材料有限公司
太仓海樱卫生用品有限公司
江苏康隆工贸有限公司
无锡市恒通医药卫生用品有限公司
吴江市亿成医疗器械有限公司
盐城市天盛卫生用品有限公司
扬州市长城医疗器械厂
张家港志益医材有限公司
张家港市东创无纺布制品有限公司
常州柯恒卫生用品有限公司
江阴健发特种纺织品有限公司
苏州维凯医用纺织品有限公司
溧阳好利医疗用品有限公司

浙江 Zhejiang
宁波市奇兴无纺布有限公司
杭州南峰非织造布有限公司
杭州津诚医用纺织有限公司
浙江嘉鸿非织造布有限公司
浙江富瑞森水刺无纺布有限公司
世源科技(嘉兴)医疗电子有限公司
浙江弘扬无纺新材料有限公司
杭州临安海元无纺制品有限公司
杭州临安天福无纺布制品厂
绍兴市恒盛新材料技术发展有限公司
绍兴振德医用敷料有限公司
绍兴福清卫生用品有限公司
浙江和中非织造股份有限公司
桐乡市健民过滤材料有限公司
温州广鑫包装有限公司
义乌市佳丽卫生用品厂
绍兴易邦医用品有限公司
杭州玛姬儿科技有限公司
绍兴港峰医用品有限公司

安徽 Anhui

合肥市华润非织造布制品有限公司
合肥特丽洁卫生材料有限公司
合肥洁诺无纺布制品有限公司
安徽精诚纸业有限公司
合肥欣诺无纺制品有限公司
合肥汉邦医疗用品有限公司
合肥美迪普医疗卫生用品有限公司
合肥特丽洁包装技术有限公司
天长市康辉防护用品工贸有限公司
合肥普尔德卫生材料有限公司
合肥法斯特无纺布制品有限公司

福建 Fujian

麦克罗加(厦门)防护用品有限公司
厦门飘安医疗器械有限公司
厦门悠派无纺布制品有限公司
福建康臣日用品有限责任公司

江西 Jiangxi

江西美宝利医用敷料有限公司
3L 医用制品有限公司
江西海福特卫生用品有限公司

山东 Shandong

金泰通用医疗器材(青岛)有限公司
济南美康医疗卫生用品有限公司
山东瑞亿医疗用品有限公司
山东淄博光大医疗用品有限公司
淄博福山纸业有限公司
沁源卫生用品有限公司
青岛市四方凯华卫生用品厂
青岛正利纸业有限公司
山东省招远市温泉无纺布制品厂
日照三奇医保用品(集团)有限公司
威海鸿宇无纺布制品有限公司
威海今朝卫生用品有限公司

河南 Henan

新乡市好媚卫生用品有限公司
新乡市宇安医用卫材有限公司
郑州枫林无纺科技有限公司
郑州无纺生活用品有限公司
郑州洁之美无纺新材料有限公司
新乡市天虹医疗器械有限公司
河南省亿信医疗器械有限公司
河南省华裕医疗器械有限公司
信阳颐和非织布有限责任公司

湖北 Hubei

湖北富仕达无纺布制品有限公司
仙桃市富实防护用品有限公司
仙桃瑞鑫防护用品有限公司
仙桃市科诺尔防护用品有限公司
湖北亿美达实业有限公司
仙桃市天红卫生用品有限责任公司
枝江奥美医疗用品有限公司
汉川市复膜塑料有限责任公司
武汉鼎鑫祥实业有限公司
仙桃市隽雅防护用品有限公司
咸宁爱科医疗用品有限公司

湖南 Hunan

湖南美佳妮卫生用品有限公司

广东 Guangdong

心丽卫生用品(深圳)有限公司
东莞市特利丰无纺布有限公司
美亚无纺布纺织产业用布科技(东莞)有限公司
佛山市南海康得福医疗用品有限公司
佛山市南海必得福无纺布有限公司
广州市绿芳洲纺织制品厂
广州奥奇无纺布有限公司
广州市金浪星非织造布有限公司
广州市洪威医疗器械有限公司
广州富海川卫生用品有限公司
同高纺织化纤(深圳)有限公司
稳健实业(深圳)有限公司
深圳市新纶科技股份有限公司
深圳天意宝婴儿用品有限公司
汕头市润物护垫制品有限公司
中山市宏俊无纺布厂有限公司
广州千子医疗科技有限公司
广州盛信防护用品制造有限公司
珠海洁新无纺布有限公司

海南 Hainan

海南欣龙无纺科技制品有限公司

四川 Sichuan

四川友邦纸业有限公司
成都明森医疗器械有限责任公司

云南 Yunnan

昆明海福特医疗用品工贸有限公司

陕西 Shaanxi

西安鹏翔复合材料有限公司

生活用纸相关企业名录

（原辅材料及设备器材采购指南）

（按产品类别分列）

DIRECTORY OF SUPPLIERS RELATED TO TISSUE PAPER & DISPOSABLE PRODUCTS INDUSTRY

（The purchasing guide of equipment and raw/auxiliary materials for tissue paper & disposable products industry）

（sorted by product category）

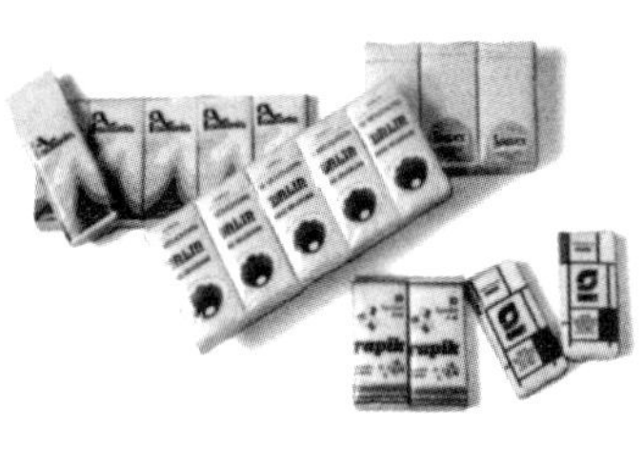

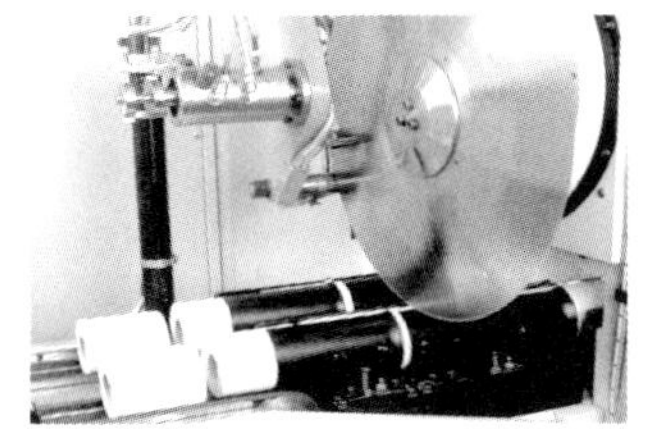

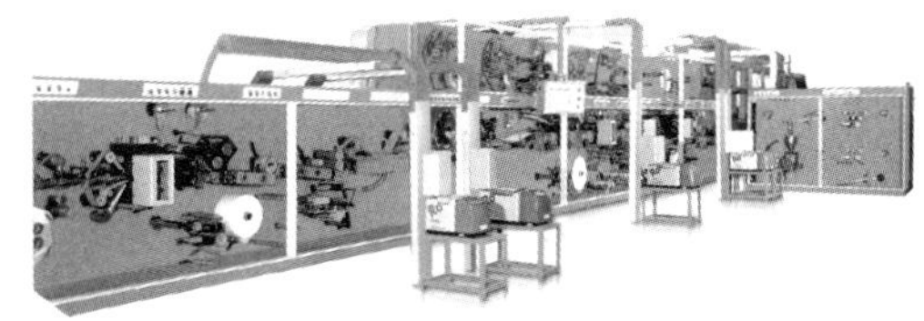

原辅材料生产或供应
Manufacturers and suppliers of raw/auxiliary materials

● 纸浆 Pulp

惠好(亚洲)有限公司
灯塔亚洲有限公司
Ekman Pulp and Paper Limited
丸红(北京)商业贸易有限公司
北京嘉阳创业经贸有限公司
北京加林华茂经贸有限公司
金风车(天津)国际贸易有限公司北京办事处
思智浆纸贸易(北京)有限公司
加拿大中加浆纸有限公司北京代表处
中国纸张纸浆进出口公司
北京嘉丰益经贸有限公司
加拿大北缘浆纸公司北京代表处
芬欧汇川(中国)有限公司
加拿大天柏浆纸公司北京代表处
目标纤维纸业贸易有限公司
瑞典艾克曼中国公司北京联络处
中普科贸有限责任公司
北京中基明星纸业有限公司
北京五洲林海贸易有限公司
北京中基亚太贸易有限公司
北京瑞文华信贸易有限公司
中国纸业投资有限公司
新加坡三义资源公司中国代表处
中轻物产公司
中轻物产股份有限公司天津分公司
天津市中澳纸业有限公司
天津市青山纸业有限公司
天津楠华伟业商贸有限公司
天津市蓬林纸业有限公司
天津建发纸业有限公司
天津天立华控股有限公司
天津德宝民丰纸业有限公司
天津港保税区曼特国际贸易有限公司
山西众聚通贸易有限公司
黑龙江省华林纸业有限公司
绥芬河市三都纸业有限责任公司
上海峰联浆纸有限公司
瑞典赛尔玛有限公司上海代表处
智利阿茹库亚洲代表处
上海兰生大宇有限公司
上海中轻纸业有限公司
上海东轻纸业有限公司
芬欧汇川(中国)有限公司上海办公室
美国维博森国际公司上海代表处
英特奈国际纸业投资(上海)有限公司
巴西金鱼浆纸公司上海代表处
瑞典伊洛夫汉森公司上海代表处
上海呈泽贸易有限公司
金风车(天津)国际贸易有限公司上海办事处
闰棵(上海)国际贸易有限公司
欧洲港口亚洲有限公司
上海凯昌国际贸易有限公司
江苏汇鸿国际集团股份有限公司上海分公司
加升国际贸易(上海)有限公司
中基亚太上海办事处
芬兰芬宝有限公司上海代表处
丸红(上海)有限公司
三井物产(上海)贸易有限公司消费服务事业部(第一部)
厦门国贸集团股份有限公司上海办事处
上海伊藤忠商事有限公司
山东加林国际贸易发展有限公司上海代表处
上海谦逊贸易有限公司
上海建发纸业有限公司
高川纸业(上海)有限公司
上海汉川纸业有限公司
上海永结浆纸贸易有限公司
上海惟海实业有限公司
上海明阳佳木国际贸易有限公司
上海安帝化工有限公司
上海翌虹实业发展有限公司
上海贝虹特进出口贸易有限公司
上海楚霖贸易有限公司
上海怡括贸易有限公司
上海置敦国际贸易有限公司
江苏汇鸿股份有限公司
镇江市金纸物资有限公司
艾森纸业有限公司
江苏金利达纸业有限公司
杭州亚灿浆纸有限公司
浙江东方纸业有限公司
浙江万邦浆纸集团有限公司
杭州艾森哲进出口有限公司
浙江莱仕浆纸有限公司
嘉兴索博纸业有限公司

义乌市顺天纸浆有限公司
安徽华文国际经贸股份有限公司
金诺纸业(福建)有限公司
南平市森辉商贸有限公司
厦门鸣辉商贸有限公司
厦门国贸集团股份有限公司
厦门建发纸业有限公司
长天卫材贸易有限公司
晋江木浆棉有限公司
山东东昊纸业有限公司
济南润林浆纸有限公司
山东巴普贝博浆纸有限公司
山东省轻工业供销总公司
山东加林国际贸易发展有限公司
山东枫叶国际贸易发展有限公司
聊城市聊威纸业有限公司
青岛佰鑫源国际贸易有限公司
青岛永瑞林贸易有限公司
青岛中易国际贸易有限公司
青岛加林物资有限公司
青岛郎仕达国际贸易有限公司
青岛盛达浆纸有限公司
上海万邦浆纸集团青岛办事处
德国宇森浆纸有限公司青岛办事处
中轻物产股份有限公司青岛分公司
青岛新锐实业有限公司
青岛德昊国际贸易有限公司
亚太森博(山东)浆纸有限公司
厦门建发纸业有限公司纸浆事业部
河南森祺浆纸有限公司
郑州青云商贸有限公司
河南亚松贸易有限公司
河南新华物资集团浆纸中心
河南欣豫国际纸浆有限公司
河南兆嵘纸业有限公司
河南省兆裕纸业有限公司
河南大丰纸浆有限公司
洛阳市强胜实业有限公司
北京中基亚太贸易有限公司武汉办事处
赤壁晨力纸业有限公司
湖南林诺工贸发展有限公司
湖南新时代财富投资实业有限公司纸张纸浆部
湖南绿洲浆纸有限公司
湖南骏泰浆纸有限责任公司营销公司
金风车(天津)国际贸易有限公司广州办事处
亚太森博(广东)纸业有限公司
广东中轻南方炼糖纸业有限公司
广州珠江特种纸有限公司
广州新理想浆纸有限公司
广州市桂翔纸业有限公司
广州市晨辉纸业有限公司
广州建发纸业有限公司
广州隽永发展有限公司
广州瑞盈浆纸有限公司
金山联浆纸集团
北京中基亚太贸易有限公司华南市场
广州韶能本色纸品有限公司
珠海市佳尔美有限公司
东莞市天高纸业有限公司
东莞腾冀翔纸业有限公司
东莞市渊俊贸易有限公司
东莞市东建浆纸有限公司
东莞市天高纸业有限公司中山办事处
广西东糖纸业有限责任公司
广西洋浦南华糖业集团股份有限公司
贺州市中盛浆纸有限公司
广西联拓贸易有限公司
广西嘉宇纸张纸浆有限公司
海南金海浆纸业有限公司
成都清雅纸业有限公司
成都建发纸业有限公司
四川天海煤炭能源有限公司
成都浩骅经济贸易有限公司
四川省乐山市夹江县汇丰纸业有限公司
四川永丰浆纸股份有限公司
四川西龙生物质材料科技有限公司
贵州赤天化纸业股份有限公司
云南云景林纸股份有限公司

● 绒毛浆 Fluff pulp

高原贸易股份有限公司
惠好(亚洲)有限公司
灯塔亚洲有限公司
中化塑料有限公司
北京科拉博贸易有限公司
天津市卓越商贸有限公司
天津市华悦峰商贸有限公司
天津市中澳纸业有限公司
天津天立华控股有限公司
天津港保税区曼特国际贸易有限公司
瑞典赛尔玛有限公司上海代表处
斯道拉恩索中国销售部上海办事处
GP 纤维亚洲香港有限公司上海代表处
英特奈国际纸业投资(上海)有限公司

博发浆纸亚洲公司
美国瑞安先进材料中国有限公司上海代表处
瑞典伊洛夫汉森公司上海代表处
上海凯昌国际贸易有限公司
丸红(上海)有限公司
上海伊藤忠商事有限公司
江苏兴化市恒洁卫生用品有限公司
杭州翰永物资有限公司
杭州经安进出口有限公司
杭州至正实业有限公司
浙江中包浆纸进出口有限公司
浙江晶岛进出口有限公司
南平市森辉商贸有限公司
福建腾荣达制浆有限公司
厦门东泽工贸有限公司
厦门建发纸业有限公司
厦门荣安集团有限公司
福建通港贸易有限公司
恒信纸品卫生材料经销部
青岛中易国际贸易有限公司
青岛星桥实业有限公司
一诺商贸进出口有限公司
红玫瑰卫生材料有限公司
英特奈国际纸业贸易(上海)有限公司广州分公司
广东中粤进出口有限公司
兴业集团长粤浆纸有限公司
斯道拉恩索中国销售部广州办事处
广州建发纸业有限公司
金山联浆纸集团
广州诚科贸易有限公司
成都建发纸业有限公司

● 非织造布 Nonwovens

——热轧、热风、纺粘
Thermalbond，airthrough，spunbonded

卫普实业股份有限公司
南六企业股份有限公司
康那香企业股份有限公司
艺爱丝维顺香港有限公司
益成无纺布有限公司
北京欣龙无纺新材料有限公司
北京北创无纺布股份有限公司
北京苏纳可科技有限公司
中国纺织科学技术有限公司
北京京兰非织造布有限公司
北京大源非织造有限公司
中石化北京燕山分公司树脂应用研究所
北京康必盛科技发展有限公司
善野商贸(天津)有限公司
天津市泰和无纺布有限公司
天津市中科健新材料技术有限公司
天津市德利塑料制品有限公司
天津和顺达塑料制品有限公司
河北维嘉无纺布有限公司
河北华睿无纺布有限公司
新乐市塑料复合制品有限公司
晋州市金圆无纺布厂
辛集市蓝天无纺布厂
邢台华邦非织造布有限公司
河北创发无纺布有限公司
沧州三和无纺布有限公司
廊坊中纺新元无纺材料有限公司
香河华鑫非织造布有限公司
秦皇岛华聚无纺布有限公司
雄县日基包装材料有限公司
大连富源纤维制品有限公司
大连富源非织造布有限公司
大连瑞光非织造布集团有限公司
辽宁森林木纸业有限公司
锦州利好实业有限公司
可乐丽贸易(上海)有限公司
旭化成纺织贸易上海有限公司
捷恩智纤维贸易(上海)有限公司
日本长安贸易株式会社上海代表处
韩国汇维仕(株)上海代表处
上海欣颢贸易有限公司
丸红(上海)有限公司
上海伊士通新材料发展有限公司
远纺工业(上海)有限公司
荷洛裴贸易(上海)有限公司
上海世展化工科技有限公司
伊藤忠纤维贸易(中国)有限公司
蝶理(中国)商业有限公司
上海远景胶粘材料有限公司
上海丝瑞丁工贸有限公司
上海汉川纸业有限公司
东洋纺高机能制品贸易(上海)有限公司
上海百府康卫生材料有限公司
塞拉尼斯(中国)投资有限公司
上海意东无纺布制造有限公司
上海枫围服装辅料有限公司
上海精发实业有限公司
上海清雅无纺布有限公司

上海紫通无纺布有限公司
康那香企业(上海)有限公司
上海增清织造布有限公司
泽太化纤(上海)有限公司
上海美坚无纺布有限公司
上海日阳实业有限公司
上海丰格无纺布有限公司
南京依朋纺织品实业有限公司
南京海容包装制品有限公司
南京和兴不织布制品有限公司
兰精(南京)纤维有限公司
丹阳市恒辉纤维材料有限公司
午和(江苏)差别化纤维有限公司
江苏常州市南华膜业有限公司
常州市三邦卫生材料有限公司
常州市同和塑料制品有限公司
常州市富邦无纺布有限公司
常州市汇利卫生材料有限公司
常州亨利无纺布有限公司
常州市洁润无纺布厂
常州维盛无纺科技有限公司
常州市正杨非织造布有限公司
常州市友恒无纺布有限公司
常州美康纸塑制品有限公司
常州市盈瀚无纺布有限公司
常州海蓝无纺科技有限公司
江苏超月无纺布有限公司
常州汉科无纺布有限公司
常州市锦益机械有限公司
致优无纺布(无锡)有限公司
无锡市正龙无纺布有限公司
无锡优佳无纺科技有限公司
江苏华西村股份有限公司特种化纤厂
江阴健发特种纺织品有限公司
江阴市联盛卫生材料有限公司
江阴市海月无纺布业有限公司
江阴市雅立服装衬布有限公司
江阴开源非织造布制品有限公司
江阴金凤特种纺织品有限公司
苏州市格瑞美医用材料有限公司
苏州维邦贸易有限公司
维顺(中国)无纺制品有限公司
苏州欣诺无纺科技有限公司
贝里塑料(原 PGI)
江苏江南高纤股份有限公司
吴江市盛泽信达绸厂
昆山纬丰无纺布有限公司
昆山胜昱无纺布有限公司
昆山真善诚无纺布制品厂有限公司
昆山建全防水透气材料有限公司
昆山市宝立无纺布有限公司
常熟市何市星晨纱厂(无纺)
苏州鑫茂无纺材料有限公司
常熟市立新无纺布织造有限公司
张家港骏马无纺布有限公司
苏州铭辰无纺布有限公司
连云港柏德实业有限公司
江苏华龙无纺布有限公司
宿迁鑫达进化材料有限公司
盐城纺织进出口有限公司
盐城市中联复合纤维有限公司
盐城申安无纺布工贸有限公司
盐城市盛绒无纺布有限公司
扬州石油化工有限责任公司
扬州吉欧派克实业有限公司
南通江潮纤维制品有限公司
南通汇昇贸易有限公司
东丽高新聚化(南通)有限公司
江苏丽洋新材料开发有限公司
南通和硕塑胶制品有限公司
南通保时捷无纺布有限公司
南通康盛无纺布有限公司
南通汇优洁医用材料有限公司
杭州华晨非织造布有限公司
德沃尔无纺布(杭州)有限公司
浙江华银非织造布有限公司
杭州诚进贸易有限公司
杭州金富非织造布有限公司
杭州森润无纺布科技有限公司
杭州萧山航民非织造布有限公司
杭州升博清洁用品有限公司
杭州临安欣顺无纺制品有限公司
杭州金百合非织造布有限公司
杭州易东纸制品有限公司
绍兴叶鹰纺化有限公司
绍兴市天燊科技材料有限公司
绍兴汉升塑料制品有限公司
绍兴县庄洁无纺材料有限公司
浙江佳宝新纤维集团有限公司
绍兴泽楷卫生用品有限公司
绍兴市耀龙纺粘科技有限公司
浙江耐特过滤技术有限公司
浙江乐芙技术纺织品有限公司
湖州欧丽卫生材料有限公司
长兴金科进出口有限公司
浙江金三发非织造布有限公司

长兴诺万无纺布有限公司
湖州吉豪非织造布有限公司
长兴天川非织造布有限公司
长兴润兴无纺布厂
嘉兴市惠丰化纤厂
浙江新维狮合纤股份有限公司
嘉兴市新丰特种纤维有限公司
嘉兴市富星无纺布厂
嘉兴市申新无纺布厂
嘉兴市中超无纺有限公司
浙江华泰非织造布有限公司
浙江嘉鸿非织造布有限公司
南六企业(平湖)有限公司
嘉兴金旭医用科技有限公司
海宁市贵都门纺织有限公司
海宁市美迪康非织造新材料有限公司
浙江麦普拉新材料有限公司
海宁新能纺织有限公司
海宁市威灵顿新材料有限公司
宁波艾凯逊包装有限公司
宁波天诚化纤有限公司
宁波泉兴无纺布有限公司
宁波市菲斯特化纤有限公司
宁波市奇兴无纺布有限公司
慈溪市逸红无纺布有限公司
慈溪市丰源化纤有限公司
宁波大发化纤有限公司
宁波拓普集团股份有限公司
兰溪市兴汉塑料材料有限公司
金华市隆发无纺布有限公司
义乌市广鸿无纺布有限公司
浙江东阳市三星实业有限公司
浙江远帆无纺布有限公司
温州市瓯海合利塑纸厂
温州恒基包装有限公司
温州宏欣非织布科技有限公司
温州海柔进出口有限公司
温州昌隆纺织科技有限公司
瑞安市怜峰纸业有限公司
温州市诚亿化纤有限公司
合肥永恒包装材料有限公司
合肥市华润非织造布制品有限公司
合肥双成非织造布有限公司
裕丰源(福建)实业发展有限公司
厦门市纳丝达无纺布有限公司
厦门鼎诚进出口有限公司
厦门双键贸易有限公司
厦门象屿上扬贸易有限公司
厦门和洁无纺布制品有限公司
厦门燕达斯工贸有限公司
厦门恒大工业有限公司
厦门创业人环保科技有限公司
厦门美润无纺布有限公司
泉州慧利新材料科技有限公司
泉州金博信无纺布科技发展有限公司
福建通港贸易有限公司
兴顺卫生材料用品有限公司
泉州东华化纤织造有限公司
泉州华利塑胶有限公司
泉州市汉卓卫生材料科技有限公司
泉州怡鑫新材料科技有限公司
福建省百龙卫生材料有限公司
威利达(福建)轻纺发展有限公司
泉州市共赢进出口有限责任公司
晋江育灯纺织有限公司
盛华(中国)发展有限公司
晋江市百丝达无纺布有限公司
福建日兴进出口贸易有限公司
泉州市鸿华化纤制品有限公司
福建鑫华股份有限公司
晋江市泰昌无纺布有限公司
晋江市恒安卫生材料有限公司
福建冠泓工业有限公司
晋江市兴泰无纺制品有限公司
福建省南安市恒丰纸品有限公司
福建恒利集团有限公司
福建省创美无纺布制品有限公司
石狮市坚创塑胶制品有限公司
福建金坛实业有限公司
三明市康尔佳卫生用品有限公司
江西国桥实业有限公司
进贤益成实业有限公司
吉安市超纤无纺有限公司
山东康洁非织造布有限公司
山东华业无纺布有限公司
淄博鑫峰纤维材料有限公司
山东金信无纺布有限公司
山东俊富无纺布有限公司
东营市神州非织造材料有限公司
山东海威卫生新材料有限公司
山东荣泰新材料科技有限公司
东营海容新材料有限公司
山东俊富非织造材料有限公司
潍坊金科卫生材料科技有限公司
潍坊志和无纺布有限公司
潍坊市海王新型防水材料有限公司

威海市联侨国际合作集团有限公司
青岛市凯美特化工科技有限公司
青岛盛盈新纺织品有限公司
东玺科贸易上海有限公司青岛分公司
日本蝶理株式会社青岛代表处
青岛颐和包装制品厂
海斯摩尔生物科技有限公司
山东星地新材料有限公司
达利源卫生材料用品有限公司
山东临沂金洲工贸企业有限公司
山东晶鑫无纺布制品有限公司
滕州永喜无纺布有限公司
郑州豫力无纺布有限公司
新乡市中原卫生材料厂有限责任公司
长垣虎泰无纺布有限公司
信阳颐和非织布有限责任公司
武汉协卓联合贸易有限公司
武汉远纺新材料有限公司
湖北兴邦氨纶有限公司
武汉协卓卫生用品有限公司
湖北佰斯特卫生用品有限公司
仙桃瑞鑫防护用品有限公司
仙桃市德兴塑料制品有限公司
恒天嘉华非织造有限公司
荆州市平云卫生用品有限公司
稳健医疗(黄冈)有限公司
宜昌市欣龙卫生材料有限公司
湖北博韬合纤有限公司
湖北金龙非织造布有限公司
湖南盛锦新材料有限公司
湖南贺兰新材料科技有限公司
湖南博弘卫生材料有限公司
宁乡五鑫无纺布有限公司
湖南欣龙非织造材料有限公司
广州市绿芳洲纺织制品厂
广州汇隆无纺布有限公司
广州泰跃贸易有限公司
SAAF 无纺布公司广州代表处
广州泰瑞无纺布有限公司
广州市科纶实业有限公司
广州汀兰无纺布制品厂
广州诺胜无纺制品有限公司
广州欣龙联合营销有限公司
广州常明拓展贸易有限公司
广州市邦妮生物科技有限公司
韩国大林公司广州办事处
埃克森美孚(中国)投资有限公司广州分公司
广东俊富实业有限公司
始兴县赛洁无纺布科技有限公司
广州艺爱丝纤维有限公司
广州慧名纤维制品有限公司
广州全永不织布有限公司
广州海鑫无纺布实业有限公司
广州市花都区新华三胜机械设备厂
广州一洲新材料科技有限公司
广州富海川卫生用品有限公司
广州市锦盛辉煌无纺布有限公司
广州俊麒无纺布企业有限公司
广州市金浪星非织造布有限公司
广州市东州无纺布有限公司
广州裕康无纺科技有限公司
东莞市永源工贸无纺布制品有限公司
科龙达无纺布厂
惠州市金豪成无纺布有限公司
深圳市东纺无纺布有限公司
金旭环保制品(深圳)有限公司
同高纺织化纤(深圳)有限公司
深圳市康业科技有限公司
深圳市宜丽环保科技有限公司
国桥实业深圳有限公司
深圳市新和荣无纺布有限公司
深圳市彩虹无纺布有限公司
深圳博兰德无纺科技有限公司
信友宏业贸易(深圳)有限公司
深圳市新中洁无纺布有限公司
珠海市华纶无纺布有限公司
美亚无纺布纺织产业用布科技(东莞)有限公司
东莞市海纳森非织造科技有限公司
东莞市永源卫生材料科技有限公司
东莞市科环机械设备有限公司
东莞市威骏不织布有限公司
东莞市信远无纺布有限公司
东莞市恒达布业有限公司
东莞市多利无纺布有限公司
东莞市锦晨无纺布厂
佛山市格菲林卫材科技有限公司
佛山市凯旭无纺布科技有限公司
佛山市爱健宝日用品有限公司
佛山市三水通兴无纺布有限公司
佛山市佳纬无纺布有限公司
南海南新无纺布有限公司
佛山市裕丰无纺布有限公司
佛山市南海必得福无纺布有限公司
南海樵和无纺布有限公司
佛山市南海福莱轩无纺布有限公司
佛山市南海区承欣塑料助剂有限公司

佛山市南海区常润无纺布加工厂
佛山市天骅科技有限公司
佛山市花皇无纺布有限公司
佛山市厚海复合材料有限公司
佛山市昌伟非织造材料有限公司
佛山市景淇商贸有限公司
佛山市瑞信无纺布有限公司
佛山市南海佳缎无纺布有限公司
佛山市拓盈无纺布有限公司
佛山市赛凌贸易有限公司
中山市宏俊无纺布厂有限公司
中山市德伦包装材料有限公司
江门市鸿远纤维制品有限公司
江门市纺兴无纺布厂
江门市科盈无纺布有限公司
江门市月盛无纺布有限公司
江门市永晋源无纺布有限公司
江门市多美无纺布有限公司
广东恒通无纺布有限公司
南宁同厚贸易有限责任公司
海南欣龙无纺科技制品有限公司
欣龙控股(集团)股份有限公司
四川汇维仕化纤有限公司
成都益华塑料包装有限公司
宜宾丝丽雅股份有限公司
西安瑞亿无纺布有限公司

——水刺
Spunlaced

卫普实业股份有限公司
南六企业股份有限公司
海南欣龙公司北京代表处
北京欣龙无纺新材料有限公司
北京苏纳可科技有限公司
北京东方大源非织造布有限公司
东纶科技实业有限公司
大连瑞光非织造布集团有限公司
上海勤远实业有限公司
伊藤忠纤维贸易(中国)有限公司
上海宏科无纺布有限公司
上海赤马拓道实业有限公司
上海百府康卫生材料有限公司
上海锐利贸易有限公司
上海意东无纺布制造有限公司
上海紫通无纺布有限公司
上海增清织造布有限公司
上海日阳实业有限公司
上海麦世科无纺布集团有限公司
欣龙控股(集团)股份有限公司上海分公司
常州尚易生活用品有限公司
江苏远大工程织物有限公司
常州亨利无纺布有限公司
常州维盛无纺科技有限公司
常州美康纸塑制品有限公司
江苏东方洁妮尔水刺无纺布有限公司
常州华纳非织造布有限公司
江阴市海月无纺布业有限公司
江阴市双源非织造布有限公司
江阴昶森无纺科技有限公司
苏州美森无纺科技有限公司
江苏江南化纤集团有限公司
昆山丝倍奇纸业有限公司
昆山真善诚无纺布制品厂有限公司
昆山华玮净化实业有限公司
台新纤维制品(苏州)有限公司
太仓弘谊无纺布制造有限公司
苏州常盛水刺无纺有限公司
常熟市永得利水刺无纺布有限公司
苏州舜杰水刺复合新材料有限公司
常熟市亿美达无纺科技有限公司
常熟市圣利达水刺无纺有限公司
常熟市恒运无纺制品有限公司
南通新绿叶非织造布有限公司
江苏通江科技股份有限公司
南通康盛无纺布有限公司
杭州创蓝无纺布有限公司
杭州超友无纺布有限公司
杭州新福华无纺布有限公司
杭州思进无纺布有限公司
杭州诚品实业有限公司
杭州森润无纺布科技有限公司
杭州萧山凤凰纺织有限公司
杭州杭纺科技有限公司
杭州盛欣纺织有限公司
杭州兴农纺织有限公司
杭州南峰非织造布有限公司
杭州萧山航民非织造布有限公司
浙江华顺涤纶工业有限公司
杭州升博清洁用品有限公司
杭州临安天福无纺布制品厂
杭州新兴纸业有限公司
杭州国臻实业有限公司
绍兴舒洁雅无纺材料有限公司
绍兴汉升塑料制品有限公司
浙江和中非织造股份有限公司

绍兴县庄洁无纺材料有限公司
绍兴市恒盛新材料技术发展有限公司
浙江乐芙技术纺织品有限公司
湖州欧丽卫生材料有限公司
长兴金科进出口有限公司
浙江金三发非织造布有限公司
杭州冰儿无纺布有限公司
浙江富瑞森水刺无纺布有限公司
浙江弘扬无纺新材料有限公司
浙江互生非织造布有限公司
南六企业(平湖)有限公司
嘉兴南华无纺材料有限公司
嘉兴金旭医用科技有限公司
嘉兴南华无纺材料有限公司
海宁市美迪康非织造新材料有限公司
宁波炜业科技有限公司
宁波拓普集团股份有限公司
浙江宏源无纺布有限公司
温州新宇无纺布有限公司
温州市鹿城希伯仑实业公司
浙江本源水刺布有限公司
浙江亨泰纺织科技有限公司
合肥普尔德卫生材料有限公司
合肥双成非织造布有限公司
滁州金春无纺布有限公司
福建南纺股份有限公司
晋江市百丝达无纺布有限公司
晋江市兴泰无纺制品有限公司
科奇高新技术产品实业有限公司
吉安市超纤无纺有限公司
滕州锦洋水刺无纺布有限公司
山东省润荷卫生材料有限公司
山东省永信非织造材料有限公司
山东德润新材料科技有限公司
潍坊三维非织造材料有限公司
山东冠骏清洁材料科技有限公司
山东新光股份有限公司
山东锦腾弘达水刺无纺布有限责任公司
郑州枫林无纺科技有限公司
新乡市中原卫生材料厂有限责任公司
长垣虎泰无纺布有限公司
玉洁无纺新材料有限公司
新乡市启迪无纺材料有限公司
济源市小浪底无纺布有限公司
赤壁恒瑞非织造材料有限公司
湖南福尔康医用卫生材料股份有限公司
广州市绿芳洲纺织制品厂
广州康尔美理容用品厂
广州市怡莹多功能洁净布料厂
广州欣龙联合营销有限公司
广州一洲新材料科技有限公司
广州荣力无纺布有限公司
深圳博兰德无纺科技有限公司
东莞市威骏不织布有限公司
东莞市多利无纺布有限公司
佛山市南海塔吉美纸业有限公司
海南欣龙无纺科技制品有限公司
欣龙控股(集团)股份有限公司
重庆康美无纺布有限公司
成都益华塑料包装有限公司

——干法纸
Airlaid

圣路律通(北京)科技有限公司
北京瑞森纸业有限公司
天津市华悦峰商贸有限公司
天津精境科技有限公司
博爱(中国)膨化芯材有限公司
天津德安纸业有限公司
廊坊本色芯材制品有限公司
丹东天和实业有限公司
上海凯昌国际贸易有限公司
上海奇丽纸业有限公司
王子奇能纸业(上海)有限公司
上海通贝吸水材料有限公司
中丝(上海)新材料科技有限公司
上海森绒纸业有限公司
旭耀纸业(上海)有限公司
亿利德纸业(上海)有限公司
上海协润贸易有限公司
Technical Absorbents Ltd. 中国办事处
常州海蓝无纺科技有限公司
嘉斐特贸易(苏州)有限公司
盐城纺织进出口有限公司
南通中纸纸浆有限公司
临安恒大纸业有限公司
临安市振宇吸水材料有限公司
嘉兴市申新无纺布厂
宁波泉兴无纺布有限公司
宁波市奇兴无纺布有限公司
慈溪市逸红无纺布有限公司
泉州长荣纸品有限公司
泉州恒润纸业有限公司
晋江木浆棉有限公司
恒信纸品卫生材料经销部

博源纸制品有限公司
南安市万成纸业公司
济南华奥无纺科技有限公司
山东信成纸业有限公司
威海精诚进出口有限公司
青岛郎仕达国际贸易有限公司
郯城县银河吸水材料有限公司
河南鹤壁中原纸业有限公司
平顶山市乾丰纸制品有限公司
揭阳市恒华新材料有限公司
揭阳市洁新纸业股份有限公司
科德利净化科技有限公司
深圳市美芳雅无纺布有限公司
东莞市渊俊贸易有限公司
东莞市润佳无纺布制品厂
东莞市佰捷电子科技有限公司
东莞市普林思顿净化用品有限公司
佛山市益贝达卫生材料有限公司
金冠神州纸业有限公司
佛山市格菲林卫材科技有限公司
江门市鼎丰保洁材料厂
江门市润丰纸业有限公司
南宁侨虹新材料有限责任公司

——导流层材料
Acquisition distribution layer (ADL)

上海丰格无纺布有限公司
常州乔德机械有限公司
杭州唯可卫生材料有限公司
杭州欣富实业有限公司
宁波格创无纺科技有限公司
宁波市奇兴无纺布有限公司
厦门跏科商贸有限公司
泉州市共赢进出口有限责任公司
福建冠泓工业有限公司
福建省南安市欢益塑胶
福建金坛实业有限公司
科龙达无纺布厂
江门市永晋源无纺布有限公司

● 打孔膜及打孔非织造布
Apertured film and apertured nonwovens

天津市德利塑料制品有限公司
雄县顺天鑫工贸有限公司
荷洛斐贸易(上海)有限公司
上海锦盛卫生材料发展有限公司
伊藤忠纤维贸易(中国)有限公司
卓德嘉薄膜(上海)有限公司
上海柔亚尔卫生材料有限公司
常州市中天塑母粒有限公司
常州市佳美薄膜制品有限公司
常州市中阳塑料制品厂
常州市美蝶薄膜有限公司
江阴开源非织造布制品有限公司
杰翔塑胶工业(苏州)有限公司
苏州荷洛斐塑胶制品有限公司
吴江金正膜业有限公司
江苏豪悦实业有限公司
杭州唯可卫生材料有限公司
杭州欣富实业有限公司
杭州全兴塑业有限公司
长兴润兴无纺布厂
温州市瓯海合利塑纸厂
厦门卫材贸易有限公司
厦门玖州工贸有限公司
厦门新旺新材料科技有限公司
厦门延江新材料股份有限公司
泉州慧利新材料科技有限公司
泉州市露泉卫生用品有限公司
泉州瑞兴新材料科技有限公司
泉州耳东纸业有限公司
兴顺卫生材料用品有限公司
泉州市共赢进出口有限责任公司
福建晋江市凤山卫生材料有限公司
益成纸塑制品
福建省晋江市圣洁卫生用品有限公司
晋江市恒安卫生材料有限公司
福建省南安市欢益塑胶
石狮市坚创塑胶制品有限公司
石狮市大唐新材料科技有限公司
达利源卫生材料用品有限公司
山东宝利卫生用品厂
山东郯城金马复合彩印厂
山东郯城宏达流延膜厂
焦作(艾德嘉)工贸有限公司
长沙市艾芯卫生材料有限公司
广州卓德嘉薄膜有限公司
广州一洲新材料科技有限公司
深圳市金顺来实业有限公司
佛山市腾华塑胶有限公司
佛山市南海康利卫生材料有限公司

佛山市凯旭无纺布科技有限公司
佛山市强的无纺布材料有限公司
佛山市嘉海科技有限公司
佛山市南海必得福无纺布有限公司
佛山市诺赛卫生材料有限公司
聚荣信卫生材料有限公司
佛山市顺德区北滘森丰源纸品厂
中山市德伦包装材料有限公司
中山市利宏包装印刷有限公司
中山市信邦纸业有限公司
江门市恒德实业有限公司
重庆怡洁科技发展有限公司
重庆和泰塑胶股份有限公司
重庆壮大包装材料有限公司

● 流延膜及塑料母粒 PE film and plastic masterbatch

卫普实业股份有限公司
启华工业股份有限公司
台湾塑胶工业股份有限公司
金鳞颜料有限公司
北京世纪新飞卫生材料有限公司
北京大正伟业塑料助剂有限公司
中石化北京燕山分公司树脂应用研究所
北京康必盛科技发展有限公司
天津市德利塑料制品有限公司
天津登峰卫生用品材料有限公司
天津市尚好卫生材料有限公司
天津市津宝福源纸制品包装厂
天津富兴塑料制品有限公司
天津和顺达塑料制品有限公司
新乐华宝塑料薄膜有限公司
新乐华宝医疗用品有限公司
新乐市塑料复合制品有限公司
沧州市亚泰塑胶有限公司
沧州市泰昌流延膜有限责任公司
沧州临港宏盛塑料制品有限公司
沧州三和无纺布有限公司
保定卫生用品厂
雄县日基包装材料有限公司
雄县开元包装材料有限公司
河北省雄县东升塑业有限公司
雄县顺天鑫工贸有限公司
河北省雄县强伟塑料制品厂
沈阳东星塑料制品有限公司
大连金州鑫林工贸有限公司
可乐丽贸易(上海)有限公司
上海迪爱生贸易有限公司
上海凌顶贸易有限公司
上海永邦科盛贸易有限公司
上海同杰良生物材料有限公司
上海紫华企业有限公司
上海百府康卫生材料有限公司
上海鲁聚聚合物技术有限公司
上海金住色母料有限公司
上海金淳塑胶有限公司
上海金奥塑胶有限公司
上海庄生实业有限公司
上海三承高分子材料科技有限公司
上海东洋油墨制造有限公司
卓德嘉薄膜(上海)有限公司
上海优珀斯材料科技有限公司
上海德山塑料有限公司
上海颜专塑料贸易有限公司
上海金发科技发展有限公司
比澳格(南京)环保材料有限公司
南京炫胜塑料科技股份有限公司
南京威格德塑料科技有限公司
南京旺福包装制品实业有限公司
南京三华纸业有限公司
丹阳市金达流延膜厂
江苏常州市南华膜业有限公司
常州市腾亿塑料制品厂
常州盖亚材料科技有限公司
美孚森(常州)贸易有限公司
常州市彩丽塑料色母料有限公司
常州市同和塑料制品有限公司
常州市富邦无纺布有限公司
常州市中天塑母粒有限公司
常州唯尔福卫生用品有限公司
常州市佳美薄膜制品有限公司
常州市洁润无纺布厂
常州市戚墅堰宏发五金塑料厂
常州市正杨非织造布有限公司
常州普莱克红梅色母料有限公司
常州市西牛塑料实业有限公司
常州市中阳塑料制品厂
常州市润舒塑料制品有限公司
常州市双龙办公用品厂
常州市欧诺塑业有限公司
常州市恒惠纸业有限公司
常州市美蝶薄膜有限公司
常州市精创塑料科技有限公司
常州市天王塑业有限公司

加洲塑料制品(常州)有限公司
常州市万美植绒饰品有限公司
常州圣雅塑母粒有限公司
常州市万美植绒饰品有限公司
常州市润洁塑料制品有限公司
常州市双成塑母料有限公司
无锡市宏博塑料有限公司
无锡翊凯商贸有限公司
江阴天畅塑料科技有限公司
江阴市凯凯纸塑制品有限公司
江苏兰金科技发展有限公司
大盈塑料(苏州工业园区)有限公司
苏州市格瑞美医用材料有限公司
苏州竹本贸易有限公司
苏州森源塑料制品有限公司
杰翔塑胶工业(苏州)有限公司
顺昶塑胶(昆山)有限公司
昆山建全防水透气材料有限公司
张家港市九洲塑料母粒制造有限公司
苏州铭辰无纺布有限公司
盐城昌源塑料制品厂
盐城瑞泽色母粒有限公司
盐城悦源塑料制品厂
盐城恒源卫生材料有限公司
江苏向东塑料科技有限公司
南通万叠塑胶有限公司
住化佳良精细材料(南通)有限公司
南通棉盛家用纺织品有限公司
杭州奥风科技有限公司
杭州金富非织造布有限公司
杭州全兴塑业有限公司
杭州理康塑料薄膜有限公司
杭州集成复合材料有限公司
杭州圣瑞斯塑胶有限公司
富阳天纬塑胶有限公司
绍兴市天燊科技材料有限公司
绍兴汉升塑料制品有限公司
绍兴泽楷卫生用品有限公司
浙江麦普拉新材料有限公司
嘉兴市惠丰化纤厂
浙江麦普拉新材料有限公司
宁波市宁扬国际贸易有限公司
宁波山泉新材料有限公司
广州保亮得塑料科技有限公司
台州市明大卫生材料有限公司
兰溪市兴汉塑料材料有限公司
义乌市华源塑料薄膜有限公司
温州市瓯海合利塑纸厂
温州市欧海三垟宏兴色母粒厂
温州苍雨塑料加工厂
永新股份(黄山)包装有限公司
福建惠亿美环保材料科技有限公司
厦门市荣鑫行化工有限公司
厦门市馥荣塑料制品有限公司
厦门太润商贸有限公司
润源塑胶原料商行
厦门海牧进出口有限公司
厦门冠颜塑化科技有限公司
厦门上登进出口有限公司
厦门正林化工进出口有限公司
厦门元泓工贸有限公司
广州和氏璧化工材料有限公司厦门办事处
厦门塑化贸易有限公司
厦门玖州工贸有限公司
厦门汉润工程塑料有限公司
厦门聚富塑胶制品有限公司
厦门毅兴行塑料原料有限公司
厦门燕达斯工贸有限公司
厦门市隆胜兴塑料有限公司
厦门鑫万彩塑胶染料工贸有限公司
泉州市金顺盛胶片科技有限公司
泉州恒嘉塑料有限公司
泉州市新飞卫生材料有限公司
南安市玉和塑胶有限公司
泉州市露泉卫生用品有限公司
泉州市宏昌顺卫生用品有限公司
泉州琦峰轻工有限公司
泉州市佳盛卫生材料有限公司
泉州市洛江区环球塑胶有限公司
泉州市汉卓卫生材料科技有限公司
泉州怡鑫新材料科技有限公司
泉州恒峰卫生材料科技有限公司
泉州泉源塑胶有限公司
东韩(福建)工贸有限公司
福达利彩印有限公司
泉州市共赢进出口有限责任公司
晋江市石达塑胶精细有限公司
百达塑料贸易有限公司
晋江市康利卫生用品有限公司
舒华制膜有限公司
铭佳流延膜有限公司
晋江万源制膜有限公司
晋江恒新纸业有限公司
泉州市恒扬塑胶制品有限公司
泉州华乐塑胶科技有限公司
晋江市中联卫生材料有限公司

益成纸塑制品
晋江市恒联塑料制品有限公司
福建省晋江市圣洁卫生用品有限公司
泉州市三维塑胶发展有限公司
晋江市恒安卫生材料有限公司
恒信纸品卫生材料经销部
泉州彩虹塑胶有限公司
福建大昌塑料制品有限公司
福建南安实达塑料色母有限公司
南安长利塑胶有限公司
石狮市坚创塑胶制品有限公司
石狮市炎英塑胶制品有限公司
福建省永安市三源丰水溶膜有限公司
淄博成达塑化有限公司
道恩集团有限公司
青岛天塑国际贸易有限公司
达利源卫生材料用品有限公司
山东临沂金洲工贸企业有限公司
山东宝利卫生用品厂
郯城县恒昌卫生材料厂
山东郯城金马复合彩印厂
山东郯城宏达流延膜厂
山东安康卫生用品厂
山东联众包装材料有限公司
焦作(艾德嘉)工贸有限公司
武汉同创色母料有限公司
湖北佰斯特卫生用品有限公司
湖北慧狮塑业股份有限公司
仙桃市德兴塑料制品有限公司
湖南贺兰新材料科技有限公司
长沙市艾芯卫生材料有限公司
长沙合兴卫生用品材料有限公司
广州市威领化工有限公司
金发科技股份有限公司
广州银顺环保塑料实业有限公司
广州卓德嘉薄膜有限公司
雅科薄膜(东莞)有限公司
广州保亮得塑料科技有限公司
东莞联兴塑印制品厂
汕头市江宏包装材料有限公司
广东美联新材料股份有限公司
汕头市德福包装材料有限公司
汕尾东旭卫生材料有限公司
深圳市富利豪科技有限公司
深圳建彩科技发展有限公司
深圳市金顺来实业有限公司
东莞沛颖贸易有限公司
同舟化工有限公司
东莞市高源塑胶有限公司
广西贺州旭光化工有限公司广东办事处
东莞市荣晟颜料有限公司
东莞迪彩塑胶色母有限公司
东莞市赛美塑胶制品有限公司
东莞市恒彩塑胶颜料有限公司
东莞市华宏创薄膜制品有限公司
东莞市虎门联友包装印刷有限公司
东莞毅兴塑胶原料有限公司
粤今塑料有限公司
广东现代工程塑料有限公司
江门市蓬江区华龙包装材料有限公司
佛山市腾华塑胶有限公司
广东天耀进出口集团有限公司
佛山市格菲林卫材科技有限公司
佛山市怡昌塑胶有限公司
佛山华韩卫生材料有限公司
佛山市顺德区奇毅龙塑料制品有限公司
佛山市安乐利包装材料有限公司
佛山市益昌塑料有限公司
佛山市南海一龙塑料科技有限公司
广东佛山宏华塑料加工场
佛山市运通晨塑料助剂有限公司
佛山市兰笛胶粘材料有限公司
佛山市联塑万嘉新卫材有限公司
佛山市新飞卫生材料有限公司
佛山市南海区科思瑞迪材料科技有限公司
佛山市天骅科技有限公司
佛山市塑兴母料有限公司
佛山市厚海复合材料有限公司
佛山市唯康科技有限公司
佛山市浩的塑料有限公司
佛山市顺德区荣日塑料制品实业有限公司
佛山市顺德区伦教卓佳塑料厂
佛山市顺德区恒达美塑料制品有限公司
力美实业有限公司
佛山市顺德区基联五金塑料厂
佛山市兆唐复合材料有限公司
佛山市禄兴贸易有限公司
广东德冠薄膜新材料股份有限公司
中山市聚丰塑胶制品厂
启华工业股份有限公司
真彩塑料色母有限公司
中山市辉丰塑胶科技有限公司
佛山市亮航五金塑料有限公司
江门市元茂塑料制品厂
新会新利达薄膜有限公司
江门市金士达复合材料有限公司

广东花坪卫生材料工业有限公司
深圳市致新包装有限公司
重庆琪乐化工有限公司
重庆和泰塑胶股份有限公司
重庆壮大包装材料有限公司
重庆工友塑料有限公司
成都彩虹纸业制品厂
成都益华塑料包装有限公司
成都川绿塑胶有限公司
成都巨新实业有限公司化工分公司
成都科世茂包装材料有限公司
成都市迅驰塑料包装有限公司
成都菲斯特化工有限公司
四川金发科技股份有限公司
云南嘉信塑业有限公司

● 高吸收性树脂 Super absorbent polymer (SAP)

台湾塑胶工业股份有限公司
BASF East Asia Regional Headquarters Ltd.
LG 化学(中国)投资有限公司
伊藤忠(中国)集团有限公司
北京华瑞祥科技有限公司
北京希涛技术开发有限公司
中化塑料有限公司
北京科拉博贸易有限公司
天津市世邦高分子化学材料有限公司
天津市中澳纸业有限公司
任丘市金丰化工有限公司
任丘市泉兴化工有限公司
唐山博亚树脂有限公司
河北海明生态科技有限公司
大连闻达化工股份有限公司
乐金化学(中国)投资有限公司上海分公司
丰田通商(上海)有限公司
住友精化贸易(上海)有限公司
上海凯昌国际贸易有限公司
上海欣颢贸易有限公司
上海伊藤忠商事有限公司
上海华谊丙烯酸有限公司
巴斯夫(中国)有限公司
上海世展化工科技有限公司
一艾(上海)商贸有限公司
西陇化工股份有限公司
香港仁通实业有限公司(上海)
上海汉川纸业有限公司
上海方田粘合剂技术有限公司
上海协润贸易有限公司
Technical Absorbents Ltd. 中国办事处
上海亿各商贸有限公司
南京盈丰高分子化学有限公司
南京赛普高分子材料有限公司
南京东正化轻有限公司
扬子石化-巴斯夫有限责任公司
常州市盈瀚无纺布有限公司
宜兴丹森科技有限公司
宜兴市汇诚化工销售有限公司
昆山石梅精细化工有限公司
日触化工(张家港)有限公司
江苏虹创新材料有限公司
江苏裕廊化工有限公司
江苏兴化市恒洁卫生用品有限公司
兴化市祥昀高分子材料有限公司
三大雅精细化学品(南通)有限公司
杭州东皇化工有限公司
临安市振宇吸水材料有限公司
浙江卫星石化股份有限公司
台塑吸水树脂(宁波)有限公司
厦门东泽工贸有限公司
厦门汇富源贸易有限公司
厦门鸣辉商贸有限公司
厦门荣安集团有限公司
福建通港贸易有限公司
泉州邦丽达科技实业有限公司
利达士(福建)纸制品厂
晋江木浆棉有限公司
泉州市汇森高新材料科技股份有限公司
恒信纸品卫生材料经销部
泉州博今卫生材料有限公司
德茂纸品实业有限公司
山东昊月树脂有限公司
山东邹平新昊高分子材料有限公司
山东佳辉新型材料有限公司
东营华业新材料有限公司
山东诺尔生物科技有限公司
山东中科博源新材料科技有限公司
万华化学集团股份有限公司
青岛圣阿纳进出口有限公司
一诺商贸进出口有限公司
郯城县银河吸水材料有限公司
湖北乾峰新材料科技有限公司
巴斯夫(中国)有限公司广州分公司
广州晖正贸易有限公司
兴业集团长粤浆纸有限公司

乐金化学中国投资有限公司
广州伊藤忠商事有限公司
英德市安信保水有限公司
广州市仁辉贸易发展有限公司
广州凯阳商贸有限公司
广州诚科贸易有限公司
东莞市永源工贸无纺布制品有限公司
中海油能源发展股份有限公司石化分公司
惠州织信实业发展有限公司
深圳市长裕投资有限公司
深圳市华苏科技发展有限公司
珠海得米新材料有限公司
东莞市统硕进出口贸易有限公司
同舟化工有限公司
佛山市达观贸易有限公司
佛山市美登纸制品有限公司
中山市恒广源吸水材料有限公司
南宁同厚贸易有限责任公司
丰田通商(上海)有限公司重庆分公司
丰田通商(上海)有限公司成都分公司
西安乐佰德进出口贸易有限公司
陕西保丽达电子科技有限公司

● 吸水衬纸和复合吸水纸
Liner tissue and laminated absorbent paper

上海和氏璧化工有限公司北京办事处
天津环亚精细化工发展有限公司
天津万马高分子吸水材料有限公司
天津市中科健新材料技术有限公司
天津市尚好卫生材料有限公司
抚顺市恒兴纤棉材料厂
大连金州鑫林工贸有限公司
辽宁森林木纸业有限公司
三井物产(上海)贸易有限公司消费服务事业部(第一部)
上海衡元高分子材料有限公司
伊藤忠纤维贸易(中国)有限公司
王子奇能纸业(上海)有限公司
上海胜孚美卫生用品有限公司
上海特林纸制品有限公司
上海百府康卫生材料有限公司
上海通贝吸水材料有限公司
上海美芬娜卫生用品有限公司
上海协润贸易有限公司
Technical Absorbents Ltd. 中国办事处
无锡优佳无纺科技有限公司
盐城申安无纺布工贸有限公司
杭州相宜纸业有限公司
杭州润佳吸水材料有限公司
临安恒大纸业有限公司
临安市振宇吸水材料有限公司
浙江唯尔福纸业有限公司
嘉兴福鑫纸业有限公司
嘉善庆华卫生复合材料有限公司
宁波市鄞州钝化化工有限公司
宁波市奇兴无纺布有限公司
福鼎市南阳纸业有限公司
厦门东泽工贸有限公司
爱得龙(厦门)高分子科技有限公司
厦门曦泰工贸有限公司
泉州长荣纸品有限公司
泉州耳东纸业有限公司
泉州恒润纸业有限公司
长天卫材贸易有限公司
新兴纸制品贸易部
泉州久恒卫材有限公司
泉州博今卫生材料有限公司
南安市乔东复合制品有限公司
福建大昌塑料制品有限公司
凤竹(漳州)纸业有限公司
潍坊恒联美林生活用纸有限公司
潍坊金润卫生材料有限公司
郯城县银河吸水材料有限公司
漯河银鸽生活纸产有限公司
平顶山市乾丰纸制品有限公司
湖南恒安纸业有限公司
兴业集团长粤浆纸有限公司
广州诚科贸易有限公司
广州洁露华生物科技有限公司
揭东县新亨镇柏达纸制品厂
珠海市益宝生活用品有限公司
广东省东莞市万江东升纸品厂
广东省东莞市永惠卫生材料科技有限公司
东莞市永源卫生材料科技有限公司
金冠神州纸业有限公司
佛山市格菲林卫材科技有限公司
多邦纸品有限公司
佛山市联芯无纺布材料厂
佛山市南海区丹灶镇年芯无纺布材料厂
佛山市安可瑞纸制品有限公司
佛山市美登纸制品有限公司
佛山市三邦纸品有限公司
佛山市洛诚纸品有限公司

佛山市顺德区勒流镇龙盈纸类制品厂
恩平市稳洁无纺布有限公司
西安乐佰德进出口贸易有限公司
陕西保丽达电子科技有限公司

● 离型纸、离型膜 Release paper and release film

盟迪毕威贸易(北京)有限公司
圣路律通(北京)科技有限公司
北京世纪新飞卫生材料有限公司
天津市丹青纸塑科工贸有限公司
天津膜天膜科技股份有限公司
天津宁河雨花纸业有限公司
天津市尚好卫生材料有限公司
晋州市金圆无纺布厂
保定卫生用品厂
大连欧美琦有机硅有限公司
上海吉翔宝实业有限公司
上海远景胶粘材料有限公司
艾离澳纸业有限公司
上海大昭和有限公司
南京华隆纸业有限公司
江苏陶氏纸业有限公司
南京奥环包装制品有限公司
南京源顺纸业有限公司
南京恒易纸业有限公司
南京华松纸业有限公司
南京斯克尔卫生制品有限公司
南京宝龙纸业有限公司
南京顺天纸业有限公司
南京森和纸业有限公司
无锡市张泾文化卫生用品有限公司
顺安涂布科技(昆山)有限公司
顺昶塑胶(昆山)有限公司
昆山福泰涂布科技有限公司
昆山市中大天宝辅料有限公司
杭州华盛复合材料有限公司
杭州市临安鸿兴纸业有限公司
上虞市特力纸业有限公司
嘉兴市丰莱桑达贝纸业有限公司
嘉兴市民和工贸有限公司
嘉兴兆弘科技有限公司
浙江池河科技有限公司
浙江仙鹤特种纸有限公司
浙江凯丰新材料股份有限公司
浙江新亚伦纸业有限公司
温州新丰复合材料有限公司
温州市泰昌胶粘制品有限公司
福建三维利纸业有限公司
厦门新旺新材料科技有限公司
厦门长天企业有限公司
建亚保达(厦门)卫生器材有限公司
泉州市新飞卫生材料有限公司
泉州市新天卫生材料有限公司
永源离型纸品
源兴离型纸品厂
晋江安海协和兴纸品有限公司
恒信纸品卫生材料经销部
晋江市顺丰纸品有限公司
永安市嘉泰包装材料有限公司
江西运宏特种纸业有限公司
山东临朐玉龙造纸有限公司
烟台隆祥纸业有限公司
达利源卫生材料用品有限公司
山东宝利卫生用品厂
耐恒(广州)纸品有限公司
崇越(广州)贸易有限公司
广州汇豪纸业有限公司
东莞市永源工贸无纺布制品有限公司
汕尾东旭卫生材料有限公司
东莞市旺力胶贴科技有限公司
佛山市新飞卫生材料有限公司
佛山市浩的塑料有限公司
佛山市圣锦兰纸业有限公司
顺德圣兰纸制品有限公司
中山市信邦纸业有限公司
重庆陶氏纸业有限公司

● 热熔胶 Hot melt adhesive

台湾日邦树脂股份有限公司
李长荣化学工业股份有限公司
Henkel Adhesives (HongKong) Co., Ltd.
埃克森美孚香港有限公司
北京光辉世纪工贸有限公司
盛铭博通科技(北京)有限公司
天津市茂林热熔胶有限公司
天津登峰卫生用品材料有限公司
恒华胶业(大连)有限公司
富星和宝黏胶工业有限公司
瑞翁贸易(上海)有限公司
伊士曼(中国)投资管理有限公司
日东(中国)新材料有限公司

亚利桑那化学产品(上海)有限公司
科腾聚合物贸易(上海)有限公司
上海北方化工有限公司
广州市合诚化工有限公司上海代表处
上海远景胶粘材料有限公司
波士胶(上海)管理有限公司
富乐(中国)粘合剂有限公司
汉高股份有限公司
迈图高新材料集团
空气化工产品(中国)投资有限公司
汉高(中国)投资有限公司
塞拉尼斯(中国)投资有限公司
上海玛元热熔胶有限公司
上海汉高向华粘合剂有限公司
上海正野热熔胶有限公司
上海盛茗热熔胶有限公司
苏州市旨品贸易有限公司
汉高化学技术(上海)有限公司
沙提(上海)热熔胶有限公司
华威化工(上海)有限公司
北京光辉世纪工贸有限公司上海销售中心
上海十盛科技有限公司
上海路嘉胶粘剂有限公司
上海北港实业有限公司
上海久庆实业有限公司
上海嘉好胶粘制品有限公司
上海诺森粘合剂有限公司
南京双宁树脂科技有限公司
南京扬子伊士曼化工有限公司
扬中九妹日用品有限公司
松川化学贸易无锡有限公司
无锡德渊国际贸易有限公司
无锡市万力粘合材料股份有限公司
无锡松村贸易有限公司
无锡德松科技有限公司
无锡市诺金科技有限公司
日邦树脂(无锡)有限公司
海南欣涛实业有限公司苏州办事处
苏州百得宝塑胶有限公司
高鼎精细化工(昆山)有限公司
江苏盐城腾达胶粘剂有限公司
浙江鑫松树脂有限公司杭州营销服务中心
浙江精华科技有限公司
杭州天创化学技术有限公司
宁波聚云化工材料有限公司
浙江前程石化股份有限公司
宁波杉杉物产有限公司
恒河材料科技股份有限公司
宁波金海晨光化学股份有限公司
兰溪市包润昌粘合剂有限公司
富星和宝黏胶工业有限公司
瑞安市联大热熔胶有限公司
福清南宝树脂有限公司
厦门市宏德兴胶业有限公司
厦门祺星塑胶科技有限责任公司
泉州市东琅粘合技术有限公司
福建省昌德胶业科技有限公司
上海嘉好胶粘制品有限公司福建办事处
福建通港贸易有限公司
长城崛起(福建)新材料科技股份公司
晋江市联邦凯林贸易有限公司
泉州市共赢进出口有限责任公司
晋江市聚邦胶粘剂有限责任公司
晋江汉爵贸易有限公司
福建鸿鑫胶业有限公司
淄博鲁华泓锦新材料股份有限公司
山东博兴富尔康粘合剂有限公司
山东圣光化工集团有限公司
山东聚圣科技有限公司
海阳方田新材料有限公司
青岛贝特化工有限公司
上海和氏璧化工有限公司青岛办事处
乐高(山东)胶粘材料有限公司
达利源卫生材料用品有限公司
红玫瑰卫生材料有限公司
商丘海克胶业有限公司
武汉市华林粘合剂有限公司
荣嘉新材料科技(武汉)有限公司
广州泰跃贸易有限公司
广州市勒斯胶粘技术有限公司
广州市科邦达塑胶有限公司
广州市华驰化工有限公司
广州市珅亚贸易有限公司
广州颁德化工科技有限公司
广州行知贸易有限公司
广州正邦化工有限公司
广州易嘉粘合剂有限公司
广州市永特耐化工有限公司
广东聚胶粘合剂有限公司
广州德渊精细化工有限公司
波士胶芬得利(中国)粘合剂有限公司
广州旭川合成材料有限公司
广州市番禺大兴热熔胶有限公司
广东恒大新材料科技有限公司
深圳市同德热熔胶制品有限公司
深圳市深恒进实业有限公司热熔胶部

珠海市联合托普粘合剂有限公司
东莞市成泰化工有限公司
东莞市成铭胶粘剂有限公司
东莞市昕桦热熔胶有限公司
汉高胶粘剂技术(广东)有限公司
佛山富立公司
佛山市富理生活用纸材料商行
广东银洋树脂有限公司
佛山南宝高盛高新材料有限公司
佛山欣涛新材料科技有限公司
佛山联控新材料有限公司
佛山市凯林精细化工有限公司
佛山市南海友晟粘合剂有限公司
广东荣嘉新材料科技有限公司
佛山市顺德区北滘森丰源纸品厂
中山市东朋化工有限公司
金诚胶业
中山诚泰化工科技有限公司
中山市恒丰新材料科技有限公司
梧州市飞卓林产品实业有限公司
海南欣涛实业有限公司
成都川绿塑胶有限公司
成都新源久科技有限公司

● 胶带、胶贴、魔术贴、标签 Adhesive tape，adhesive label，magic tape，label

邦泰远东股份有限公司
六和化工股份有限公司
台湾百和工业股份有限公司
绿云实业有限公司
雅柏利香港有限公司
艾利丹尼森(香港)有限公司
日东(中国)新材料有限公司
北京凯迅惠商防伪技术有限责任公司
日东电工(中国)投资有限公司
北京英格条码技术发展有限公司
天津雅唯印刷有限公司
天津市丹青纸塑科工贸有限公司
天津市安德诺德印刷有限公司
凯斯特(天津)胶粘材料有限公司
天津爱德威胶粘纸业有限公司
大连远通机械制造有限公司
芬欧汇川(中国)有限公司上海办公室
上海沛龙特种胶粘材料有限公司
日东(中国)新材料有限公司
上海奕嘉恒包装材料有限公司
上海裕闵国际贸易有限公司
上海亿龙涂布有限公司
艾利(昆山)有限公司上海分公司
3M 中国有限公司
上海雷柏印刷有限公司
上海丝瑞丁工贸有限公司
上海任翔实业发展有限公司
上海点墨印务有限公司
上海缘源包装印刷有限公司
上海紫泉标签有限公司
上海华舟压敏胶制品有限公司
上海锐利贸易有限公司
上海市松江印刷厂
上海倚灵塑胶科技有限公司
上海以琳印务有限公司
上海三天印刷有限公司
雅柏利(上海)粘扣带有限公司
上海明利包装印刷有限公司
上海晶悟包装有限公司
南京格润标签印刷有限公司
宾德粘扣带有限公司
南京扬子伊士曼化工有限公司
杭州三信织造有限公司(江苏)办事处
无锡百和织造股份有限公司
江门新时代胶粘科技有限公司苏州办事处
吴江启航印刷有限公司
艾利(昆山)有限公司
盟迪(中国)薄膜科技有限公司
苏州婴爱宝胶粘材料科技有限公司
南通市福瑞达包装有限公司
南通立恒包装印刷有限公司
杭州特康实业有限公司
杭州南方尼龙粘扣有限公司
杭州新兴纸业有限公司
宁波明和特种印刷有限公司
金华市海洋包装有限公司
浙江仙鹤特种纸有限公司
温州市瓯海合利塑纸厂
温州市特康弹力科技股份有限公司
瑞安市华升塑料织带有限公司
温州市宏科印业有限公司
温州新美印业有限公司
苍南县万泰印业有限公司
苍南县中彩卷筒彩印厂
苍南县三泰纸塑制品厂
浙江天霸印业有限公司

温州而立包装制品有限公司
温州伟宇印业有限公司
新利达卷筒印务
浙江省苍南县春园彩印厂
温州市宝驰印业有限公司
温州新丰复合材料有限公司
温州市泰昌胶粘制品有限公司
安徽嘉美包装有限公司
安徽荣泽科技有限公司
福建沃邦针织有限公司
莆田市泰迪工贸有限公司
厦门世洁塑料制品有限公司
厦门利鸿贸易有限公司
3M 中国有限公司厦门办事处
厦门掀科商贸有限公司
厦门高发工贸有限公司
厦门福雅工贸有限公司
厦门长天企业有限公司
厦门合悦胶粘制品有限公司
厦门大予工贸有限公司
建亚保达(厦门)卫生器材有限公司
厦门欣盛新纺织品有限公司
厦门安德立科技有限公司
厦门合高工贸有限公司
广东晶华科技有限公司厦门办事处
泉州新威达粘胶制品有限公司
晋江市瑞德胶粘制品有限公司
晋江明强彩印有限公司
晋江恒友胶粘制品有限公司
东绿达(晋江)胶粘制品有限公司
恒达信胶粘制品有限公司
南安市乔东复合制品有限公司
福建大昌塑料制品有限公司
济南嘉印标签有限公司
青岛富瑞沃新材料有限公司
青岛泓仕标识有限公司
青岛惠聚成包装材料有限公司
青岛瑞发包装有限公司
临沂清雅胶粘制品有限公司
广州市金万正印刷材料有限公司
维克罗(中国)搭扣系统有限公司广州分公司
广州市利艾胶贴贸易有限公司
耐恒(广州)纸品有限公司
艾利(广州)有限公司
3M 中国有限公司广州办事处
3M 材料技术(广州)有限公司
广州市立研田电子科技有限公司
广州市冀新贸易有限公司

深圳市申峰盛世科技有限公司
海丰源科技有限公司
深圳市秀顺不干胶制品有限公司
深圳市缔成特材料科技有限公司
深圳爱尔科技实业有限公司
深圳市健力纺织品有限公司
鼎一包装材料有限公司
东莞市旺力胶贴科技有限公司
东莞百宏实业有限公司
佛山瑞鑫塑胶制品有限公司
佛山市艾利丹尼贸易有限公司
广东烨信胶贴有限公司
佛山市联塑万嘉新卫材有限公司
佛山市天骅科技有限公司
佛山市科派克印刷有限公司
佛山市景淇商贸有限公司
启华工业股份有限公司
中山绿云化工有限公司
中山市利宏包装印刷有限公司
江门新时代胶粘科技有限公司
腾晖胶粘纸品有限公司
重庆智威纸容器有限公司
四川源亨印刷包装有限公司

● 弹性非织造布材料、松紧带 Elastic nonwovens, elastic band

全程兴业股份有限公司
丽茂股份有限公司
英威达有限公司台湾分公司
厦门象屿上扬贸易有限公司天津办事处
上海帕郑国际贸易有限公司
上海锦盛卫生材料发展有限公司
晓星国际贸易(嘉兴)有限公司上海分公司
泰光化纤(常熟)有限公司上海爱纱兰化纤分公司
上海井上高分子制品有限公司
卓德嘉薄膜(上海)有限公司
英威达管理(上海)有限公司
雅柏利(上海)粘扣带有限公司
上海亿各商贸有限公司
江阴昶森无纺科技有限公司
苏州龙邦贸易有限公司
江门新时代胶粘科技有限公司苏州办事处
厦门象屿上扬贸易有限公司昆山办事处
盟迪(中国)薄膜科技有限公司
泰光化纤(常熟)有限公司
杭州特康实业有限公司

杭州丛迪纤维有限公司
杭州旭化成氨纶有限公司
杭州唯可卫生材料有限公司
杭州欣富实业有限公司
绍兴汉升塑料制品有限公司
晓星国际贸易(嘉兴)有限公司
海宁市威灵顿新材料有限公司
温州市特康弹力科技股份有限公司
浙江华峰氨纶股份有限公司
安徽省安庆市安东卫生材料有限公司
莆田市泰纶商贸有限公司
厦门市福尔德科技有限公司
厦门骏利德贸易有限公司
厦门兰海贸易有限公司
厦门笋语工贸有限公司
厦门象屿上扬贸易有限公司
厦门力隆氨纶有限公司
厦门燕达斯工贸有限公司
泉州创美贸易有限公司
泉州市鸿瑞卫生材料有限公司
泉州华为工贸有限公司
泉州兴达纤维有限公司
福建大昌塑料制品有限公司
泉州市正合卫生材料有限公司
石狮市大唐新材料科技有限公司
烟台泰和新材料股份有限公司
济宁如意高新纤维材料有限公司
湖南贺兰新材料科技有限公司
3M 中国有限公司广州办事处
广州卓德嘉薄膜有限公司
威敏纺织品(广州)有限公司
佛山市景淇商贸有限公司
佛山市普惠纺织有限公司
佛山市衿泽贸易有限公司
启华工业股份有限公司
江门市华程化工材料有限公司
江门新时代胶粘科技有限公司
狮特龙橡胶企业集团有限公司

● 造纸化学品 Paper chemical

亚马逊化工有限公司
香港森鑫国际集团
迈图高新材料集团
北京华瑞祥科技有限公司
北京希涛技术开发有限公司
德国希纶赛勒赫公司北京代表处
北京天擎化工有限公司
天津市英赛特商贸有限公司
天津市合成材料工业研究所
天津市汇泉精细化工有限公司
泰伦特化学有限公司
石家庄市通力化学品有限公司
廊坊市盛源化工有限责任公司
保定市海德化工有限公司
满城辰宇纸业有限公司
保定市阳光精细化工有限公司
山西三水银河科技有限公司
吉林省环球精细化工有限公司
吉林市星云化工有限公司
日本明成化学工业株式会社上海代表处
上海华杰精细化工有限公司
浪速包装(上海)有限公司
上海湛和实业有限公司
罗盖特管理(上海)有限公司
名远化工贸易(上海)有限公司
欧诺法功能化学品(上海)有限公司
信越有机硅国际贸易(上海)有限公司
上海固德化工有限公司
伊士曼(中国)投资管理有限公司
星悦精细化工商贸(上海)有限公司
明答克商贸(上海)有限公司
化联精聚化学(上海)有限公司
纳尔科(中国)环保技术服务有限公司
上海聚源造纸技术有限公司
上海马中国际贸易有限公司
上海衡元高分子材料有限公司
欧米亚(上海)投资有限公司
上海臣卢贸易有限公司
上海德润宝特种润滑剂有限公司
广州市合诚化工有限公司上海代表处
邱博投资(中国)有限公司
瓦克化学(中国)有限公司
凯米拉(上海)管理有限公司
上海东升新材料有限公司
上海兖华新材料科技有限公司
上海宏度精细化工有限公司
新润国际企业有限公司上海代表处
昂高化工(上海)有限公司
东邦化学工业株式会社上海代表处
岚图(上海)有限公司
上海汇友精密化学品有限公司
上海望界贸易有限公司
索理思(上海)化工有限公司
蓝星有机硅(上海)有限公司

陶氏化学(中国)投资有限公司
道康宁(上海)有限公司
杜邦中国集团有限公司上海分公司
上海安帝化工有限公司
上海吉臣化工有限公司
上海联胜化工有限公司
上海宇昂水性新材料科技股份有限公司
苏州市旨品贸易有限公司
上海先拓精细化工有限公司
上海豪胜化工科技有限公司
宜瑞安食品配料有限公司
德谦(上海)化学有限公司
巴克曼实验室化工(上海)有限公司
上海赫达富实业有限公司
三博生化科技(上海)有限公司
南京赛普高分子材料有限公司
南京扬子伊士曼化工有限公司
南京海辰化工有限公司
南京四诺精细化学品有限公司
南京东正化轻有限公司
栗田水处理新材料(江阴)有限公司
常州市武进运波化工有限公司
无锡市联合恒洲化工有限公司
江阴市凯凯纸塑制品有限公司
九洲生物技术(苏州)有限公司
苏州工业园区沃普科技有限公司
苏州凯莱德化学品有限公司
天禾化学品(苏州)有限公司
苏州市恒康造纸助剂技术有限公司
欧米亚中国区造纸业务部
扬州科宇化工有限公司
杭州市化工研究所有限公司
杭州绿色助剂研究所
杭州诚进贸易有限公司
嘉兴卓盛生物科技有限公司
浙江鑫甬生物化工有限公司
合肥新万成环保科技有限公司
晋江市银响精细化工科技开发有限公司
晋江市万兴塑料造粒厂
厦门卉青环保科技有限公司
江西威科油脂化学有限公司
山东环发科技开发有限公司
苏柯汉(潍坊)生物工程有限公司
青州市泰祥化工有限公司
上海和氏璧化工有限公司青岛办事处
青岛立洲化工有限公司
泰安市泰山区鑫泉造纸助剂厂
泰安市东岳助剂厂
泰安市奇能化工科技有限公司
上海德润宝特种润滑剂有限公司(郑州办事处)
郑州中吉精细化工有限公司
许昌市远征化工有限公司
许昌市信诚造纸助剂厂
嘉鱼县中天化工有限责任公司
广州森鑫日化有限公司
广州市睿漫化工有限公司
瓦克化学(中国)有限公司广州分公司
广州汇蓝环保科技有限公司
广州宇洁化工有限公司
广东省造纸研究所
广州迈伦化工有限公司
广州市合诚化学有限公司
荒川化学合成(上海)有限公司广州分公司
广州市朗恩贸易有限公司
广州银森企业有限公司
广州市栢源贸易有限公司
广州赛锐化工有限公司
广州淳星化工科技有限公司
广东金天擎化工科技有限公司
广州洁露华生物科技有限公司
英德市云超聚合材料有限公司
深圳市三力星实业有限公司
深圳市康达特科技发展有限公司
凯米斯特化学树脂(香港)有限公司
深圳市永联丰化工科技有限公司
东莞市粤星纸业助染有限公司
东莞市澳达化工有限公司
东莞市欧保化工科技有限公司
东莞市和正造纸材料有限公司
东莞市精科化工有限公司
东莞市东美食品有限公司
佛山市禅城区下朗雄耀塑料厂
佛山市骏能造纸材料厂
佛山市南海今佳贸易有限公司
江门市溢远助剂科技有限公司
江门市荣辉化工有限公司
江门市大中科技企业发展有限公司
江门市利丰化工科技有限公司
江门星宇实业有限公司
苏州市恒康造纸助剂技术有限公司广东销售部
江门市南化实业有限公司
江门市志冠化工有限公司
英德市良仕工业材料有限公司
南宁飞日润滑科技股份有限公司
得芬宝化学品(广西)有限公司
南宁百事吉化工有限公司

广西南宁市振欣化工科技有限公司
成都云耀环保科技有限公司
上海海逸科贸有限公司成都代表处
成都鑫蓝卡科技有限公司
成都雪松纸业科技有限公司
成都万瑞德科技有限公司
成都锦竹科技发展有限公司
四川天鸿科技发展有限公司
成都高材化工技术有限公司
德阳市高盛商贸有限公司
昆明南滇工贸有限责任公司
西安吉利电子化工有限公司
石河子市惠尔美纸业有限公司

● 香精、表面处理剂及添加剂 Balm，surfactant，additive

亚马逊化工有限公司
亚什兰化学贸易(上海)有限公司北京办事处
同铭佳业(北京)经贸有限公司
北京洁尔爽高科技有限公司
北京桑普生物化学技术有限公司
威尔芬(北京)科技发展有限公司
北京日光精细(集团)公司
天津一商化工贸易有限公司高砂鉴臣香精分公司
天津市中科健新材料技术有限公司
天津市双马香精香料新技术有限公司
石家庄市恒日化工有限公司
石家庄格美香精香料有限公司
天津市进取鑫商贸有限公司
雄县鑫广源包装材料有限公司
山西雄鹰油墨实业有限公司
亚什兰(中国)投资有限公司
上海轻工业研究所有限公司
德国舒美有限公司上海代表处
龙沙(中国)投资有限公司
德之馨(上海)有限公司
科腾聚合物贸易(上海)有限公司
上海乾一化学品有限公司
德国舒美有限公司亚太区技术中心
上海宏度精细化工有限公司
亚马逊化工有限公司上海办事处
爱普香料集团股份有限公司
上海申伦科技发展有限公司
林帕香料(上海)有限公司
北京桑普生物化学技术有限公司上海办事处
富林特油墨(上海)有限公司
古沙贸易(上海)有限公司
赢创特种化学(上海)有限公司
上海高聚生物科技有限公司
上海隆琦生物科技有限公司
迈图高新材料集团
空气化工产品(中国)投资有限公司
奇华顿日用香精香料(上海)有限公司
帝化国际贸易(上海)有限公司
上海铠科贸易有限公司
上海朗枫香料有限公司
上海黛龙生物工程科技有限公司
海客迈斯生物科技(上海)有限公司
上海田盈印刷器材有限公司
阪田油墨(上海)有限公司
三博生化科技(上海)有限公司
上海坤晟贸易有限公司
托尔专用化学品(镇江)有限公司
南京欧亚香精香料有限公司
南京远东香精香料有限公司
南京古田化工有限公司
南京赛普高分子材料有限公司
南京海辰化工有限公司
江苏和创化学有限公司
江苏拓普生物技术有限公司
托尔专用化学品(镇江)有限公司
常州市灵达化学品有限公司
江苏省无锡市泾达纸品厂
靖江康爱特化工制造有限公司
苏州市必拓化工科技有限公司
苏州市永安微生物控制有限公司
昆山市华新日用化学品有限公司
昆山市恒晟卫生材料有限公司
昆山市双友日用化工有限公司
昆山威胜干燥剂研发中心有限公司
太仓市荣德生物技术研究所
盐城纺织进出口有限公司
扬州科宇化工有限公司
南通博大生化有限公司
杭州希安达抗菌技术研究所有限公司
浙江传化华洋化工有限公司
杭州高琦香精化妆品有限公司
湖州佳美生物化学制品有限公司
湖州杭华油墨科技有限公司
马立可(德国)化学有限公司
浙江明伟油墨有限公司
上海蜜雪儿进口香料公司义乌办事处
义乌市圣普日化有限公司
苍南县三泰纸塑制品厂

安徽阜阳市天然香料厂
福建圣德实业有限公司
厦门维特曼香化科技有限公司
厦门金帝龙香精香料有限公司
厦门琥珀香料有限公司
厦门红蚁化工有限公司
厦门金泰生物科技有限公司
广州和氏璧化工材料有限公司厦门办事处
厦门欧化实业有限公司
厦门香精化工有限公司
厦门新光贸易有限公司
福建省格林春天科技有限公司
厦门馨米兰香精香料有限公司
泉州市金泉油墨有限责任公司
南安市嘉盛香精香料有限公司
亚化(福建)油墨科技有限公司
南昌市龙然实业有限公司
江西威科油脂化学有限公司
淄博高维生物技术有限公司
山东艾利通新材料有限公司
龙口市印刷物资有限公司
山东润鑫精细化工有限公司
中山大学广州中大药物开发中心
领先特品(香港)有限公司广州办事处
广州市桑格喷涂设备有限公司
广州申悦贸易有限公司
金发科技股份有限公司
广州市三国水性油墨有限公司
广州市华驰化工有限公司
禾大中国广州分公司
美国乔治亚太平洋集团公司广州代表处
广州市志贺化工有限公司
广州正禾生物技术有限公司
迪爱生(广州)油墨有限公司
沙龙(中国)投资有限公司
石利洛印材(惠州)有限公司
博罗县竣成涂料有限公司
新欣和油墨涂料有限公司
博罗县上禾水墨有限公司
惠州织信实业发展有限公司
深圳波顿香料有限公司
世合化工(深圳)有限公司
万源油品涂料(深圳)有限公司
深圳市东浩化工有限公司
深圳市万佳原化工实业有限公司
珠海海狮龙生物科技有限公司
希友达油墨涂料有限公司
广东锦龙源印刷材料有限公司
东莞市成泰化工有限公司
东莞市润丽华实业有限公司
东莞市锐达涂料有限公司
佛山市天恩造纸材料有限公司
盛威科(上海)油墨有限公司华南办事处
佛山市运通晨塑料助剂有限公司
佛山汇丰香料有限公司
中山永辉化工股份有限公司
中山市东朋化工有限公司
中山市辉荣化工有限公司
洋紫荆油墨(中山)有限公司
中山创美涂料有限公司
佛山美嘉油墨涂料有限公司
江门市天铭油墨有限公司
成都欧品科技有限公司
成都川绿塑胶有限公司
成都托展新材料有限公司
陕西华润实业公司
西安吉利电子化工有限公司
西安亮剑科技有限公司
西安康旺抗菌科技股份有限公司

● 包装及印刷 Packing and printing

台湾联宾塑胶印刷股份有限公司
永太和印刷(集团)实业有限公司
嘉丰(香港)印刷包装有限公司
光华纸业(香港)有限公司
冠宝(香港)有限公司
北京蓝惠森商贸有限公司
北京联宾塑胶印刷有限公司
天津开发区金衫包装制品有限公司
天津市德利塑料制品有限公司
天津市侨阳印刷有限公司
天津宏观纸制品有限公司
洁康塑料包装彩印厂
天津安顺工贸有限公司
天津市尚好卫生材料有限公司
天津市津宝福源纸制品包装厂
石家庄市东华制版印刷有限公司
石家庄华纳塑料包装有限公司
衡水林明数码彩印有限公司
河北沧州顺天塑业有限公司
河北沧县恒信塑料包装材料厂
沧州亚宏塑业有限公司
沧州永超塑料包装有限公司
满城县鹏达彩印有限公司

河北省保定万军彩印有限公司
雄县向阳制版有限公司
弘博塑料包装有限公司
保定市满城县俊学彩印厂
容祥彩印吹膜制袋厂
志华彩印厂
河北省保定市保运制版有限公司
河北志腾彩印有限公司
双龙塑业包装有限公司
河北雄县利峰塑业有限公司
雄县华旭纸塑包装制品有限公司
盛世佳运塑料包装有限公司
雄县鹏程彩印有限公司
雄县旺达塑料包装制品有限公司
雄县华飞塑业有限公司
河北领成包装材料科技有限公司
河北省雄县孟氏制版有限公司
雄县全利纸塑包装有限公司
天津鲲鹏包装材料有限公司
雄县新亚包装材料有限公司
凯宇塑料包装有限公司
河北海硕塑料包装制品有限公司
河北永生塑料制品有限公司
河北省雄县强伟塑料制品厂
河北大成商贸有限公司
保定市满城县恒远塑料印刷厂
保定金泰彩印有限公司
保定市奥达制版有限公司
保定龙翔彩印有限公司
保定市嘉轩彩印有限公司
旗洋彩印有限公司
金华彩印
河北省富泰彩印有限公司
铭宇彩印
保定市泰达彩印有限公司
建美彩印有限公司
盛源塑印制品
满城县祥永彩印有限公司
保定琳悦彩印有限公司
辽宁省开原市北方塑料制品厂
大连荣华彩印包装有限公司
大连黑马塑料彩印包装有限公司
哈尔滨博泰包装有限公司
住化塑料化工贸易(上海)有限公司
英特奈国际纸业投资(上海)有限公司
新会新利达薄膜有限公司上海办事处
济丰包装(上海)有限公司
上海联宾塑胶工业有限公司
上海点墨印务有限公司
上海紫泉标签有限公司
上海中浩激光制版有限公司
上海双跃塑料制品有限公司
美迪科(上海)包装材料有限公司
上海众美包装有限公司
上海创众包装有限司
上海华悦包装制品有限公司
上海福助工业有限公司
泰格包装(上海)有限公司
上海市松江印刷厂
上海东洋油墨制造有限公司
上海红洁纸业有限公司
信华柔印科技
上海以琳印务有限公司
南京邦诚科技有限公司
南京海容包装制品有限公司
比澳格(南京)环保材料有限公司
南京旺福包装制品实业有限公司
江苏太平洋印刷有限公司
丹阳富丽彩印包装有限公司
常州豪润包装材料股份有限公司
江苏中彩印务有限公司
江阴宫元塑料有限公司
江阴宝柏包装有限公司
苏州市光耀塑胶制品有限公司
苏州工业园区晋丽环保包装有限公司
苏州宏昌包装材料有限公司
苏州志成印刷包装有限公司
HUDSON-SHARP
圣琼斯包装(昆山)有限公司
昆山福泰涂布科技有限公司
昆山晶世通纸业有限公司
常熟富士包装有限公司
江苏众和软包装技术有限公司
钟吾塑料彩印厂
扬州市华裕包装有限公司
扬州巍东塑料制品有限公司
泰兴市申泰塑业有限公司
扬州市浩越塑料包装彩印有限公司
传浩塑料彩印包装总汇
江苏广达医用材料有限公司
蔡候纸业有限公司
俐特尔(杭州)包装材料有限公司
杭州东盈艺品有限公司
金象油墨化工有限公司浙江办事处
杭州哲涛印刷有限公司
杭州嵩阳印刷实业有限公司

杭州晟晖包装材料有限公司
杭州临安美文彩印包装有限公司
浙江华夏包装有限公司
绍兴县华泰印刷有限公司
绍兴市华富彩印厂
嘉兴市旺盛印业有限公司
嘉善康弘激光制版有限公司
新合发包装集团
浙江长海包装集团有限公司
海宁市鑫盛包装有限责任公司
嘉兴市德泓印务有限公司
宁波全成包装有限公司
宁海久业包装材料有限公司
宁海天元无纺制品厂
台州市路桥富达彩印包装厂
台州市佳迪软包装彩印有限公司
义乌市恒星塑料制品有限公司
金华市海洋包装有限公司
浙江虎跃包装材料有限公司
金华忠信塑胶印刷有限公司
兰溪市嘉华塑业有限公司
浙江百思得彩印包装有限公司
浙江义乌神星塑料制品有限公司
义乌市巨丰塑胶有限公司
浙江诚远包装印刷有限公司
浙江佳尔彩包装有限公司
浙江菲逸塑业有限公司
温州深蓝印刷有限公司
温州市鹿城双屿塑料薄膜制品厂
温州富嘉包装有限公司
温州市旺盛包装有限公司
温州永信印业有限公司
浙江金石包装有限公司
温州市宏科印业有限公司
温州新美印业有限公司
苍南县万泰印业有限公司
苍南县中彩卷筒彩印厂
温州腓比实业有限公司
温州华南印业有限公司
温州宝丰印业有限公司
温州亚庆印业有限公司
温州恒毅印业有限公司
合肥永恒包装材料有限公司
安徽金科印务有限责任公司
安徽国泰印务有限公司
安徽桐城市天鹏塑胶有限公司
安徽嘉美包装有限公司
芜湖市惠强包装有限公司
华意塑料印刷有限公司
黄山精工凹印制版有限公司
福州汇旺达塑料制品有限公司
福建省兴春包装印刷有限公司
长乐市九洲包装有限公司
大富包装(福建)有限公司
莆田市涵兴区兴源塑料制品有限公司
厦门市佰高彩印有限公司
金德威(厦门)包装有限公司
厦门滨湖印刷有限公司
厦门高发工贸有限公司
厦门三印彩色印刷有限公司
厦门市新江峰包装有限公司
厦门市杏林意美包装有限公司
厦门顺峰包装材料有限公司
厦门市晋元包装彩印有限公司
厦门申达塑料彩印包装有限公司
泉州市玮鹏包装制品有限公司
泉州运城制版有限公司
泉州市七彩虹塑料彩印有限公司
泉州市晖达彩印有限公司
泉州市哲鑫彩色包装用品工贸有限公司
泉州市中信电脑彩印薄膜制袋厂
金光彩印
福达利彩印有限公司
恒信塑料彩印有限公司
泉塑包装印刷有限公司
晋江市绿色印业有限公司
宏冠印务包装有限公司
晋江市富源彩印公司
晋江市新合发塑胶印刷有限公司
福建凯达集团有限公司
晋江明强彩印有限公司
塘塑软包装有限公司
泉州煌祺彩印有限公司
晋江市贤德印刷有限公司
晋江豪兴彩印有限公司
晋江市华荣印刷有限公司
新建发塑胶无纺布制品有限公司
福建宏泰塑胶有限公司
南安市南洋纸塑彩印有限公司
南安市天利包装厂
福建南盛塑料彩印有限公司
南安市霞美镇仙海纸塑彩印厂

南安市满山红纸塑彩印有限公司
福建满山红包装股份有限公司
南安市俊红纸塑包装有限公司
福建省满利红包装彩印有限公司
怡和(石狮)化纤商标织造有限公司
漳州市百顺塑胶有限公司
福建省明发塑料制品有限公司
江西南昌方丰纸(管)业有限公司
南昌诚鑫包装有限公司
南昌金鸡彩印厂
南昌彩彪印务有限公司
山东禹城盛达塑料厂
潍坊市锦程塑料彩印厂
潍坊市天辰彩印有限公司
山东多利达印务有限公司
潍坊文圣教育印刷有限公司
安丘市翔宇包装彩印有限公司
山东铭达包装制品有限公司
青州博睿包装印务有限公司
龙口市印刷物资有限公司
青岛南荣包装印刷有限公司
青岛美亚包装有限公司
青岛市贤俊龙彩印有限公司
青岛红金星包装印刷有限公司
青岛瑞发包装有限公司
青岛信盛塑料彩印有限公司
山东莱芜佰汇包装印务有限公司
济宁创美彩印包装有限公司
山东新世纪包装制品有限公司
临沂市好景贸易有限公司
郯城欣欣印刷有限公司
山东郯城金马复合彩印厂
郯城县鹏程印务有限公司
山东联华印刷包装有限公司
郑州美佳彩印包装有限公司
河南畅翔纸品加工厂
南阳市宛美彩印包装有限公司
安阳嘉华塑业有限公司
漯河市恒瑞包装有限公司
夏华塑料彩色印刷厂
武汉市建桥印务有限公司
武汉市天虹纸塑彩印有限公司
武汉市恒鑫包装塑料制品有限公司
湖北新合发印刷包装有限公司
湖北金德包装有限公司
湖北中雅包装有限公司
湖北省随州市中信印务有限责任公司
十堰申达塑料制品有限公司
当阳市金典纸塑制品有限公司
湖北巴楚风印务有限公司
长沙华茂包装印刷有限公司
岳阳市九一环保塑料制品厂
岳阳市大地印务有限公司
广州葆雅包装材料有限公司
广东多田印务有限公司
广州市和基包装材料有限公司
广州奇川包装制品有限公司
广州市鑫源印刷有限公司
广州市世赞彩印有限公司
广州市粤盛工贸有限公司
东莞联兴塑印制品厂
东莞市双龙塑胶制品有限公司
汕头市博彩塑料薄膜印刷厂
新恒华塑料包装印刷厂
汕头市志成塑料有限公司
汕头市佳盛印务有限公司
广东光阳制版科技股份有限公司
潮安县春辉工贸实业有限公司
潮安县庵埠兴隆纸塑包装厂
惠州宝柏包装有限公司
洪发胶袋彩印有限公司
惠州华渊印刷有限公司
东莞市天姿彩印刷有限公司
深圳市联盛源包装制品有限公司
深圳市佳润隆印刷有限公司
深圳市鑫骄阳印刷有限公司
深圳市生隆达印刷有限公司
深圳市咏胜印刷有限公司
深圳市百佳彩印刷有限公司
深圳市精典包装印刷有限公司
深圳市金都印刷有限公司
深圳市群益包装制品有限公司
深圳市捷诚纸品包装有限公司
深圳市众力恒塑胶有限公司
超然塑胶包装制品(深圳)有限公司
深圳市纳彩印刷有限公司
深圳市康业科技有限公司
深圳市迪莱特实业有限公司
深圳市嘉丰印刷包装有限公司
深圳市奥丽彩包装制品厂
深圳市佳和胶袋印刷有限公司
山洲塑胶制品厂

深圳市磐鑫实业有限公司
深圳市天际伟业包装制品有限公司
新协力包装制品有限公司
深圳爱尔科技实业有限公司
深圳市润基包装制品有限公司
深圳市明艺达塑胶制品有限公司
深圳市思孚纸品包装有限公司
深圳科宏健科技有限公司
鸿兴印刷(中国)有限公司
珠海市宝轩印刷有限公司
珠海市嘉德强包装有限公司
珠海嘉雄包装材料有限公司
珠海市柏洋塑料包装印刷厂
揭阳市新煌日用品有限公司
广东揭阳榕城雄发塑料薄膜印刷厂
东莞市海丰塑料包装有限公司
东莞市绿彩包装材料厂
东莞市佰源包装有限公司
东莞市智盈包装制品有限公司
东莞市科艺塑料制品厂
东莞市万江建昌包装制品厂
东莞市万江拓洋塑料制品厂
东莞市拓鑫包装印刷制品厂
东莞市添彩塑胶制品厂
艺华高端柔版科技有限公司
东莞市泳星塑胶包装材料有限公司
东莞市佳华彩印纸品有限公司
东莞市华彩包装纸品有限公司
东莞市铭业包装制品有限公司
广东天元印刷有限公司
东莞市名顺凹版包装制品有限公司
源丰印刷材料科技有限公司
东莞市晓铭实业有限公司
东莞市虎门联友包装印刷有限公司
东莞市虎门富恒胶袋制品厂
东莞市致利包装印刷有限公司
东莞市智力胶带有限公司
广东罗定市华圣塑料包装有限公司
佛山华韩卫生材料有限公司
佛山市南海区科能达包装彩印有限公司
佛山市南海港明彩印有限公司
佛山市长丰塑胶有限公司
佛山市三水华彩包装材料有限公司
佛山市正道中印包装印刷有限公司
佛山市南海区星格彩印包装厂
佛山市运豪印刷有限公司
信诚塑料印刷厂
佛山市伯仲印刷厂
佛山市粤峰盛塑印有限公司
广东金威达彩印有限公司
佛山市德华彩印有限公司
佛山市奥达尼印刷包装有限公司
佛山市彩一杰印务有限公司
佛山市南海中彩制版有限公司
佛山市华之恒包装材料有限公司
南方包装有限公司
广信塑料吹膜制品有限公司
佛山市顺德区荣日塑料制品实业有限公司
佛山市华盛昌塑料包装厂
顺德金粤盛塑胶彩印有限公司
佛山艾美印刷有限公司
安姆科软包装(中山)有限公司
朗科包装有限公司
中山市永宁包装印刷有限公司
中山市佳威塑料制品有限公司
江门市天晨印刷厂
江门市广威胶袋印制企业有限公司
江门市新会区精美彩塑料包装厂
鹤山市创杰印刷有限公司
广西南国印刷有限责任公司
广西南宁强康塑料彩印包装有限公司
南宁市金彩桐木瓜纸业有限公司
南宁市宾阳县富丽塑料包装彩印厂
玉林市玉州区美印通印刷包装制品厂
广西容县宇光彩色印刷厂
欧业纸品印务有限公司
广西品田包装有限公司
重庆市金非凡塑料包装有限公司
重庆四平塑料包装股份有限公司
重庆华安包装装潢印务有限公司
重庆工友塑料有限公司
成都市星海峰包装有限公司
成都黎红印务有限公司
成都市越骐印务有限责任公司
成都兴和塑料制品厂
成都市刚力达印刷物资有限公司
成都海洁塑印包装有限公司
四川省成都市雄州彩印有限公责任公司
成都光阳凹版有限公司
成都金东方制版有限公司
成都科世茂包装材料有限公司
成都东顺塑胶有限公司

成都万富达包装印务有限公司
四川源亨印刷包装有限公司
成都郫县永盛印务有限公司
成都市迅驰塑料包装有限公司
成都五牛壮达新材料有限公司
成都清洋宝柏包装有限公司
成都市先平包装印务有限公司
四川新华盛包装印务有限公司
云南泰誉实业有限公司
昆明市泽华工贸有限公司
云南嘉泰实业有限公司
昆明华安印务有限公司
昆明金津塑料包装印刷有限公司
西安兰韵印务有限公司
兰州万鑫彩印有限责任公司
宁夏腾飞塑料包装有限公司
中盐宁夏金科达印务有限公司

设备器材生产或供应

Manufacturers and suppliers of equipment

● 卫生纸机 Tissue machine

Hinnli Co., Ltd.
意大利 Recard 公司亚洲办事处
清来机械有限公司
奥地利安德里茨股份公司北京代表处
中国造纸装备有限公司
天津天轻造纸机械有限公司
宝嘉德纸品机械加工厂
保定市晨光造纸机械有限公司
保定市创新造纸机械有限公司
满城县昌达造纸机械有限公司
满城恒通造纸机械有限公司
保定德源机械设备制造有限公司
沈阳春光造纸机械有限公司
辽阳慧丰造纸设备有限公司
辽阳造纸机械股份有限公司
丹东正益机械制造有限公司
白城福佳科技有限公司
黑龙江鑫源达国际贸易有限公司
川佳机械集团
上海守谷国际贸易有限公司
拓斯克造纸机械(上海)有限公司
上海盛达科技开发有限公司
盖康贸易(上海)有限公司
意大利亚赛利纸业设备有限公司上海代表处
上海轻良实业有限公司
维美德中国
金顺重机(江苏)有限公司
艾博(常州)机械科技有限公司
福伊特造纸(中国)有限公司
江苏华东造纸机械有限公司
太仓市兴良造纸制浆成套设备有限公司
常熟市联兴机械有限公司
徐州市东杰造纸机械有限公司
杭州大路装备有限公司
富阳市小王纸机配件经营部
杭州维美德造纸机械有限公司
川之江造纸机械(嘉兴)有限公司
济南金恒达造纸机械有限公司
山东金拓亨机械制造有限责任公司
山东华林机械有限公司
山东福华造纸装备有限公司
山东信和造纸工程股份有限公司
淄博全通机械有限公司
潍坊凯信机械有限公司
诸城市增益环保设备有限公司
诸城市鲁东造纸机械有限公司
诸城市亿升机械有限公司
诸城市新日东机械厂
山东汉通奥特机械有限公司
诸城市大正机械有限公司
诸城市金隆机械制造有限责任公司
诸城市宏升机械有限公司
诸城市明大机械有限公司
诸城市永利达机械有限公司
青州永正造纸机械有限公司
山东银光机械制造有限公司
山东鲁台造纸机械集团有限公司
郑州市光茂机械制造有限公司
沁阳市第一造纸机械有限公司
广州市番禺区金晖造纸机械设备厂
世源机电设备有限公司
东莞市佳鸣造纸机械研究所
安德里茨(中国)有限公司
佛山市南海区宝拓造纸设备有限公司
广东省江门市新会区睦洲机械有限公司
四川省井研轻工机械厂
乐山飞鸿机械有限责任公司
乐山市恒达制浆造纸技术有限公司
绵阳同成智能装备股份有限公司
四川省宜宾市联盛进出口有限公司
宜宾机械有限公司
贵州恒瑞辰机械制造有限公司
西安炳智机械有限公司

● 废纸脱墨设备 Deinking machine

奥地利安德里茨股份公司北京代表处
宁波市联成机械有限责任公司
福建省轻工机械设备有限公司
安丘科扬机械有限公司
潍坊科创浆纸工程有限公司
诸城市增益环保设备有限公司
诸城市新日东机械厂
诸城市华瑞造纸机械厂

诸城市大正机械有限公司
诸城市金隆机械制造有限责任公司
山东惠祥专利造纸机械有限公司
诸城市明大机械有限公司
诸城市永利达机械有限公司
山东省诸城市利丰机械有限公司
普瑞特机械制造股份有限公司
郑州运达造纸设备有限公司
广州市番禺区金晖造纸机械设备厂
江门晶华轻工机械有限公司

● 造纸烘缸、网笼 Cylinder and wire mould

元帅金属企业行
保定市金福机械有限公司
丹东新兴造纸机械有限公司
丹东市盛兴造纸机械有限公司
丹东烘缸制造厂
拓斯克造纸机械(上海)有限公司
金顺重机(江苏)有限公司
福伊特造纸(中国)有限公司
溧阳市江南烘缸制造有限公司
江苏华东造纸机械有限公司
太仓沪太嫦娥造纸设备有限公司
连云港鹏程机械有限公司
富阳市小王纸机配件经营部
济南市长清区中联造纸机械厂
山东恒星股份有限公司
山东鲁台造纸机械集团有限公司
山东信和造纸工程股份有限公司
东莞市兄弟机械有限公司
安德里茨(中国)有限公司
广东省江门市新会区睦洲机械有限公司

● 造纸毛毯、造纸网 Felt and wire cloth

天津环球高新造纸网业有限公司
日惠得造纸器材(上海)贸易有限公司
上海弘纶工业用呢有限公司
上海金熊造纸网毯有限公司
上海新台硕金属网有限公司
维美德织物(中国)有限公司
苏州嫦娥造纸网毯有限公司
徐州工业用呢厂
江都新风造纸网业有限公司
海门市工业用呢厂
江苏金呢工程织物股份有限公司
南通市加目思铜网有限公司
浙江华顶网业有限公司
安徽荣辉造纸网有限公司
潍坊振兴天马工业用呢有限公司
山东鑫祥网毯织造有限公司
郑州非尔特网毯有限公司
御槐纺织工业有限公司
河南沈丘县汇丰网业有限公司
河南省沈丘县第二造纸网厂
沈丘诺信织造有限公司
广东省揭东荣立工业用呢厂
东莞市兄弟机械有限公司
东莞市道滘经纬不锈钢网厂
东莞市中堂亨利飞造纸机械厂
东莞市业兴网毯有限公司
洪飞不锈钢网公司
四川环龙技术织物有限公司
四川省乐山市金福呢业有限公司
四川邦尼德织物有限公司
西安兴晟造纸不锈钢网有限公司
西安祺沣造纸网有限公司
阿勒泰工业用呢有限责任公司

● 生活用纸加工设备 Converting machinery for tissue products

Hinnli Co., Ltd.
侨邦机械有限公司
捷贸企业有限公司
泰舜工业有限公司
百弘机械有限公司
全利机械股份有限公司
恒克企业有限公司
特艺佳国际有限公司
美国纸产品加工机器公司中国办事处
北京兴民辉科技发展有限公司
保定市三莱特纸品机械制造有限公司
保定市华光机械有限公司
保定市晨光造纸机械有限公司
保定恒威造纸机械厂
华信造纸机械厂
锋润纸品机械厂
保定市金福机械有限公司
满城县鑫光造纸机械厂
满城县全新机械厂

保定润达机械有限公司
保定市满城县造纸技术协会
创新纸品机械有限公司
满城县昌达造纸机械有限公司
长春市利达造纸机械有限公司
川佳机械集团
意纸来机械设备(上海)有限公司
威刻勒机器设备(上海)有限公司
柯尔柏机械设备(上海)有限公司
特艺佳机械贸易(上海)有限公司
昆山盛晖机械科技有限公司
太仓鸿海精密机械有限公司
徐州市东杰造纸机械有限公司
连云港市佳盟机械有限公司
连云港鹏程机械有限公司
连云港华露无纺布机械设备厂
连云港市盛洁无纺布设备厂
连云港市恒信无纺布湿巾机械有限公司
江苏省连云港市新星纸品加工设备厂
连云港赣榆县恒宇纸品机械厂
嘉兴绿信机械设备有限公司
嘉兴市锐星机械制造有限公司
川之江造纸机械(嘉兴)有限公司
瑞安市毅美机械有限公司
福州市汇鑫设备有限公司
厦门恒达锋机械有限公司
厦门湘恒盛机械设备有限公司
厦门市北霖机械有限公司
泉州市汉辉纸品机械厂
福建鑫运机械发展有限公司
泉州恒新纸品机械制造有限公司
广源轻工机械有限公司
泉州长洲机械制造有限公司
福建泉州明辉机械有限公司
泉州华讯机械制造有限公司
泉州鑫达机械有限公司
泉州特睿机械制造厂
汉伟集团有限公司
福建培新机械制造实业有限公司
海创机械制造有限公司
泉州科创机械制造有限公司
福建通美信机械制造有限公司
泉州三尔梯机械制造有限公司
晋江市齐瑞机械制造有限公司
淄博大进造纸设备有限公司
潍坊精盛机械有限公司
潍坊精诺机械有限公司
潍坊中顺机械科技有限公司
潍坊市坊子区升阳机械厂
山东旭日东机械有限公司
诸城市亿升机械有限公司
诸城市德润机械加工厂
青岛三安国际贸易有限公司
山东银光机械制造有限公司
郑州科宇机械设备有限公司
许昌兄弟造纸机械配件厂
许昌市长风机械公司
河南恒源纸品机械有限公司
广州翰源自动化技术有限公司
汕头市腾国自动化设备有限公司
汕头市红福机械厂
台能纸加工机器有限公司
深圳市弘捷琳自动化设备有限公司
深圳市元隆德科技有限公司
和耀企业有限公司
东莞市新易恒机械有限公司
东莞市志鸿机械制造有限公司
东莞市厚街嘉崎通用机械设备厂
东莞市睿锋机械制造厂
东莞市欧宏机械制造有限公司
东莞市鸿创造纸机械有限公司
东莞市佳鸣机械制造有限公司
东莞安其五金机械厂
佛山市鹏轩机械制造有限公司
佛山市南海置恩机械制造有限公司
佛山市欧创源机械制造有限公司
佛山市南海区德虎纸巾机械厂
佛山市南海区弘睿兴机械制造有限公司
佛山市鑫志成科技有限公司
佛山市南海区贝泰机械制造有限公司
佛山市科牛机械有限公司
佛山市南海毅创设备有限公司
佛山市南海区邦贝机械制造有限公司
佛山市川科创机械设备有限公司
佛山市兆广机械制造有限公司
佛山市南海区德昌誉机械制造有限公司
佛山市南海美璟机械制造有限公司
佛山市南海区铭阳机械制造有限公司
佛山市嘉和机械制造有限公司
宝索机械制造有限公司
佛山市顺德区飞友自动化技术有限公司
江门市蓬江区杜阮栢延五金机械厂
柳州市维特印刷机械制造有限公司
成都旺宏机械设备厂
四川省都江堰市虎越机械厂
四川省宜宾市联盛进出口有限公司

● 卫生纸机和加工设备的其他相关器材配件
Other related apparatus and fittings of tissue machine and converting machinery

元帅金属企业行
捷贸企业有限公司
源利制刀工业股份有限公司
德国 GOCKEL 机械制造有限公司/九泰国际实业(香港)有限公司
莱克勒(天津)国际贸易有限公司
迪能科技(北京)有限公司
依博罗阀门(北京)有限公司
北京威瑞亚太科技有限公司
北京世宏顺达科技有限公司
北京欧华金桥科技发展有限公司
北京倍杰特国际环境技术有限公司
北京万丰力技术有限公司
北京恒捷科技有限公司
北京优派特科技发展有限公司
北京巨鑫华瑞纸业机械制造厂
北京高中压阀门有限责任公司
北京金峡超滤设备有限责任公司
天津市博业工贸有限公司
天津市邦特斯激光制辊有限公司
石家庄诚信中轻机械设备有限公司
衡水裕泰机械有限公司
河北亚圣实业有限公司
河北枣强鼎好玻璃钢有限公司
沧州市通用造纸机械有限责任公司
唐山天兴环保机械有限公司
廊坊市双高环保设备有限公司
固安安腾精密筛分设备制造有限公司
保定市中通泵业有限公司
保定市三兴辊业机械有限公司
河北智乐水处理技术有限公司
保定市晨光造纸机械有限公司
保定宏联机械制辊有限公司
长山节能环保设备制作有限公司
保定恒威造纸机械厂
维一金属特种工艺制作中心
华信造纸机械厂
满城县鑫光造纸机械厂
保定光明网箱网槽厂
满城县全新机械厂
保定市满城县造纸技术协会
保定市创新造纸机械有限公司
创新纸品机械有限公司
满城县昌达造纸机械有限公司
满城恒通造纸机械有限公司
保定德源机械设备制造有限公司
沈阳春光造纸机械有限公司
大连宝锋机器制造有限公司
大连明珠机械有限公司
丹东鸭绿江磨片有限公司
白城福佳科技有限公司
德国 TKM 集团
大连苏尔寿泵及压缩机有限公司上海分公司
上海国昆贸易有限公司
美国 J & L 制浆服务有限公司上海代表处
川佳机械集团
杜博林(大连)精密旋接器有限公司上海代表处
日惠得造纸器材(上海)贸易有限公司
马努托雷斯工业集团
上海圣智机械设备有限公司
上海诺川泵业有限公司
Rca Bignami Srl
博路威(上海)机械科技股份有限公司
麦格思维特(上海)流体工程有限公司
基越工业设备有限公司
上海思百吉仪器系统有限公司
上海盛达科技开发有限公司
上海瑞治贸易有限公司
德旁亭(上海)贸易有限公司
上海洗霸科技有限公司制浆造纸部
上海晓国刀片有限公司
上海茂控机电设备有限公司
上海锐利贸易有限公司
上海大晃泵业有限公司
布鲁奇维尔(上海)通风技术有限责任公司
上海斐卓喷雾净化设备有限公司
斯普瑞喷雾系统(上海)有限公司
西尔伍德机械贸易(上海)有限公司
泽积(上海)实业有限公司
上海力林造纸真空机械有限公司
上海天竺机械刀片有限公司
上海展高电器有限公司
上海赢予机器人自动化有限公司
友聚(上海)精工机具有限公司上海分公司
精岳精密机器(上海)有限公司
上海迁川制版模具有限公司
美睿(上海)工程制品有限公司
南京松林刮刀锯有限公司

南京麦文环保设备工程有限责任公司
南京佳盛机电器材制造有限公司
江苏大唐机械有限公司
镇江市德龙花辊厂
斯通伍德(常州)辊子技术有限公司
常州市坚力橡胶有限公司
常州航林人造板机械制造有限公司
常州市武进广宇花辊机械有限公司
常州市蓝净环保机械有限公司
常州耐力德机械有限公司
江苏保龙机电制造有限公司
溧阳市江南烘缸制造有限公司
无锡市俊宝华蓝科技有限公司
凯登约翰逊(无锡)技术有限公司
无锡西尔武德机械有限公司
江苏腾旋科技股份有限公司
昆山瑞达造纸机械科技有限公司
无锡鸿华造纸机械有限公司
无锡正杨造纸机械有限公司
无锡市荣成造纸机械厂
无锡尚川机械有限公司
无锡沪东麦斯特环境工程有限公司
宜兴申联机械制造有限公司
江阴市正中机械制造有限公司
江阴市明达胶辊有限公司
江阴市申龙制版有限公司
江阴市利伟轧辊印染机械有限公司
靖江市金利马造纸机械厂
江苏飞跃机泵制造有限公司
苏州科特环保股份有限公司
苏州嘉研橡胶工业科技有限公司
昆山德凯盛刃模有限公司
昆山亚欧梭耶机械设备有限公司
昆山盛晖机械科技有限公司
昆山龙腾跃达机械设备有限公司
昆山亚培德造纸技术设备有限公司
昆山陆联力华胶辊有限公司
苏州力华米泰克斯胶辊制造有限公司
上海冬慧辊筒机械有限公司
昆山市永丰水处理流体机械有限公司
昆山市倍思特刀锯厂
徐州亚特花辊制造有限公司
徐州三象(制辊)机械有限公司
徐州市世安制辊模具厂
江苏腾飞数控机械有限公司
江苏贝斯特数控机械有限公司
江苏正伟造纸机械有限公司
江苏仕宁机械有限公司
江苏尚宝罗泵业有限公司
海门市海南带刀厂
海门市刀片有限公司
南通市巨龙流体机械有限公司
昆山钲稳贸易有限公司
杭州华加造纸机械技术有限公司
杭州美辰纸业技术有限公司
杭州智玲无纺布机械设备有限公司
杭州锐斯刀具有限公司
杭州顺隆胶辊有限公司
杭州天创环境科技股份有限公司
杭州大路装备有限公司
杭州萧山美特轻工机械有限公司
浙江省诸暨市中太造纸机械有限公司
浙江峥嵘瑞达辊业有限公司
浙江升祥辊业制造有限公司
嘉兴相川机械有限公司
嘉善晋信自润滑轴承有限公司
海宁於氏龙激光制辊有限公司
宁波市联成机械有限责任公司
慈溪天翼科技有限公司
宁波精运辊筒模具有限公司
瑞晶机电有限公司
浙江杰能环保科技设备有限公司
温州银翼造纸筛选设备有限公司
浙江利普自控设备有限公司
温州诺盟科技有限公司
温州市华威机械有限公司
温州兴达印刷物资有限公司
浙江海盾特种阀门有限公司
瑞安市登峰喷淋技术有限公司
温州市天铭印刷机械有限公司
瑞安市金斯顿喷淋机械有限公司
瑞安市金邦喷淋技术有限公司
浙江省瑞萌控制阀有限公司
浙江力诺流体控制科技股份有限公司
马鞍山市连杰机械刀片有限公司
马鞍山市国锋机械刀片厂
三峰机械制造有限公司
马鞍山市天元机械刀具有限公司
马鞍山市沪云机械刀片有限公司
马鞍山市恒利达机械刀片有限公司
马鞍山市华美机械刀片有限公司
马鞍山市一诺机械刀具有限公司
马鞍山市飞华机械模具刀片有限公司
安徽嘉龙锋钢刀具有限公司
马鞍山市富源机械制造有限公司
马鞍山市飞鹰刀片有限公司

亿民机械配件中心
瑞硕(厦门)商贸有限公司
厦门鑫宏翔工贸有限公司
厦门厦迪亚斯环保过滤技术有限公司
马鞍山海之林精密刀具制造有限公司
漳州市造纸机械配备配件经营部
江西昌大三机科技有限公司
江西金力永磁科技有限公司
济南华章实业有限公司
济南奥凯机械制造有限公司
山东山大华特科技股份有限公司
山东华东风机有限公司
山东三牛机械有限公司
济南诺恩机械有限公司
章丘市大星造纸机械有限公司
济南金恒达造纸机械有限公司
济南市长清区中联造纸机械厂
山东福华造纸装备有限公司
聊城鲁信造纸机械有限公司
山东丰信通风设备有限公司
山东精工泵业有限公司
淄博水环真空泵厂有限公司
山东杰锋机械制造有限公司
淄博威泰轻工机械有限公司
山东晨钟机械股份有限公司
淄博国信机电科技有限公司
滨州东瑞机械有限公司
汶瑞机械(山东)有限公司
山东旭日东机械有限公司
诸城市鲁东造纸机械有限公司
潍坊日东环保装备有限公司
诸城市聚福源环保设备有限公司
诸城市亿升机械有限公司
诸城市新日东机械厂
诸城泽亿机械有限公司
诸城盛峰传动机械有限公司
山东汉通奥特机械有限公司
诸城市大正机械有限公司
诸城市金隆机械制造有限责任公司
诸城市宏升机械有限公司
诸城市汇川机械厂
诸城市明大机械有限公司
诸城市永利达机械有限公司
诸城市舜耕环保设备制造有限公司
诸城百丰环保科技有限公司
山东省诸城市利丰机械有限公司
山东四海水处理设备有限公司
烟台华日造纸机械有限公司
青岛永创精密机械有限公司
青岛恩斯凯精工轴承有限公司
青岛栗林机械设备有限公司
青岛永泰锅炉有限公司
普瑞特机械制造股份有限公司
济宁华隆机械制造有限公司
费县金诺机械有限公司
山东宇恒造纸机械有限公司
滕州力华米泰克斯胶辊有限公司
山东中力机械制造有限公司
郑州运达造纸设备有限公司
河南省曙光泵业有限公司
郑州永锐利机械刀具有限公司
新乡市蓝海环保机械有限公司
新乡市高服筛分机械有限公司
河南省德沁高新辊业有限公司
温县利祥刀锯厂
焦作市中联轻工机械厂
湖北亚特刀具有限公司
湖北华鑫科技股份有限公司
长沙鼎联热能技术有限公司
湖南正大轻科机械有限公司
长沙正达轻科纸业设备有限公司
长沙神州机械有限公司
广州天竺刀片公司
广州热尔热工设备有限公司
川源(中国)机械有限公司广州分公司
广州科毅工艺有限公司
广州市琅刻制版科技有限公司
广东大华创展传动科技有限公司
广州凯和科技有限公司
华南理工大学轻工与食品学院造纸与污染控制国家工程研究中心
粤有研材料表面科技有限公司
广东光泰激光科技有限公司
广州嘉琦印刷器材有限公司
翔昇环保设备有限公司
广州岱洲机械设备有限公司
广州市泓智机械有限公司
广州市南沙区兆丰制辊有限公司
东莞市凯旋造纸机械公司
广东省汕头市节能环保科技有限公司
深圳市日贸机电有限公司
深圳圣运激光制版有限公司
深圳凯德利精密刀具有限公司
安徽嘉龙锋钢刀具有限公司
和耀企业有限公司
东莞市茂鑫刀锯有限公司

东莞市萨浦刀锯有限公司
东莞市科能保温技术有限公司
东莞市长盛刀锯有限公司
东莞市三峰刀具有限公司
东莞市万江惠德机械设备厂
东莞市顺昌机械厂
苏州静冈刀具有限公司东莞分公司
南京松林刮刀锯有限公司东莞公司
东莞市森邦纸业有限公司
东市科顺机电设备有限公司
东莞市华星胶辊有限公司
东莞市绿慧环保设备有限公司
东莞市粤丰废水处理有限公司
东莞市铁盟机械制造有限公司
东莞市长安一雕五金加工店
宏昌荣机械有限公司
东莞市沙田宏丰机电厂
东莞市汇和五金制品有限公司
东莞市睿锋机械制造厂
东莞市欧宏机械制造有限公司
东莞市鸿创造纸机械有限公司
广东廉江市莲达机械设备厂
佛山市珠江风机有限公司
佛山市南海晟心胶辊制造有限公司
广东佛山南海柯锐机械有限公司
佛山运城压纹制版有限公司
佛山市南海区键铧风机有限公司
新征激光花辊制造有限公司
连冠金属塑料制品有限公司
广东省佛山市南海区志胜激光制辊有限公司
佛山市南海区鹏森机械厂
佛山市顺德伟泓机械有限公司
昌盛刀具
佛山市九韵机械有限公司
广东佛山市宝威机械有限公司
中山市东成制辊有限公司
中山市黄圃镇建业机械铸造厂
广东中商国通电子有限公司
广东创源节能环保有限公司
江门市恒通橡塑制品有限公司
江门市新会区园达工具有限公司
开平市水口宏兴造纸机械厂
柳州市立安联合刀片有限公司
重庆斯凯力科技有限公司
成都钲稳贸易有限公司
南方泵业股份有限公司
四川华星炉管有限公司
成都宏达刀锯厂
成都锦兴绿源环保科技有限公司
都江堰市智德机械厂
都江堰华西轻工机械有限责任公司
乐山飞鸿机械有限责任公司
乐山鸿铭机电设备有限责任公司
四川三台剑门泵业有限公司
贵州恒瑞辰机械制造有限公司
西安亿帆动力科技有限公司
陕西欧润造纸机械有限公司
西安迈拓机械制造有限公司
西安维亚造纸机械有限公司(原西安市未央机械厂)

● 一次性卫生用品生产设备 Machinery for disposable hygiene products

屋信机械有限公司
特艺佳国际有限公司
保定格润工贸有限公司
丹东北方机械有限公司
黑龙江鑫源达国际贸易有限公司
上海守谷国际贸易有限公司
法麦凯尼柯机械(上海)有限公司
上海智联精工机械有限公司
瑞光(上海)电气设备有限公司
特艺佳机械贸易(上海)有限公司
金湖中卫机械有限公司
江苏省金湖县宏达卫生用品设备有限公司
江苏金卫机械设备有限公司
三木机械制造实业有限公司
金湖县芳平卫生用品设备厂
淮安金华卫生用品(设备)有限公司
常州市中创机电设备有限公司
意大利吉地美公司苏州工厂
张家港市阿莱特机械有限公司
张家港市久屹机械制造有限公司
意大利卡尔迪罗莱公司国内联络处
杭州智玲无纺布机械设备有限公司
杭州新余宏机械有限公司
杭州盾迅机械制造有限公司
杭州珂瑞特机械制造有限公司
杭州东巨机械制造有限公司
瑞安市瑞乐卫生巾设备有限公司
浙江省瑞安市瑞丰机械厂
黄山富田精工制造有限公司
安庆市恒昌机械制造有限责任公司

泉州市玉峰机械制造有限公司
泉州市汉辉纸品机械厂
泉州市众佳机械有限公司
福建泉州明辉机械有限公司
泉州市华清机械制造有限公司
泉州华讯机械制造有限公司
泉州汇海机械有限公司
泉州鑫达机械有限公司
泉州特睿机械制造厂
泉州市汉威机械制造有限公司
福建省泉州市智高机械制造有限公司
福建益新科技有限公司
汉伟集团有限公司
福建省泉州市诚达机械厂
泉州古月卫生巾设备购销贸易公司
泉州市起点卫生设备有限公司
福建培新机械制造实业有限公司
泉州智造者机械设备有限公司
福建新超机械有限公司
泉州三尔梯机械制造有限公司
晋江海纳机械有限公司
晋江市顺昌机械制造有限公司
晋江市东南机械制造有限公司
福建益川自动化设备股份有限公司
恒达智能化设备公司
松嘉(泉州)机械有限公司
福建溢泰科技有限公司
河南省邦恩机械制造有限公司
湖南易兴精密机械制造有限公司
岳阳福华水刺无纺布有限公司
西瑞斯包装机械(苏州)有限公司
广州市兴世机械制造有限公司
东莞市林威机械设备有限公司
信隆无纺布机械设备有限公司
东莞市新盛机械设备有限公司
东莞市鼎胜包装机械有限公司
东莞快裕达自动化设备有限公司
佛山市顺德区智敏自动化设备有限公司
中山市建通机械有限公司
广东省江门市汇科机械设备有限公司
江门市会城威铭机械厂

● 热熔胶机 Hot melt adhesive machine

台湾皇尚企业股份有限公司
诺信有限公司(香港)
北京三土伟业科技发展有限公司
诺信(中国)有限公司北京办事处
北京鑫威诺和热熔喷涂科技有限公司
上海善实机械有限公司
善持乐贸易(上海)有限公司
诺信(中国)有限公司
上海华迪机械有限公司
上海国堂机械制造有限公司
金湖中卫机械有限公司
金湖县赫尔顿热熔胶设备有限公司
常州永盛包装有限公司
无锡冉信热熔胶机械设备有限公司
无锡市诺金科技有限公司
无锡市浩帆热熔胶设备有限公司
苏州博伦热熔胶机械有限公司
苏州欧仕达热熔胶机械设备有限公司
杭州朗奇科技有限公司
浙江华安机械有限公司
瑞安市佳源机械有限公司
温州星达机械制造有限公司
福州市安捷机电技术有限公司
美国阀科集团中国销售服务中心
泉州新日成热熔胶设备有限公司
泉州市新威喷涂设备有限公司
泉州瑞工科技有限公司
泉州市贝特机械制造有限公司
科乐机械有限公司
福建省精泰设备制造有限公司
泉州万鸿机械制造有限公司
三兴热熔胶机设备有限公司
福建南安市创盛机械科技有限公司
诺信(中国)有限公司广州分公司
诺信新科技有限公司
深圳市皇信精密机械有限公司
深圳市迈拓精工有限公司
深圳佳德力流体控制设备有限公司
深圳博天浩业技术有限公司
深圳市腾科系统技术有限公司
深圳市班驰机械设备有限公司
深圳诺胜技术发展有限公司
深圳市爱普克流体技术有限公司
深圳市鑫冠臣机电有限公司
深圳市轩泰机械设备有限公司
深圳市伊诺威机电有限公司
深圳市鑫煌尚自动化科技有限公司
深圳金皇尚热熔胶喷涂设备有限公司
深圳市嘉美斯机电科技有限公司
深圳市嘉美高科系统技术有限公司
亿赫热熔胶机制造工业有限公司

东莞市立乐热熔胶机械有限公司
东莞市诺达商贸有限公司
宏特胶机设备有限公司
广东省王牌机械制造有限公司
东莞皇尚实业有限公司
中山晶诚机电设备有限公司
江门市跨海工贸有限公司
深圳市柏顿堤科技有限公司
成都德森机电设备有限公司

● 配套刀具 Blade

叡亿机械股份有限公司
恩悌(上海)商贸有限公司
上海三义精密模具有限公司
山特维克国际贸易(上海)有限公司
博乐特殊钢(上海)有限公司
金湖县华丰模具厂
美孚森(常州)贸易有限公司
山特维克合锐(无锡)有限公司
模德模具(苏州工业园区)有限公司
昆山新锐利制刀有限公司
坂崎雕刻模具(昆山)有限公司
昆山鑫陆达精密模具科技有限公司
江苏麒浩精密机械股份有限公司
杭州萧山皓和科技有限公司
浙江嘉兴金耘特殊金属有限公司
马鞍山海之林精密刀具制造有限公司
泉州市金涛花辊有限公司
泉州市东兴机械制造有限公司
泉州市龙泰机械公司
小赖刀模加工装配车间
永益模具有限公司
恒超机械制造有限公司
川崎模具钢贸易(福建)有限公司
晋江特锐模具有限公司
龙山轻工机械有限公司
泉州恒锐机械制造有限公司
福建省三明市宏立机械制造有限公司
三明市普诺维机械有限公司
东莞市世腾花辊模具机械厂
东莞市茶山鹏翔通用机械加工店
佛山市嘉明工业设备有限公司
佛山市青山精密模具厂
重庆斯凯力科技有限公司
四川新特模具机械有限责任公司

● 一次性卫生用品生产设备的其他配件 Other fittings of machinery for disposable hygiene products

奥地利SML兰精机械有限公司北京代表处
申克(天津)工业技术有限公司北京分公司
新乐华宝塑料机械有限公司
丹东北方机械有限公司
上海罗利格莱实业有限公司
斯托克印刷
上海均铭机械有限公司
上海凌盛商贸有限公司
上海誉辉化工有限公司
上海锐利贸易有限公司
南京嘉旭机械制造有限公司
常州云峰信达机械有限公司
常州德众精密机械有限公司
常州市东风卫生机械设备制造厂
常州市同熙机械有限公司
常州市达力塑料机械有限公司
常州市凌马机械有限公司
常州永盛包装有限公司
常州市红忠机械厂
常州乔德机械有限公司
无锡新欣真空设备有限公司
瑞法诺(苏州)机械科技有限公司
苏州杰威尔精密机械有限公司
太仓市广盛机械有限公司
张家港市锦冠机械有限公司
徐州亚特花辊制造有限公司
盐城市顺驰机械科技有限公司
德清创智热喷涂科技有限公司
泉州威特机械有限公司
晋江市启力机械配件有限公司
泉州智造者机械设备有限公司
恒超机械制造有限公司
福建省晋江市安海鸿辰午机械厂
晋江市明海精工机械有限公司
晋江市德豪机械有限公司
晋江翔锐机械有限公司
福兴塑胶机械制造厂
三明市普诺维机械有限公司
山东省压缩机设备总公司
山东深蓝机器股份有限公司
济南华奥无纺科技有限公司
广东联塑机器制造有限公司

佛山市恒辉隆机械有限公司
佛山市顺德区智敏自动化设备有限公司
中山市富田机械有限公司

● 包装设备、裹包设备及配件 Packaging and wrapping equipment & supplies

Hinnli Co., Ltd.
创宝特殊精密工业有限公司
捷贸企业有限公司
信敏有限公司
科尼希鲍尔印刷机械(上海)有限公司北京分公司
美国纸产品加工机器公司中国办事处
北京中科汇百标识技术有限公司
北京易迅时代科技发展有限公司
PCMA Total Solutions
北京阔博包装机械设备有限公司
北京大森长空包装机械有限公司
北京金诺时代科技发展有限公司
北京罗塞尔科技有限公司
科诺华麦修斯电子技术有限公司
天津惠坤诺信包装设备有限公司
天津天辉机械有限公司
天津明方辉包装机械有限公司
天津赛达执信科技有限公司
天津正觉工贸有限公司
石家庄索亿泽机械设备有限公司
东光县凯达包装机械厂
保定市三莱特纸品机械制造有限公司
大连华胜包装设备有限公司
大连佳林设备制造有限公司
上海超铭机械设备有限公司
上海守谷国际贸易有限公司
上海镭德杰喷码技术有限公司
雅晟实业(上海)有限公司
上海普睿洋国际贸易有限公司
盟立自动化科技(上海)有限公司
伟迪捷(上海)标识技术有限公司
马肯依玛士(上海)标码科技有限公司
上海骄成机电设备有限公司
上海美捷伦工业标识科技有限公司
上海迪凯标识科技有限公司
上海联阳机电设备有限公司
上海得尼机械有限公司
上海深蓝包装技术有限公司
上海研捷机电有设备限公司
上海祥和印刷技术有限公司
上海欢盛贸易有限公司
上海麦格机械设备有限公司
上海阿仁科机械有限公司
多米诺标识科技有限公司
上海神派机械有限公司
马肯依玛士(上海)标码有限公司
上海索米自动化设备有限公司
上海全易电子科技有限公司
上海会岚机械有限公司
包利思特机械(上海)有限公司
纪州喷码技术(上海)有限公司
上海迅腾机械制造有限公司
上海杰驰标识设备有限公司
上海理贝包装机械有限公司
上海松川远亿机械设备有限公司
上海松弛机械设备有限公司
上海适友机械设备有限公司
上海御流包装机械有限公司
上海丽索机械有限公司
上海富永纸品包装有限公司
奥普蒂玛包装机械(上海)有限公司
上海波兴机械设备有限公司
上海满鑫机械有限公司
南京茂雷电子科技有限公司
南京依仕杰电子有限公司
南京宁沪联合包装机械有限公司
南京成灿科技有限公司
南京恒威工业自动化设备有限公司
无锡市邦信标识科技有限公司
无锡市德瑞尔机电设备有限公司
无锡中鼎物流设备有限公司
江阴市北国包装设备有限公司
江阴市首信印刷包装机械有限公司
江阴市北国鑫磊包装机械厂
无锡市佳通包装机械厂
瑞法诺(苏州)机械科技有限公司
苏州英多机械有限公司
苏州市盛百威包装设备有限公司
科美西集团
昆山海滨机械有限公司
威德霍尔机械(太仓)有限公司
太仓市广盛机械有限公司
奥利安机械工业(常熟)有限公司
张家港市德顺机械有限责任公司
张家港市飞江塑料包装机械有限公司
扬州泰瑞包装机械科技有限公司

扬州市探路者包装设备有限公司
江苏江鹤包装机械有限公司
南通通用机械制造有限公司
杭州杰特电子科技有限公司
杭州威克达机电设备有限公司
杭州智玲无纺布机械设备有限公司
杭州永创智能设备股份有限公司
杭州盾迅机械制造有限公司
杭州金昇自动化科技有限公司
绍兴华华包装机械有限公司
海宁人民机械有限公司
宁波欣达印刷机器有限公司
宁波菲仕运动控制技术有限公司
浙江武义浩伟机械有限公司
中国义乌军文机械设备有限公司
温州市鼎盛包装机械厂
温州市东瓯包装机械有限公司
温州市胜龙包装机械有限公司
温州市新达包装机械厂
浙江兄弟包装机械有限公司
温州市南华喷码设备有限公司
浙江鼎业机械设备有限公司
瑞安市正东包装机械有限公司
瑞安市华源包装机械厂
瑞安市长城印刷包装机械有限公司
瑞安市利宏机械有限公司
瑞安市神翌机械有限公司
瑞安市凯祥包装机械有限公司
瑞安市启扬机械有限公司
瑞安市宏泰包装机械有限公司
浙江新新包装机械有限公司
温州胜泰机械有限公司
温州市王派机械科技有限公司
平阳众望包装机械有限公司
温州派立机械有限公司
合肥市春晖机械制造有限公司
合肥友高包装工程有限公司
合肥中鼎信息科技股份有限公司
合肥博玛机械自动化有限公司
安庆市恒昌机械制造有限责任公司
安庆市高信纸制品设备有限公司
福州创升自动化机械设备有限公司
福建欧普特工业标识系统有限公司
福州华兴喷码自动化设备有限公司
福州迅捷喷码科技有限公司
福州达益丰机械制造有限公司
亿民机械配件中心
厦门雷拓机电科技有限公司
厦门唯佳喷码技术有限公司
厦门恒达锋机械有限公司
厦门市神舟包装工贸有限公司
金泰喷码科技(厦门)有限公司
德瑞雅喷码科技有限公司
欣旺捷标识设备(厦门)有限公司
厦门市冠德机械有限公司
厦门鑫名作机电设备有限公司
厦门睿恒达方科技有限公司
厦门金创威喷码科技有限公司
马肯依玛士(上海)标识科技有限公司厦门分公司
厦门联泰标识信息科技有限公司
荣劲精密机械(厦门)有限公司
厦门博瑞达机电工程有限公司
厦门佳创科技股份有限公司
厦门真鸣科技有限公司
厦门华鹭自动化设备有限公司
厦门鑫龙锦机械有限公司
海峡精工科技有限公司
北京康迪电子设备有限公司厦泉漳办事处
泉州四雄机械设备有限公司
泉州市汉威机械制造有限公司
泉州市科盛包装机械有限公司
泉州市信昌精密机械有限公司
晋江兴业包装机械有限公司
晋江市中基机械有限公司
晋江海纳机械有限公司
福建省南云包装设备有限公司
江西九江电通远控技术有限公司
济南大宏机器有限公司
山东深蓝机器股份有限公司
山东精玖智能设备有限公司
潍坊永顺包装机械有限公司
潍坊精诺机械有限公司
潍坊晟源包装机械有限公司
诸城市华弘机械有限公司
青岛瑞利达机械制造有限公司
青岛丰业自动化设备有限公司
青岛锐驰标识设备有限公司
青岛铭腾工贸有限公司
青岛雨田机械制造有限公司
青岛众和机械制造有限公司
青岛日清食品机械有限公司
青岛三维合机械制造有限公司
青岛金派克包装机械有限公司
青岛佳捷包装标识设备有限公司
青岛威尔玛标识设备有限公司
青岛敖广自动化设备有限公司

青岛赛尔富包装机械有限公司
青岛富士达机器有限公司
青岛松本包装机械有限公司
青岛拓派包装机械有限公司
青岛青微包装机械有限公司
青岛格瑞捷喷码标识技术有限公司
北京京联四合喷印技术有限公司
陆丰机械(郑州)有限公司
许昌魏都九州纸品机械制造厂
马肯依玛士(上海)标识科技有限公司武汉分公司
湖南中南广诚机械科技有限公司
长沙长泰智能装备有限公司
株洲鹏发机电制造有限责任公司
常德金叶机械有限责任公司
盟立自动化科技(上海)有限公司广州分公司
纪州喷码技术(上海)有限公司广州办事处
马肯依玛士(上海)标识科技有限公司广州分公司
广州荣裕包装机械有限公司
广州瑞润机电设备有限公司
广州多美诺喷码技术有限公司
广州市宏江自动化设备有限公司
广州市辉泉喷码设备有限公司
广州尚乘包装设备有限公司
广州艾泽尔机械设备有限公司
广州市富尔菱自动化系统有限公司
广州市恒烽自动化设备有限公司
广州中虎包装机械设备有限公司
广州叁立机械设备有限公司
广州市博瑞输送设备有限公司
江西欧克科技有限公司
广州市兴世机械制造有限公司
汕头市腾国自动化设备有限公司
汕头市红福机械厂
汕头市汇鑫机械有限公司
汕头市欧格包装机械有限公司
汕头市爱美高自动化设备有限公司
台能纸加工机器有限公司
深圳市弘捷琳自动化设备有限公司
玛萨标识技术(深圳)有限公司
深圳市启迪东业科技有限公司
深圳市惠歌包装设备有限公司
深圳市锦盛誉工业设备销售部
深圳市京码标识有限公司
深圳晓辉包装技术有限公司
深圳市永佳喷码设备有限公司
深圳市申峰盛世科技有限公司
深圳固尔琦包装机械有限公司
深圳市深诺标识设备有限公司
深圳市胜安包装印刷有限公司
威猛巴顿菲尔机械设备(上海)有限公司
深圳市胜安包装印刷有限公司
深圳市鸿鹭工业设备有限公司
深圳市标特自动化有限公司
深圳市坪坦喷码设备有限公司
珠海金旋环保科技有限公司
东莞市智赢智能装备有限公司
东莞市中川欧德美机械制造有限公司
李群自动化有限公司
东莞市万江德宝机械厂
东莞市万江惠德机械设备厂
东莞市顺昌机械厂
东莞市泳亚包装设备有限公司
东莞市誉德机械设备有限公司
东莞市万象科技有限公司
东莞市维恩自动化有限公司
东莞市申创自动化机械设备有限公司
东莞市程富实业有限公司
佛山市南海区迪凯机械设备有限公司
佛山市新科力包装机械设备厂
佛山市澳立得包装机械有限公司
佛山市兴琅机械有限公司
佛山市远发包装机械设备有限公司
佛山市捷奥包装机械有限公司
佛山市大川机械有限公司
佛山创享自动化设备有限公司
佛山市南海区桂城新穗机械厂
佛山市德利劲包装机械制造有限公司
佛山市欧创源机械制造有限公司
佛山市今飞机械制造有限公司
佛山市超亿机械厂
佛山市协合成机械设备有限公司
佛山市奥崎精密机械有限公司
佛山市鑫志成科技有限公司
佛山市南海邦得机械设备有限公司
佛山市邦誉机械制造有限公司
佛山市捷力宝包装机械有限公司
佛山市索玛机械有限公司
佛山市嘉和机械制造有限公司
南海杰佳机械塑料包装厂
佛山市威森机械制造有限公司
佛山市圣永机械设备有限公司
鑫星机器人科技有限公司
佛山市川松机械有限公司
佛山市德翔机械有限公司
佛山市聚元机械厂
佛山德圣鑫包装机械有限公司

佛山市奥索包装机械有限公司
佛山市精拓机械设备有限公司
佛山市顺德区智敏自动化设备有限公司
广东鑫雁科技有限公司
中山市金田机电有限公司
江门市东雷达实业有限公司
江门市精新机械设备有限公司
广西擎鸿机械制造厂
柳州市卓德机械科技有限公司
柳州市维特印刷机械制造有限公司
成都源码标识技术有限公司
四川利兴机电有限公司
成都澳卡科技有限公司
四川省立华信科技有限公司
成都索正科技有限公司
成都易捷科技有限公司
渭南市欧泰印刷机械有限公司
陕西北人印刷机械有限责任公司

● 湿巾设备 Wet wipes machine

九亿兴业有限公司
特艺佳国际有限公司
美国纸产品加工机器公司中国办事处
北京大森长空包装机械有限公司
天津比朗德机械制造有限公司
保定市华光机械有限公司
丹东北方机械有限公司
特艺佳机械贸易(上海)有限公司
金湖县芳平卫生用品设备厂
连云港华露无纺布机械设备厂
江苏省连云港纸巾机械厂
连云港市盛洁无纺布设备厂
连云港市恒信无纺布湿巾机械有限公司
嘉兴市锐星机械制造有限公司
瑞安市利宏机械有限公司
瑞安市三鑫包装机械有限公司
瑞安市大伟机械有限公司
厦门诺派包装机械制造有限公司
厦门佳创科技股份有限公司
泉州大昌纸品机械制造有限公司
泉州市创达机械制造有限公司
泉州长洲机械制造有限公司
泉州市华扬机械制造有限公司
福建培新机械制造实业有限公司
泉州市瑞东机械制造有限公司
泉州科创机械制造有限公司
晋江市中基机械有限公司
晋江海纳机械有限公司
汉马(福建)机械有限公司
漳州瑞易博达包装机械有限公司
青岛三安国际贸易有限公司
郑州智联机械设备有限公司
新郑市亚丰机械厂
陆丰机械(郑州)有限公司
佛山市南海美璟机械制造有限公司

● 干法纸设备 Airlaid machine

丹东市金久机械制造厂
丹东市丰蕴机械厂
丹东天和实业有限公司
丹东北方机械有限公司
芬兰康克公司上海代表处
上海嘉翰轻工机械有限公司
特吕茨勒无纺集团中国代表处
博源纸制品有限公司
揭阳市洁新纸业股份有限公司
金冠神州纸业有限公司
佛山市奥崎精密机械有限公司
陕西理工机电科技有限公司

● 非织造布设备 Nonwovens machine

日惟不织布机械股份有限公司
中国纺织科学技术有限公司
中国纺机集团宏大研究院有限公司
北京量子金舟无纺技术有限公司
大连华阳化纤工程技术有限公司
上海精发实业有限公司
安德里茨(上海)贸易有限公司
安德里茨(无锡)无纺布技术有限公司上海分公司
江苏省仪征市海润纺织机械有限公司
常州市照新无纺制品设备有限公司
常州市武进无纺机械设备有限公司
常州惠武精密机械有限公司
常州乔德机械有限公司
常州市豪峰机械有限公司
常州市锦益机械有限公司
无锡贝卡尔特纺织机械器材有限公司
宜兴鸿大高创科技有限公司
莱芬豪舍塑料机械(苏州)有限公司
昆山市三羊纺织机械有限公司

江苏迎阳无纺机械有限公司
常熟市天力无纺设备有限公司
常熟市飞龙机械有限公司
张家港市阿莱特机械有限公司
张家港市腾龙机械制造有限公司
连云港市佳盟机械有限公司
连云港华露无纺布机械设备厂
连云港市盛洁无纺布设备厂
江苏省连云港市新星纸品加工设备厂
连云港赣榆县恒宇纸品机械厂
扬州海云无纺机械制造有限公司
杭州智玲无纺布机械设备有限公司
嘉兴市锐星机械制造有限公司
嘉善辉煌机械设备有限公司
温州博益机械有限公司
晋江市泰昌无纺布有限公司
青岛纺织机械股份有限公司
青岛润聚祥机械有限公司
新乡市中原卫生材料厂有限责任公司
河南龙弈机械设备有限公司
邵阳纺织机械有限责任公司
信维机械(广州)有限公司
广州市花都区新华三胜机械设备厂
广州盛鹏纺织业专用设备有限公司
深圳市新天地机械设备有限公司
深圳首恩科技有限公司
东莞市爱克斯曼机械有限公司
东莞市科环机械设备有限公司
佛山市奥崎精密机械有限公司
佛山市南海区联盟精密机械有限公司
江门市蓬江区东洋机械有限公司

● 打孔膜机 Apertured film machine

上海顺朝卫生材料有限公司
常州市佳美薄膜制品有限公司
常州市铸龙机械有限公司
常州科宇塑料机械有限公司
南通三信塑胶装备科技股份有限公司
杭州腾鼎科技有限公司
舟山市丰潭塑料机械厂
瑞安市欧力机械有限公司
泉州市露泉卫生用品有限公司
泉州市东方机械有限公司
泉州诺达机械有限公司
武汉现代精工机械股份有限公司
东莞市鸿宇塑机械有限公司
广东仕诚塑料机械有限公司
佛山市洪峰机械有限公司
添威塑料机械有限公司
佛山市唯康科技有限公司
佛山市顺德区飞友自动化技术有限公司
松德机械股份有限公司

● 自动化及控制系统 Automation and control system

钛玛科(北京)工业科技有限公司
ABB(中国)有限公司
北京高威科电气技术股份有限公司
北京伟伯康科技发展有限公司
西门子(中国)有限公司
中国纺织科学技术有限公司
北京星科嘉锐自动化技术有限公司
保定入微能源科技有限责任公司
丹东山河技术有限公司
Mechatrolink 协会上海事务局
安川电机(中国)有限公司
安川通商(上海)实业有限公司
上海颖轩电气有限公司
照业好贸易(上海)有限公司
施耐德电气(中国)有限公司上海分公司
上海综元电子科技有限公司
上海会通自动化科技发展有限公司
瑞史博(上海)贸易有限公司
上海天览机电科技有限公司
上海鑫遂达自动化科技有限公司
欧姆龙自动化(中国)有限公司
伦茨(上海)传动系统有限公司
康耐视中国
上海开通数控有限公司
罗克韦尔自动化(上海)有限公司
贝加莱工业自动化(上海)有限公司
爱电精(上海)商贸有限公司
上海西菱自动化系统有限公司
上海鑫金科贸有限公司
上海泛彩图像设备有限公司
博世力士乐中国
罗爱德(上海)贸易有限公司
东芝三菱电机工业系统(中国)有限公司
菱商电子(上海)有限公司
东电化(上海)国际贸易有限公司
上海高威科电气技术有限公司
比勒(上海)自动化技术有限公司

上海台壹传动机械有限公司
上海鸣志自动控制设备有限公司
上海凯多机电设备有限公司
上海凯双机电设备成套有限公司
上海弗伦自动化科技有限公司
上海灵动微电子股份有限公司
上海天鸟自动化科技有限公司
上海兰宝传感科技股份有限公司
上海索米自动化设备有限公司
上海展高电器有限公司
上海茂智自动化设备贸易有限公司
上海涟恒精密机械有限公司
上海可莱特电子有限公司
上海擎邦机电设备有限公司
南京斯丹达自动化科技有限公司
常州市伟通机电制造有限公司
常州耐力德机械有限公司
淮安市楚淮电机股份制造有限公司
江苏和亿自动化科技有限公司
无锡市迅成控制技术有限公司
无锡华达电机有限公司
苏州超群塑胶机械设备有限公司
上海森明工业设备有限公司
盖茨优霓塔传动系统(苏州)有限公司
苏州通锦精密工业有限公司
沛哲机械(上海)有限公司
杭州千和精密机械有限公司
浙江海利普电子科技有限公司
罗克韦尔自动化(中国)有限公司
浙江华章科技有限公司
欧姆龙通灵自动化系统(杭州)有限公司
杭州和利时自动化有限公司
莱默尔(浙江)自动化控制技术有限公司
浙江东华信息控制技术有限公司
杭州道盛机电科技有限公司
浙江中控技术股份有限公司
杭州驰宏科技有限公司
杭州摩恩电机有限公司
建德市新丰粉末冶金厂
日本电产新宝(浙江)有限公司
宁波东泰机械有限公司
宁波中大力德传动设备有限公司
宁波菲仕运动控制技术有限公司
台州市三凯机电有限公司
浙江德玛电气有限公司
温州泰河电机有限公司
合肥中鼎信息科技股份有限公司
福州华菱机电有限公司
福州科恒自动化设备有限公司
福建新大陆自动识别技术有限公司
厦门奥通力工业自动化有限公司
厦门海正自动化科技有限公司
厦门中技创机电技术有限公司
福州福大自动化科技有限公司
欧姆龙自动化(中国)有限公司
施耐德电气(中国)有限公司厦门办事处
厦门市立克传动科技有限公司
厦门众业达濠电器有限公司
厦门盛电科技发展有限公司
厦门凯奥特自动化系统有限公司
厦门宇电自动化科技有限公司
厦门永宏亚得机电科技有限公司
厦门飞美泰自动化科技有限公司
厦门嘉国自动化设备有限公司
宁波捷创技术股份有限公司厦门办
厦门聚锐机电科技有限公司
厦门奥托威工贸有限公司
深圳市钧诚科技有限公司
厦门新路嘉工业自动化有限公司
福州华拓自动化技术有限公司
泉州市业新福自动化成套设备有限公司
泉州精锐自动化科技有限公司
台鑫机电有限公司
泉州市茂源石油机械设备制造有限公司
泉州东汇电子科技有限公司
泉州市创亿自动化设备有限公司
泉州沃斯杰自动化设备有限公司
泉州合利贸易有限公司
泉州中机自动化科技有限公司
雷腾传动科技有限公司
厦门欣起点工控技术有限公司
福建育兴机电有限公司
济南济传机械工贸有限公司
济南翼菲自动化科技有限公司
淄博瀚海电气设备有限公司
纽式达特行星减速机有限公司
诸城市科威机械有限公司
青岛依宝隆机电有限公司
武汉菲仕运动控制系统有限公司
武汉友道自动化控制有限公司
湖北行星传动设备有限公司
衡山齿轮有限责任公司
松下电器(中国)有限公司元器件公司
费斯托(中国)有限公司
广州贝晓德传动配套有限公司
广州市西克传感器有限公司

广州市海珠区中南机电设备供应部
广州高威科电气技术有限公司
广州市德森机电设备有限公司
广州市海培自动化设备有限公司
广州市康尼斯自动化有限公司
广州众邦业电气技术有限公司
广州市兰诺自动化设备有限公司
西门子工厂自动化工程有限公司
施耐德电气(中国)有限公司广州分公司
广州市衡达机电设备有限公司
广州工一自动化设备有限公司
广州沃孚机电设备有限公司
汕头市利华杰机械实业有限公司
汕头市金平区新华机电公司
汕头市博远自动化电气有限公司
威海麦科电气技术有限公司
乐星产电(无锡)有限公司深圳办事处
深圳市森玛特机电设备有限公司
深圳市国方科技有限公司
深圳市钧诚科技有限公司
深圳市诺达自动化技术有限公司
深圳市华科星电气有限公司佛山办事处
东莞市辰宇电器有限公司
佛山市合盈科技有限公司
深圳市雷赛智能控制股份有限公司
深圳市亿如自动化设备有限公司
深圳市爱博科技有限公司
深圳市威科达科技有限公司
深圳市合信自动化技术有限公司
深圳市蒲江机电有限公司
精量电子(深圳)有限公司
深圳市恒海辰科技有限公司
深圳市威鹏自动化设备有限公司
深圳市泰格运控科技有限公司
深圳市北机减速机有限公司
深圳市鹏辉科技有限公司
深圳市汇禾春天物流技术有限公司
深圳市纽氏达特精密传动有限公司
深圳市东宸机械设备有限公司
深圳市兴丰元机电有限公司
深圳市恒瑞通机电有限公司
深圳市华科星电气有限公司
深圳市兴兴柯传动设备有限公司
深圳市众誉科技有限公司
深圳市赛远自动化系统有限公司
深圳博锐精密机械有限公司
深圳市恒源机电设备有限公司
佛山市西岭机电设备有限公司
深圳市欧瑞自动化有限公司
深圳市迅科自动化设备有限公司
深圳市元隆德科技有限公司
深圳派诺自动化系统工程有限公司
深圳市大成机电技术有限公司
深圳市伟凯达电气设备有限公司
深圳市永坤机电有限公司
珠海市入江机电设备有限公司
美塞斯(珠海保税区)工业自动化设备有限公司
东莞市科伟自动化设备有限公司
东市兆通机电设备有限公司
东莞市健科自动化设备有限公司
东莞市东然电气技术有限公司
东莞市森邦纸业有限公司
东莞市创丰科技发展有限公司
东莞市凯洲自动化科技有限公司
东莞市天杰传动设备有限公司
立顶昌贸易(深圳)有限公司
东莞市路尔特机械设备有限公司
飞腾电机有限公司
广东川铝精工科技有限公司
东莞市荣安机电设备有限公司
纽格尔行星传动设备有限公司
东市都邦机电设备有限公司
东莞市搏信机电设备有限公司
东莞市沙田宏丰机电厂
金和通机电有限公司
佛山市洛德机械设备有限公司
佛山市奥迪斯机电设备有限公司
佛山市西岭机电设备有限公司
佛山市荟诚贸易有限公司
佛山市嘉明工业设备有限公司
佛山市力星机电设备有限公司
佛山市宏正自动识别技术有限公司
江门市路思拓电机电器有限公司
佛山市星光传动机械有限公司
佛山市智泷机电设备有限公司
佛山市顺德东叶机电有限公司
中山市首普机电有限公司
迪佳电气有限公司
成都倍博特科技有限公司
成都中瑞德贸易有限公司
四川艾尔孚德贸易有限公司
成都巨力实业有限公司
成都瑞迪阿派克斯国际贸易有限公司
成都欧嘉美电气控制设备有限公司
成都海科工控有限公司
成都世通达科技有限公司

四川埃姆克伺服科技有限公司
四川索牌科技股份有限公司
四川省都江堰市虎越机械厂
绵阳同成智能装备股份有限公司
四川绵阳奥科工控技术开发有限公司
绵阳拓峰科技有限公司
绵阳市伟翔科技有限公司
陕西盈俊科技发展有限公司

● 检测仪器 Detecting instrument

台湾源浩科技(影像检测)股份有限公司
天津杰科同创科技发展有限公司
石家庄诚信中轻机械设备有限公司
河北赛高波特流体控制有限公司
普利赛斯国际贸易(上海)有限公司
上海守谷国际贸易有限公司
上海高晶检测科技股份有限公司
基恩士(中国)有限公司
上海多科电子科技有限公司
上海信克机械设备销售有限公司
上海思百吉仪器系统有限公司
美国微觉视检测技术公司上海代表处
上海太易检测技术有限公司
上海骄成机电设备有限公司
上海林纸科学仪器有限公司
上海锐点机电科技有限公司
丰宝科技
久贸贸易(上海)有限公司
伊斯拉视像设备制造(上海)有限公司
上海恒意得信息科技有限公司
上海 ABB 工程有限公司
上海理贝包装机械有限公司
上海中大光学仪器有限公司
上海宏元电气科技有限公司
无锡埃姆维工业控制设备有限公司
微觉视检测技术(苏州)有限公司
杭州研特科技有限公司
杭州轻通博科自动化技术有限公司
浙江双元科技开发有限公司
杭州品享科技有限公司
杭州纸邦自动化技术有限公司
嘉兴市和意自动化控制有限公司
厦门英洲进出口贸易有限公司
美国阀科集团中国销售服务中心
厦门康润科技有限公司
厦门力和行光电技术有限公司
泉州特睿机械制造厂
博格森机械科技有限公司
济南三泉中石实验仪器有限公司
济南兰光机电技术有限公司
济南德瑞克仪器有限公司
武汉意普科技有限责任公司
广州市顶丰自动化设备有限公司
广州思肯德电子测量设备有限公司
广州亚多检测技术有限公司
深圳市正控科技有限公司
深圳市冠亚水分仪仪器有限公司
深圳蓝博检测仪器有限公司
深圳市阳光视觉科技有限公司
深圳市佳康捷科技有限公司
东莞市立一试验设备有限公司
东莞市科建检测仪器有限公司
东莞市连之新金属检测设备有限公司
东莞市恒科自动化设备有限公司
东莞市太崎检测仪器有限公司
奥普特自动化科技有限公司
均准视觉(东莞)科技有限公司
佛山英斯派克自动化工程有限公司
梅特勒托利多
四川绵阳奥科工控技术开发有限公司

● 工业皮带 Industrial belt

北京利莱诺传动设备有限公司
天津科顺隆传输设备有限公司
上海旭昕机电有限公司
英特乐传送带(上海)有限公司
惠和贸易(上海)有限公司
CTP 运输产品亚太办公室
霓达(上海)企业管理有限公司
上海高知尾崎贸易有限公司
上海紫象机械设备有限公司
上海采恩机械科技有限公司
上海诺琪斯工业皮带有限公司
上海欧舟工业皮带有限公司
上海得森传动设备有限公司
上海亦杰传动机械有限公司
科达器材(中国)有限公司
汉唐(上海)传动设备有限公司
上海爱贝特工业皮带有限公司
上海腾英贸易有限公司
上海凯耀工业皮带有限公司
上海达机皮带有限公司

哈柏司工业传动设备(上海)有限公司
上海翔高机械设备有限公司
上海蓉瑞机电设备有限公司
上海晓全机械自动化有限公司
上海爱西奥工业皮带有限公司
上海贝滋工贸有限公司
上海威霆传动系统有限公司
上海颖盛机械有限公司
马丁传动件(上海)有限公司
江阴市南闸特种胶带有限公司
江阴天广科技有限公司
信捷工业皮带(苏州)有限公司
昆山三马工业皮带有限公司
昆山格柏瑞工业器材有限公司
泰州市金科带业有限公司
江苏港达带业有限公司
泰州市天力传动带有限公司
泰州市高港区韩氏带业有限公司
泰州市泰丰胶带有限公司
江苏泰州市兴泰传动带有限公司
泰州市威凯工业皮带有限公司
杭州永创智能设备股份有限公司
杭州合利机械设备有限公司
宁波伏龙同步带有限公司
慈溪市广合同步带轮有限公司
宁波凯嘉传动带有限公司
余姚市伟业带传动轮有限公司
浙江三维橡胶制品股份有限公司
浙江天台益达工业用网厂
绍兴凯一同步带有限公司
顺意隆(福州)工业皮带有限公司
南平市南象胶带有限公司
厦门艺顺机械设备有限公司
厦门科览传动科技有限公司
厦门敏硕机械配件有限公司
厦门欧派科技有限公司
厦门冠重机械设备有限公司
厦门希尔顿工业皮带有限公司
厦门希贝克工业皮带有限公司
泉州柏森工业皮带有限公司
宏祥工业配件有限公司
鑫捷达传动设备有限公司
泉州市明鑫工业皮带有限公司
泉州市振荣机械配件有限公司
晋江市博尔达商贸有限公司
石狮信捷工业传动皮带有限公司
山东德瑞工业皮带有限公司
上海科达传动系统有限公司青岛办事处
青岛艾利特机电设备有限公司
青岛汉唐传动系统有限公司
武汉科盛工业器材有限公司
广州亿信达工业配件有限公司
广州晟方一机电设备有限公司
广州天竺刀片公司
广州科弘机械设备有限公司
广州市翔拓工业器材有限公司
广州市艾姆特工业皮带有限公司
广州翊力传动科技有限公司
广州宇泽盟贸易有限公司
广州市铠铭机电设备有限公司
广州力博工业皮带有限公司
广州格仪朗通用设备有限公司
广州市中南科达机械有限公司
广州沃孚机电设备有限公司
汕头市利华杰机械实业有限公司
艾斯普尔传动设备有限公司
深圳贸通机电有限公司
深圳市联安机电设备有限公司
深圳市华南新海传动机械有限公司
深圳市捷保顺工业器材有限公司
深圳维德传动系统有限公司
深圳市星超工业器材有限公司
深圳市瑞阳成科技发展有限公司
深圳市三木传动带有限公司
东莞市杰迪通用机械设备有限公司
东莞市鑫成工业皮带有限公司
东莞市三马工业皮带有限公司
东莞市森邦纸业有限公司
东莞市司毛特工业皮带有限公司
利思达工业皮带有限公司
佛山市加德纳机械配件有限公司
上海永利工业制带有限公司广东分公司
麦高迪亚太传动系统有限公司
佛山市力启工业传动有限公司
佛山市利普达工业皮带有限公司
中山市固莱尔机电设备有限公司
东莞市韶丰工业皮带有限公司
重庆合耀贸易有限公司
成都林力涵科技有限公司
成都富林博瑞工业皮带
爱西贝特传输系统(云南)有限公司

● 其他相关设备 Other related equipment

唐山天易机电设备制造有限公司

保定宏润环境科技有限公司
飞凌嵌入式技术有限公司
保定市中信节能设备有限公司
运城制版有限公司
丹东天和实业有限公司
克拉克过滤器(中国)有限公司
上海协升商贸有限公司
上海勤美自动化设备有限公司
艾森博格轴承(上海)有限公司
上海沃可通用设备有限公司
上海兹安经贸发展有限公司
上海必洁卫生洁具有限公司
上海晓乐东潮生物技术开发有限公司
卡勒克密封技术(上海)有限公司
上海柯好电气有限公司
上海江浪流体机械制造有限公司
上海祥和印刷技术有限公司
上海洛泽机电设备有限公司
上海派瑞特塑业有限公司
必能信超声(上海)有限公司
上海艾克森新技术有限公司
丰泰过滤系统(上海)有限公司
上海树志机械设备有限公司
南京广达化工装备有限公司
常州市万事达电器制造有限公司
无锡市德瑞尔机电设备有限公司
江阴市军明药化机械制造有限公司
爱美克空气过滤器(苏州)有限公司
富泰净化科技(昆山)有限公司
昆山市安凤电子科技有限公司
海尔曼超声波技术(太仓)有限公司
江苏博瑞诺环保科技有限公司
中国昆山斯大纳系统
杭州洁肤宝电器股份有限公司
浙江锐步流体控制设备有限公司
瑞安市绿保机械有限公司
浙江新德宝机械有限公司
福州市宝源风机有限公司
厦门品行机电设备有限公司
泉州市源兴机械制造有限公司
泉州高意机械设备有限公司
三尔梯(泉州)电气制造有限公司
山东长青金属表面工程有限公司
诸城稻金精工机械有限公司
诸城市东阳机械有限公司
河南乾元过滤设备有限公司
长沙市普瑞赛思新材料有限公司
长沙长泰智能装备有限公司
株洲凯天环保科技有限公司
广州市白云科茂印务设备厂
广州市燊格喷涂设备有限公司
广州福田澳森空气净化设备有限公司
天龙制锯(中国)有限公司广州办事处
深圳市特利洁环保科技有限公司
深圳市桑泰尼科精密模具有限公司
得利捷(深圳)工业自动化有限公司
深圳市德航智能技术有限公司
深圳市塑宝科技有限公司
深圳市山口轴承机电有限公司
深圳市峰洁卫浴有限公司
深圳市金华成机电科技有限公司
深圳市鑫鹏展科技有限公司
珠海金旋环保科技有限公司
东莞市佛而盛智能机电股份有限公司
东莞市伟东机电有限公司
东莞市卓蓝自动化设备有限公司
东莞市华采塑胶五金制品有限公司
创点中国有限公司
东莞市虎门河记机电配机商店
佛山市依恳丰机电设备有限公司
佛山市顺德区飞友自动化技术有限公司
成都大光热喷涂材料有限公司
陕西新兴热喷涂技术有限责任公司

生活用纸经销商和零售商

Distributors and retailers of tissue paper and disposable products

◆香港 Hongkong

海外出入口洋行
香港爱尔育尔母婴用品有限公司

◆北京 Beijing

北京鹏伟家宜纸业
乐天超市有限公司
江苏汇鸿国际集团北区销售处
北京博亚唯佳商贸有限公司
北京鑫龙源科技有限公司
圣路律通(北京)科技有限公司
北京泰双英商贸有限公司
北京中侨华茂商贸有限公司
北京兴翰商贸有限公司
中驭(北京)生物工程有限公司
北京文雅商贸有限公司
昊御鼎鑫科技发展(北京)有限公司
北京世佳美乐贸易有限公司
北京五永发商贸有限公司
北京清柔纸业有限公司
北京世纪乐杰百货经营部
北京五永发雪白金卫生用品有限公司
北京雅天宝杰商贸发展有限公司
北京恒盛莹方百货有限公司
北京梓信纸业有限公司
北京超市发连锁股份有限公司
北京外文誉成纸业有限公司
城市纸品批发部
北京悦逸投资有限公司
北京京东世纪信息技术有限公司
北京市峰都广源商贸有限公司
北京富通瑞达酒店用品销售中心
北京诚信纸业配送中心
北京博源商贸有限公司
北京温哥华纸业有限公司
北京金樽久业商贸有限公司
北京伟康达商贸有限公司
北京环鹰国际贸易有限公司
上海尚为贸易有限公司
博纳丰业(北京)科技发展有限公司
北京金宇瑞欣贸易有限公司
北京叶家纸业配送中心
北京东方启明商贸有限公司
北京华亿诚品科技有限公司
北京博创恒泰贸易有限公司

◆天津 Tianjin

铭慧浩鑫(天津)科技发展有限公司
天津嘉诚品诺商贸有限公司
天津市隆生伟达进口有限公司
天津市利和丰商贸有限公司
大江(天津)国际贸易有限公司
天津时捷尚品贸易有限公司
天津翔圣科技有限公司
天津市芳羽纸浆贸易有限公司
天津市河北区天福纸制品厂
天津市信德卫生护理用品销售总部
华润万家有限公司
天津市江森纸业批发部
天津市白雪纸业发展有限公司
天津市先鹏纸业有限公司
永旺纸业批发部
荣立洁卫生用品公司
苏州亚青贸易有限公司(天津办事处)

◆河北 Hebei

石家庄鸿运纸业
石家庄美商日化有限公司
华北妇幼用品总公司
桥西区互惠纸业经销处
金百合商行
东华日化业务中心
东方圣帝商贸有限公司
石家庄市艺林礼都商贸有限公司
石家庄爱朦商贸有限公司
石家庄市东盛日用百货有限公司
石家庄市圣洁纸业
石家庄市爱可商贸有限公司
金荣纸业
永超商贸
众诚纸业
衡水安安孕婴
乐享商贸有限公司
邢台市强隆商贸有限公司
宏发纸业

邢台市恒力纸业
邢台家和纸业
邢台市玉达商贸有限公司
家乐园集团
沙河市鑫源纸业
清河县正大纸业
诚信纸业
凯达纸业
朋朋纸业
邯郸市建辉贸易有限公司
邯郸市白福康纸业批发部
付好纸业批发部
邯郸市启晨商贸有限公司
邯郸市阳光超市有限公司
河北武安彦青纸业发展中心
成安县万理纸业
河北馆陶庆东纸品商贸
永盛纸业
沧州市银泽商贸有限公司
沧州市宇庆商贸有限公司
明冉纸业
沧州市远洋纸业有限公司
沧州市隆元日化有限公司纸品经营部
信誉楼百货集团有限公司
河北黄骅永芳纸业公司
河北劲草商贸有限公司
宏达纸巾批发
斯特隆商店
泊头永新商贸
河北省泊头市红旗商店
河北省泊头市永华纸业
洁尔康保健品有限公司
任丘市汇丰纸业有限公司
鑫祥泰百货综合批发商店
萍萍纸巾经销处
唐山久兴卫生用品经销处
唐山百货大楼集团八方购物广场有限责任公司
唐山市路南区久兴卫生用品经销处
唐山中威商贸有限公司
唐山家万佳超市有限公司
宝玲卫生用品批发
庆红卫生用品
宏伟卫生用品批发
遵化市长山商贸有限公司
大龙纸业有限公司
霸州市春利纸业批发部
鑫鑫卫生纸业用品销售部
秦兴商贸有限公司
秦皇岛众盈商贸有限公司
秦皇岛翰相商贸有限公司
秦皇岛兴龙广缘商业连锁有限公司
秦皇岛市好妈妈妇幼用品有限公司
秦皇岛市顺乾商贸有限公司
承德市衡诚商贸有限公司
保定市奥林圣达商贸有限公司
保定市双赢商贸行
保定京兆纸业
河北保定宏果树孕婴用品有限公司
河北保定同鑫商贸
保定英城商贸有限公司
保定金江纸业
京英日化用品商店
秦皇岛天信国际贸易有限公司
华贵纸业批发
高碑店市贵通日用品有限公司
张家口润东源商贸有限公司

◆山西 Shanxi

太原市尖草坪区鸿飞纸业
尖草坪经营部
腾飞宾馆酒店客房桑拿足疗用品
山西亚强妇婴用品有限公司
太原圣尼尔科贸有限公司
万全融通商贸有限责任公司
百惠通商贸
太原市七日花溪日化经营部
太原市恒信纸业
太原市盛隆源商贸有限公司
山西吉龙贸易有限公司
山西美特好连锁超市股份有限公司
山西云帆达商贸有限公司
健利达酒店一次性用品配货公司
海城批发部
山西晋中明辉纸业经销部
晋中市源丽印刷物资有限公司
山西省平遥县三庆纸业
团民纸业
晋鹏纸业批发
福来卫生保健用品采供站
大同金利纸业
山西晋北地区纸品配货公司
小曹妇婴用品
山西侯马卫生用品公司
山西运城岩军纸业
月月舒卫生用品经营部
千百惠纸业

晋阳龙飞商贸有限公司
长治市城区恒利日杂用品批发部
长治市顺达纸业
云竹商贸有限公司
壶关县晨记商贸有限公司
晋城市日康商贸有限公司
晋城市茂盛卫生用品公司
晋城市云翔科贸有限公司
茂盛卫生用品公司

◆内蒙古 Inner Mongolia

内蒙古顶新纸业有限责任公司
呼和浩特市丽妃特商贸有限公司
呼和浩特市八神纸业
包头麻氏商贸有限公司
包头市林亨商贸有限公司
包头市鸣祥物贸有限责任公司
阿荣旗金桥纸业
海拉尔龙源纸品商店
冠文斗纸业
小秋林纸业
赤峰东兴洗化
旺佳纸业有限责任公司
通辽市团结路金三角纸业
内蒙古通辽市大有纸业
通辽市金丰纸行
通辽市科尔沁区金达来纸业
女人纸巾
内蒙扎兰屯市美惠妇女儿童用品商行
长宏纸业

◆辽宁 Liaoning

沈阳瑶之琪商贸有限公司
源梓竹雨商贸有限公司
美洁纸品
沈阳九天商贸有限公司
沈阳金时光商贸有限公司
嘉博商贸有限公司
生活用纸大世界
沈阳莱蒽商贸有限公司
沈阳品诚商贸有限公司
沈阳舒洁商贸有限公司
顺达兴百货批发部
沈阳后顺商贸有限公司
沈阳璞源贸易有限公司
新联盛商行
辽阳昌盛纸业有限公司
长城纸业批发
辽宁开原一鑫纸业批发
开原市正丰纸业商行
虹捷纸业有限公司
鞍山市麦莎商贸有限公司
邦济纸业
无疆时代网络科技有限公司
乾圣纸制品经销处
海城新东方纸业
鲅鱼圈永发百货批发站
辽宁省大石桥市天兴卫生用品批发部
大连嘉仁商贸有限公司
大连莲花姐姐商贸有限公司
大连万霖贸易有限公司沈阳办事处
大连爱洁纸业有限公司
大连千顺荔洁国际贸易有限责任公司
大连万霖贸易有限公司
大连驰聘商贸有限公司
大连文欣商贸有限公司
大连锦荣恒泰商行
大连致盈纵横贸易有限公司
大连誉扬商贸有限公司
大连金合欢生活用品有限公司
大连德禄商贸有限公司
大连市昊缘商贸有限公司
大连美多商贸有限公司
大连海逸经贸有限公司
大连粤龙国际物流有限公司
大连舜氏生活用品有限公司
大连市宏昇纸品商行
大连市新嘉鑫商贸
北乐商城 81 号商铺
大连市永盛商贸
大连普兰店市广利纸业
大连开元商贸行
庄河市薪盛纸业
大连宗霖商贸有限公司
大连日之宝商贸有限公司
本溪尚琳纸业有限公司
本溪万基物资有限公司
本溪众和纸业有限公司
丹东市日康贸易有限公司
丹东晶峰糖业有限公司
锦州市凌河区福贵百货批发部
锦州瑞品日用百货
锦州兴隆纸品经销处
锦州拓驰商贸有限公司
辽宁黑山晨曦卫生用品厂

恒利百货
朝阳市万之源商贸有限公司
朝阳市东方纸业贸易中心
建平县金达批发部
凌源市东方纸张批发
辽宁金美达贸易有限公司
阜新市红树商贸有限责任公司
阜新市金星纸业有限公司
宏路韦斯特贸易有限公司
阜新市博乐商行
盘锦众鑫卫生用品大全
辽宁盘锦双益百货有限公司批发部
刘军商贸行
东方日用品商行
辽宁葫芦岛宜斌批发部

◆吉林 Jilin

长春千锤纸业有限公司
长春翔辰商贸有限公司
长春市立颖纸业
吉林省渝吉商贸有限公司
爱铭商贸
长春市吉鹏纸业销售有限公司
长春市雪婷纸制品厂
吉林省吉岩妇幼用品有限责任公司
吉林省长春市金瑞丰纸业
钱雨纸业
长春市恒信纸业
长春市顺丰纸业商行
吉林省长春市欧阳商贸有限公司
长春市天丽洁一次性卫生用品有限公司
吉林省长岭县苗鑫纸业
吉林市旺角纸业
吉林市圣恩商贸有限公司
德惠市鸿财纸业
吉林省琦鑫卫生用品有限公司
鑫桐纸业批发
延边瀚森经贸有限公司
通化市佳汇卫生用品销售有限公司
梅河口众成纸业
梅河口市多多商贸有限公司
百帮纸业
吉林省四平市玉隆综合批发
吉林省四平市金光纸业
鸿利卫生用品有限公司
辽源凯玛商贸有限公司
吉林省梨树县汉邦纸业
松原市秋硕经贸有限公司

◆黑龙江 Heilongjiang

哈尔滨市阿凌纸业百货经销部
傻丫头纸业
龙凤纸业
哈尔滨金长城纸业
哈尔滨博楠经贸有限公司
哈尔滨盛强伟业商贸有限公司
哈尔滨腾顺日用品经销有限公司
哈尔滨金三江商贸有限公司
腾飞纸业
龙翔纸业发展有限公司
宏泰百货批发
天源纸业
绥芬河市三都纸业有限责任公司
哈尔滨三辰商贸有限公司
哈尔滨市海洋风商贸有限公司
哈尔滨中顺商贸科技发展有限公司
哈尔滨阳瑞商贸有限公司
成伟商贸有限公司
黑龙江省双城市鑫丰纸业
腾飞纸制品有限公司
肇东市远航日用品商贸有限公司
安达市大鹏纸业公司
绥化市花香纸业经销部
黑龙江省肇东市舒阳纸业
绥化铭远经贸有限公司
海伦市明阳纸业
佳木斯市阳光商贸有限公司
佳木斯市雨豪经贸有限公司
佳木斯市楚丰卫生用品有限公司
佳木斯市伦伯商贸有限公司
康辉纸业
平帆纸业
牡丹江立马商贸有限公司
绥芬河北海经贸有限公司
黑龙江省鸡西市东升纸业商行
密山市宏大纸业
达利隆纸业商行
齐齐哈尔市本色纸业有限公司
齐齐哈尔市煜鑫商贸有限公司
朝阳纸业
齐齐哈尔市文齐文化百货商店
齐齐哈尔市齐岩纸业
黑龙江省齐市锋华正茂纸品
小燕子纸业
大庆市鑫才经贸有限公司
庆客隆连锁商贸有限公司

黑龙江省北安市宝洁日用品商店

◆上海 Shanghai

韩国可帝宝中国营销中心
上海东冠华洁纸业有限公司
堺商事贸易(上海)有限公司
台湾鸿光贸易有限公司上海办事处
上海扶摇进出口贸易有限公司
上海普进贸易有限公司
尼普洛贸易(上海)有限公司
裴怡贸易(上海)有限公司
上海元闲宠物用品有限公司
上海汇永贸易有限公司
麦朗(上海)医疗器材贸易有限公司
上海乐客商贸有限公司
上海邦固贸易有限公司
抱朴(上海)进出口有限公司
丸红(上海)有限公司
上海建发纸业有限公司
永和食品(中国)有限公司
上海百德家庭用品有限公司
笛柯商贸(上海)有限公司
壹贰叁叁购(上海)信息技术有限公司
日奔纸张纸浆商贸(上海)有限公司
康成投资(中国)有限公司杂货商品部
上海富安德堡贸易有限公司
上海育培国际贸易发展有限公司
上海挚爱婴童用品有限公司
上海维佑登商贸有限公司
上海昂宝婴儿用品公司
上海泰园贸易发展有限公司
上海绿洲纸业有限公司
上海锐利贸易有限公司
上海真诚纸业
上海平伸商贸发展有限公司
得顺护理用品(上海)有限公司
上海斯慕适贸易有限公司
上海久之堡国际贸易有限公司
上海置敦国际贸易有限公司
上海众炼国际贸易有限公司

◆江苏 Jiangsu

江苏汇鸿国际集团医药保健品进出口有限公司
南京天音经贸有限公司
舜宇贸易有限公司
南京中天百货配送中心
南京豪仕发贸易有限公司
南京名道酒店用品有限公司
苏果超市有限公司
南京供销纸业有限责任公司
南京翱翔贸易有限公司
南京凌云商贸有限责任公司
南京香洋百货贸易有限公司
名昂百货
石桥吉祥商行
金湖县创达商贸
淮安汉邦商贸有限公司
镇江市格瑞百货有限公司
常州洁尔丝工贸有限公司
无锡市丰涛商贸有限公司
无锡虞枫百货经营部
无锡市广源纸品经营部
无锡招商城君涵日用小商品商行
江苏大统华购物中心有限公司
易利纸业
无锡市好店家百货有限公司
江阴市乐茵儿童用品有限公司
江阴市瑞达商贸有限公司
聚成商行
乐易纸品配送中心
苏州德泽贸易有限公司
苏州市方中商贸有限公司
苏州工业园区千百利经贸有限公司
苏州市德康医疗器械有限公司
苏州亚青贸易有限公司
苏州市依达工贸有限公司
苏州市日用品商贸有限公司
福友一次性日用品经营部
苏州浩祺贸易有限公司
苏州童玥生物科技有限公司
苏州裕丰百货
苏州东华铝箔制品有限公司
苏州益祺贸易有限公司
纤丽洗化
吴江东升百货商行
昆山市环亚物资贸易有限公司
昆山荣星百货配销中心
常熟标王日化商行
银龙百货供配中心
常熟市支塘伟明百货站
常熟市双惠贸易有限公司
常熟银鹰百货
张家港亚太生活用品有限公司
张家港市乐余舒润纸制品商行
张家港市联华百货有限公司

徐州市鑫彤商贸有限公司
江苏省徐州市盛佳纸业经营部
徐州市金朋洋商贸有限公司
徐州陈刚纸业
徐州恒发纸业
徐州鑫兴纸业
徐州永森纸业
徐州益康纸厂旗舰店
徐州市联诚经贸有限公司
徐州鑫城纸品有限公司
江苏省徐州市益家益卫生用品有限公司
徐州市荣杰商贸有限公司
徐州市诚裕贸易商行
徐州市金华欣商贸有限公司
徐州君悦商贸有限公司
徐州雅兔纸制品商贸行
徐州恩美商贸有限公司
徐州涵宇商贸有限公司
睢宁县晓玖卫生用品商贸
徐州文欣晟实业有限公司
徐州美狮宝婴儿用品有限公司
江苏省新沂市诚利商贸
江苏新沂妇幼生活用品配送
新沂市老李纸业
新沂市泰恒商贸有限公司
京鸽百货
徐州常迎商贸有限公司
宏利妇幼用品批发中心
恒利妇幼用品批发中心
辉煌纸业
连云港市恒昌酒店用品有限公司
连云港市程爱纸品批发部
连云港万旭商贸有限公司
连云港汇德贸易有限公司
连云港贝康贸易有限公司
连云港市金佰禾商贸有限公司
申达经营部
连云港市晶瑞商贸有限公司
东方纸品
杨涛经营部
佳美商贸有限公司
淮安市万福纸业
江苏省淮安市正大纸业
淮安市名品洗化
淮安市创新纸业有限公司
淮安大运纸品经营部
恒丰纸业
淮安市光明纸业
淮安市海泓贸易有限公司
淮安市海森商贸有限公司
淮安市惠洁日用品经营部
淮安涟水卫生纸品批发部
沭阳县钱四纸品行
海兵纸业
惠达百货销售部
宿迁金福信息科技有限公司
江苏省宿迁市天奕纸品有限公司
宿迁经济开发区千百回百货商行
宿迁君晟母婴用品有限公司
盐城招商场店小二纸业
盐城市维尔康商贸有限公司
盐城招商场东盛经营部
盐城市宇瑞商贸有限公司
盐城市心连心商贸有限公司
盐城市文洁商贸有限公司
盐城市明明纸业有限公司
治刚纸品
蓝天洗化批发部
园园纸品
滨海海东纸业
响水县兴顺商贸
谢记南北货
天天纸品
扬州喜相逢家居用品有限公司
江苏商贸城志强卫生用品商行
高邮市三欣商贸有限公司
高邮市沈诚(小宝贝)洗化
南通炎华经贸有限公司
南通玉梅卫生用品厂
南通誉洋纸业有限公司
南通天嘉纸业有限公司
南京绿翔环保科技有限公司
南通市港闸区舒馨生活用纸厂
如皋柔舒纸品商行
如皋捷佳纸业
一楠纸品批发部
如皋市嘉健卫生用品经营部
如皋市永发纸业批发部
无锡一零二零贸易有限公司

◆浙江 Zhejiang

杭州市鼻涕虫母婴用品有限公司
杭州量宝贸易有限公司
美国美奇控股有限公司
杭州小徐日用百货经营部
杭州联华华商集团有限公司
杭州韩宝舍商贸有限公司

浙中投资有限公司
杭州钱康贸易有限公司
杭州市海满云贸易有限公司
杭州达英贸易有限公司
杭州艾森哲进出口有限公司
旺达日用百货商行
杭州白雪商贸有限公司
杭州正哲进出口有限公司
杭州华飞纸业有限公司
超超百货
杭州梁丽百货有限公司
杭州惠丽纸业有限公司
杭州水户进出口贸易有限公司
富阳展飞百货有限公司
诸暨市阳阳卫生用品经营部
绍兴县爱酷贸易有限公司
上虞虞泽贸易有限公司
嘉兴市新年华生活用品有限公司
嘉兴市程文虎纸业
嘉兴市中冠商贸有限公司
嘉善新中日用品配送中心
嘉善商城鹏大洗涤用品经营部
嘉善好景商贸有限公司
浙江创洁纸业有限公司
海宁市生生百货商行
海宁市新惠纸品有限公司
杭州永丽妇婴用品批发商行
桐乡市清典商贸有限公司
长虹纸业有限公司
桐乡市美好纸业有限公司
舒心纸业
宁波吉润百货
三江购物俱乐部股份有限公司
宁波优必特贸易有限公司
宁波江东奇恺欣贸易有限公司
光明纸品经营部
宁波市明大工贸有限公司(满盈丰百货商行)
宁波鄞州红杉树商贸有限公司
宁波新江厦连锁超市有限公司
宁波市鄞州恋亦菲卫生用品有限公司
慈溪市洪富纸业商行
慈溪市奇杰商贸有限公司
慈溪晨阳宠物用品有限公司
建明百货
小何百货商行
宁波市余姚市鸿达纸业贸易有限公司
余姚市宇铃工业品有限公司
华玲纸品贸易有限公司
宁波宝乐贝尔国际贸易有限公司
舟山晟丰商贸有限公司
临海市春天百货批发部
台州万联日用有限公司
台州市鑫之歌生活用品有限公司
台州市鸿迪贸易有限公司
台州潇伟日用百货商行
台州市昱行百货
浙江省台州市路桥卫平日用商品商行
台州市嘉丰卫生用品有限公司
台州市路桥亿鼎卫生制品有限公司
台州市江海日用品有限公司
台州相约日用品商行
台州佳家日用品商行
浙江金华市大江商贸有限公司
金华远成商贸有限公司
金华市安琪日用百货批发部
金华市新大家商贸有限公司
永康市百佳纸巾日化经营部
快乐贝贝婴儿用品
义乌市中南卫生用品商行
义乌市楼凯纸品商行
浙江万国进出口有限公司
义乌商城母婴日用品
时来日用百货贸易有限公司
义乌市联洲进出口有限公司
义乌捷鹿日化有限公司
楼阳亮卫生巾、纸等配送
义乌市阿迈贸易商行
东阳市向前家电百货批发
凯博纸业
丽水市盛东百货经营部
丽水市环球纸业发展有限公司
丽水市晨晨纸业有限公司
衢州市东和百货有限公司
衢州市好利商贸有限公司
浙江衢州市春秋百货有限公司
衢州飞凡商贸有限公司
易家宝贝母婴连锁机构
开化县纸行
温州生命树贸易有限公司
广泰百货
温州市鹿虹日用品有限公司
温州洁达日用品有限公司
温州市满爽日用品商行
温州宝特乐商贸有限公司
温州齐邦贸易有限公司
温州洁康贸易有限公司

温州市龙兴百货有限公司
温州市益母百货有限公司
瞿溪日用百货批发部
温州奇才百货有限公司
温州仁昊纸巾厂
温州乌牛新兴日用百货公司
瑞安市金丰生活用品经营部
瑞安市华强百货公司
瑞安市祥旺日用品商行
温州国涵纸业有限公司
乐清市博晖贸易有限公司
苍南继完日用品经营部
苍南县家佳日用品经营部
苍南爱佳百货商贸有限公司
苍南县新星日杂批发部
苍南县明一百货有限公司
丽华百货批发部
浙江清萱纸业有限公司
宁波伊普西龙进出口有限公司

◆安徽 Anhui

合肥汇森商贸有限公司
安徽合肥福燕贸易有限公司
合肥庐阳区婷婷纸品经营部
合肥市荣荣纸品有限公司
合肥亚通贸易有限责任公司
合肥新岳百货配送中心
合肥恒泰百货经营部
安徽羽诺贸易有限公司
安徽羽诺贸易有限公司合肥分公司
安徽鸿飞工贸有限责任公司
合肥浣竹沙商贸有限公司
合肥市晨风纸品有限责任公司
高雅纸品
迎枝纸业
安徽省淮南市利发纸业
淮南市芳洁百货经营部
蚌埠市雅佳丽百货有限责任公司
蚌埠市美辰商贸有限公司
蚌埠市中顺纸品商行
金彩商贸有限公司
安徽省蚌埠市荣盛昌贸易商行
蚌埠市雨楠纸业
五河县新兴纸品商行
五河丰华商贸公司
鑫晨商贸
怀远向阳百货商贸
金源百货
赵莉纸品
爱国纸业
诚信纸业
宿州市新媛纸业
宿州盛大纸业有限公司
宿州市达庆纸品有限责任公司
宿州市晨欣东源商贸有限公司
泗县舒怡纸品有限公司
淮北市恒宇商贸有限公司
盛飞商贸
淮北瑞达商贸有限公司
鸿燕纸业
砀山县家乐纸业
奥英商贸有限公司
阜阳宏达百货
张园纸品批发部
阜阳市恒盛百货
安徽省涡阳青苹果纸业
阜阳市三和百货有限公司
阜阳市骏马纸业
阜阳富实商贸有限公司
阜阳市常远商贸纸业公司
阜阳同立商贸有限责任公司
阜阳市林敏纸业有限公司
温馨纸业
安徽阜南全通商贸有限公司
安徽省阜阳市阜南县周智纸品物流
临泉三星纸行
太和翔明纸业
闫梅纸业
汇鑫纸业
亳州市太阳纸业
亳州市诚信纸业
亳州金色华联超市有限责任公司
六安市佳隆工贸有限公司
德升商贸
六安五月花酒店用品总汇
六安市新睿龙商贸有限公司
滁州市欧阳商贸有限公司
滁州永广商贸有限公司
顺通商贸
明光市兴利达商贸公司
中瑞商贸
上海小阿华母婴用品连锁店
芜湖市磊鑫日化
芜湖市飞华商贸有限公司
希尔卫生用品有限公司
芜湖市鑫蕾商贸有限责任公司

恒发纸业经营部
宣城市殷氏纸业有限公司
泾县奇星商贸有限公司
泾县荣盛工贸有限责任公司
大卫纸品批发部
马鞍山市正祥商贸有限公司
吉顺纸业
铜陵光照商贸
黄山市旺丰商贸有限公司
黄山市恒祥商贸有限公司
金陆实业有限责任公司
英姿商贸

◆福建 Fujian

福安市国源贸易有限公司
福州日升纸品有限公司
福建恒利达商贸有限公司
福州琦玮贸易有限公司
福州尼安升日用品有限公司
福州锦华和黄贸易有限公司
永翔纸品
永辉超市股份有限公司
福清市鑫闽鸿贸易有限公司
平潭冠诚贸易有限公司
莆田天志贸易商行
鸿冠贸易有限公司
莆田市晟鸿贸易有限公司
莆田市博林纸厂
莆田市舒米克贸易有限公司
莆田海涵贸易商行
莆田兴龙纸品贸易商行
宏志纸品经营部
莆田市仙游兴隆纸业批发部
客隆日用品商行
千纸店
邵武市胜源纸品
宁德市小贝乐商贸有限公司
福安市荣骏贸易有限公司
厦门市豪迎酒店用品有限公司
厦门亿仕诚贸易有限公司
厦门市恒天元商贸有限公司
厦门市聚来宝贸易有限公司
厦门市吉之源贸易有限公司
欣莲发日用品店
闽中兴商贸有限公司
厦门欣万兴商贸有限公司
宇翔进出口有限公司
厦门瑞和平纸业有限公司
厦门盛源隆贸易有限公司
讴歌(香港)国际有限公司厦门代表处
厦门龙兴泰商贸有限公司
爱宝宝妇幼用品连锁
爱临母婴生活馆
圆宝贝母婴用品店
荣维有限公司中国办事处
厦门意龙进出口有限公司
厦门嘉爱母婴贸易有限公司
厦门康丽亮纸品
厦门美佳怡纸品批发
厦门恒兴纸品
厦门市喜乐乐商贸有限公司
昇恒华贸易有限公司
同壹家人批发部
晋江市晓春商贸有限公司阿东纸品部
泉州喜乐乐婴幼用品有限公司
盛兴纸品商行
泉州多彩纸业经销点
泉州丽玉纸巾批发
泉州锦兴贸易有限公司
泉州恒兴贸易有限公司
福建省泉州旺吉贸易有限公司
洪濑东阳百货商行
泉州科创进出口贸易有限公司
厦门诚益兴商贸有限公司
泉州新发纸业
泉州华龙纸品实业有限公司
泉州市天恒贸易有限公司
泉州市丰泽兴隆百货行
泉州永嘉纸业有限公司
晋江市东荣兴日用品贸易有限公司
东兴纸品有限公司
晋江市顺发纸品经营部
泉州世茂威腾进出口有限公司
中翔(中国)电商
母婴生活用品
晋江兴远商贸有限公司
福建日兴进出口贸易有限公司
信诚百货纸品商行
泉利百货
泉州梓澜贸易发展有限公司
泉州守护日用品贸易有限公司
安溪县佳丽纸品商行
英林纸业
德化宏兴纸品批发部
永春城南街纸品经营部
盛鑫纸品批发

日丰日用百货贸易有限公司
恒彩纸品商贸有限公司
多彩纸业经销点
漳州市坤腾贸易有限公司
漳州市骏捷纸业
漳州市鑫恒祥食品贸易商行
德宏贸易商行
漳州市祺华商贸有限公司
漳州市明美商贸有限公司
成发商贸有限公司
云霄华艳妇幼用品商行
漳州市恒升纸业有限公司
福建省福之和纸品有限公司
福建省龙岩灿锋纸业
龙岩市隆方纸业经营部
龙岩易美家贸易有限公司
萱薇纸业
海莲纸业有限公司
万家纸品行
鸿森源贸易
唯雅日用品经营部
厦门欣柔纸制品经营部
厦门泓澄贸易有限公司

◆江西 Jiangxi

江西洁达纸业
建顺纸品厂
百汇贸易商行
南昌市幸福小屋母婴用品有限公司
南昌金薄金优玛贸易有限公司
南昌市方大纸业有限公司
真豪纸品批发部
南昌曙光贸易有限公司
来利纸品批发部
南昌市洪城大市场曙光贸易有限公司
南昌聚通合商贸有限公司
南昌景荣贸易有限公司
江西博慧纸品
广维纸品批发部
月月红妇幼卫生商行
南昌永兴贸易有限公司
南昌市兴旺奶粉婴儿用品有限公司
南昌市群隆贸易有限公司
南昌市慧民纸业有限公司
江西省亿鑫纸业贸易公司
江西昌东纸业有限公司
九江市红霞纸品行
景德镇市泰迪纸业
江西省上饶市神连纸业
乐平市建明百货商行
乐平市福隆商行
乐平景申百货商行
玉兴批发部
江西省上饶市杨氏纸品行
鸿敏孕婴童用品营销部
上饶护好佳仓储配送
龙腾纸品
鹰潭利群纸行
鹰潭市天亮纸行
鹰潭市双娥纸品批发商行
鹰潭市玉英纸业商行
江西省鹰潭市桂云海纸品商行
亚鹏商行
江西余干三德利百货有限公司
盛兴纸品
萍乡市思国纸业有限公司
江西赣西美洁纸品销售有限公司
新余市恒安商贸有限责任公司
新余市誉名扬商贸有限公司
赣州市鹏浩百货有限公司
赣州嘉良商贸有限公司
江西省鸿康百货商行
赣州嘉华卫生用品有限公司
金顺纸品商行
赣州宏发纸业公司
赣州市信韵商贸有限公司
赣州市现代百货经营部
兴国县福信纸品商行
兴国县向日葵日化商行
恒发商行
石城中顺商贸
吉安市兄弟食品商行
福兴百货贸易商行
吉安鸿鑫商行
吉安隆兴纸业
江西省遂川县居家纸业批发部
华鑫卫生用品有限公司
江西抚州市庆财贸易有限公司
抚州市三兴贸易有限公司
南昌百世隆实业有限公司

◆山东 Shandong

济南新东纸业
济南美玥达商贸有限公司
济南齐商旺通商贸有限公司
淄博嘉雪商贸有限公司

济南建成纸品商行
济南芳蕊纸业经营部
济南梦雅实业有限公司
济南展业商贸有限公司
济南康泺源商贸有限公司
济南刘刚商贸有限公司
济南春美商贸有限公司
瑞福康百货公司
龙华纸业
齐河县恒安卫生纸销售集团公司
山东省禹城市星辉纸业
永红纸业批发
济南市商河县天地缘商贸有限公司
滨州宏伟纸品批发部
阳信玲玲纸业
聊城市文彤洗化商行
聊城水城卫生用品批发中心
聊城妇婴用品批发商行
山东省临清市红霞纸巾商贸
家必备纸业
汇通商贸有限公司
可心纸业
金泽商贸有限公司
山东鑫星纸业有限公司
立兴百货批发总汇
山东高唐人和纸业有限公司
德州立扬商贸有限公司
德州腾越纸业
金仓商贸
恒安纸业
德州铭峰商贸有限公司
德州永发商贸有限公司
乐陵市金星纸品总汇
庆云副食城万众纸巾批发
小护士卫生巾总代理
淄博美峰洗涤化妆用品有限公司
淄博群兴百货有限公司
淄博正友商贸有限公司
淄博川田商贸有限公司
淄博葱奇经贸有限公司
惠普纸业
山东新星集团
博山心连心纸业公司
淄博明彦纸业
淄博向华商贸有限公司
淄博康伦经贸有限公司
梁邹纸业批发部
邹平榛昊商贸有限公司
滨州宇润商贸有限公司
山东省滨州市好伙伴商贸有限公司
桓台县联华超市有限公司
山东省滨州市金城纸业
山东滨州春颖纸业有限公司
东营市双成日化批发中心
震东毛巾纸品批发
丽明百纺批发部
东营市新美纸业
山东卫易购生活用品有限公司
潍坊合兴纸业
潍坊恒基纸业
潍坊瑞隆经贸有限公司
山东省莱州市秋霞纸业
莱州市信达纸业
龙口大唐经贸有限公司
山东高密明鑫商贸
高密天源纸业经销店
聚鑫纸品批发
诸城信合纸业
昌乐县同丰纸品批发部
山东临朐红唇洗化配货中心纸业配送中心
山东林朐华兴商贸有限公司
万豪纸业
山东省全福元商业集团(配送中心)
山东晨鸣纸业销售有限公司重庆分公司
烟台同力酒店设备用品有限公司
烟台开发区宏宝卫生用品有限公司
烟台三站盛兴纸业
烟台正宇经贸有限责任公司
烟台振华量贩超市有限公司
烟台晋亿销售有限公司
烟台市港城纸业
烟台双和工贸有限公司
烟台市德华商贸有限公司
海星纸业
烟台市大山纸业
烟台金都纸业直销部
威海开一贸易有限公司
威海市韩味源贸易有限公司
妈恩堡韩国母婴名品
宏利纸业批发
建峰纸品批发
莱阳市和平批发部
莱阳市天地缘卫生纸批发部
莱阳市维达卫生用品
莱阳建发纸品经营处
烟台晓红纸业

烟台国弟批发
龙口市丰达纸业
青岛瑞祥通商贸有限公司
青岛点凡婴童用品有限公司
青岛市即墨恒新妇幼卫生品经营部
青岛美洁美工贸有限公司
广宏妇幼有限公司
青岛青顺商贸有限公司
青岛福顺兴商贸有限公司
维客采购中心有限公司洗化分公司
云之梦商贸
青岛广通宇商贸有限公司
青岛泰昌恒商贸有限公司
青岛亿生堂工贸有限公司
海娃贝贝孕婴用品配送有限公司
美加丽专业批发卫生纸
山东皇家亿达企业管理咨询有限公司
青岛鉴海国际贸易有限公司
EIFD
青岛郎仕达国际贸易有限公司
青岛可信百货有限公司
青岛世纪千钧经贸有限公司
青岛元迪贸易有限公司
青岛荣升源商贸有限公司
利群集团股份有限公司
青岛北瑞贸易有限公司
青岛维思国际贸易有限公司
青岛关爱一生卫生用品批发站
青岛盛和亿通国际贸易有限公司
青岛海盛源日用品商行
青岛城阳鑫辉纸业
青岛金城发百货配送中心
大伟火机商行
即墨阳光辉源百货商店
青岛冉冉商贸有限公司
鑫悦佳卫生用品经营部
青岛金奎商贸有限公司
青岛茂鑫商贸有限公司
鑫玉日化
胶南市糖酒副食品总公司
胶南市洁美纸巾总汇
青岛中德生态实业发展有限公司
香港丰贝婴童用品集团有限公司内地办公室
青岛恒福鑫日用品有限公司
泰安宏源商贸有限公司
山东枣庄满益生活用品配送中心
泰安市佳瑞商贸有限公司
泰安市鑫泰岳商贸有限公司
莱芜市金泰纸业有限公司
新泰爱洁纸业
泰安启辰贸易有限公司
肥城东盛工贸有限公司
山东金乡艾沃百货商贸
山东济宁妇婴纸品商贸
济宁市鑫磊工贸有限公司
济宁长瑞商贸有限公司
济宁奎文商贸有限公司
济宁市悦诚伟业商贸有限公司
兖州合作百意商贸有限公司
兖州华通糖业有限公司
兖州华强贸易有限公司
吉祥纸品
雨辰纸业
山东济宁宝诚经贸有限公司
山东金乡长荣商贸
露全纸业
连杰纸业
梁山县舒肤佳纸业商贸中心
曲阜市爱心日化商贸公司
曲阜市中正商贸有限公司
益勒商贸
费县顺发商贸
富强纸业
山东省济宁邹城市泰龙商贸有限公司
山东省邹城市开发区林丰商店
邹城市胜诺商贸有限公司
邹城市益民纸业
山东省邹城市间联商贸有限公司
菏泽隆昌妇幼用品配送中心
菏泽市千辉商贸
宏泰卫生用品
菏泽市惠好商贸有限公司
雅雨纸业
成威纸业
山东菏泽海滨妇婴纸品
华康纸业
远景纸业
山东庄婷日用品有限公司
腾萱商贸
石家庄顺美卫生用品有限公司菏泽总代理/晋江益源妇幼用品有限公司菏泽总代理
菏泽市顺柔日用品经营部
菏泽市海天纸业
鹏飞纸业
成武纸厂
山东省单县商贸城

单县工业品有限公司
菏泽吉祥妇幼用品配送中心
郓城福缘康商贸
临沂冠晟商贸有限公司
临沂景江百货
临沂东兴商贸
临沂市河东区兰蝴蝶纸业
厚旺贸易有限公司
临沂嘉华商贸
临沂市山林商贸有限公司
森森纸品
临沂市源泉婴妇用品有限公司
临沂同安纸业商贸
临沂云舟商贸有限公司
山东临沂东泰纸业
山东省临沂市馨远商贸
康洁纸品
临沂相约纸业
顺成商贸
瑞东商行
山东永利商贸商场超市配送中心
临沂广源纸业
临沂荣江商贸有限公司
恒洁商贸
临沂坤裕纸品
临沂市志浩纸品商行
佳豪纸品
山东鑫盟纸品批发配送中心
山东省临沂市供销合作社
郯城福源超市
马头纸品批发部
山东昌顺纸品有限公司
山东省郯城县以琳纸业有限公司
郯城县马头镇明磊纸品销售部
山东郯城县银鸽商贸有限公司
日照大展贸易有限公司
乐尔佳商贸有限公司
新时代好日子纸业
日照日百商业有限公司
日照市方大商贸有限公司
枣庄安特纸业
枣庄市华亿日用品有限公司
枣庄华辰发展有限公司
枣庄双宝纸业
枣庄盛鑫源纸品批发部
枣庄市瑞远纸品经营部
山东贵诚集团超市分公司
双恒纸业
洁爽公司
滕州永胜纸品批发公司
爱护宝贝婴幼儿用品连锁超市
滕州市百信兄弟商贸有限公司
山东泰格商贸有限公司
滕州市力发工贸公司
微山县永洁纸业
微山永鑫纸业
泉州市顶点贸易有限公司
鲁洁纸品

◆河南 Henan

周口同喜商贸
洁绿综合商行
郑州新峰纸业
郑州市安雅商贸有限公司
郑州市祥发商贸有限公司
郑州泰展贸易有限公司
郑州市德通纸业公司
万家纸业(郑州)
融鑫妇幼用品公司
大同纸巾货仓贸易有限公司
郑州市双磊有限公司
兴隆纸业
郑州喜多纸业销售有限公司
文超纸行
郑州峰茂纸业
郑州市达驰商贸有限公司
旺湘商贸
福鑫纸业
郑州倍舒特商贸有限公司
郑州普博电子科技有限公司
浩赛纸业有限公司
郑州正植科技有限公司
河南贝儿孕婴用品有限公司
河南省通用机械进出口有限公司
郑州博大纸业
长兴纸品商行
蕊芳纸业
郑州恒商商贸有限公司
隆达纸业
郑州市二七区新大新纸业批发商行
大伟纸业
健康纸业商贸有限公司
郑州市金水区馨悦纸业
精华纸业
万家纸业
满意卫生用品供应站

河南新乡志达商贸有限公司
韩五纸行
辉县市舒乐纸业
延津县永欣纸业
月月舒纸业批发配送中心
山阳商城卫生纸卫生巾批发部
万兴日化
轩轩纸业批发部
老胡纸业
海林日用纸批发部
智强商行
明逸商贸有限公司
小天使孕婴用品批发
滑县恒丽名妆
日欣纸业
娟娟纸业
勇恒纸行
朝阳纸业
安阳市华利商贸有限公司
安阳部统金邦商务有限公司
雅松纸业
内黄保健护理用品
濮阳市金益百商贸有限公司
诚诚纸业商行
红旗纸行
靓丽纸业
超亮纸业
汇丰纸业
华盛妇幼卫生用品经销处
诚信纸行
民军纸行
柳燕纸业
许昌市红光纸业有限公司
许昌市佳洁纸业有限公司
许昌鑫盟纸品商贸有限公司
许昌曼迪纸业商贸有限公司
许昌优杰纸制品销售部
许昌红英商贸有限公司
许昌瑞升源商贸有限公司
太康彩霞纸业
长葛市保健纸行
宏兴纸业商行
双喜纸行
盛洁纸业
光辉纸业
天平纸行
白雪百货有限公司
光明纸业
怡顺商贸有限公司
康洁纸行
小梅纸行
明港定远纸品营销公司
保真纸行纸品总汇
东梅纸行
卫华卫生用品有限公司
百隆纸业有限公司
雪洁纸行
蓝天纸业
恒安纸业
凌海贸易有限公司
惠泽通商贸有限公司洁柔公司
平顶山骄阳纸业
竹叶青纸行
全周宝纸行
汝州市小州商行
洛阳艺萌纸业有限公司
五分利纸行
欣欣纸业经营部
洛阳五分利纸品商行
蓝宏商贸有限公司
洛阳远大纸业
色彩化妆品有限公司
一衡商贸有限公司
吉氏商贸有限公司
恒信纸行
洛阳喜添商贸有限公司
晴天纸业
海昌纸品
蓝蜻蜓中原(南阳)营销中心
南阳美洁纸业配货中心
南阳市三发纸业
南阳兄弟缘物流有限公司
淅川县奉献纸业营销中心
宏正纸业
嘉诚纸行商超配货中心
刘杰纸行
潘安纸行
尉氏春雷百货配送中心
商都商贸有限公司
艳伟纸行
商丘市温氏纸业批发商行
金鑫纸业
格林纸业
峰宇纸业
河南省商丘市虹梅纸行
商丘市绿缘纸业

全为爱专业孕婴童成长机构
振宇纸品批发商行
商丘市白云市场纸巾批发
瑞华纸行
冉氏纸业
星红叶商贸有限公司
金云纸行
汇鑫纸业
永城市宏发纸行
孟氏纸业
冰旋纸业
周口市百隆纸业
商丘市白云副食城红梅纸业

◆湖北 Hubei

武汉诚惠恒丰贸易有限公司
武汉维信宝泰商贸有限公司
武汉市洁艳商贸公司
武汉今拓力营养食品有限公司
武汉市百顺纸业有限公司
武汉市世纪博林有限责任公司
武汉市富盟商贸有限公司
武汉金中超市配送中心
武汉健之星商贸有限公司
武汉中侨科技发展有限公司
汉川市瑞佳商贸
华荣百货
湖北省钟祥市华润纸业经营部
孝感华强商贸
孝感开发区吉兴纸品经营部
仙桃郑记纸业
潜江市铖熙商行
于氏纸业
育红纸品批发部
荆州市永宏纸品
黄石艾平纸业
黄石市安泰纸业公司
鄂州市兴发商行
康儿乐商行
宋氏纸业
赤壁市永兴纸业
黄冈军英商贸有限公司
襄樊市恒和日用百货有限公司
襄樊市裕兴百货公司
襄樊母爱之选母婴用品配送中心
襄阳市志敏纸业批发部
襄阳市红生卫生用品有限公司
襄阳市恒泰纸业
襄樊市天发纸业
绿宝纸品商行
鑫缘纸业
十堰市邦鑫科工贸有限公司
十堰天美工贸有限公司
十堰市雅家美雅工贸有限公司
吉利纸品
嘉文商行
荆门市恒达纸业

◆湖南 Hunan

湖南省长沙市佳丽纸品贸易商行
友缘一次性兼纸品批发部
湖南中顺商贸有限公司
大唐纸业
志成卫生用品有限公司
长沙百祺日用品有限公司
诚进日化经营部
长沙你我他日用品有限公司
纸霸王经营部
香港恒远国际卫生用品集团
湖南高桥大市场三元纸业批发公司
长沙市文辉纸业
长沙美时洁纸业有限公司
长沙东建纸业有限公司
湖南宝彩贸易有限公司
宁乡唯美实业有限公司
湖南翱天进出口有限公司
湘潭顺家贸易有限公司
进社纸品批发部
老黄纸业
可可环球贸易(湖南)股份有限公司
株洲泰德贸易有限公司
岳阳市健乐纸业
惠丰商行
长发纸业有限公司
娄底市鼎和商贸有限责任公司
新化众乐纸业
永久纸品有限公司
怀化华明纸业
益军纸品店
雅洁纸业
龙洁纸业
美洁纸业
怀化市天峰纸业
怀化市曙光商贸有限公司
煜兴商贸
邵阳友洁商贸有限公司

邵阳佳和商贸有限公司
康达莱宾馆用品配套中心
郴州盛悦纸品商行
天成贸易商行
桂东县家家红商行

◆广东 Guangdong

厦门仲盛贸易有限公司鑫仲盛经营部
瀚海妇婴纸业贸易商行
广州市惠君贸易商行
广州市联生贸易有限公司
广州市增城禾力创(洁培)商行
增城市源益百货
广州市永沛贸易有限公司
广州御高贸易有限公司
广州市彩柔贸易有限公司
赛地格贸易公司
广州基业青商贸有限公司
广州市白云区志达商行
广州梦凌母婴用品有限公司
广州金柔贸易有限公司
润兴纸品商行
富利卫美(上海)商贸有限公司
广州建发纸业有限公司
广州市荣臻百货贸易有限公司
广州市乳品谷母婴用品有限公司
广州圣妮娜进出口贸易有限公司
珠江贸易发展有限公司
咿呀孕婴童连锁
清远市天恩大名贸易有限公司
清新县太和镇雄胜商行
兴宁市兴旺贸易商行
汕头市金鑫贸易有限公司
汕头市正良贸易有限公司
和泰纸业
广东省汕头市裕源妇幼用品有限公司
澄海区诚和百货贸易行
汕头市婴联妇幼用品有限公司
汕头金信商行
汕头市金胜达百货有限公司
汕头市昌盛百货
汕头市德腾贸易有限公司
经隆百货商行
丹丽雅百货
普宁市万林纸品商贸行
普宁丰方纸业
广东省普宁市文顺纸品公司
普宁市顺兴纸品贸易商行
陈庆义面巾纸卫生巾批发部
广东普宁龙峰贸易商行
普宁市荣焱百货商贸行
益茂百货
普宁亿达商贸有限公司
普宁安然百货
揭阳市榕兴百货商行
和润商行
云兴百货
义海百货
龙光纸品
澄海新伟达纸业
惠州市华福兴实业有限公司
小金花姿纸业
维达纸业(广东)有限公司惠州总代理
惠州市爱婴堡母婴用品有限公司
惠州市鑫朗商贸有限公司
创欣纸业
惠州市创源百货公司
惠儿乐实业有限公司
惠州市鑫億方贸易行
惠州市泰润桦商业有限公司
海丰县城中恒商行
广东海丰冠成贸易有限公司
嘉叶商行
陆丰市百盛百货
汕尾市铭莉贸易有限公司
百利源贸易有限公司
广顺发百货有限公司
钟顺纸业贸易商行
深圳市舒洁纸品商行
深圳市鹏腾实业有限公司
深圳宅到家贸易有限公司
辰安贸易批发商行
深圳市珠光贸易有限公司
深圳市盛大隆商贸有限公司
深圳市鼎盛天贸易有限公司
深圳恒星纸业
永顺发纸行
深圳市永兴华商贸有限公司
宜兴鹏日用品有限公司
深圳市兴万隆纸业有限公司牡丹纸品厂
深圳市恒盛盈贸易行
深圳市金太红阳科技有限公司
深圳华地利纸品商行
海豚湾母婴用品店
深圳市洁尔雅卫生用品有限公司
深圳市亿佳源贸易有限公司

深圳市利安生活用品公司
深圳市金美贸易有限公司
深圳市金铭鸿贸易有限公司
深圳市新钜实业有限公司
深圳市润福源商贸有限公司
深圳市雅洁纸业商行
深圳市贝贝阁母婴用品贸易有限公司
深圳市永丰旗贸易有限公司
深圳市宏亮威贸易有限公司
深圳市乐宝商行
深圳市兴明都贸易有限公司
麦事发纸业贸易商行
深圳市英利拓商业有限公司
深圳市顺昌隆贸易有限公司
深圳市永恒安贸易有限公司
信管贸易有限公司
深圳市美惠乐商业有限公司
山东晨鸣纸业销售有限公司深圳包装纸分公司
深圳市丑丑婴儿用品有限公司
深圳宝能国际进出口有限公司
深圳市博都实业发展有限公司
深圳市七巧国儿童用品有限公司
深圳安美纸品有限公司
英特来国际贸易(深圳)有限公司
深圳市昌盛广丰柔贸易有限公司
人人乐连锁商业集团股份有限公司
深圳市盛宏昌商贸有限公司
深圳市金彦婴童用品有限公司
深圳岁宝百货有限公司
深圳市德荣贸易有限公司
深圳市海雅商业有限公司
深圳市犇鑫贸易有限公司
深圳市金佰利妇婴用品有限公司
深圳佳美妇幼用品有限公司
深圳市惠乐宝商贸有限公司
深圳市鸿鑫源纸业有限公司
深圳市松岗心连心纸品商行
深圳市广信商行
深圳舒洁纸品经销行
深圳市美美家纸业有限公司
金屋商贸
深圳市衡美时贸易有限公司
深圳市瑞克美泰实业有限公司
深圳市顺成行实业有限公司
富士达纸品(深圳)有限公司
南京久逸安母婴用品有限公司(深圳办事处)
深圳市敬和瑞商贸有限公司
中原商场
深圳市兴泰鸿贸易有限公司
珠海市志得纸业有限公司
珠海市振弘商贸有限公司
珠海永庆贸易有限公司
好利来贸易(东莞)有限公司
花王乐霸家居用品经营部
伟兴百货
新新百货商贸行
揭阳市粤阳商行
隆兴纸业
万佳贸易商行
东莞市采茵贸易有限公司
东霖(纸业)贸易
东莞市惠康贸易公司
广东省东莞市洁婷纸品贸易有限公司
东莞市德隆商贸有限公司
东莞市永丰纸业(华林销售中心)
东莞市丰悦日用品批发部
东莞长安佳铭(恒兴)门市日用百货
同辉贸易商行
东莞市广利进出口有限公司
东莞市花庭贸易有限公司
东莞市泽天纸制品有限公司
东莞市五蕴日用品有限公司
东莞市伟盛饮料有限公司哈维奇纸尿裤事业部
东莞市展涛纸业有限公司
东莞市迦美商行
东辉纸业
东莞市一辉纸品商行
东莞市嘉辉日用品有限公司
东莞市塘厦镇建发日用品贸易
东莞市恒发纸业
旺兴贸易公司
东莞市盛创百货商行
广东省廉江市创豪百货(批发部)
湛江市瑜玮贸易有限公司
雷州市爱莲纸品批发部
雷州市利华纸业经销部
雷州市信一日用品商行
湛江倍柔丝商行
亲亲我母婴生活馆
盛时商行
广东省茂名市德福林贸易商行
同门婴之都妇婴用品
茂名市顺景绿洲商行
嘉达日用品有限公司
和熙商行
茂名市顺治贸易有限公司

东信制品
茂名爱婴世界百货商行
广东省锦源有限公司
肇庆市峥兴贸易有限公司
荣健百货商行
四会市合兴纸业经营部
南乐纸品购销部
雅康百货
佛山市婴友百货有限公司
陆邦百货
佛山市意洁通进出口有限公司
佛山市陇宇经贸有限公司
佛山市裕景隆商贸有限公司
佛山市传承妇婴用品有限公司
佛山市万誉商行
佛山市顺德区粤颖百货商行
立信纸业
佛山市南海竞辉贸易有限公司
佛山市健记纸业有限公司
佛山市千竹贸易有限公司
广州市润沁贸易有限公司
佛山市顺德区大良扬友纸品商行
中山市万通商贸有限公司
中山市正日生活用品有限公司
中山市康婴健商贸有限公司
中山市柏华商贸有限公司
中山市远生贸易有限公司
中山市永德纸业商行
腾飞纸业
广东省中山市海岸星家居日用制品有限公司
江门市大晔商贸有限公司
江门市幹生商行
江门市华塘贸易有限公司
维达商贸有限公司
开平市惠泽贸易有限公司
开平市卫翔商贸有限公司
阳江市汇诚纸业商行
阳江益诚百货商行
阳江市中商贸易有限公司
鹤山市昶荣贸易行
阳江市华业贸易有限公司
开平市腾晖贸易商行
深圳市夏瑞贸易发展有限公司
深圳市聚福堂医药科技有限公司
广州旺勇酒店用品有限公司

◆广西 Guangxi

贺州市晓姿日化经营部
南宁泓玉商贸有限公司
广西中欣纸业有限公司
广西南宁创泰商贸有限公司
南宁杰魁商贸有限公司
南宁市俊江盛商贸有限公司
广西阳光纸业有限公司
南宁市优选日用品有限公司
南宁福昌百货经营部
广西广瑞商贸有限公司
南宁超雪百货
南宁市中运百货
广西南宁欣纯商贸有限公司
南宁市泓煜贸易有限公司
柳州韶鸿商贸有限公司
广西北部湾孕婴童产品营销中心
宏奇百货
广西玉林亚旺纸业
凯源百货
广西览众商贸有限公司
玉林市恒兴妇婴用品
玉林铭佳百货副食(原创展百货)
贵港市覃塘区广林卫生用品经营部
贵港市恒文百货
北流市丰盛商贸有限公司
陆川家兴商贸有限公司
东兴市兴鑫包装
广西大百德商贸有限公司
桂林市欣萍贸易有限公司
广西桂林兴安龙氏纸业有限公司
诗琪日用百货
桂林鑫瑞纸业有限责任公司
桂林天力丰商贸有限公司
贺州市兴发日化商行
梧州晋亿百货商行
名伶纸业
广西梧州市好靓纸业经营部
广西梧州市德多多百货经营部
广西柳州市泰特贸易公司
柳州市兴联百货经营部
柳州市南北贸易有限责任公司
万宝百货
柳州市斯博林贸易有限公司
福娃纸品经营部
柳州市同喜贸易有限责任公司
红梅百货商行
柳州市仁进商贸有限责任公司
黛得乐批发中心
柳州福昌贸易有限公司
慧美贸易有限公司

◆海南 Hainan

海南隆晋利贸易有限公司
海南省海口市天缘日用百货贸易公司
海口龙华为大商行
万家惠连锁超市
海南省陵水百佳汇商贸有限公司

◆重庆 Chongqing

重庆市佳佳纸业有限责任公司
重庆露涵商贸有限公司
重庆百强纸制品有限公司
重庆玛琳玛可营销中心
重庆速弓科技发展有限公司
重庆爽爽日用品经营部
重庆优福酒店用品销售中心
重庆嘉贝怡商贸有限公司
重庆华奥卫生用品有限公司
重庆三犇商贸有限责任公司
渝津佳洁纸业
腾飞卫生用品批发
重庆桦美乐恒经贸有限公司
重庆万恒日用品有限公司
重庆大区刘成纸杯厂
荣昌县万发经营部
婴泰母婴用品中心
惠通配送
梁平县渝馨商贸有限公司

◆四川 Sichuan

成都久美纸品商贸
成都欣盛和贸易有限公司
四川红富士纸业有限公司
成都威斯特姆生物科技有限公司
成都新顺通商贸有限公司
成都蓉腾母婴用品有限公司
利群纸业
四川省中汇商贸有限公司
四川吉选商业投资有限公司
四川艾尔孚德贸易有限公司
佳士多(中国)便利连锁
成都瑞爱妇婴用品商贸有限公司
丽华纸品配送中心
成都御婴商贸有限公司
成都欧环鑫科技有限公司
成都顺隆号贸易有限公司
成都蜀鑫商贸公司
成都浩旗盛商贸有限公司
成都靖鑫商贸有限公司
成都科里恩商贸有限公司
成都映山红商贸有限公司
成都福六商贸有限责任公司
四川盛泰合益贸易有限公司
成都苛特尔商贸有限责任公司
好家乡超市有限公司
成都益仕达商贸有限公司
志远孕婴用品推广中心
成都鑫源日用品销售中心
善渔(成都)贸易有限公司
博爱孕婴
成都弘兴贸易有限公司
成都发婴母婴用品有限公司
四川大德商贸
名人孕婴商贸
栢悦(四川)孕婴用品有限公司
成都聚鹏商贸有限公司
成都金福洋贸易有限公司
四川省蓉盛达商贸有限公司
成都万帆商贸有限公司
成都亿卓商贸有限公司
一洲商贸
悦然纸业
成都鸿运来商贸有限公司
成都市弘胜商贸
成都洁美达贸易有限公司
四川众天纸业贸易有限公司
春毅鸿福纸业
晨炜商贸有限公司
惜缘纸业
麦林仓储(成都)婴儿用品有限公司
峨眉山市妍馨卫生用品有限公司
犍为俊利纸品经营部
白杨洗化经营部
越西县众鑫商贸
德阳市苏钶贸易有限公司
亿爱宝贝孕婴连锁
广汉市彪升商贸
什邡市宏盛商贸有限公司
四川绵阳商贸有限公司
绵阳怡嵘商贸
绵阳炆希商贸有限公司
洪宇国际集团有限公司广元办事处
裕兴纸业
平昌县馨爱商贸有限公司
南充市开发区永成纸品厂
四川阆中美之家精细化工有限公司
廖氏商贸
成都惠悦商贸有限责任公司
营山祥瑞日化经营部
广安市宇龙商贸有限公司
荣联配送中心
内江紫旭日用品经营部

智顺经营部
旺旺纸业批发部
丁红纸业
自贡洁康商贸
虹顺日用品经营部
宏发日化配送中心
宜宾红火日杂
宜宾市联发日杂用品经营部
宜宾纯纸味纸业(清风宜宾总经销)
天丽舒商贸有限公司
家佳福配送中心
泉峰纸业
铮铮商贸有限公司

◆贵州 Guizhou

贵港市海良纸业制品厂
贵州中道联合商贸有限公司
贵州鸿润福商贸有限公司
贵州路路通家庭用品有限公司
贵州合源贸易有限公司
贵州佳乐宝婴幼儿用品营销中心
贵州金和成贸易有限公司
贵州正通实业有限责任公司
贵州弘鑫源贸易有限公司
贵阳板扎商贸有限公司
贵阳成贵纸制品厂
贵州今黔木商贸有限公司
贵州清丽银泰商贸有限公司
贵阳睿盈欣欣商贸有限公司
贵阳永固机电物资公司纸品经营部
贵阳南明风清扬商贸有限公司
海洋纸品
大发纸业
贵州高兴卫生用品有限公司
贵阳华龙商贸有限公司
贵州麦特婴幼用品有限公司
恒昌商贸商超/婴童配送中心
贵州金鑫纸业
六盘水联诚商贸有限公司
白天鹅纸品商行
贵州凯里市奇龙商贸有限公司
泽龙纸品批发部
都匀市皓翔商贸有限责任公司
政辉纸业
金都商贸有限公司
汇德丰商贸
遵义市新祥泰贸易有限责任公司
可靠经营部
习水春蓝百货

◆云南 Yunnan

昆明嘉思露商贸有限公司
昆明航创商贸有限公司
文雅纸巾配送中心
新浪日化
金红叶纸业(苏州工业园区)有限公司昆明办事处
昆明奥琪乐比儿童用品有限公司
昆明丹月商贸有限公司
云南中嘉商贸有限公司
大裔贸易有限公司
昆明绿伞商贸有限公司
昆明市大手纸业有限公司
昆明瑞麟凯商贸有限公司
铭赛商贸有限公司
彩云商贸有限责任公司
昆明经开区阿拉家和卫生制品厂
钳腾经贸有限公司
云宝纸业经营部
锦恒纸巾配送
好通达纸品厂
好生活纸业有限责任公司
万民商贸
保山风竹商贸有限责任公司
瑞丽盈睿贸易有限公司

◆西藏 Tibet

勤祥纸业
辉林纸业

◆陕西 Shaanxi

西安市金源纸品批发部
西安鑫鑫商贸有限公司
宝利通纸品经营部
陕西洁康日用保健品有限公司
西安芭蕾商贸有限公司
西安市三兴百货纸品经营部
西安市康达商贸有限公司
凯程纸业
西安顺铮商贸有限公司
陕西福润阁商贸有限公司
西安爱达商贸有限公司
陕西川田商贸有限责任公司
陕西西安樱彩商贸有限公司
西安博凯卫生用品有限公司
西安盛源商贸

西安吴王商贸有限公司纸品经营部
陕西思铭商贸有限公司
西安帝亨商贸有限公司
西安市岁岁纸业
陕西华兴纸业有限公司
友情纸业
明安纸品
万天纸品经营部
陕西邦希化工有限公司
百隆国亨日化
西安永佳纸品商行
崎峰纸业有限公司
西安昱润工贸有限公司
西安西耀纸业商贸有限公司
陕西宜佳纸业有限公司
陕西鑫锐捷工贸有限责任公司
怡安卫生用品有限责任公司
紫优纸业有限公司
日鑫商贸中心
二平纸品大全
汇通生活用纸行
宝鸡市海洋纸品有限公司
新雅贸易有限公司
宝鸡鑫盛森工贸有限公司
锦博商贸有限责任公司
聚贤日化产品商贸有限公司
汉中聚贤日化产品商贸有限公司
佳美纸品

◆甘肃 Gansu

兰州荣鑫纸业有限公司
兰州汇宝商贸有限责任公司
兰州同成工贸有限责任公司
兰州优兰纸业有限公司
兰州市效红纸业
兰州百惠纸品商社
兰州永盛发卫生用品有限公司
兰州万成达卫生用品批发部
兰州星顺源纸业
兰州吉时达商贸有限公司
兰州三合纸业
兰州正翔纸业
兰州嘉华纸品批发商行
兰州金佰商贸有限公司
兰州新源纸业有限公司
甘肃盛世龙华商贸有限公司
兰州贵和成商贸有限责任公司
兰州黎荣纸业营销中心
兰州新风职业厂
兰州联谊商贸有限公司
天水水天商贸有限公司
天水雄飞商贸有限公司
西峰人和批发部
庆阳市舒馨纸业商贸有限公司
甘肃九方源工贸有限责任公司
白银联丰商贸有限公司

◆青海 Qinghai

西宁花梦诗纸业有限公司
西宁海莹商贸有限公司
西宁华松商贸有限公司
西宁中顺纸业
西宁佳颖商贸有限公司
青海麒瑞工贸有限责任公司
嘉华伟业生活纸品销售部
阿满日化配送中心

◆宁夏 Ningxia

宁夏盛世奥凯商贸有限公司
宁夏彦顺商贸有限公司
银川洁宝商贸有限公司
宁夏巅峰纸业有限公司

◆新疆 Xinjiang

彩云生活日用品批发中心
乌鲁木齐市热哈提百货商行
沙依巴克区王彦华商行
子林商行
新疆乌鲁木齐市锦飞纸业有限公司
玄武工贸公司
舒伴卫生用品专卖店
乌鲁木齐市明兰卫生用品有限公司
永发纸品商行
乌鲁木齐优维雅纸业有限公司
西部国明商贸有限公司
乌鲁木齐永嘉洁纸业
龙云纸制品厂
伊宁市马其星商行
新疆阿克苏市华荣卫生巾总汇

其　他
Others

中国中轻工程有限公司
中国制浆造纸研究院
上海南浦科艺文化公司
中国海诚工程科技股份有限公司
贝励(北京)工程设计咨询有限公司上海分公司
上海婴宝文化传播有限公司
上海家麒品牌管理有限公司
远东国际租赁有限公司
上海萝辐国际贸易有限公司
上海希达科技有限公司
上海永熠进出口有限公司
科伯利生物技术(上海)有限公司
中纸在线(苏州)电子商务股份有限公司
杭州原创广告设计有限公司
浙江省婴童商贸协会
杭州思悦达进出口有限公司
浙江天泉表面技术有限公司
宁波伟时进出口有限公司
厦门市边界创想投资管理有限公司
厦门星原融资租赁有限公司
厦门飞华水务环保科技工程有限公司
泉州市智邦自动化设备有限公司
泉州恩加品牌策划有限公司
远翔电脑设计制作
舜风国际广告有限公司
浪潮电子信息产业股份有限公司
山东信和造纸工程股份有限公司
中国轻工业武汉设计工程有限责任公司
中国轻工业长沙工程有限公司
中国轻工业广州设计工程有限公司
广州市纤维产品检测院
汕头市奥思集美品牌设计有限公司
汕头市优格诺森广告有限公司
汕头奥博设计有限公司
在水一方品牌策划有限公司
惠州创新环保造纸设备制造安装有限公司
东莞市森邦纸业有限公司
禅城区委社会工作部(区对口帮扶办)
中国轻工业南宁设计工程有限公司
重庆市母婴用品销售协会
中国轻工业成都设计工程有限公司
成都久田科技有限公司
中国轻工业西安设计工程有限责任公司

主要设备引进情况(2014—2015年)

IMPORTED MAJOR EQUIPMENT IN CHINA TISSUE PAPER & DISPOSABLE PRODUCTS INDUSTRY (2014-2015)

[6]

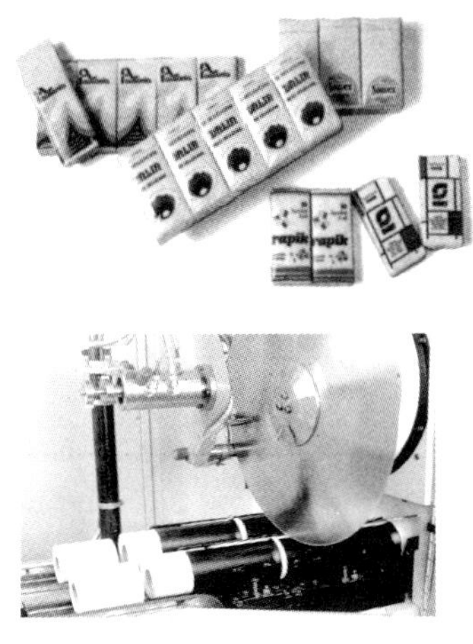

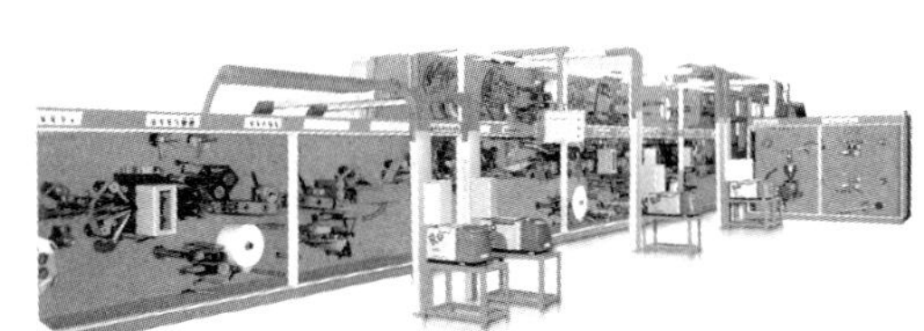

主要设备引进情况(2014—2015年)
Imported major equipment in China tissue paper & disposable products industry (2014—2015)

一、卫生纸机

1. BF型卫生纸机

地区	企业名称	型号	数量(台)	幅宽(mm)	车速(m/min)	时间	引进国(地区)及公司
河北省	保定市港兴纸业有限公司	BF-1000	1	2760	1000	2014年7月	日本川之江
		BF-1000	1	2760	1000	2015年6月	
福建省	晋江凤竹纸业有限公司	BF-10EX	1	2760	770	2014年3月	
	福建铭丰纸业有限公司	BF-12EX	1	3400	1000	已停产(原计划于2012年7月投产)	
山东省	东顺集团股份有限公司(黑龙江)	BF-1000	1	2760	1000	2014年7月	
	东顺集团股份有限公司(东平)	BF-1000	1	2760	1000	2014年7月	
		DS1200(擦手纸机)	2	2850	450	2015年12月(原计划2014年底投产)	
广东省	东莞永昶纸业有限公司	BF-12EX	1	3400	1100	2015年设备已转让,退出生活用纸行业(设备2009年2月交货,永昶公司原计划2010年投产,2013年设备已安装完毕)	
重庆市	重庆理文卫生用纸制造有限公司	BF-1000	2	2760	1000	2014年7月	
四川省	四川蜀邦实业有限责任公司	BF-1000	1	2860	1000	2016年底(原计划2016年4月投产)	
	四川安县纸业有限公司	BF-10EX	2	2760	770	2016年底(原计划2013年4月投产)	

2. 新月型卫生纸机

地区	企业名称	型号	数量(台)	幅宽(mm)	车速(m/min)	时间	引进国(地区)及公司
河北省	河北义厚成日用品有限公司		1	2850	1650	2014年5月(原计划2013年6月投产)	安德里茨
			1	2850	1650	2016年(原计划2014年12月投产)	
	河北雪松纸业有限公司	Intelli-Tissue® 1200	1	2850	1200	2014年4月(原计划2013年底投产)	波兰PMP集团
		Intelli-Tissue® 1200	1	2850	1200	2016年初(原计划2015年底投产)	
	保定市满城成功造纸厂		2	2850	1200	2014年	上海轻良和韩国三养合作(中外合作)
	河北金博士纸业有限公司	Intelli-Tissue® 1200钢制烘缸	2	3650	1200	2016年签约,计划2016年底和2017年中投产	波兰PMP集团

续表

地区	企业名称	型号	数量（台）	幅宽（mm）	车速（m/min）	时间	引进国(地区)及公司
上海市	贵州赤天化纸业有限公司(上海泰盛集团)	Primeline ST型，20英尺钢制烘缸	2	5600	2000	1台2016年底，1台2017年初	安德里茨
江苏省	金红叶纸业集团有限公司(海南)		3	5630	2000	分别于2014年4月、7月	意大利亚赛利
	金红叶纸业集团有限公司(苏州)		1	5630	2000	2014年5月	
			1	5630	2000	2015年2月(原计划2014年12月投产)	
		DCT 200，软靴压	2	5600	2000	分别于2016年7月、8月	维美德
	金红叶纸业集团有限公司(孝感)		1	5630	2000	2014年	意大利亚赛利
			2	5630	2000	分别于2015年3月、6月投产	
	金红叶纸业集团有限公司(遂宁)		1	5630	2000	2016年(原计划2014年投产)	
			1	5630	2000	2017年及之后	
	永丰余生活用纸(扬州)有限公司	Intelli-Tissue® 1600	2	2800	1600	分别于2014年7月、8月	波兰PMP集团
	永丰余生活用纸有限公司(肇庆)	Intelli-Tissue® 1600	1	2800	1600	2015年12月(原计划2014年投产)	
		Intelli-Tissue® 1600	1	2800	1600	2016年1月(原计划2014年投产)	
浙江省	浙江景兴纸业股份有限公司	18英尺钢制烘缸	1	2850	1900	2014年12月	安德里茨
		18英尺钢制烘缸	1	2850	1900	2015年6月	
福建省	湖南恒安纸业有限公司	18英尺钢制烘缸	1	5600	1800	2014年9月	
		18英尺钢制烘缸	1	5600	1800	2015年初(原计划于2014年12月投产)	
	山东恒安纸业有限公司	DCT200	2	5600	2000	2016年(原计划2014年6月)	维美德
	重庆恒安纸业有限公司	18英尺钢制烘缸	2	5600	2000	2016年(原计划分别于2014年10月、12月投产)	安德里茨
	芜湖恒安纸业有限公司	DCT200	2	5600	2000	2016年(原计划2015年投产)	维美德
	歌芬卫生用品(福州)有限公司	DCT200，软靴压	1	5600	2000	2016年计划整厂转让(歌芬公司2010年3月签约，原计划于2011年3月投产)	
山东省	山东太阳生活用纸有限公司	18英尺钢制烘缸	1	5600	2000	2014年6月	安德里茨
		18英尺钢制烘缸	1	5600	2000	2015年初	
	东顺集团股份有限公司(东平)	DCT60	2	3000	1600	分别于2015年8月、10月(原计划于2014年下半年投产)	日本川之江与维美德合作
		DCT60	2	3000	1600	2016年底(原计划于2015年上半年投产)	

续表

地区	企业名称	型号	数量(台)	幅宽(mm)	车速(m/min)	时间	引进国(地区)及公司
河南省	河南护理佳纸业有限公司	Intelli-Tissue® 1200	1	2850	1160	2014年9月(原计划2013年底投产)	波兰PMP集团
广东省	维达纸业(中国)有限公司(三江)	AHEAD 2.0M	2	3400	1600	分别于2014年8月、9月	意大利拓斯克
		AHEAD 2.0M	2	3400	1600	2016年	
	维达纸业(中国)有限公司(浙江)	AHEAD 1.5M	2	3400	1500	2014年10月	
	维达纸业(中国)有限公司(四川)	AHEAD 1.5M	1	3400	1500	2015年第3季度	
	维达纸业(中国)有限公司(山东)	AHEAD 1.5M	1	3400	1500	2015年第4季度	
		AHEAD 1.5M	1	3400	1500	2016年	
	中顺洁柔纸业股份有限公司(云浮)	18英尺钢制烘缸	2	5600	1900	分别于2014年5月、11月	安德里茨
	中顺洁柔纸业股份有限公司(四川)	AHEAD 1.5M	1	3500	1650	2014年6月	意大利拓斯克
		AHEAD 1.5S	1	2850	1700	2015年2月(原计划2014年3月投产)	
	广东韶能集团南雄珠玑纸业有限公司		1	2850	1600	2016年初(原计划2015年投产)	安德里茨
广西	广西华劲集团股份有限公司(赣州)	靴式压榨	1	5600	2000	2014年3月	
	柳州两面针纸业有限公司	MODULO PLUS ES	2	2850	1500	2015年9月	意大利拓斯克
	广西华美纸业集团有限公司(福建绿金纸业有限公司))	DCT100	1	2850	1600	2016年及之后	维美德
重庆市	维尔美(重庆)纸业有限公司		1	2850	2000	2014年5月(原计划2013年5月)	意大利亚赛利
	重庆理文卫生用纸制造有限公司		1	5600	2000	2015年6月	福伊特
		DCT200HS,软靴压	1	5600	2000	2015年10月	维美德
		DCT200HS,软靴压	4	5600	2000	2016年下半年	
云南省	云南云景林纸股份有限公司	DCT100+,软靴压	1	2850	1900	2014年8月	

二、生活用纸加工设备

地区	企业名称	引进内容	数量	时间	引进国(地区)及公司
山东省	山东太阳纸业股份有限公司	复卷机		2014 年 5 月	意大利 A. Celli
		卫生卷纸生产线		2014 年 5 月	意大利柯尔柏
		软抽面巾纸生产线	2	2014 年	台湾全利机械
		手帕纸折叠包装机	3	2014 年	
重庆市	重庆理文卫生用纸制造有限公司	手帕纸折叠包装机	1	2015 年	
		抽取式面巾纸生产线			
		卫生卷纸生产线			意大利柯尔柏

三、湿巾设备

地区	企业名称	引进内容	数量	时间	引进国(地区)及公司
河北省	河北义厚成日用品有限公司	湿巾生产线	1	2014 年 7 月	美国 PCMC
安徽省	铜陵洁雅生物科技股份有限公司	湿巾折叠机	1	2011 年 6 月	日本富士
		湿巾包装机	1	2011 年 6 月	日本大森
		湿巾打卷机	1	2014 年 8 月	美国爱思诺
		湿巾灌装机	1	2014 年 12 月	以色列
江西省	江西生成卫生用品有限公司	湿巾生产线	1	2012 年 2 月	美国、德国、土耳其联合

四、卫生用品设备

地区	企业名称	引进内容	数量	时间	引进国(地区)及公司
上海市	上海申欧企业发展有限公司	卫生巾生产线	2	2006 年	瑞光(上海)
江苏省	金佰利(中国)有限公司	成长裤生产线	1	2013 年 5 月	BCM，美国 KC
浙江省	杭州舒泰卫生用品有限公司	婴儿拉拉裤生产线	1	2013 年 7 月	瑞光(上海)
		婴儿拉拉裤生产线	2	2013 年 11 月	
	杭州豪悦实业有限公司	婴儿纸尿裤生产线	2	2014 年 3 月	
		婴儿拉拉裤生产线	1	2014 年 3 月	
	杭州珍琦卫生用品有限公司	婴儿纸尿裤生产线	2	2014 年 6 月	意大利 GDM
福建省	爹地宝贝股份有限公司	婴儿纸尿裤生产线	1	2011 年 12 月	日本瑞光
		婴儿纸尿裤生产线	1	2013 年 5 月	
		婴儿拉拉裤生产线	1	2014 年 1 月	
		婴儿拉拉裤生产线	1	2015 年 2 月	
		婴儿拉拉裤生产线	1	2015 年 6 月	
		卫生巾生产线	2	2015 年 12 月	
	中天集团(中国)有限公司	婴儿训练裤生产线	1	2013 年 12 月	
	福建莆田佳通纸制品有限公司	卫生巾生产线	1	1996 年	意大利法麦凯尼柯
山东省	山东东顺集团有限公司(含杭州公司)	卫生巾生产线	1	2014 年 11 月	意大利 GDM
		卫生护垫生产线	1	2014 年 11 月	
	山东日康卫生用品有限公司	成人拉拉裤生产线	1	2012 年 6 月	瑞光(上海)
湖南省	一朵众赢电商科技股份有限公司(原湖南一朵生活用品有限公司)	婴儿纸尿裤生产线	1	2014 年 5 月	意大利 GDM
	湖南爽洁卫生用品有限公司	婴儿纸尿裤生产线	1	2014 年 1 月	瑞光(上海)

续表

地区	企业名称	引进内容	数量	时间	引进国(地区)及公司
广东省	广东昱升个人护理用品股份有限公司	婴儿拉拉裤生产线	1	2014 年 5 月	日本瑞光
		婴儿纸尿裤生产线	1	2015 年 11 月	
	东莞市常兴纸业有限公司	婴儿纸尿裤生产线	2	2014 年 9 月	意大利 GDM

注：(1)本章节表格中引进时间包括 2014 年之前的，是在 2014/2015 版年鉴中未刊登的部分。

(2)本章节表格中，集团企业在不同地区有生产厂的，该集团的所有生产厂列在总部所在省份。

产品标准和其他相关标准

THE CHINESE STANDARDS OF TISSUE PAPER & DISPOSABLE PRODUCTS AND OTHER RELATED STANDARDS

[7]

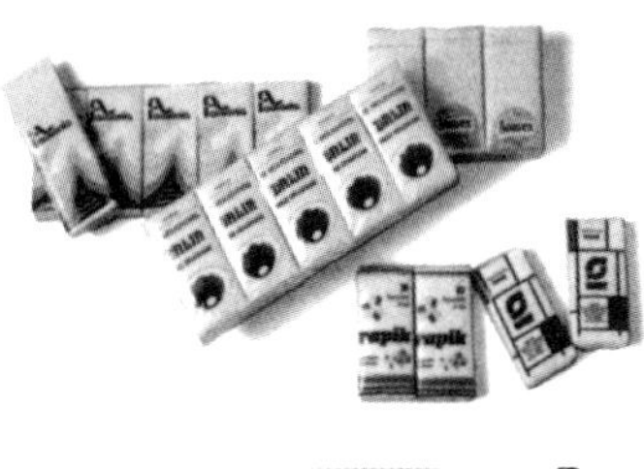

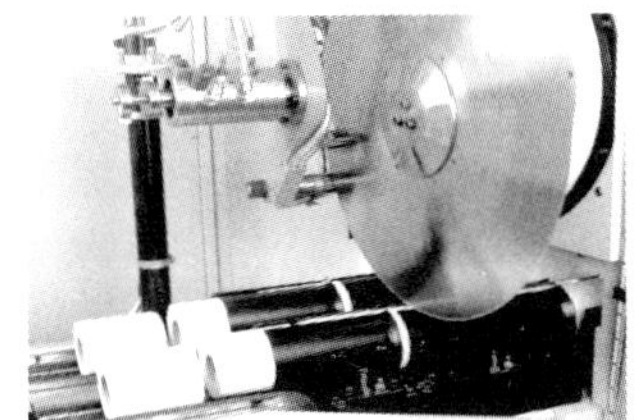

卫生纸(含卫生纸原纸)(GB 20810—2006)

2007-06-01 实施

1 范围

本标准规定了卫生纸的分类、要求、抽样、试验方法及标志、包装、运输和贮存等。

本标准主要适用于人们日常生活用的厕用卫生纸，不包括擦手纸、厨房用纸等擦拭纸。

本标准还适用于对外销售的用于加工卫生纸的卫生纸原纸。

本标准的 4.2 和 4.7 为强制性条款，其余为推荐性条款。

本标准的附录 A 为规范性附录。

2 规范性引用文件

下列文件中的条款通过本标准的引用而成为本标准的条款。凡是注明日期的引用文件，其随后所有的修改单(不包括勘误的内容)或修订版均不适用本标准，然而，鼓励根据本标准达成协议的各方研究是否可使用这些文件的最新版本。凡是不注明日期的引用文件，其最新版本适用于本标准。

GB/T 450　纸和纸板试样的采取(GB/T 450—2002，eqv ISO 186:1994)

GB/T 451.1　纸和纸板尺寸及偏斜度的测定

GB/T 451.2　纸和纸板定量的测定(GB/T 451.2—2002，eqv ISO 536:1995)

GB/T 453　纸和纸板抗张强度的测定(恒速加荷法)(GB/T 453—2002，ISO 1924-1：1992，IDT)

GB/T 461.1　纸和纸板毛细吸收高度的测定(克列姆法)(GB/T 461.1—2002，eqv ISO 8787：1989)

GB/T 462　纸和纸板水分的测定(GB/T 462—2003，ISO 287：1991 MOD)

GB/T 1541　纸和纸板尘埃度的测定法(GB/T 1541—1989，neq TAPPI T 437om-85)

GB/T 2828.1　计数抽样检验程序　第 1 部分：按接收质量限(AQL)检索的逐批检验抽样计划(GB/T 2828.1—2003，ISO 2859-1：1999，IDT)

GB/T 7974　纸、纸板和纸浆亮度(白度)的测定　漫射/垂直法 GB/T 7974—2002，neq ISO 2470：1999)

GB/T 8940.1　纸和纸板白度测定法(45/0 定向反射法)

GB/T 8942　纸柔软度的测定

GB/T 10739　纸、纸板和纸浆试样处理和试验的标准大气条件(GB/T 10739—2002，eqv ISO 187：1990)

GB/T 12914　纸和纸板抗张强度的测定法(恒速拉伸法)(GB/T 12914—1991，eqv ISO 1924-2：1985)

《一次性生活用纸生产加工企业监督整治规定》(国质检执[2003]289 号)

3 分类

3.1　卫生纸分为卷纸、盘纸、平切纸和抽取式卫生纸等，卫生纸原纸为卷筒纸。

3.2　卫生纸和卫生纸原纸按质量分为优等品、一等品、合格品三个等级。

3.3　卫生纸和卫生纸原纸可分为单层、双层、三层等多种形式。

3.4　卫生纸和卫生纸原纸可分为压花、印花、不压花、不印花等类型。

4 要求

4.1　卫生纸技术指标应符合表 1 要求，卫生纸原纸技术指标应符合表 2 要求，或符合合同要求。

4.2　卫生纸和卫生纸原纸微生物指标应符合表 3 要求。

4.3　卷纸和盘纸的宽度、卷重(或节数)，平切纸的长、宽、包装质量(或张数)，抽取式卫生纸的规格尺寸、抽数应按合同要求生产。卷纸和盘纸的宽度、节距尺寸偏差应不超过±2mm，偏斜度应不超过2mm；卷重(或节数)负偏差应不大于4.5%。平切纸和抽取式的规格尺寸偏差应不超过±3mm，偏斜度应不超过3mm；平切纸的包装质量(或张数)和抽取式的抽数负偏差应不大于4.5%。卷纸、盘纸的卷重，平切纸的包装质量均为去皮、去芯后净重。

表 1　卫生纸技术指标

指标名称		单　位	规　定		
			优等品	一等品	合格品
定　量		g/m^2	12.0±1.0　14.0±1.0　16.0±1.0　18.0±1.0 20.0±1.0　22.0±1.0　24.0±2.0　28.0±2.0 33.0±3.0　39.0±3.0　45.0±3.0　52.0±4.0		
亮度(白度)	≥	%	83.0	75.0	60.0
横向吸液高度(成品层)	≥	mm/100s	40	30	20
抗张指数(纵横平均)	≥	N·m/g	3.5	3.0	2.0
柔软度(成品层纵横平均)	≤	mN	180	250	450
洞眼 ≤	总　数	个/m^2	6	20	40
	2mm~5mm		6	20	40
	>5mm~8mm		2	2	4
	>8mm		不应有		
尘埃度 ≤	总　数	个/m^2	20	50	200
	0.2mm^2~1.0mm^2		20	50	200
	>1.0 mm^2~2.0 mm^2		4	10	20
	>2.0 mm^2		不应有		2
交货水分	≤	%	10.0		

注：印花纸和色纸不测亮度(白度)。

表 2　卫生纸原纸技术指标

指标名称		单　位	规　定		
			优等品	一等品	合格品
定　量		g/m^2	12.0±1.0　14.0±1.0　16.0±1.0　18.0±1.0 20.0±1.0　22.0±1.0　24.0±2.0　28.0±2.0 33.0±3.0　39.0±3.0　45.0±3.0　52.0±4.0		
亮度(白度)	≥	%	83.0	75.0	60.0
横向吸液高度(成品层)	≥	mm/100s	40	30	20
抗张指数(纵横平均)	≥	N·m/g	4.0	3.5	2.5
柔软度(成品层纵横平均)	≤	mN	150	220	420
洞眼 ≤	总　数	个/m^2	6	20	40
	2mm~5mm		6	20	40
	>5mm~8mm		2	2	4
	>8mm		不应有		
尘埃度 ≤	总　数	个/m^2	20	50	200
	0.2mm^2~1.0mm^2		20	50	200
	>1.0mm^2~2.0mm^2		4	10	20
	>2.0mm^2		不应有		2
交货水分	≤	%	10.0		

表 3 卫生纸和卫生纸原纸微生物指标

指标名称		单位	规定	
			卫生纸	卫生纸原纸
微生物	细菌菌落总数≤	CFU/g	600	500
	大肠菌群	—	不应检出	
	金黄色葡萄球菌	—	不应检出	
	溶血性链球菌	—	不应检出	

4.4 可生产各种颜色的卫生纸，同批产品色泽应基本一致。

4.5 纸张起皱后皱纹应均匀，优等品和一等品纸幅内纵向不应有条形粗纹。

4.6 纸面应洁净，不应有明显的死褶、残缺、破损、硬质块、生草筋、浆团等纸病和杂质，不应有明显的掉粉、掉毛现象。

4.7 原料按《一次性生活用纸生产加工企业监督整治规定》(国质检执[2003]289 号)监督执行。

5 抽样

5.1 生产企业应保证所生产的卫生纸或卫生纸原纸符合本标准的要求，以一次交货数量为一批，每批产品应附有产品合格证明。

5.2 批卫生纸或卫生纸原纸的微生物指标或原料不合格，则判定该批是不可接收的。

5.3 计数抽样检验程序按 GB/T 2828.1 规定进行。卫生纸样本单位为件，卫生纸原纸样本单位为卷。接收质量限(AQL)：横向吸液高度、抗张指数、柔软度 AQL=4.0，定量、亮度(白度)、洞眼、尘埃度、交货水分、偏差、外观质量 AQL=6.5。抽样方案采用正常检验二次抽样方案，检查水平为特殊检查水平 S-3。见表 4。

表 4 抽样方案

批量/件或卷	正常检验二次抽样方案 特殊检查水平 S-3				
	样本量	AQL=4.0		AQL=6.5	
		Ac	Re	Ac	Re
≤50	3	0	1	0	1
51～150	3	0	1	—	—
	5	—	—	0	2
	5(10)	—	—	1	2
151～3 200	8	0	2	0	3
	8(16)	1	2	3	4
3 201～35 000	13	0	3	1	3
	13(26)	3	4	4	5

5.4 可接收性的确定：第一次检验的样品数量应等于该方案给出的第一样本量。如果第一样本中发现的不合格品数小于或等于第一接收数，应认为该批是可接收的；如果第一样本中发现的不合格品数大于或等于第一拒收数，应认为该批是不可接收的。如果第一样本中发现的不合格品数介于第一接收数与第一拒收数之间，应检验由方案给出样本量的第二样本并累计在第一样本和第二样本中发现的不合格品数。如果不合格品累计数小于或等于第二接收数，则判定该批是可接收的；如果不合格品累计数大于或等于第二拒收数，则判定该批是不可接收的。

5.5 需方若对产品质量持有异议，可在到货后三个月内通知供方共同复验或委托共同商定的检验部门进行复验。复验结果若不符合本标准的规定，则判定为批不可接收的，由供方负责处理；若符合本标准的规定，则判定为批可接收的，由需方负责处理。

6 试验方法

制备吸液高度、抗张指数、柔软度三个指标的试样时，为避免损坏试样，裁样时可在样品之间夹上一张薄纸。测试时如果与标准规定的方法有偏差，应在试验报告中注明。

6.1 试样的采取按 GB/T 450 进行，试样的大气处理按 GB/T 10739 规定进行。

6.2 定量按 GB/T 451.2 测定，按成品层数取样，根据成品层数的不同，取样总数至少应在 10 层~12 层，并以单层平均值表示测试结果。

6.3 亮度(白度)按 GB/T 7974 或 GB/T 8940.1 测定，仲裁时按 GB/T 7974 测定。

6.4 横向吸液高度按 GB/T 461.1 测定。定量>18.0g/m^2 的单层卫生纸原纸按单层进行测定，定量≤18.0g/m^2 的单层卫生纸原纸按双层进行测定，其他均按成品层进行测定。

6.5 抗张指数按 GB/T 453 或 GB/T 12914 测定，仲裁时按 GB/T 12914 测定。按成品层数测试，采用 50mm 试验夹距。以单层纵横向平均值换算为抗张指数报出测试结果。

6.6 柔软度按 GB/T 8942 测定。夹缝宽度为 5mm，试样尺寸为 100mm×100mm，如果试样尺寸未达到 100mm，应换算成 100mm 报出结果。根据成品层数测定柔软度。对于压花和折叠的卫生纸，取样和测试时应尽量避开压花或已折叠部位，并且凹凸花纹各 3 张朝上进行测试，分别以纵横向平均值报出测试结果。

6.7 洞眼的测定：取上下表层纸样分别迎光观测，从大于 2mm 的洞眼开始计数，小于 4mm 的半透明洞眼(洞眼间有纤维连接)不予计数，上下表层试样的试验面积合计应不少于 0.5m^2(测试大洞眼时试验面积合计应不少于 1m^2)，测试结果取整数，如果个位数后有数字，均应进 1。

6.8 尘埃度的测定按 GB/T 1541 进行，双层或多层的只测上下表层朝外的一面，每个样品的测试面积应不少于 0.5m^2。

6.9 交货水分按 GB/T 462 测定。

6.10 微生物指标按附录 A 测定。

6.11 偏斜度按 GB/T 451.1 测定。

6.12 尺寸偏差、卷宽、张数、抽数的计算：每个样品取 3 个试样测定，并按式(1)计算，结果修约至 1%。

$$偏差=\frac{平均值-标称值}{标称值}\times 100\% \quad \cdots\cdots (1)$$

7 标志、包装、运输和贮存

7.1 卫生纸产品的销售包装标志，应包括：

——产品名称、商标；

——产品的执行标准编号；

——生产日期或批号；

——失效(或有效)日期及保质期或生产批号及限用日期；

——产品的规格：卷筒纸和盘纸应标注宽度和节距，平切纸和抽取式卫生纸应标注长和宽、层数等；

——产品的数量：卷筒纸和盘纸应标注卷重或节数，平切纸应标注包装质量或张数，抽取式卫生纸应标注抽数等；

——产品质量等级；

——生产企业(或代理商)名称、企业地址等；

——其他需要标注的事项。

7.2 卫生纸产品的运输包装标志，应包括：

——产品名称、商标；

——生产企业(或代理商)名称、地址等；

——内包装数量；
——包装储运图形标志；
——其他标志。

7.3 卫生纸和卫生纸原纸的运输应采用洁净的运输工具，防止产品污染，搬运时不应将纸件从高处扔下，以避免损坏外包装。

7.4 卫生纸和卫生纸原纸应存放在干燥、通风、洁净的地方并妥善保管，防止雨、雪及潮气浸入产品，影响质量。

7.5 卫生纸和卫生纸原纸因运输、保管不妥善造成产品损坏或变质的，应由造成损失的一方赔偿损失，变质的卫生纸和卫生纸原纸不应出售。

附 录 A

（规范性附录）

微生物指标的测定

A1 培养基与试剂的制备

A1.1 营养琼脂培养基

制法：称取 33g 营养琼脂，溶于 1L 蒸馏水中，加热煮沸至完全溶解，分装，经过 121℃高压灭菌 15min 后备用。

A1.2 乳糖胆盐发酵管

制法：称取 35g 乳糖胆盐发酵培养基，溶于 1L 蒸馏水中，待完全溶解后分装每管 50mL，并放入一个倒管，115℃高压灭菌 15min 即得。

注：制双料乳糖胆盐发酵管时，除蒸馏水外，其他成分加倍。

A1.3 伊红美蓝琼脂培养基

制法：称取 36g 伊红美蓝琼脂培养基，溶于 1L 蒸馏水中，浸泡 15min，加热煮至完全溶解后，经 115℃高压灭菌 15min，冷却至 50℃~60℃，振摇培养基倾注灭菌平皿备用。

A1.4 乳糖发酵管

制法：称取 25.3g 乳糖发酵培养基，溶于 1L 蒸馏水中，浸泡 5min，加热至完全溶解后，分装于有倒管的试管内，115℃高压灭菌 15min 即得。

A1.5 血琼脂培养基

制法：将灭菌后的营养琼脂加热溶化，待凉至约 50℃，即在无菌操作下按营养琼脂：脱纤维血为 10：1 的比例加入脱纤维血，摇匀，倒入灭菌平皿，置冰箱备用。

A1.6 兔血浆

制法：取灭菌 3.8%柠檬酸钠 1 份，加兔全血 4 份摇匀静置，3000r/min 离心 5min，取上清液，弃血球。

A1.7 革兰氏染色液

结晶紫染色液：

结晶紫	1g
95%酒精	20mL
1%革酸胺水溶液	80mL

将结晶紫溶解于酒精中，然后与革酸胺溶液混合。

革兰氏碘液：

碘	1g
碘化钾	2g
蒸馏水	300mL

将碘与碘化钾混合，加入蒸馏水少许充分振摇，待完全溶解后再加蒸馏水至 300 mL。

沙黄复染液：

沙黄	0.25g
95%酒精	10mL
蒸馏水	90mL

将沙黄溶解于酒精之中，然后用蒸馏水稀释。

A1.8 甘露醇发酵培养基

制法：称取 30g 甘露醇发酵培养基溶于 1L 蒸馏水中，加热煮沸至完全溶解，分装，115℃高压灭菌 20min 备用。

A1.9 7.5%氯化钠肉汤培养基

制法：称取 88g7.5%氯化钠肉汤培养基溶于 1L 蒸馏水中，加热煮沸至完全溶解，分装后于 121℃高压灭菌 15min 备用。

A1.10 营养肉汤培养基

制法：称取 76g 营养肉汤培养基溶于 1L 蒸馏水中，加热煮沸至完全溶解，分装后于 115℃高压灭菌 20min 备用。

A1.11 革酸钾血浆

制法：在 5mL 兔血浆中加入 0.01g 革酸钾，充分混合摇匀，经离心沉淀，吸取上清液，即得。

注：以上各培养基均为成品，采用量可依据产品的说明书而定。

A2 产品采集与样品处理

于同一批号的三个大包装中至少随机抽取 12 个最小销售包装样品。三分之一样品用于测试，三分之一样品留样，另外三分之一样品(可就地封存)必要时用于复检。样品最小销售包装不得有破损，检测前不得开启。

在超静工作台上用无菌方法至少开启 4 个小包装，从中称量样品 10g±1g，剪碎后加入到 200mL 灭菌生理盐水中，充分混匀，得到一个生理盐水样液。

A3 细菌菌落总数的检测

A3.1 操作步骤

待上述样液自然沉降后取上清液做菌落计数。共接种 5 个平皿，每个平皿中加入 1mL 样液，然后用冷却至 45℃左右熔化的营养琼脂 15mL~20mL，倒入平皿内，充分混匀。待琼脂凝固后翻转平皿，置 35℃±2℃培养 48h，然后计算平板上的细菌数(当平板上菌落数超过 200 时应稀释后再计数)。

A3.2 结果报告

菌落呈片状生长的平板不宜采用，计数符合要求的平板上的菌落，按式(A.1)计算结果：

$$X = A \times K/5 \qquad (A.1)$$

式中 X——细菌菌落总数，单位为菌落形成单位每克(CFU/g)；

A——5 块营养琼脂培养基平板上的细菌菌落总数，单位为菌落形成单位每克(CFU/g)；

K——稀释度。

当菌落数在 100 以内时，按实有数报告；大于 100 时，采用两位有效数字。

如果样品菌落总数超过标准规定的 10%，按 A.3.3 进行复检和结果报告。

A3.3 复检

将保存的复检样品依前法复测两次，两次结果平均值都达到标准的规定，则判定被检样品合格，其中有任何一次结果平均值超过标准规定，则判被检样品不合格。

A4 大肠菌群的检测

A4.1 操作步骤

取样液 5mL 接种于 50mL 乳糖胆盐发酵管，置 35℃±2℃培养 24h，如不产酸也不产气，则报告为大肠菌落阴性。

如果产酸产气，则划线接种伊红美蓝琼脂平板，置 35℃±2℃培养 18h~24h，观察平板上菌落形态典型的大肠菌落为黑紫色或红紫色，圆形，边缘整齐，表面光滑湿润，常具有金属光泽，也有的呈紫黑色，不带或略带金属光泽，或粉红色，中心较深的菌落。

挑取疑似菌落 1 个~2 个作为革兰氏染色镜检，同时接种乳糖发酵管，置 35℃±2℃培养 24h，观察产气情况。

A4.2 结果报告

凡乳糖胆盐发酵管产酸产气，乳糖发酵管产气，在伊红美蓝平板上有典型大肠菌落，革兰氏染色为阴性无芽胞杆菌，可报告被检样品检出大肠杆菌。

A5 金黄色葡萄球菌的检测

A5.1 操作步骤

取样液 5mL 加入到 50mL 7.5%氯化钠肉汤培养液中，充分混匀，35℃±2℃培养 24h。

自上述增菌液中取 1~2 接种环，划线接种在血琼脂培养基上 35℃±2℃培养 24h~48h。在血琼脂平板上该菌落呈金黄色，大而突起，圆形，表面光滑，周围有溶血圈。

挑取典型菌落，涂片作革兰氏染色镜检，如见排列成葡萄状，无芽胞与荚膜，应进行下列试验：

A5.1.1 甘露醇发酵管试验

取上述菌落接种到甘露醇培养基中，置 35℃±2℃培养 24h，发酵甘露醇产酸者为阳性。

A5.1.2 血浆凝固酶试验

玻片法：取清洁干燥载玻片→于两端分别滴加 1 滴生理盐水、1 滴兔血浆→挑取菌落分别与两者混合 5min。

如两者均无凝固则为阴性；如血浆内出现团块或颗粒状凝固，而生理盐水仍呈均匀浑浊无凝固，则为阳性。凡两者均有凝固现象，再进行试管凝固酶试验。

试管法：吸取 1∶4 新鲜血浆 0.5mL，置灭菌小试管中→加入等量待检菌 24h，肉汤培养物 0.5mL，混匀→置 35℃±2℃温箱或水浴中→每 0.5h 观察一次→24h 之内呈现凝块即为阳性。

同时以已知血浆凝固酶阳性和阴性菌株肉汤培养物各 0.5mL 作阳性和阴性对照。

A5.2 结果报告

凡在琼脂平板上有可疑菌落生长，镜检为革兰氏阳性葡萄球菌，并能发酵甘露醇产酸、血浆凝固酶阳性者，可报告被检样品检出金黄色葡萄球菌。

A6 溶血性链球菌的检测

A6.1 操作步骤

取样液 5mL 加入到 50mL 营养肉汤中，35℃±2℃培养 24h。

将培养物划线接种血琼脂平板，置 35℃±2℃中培养 24h，观察菌落特征。溶血性链球菌在血平板上为灰白色，半透明或不透明，针尖状突起，表面光滑，边缘整齐，周围有无色透明溶血圈。

取典型菌落作涂片革兰氏染色镜检，应为革兰氏阳性，呈链状排列的球菌。镜检符合上述情况，应进行下列试验：

A6.1.1 链激酶试验

吸取草酸钾血浆 0.2mL→加入 0.8mL 灭菌生理盐水混匀→加入待检菌 24h 肉汤培养物 0.5mL 和 0.25%氯化钙溶液 0.25mL 混匀→置 35℃±2℃水浴中，2 min 查看一次（一般 10 min 内可凝固）→待血浆凝固后继续观察并记录溶化时间→如 2 h 内不溶化，继续放置 24h，观察。如果凝块全部溶化为阳性，24h 仍不溶化为阴性。

A6. 1. 2 杆菌肽敏感试验

将被检菌菌液涂于血平板上→用灭菌镊子取每片含 0. 04 单位杆菌肽的纸片放在平板上，同时以已知阳性菌株作对照→置 35℃ ±2℃ 下放置 18h~ 24h→有抑菌带者为阳性。

A6. 2 结果报告

镜检革兰氏阳性链状排列球菌，血平板上呈现溶血圈，链激酶和杆菌肽试验阳性，可报告被检样品检出溶血性链球菌。

纸巾纸(GB/T 20808—2011)

2012-07-01 实施

1 范围

本标准规定了纸巾纸的分类、要求、试验方法、检验规则、标志、包装、运输和贮存。

本标准适用于日常生活所用的各种纸面巾、纸餐巾、纸手帕等，不适用于湿巾、擦手纸、厨房纸巾。

2 规范性引用文件

下列文件对于本文件的应用是必不可少的。凡是注日期的引用文件，仅注日期的版本适用于本文件。凡是不注日期的引用文件，其最新版本(包括所有的修改单)适用于本文件。

GB/T 450 纸和纸板 试样的采取及试样纵横向、正反面的测定

GB/T 451. 1 纸和纸板尺寸及偏斜度的测定

GB/T 461. 1 纸和纸板毛细吸液高度的测定(克列姆法)

GB/T 462 纸、纸板和纸浆 分析试样水分的测定

GB/T 465. 2 纸和纸板 浸水后抗张强度的测定

GB/T 742 造纸原料、纸浆、纸和纸板 灰分的测定

GB/T 1541—1989 纸和纸板尘埃度的测定法

GB/T 2828. 1 计数抽样检验程序 第 1 部分：按接收质量限(AQL)检索的逐批检验抽样计划

GB/T 7974 纸、纸板和纸浆亮度(白度)测定 漫射/垂直法

GB/T 8942 纸柔软度的测定

GB/T 10739 纸、纸板和纸浆试样处理和试验的标准大气条件

GB/T 12914—2008 纸和纸板 抗张强度的测定

GB 15979 一次性使用卫生用品卫生标准

GB/T 24328. 5 卫生纸及其制品 第 5 部分：定量的测定

GB/T 27741—2011 纸和纸板 可迁移性荧光增白剂的测定

JJF 1070—2005 定量包装商品净含量计量检验规则

3 分类

3. 1 纸巾纸分为纸面巾、纸餐巾、纸手帕等。

3. 2 纸巾纸按质量分为优等品和合格品两个等级。

3. 3 纸巾纸可分为超柔型、普通型。

3. 4 纸巾纸可为单层、双层或多层。

4 要求

4.1 纸巾纸技术指标应符合表1或合同规定。

表1

<table>
<tr><th colspan="3" rowspan="3">指标名称</th><th rowspan="3">单 位</th><th colspan="3">规 定</th></tr>
<tr><th colspan="2">优等品</th><th rowspan="2">合格品</th></tr>
<tr><th>超柔型</th><th>普通型</th></tr>
<tr><td colspan="3">定量</td><td>g/m^2</td><td colspan="3">10.0±1.0 12.0±1.0 14.0±1.0 16.0±1.0 18.0±1.0
20.0±1.0 23.0±2.0 27.0±2.0 31.0±2.0</td></tr>
<tr><td colspan="3">亮度(白度)[a] ≤</td><td>%</td><td colspan="3">90.0</td></tr>
<tr><td colspan="3">可迁移性荧光增白剂</td><td>—</td><td colspan="3">无</td></tr>
<tr><td colspan="2" rowspan="2">灰分 ≤</td><td>木纤维</td><td rowspan="2">%</td><td colspan="3">1.0</td></tr>
<tr><td>含非木纤维</td><td colspan="3">4.0</td></tr>
<tr><td colspan="2" rowspan="2">横向吸液高度 ≥</td><td>单层</td><td rowspan="2">mm/100s</td><td colspan="2">20</td><td>15</td></tr>
<tr><td>双层或多层</td><td colspan="2">40</td><td>30</td></tr>
<tr><td colspan="3">横向抗张指数 ≥</td><td>N·m/g</td><td>1.00</td><td>2.10</td><td>1.50</td></tr>
<tr><td colspan="3">纵向湿抗张强度 ≥</td><td>N/m</td><td>10.0</td><td>14.0</td><td>10.0</td></tr>
<tr><td colspan="2" rowspan="2">柔软度[b]纵横向平均 ≤</td><td>单层或双层</td><td rowspan="2">mN</td><td>40</td><td>85</td><td>160</td></tr>
<tr><td>多层</td><td>80</td><td>150</td><td>220</td></tr>
<tr><td rowspan="4">洞眼</td><td colspan="2">总数 ≤</td><td rowspan="4">$个/m^2$</td><td colspan="2">6</td><td>40</td></tr>
<tr><td colspan="2">2mm~5mm ≤</td><td colspan="2">6</td><td>40</td></tr>
<tr><td colspan="2">>5mm, ≤8mm ≤</td><td colspan="2">不应有</td><td>2</td></tr>
<tr><td colspan="2">>8mm</td><td colspan="3">不应有</td></tr>
<tr><td rowspan="4">尘埃度</td><td colspan="2">总数 ≤</td><td rowspan="4">$个/m^2$</td><td colspan="2">20</td><td>50</td></tr>
<tr><td colspan="2">$0.2mm^2 \sim 1.0mm^2$ ≤</td><td colspan="2">20</td><td>50</td></tr>
<tr><td colspan="2">$>1.0mm^2$, $\leq 2.0mm^2$ ≤</td><td colspan="2">1</td><td>4</td></tr>
<tr><td colspan="2">$>2.0mm^2$</td><td colspan="3">不应有</td></tr>
<tr><td colspan="3">交货水分 ≤</td><td>%</td><td colspan="3">9.0</td></tr>
</table>

[a]印花、彩色和本色纸巾纸不考核亮度(白度)。

[b]纸餐巾不考核柔软度。

4.2 纸巾纸内装量应符合JJF 1070—2005中表3计数定量包装商品标注净含量的规定。当内装量 Q_n 小于等于50时，不允许出现短缺量；当 Q_n 大于50时，短缺量应小于 $Q_n \times 1\%$，结果取整数，如果出现小数，就将该小数进位到下一紧邻的整数。

4.3 纸巾纸一般为平板或平切折叠。其规格应符合合同规定，规格尺寸偏差应不超过标称值 ±5mm，偏斜度应不超过3mm，或符合合同规定。

4.4 纸巾纸可压花、印花，也可生产各种颜色的纸巾纸，但不应使用有害染料。

4.5 纸巾纸应洁净，皱纹应均匀细腻。不应有明显的死褶、残缺、破损、沙子、硬质块、生浆团等纸病。

4.6 纸巾纸不应有掉粉、掉毛现象，彩色纸巾纸浸水后不应有脱色现象。

4.7 纸巾纸不得使用有毒有害原料。纸巾纸应使用木材、草类、竹子等原生纤维原料，不得使用任何回收纸、纸张印刷品、纸制品及其他回收纤维状物质作原料，不得使用脱墨剂。

4.8 纸巾纸卫生指标应符合GB 15979的规定。

5 试验方法

5.1 试样的采取和处理

试样的采取按 GB/T 450 进行，试样的处理和试验的标准大气条件按 GB/T 10739 进行。

5.2 定量

定量按 GB/T 24328.5 测定，以单层表示结果。

5.3 亮度(白度)

亮度(白度)按 GB/T 7974 测定。

5.4 可迁移性荧光增白剂

将试样置于紫外灯下，在波长 254nm 和 365nm 的紫外光下检测是否有荧光现象。若试样在紫外灯下无荧光现象，则判定无可迁移性荧光增白剂。若试样有荧光现象，则按 GB/T 27741—2011 中第 5 章进行可迁移性荧光增白剂测定。

5.5 灰分

灰分按 GB/T 742 测定，灼烧温度为 575℃。

5.6 横向吸液高度

横向吸液高度按 GB/T 461.1 测定，测定时间为 100s，按成品层数测定。

5.7 横向抗张指数

横向抗张指数按 GB/T 12914—2008 中恒速拉伸法测定。试样宽度为 15mm，夹距为 100mm，单层、双层或多层试样按成品层数测定，然后换算成单层测定值。

5.8 纵向湿抗张强度

纵向湿抗张强度按 GB/T 12914—2008 中恒速拉伸法和 GB/T 465.2 测定。试样宽度为 15mm，夹距为 100mm，按成品层数测定。测定前应先进行预处理，将试样放在(105±2)℃烘箱中烘 15min，取出后在 GB/T 10739 规定的大气条件下平衡至少 1h 再进行测定。测定时将试样夹于卧式拉力机上，使试样保持伸直但不受力。用胶头滴管向试样中心位置连续滴加两滴水(约 0.1mL)，胶头滴管的出水口与试样垂直距离约 1cm，滴水的同时开始计时，5s 后用三层 102 型-中速定性滤纸(单层试样应使用四层定性滤纸)轻触试样下方 3s~4s，以吸除试样表面多余水分，定性滤纸不可重复使用。吸干后立即启动拉力机，整个操作(滴水至拉伸试验结束)宜在 35s(其中拉伸时间应不少于 5s)内完成。取 10 个有效测定值，计算其平均值，结果以单层测定值表示。

5.9 柔软度

柔软度按 GB/T 8942 测定，狭缝宽 5mm，试样裁切成 100mm×100mm，如果试样尺寸未达到 100mm，应换算成 100mm 报出结果。纸巾纸应按成品层进行测定，无论是压花或未压花的试样，都应揭开分层后再重叠进行测定，同一样品纵横向各测定至少 6 个试样，以纵横向平均值报出测定结果。对于压花或折叠的样品，切样及测定时应尽量避开压花或已折叠部位，但如果保证试样尺寸和避开压花或折痕两者存在冲突时，应优先考虑保证试样尺寸。

注 1：如果试样尺寸未达到 100mm，则柔软度换算方法如下：
纵向柔软度=实测纵向柔软度×100mm/试样横向尺寸；
横向柔软度=实测横向柔软度×100mm/试样纵向尺寸。

注 2：纵向柔软度测定时试样的纵向与狭缝的方向垂直，横向柔软度测定时试样的纵向与狭缝的方向平行。

5.10 洞眼

用双手拿住单层试样的两角迎光观测，数取规定范围内的洞眼个数，双层或多层试样每层均测。每个试样的测定面积应不少于 0.5m²，然后换算成每平方米的洞眼数。如果出现大于 5mm 的洞眼，测定面积应不小于 1m²。

5.11 尘埃度

尘埃度按 GB/T 1541—1989 测定，只测上下表面层朝外的一面。

5.12 交货水分

交货水分按 GB/T 462 测定。

5.13 内装量

内装量按 JJF 1070—2005 附录 G 中 G.4 进行测定。测定时应去除外包装，目测计数。

5.14 尺寸及偏斜度

尺寸及偏斜度按 GB/T 451.1。

5.15 外观质量

外观质量采用目测。

5.16 卫生指标

卫生指标按 GB 15979 测定。

6 检验规则

6.1 生产厂应保证所生产的产品符合本标准或合同规定，相同原料、相同工艺、相同规格的同类产品一次交货数量为一批，每批产品应附产品合格证。

6.2 卫生指标不合格，则判定该批是不可接收的。

6.3 计数抽样检验程序按 GB/T 2828.1 规定进行。纸巾纸样本单位为箱或件。接收质量限(AQL)：可迁移性荧光增白剂、灰分、横向吸液高度、横向抗张指数、纵向湿抗张强度、柔软度 AQL=4.0，定量、亮度(白度)、洞眼、尘埃度、交货水分、内装量、尺寸及偏斜度、外观质量 AQL=6.5。抽样方案采用正常检验二次抽样方案，检查水平为特殊检查水平 S-3，见表 2。

表 2

批量/箱或件	正常检验二次抽样方案 特殊检查水平 S-3				
	样本量	AQL=4.0		AQL=6.5	
		Ac	Re	Ac	Re
2~50	2	—	—	0	1
	3	0	1	—	—
51~150	3	0	1	—	—
	5	—	—	0	2
	5(10)	—	—	1	2
151~500	5	—	—	0	2
	5(10)	—	—	1	2
	8	0	2	—	—
	8(16)	1	2	—	—
501~3 200	8	0	2	0	3
	8(16)	1	2	3	4
3 201~35 000	13	0	3	1	3
	13(26)	3	4	4	5

6.4 可接收性的确定：第一次检验的样品数量应等于该方案给出的第一样本量。如果第一样本中发现的不合格品数小于或等于第一接收数，应认为该批是可接收的；如果第一样本中发现的不合格品数大于或等于第一拒收数，应认为该批是不可接收的。如果第一样本中发现的不合格品数介于第一接收数与第一拒收数之间，应检验由方案给出样本量的第二样本并累计在第一样本和第二样本中发现的不合格品数。如果不合格品累计数小于或等于第二接收数，则判定该批是可接收的；如果不合格品累计数

大于或等于第二拒收数，则判定该批是不可接收的。

6.5 需方若对产品质量持有异议，应在到货后三个月内通知供方共同复验，或委托共同商定的检验机构进行复验。复验结果若不符合本标准或合同的规定，则判为该批不可接收，由供方负责处理；若符合本标准或合同的规定，则判为该批可接收，由需方负责处理。

7 标志、包装

7.1 产品销售包装标识

产品标识至少应包括以下内容：

——产品名称、商标；

——产品标准编号；

——产品主要原料；

——生产日期(或编号)和保质期，或生产批号和限用日期；

——超柔型产品应标明产品类型，普通型产品可不标明产品类型；

——产品规格；

——产品数量(片数或组数或抽数或张数)；

——产品质量等级和产品合格标识；

——生产企业(或产品责任单位)名称、详细地址等。

7.2 产品运输包装标识

运输包装标识应至少包括以下内容：

——产品名称、商标；

——生产企业(或产品责任单位)名称、地址等；

——产品数量；

——包装储运图形标志。

7.3 包装

7.3.1 纸巾纸包装应防尘、防潮和防霉等。

7.3.2 直接与产品接触的包装材料应无毒、无害、清洁。产品包装应完好，包装材料应具有足够的密封性和牢固性，以达到保证产品在正常的运输与贮存条件下不受污染的目的。

8 运输和贮存

8.1 运输时应采用洁净的运输工具，防止成品污染。

8.2 应存放于干燥、通风、洁净的地方妥善保管，防止雨、雪及潮湿侵入产品，影响质量。

8.3 搬运时应注意包装完整，不应从高处抛下，以防损坏外包装。

8.4 凡出厂的产品因运输、保管不妥造成产品损坏或变质的，应由责任方负责。损坏或变质的纸巾纸不应出售。

本色生活用纸(QB/T 4509—2013)

2013-12-01 实施

1 范围

本标准规定了本色生活用纸的术语和定义、分类、要求、试验方法、检验规则和标志、包装、运输、贮存。

本标准适用于日常生活所用的由100%本色原生纤维浆生产的各种生活用纸，如本色卫生纸、本色纸巾纸、本色擦手纸等。

2 规范性引用文件

下列文件对于本文件的应用是必不可少的。凡是注日期的引用文件，仅注日期的版本适用于本文件。凡是不注日期的引用文件，其最新版本(包括所有的修改单)适用于本文件。

GB/T 450 纸和纸板 试样的采取及试样纵横向、正反面的测定(GB/T 450—2008，ISO 186：2002，MOD)

GB/T 451.1 纸和纸板尺寸及偏斜度的测定

GB/T 461.1 纸和纸板毛细吸液高度的测定(克列姆法)(GB/T 461.1—2002，ISO 8787：1989，IDT)

GB/T 462 纸、纸板和纸浆 分析试样水分的测定(GB/T 462—2008，ISO 287：1985，ISO 683：1987，MOD)

GB/T 465.2 纸和纸板 浸水后抗张强度的测定 (GB/T 465.2—2008，ISO 3781：1983，MOD)

GB/T 742 造纸原料、纸浆、纸和纸板 灰分的测定(GB/T 742—2008，ISO 2144：1997，MOD)

GB/T 1541—2007 纸和纸板尘埃度的测定法

GB/T 2828.1 计数抽样检验程序 第1部分：按接收质量限(AQL)检索的逐批检验抽样计划(GB/T 2828.1—2012，ISO 2859-1：1999，IDT)

GB/T 7974 纸、纸板和纸浆亮度(白度)测定 漫射/垂直法

GB/T 8942 纸柔软度的测定

GB/T 10739 纸、纸板和纸浆试样处理和试验的标准大气条件

GB/T 12914—2008 纸和纸板 抗张强度的测定(ISO 1924-1：1992，ISO 1924-2：1994，MOD)

GB 15979 一次性使用卫生用品卫生标准

GB 20810 卫生纸(含卫生纸原纸)

GB/T 24328.5 卫生纸及其制品 第5部分：定量的测定(GB/T 24328.5—2009，ISO 12625-6：2005，MOD)

GB/T 24455 擦手纸

JJF 1070—2005 定量包装商品净含量计量检验规则

3 术语和定义

下列术语和定义适用于本文件。

3.1 本色原生纤维浆 natural color native fiber pulp

由100%植物原生纤维作原料，通过制浆过程生产出来的本色纸浆。

3.2 本色生活用纸 natural color tissue paper

由100%本色原生纤维浆生产的日常生活所用的各种生活用纸。

4 分类

4.1 本色生活用纸分为本色卫生纸、本色纸巾纸、本色擦手纸等。

4.2 本色生活用纸可为卷纸、盘纸、平板纸、平切折叠或抽取式本色生活用纸。

4.3 本色生活用纸可为单层、双层或多层。

5 要求

5.1 技术指标

本色卫生纸、本色纸巾纸、本色擦手纸的技术指标应符合表1或合同规定。

表 1

指标		单位	要求		
			本色卫生纸	本色纸巾纸	本色擦手纸
定量		g/m^2	12.0±1.0 14.0±1.0 16.0±1.0 18.0±1.0 20.0±1.0 22.0±1.0 24.0±2.0 28.0±2.0 33.0±3.0 39.0±3.0 45.0±3.0	10.0±1.0 12.0±1.0 14.0±1.0 16.0±1.0 18.0±1.0 20.0±1.0 23.0±2.0 27.0±2.0 31.0±2.0	16.0±1.0 18.0±1.0 22.0±2.0 26.0±2.0 30.0±2.0 35.0±3.0 41.0±3.0 47.0±3.0 53.0±3.0
亮度 ≤		%	55.0		
荧光性物质		—	合格		
灰分 ≤		%	6.0		
横向吸液高度 ≥	单层	mm/100s	20	15	
	双层或多层		30		
抗张指数 ≥	纵向	N·m/g	4.50	—	—
	横向	N·m/g	2.00	1.50	3.00
纵向湿抗张强度 ≥		N/m	—	10.0	60.0
柔软度(纵横向平均/成品层) ≤		mN	450	220	—
洞眼	总数 ≤	个/m^2	20	20	10
	2mm~5mm ≤		20	20	10
	5mm~8mm ≤		2	2	1
	>8mm		不应有		
尘埃度	总数 ≤	个/m^2	100	50	100
	$0.2mm^2 \sim 1.0mm^2$ ≤		100	50	100
	$1.0mm^2 \sim 2.0mm^2$ ≤		20	4	2
	$>2.0mm^2$		不应有		
交货水分 ≤		%	9.0		

5.2 规格

5.2.1 卷纸和盘纸的宽度、卷重(或节数)，平板纸、平切折叠纸的长、宽、包装质量(或张数)，抽取式本色生活用纸的规格尺寸、抽数应按合同要求生产或符合明示要求。

5.2.2 卷纸和盘纸的宽度偏差应不超过±3mm，节距尺寸偏差不应超过±5mm，偏斜度不应超过 3mm；平切纸、平切折叠纸和抽取式纸的规格尺寸偏差不应超过±5mm，偏斜度不应超过 3mm。

5.2.3 以质量定量包装的产品，允许短缺量应符合 JJF 1070—2005 中表 3 质量或体积定量包装商品标注净含量的规定。

5.2.4 以计数定量包装的产品，允许短缺量应符合 JJF 1070—2005 中表 3 计数定量包装商品标注净含量的规定。

5.3 外观

本色生活用纸纸面应洁净，皱纹应均匀。不应有明显的死褶、残缺、破损、沙子、硬质块、生浆团等纸病。不应有明显掉粉、掉毛现象。同批本色生活用纸色泽应基本一致，不应有明显色差。

5.4 原材料

本色生活用纸应 100%使用本色原生纤维浆，生产过程不应添加染料、颜料，不应使用有毒有害原料。

5.5 卫生指标

本色纸巾纸卫生指标应符合 GB 15979 的相关规定；本色卫生纸微生物指标应符合 GB 20810 相关规定；本色擦手纸微生物指标应符合 GB/T 24455 相关规定。

6 试验方法

6.1 试样的采取和处理

试样的采取按 GB/T 450 进行，试样的处理和试验的标准大气条件按 GB/T 10739 进行。

6.2 定量

定量按 GB/T 24328.5 进行测定，以单层表示结果。

6.3 亮度

亮度按 GB/T 7974 进行测定。

6.4 荧光性物质

任取一叠试样，置于波长 365nm 和 254nm 紫外灯下，观察试样表面是否有荧光现象。若试样无荧光现象，则判为荧光性物质合格，否则判为不合格。

注 1：从不同部位取样，保证所取试样具有代表性。

注 2：孤立、单个荧光点不作为判定依据。

6.5 灰分

灰分按 GB/T 742 进行测定，灼烧温度为 575℃。

6.6 横向吸液高度

横向吸液高度按 GB/T 461.1 进行测定，测定时间为 100s，按成品层数测定。

6.7 纵、横向抗张指数

纵、横向抗张指数按 GB/T 12914—2008 中恒速拉伸法进行测定。试样宽度为 15mm，夹距为 50mm（本色卫生纸）或 100mm（本色纸巾纸、本色擦手纸），单层、双层或多层试样按成品层数测定，然后换算成单层测定值。

6.8 纵向湿抗张强度

纵向湿抗张强度按 GB/T 12914—2008 中恒速拉伸法和 GB/T 465.2 进行测定。试样宽度为 15mm，夹距为 100mm，按成品层数测定。测定前应先进行预处理，将试样放在（105±2）℃烘箱中烘 15min，取出后在 GB/T 10739 规定的大气条件下平衡至少 1h 再进行测定。测定时将试样夹于卧式拉力机上，使试样保持伸直但不受力。用胶头滴管向试样中心位置连续滴加两滴水（约 0.1mL），胶头滴管的出水口与试样垂直距离约 1cm，滴水的同时开始计时，5s 后用三层 102 型-中速定性滤纸（单层试样应使用 4 层定性滤纸）轻触试样下方 3s～4s，以吸除试样表面多余水分，定性滤纸不可重复使用。吸干后立即启动拉力机，整个操作（滴水至拉伸试验结束）宜在 35s（其中拉伸时间应不少于 5s）内完成。取 10 个有效测定值，计算其平均值，结果以单层测定值表示。

6.9 柔软度

柔软度按 GB/T 8942 进行测定，狭缝宽 5mm，试样裁切成 100mm×100mm，如果试样尺寸未达到 100mm，应换算成 100mm 报出结果。本色生活用纸应按成品层进行测定，无论是压花或未压花的试样，都应揭开分层后再重叠进行测定，同一样品纵横向各测定至少 6 个试样，以纵横向平均值报出测定结果。对于压花或折叠的样品，切样及测定时应尽量避开压花或已折叠部位，但如果保证试样尺寸和避开压花或折痕两者存在冲突，本色纸巾纸优先考虑保证试样尺寸，本色卫生纸优先考虑避开压花或折痕。

注 1：如果试样尺寸未达到 100mm，则柔软度换算方法如下：

纵向柔软度＝实测纵向柔软度×100mm/试样横向尺寸；

横向柔软度＝实测横向柔软度×100mm/试样纵向尺寸。

注 2：纵向柔软度测定时试样的纵向与狭缝的方向垂直，横向柔软度测定时试样的纵向与狭缝的方向平行。

6.10 洞眼

用双手拿住单层试样的两角迎光观测，数取规定范围内的洞眼个数，对于双层或多层试样，本色卫生纸只测上下表层，本色纸巾纸和本色擦手纸每层均测。每个试样的测定面积不应少于 $0.5m^2$，然后换算成每平方米的洞眼数。如果出现大于 5mm 的洞眼，测定面积不应小于 $1m^2$。

6.11 尘埃度

尘埃度的测定按 GB/T 1541—2007 进行，双层或多层的只测上下表层朝外的一面，每个样品的测试面积不应少于 $0.5m^2$。纤维性杂质不作为尘埃计数。

6.12 交货水分

交货水分按 GB/T 462 进行测定。

6.13 净含量

以质量单位标注净含量的产品按 JJF 1070—2005 附录 C 中 C.1 进行测定，测定时去皮、去芯；以计数标注净含量的产品按 JJF 1070—2005 附录 G 中 G.4 进行测定，测定时去除外包装，目测计数。

6.14 尺寸偏差及偏斜度

6.14.1 尺寸偏差

6.14.1.1 平切纸和抽取式纸尺寸偏差的计算：从任一包装中取 10 张试样，测量每张试样的长度和宽度，并分别计算平均值，以平均值减去标称值来表示尺寸偏差，结果修约至整数。

6.14.1.2 卷纸和盘纸宽度偏差的计算：每个样品取 3 个试样测定，以 3 个试样的平均宽度值减去标称值来表示宽度偏差，结果修约至整数。

6.14.1.3 卷纸和盘纸节距偏差的计算：任取 1 卷(盘)试样，去除前 15 节后，连续取 10 节，测定每节的尺寸，用 10 节的平均值减去标称值来表示该试样节距偏差，结果修约至整数。

6.14.2 偏斜度

偏斜度按 GB/T 451.1 进行测定。

6.15 外观质量

外观质量采用目测检查。

6.16 卫生指标

本色纸巾纸卫生指标按 GB 15979 进行测定；本色卫生纸微生物指标按 GB 20810 相关方法进行测定；本色擦手纸微生物指标按 GB/T 24455 相关方法进行测定。

7 检验规则

7.1 生产厂应保证所生产的产品符合本标准或合同规定，相同原料、相同工艺、相同规格的同类产品一次交货数量为一批，每批产品应附产品合格证。

7.2 卫生指标不合格，则判定该批是不可接收的。

7.3 计数抽样检验程序按 GB/T 2828.1 的规定进行。本色生活用纸样本单位为箱或件。接收质量限(AQL)：荧光性物质、亮度、灰分、横向吸液高度、纵横向抗张指数、纵向湿抗张强度、柔软度的 AQL 为 4.0，定量、洞眼、尘埃度、交货水分、规格、尺寸及偏斜度、外观质量 AQL 为 6.5。抽样方案采用正常检验二次抽样方案，检验水平为特殊检验水平 S-3。见表 2。

表 2

批量/(箱或件)	抽样方案				
	正常检验二次抽样方案　特殊检验水平 S-3				
	样本量	AQL=4.0		AQL=6.5	
		Ac	Re	Ac	Re
2~50	2	—	—	0	1
	3	0	1	—	—

续表

批量/(箱或件)	抽样方案				
	正常检验二次抽样方案　特殊检验水平 S-3				
	样本量	AQL=4.0		AQL=6.5	
		Ac	Re	Ac	Re
51~150	3	0	1	—	—
	5 5(10)	— —	— —	0 1	2 2
151~500	5 5(10)	— —	— —	0 1	2 2
	8 8(16)	0 1	2 2	— —	— —
501~3 200	8 8(16)	0 1	2 2	0 3	3 4
3 201~35 000	13 13(26)	0 3	3 4	1 4	3 5

7.4　可接收性的确定：第一次检验的样品数量应等于该方案给出的第一样本量。如果第一样本中发现的不合格品数小于或等于第一接收数，应认为该批是可接收的；如果第一样本中发现的不合格品数大于或等于第一拒收数，应认为该批是不可接收的。如果第一样本中发现的不合格品数介于第一接收数与第一拒收数之间，应检验由方案给出样本量的第二样本并累计在第一样本和第二样本中发现的不合格品数。如果不合格品累计数小于或等于第二接收数，则判定批是可接收的；如果不合格品累计数大于或等于第二拒收数，则判定该批是不可接收的。

7.5　需方若对产品质量持有异议，应在到货后 3 个月内通知供方共同复验，或委托共同商定的检验机构进行复验。复验结果若不符合本标准或合同的规定，则判为该批不可接收，由供方负责处理；若符合本标准或合同的规定，则判为该批可接收，由需方负责处理。

8　标志、包装、运输、贮存

8.1　标志

8.1.1　产品运输包装标志

至少应包括以下内容：

——产品名称、商标；

——生产企业(或产品责任单位)名称、地址等；

——产品数量；

——包装储运图形标志。

8.1.2　产品销售包装标志

至少应包括以下内容：

——产品名称、商标；

——产品标准编号；

——产品主要原料；

——生产日期(或编号)和保质期，或生产批号和限用日期；

——产品规格；

——产品数(质)量；

——产品合格标识；

——生产企业(或产品责任单位)名称、详细地址等。

8.3 包装

8.3.1 本色生活用纸包装应防尘、防潮和防霉等。

8.3.2 直接与产品接触的包装材料应无毒、无害、清洁。产品包装应完好，包装材料应具有足够的密封性和牢固性，以达到保证产品在正常的运输与贮存条件下不受污染的目的。

8.4 运输

8.4.1 搬运时应注意包装完整，不应从高处抛下，以防损坏外包装。

8.4.2 运输时应采用洁净的运输工具，防止成品污染。

8.5 贮存

8.5.1 应存放于干燥、通风、洁净的地方，妥善保管，防止雨、雪及潮湿侵入产品，影响质量。

8.5.2 凡出厂的产品因运输、保管不妥造成产品损坏或变质的，应由责任方负责。损坏或变质的本色生活用纸不应出售。

擦手纸(GB/T 24455—2009)

2010-03-01 实施

1 范围

本标准规定了擦手纸的产品分类、技术要求、试验方法、检验规则及标志、包装、运输、贮存。

本标准适用于人们日常生活使用的擦手纸。

2 规范性引用文件

下列文件中的条款通过本标准的引用而成为本标准的条款。凡是注日期的引用文件，其随后所有的修改单(不包括勘误的内容)或修订版均不适用于本标准，然而，鼓励根据本标准达成协议的各方研究是否可使用这些文件的最新版本。凡是不注日期的引用文件，其最新版本适用于本标准。

GB/T 450 纸和纸板 试样的采取及试样纵横向、正反面的测定(GB/T 450—2008，ISO 186：2002，MOD)

GB/T 451.2 纸和纸板定量的测定(GB/T 451.2—2002，eqv ISO 536：1995)

GB/T 461.1 纸和纸板毛细吸液高度的测定(克列姆法)(GB/T 461.1—2002，idt ISO 8787：1986)

GB/T 462 纸、纸板和纸浆 分析试样水分的测定(GB/T 462—2008；ISO 287：1985，MOD；ISO 638：1978，MOD)

GB/T 465.2 纸和纸板 浸水后抗张强度的测定(GB/T 465.2—2008，ISO 3781：1983，MOD)

GB/T 1541 纸和纸板 尘埃度的测定

GB/T 2828.1 计数抽样检验程序 第1部分：按接收质量限(AQL)检索的逐批检验抽样计划(GB/T 2828.1—2003，ISO 2859-1：1999，IDT)

GB/T 7974 纸、纸板和纸浆亮度(白度)的测定 漫射/垂直法(GB/T 7974—2002，neq ISO 2470：1999)

GB/T 10739 纸、纸板和纸浆试样处理和试验的标准大气条件(GB/T 10739—2002，eqv ISO 187：1990)

GB/T 12914 纸和纸板 抗张强度的测定(GB/T 12914—2008，ISO 1924-1：1992，MOD；ISO 1924-2：1992，MOD)

3 产品分类

3.1 擦手纸可分为卷纸、盘纸、平切纸和抽取纸。

3.2 擦手纸可分为压花、印花、不压花、不印花。

3.3 擦手纸可分为单层、双层或多层。

4 技术要求

4.1 擦手纸技术指标应符合表1或订货合同的规定。

表1 擦手纸技术指标

指标名称			单位	规定
定量			g/m^2	22.0±2.0　26.0±2.0　30.0±2.0　35.0±3.0　41.0±3.0　47.0±3.0　53.0±3.0
亮度(白度)		≤	%	88.0
横向吸液高度(成品层)		≥	mm/100s	15/单层，30/双层或多层
横向抗张指数 ≥	≤40.0g/m^2		N·m/g	3.0
	>40.0g/m^2			5.0
纵向湿抗张指数 ≥	≤40.0g/m^2		N·m/g	1.5
	>40.0g/m^2			3.0
洞眼	总数	≤	个/m^2	10
	2mm~5mm	≤		10
	>5mm，≤8mm	≤		1
	>8mm			不应有
尘埃度	总数	≤	个/m^2	100
	0.2mm^2~1.0mm^2	≤		100
	>1.0mm^2，≤2.0mm^2	≤		2
	>2.0mm^2			不应有
交货水分		≤	%	10.0

注：印花擦手纸不考核亮度指标。

4.2 擦手纸微生物指标应符合表2的规定。

表2 擦手纸微生物指标

指标名称	单位	规定
细菌菌落总数	CFU/g	≤600
大肠菌群	—	不得检出
金黄色葡萄球菌	—	不得检出
溶血性链球菌	—	不得检出

4.3 擦手纸的卷纸和盘纸的宽度、节距、卷重(长度或节数)，平切纸的长、宽、包装质量(或张数)，抽取纸的规格尺寸、抽数等应按合同规定生产。卷纸和盘纸的宽度、节距尺寸偏差应不超过±5mm；平切纸和抽取纸的规格尺寸偏差应不超过±5mm，偏斜度应不超过3mm；卷纸、盘纸、平切纸、抽取纸的包装数量(长度、节数、张数或抽数)偏差应不小于-2.0%。

4.4 擦手纸起皱后的皱纹应均匀，纸面应洁净，不应有明显的死褶、残缺、破损、沙子、硬质块、生浆团等纸病。

4.5 擦手纸不应含有毒有害物质。

4.6 擦手纸不应有掉粉、掉毛现象，印花擦手纸浸水后不应有掉色现象。

5 试验方法

5.1 试样的采取和处理

试样的采取和处理按 GB/T 450 和 GB/T 10739 的规定进行。

5.2 定量

定量按 GB/T 451.2 测定，以单层表示结果。

5.3 亮度(白度)

亮度(白度)按 GB/T 7974 测定。

5.4 横向吸液高度

横向吸液高度按 GB/T 461.1 测定，按成品层数测定。

5.5 横向抗张指数

横向抗张指数按 GB/T 12914 测定，仲裁时按恒速拉伸法测定。夹距为 100mm，双层或多层试样，按成品层数测定，然后换算成单层的测定值。

5.6 湿抗张强度

纵向湿抗张强度按 GB/T 12914 和 GB/T 465.2 测定，仲裁时按 GB/T 12914 中恒速拉伸法和 GB/T 465.2 测定。夹距为 100mm，按成品层数测定，测定前应先进行预处理，将试样放在(105±2)℃烘箱中烘 15min。测定时将处理过的试样平放在滤纸上，用滴管在试样中间部位滴一滴水，水滴应扩散到试样的全宽，然后立即进行测定，以实测值换算成单层的测定值，取 10 个有效测定值，以纵向湿抗张强度的平均值表示结果。

5.7 洞眼

用双手持单层试样的两角，用肉眼迎光观测，按标准规定数出洞眼个数。双层或多层试样应每层都测，每个样品的测定面积应不少于 0.5m^2，然后换算成每平方米的洞眼数。如果出现大于 5mm 的洞眼，则应至少测定 1m^2 的试样。

5.8 尘埃度

尘埃度按 GB/T 1541 测定，双层或多层试样只测定上下表面层朝外的一面。

5.9 交货水分

交货水分按 GB/T 462 测定。

5.10 内装量偏差

取 1 个完整包装样品，数其实际数量，以实际数量与包装标志的数量之差占包装标志数量的百分比表示。同规格样品分别测定 3 个完整包装，以实际数量的最小值计算结果，准确至 0.1%。计算方法见式(1)。

$$\text{内装量偏差}=\frac{\text{实际数量}-\text{包装标志的数量}}{\text{包装标志的数量}}\times 100\% \quad \cdots\cdots (1)$$

5.11 微生物指标

微生物指标按附录 A 测定。

5.12 外观

外观采用目测。

6 检验规则

6.1 擦手纸以一次交货的同一规格为一批，样本单位为箱。

6.2 擦手纸微生物指标不合格，则判定该批是不可接收的。

6.3 计数抽样检验程序按 GB/T 2828.1 规定进行。接收质量限(AQL)：横向吸液高度、横向抗张指数、纵向湿抗张强度为 4.0，定量、亮度(白度)、洞眼、尘埃度、交货水分、尺寸及偏斜度、外观为 6.5。采用正常检验二次抽样，检验水平为特殊检验水平 S-3，其抽样方案见表 3。

表 3　抽样方案

批量/箱	正常检验二次抽样方案　特殊检查水平 S-3				
	样本量	AQL=4.0		AQL=6.5	
		Ac	Re	Ac	Re
2~50	2	—	—	0	1
	3	0	1	—	—
51~150	3	0	1	—	—
	5	—	—	0	2
	5(10)	—	—	1	2
151~500	8	0	2	—	—
	8(16)	1	2	—	—
	5	—	—	0	2
	5(10)	—	—	1	2
501~3 200	8	0	2	0	3
	8(16)	1	2	3	4

6.4　可接收性的确定：第一次检验的样品数量应等于该方案给出的第一样本量。如果第一样本中发现的不合格品数小于或等于第一接收数，应认为该批是可接收的；如果第一样本中发现的不合格品数大于或等于第一拒收数，应认为该批是不可接收的。如果第一样本中发现的不合格品数介于第一接收数与第一拒收数之间，应检验由方案给出样本量的第二样本并累计在第一样本和第二样本中发现的不合格品数。如果不合格品累计数小于或等于第二接收数，则判定批是可接收的；如果不合格品累计数大于或等于第二拒收数，则判定该批是不可接收的。

6.5　需方若对产品质量持有异议，应在到货后三个月内通知供方共同复验，或委托共同商定的检验部门进行复验。复验结果若不符合本标准或订货合同的规定，则判为该批不可接收，由供方负责处理；若符合本标准或订货合同的规定，则判为该批可接收，由需方负责处理。

7　标志、包装

7.1　产品销售包装标志

产品销售包装标志至少应包括以下内容：

——产品名称、商标；

——产品标准编号；

——生产日期和保质期，或生产批号和限用日期；

——产品的规格；

——产品数量(平切纸应标注包装质量或张数，抽取纸应标注张数或抽数，卷纸、盘纸应标注卷重或节数或长度)；

——产品合格标志(进口产品除外)；

——生产企业(或产品责任单位)名称、详细地址等。

7.2　产品运输包装标志

运输包装标志至少应包括以下内容：

——产品名称、商标；

——生产企业(或产品责任单位)名称、地址等；

——产品数量；

——包装储运图形标志。

7.3 包装

直接与产品接触的包装材料应无毒、无害、清洁。产品包装应完好，包装材料应具有足够的密封性以保证产品在正常的运输与贮存条件下不受污染。

8 运输、贮存

8.1 擦手纸运输时应采用洁净的运输工具，以防止产品受到污染。

8.2 擦手纸应存放于干燥、通风、洁净的地方并妥善保管，防止雨、雪及潮气侵入产品，影响质量。

8.3 搬运时应注意包装完整，不应将纸件从高处扔下，以防损坏外包装。

8.4 凡出厂的产品因运输、保管不善造成产品损坏或变质的，应由造成损失的一方赔偿损失，变质的擦手纸不应出售。

厨房纸巾(GB/T 26174—2010)

2011-06-01 实施

1 范围

本标准规定了厨房纸巾的产品分类、技术要求、试验方法、检验规则及标志和包装、运输和贮存。

本标准适用于清洁用的厨房纸巾。

2 规范性引用文件

下列文件中的条款通过本标准的引用而成为本标准的条款。凡是注日期的引用文件，其随后所有的修改单(不包括勘误的内容)或修订版均不适用于本标准，然而，鼓励根据本标准达成协议的各方研究是否可使用这些文件的最新版本。凡是不注日期的引用文件，其最新版本适用于本标准。

GB/T 450 纸和纸板 试样的采取及试样纵横向、正反面的测定(GB/T 450—2008，ISO 186：2002，MOD)

GB/T 451.1 纸和纸板尺寸及偏斜度的测定

GB/T 451.2 纸和纸板定量的测定(GB/T 451.2—2002，eqv ISO 536：1995)

GB/T 461.1 纸和纸板毛细吸液高度的测定(克列姆法)(GB/T 461.1—2002，idt ISO 8787：1986)

GB/T 462 纸、纸板和纸浆 分析试样水分的测定(GB/T 462—2008；ISO 287：1985，MOD；ISO 638：1978，MOD)

GB/T 465.2 纸和纸板 浸水后抗张强度的测定(GB/T 465.2—2008，ISO 3781：1983，MOD)

GB/T 1541 纸和纸板 尘埃度的测定

GB/T 2828.1 计数抽样检验程序 第1部分：按接收质量限(AQL)检索的逐批检验抽样计划(GB/T 2828.1—2003，ISO 2859-1：1999，IDT)

GB/T 7974 纸、纸板和纸浆亮度(白度)的测定 漫射/垂直法(GB/T 7974—2002，neq ISO 2470：1999)

GB/T 8942 纸柔软度的测定

GB/T 10739 纸、纸板和纸浆试样处理和试验的标准大气条件(GB/T 10739—2002，eqv ISO 187：1990)

GB/T 12914 纸和纸板 抗张强度的测定(GB/T 12914—2008；ISO 1924-1：1992，MOD；ISO 1924-2：1994，MOD)

3 产品分类

3.1 厨房纸巾可分为卷纸、盘纸、平切纸和抽取纸。

3.2 厨房纸巾可分为压花、印花、不压花、不印花。
3.3 厨房纸巾可分为单层、双层或多层。

4 技术要求

4.1 厨房纸巾的技术指标应符合表1或订货合同的规定。

表1 厨房纸巾技术指标

指标名称			单 位	规 定
定量			g/m^2	16.0±1.0 18.0±1.0 20.0±1.0 23.0±2.0 27.0±2.0 31.0±2.0 35.0±2.0 39.0±2.0 44.0±3.0 50.0±3.0
亮度(白度)			%	80.0~90.0
横向吸液高度 ≥	单层产品		mm/100s	15
	双层、多层产品			20
横向抗张指数 ≥	≤40.0g/m^2		N·m/g	2.5
	>40.0g/m^2			3.0
纵向湿抗张指数 ≥	≤40.0g/m^2		N·m/g	1.5
	>40.0g/m^2			2.0
洞眼	总数	≤	个/m^2	6
	2mm~5mm	≤		6
	>5mm			不应有
尘埃度	总数	≤	个/m^2	20
	0.2mm^2~1.0mm^2	≤		20
	大于1.0mm^2~2.0mm^2	≤		1
	大于2.0mm^2			不应有
交货水分		≤	%	10.0

注：印花和本色浆厨房纸巾不考核亮度指标。

4.2 厨房纸巾的微生物指标应符合表2的规定。

表2 厨房纸巾微生物指标

指标名称		单 位	规 定
细菌菌落总数		CFU/g	≤200
大肠菌群		—	不得检出
致病性化脓菌	绿脓杆菌	—	不得检出
	金黄色葡萄球菌	—	不得检出
	溶血性链球菌	—	不得检出
真菌菌落总数		CFU/g	≤100

4.3 厨房纸巾的卷纸和盘纸的宽度、节距、卷重(或长度、节数)，平切纸的长、宽、包装质量(或张数)，抽取纸的规格尺寸、抽数等应按合同规定生产。卷纸和盘纸的宽度、节距尺寸偏差应不超过±5mm；平切纸和抽取纸的规格尺寸偏差应不超过±5mm，偏斜度应不超过3mm；厨房纸巾数量(长度、节数、张数或抽数)偏差应不小于-2.0%，质量(卷重)偏差应不小于-4.5%。

注：根据标志内容，数量偏差和质量偏差两者选择其一即可。

4.4 厨房纸巾起皱后的皱纹应均匀，纸面应洁净，不应有明显的死褶、残缺、破损、沙子、硬质块、生浆团等纸病。

4.5 厨房纸巾不应有掉粉、掉毛现象。

4.6 厨房纸巾不应使用任何回收纸、纸张印刷品、纸制品及其他回收纤维状物质作原料。

5 试验方法

5.1 试样的采取和处理

试样的采取和处理按 GB/T 450 和 GB/T 10739 的规定进行。

5.2 定量

定量按 GB/T 451.2 测定，以单层表示结果。

5.3 亮度(白度)

亮度(白度)按 GB/T 7974 测定。

5.4 横向吸液高度

横向吸液高度按 GB/T 461.1 测定，按成品层数测定。

5.5 横向抗张指数

横向抗张指数按 GB/T 12914 测定，仲裁时按 GB/T 12914 中恒速拉伸法测定。夹距为 100mm，双层或多层试样按成品层数测定，然后换算成单层的测定值。

5.6 湿抗张强度

纵向湿抗张强度按 GB/T 465.2 和 GB/T 12914 测定，仲裁时按 GB/T 12914 中恒速拉伸法和 GB/T 465.2 测定。夹距为 100mm，按成品层数测定。测定时，按纵向切样。测定前应先进行预处理，将试样放在(105±2)℃烘箱中烘 15min，测定时将处理过的试样平放在滤纸上，用滴管在试样的中间部位滴一滴水，水滴应扩散到试样的全宽，然后立即进行测定，以实测值换算成单层的测定值，取 10 个有效测定值，以纵向湿抗张强度的平均值表示结果。

5.7 洞眼

用双手持单层试样的两角，用肉眼迎光观测，按标准规定数出洞眼个数。双层或多层试样应每层都测，每个样品的测定面积应不少于 0.5m^2，然后换算成每平方米的洞眼数，如果出现大于 5mm 的洞眼，则应至少测定 1m^2 的试样。

5.8 尘埃度

尘埃度按 GB/T 1541 测定，双层或多层试样只测定上下表面层朝外的一面。

5.9 交货水分

交货水分按 GB/T 462 测定。

5.10 数量(或质量)偏差

取 1 个完整包装，数其实际数量(长度、节数、张数、抽数)或称取质量(卷重)，以实际数量(或质量)与包装标志的数量(或质量)之差占包装标志数量(或质量)的百分比表示。同规格样品分别测定 3 个完整包装，以实际数量(质量)的最小值计算结果，准确至 0.1%。计算方法见式(1)。

$$\text{数量(或质量)偏差} = \frac{\text{实际数量(或质量)} - \text{包装标志的数量(或质量)}}{\text{包装标志的数量(或质量)}} \times 100\% \quad \cdots\cdots\cdots (1)$$

5.11 微生物指标

微生物指标按附录 A 测定。

5.12 外观

外观采用目测。

6 检验规则

6.1 生产厂应保证所生产的厨房纸巾符合本标准或订货合同的规定，以一次交货数量为一批，每批产品应附产品合格证。

6.2 厨房纸巾的微生物指标不合格，则判定该批是不可接收的。

6.3 计数抽样检验程序按 GB/T 2828.1 规定进行，样本单位为箱。接收质量限(AQL)：横向吸液高度、横向抗张指数、纵向湿抗张指数为 4.0，定量、亮度(白度)、洞眼、尘埃度、交货水分、尺寸及偏斜度、外观、数量(或质量)偏差为 6.5。抽样方案采用正常检验二次抽样方案，检验水平为特殊检验水平 S-3。其抽样方案见表 3。

表 3 抽样方案

批量/箱	正常检验二次抽样方案 特殊检查水平 S-3				
	样本量	AQL=4.0		AQL=6.5	
		Ac	Re	Ac	Re
2~50	3	0	1	—	—
	2	—	—	0	1
51~150	3	0	1	—	—
	5	—	—	0	2
	5(10)	—	—	1	2
151~500	8	0	2	—	—
	8(16)	1	2	—	—
	5	—	—	0	2
	5(10)	—	—	1	2
501~3 200	8	0	2	0	3
	8(16)	1	2	3	4

6.4 可接收性的确定：第一次检验的样品数量应等于该方案给出的第一样本量。如果第一样本中发现的不合格品数小于或等于第一接收数，应认为该批是可接收的；如果第一样本中发现的不合格品数大于或等于第一拒收数，应认为该批是不可接收的。如果第一样本中发现的不合格品数介于第一接收数与第一拒收数之间，应检验由方案给出样本量的第二样本并累计在第一样本和第二样本中发现的不合格品数。如果不合格品累计数小于或等于第二接收数，则判定该批是可接收的；如果不合格品累计数大于或等于第二拒收数，则判定该批是不可接收的。

6.5 需方若对产品质量持有异议，应在到货后三个月内通知供方共同复验，或委托共同商定的检验部门进行复验。复验结果若不符合本标准或订货合同的规定，则判为该批不可接收，由供方负责处理；若符合本标准或订货合同的规定，则判为该批可接收，由需方负责处理。

7 标志和包装

7.1 产品销售包装标志

产品销售包装标志至少应包括以下内容：

——产品名称、商标；

——产品标准编号；

——生产日期和保质期，或生产批号和限用日期；

——产品的规格；

——产品数量(平切纸应标注包装质量或张数，抽取纸应标注张数或抽数，卷纸、盘纸应标注卷重或节数或长度)；

——产品合格标志(进口产品除外)；

——生产企业(或产品责任单位)名称、详细地址等。

7.2 产品运输包装标志

运输包装标志至少应包括以下内容：

——产品名称、商标；

——生产企业(或产品责任单位)名称、地址等;
——产品数量;
——包装储运图形标志。

7.3 包装

直接与产品接触的包装材料应无毒、无害、清洁。产品包装应完好，包装材料应具有足够的密封性，以保证产品在正常的运输与贮存条件下不受污染。

8 运输和贮存

8.1 厨房纸巾运输时应采用洁净的运输工具，防止产品受到污染。

8.2 厨房纸巾应存放于干燥、通风、洁净的地方，并妥善保管。应防止雨、雪及潮气侵入产品，影响质量。

8.3 搬运时应注意包装完整，不应将纸件从高处扔下，以防损坏外包装。

8.4 凡出厂的产品因运输、保管不善造成产品损坏或变质的，应由造成损失的一方赔偿损失，变质的厨房纸巾不应出售。

卫生用品用吸水衬纸(QB/T 4508—2013)

2013-12-01 实施

1 范围

本标准规定了卫生用品用吸水衬纸的要求、试验方法、检验规则和标志、包装、运输、贮存。

本标准适用于包覆卫生巾、卫生护垫、纸尿裤、纸尿片等卫生用品中绒毛浆和高分子吸水树脂用的吸水衬纸。

2 规范性引用文件

下列文件对于本文件的应用是必不可少的。凡是注日期的引用文件，仅注日期的版本适用于本文件。凡是不注日期的引用文件，其最新版本(包括所有的修改单)适用于本文件。

GB/T 450 纸和纸板 试样的采取及试样纵横向、正反面的测定(GB/T 450—2008, ISO 186: 2002, MOD)

GB/T 451.1 纸和纸板尺寸及偏斜度的测定

GB/T 461.1 纸和纸板毛细吸液高度的测定 (克列姆法)(GB/T 461.1—2002, ISO 8787: 1989, IDT)

GB/T 462 纸、纸板和纸浆 分析试样水分的测定(GB/T 462—2008, ISO 287: 1985, ISO 683: 1987, MOD)

GB/T 465.2 纸和纸板 浸水后抗张强度的测定(GB/T 465.2—2008, ISO 3781: 1983, MOD)

GB/T 1541—1989 纸和纸板尘埃度的测定

GB/T 1545—2008 纸、纸板和纸浆 水抽提液酸度或碱度的测定

GB/T 2828.1 计数抽样检验程序 第1部分: 按接收质量限(AQL)检索的逐批检验抽样计划(GB/T 2828.1—2012, ISO 2859-1: 1999, IDT)

GB/T 7974 纸、纸板和纸浆亮度(白度)测定 漫射/垂直法

GB/T 10342 纸张的包装和标志

GB/T 10739 纸、纸板和纸浆试样处理和试验的标准大气条件

GB/T 12914—2008 纸和纸板 抗张强度的测定

GB 15979 一次性使用卫生用品卫生标准

GB/T 24328.5 卫生纸及其制品 第5部分：定量的测定(GB/T 24328.5—2009，ISO 12625-6：2005，MOD)

3 要求

3.1 卫生用品用吸水衬纸技术指标应符合表1或合同规定。

表1

指标			单位	要求
定量			g/m^2	10.0±1.0　12.0±1.0　14.0±1.0　16.0±1.0　18.0±1.0　20.0±1.0
亮度(白度)		≤	%	90.0
横向吸液高度		≥	mm/100s	20
抗张指数 ≥	纵向		N·m/g	12.0
	横向			3.00
纵向湿抗张强度		≥	N/m	25.0
纵向伸长率		≥	%	20.0
洞眼	总数	≤	个/m^2	4
	1mm~2mm	≤		4
	>2mm			不应有
尘埃度	总数	≤	个/m^2	4
	$0.2mm^2$~$1.0mm^2$	≤		4
	>$1.0mm^2$			不应有
pH			—	4.0~8.0
交货水分		≤	%	9.0

3.2 卫生用品用吸水衬纸的微生物指标应符合GB 15979的规定。

3.3 卫生用品用吸水衬纸为卷筒纸。卷筒纸的宽度应符合订货合同的规定，宽度偏差不应超过±2mm。

3.4 卫生用品用吸水衬纸应洁净，皱纹应均匀。不应有明显的死褶、残缺、破损、沙子、硬质块、生浆团等纸病。

3.5 卫生用品用吸水衬纸不应使用任何回收纸、纸张印刷品、纸制品及其他回收纤维状物质作原料。

4 试验方法

4.1 试样的采取和处理

试样的采取按GB/T 450进行，试样的处理和试验的标准大气条件按GB/T 10739进行。

4.2 尺寸偏差

尺寸偏差按GB/T 451.1进行测定。

4.3 定量

定量按GB/T 24328.5进行测定。

4.4 亮度(白度)

亮度(白度)按GB/T 7974进行测定。

4.5 横向吸液高度

横向吸液高度按GB/T 461.1进行测定，测定时间为100s。

4.6 抗张指数

抗张指数按GB/T 12914—2008中恒速拉伸法进行测定，试样宽度为15mm，夹距为100mm。

4.7 纵向湿抗张强度

纵向湿抗张强度按 GB/T 12914—2008 中恒速拉伸法和 GB/T 465.2 进行测定，试样宽度为 15mm，夹距为 100mm。测定前应先进行预处理，将试样放在(105±2)℃烘箱中烘 15min，取出后在 GB/T 10739 规定的大气条件下平衡至少 1h 再进行测定。测定时将试样夹于卧式拉力机上，使试样保持伸直但不受力。用胶头滴管向试样中心位置滴加 1 滴水(约 0.05mL)，胶头滴管的出水口与试样垂直距离约 1cm，滴水的同时开始计时，5s 后用 3 层 102 型-中速定性滤纸(单层试样应使用 4 层定性滤纸)轻触试样下方 3s~4s，以吸除试样表面多余水分，定性滤纸不可重复使用。吸干后立即启动拉力机，整个操作(滴水至拉伸试验结束)宜在 35s(其中拉伸时间应不少于 5s)内完成。取 10 个有效测定值，计算其平均值。

4.8 纵向伸长率

纵向伸长率按 GB/T 12914—2008 中恒速拉伸法进行测定，试样宽度为 15mm，夹距为 100mm。

4.9 洞眼

用双手拿住试样的两角迎光观测，数取规定范围内的洞眼个数。每个试样的测定面积不应少于 0.5m^2，然后换算成每平方米的洞眼数。

4.10 尘埃度

尘埃度按 GB/T 1541—1989 进行测定，每个试样的测定面积不应少于 0.5m^2，然后换算成每平方米的尘埃数。

4.11 pH

pH 按 GB/T 1545-2008 中 pH 计法进行测定，采用冷水抽提。

4.12 交货水分

交货水分按 GB/T 462 进行测定。

4.13 外观质量

外观质量采用目测。

4.14 微生物指标

微生物指标按 GB 15979 进行测定。

5 检验规则

5.1 生产厂应保证所生产的产品符合本标准或合同规定，相同原料、相同工艺、相同规格的同类产品一次交货数量为一批，每批产品应附产品合格证。

5.2 微生物指标不合格，则判定该批是不可接收的。

5.3 计数抽样检验程序按 GB/T 2828.1 规定进行。卫生用品用吸水衬纸样本单位为卷。接收质量限(AQL)：横向吸液高度、抗张指数、纵向伸长率、纵向湿抗张强度、pH 的 AQL 为 4.0，定量、亮度(白度)、洞眼、尘埃度、交货水分、尺寸偏差、外观质量的 AQL 为 6.5。抽样方案采用正常检验二次抽样方案，检验水平为特殊检验水平 S-2。见表 2。

表 2

批 量/卷	正常检验二次抽样方案　特殊检验水平 S-2				
	样本量	AQL=4.0		AQL=6.5	
		Ac	Re	Ac	Re
2~150	3	0	1	—	—
	2	—	—	0	1
151~500	3	0	1	—	—
	5	—	—	0	2
	5(10)	—	—	1	2

5.4 可接收性的确定：第一次检验的样品数量应等于该方案给出的第一样本量。如果第一样本中发现

的不合格品数小于或等于第一接收数，应认为该批是可接收的；如果第一样本中发现的不合格品数大于或等于第一拒收数，应认为该批是不可接收的。如果第一样本中发现的不合格品数介于第一接收数与第一拒收数之间，应检验由方案给出样本量的第二样本并累计在第一样本和第二样本中发现的不合格品数。如果不合格品累计数小于或等于第二接收数，则判定该批是可接收的；如果不合格品累计数大于或等于第二拒收数，则判定该批是不可接收的。

5.5 需方若对产品质量持有异议，应在到货后3个月内通知供方共同复验，或委托共同商定的检验机构进行复验。复验结果若不符合本标准或合同的规定，则判为该批不可接收，由供方负责处理；若符合本标准或合同的规定，则判为该批可接收，由需方负责处理。

6 标志、包装、运输、贮存

6.1 产品的标志和包装按GB/T 10342或订货合同的规定进行。

6.2 产品运输时，应使用具有防护措施的洁净的运输工具，不应与有污染性的物质共同运输。

6.3 产品在搬运过程中，应注意轻放，防雨、防潮，不应抛扔。

6.4 产品应妥善贮存于干燥、清洁、无毒、无异味、无污染的仓库内。

湿巾(GB/T 27728—2011)

2012-07-01 实施

1 范围

本标准规定了湿巾的分类、要求、试验方法、检验规则、标识和包装、运输和贮存等。

本标准适用于日常生活所用的由非织造布、无尘纸或其他原料制造的各种湿巾。

2 规范性引用文件

下列文件对于本文件的应用是必不可少的。凡是注日期的引用文件，仅注日期的版本适用于本文件。凡是不注日期的引用文件，其最新版本(包括所有的修改单)适用于本文件。

GB/T 1541—1989 纸和纸板尘埃度的测定法

GB/T 1545—2008 纸、纸板和纸浆 水抽提液酸度或碱度的测定

GB/T 2828.1 计数抽样检验程序 第1部分：按接收质量限(AQL)检索的逐批检验抽样计划

GB/T 4100—2006 陶瓷砖

GB/T 10739 纸、纸板和纸浆试样处理和试验的标准大气条件

GB/T 12914—2008 纸和纸板 抗张强度的测定

GB/T 15171 软包装件密封性能试验方法

GB 15979 一次性使用卫生用品卫生标准

JJF 1070—2005 定量包装商品净含量计量检验规则

3 术语和定义

下列术语和定义适用于本文件。

3.1 厨具用湿巾 wet wipes for kitchen

用于清洁厨房物体(如燃气灶、油烟机等)的湿巾。

3.2 卫具用湿巾 wet wipes for toilet

用于清洁卫生间物体(如洗手盆、马桶、浴缸等)的湿巾。

4 分类

湿巾分为人体用湿巾和物体用湿巾两大类。人体用湿巾包括普通湿巾和卫生湿巾；物体用湿巾包括厨具用湿巾、卫具用湿巾及其他用途湿巾。

5 要求

5.1 人体用湿巾、厨具用湿巾、卫具用湿巾的技术指标应符合表 1 或合同规定。

表 1

指标名称			单位	规定		
				人体用湿巾	厨具用湿巾	卫具用湿巾
偏差	长度	≥	%	-10		
	宽度	≥		-10		
含液量[a]		≥	倍	1.7		
横向抗张强度[b]		≥	N/m	8.0		
包装密封性能[c]			—	合格		
pH			—	3.5~8.5	—	—
去污力			—	—	合格	—
腐蚀性	金属腐蚀性		—	—	合格	—
	陶瓷腐蚀性		—	—	—	合格
可迁移性荧光增白剂			—	无	—	
尘埃度[b] 总数		≤	个/m^2	20		
其中：	$0.2mm^2 \sim 1.0mm^2$	≤		20		
	$>1.0mm^2$，$\leq 2.0mm^2$	≤		1		
	$>2.0mm^2$			不应有		

[a] 仅非织造布生产的湿巾考核含液量；
[b] 非织造布生产的湿巾不考核横向抗张强度和尘埃度；
[c] 仅软包装考核包装密封性。

5.2 湿巾内装量应符合 JJF 1070—2005 中表 3 计数定量包装商品标注净含量的规定。当内装量 Q_n 小于等于 50 时，不允许出现短缺量；当 Q_n 大于 50 时，短缺量应小于 $Q_n \times 1\%$，结果取整数，如果出现小数，就将该小数进位到下一紧邻的整数。

5.3 人体用湿巾卫生指标应符合 GB 15979 的规定，物体用湿巾微生物指标应符合 GB 15979 的规定。

5.4 湿巾不应有掉毛、掉屑现象。

5.5 湿巾不得使用有毒有害原料。人体用湿巾只可用原生纤维作原料，不得使用任何回收纤维状物质作原料。

6 试验方法

6.1 试样的处理

试样的处理按 GB/T 10739 进行。

6.2 长度、宽度偏差

6.2.1 长度偏差

将湿巾外包装从端口剪开，去除外包装，在无变形状态下连续取出湿巾，自然平放在玻璃板上，用直尺量取试样的长度，每种同规格的样品量 6 片，量准至 1mm，计算 6 片试样的平均值与标称值之差与其标称值的百分比，即为该种样品长度偏差的测定结果，精确至 1%。

6.2.2 宽度偏差

将湿巾外包装从端口剪开，去除外包装，在无变形状态下连续取出湿巾，自然平放在玻璃板上，用直尺量取试样的宽度，每种同规格的样品量6片，量准至1mm，计算6片试样的平均值与标称值之差与其标称值的百分比，即为该种样品宽度偏差的测定结果，精确至1%。

6.2.3 长度、宽度偏差的计算

湿巾的长度、宽度的偏差按式(1)计算：

$$偏差 = \frac{平均值 - 标称值}{标称值} \times 100\% \quad \cdots\cdots (1)$$

6.3 含液量

用镊子从一个完整湿巾包装的上、中、下3个位置分别取1片湿巾组成一个试样(单包内装量小于3片的样品，以单包实际片数抽取)，取样后立即以感量0.01g的天平称量。然后将试样用蒸馏水或去离子水漂洗至无泡沫后，将其置于(85±2)℃的烘箱内(烘试样时，不应使试样接触烘箱四壁)，烘4h取出，再次进行称量，两次称量值之差除以烘后的质量，即为该试样的含液量，以倍表示，计算方法按式(2)，结果修约保留至一位小数。

$$含液量 = \frac{烘前质量 - 烘后质量}{烘后质量} \quad \cdots\cdots (2)$$

每个样品做3个试样，3个试样应分别来自不同的完整包装，以3个试样含液量的算术平均值作为该样品的含液量。

6.4 横向抗张强度

湿巾横向抗张强度按GB/T 12914—2008中恒速拉伸法测定，夹距为50mm，切样时应切取未受切刀压过的试样部分，切好试样后应立刻进行测定，取10个有效测定值，以单层横向抗张强度的平均值表示结果。

6.5 包装密封性能

包装密封性能按附录A测定。

6.6 pH

pH按GB/T 1545—2008中pH计法测定。测试液制备方法：戴着干净的塑料手套，将多片试样中的液体挤至50mL玻璃烧杯中，保证测试液体浸润测试电极。

6.7 去污力

去污力按附录B测定。

6.8 腐蚀性

腐蚀性按附录C测定。

6.9 可迁移性荧光增白剂

可迁移性荧光增白剂按附录D测定。

6.10 尘埃度

尘埃度按GB/T 1541—1989测定。

6.11 内装量

内装量按JJF 1070—2005附录G中G.4测定。测定时应去除外包装，目测计数。

6.12 外观质量

外观质量采用目测。

6.13 卫生指标

卫生指标按GB 15979测定。

7 检验规则

7.1 生产厂应保证所生产的产品符合本标准或合同的规定，以相同原料、相同工艺、相同规格的同类产品一次交货数量为一批，每批产品应附产品合格证。

7.2　卫生指标不合格，则判定该批是不可接收的。

7.3　计数抽样检验程序按 GB/T 2828.1 规定进行。湿巾样本单位为箱。接收质量限(AQL)：pH、可迁移性荧光增白剂 AQL=4.0，偏差(长度、宽度)、含液量、横向抗张强度、包装密封性能、去污力、腐蚀性、尘埃度、内装量、外观质量 AQL=6.5。抽样方案采用正常检验二次抽样方案，检查水平为特殊检查水平 S-3。见表 2。

表 2

批量/箱	正常检验二次抽样方案　特殊检查水平 S-3				
	样本量	AQL=4.0		AQL=6.5	
		Ac	Re	Ac	Re
2~50	2	—	—	0	1
	3	0	1	—	—
51~150	3	0	1	—	—
	5 5(10)	— —	— —	0 1	2 2
151~500	5 5(10)	— —	— —	0 1	2 2
	8 8(16)	0 1	2 2	— —	— —
501~3 200	8 8(16)	0 1	2 2	0 3	3 4
3 201~35 000	13 13(26)	0 3	3 4	1 4	3 5

7.4　可接收性的确定：第一次检验的样品数量应等于该方案给出的第一样本量。如果第一样本中发现的不合格品数小于或等于第一接收数，应认为该批是可接收的；如果第一样本中发现的不合格品数大于或等于第一拒收数，应认为该批是不可接收的。如果第一样本中发现的不合格品数介于第一接收数与第一拒收数之间，应检验由方案给出样本量的第二样本并累计在第一样本和第二样本中发现的不合格品数。如果不合格品累计数小于或等于第二接收数，则判定批是可接收的；如果不合格品累计数大于或等于第二拒收数，则判定该批是不可接收的。

7.5　需方若对产品质量持有异议，应在到货后三个月内通知供方共同复验，或委托共同商定的检验机构进行复验。复验结果若不符合本标准或合同的规定，则判为该批不可接收，由供方负责处理；若符合本标准或合同的规定，则判为该批可接收，由需方负责处理。

8　标识和包装

8.1　产品销售包装标识

产品标识至少应包括以下内容：

——产品名称、商标；

——产品标准编号；

——主要成分；

——生产日期和保质期，或生产批号和限用日期；

——产品规格；

——产品数量(片数);
——产品合格标识;
——生产企业(或产品责任单位)名称、详细地址等。

8.2 产品运输包装标识

运输包装标识应至少包括以下内容:
——产品名称、商标;
——生产企业(或产品责任单位)名称、地址等;
——产品数量;
——包装储运图形标志。

8.3 包装

8.3.1 湿巾包装应防尘、防潮和防霉等。

8.3.2 直接与产品接触的包装材料应无毒、无害、清洁。产品包装应完好，包装材料应具有足够的密封性和牢固性，以达到保证产品在正常的运输与贮存条件下不受污染的目的。

9 运输和贮存

9.1 运输时应采用洁净的运输工具，防止成品污染。

9.2 应存放于干燥、通风、洁净的地方并妥善保管，防止雨、雪及潮湿侵入产品，影响质量。

9.3 搬运时应注意包装完整，不应从高处扔下，以防损坏外包装。

9.4 凡出厂的产品因运输、保管不妥造成产品损坏或变质的，应由责任方负责。损坏或变质的湿巾不应出售。

附 录 A
(规范性附录)
包装密封性能的测定

A.1 原理

通过对真空室抽真空，使浸在水中的试样产生内外压差，观测试样内气体外逸或水向内渗入情况，以此判定试样的包装密封性能。

A.2 试验装置

A.2.1 密封试验仪：符合 GB/T 15171 规定，带一真空罐(见图 A.1)，真空度可控制在 0kPa~90kPa 之间，真空精度为 1 级，真空保持时间在 0.1min~60min 之内。

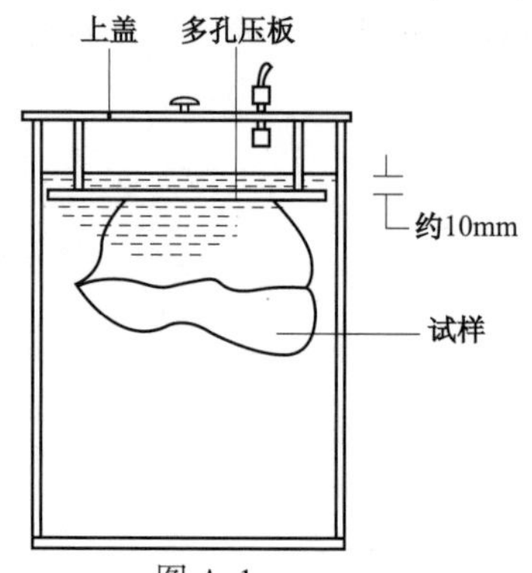

图 A.1

A.2.2 压缩机：提供正压空气，气源压力应小于等于 0.7MPa。

A.3 试验样品

A.3.1 试样应是具有代表性的装有实际内装物或其模拟物的软包装件。

A.3.2 同一批(次)试验的样品应不少于 3 包。

A.4 试验步骤

A.4.1 打开真空罐，注入适量清水，注入量以放入试样扣妥上盖后，罐内水位高于多孔压板上侧 10mm 左右为宜。

A.4.2 打开压缩机和密封试验仪，接通正压空气，设置密封试验仪的试验参数：试验真空度为 10kPa ±1kPa，真空保持时间为 30s。

A.4.3 将试样放入真空罐，盖妥真空罐上盖后进行试验。

A.4.4 观测抽真空时和真空保持期间试样的泄漏情况，有无连续的气泡产生。单个孤立气泡不视为试样泄漏，外包装附属部件在试验过程中产生的气泡不视为泄漏。

注：只要能保证在试验期间可观察到所有试样的各个部位的泄漏情况，一次可测定 2 个或更多的试样。

A.4.5 试验停止后，打开密封盖，取出试样，将其表面的水擦净，开封检查试样内部是否有试验用水渗入。

A.4.6 重复 A.4.3~A.4.5 步骤，每个样品测定 3 个试样。

A.5 试验结果评定

3 个试样在抽真空和真空保持期间均无连续的气泡产生及开封检查时均无水渗入，则判该项目合格；若 3 个试样中有 2 个以上不合格，则判该项目不合格；若 3 个试样中有 1 个不合格，则重新测定 3 个试样，重新测定后，若 3 个试样均合格，则判该项目合格，否则判为不合格。

附 录 B
（规范性附录）
去污力的测定

B.1 原理

将标准人工油污均匀附着于不锈钢金属试片上，分别放入湿巾溶液和标准溶液中，在规定条件下进行摆洗试验，测定湿巾溶液的去油率与标准溶液的去油率，然后将两者的去油率进行比较，以判定其去污力。

B.2 试剂和材料

B.2.1 单硬脂酸甘油酯(40%)。

B.2.2 牛油。

B.2.3 猪油。

B.2.4 精制植物油。

B.2.5 盐酸溶液：1+6。

B.2.6 氢氧化钠溶液：50g/L。

B.2.7 丙酮：分析纯。

B.2.8 无水乙醇：分析纯。

B.2.9 尿素：分析纯。

B.2.10 乙氧基化烷基硫酸钠(C_{12}~C_{15})70 型。

B.2.11 烷基苯磺酸钠，所用烷基苯磺酸应为脱氢法烷基苯经三氧化硫磺化之单体。

B.3 仪器和设备

B.3.1 分析天平，感量 0.1mg。

B.3.2 标准摆洗机：摆动频率(40±2)次/min，摆动距离(50±2)mm。

B.3.3 温度计：0℃~100℃，0℃~200℃。

B.3.4 镊子。

B.3.5 金属试片：1Cr18Ni9Ti 不锈钢，50mm×25mm×3mm~5mm，具小孔。

B. 3. 6 烧杯：500mL。

B. 3. 7 S 形挂钩，用细的不锈钢丝弯制。

B. 3. 8 恒温水浴。

B. 3. 9 秒表。

B. 3. 10 磁力搅拌器。

B. 3. 11 恒温干燥箱：保持温度(40±2)℃。

B. 3. 12 试片架。

B. 3. 13 砂纸(布)：200#。

B. 3. 14 脱脂棉。

B. 3. 15 干燥器。

B. 3. 16 电热板。

B. 3. 17 容量瓶：500mL。

B. 4 试验步骤

B. 4. 1 金属试片的打磨和清洗

用 200#砂纸(布)(B. 3. 13)将 6 个金属试片(B. 3. 5)打磨光亮，打磨方向如图 B. 1 所示，同时将试片的四边、角和孔打磨光亮。打磨好的试片先用脱脂棉(B. 3. 14)擦净，再用镊子(B. 3. 4)夹取脱脂棉将试片依次在丙酮(B. 2. 7)→无水乙醇(B. 2. 8)→热无水乙醇(50℃~60℃)中擦洗干净，热风吹干，放在干燥器(B. 3. 15)中保存待用。

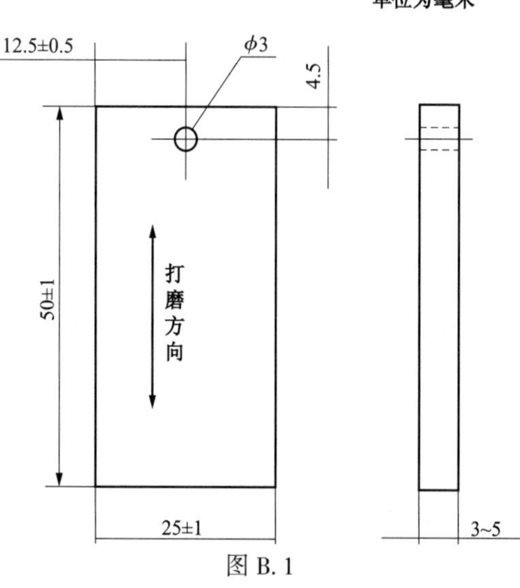

图 B. 1

B. 4. 2 人工油污的制备

以牛油(B. 2. 2)：猪油(B. 2. 3)：精制植物油(B. 2. 4)= 0. 5 ：0. 5 ：1 的比例配制，并加入其总质量 10%的单硬脂酸甘油酯(B. 2. 1)，此即为人工油污(置于冰箱冷藏室中，可保质 6 个月)。将装有人工油污的烧杯放在电热板(B. 3. 16)上加热至 180℃，在此温度下搅拌均匀后，移至磁力搅拌器(B. 3. 10)上搅拌，自然冷却至所需浸油温度(80±2)℃备用。

B. 4. 3 试片的制备

将 6 个打磨清洗好的金属试片(B. 4. 1)用 S 形挂钩(B. 3. 7)挂好，挂在试片架(B. 3. 12)上，连同试片架一起置于(40±2)℃恒温干燥箱中 30min。分别用分析天平(B. 3. 1)称量(准确至 0. 1mg)，计为 m_0。待人工油污(B. 4. 2)温度为(80±2)℃时，戴上洁净的手套，逐一将金属试片连同 S 形挂钩从试片架上取下，手持 S 形挂钩将金属试片浸入油污中约 60s，试片上端约 10mm 的部分不浸油污。然后缓缓取出，待油污下滴速度变慢后，挂回原试片架上 30min。待油污凝固后，将试片取下，然后用脱脂棉将试片底端多余的油污擦掉。再将试片连同 S 形挂钩一起用分析天平精确称量，计为 m_1。此时每组金属试片上油污量应确保为 0. 05g~0. 20g。

注：金属试片浸油时，会导致油温下降，为保证浸油温度，采取保温措施。

B. 4. 4 标准溶液的配制

称取烷基苯磺酸钠(B. 2. 11)14 份(以 100%计)，乙氧基化烷基硫酸钠(B. 2. 10)1 份(以 100%计)，无水乙醇(B. 2. 8)5 份，尿素(B. 2. 9)5 份，加水至 100 份，混匀，用盐酸溶液(B. 2. 5)或氢氧化钠溶液(B. 2. 6)调节 pH 为 7~8。吸取 1mL 溶液到 500mL 容量瓶(B. 3. 17)中，用蒸馏水定容到刻度，备用。

B.4.5 试验溶液的准备

取足够数量的湿巾样品，揭去外包装，戴上洁净的PE(聚乙烯)薄膜手套，将湿巾中的溶液挤入500mL的烧杯(B.3.6)中待用，溶液量约为400mL。

B.4.6 试验步骤

B.4.6.1 将盛有400mL试验溶液(B.4.5)的烧杯(B.3.6)放置于(30±2)℃恒温水浴(B.3.8)中，使溶液温度保持在(30±2)℃。将涂油污的金属试片(B.4.3)夹持在标准摆洗机(B.3.2)的摆架上，使试片表面垂直于摆动方向，试片涂油污部分应全部浸在溶液中，但不可接触烧杯底和壁。在溶液中浸泡3min后，立即开动摆洗机摆洗3min。然后在(30±2)℃的400mL蒸馏水中摆洗30s。摆洗结束后，取出金属试片，连同原S形挂钩挂于试片架上。将试片架放入(40±2)℃的恒温干燥箱(B.3.11)中，烘30min，烘干后冷却至室温，连同原S形挂钩称重为m_2。

B.4.6.2 取400mL标准溶液(B.4.4)放入烧杯(B.3.6)中，将烧杯置于(30±2)℃恒温水浴中，按B.4.6.1进行标准溶液的去污力试验。

B.4.6.3 试验溶液和标准溶液分别测定3片金属试片，按式(B.1)分别计算试验溶液和标准溶液的去油率。

B.5 计算与结果判定

B.5.1 结果计算

去油率X，以%表示，按式(B.1)计算：

$$X=\frac{m_1-m_2}{m_1-m_0}\times 100\% \qquad \text{(B.1)}$$

式中 m_0——涂污前金属试片的质量，单位为克(g)；

m_1——涂污后金属试片的质量，单位为克(g)；

m_2——洗涤后金属试片的质量，单位为克(g)。

以3个试片去油率的平均值表示结果。在3个试片的平行试验所得去油率值中，应至少有两个数值之差不超过3%，否则应重新测定。

B.5.2 结果评定

若试验溶液的去油率大于等于标准溶液的去油率，则判该试样的去污力合格，否则判为不合格。

附录C

(规范性附录)

腐蚀性的测定

C.1 金属腐蚀性的测定

C.1.1 原理

将金属试片完全浸于一定温度的厨具用湿巾溶液中，以金属试片的质量变化和表面颜色的变化来评定厨具用湿巾对金属的腐蚀性。

C.1.2 主要仪器及材料

C.1.2.1 分析天平，感量0.1mg。

C.1.2.2 恒温干燥箱：保持温度(40±2)℃。

C.1.2.3 金属试片：45号钢，50mm×25mm×3mm~5mm，具小孔。

C.1.2.4 烧杯，100mL。

C.1.2.5 细尼龙丝，可吊挂金属试片。

C.1.2.6 丙酮：分析纯。

C.1.2.7 无水乙醇：分析纯。

C.1.2.8 广口瓶(带盖)，100mL。

C.1.2.9 砂纸(布)：200#。

C.1.2.10 脱脂棉。

C.1.2.11 镊子。

C.1.2.12 干燥器。

C.1.3 试验步骤

C.1.3.1 试片的打磨和清洗

用200#砂纸(布)(C.1.2.9)将4个金属试片(C.1.2.3)打磨光亮，打磨方向如图C.1所示，同时将试样的四边、角和孔打磨光亮。打磨好的试片先用脱脂棉(C.1.2.10)擦净，再用镊子(C.1.2.11)夹取脱脂棉将试片依次在丙酮(C.1.2.6)→无水乙醇(C.1.2.7)→热无水乙醇(50℃~60℃)中擦洗干净，热风吹干，放在干燥器(C.1.2.12)中保存待用。

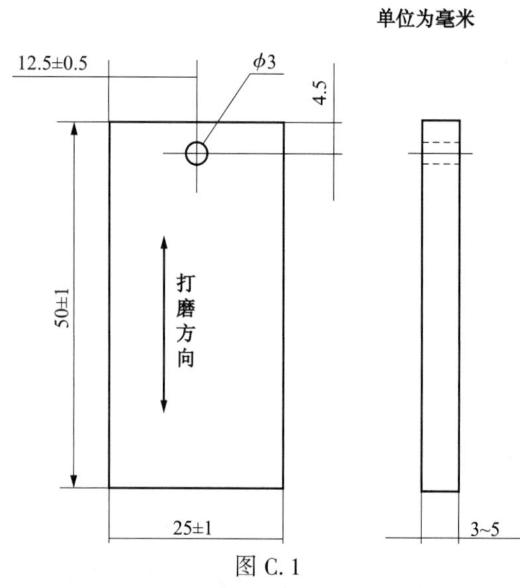

图C.1

C.1.3.2 试验溶液的制备

取足够数量的湿巾样品，揭去外包装，戴上洁净的PE(聚乙烯)薄膜手套，将湿巾中的溶液挤入100mL的烧杯(C.1.2.4)中待用，溶液量约为80mL。

C.1.3.3 金属腐蚀性试验

C.1.3.3.1 将4个新打磨清洗好的金属试片(C.1.3.1)中的3个分别在分析天平(C.1.2.1)上称重，计为m_1(准确至0.1mg)，然后用细尼龙丝(C.1.2.5)扎牢，吊挂于广口瓶(C.1.2.8)中，试片不应互相接触。

C.1.3.3.2 将试样溶液(C.1.3.2)倒入广口瓶中，并保持溶液高于试片顶端约10mm，盖紧瓶口后置于(40±2)℃恒温干燥箱(C.1.2.2)中放置4h。

C.1.3.3.3 试验完成后，取出试片先用蒸馏水漂洗2次，再用无水乙醇清洗2次，立即热风吹干。与另1个打磨清洗好的金属试片(C.1.3.1)对比检查外观，去掉尼龙丝后再次称重，计为m_2。

C.1.4 结果评定

C.1.4.1 金属试片试验前后的质量变化Δm，单位为毫克(mg)，按式(C.1)计算：

$$\Delta m = |m_1 - m_2| \qquad \text{(C.1)}$$

式中 m_1——金属腐蚀性试验前金属试片的质量，单位为毫克(mg)；

m_2——金属腐蚀性试验后金属试片的质量，单位为毫克(mg)。

C.1.4.2 若试验前后金属试片的质量变化不大于2.0mg，且试片表面无腐蚀点、无明显变色，则判该试片合格，否则判该试片不合格。

C.1.4.3 若3个试片中有2个以上不合格，则判该项目不合格；若有1片不合格，则重新测定3个试片，重新测定后，若3个试片均合格，则判该项目合格，否则判为不合格。

C.2 陶瓷腐蚀性的测定

C.2.1 原理

将陶瓷试片完全浸于卫具用湿巾溶液中，经一定时间后，观察并确定其受腐蚀的程度。

C.2.2 主要仪器及材料

C.2.2.1 白布：由棉纤维或亚麻纤维纺织而成。

C.2.2.2 铅笔，硬度为HB(或同等硬度)的铅笔。

C.2.2.3 烧杯：100mL。

C.2.2.4 陶瓷试片：应由符合GB/T 4100—2006附录L规定的瓷制成，50mm×25mm×3mm~5mm。

C.2.2.5 陶瓷洗涤剂。

C.2.3 试验步骤

C.2.3.1 陶瓷试片的制备

将3个陶瓷试片(C.2.2.4)用陶瓷洗涤剂(C.2.2.5)清洗干净，风干。

C.2.3.2 试验溶液的制备

取足够数量的湿巾样品，揭去外包装，戴上洁净的PE(聚乙烯)薄膜手套，将湿巾中的溶液挤入100mL的烧杯(C.2.2.3)中待用，溶液量约为80mL。

C.2.3.3 陶瓷腐蚀性试验

C.2.3.3.1 将3个清洗好的陶瓷试片(C.2.3.1)放入盛有试验溶液(C.2.3.2)的100mL的烧杯中，浸泡4h。

C.2.3.3.2 观察试片表面及试验溶液的变色情况。

C.2.3.3.3 用铅笔(C.2.2.2)在试片表面划痕，再用湿白布(C.2.2.1)擦去划痕。

C.2.4 结果评定

C.2.4.1 若无变色情况出现，且划痕可擦去，则判定该试片合格；否则判该试片不合格。

C.2.4.2 若3个试片中有2片以上不合格，则判该项目不合格；若有1片不合格，则重新测定3个试片，重新测定后，若3个试片均合格，则判该项目合格，否则判为不合格。

附录D
(规范性附录)
可迁移性荧光增白剂的测定

D.1 原理

将试样置于波长254nm和365nm紫外灯下观察荧光现象及可迁移性荧光增白剂试验，定性测定试样中是否有可迁移性荧光增白剂。

D.2 试剂及材料

所用仪器和材料在紫外灯下应无荧光现象。

D.2.1 蒸馏水或去离子水。

D.2.2 纱布：100mm×100mm。

D.3 仪器和设备

D.3.1 紫外灯：波长254nm和365nm，具有保护眼睛的装置。

D.3.2 平底重物：质量约1.0kg，底面积约0.01m^2。

D.3.3 玻璃表面皿。

D.3.4 玻璃板：表面平滑，150mm×150mm。

D.4 试验步骤及结果判定

D.4.1 将试样置于紫外灯(D.3.1)下检查是否有荧光现象。若试样在紫外灯下无荧光现象，则判该试样无可迁移性荧光增白剂。若试样有荧光现象，则按 D.4.2 进行可迁移性荧光增白剂试验。

D.4.2 从任一包装中抽取 2 片湿巾(单片包装可从两个包装中抽取)，重叠平铺于玻璃板(D.3.4)上，将一块纱布(D.2.2)置于湿巾上方中心位置，再抽取 2 片湿巾依次盖在纱布上方，确保纱布全部被覆盖即可，然后在湿巾的上方依次放置一块玻璃板(D.3.4)和一个平底重物(D.3.2)，加压 5min 后，取出纱布，将纱布平均折成四层放在玻璃表面皿(D.3.3)上。每个试样进行两次平行试验。

D.4.3 按 D.4.2 进行空白试验，湿巾用 4 块经蒸馏水(D.2.1)完全润湿的纱布代替。

D.4.4 将放置试样纱布(D.4.2)和空白试验纱布(D.4.3)的玻璃表面皿置于紫外灯下约 20cm 处，以空白试验纱布为参照，观察试样纱布的荧光现象，若两个试样纱布没有明显荧光现象，则判该试样无可迁移性荧光增白剂；若均有明显荧光现象，则判该试样有可迁移性荧光增白剂；若只有一个试样纱布有明显荧光现象，则重新进行试验；若两个重新试验的试样纱布均没有明显荧光现象，则判该试样无可迁移性荧光增白剂，否则判该试样有可迁移性荧光增白剂。

卫生巾(含卫生护垫)(GB/T 8939—2008)

2008-09-01 实施

1 范围

本标准规定了卫生巾(含卫生护垫)的技术要求、试验方法、检验规则及标志、包装、运输、贮存等要求。

本标准适用于由面层、内吸收层、防渗底膜等组成，经专用机械成型供妇女经期(卫生巾)、非经期(卫生护垫)使用的外用生理卫生用品。

2 规范性引用文件

下列文件中的条款通过本标准的引用而成为本标准的条款。凡是注日期的引用文件，其随后所有的修改单(不包括勘误的内容)或修订版均不适用于本标准，然而，鼓励根据本标准达成协议的各方研究是否可使用这些文件的最新版本。凡是不注日期的引用文件，其最新版本适用于本标准。

GB/T 462 纸和纸板 水分的测定(GB/T 462—2003，ISO 287：1985，MOD)

GB/T 10739 纸、纸板和纸浆试样处理和试验的标准大气条件(GB/T 10739—2002，eqvISO 187：1990)

GB 15979 一次性使用卫生用品卫生标准

3 产品分类

3.1 按产品面层材料分为棉柔、干爽网面和纯棉三类。棉柔类指面层采用各类非织造布材料制成的产品；干爽网面类指面层采用各种打孔膜为原料制成的产品；纯棉类指面层采用纯棉材料制成的产品。

3.2 按产品功能分为普通型和功能型。普通型指除卫生巾本身的功能外，没有其他功能的产品。功能型指为了达到某种功能，在产品中加入对人体健康有益成分的产品。

3.3 按产品性能分为卫生巾、卫生护垫等。

4 技术要求

4.1 卫生巾技术指标应符合表 1 要求，或按订货合同的规定。

表 1

指 标 名 称			规　　定
偏差/%	全　长		±5
	全　宽		±8
	条 质 量		±12
吸水倍率/倍		≥	7.0
渗入量/g		≥	1.8
pH			4.0~9.0
水分/%		≤	10.0
背胶粘合强度[a]/s		≥	8

a 背胶粘合强度为参考数据，不作为合格与否的判定依据。

4.2 卫生护垫技术指标应符合表 2 要求，或按订货合同的规定。

表 2

指 标 名 称			规　　定
偏差/%	全　长		±5
	全　宽		±8
吸水倍率/倍		≥	2.0
pH			4.0~9.0
水分/%		≤	10.0

4.3 卫生巾(含卫生护垫)卫生要求执行 GB 15979 的规定。

4.4 卫生巾(含卫生护垫)不应使用废弃回用的原材料，产品应洁净、无污物、无破损。

4.5 卫生巾(不含卫生护垫)应采用每片独立包装。

4.6 卫生巾(含卫生护垫)两端封口应牢固，在吸水倍率试验时不应破裂。

4.7 卫生巾(含卫生护垫)产品在常规使用时应不产生位移，与内衣剥离时不应损伤衣物，且不应有明显残留。防粘纸不应自行脱落，并能自然完整撕下。

5 试验方法

5.1 预处理

试验前试样的预处理按 GB/T 10739 规定进行。

5.2 全长、全宽、条质量偏差

5.2.1 偏差的测定

5.2.1.1 全长

用直尺测量试样的全长(从试样最长处量取)，量准至 1mm，每种同规格样品测量 10 条试样。取 10 条试样中测量的最大值、最小值和平均值，按式(1)、式(2)计算全长偏差，结果精确至 1%。

5.2.1.2 全宽

用直尺测量试样的全宽(从试样最窄处量取)，量准至 1mm，每种同规格样品测量 10 条试样。取 10 条试样中测量的最大值、最小值和平均值，按式(1)、式(2)计算全宽偏差，结果精确至 1%。

5.2.1.3 条质量

用感量 0.01g 天平分别称量同规格 10 条试样的净重(含离型纸)，取 10 条试样中测量的最大值、最小值和平均值，按式(1)、式(2)计算条质量偏差，结果精确至 1%。

5.2.2 偏差的计算

$$上偏差=\frac{最大值-平均值}{平均值}\times 100\% \quad \cdots\cdots (1)$$

$$下偏差=\frac{最小值-平均值}{平均值}\times 100\% \quad \cdots\cdots (2)$$

5.3 吸水倍率

取一条试样，撕去离型纸，适当剪去护翼，用感量 0.01g 天平称其质量(吸前质量)。用夹子夹住样品的一端封口，并使夹子夹口与试样纵向处于垂直状态，不应夹住内置吸收层。将试样连同夹子浸入约 10cm 深的(23±1)℃蒸馏水中，试样的使用面朝上。轻轻压住试样，使其完全浸没 60s，然后提起夹子，使试样完全离开水面，垂直悬挂 90s 后，称其质量(吸后质量)，之后按式(3)计算吸水倍率。按同样方法测试 5 条试样，取 5 条试样的平均值作为测定结果，精确至一位小数。

$$吸水倍率=\frac{吸后质量-吸前质量}{吸前质量} \quad \cdots\cdots (3)$$

5.4 渗入量测定

按附录 A 的规定进行。

5.5 **pH** 测定

按附录 C 的规定进行。

5.6 水分测定

按 GB/T 462 的规定进行。

取样方法：同种样品取 2 条，分别来自 2 个包装，每条取样量为 2g(不应含有背胶及离型纸部分)，将样品剪成块状，并充分混匀，取两组试样做平行试验，两次测定值间的绝对误差应不超过 1.0%，取其算术平均值表示测定结果。应尽量缩短取样时间，一般应不超过 2min。

5.7 卫生指标的测定

按 GB 15979 的规定进行。

5.8 背胶粘合强度的测定

按附录 D 的规定进行。

6 检验规则

6.1 检验批的规定

以一次交货为一批，检验样本单位为箱，每批不超过 5000 箱。

6.2 抽样方法

从一批产品中，随机抽取 3 箱产品。从每箱中抽取 5 包样品，其中 3 包用于微生物检验，6 包用于微生物检验复查，3 包用于存样，3 包(按每包 10 片计)用于其他性能检验。

6.3 判定规则

当偏差、吸水倍率、渗入量、pH、水分及微生物指标全部合格时，则判为批合格；当这些检验项目中任一项出现不合格时，则判为批不合格。

6.4 质量保证

生产厂应保证产品质量符合本标准的要求，产品经检验合格并附质量合格标识方可出厂。

7 标志、包装、运输、贮存

7.1 产品销售标志及包装

7.1.1 产品销售包装上应标明以下内容：

a) 产品名称、执行标准编号、商标；

b) 企业名称、地址、联系方式；

c）品种规格、内装数量；

d）生产日期和保质期或生产批号和限期使用日期；

e）主要生产原料；

f）消毒级产品应标明消毒方法与有效期限，并在包装主视面上标注“消毒级”字样。

7.1.2 产品的销售包装应能保证产品不受污染，销售包装上的各种标识信息应清晰且不易褪去。

7.2 产品运输和贮存

7.2.1 已有销售包装的成品放置于包装箱中。包装箱上应标明产品名称、企业(或经销商)名称和地址、内装数量等。包装箱上应标明运输及贮存条件。

7.2.2 产品在运输过程中应使用具有防护措施的洁净的工具，防止重压、尖物碰撞及日晒雨淋。

7.2.3 成品应保存在干燥通风，不受阳光直接照射的室内，防止雨雪淋袭和地面湿气的影响，不应与有污染或有毒化学品共存。

7.2.4 超过保质期的产品，经重新检验合格后方可限期使用。

附 录 A
(规范性附录)
渗入量的测定

A.1 仪器与测试溶液

A.1.1 仪器

a）天平，最大量程 200g，感量 0.01g；

b）卫生巾渗透性能测试仪(以下简称测试仪，见图 A.1)；

c）60mL 放液漏斗(以下简称漏斗)；

d）10mL 刻度移液管；

e）烧杯；

f）钢板直尺。

A.1.2 测试溶液

测试溶液是渗透性能测试专用的标准合成试液，配方见附录 B，测试时测试溶液的温度应保持在(23±1)℃。仲裁检验时应在标准大气条件，即(23±1)℃、(50±2)%相对湿度下处理试样及进行测试。

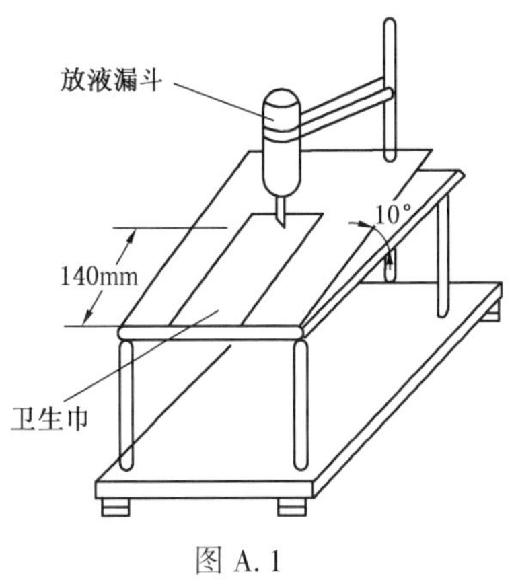

图 A.1

A.2 试验程序

A.2.1 先将测试仪放于水平位置，调节上面板与下面板之间的角度约为 10°，再调节漏斗的下口，使其中心点的投影距测试仪斜面板的下边缘为(140±2)mm；漏斗下口开口面向操作者。将适量的测试溶液倒入漏斗中，使漏斗润湿，并用该溶液洗漏斗两遍，然后放掉漏斗中的溶液。

A.2.2 取待测试样一条，称其质量(g)，揭去其背后的离型纸放在一旁。将试样平整地轻粘于斜面板上，使试样的有效长度(透过卫生巾吸收表面所见的内置吸收层如绒毛浆等的长度)的下边缘与斜面板的下边缘对齐，并将长出的边缘向斜面板的底部折回。调节漏斗高度，使其下口的最下端距试样表面 5mm~10mm，然后在测试仪斜面板的下方放一个烧杯，接经试样渗透后流下的溶液。

A.2.3 用移液管准确移取测试溶液 5mL 于调节好的漏斗中，然后迅速打开漏斗节门至最大，使溶液自由地流到试样的表面上，并沿着斜面往下流动；溶液流完后，将漏斗节门关闭，然后将试样取下，将离型纸贴回，再次放在天平上称量。若试液从试样侧面流走，则该试样作废，另取一条重新测试。若同种样品的 2 个以上试样有此现象时，其结果可以保留，但应在报告中注明。

A.3 试验结果的计算

卫生巾的渗入量以吸收测试溶液的质量(g)来表示，每个样品测8条，分别按式(A.1)计算每条卫生巾的渗入量。

渗入量(g)= 卫生巾吸收后的质量(g)-该条卫生巾吸收前的质量(g) …………（A.1）

去掉8条测试结果中的最大值和最小值，取其余6条的算术平均值作为其最终测试结果，精确至0.1g。如果5mL的测试溶液全部渗入所测试样中，则不必再称量，可直接记为5.1g。

附 录 B

（规范性附录）

卫生巾渗透性能测试用标准合成试液的配方

B.1 原理

该标准合成试液系根据动物血(猪血)的主要物理性能配制，具有与其相似的流动性及吸收特性。

B.2 配方

a）蒸馏水或去离子水：860mL；

b）氯化钠：10.00g；

c）碳酸钠：40.00g；

d）丙三醇(甘油)：140mL；

e）苯甲酸钠：1.00g；

f）颜色(食用色素)：适量；

g）羧甲基纤维素钠：约5g；

h）标准媒剂：1%(体积分数)。

以上试剂均为分析纯。

B.3 标准合成试液的物理性能

在(23±1)℃时，密度为(1.05±0.05)g/cm^3，黏度为(11.9±0.7)s(用4号涂料杯测)，表面张力为(36±4)mN/m。

附 录 C

（规范性附录）

pH的测定

C.1 仪器和试剂

C.1.1 仪器

a）带复合电极的pH计；

b）天平，最大量程500g，感量0.1g；

c）精确度为±0.1℃的水银温度计；

d）容量为100mL的烧杯；

e）容量为100mL和50mL的量筒；

f）1000mL容量瓶；

g）不锈钢剪刀。

C.1.2 试剂

C.1.2.1 蒸馏水或去离子水，pH 为 6.5~7.2；

C.1.2.2 标准缓冲溶液：25℃时 pH 为 6.86 的缓冲溶液(磷酸二氢钾和磷酸氢二钠混合液)。所用试剂应为分析纯，缓冲溶液至少一个月重新配制一次。

配制方法：称取磷酸二氢钾(KH_2PO_4)3.39g 和磷酸氢二钠(Na_2HPO_4)3.54g，置于 1000mL 容量瓶中，用蒸馏水溶解并稀释至刻度，摇匀即可。

C.2 试验步骤

在常温下，抽取一片试样，剪去不干胶条后从其中部称取 1g 试样，置于一个 100mL 烧杯内，加入去离子水(或蒸馏水)(卫生巾加入 100mL，卫生护垫加入 50mL)，用玻璃棒搅拌，10min 后将复合电极放入烧杯中读取 pH 数值。

C.3 试验结果的计算

每种样品测试两份试样(取自两个包装)，取其算术平均值作为测定结果，准确至 0.1pH 单位。

C.4 注意事项

每次使用 pH 计前均应使用标准缓冲溶液对仪器进行校准，详见仪器使用说明书。每个试样测试完毕后，应立即用去离子水(或蒸馏水)洗净电极。

附 录 D

(规范性附录)

背胶粘合强度的测定方法(180°剥离强度)

D.1 原理

用 180°剥离方法施加一定的应力，使试样背胶与纯棉汗布粘接处剥离，通过计时剥离一定长度所需的时间，反映其粘接强度。

D.2 装置与工具

a) 试验夹：上夹应能悬挂于任一支架上，并保证其夹挂的试样能与水平垂直，夹缝平齐；下夹配重砝码应使其总质量达到 40g，夹缝平齐。

b) 配重砣：面积 62mm×80mm，质量为 500g(可使用相同面积的玻璃配以平衡重量代替)。

c) 秒表。

d) 恒温箱：可保持温度(37±2)℃。

e) 剪刀、直尺、平盘(也可用玻璃代替)。

f) 标准汗布：未漂染色精纺 32 支纱，无后处理 120g/m^2，标准品牌，尺寸为 65mm×80mm。

D.3 操作

D.3.1 取卫生巾一条，使其尽量平整。将正面向下放在平面上，垂直于长度方向相隔 40mm 画两条直线 B 和 C，一侧直线外相隔 10mm 再画一条直线 A，如图 D.1：

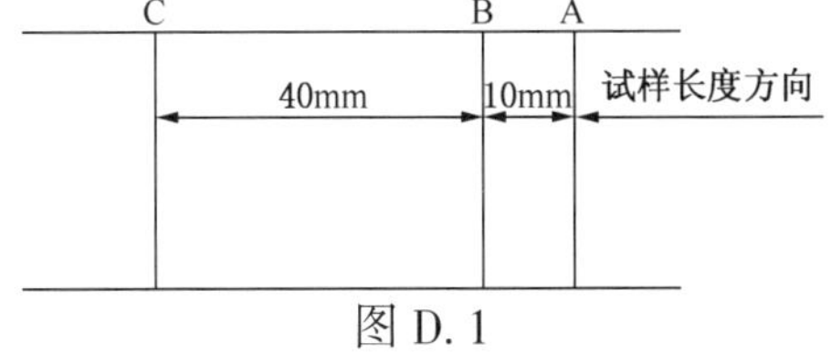

图 D.1

D.3.2 将上述备好的试样放于平盘内，撕去离型纸，将标准汗布对准试样正面向上(即反面对胶)轻轻放置于试样上，不得用手压，然后将配重砣平压于汗布上。

D.3.3 立即将平盘移入恒温箱开始计时，箱内温度

(37±2)℃，1h 后取出于(23±1)℃下放置 20min。

D.4 测试

取 D.3.3 放置后的试样，将汗布与试样底层轻轻剥离一定距离至线 A 处，用试样夹的上夹沿线 A 夹齐，挂起，使试样的长度方向与水平面垂直；下夹平行于上夹夹住汗布，放手，使汗布在下夹的重力下呈与胶面 180°剥离的状态，待剥离点至线 B 处开始计时，剥至线 C 处停止计时，即得到该样品的剥离时间。

D.5 测试结果

测试结果取 5 个试样测试值的算术平均值，时间数据大于 1h 的精确到分，1min 以内精确到秒。

纸尿裤(片、垫)(GB/T 28004—2011)

2012-02-01 实施

1 范围

本标准规定了婴儿及成人用纸尿裤、纸尿片、纸尿垫(护理垫)的产品分类、技术要求、试验方法、检验规则及标志、包装、运输、贮存。

本标准适用于由外包覆材料、内置吸收层、防漏底膜等制成一次性使用的纸尿裤、纸尿片和纸尿垫(护理垫)。

本标准不适于成人轻度失禁用产品，如呵护巾等。

2 规范性引用文件

下列文件对于本文件的应用是必不可少的。凡是注日期的引用文件，仅注日期的版本适用于本文件。凡是不注日期的引用文件，其最新版本(包括所有的修改单)适用于本文件。

GB/T 462 纸、纸板和纸浆 分析试样水分的测定

GB/T 1914 化学分析滤纸

GB/T 10739 纸、纸板和纸浆试样处理和试验的标准大气条件

GB 15979 一次性使用卫生用品卫生标准

GB/T 21331 绒毛浆

GB/T 22905 纸尿裤高吸收性树脂

3 术语和定义

下列术语和定义适用于本文件。

3.1 滑渗量 topsheet run-off

一定量的测试溶液流经斜置试样表面时未被吸收的体积。

3.2 回渗量 rewet

试样吸收一定量的测试溶液后，在一定压力下，返回面层的测试溶液质量。

3.3 渗漏量 leakage

试样吸收一定量的测试溶液后，在一定压力下，透过防漏底膜的测试溶液质量。

4 产品分类

4.1 按产品结构分为纸尿裤、纸尿片和纸尿垫(护理垫)。

4.2 纸尿裤和纸尿片按产品规格可分为小号(S型)、中号(M型)、大号(L型)等不同型号。

5 技术要求

5.1 纸尿裤、纸尿片和纸尿垫(护理垫)的技术指标应符合表1要求，也可按订货合同规定。

表1

<table>
<tr><th colspan="2">指标名称</th><th>单位</th><th>婴儿纸尿裤</th><th>婴儿纸尿片</th><th>成人纸尿裤、尿片</th><th>纸尿垫(护理垫)</th></tr>
<tr><td rowspan="3">偏差</td><td>全长</td><td rowspan="3">%</td><td colspan="4">±6</td></tr>
<tr><td>全宽</td><td colspan="4">±8</td></tr>
<tr><td>条质量</td><td colspan="4">±10</td></tr>
<tr><td rowspan="3">渗透性能</td><td>滑渗量 ≤</td><td>mL</td><td colspan="2">20</td><td>30</td><td rowspan="3">无渗出，无渗漏</td></tr>
<tr><td>回渗量[a] ≤</td><td>g</td><td>10.0</td><td>15.0</td><td>20.0</td></tr>
<tr><td>渗漏量 ≤</td><td>g</td><td colspan="3">0.5</td></tr>
<tr><td colspan="2">pH</td><td>—</td><td colspan="4">4.0~8.0</td></tr>
<tr><td colspan="2">交货水分 ≤</td><td>%</td><td colspan="4">10.0</td></tr>
<tr><td colspan="7">[a] 具有特殊功能(如训练如厕等)的产品不考核回渗量。</td></tr>
</table>

5.2 纸尿裤、纸尿片和纸尿垫(护理垫)应洁净，不掉色，防漏底膜完好，无硬质块，无破损等，手感柔软，封口牢固；松紧带粘合均匀，固定贴位置符合使用要求；在渗透性能试验时内置吸收层物质不应大量渗出。

5.3 纸尿裤、纸尿片和纸尿垫(护理垫)的卫生指标执行GB 15979的规定。

5.4 纸尿裤、纸尿片和纸尿垫(护理垫)所使用原料：绒毛浆应符合GB/T 21331的规定，高吸收性树脂应符合GB/T 22905的规定。不应使用回收原料生产纸尿裤、纸尿片和纸尿垫(护理垫)。

6 试验方法

6.1 试样的处理

试样试验前按GB/T 10739温湿条件处理至少2h，并在此温湿条件下进行试验。

6.2 全长、全宽、条质量偏差

6.2.1 全长偏差

用直尺测量试样原长的全长(从试样最长处量取)，每种同规格样品量6条，准确至1mm，分别计算6条中长度的最大值、最小值与6条的平均值之差和其平均值的百分比，作为该种样品全长偏差的测定结果，精确至1%。

6.2.2 全宽偏差

用直尺测量试样原宽的全宽(从试样最窄处量取)，每种同规格样品量6条，准确至1mm，分别计算6条中宽度的最大值、最小值与6条的平均值之差和其平均值的百分比，作为该种样品全宽偏差的测定结果，精确至1%。

注：对于带有松紧带的试样，先用夹板或胶带等固定试样纵向(或横向)的一端，稍用力将试样拉至原长(或原宽)后再用直尺量。

6.2.3 条质量偏差

用感量为0.1g天平分别称量6条同规格样品的净重，分别计算6条质量的最大值、最小值与6条的平均值之差和其平均值的百分比，作为该种样品条质量偏差的测定结果，精确至1%。

6.2.4 全长、全宽、条质量偏差的计算

全长、全宽、条质量偏差的计算见式(1)和式(2)。

$$上偏差=+\frac{最大值-平均值}{平均值}\times100\% \cdots\cdots(1)$$

$$下偏差=-\frac{平均值-最小值}{平均值}\times100\% \cdots\cdots(2)$$

6.3 渗透性能

渗透性能按附录 A 进行测定。

6.4 pH

pH 按附录 B 进行测定。

6.5 交货水分

交货水分按 GB/T 462 进行测定。取样方法为：每种同规格样品任取 2 条试样，剪去试样的边部松紧带，再从每条中间部位取 2g 进行测试，所取试样应确保从面层到底层全部包括。取 2 次测定结果的算术平均值作为样品的测定结果。

注：试样放入容器时，将防漏底膜远离容器壁，以防遇高温后粘连。

6.6 卫生指标

卫生指标按 GB 15979 进行测定。

7 检验规则

7.1 检验批的规定

以相同原料、相同工艺、相同规格的同类产品一次交货数量为一批，交收检验样本单位为件，每批不超过 5 000 件。

7.2 抽样方法

从一批产品中，随机抽取 3 件产品，从每件中抽取 3 包(每包按 10 片计)样品，共计 9 包样品。其中 2 包用于微生物检验，4 包用于微生物检验复查，3 包用于其他性能检验。

7.3 判定规则

当检验产品符合本标准第 5 章全部技术要求时，则判为批合格；当这些检验项目中任一项出现不合格时，则判为批不合格。

7.4 质量保证

产品经检验合格并附质量合格标识方可出厂。

8 标志、包装、运输、贮存

8.1 产品销售标识及包装

8.1.1 产品销售包装上应标明以下内容：

a) 产品名称、执行标准编号、商标；

b) 企业名称、地址、联系方式；

c) 产品规格，内装数量；

d) 婴儿产品应标注适用体重，成人产品应标注尺寸或适用腰围；

e) 生产日期和保质期或生产批号和限期使用日期；

f) 主要生产原料；

g) 消毒级产品应标明消毒方法与有效期限，并在包装主视面上标注“消毒级”字样。

8.1.2 产品的销售包装应能保证产品不受污染。销售包装上的各种标识信息清晰且不易褪去。

8.2 产品运输贮存

8.2.1 已有销售包装的成品放于外包装中。外包装上应标明产品名称、企业(或经销商)名称和地址、内装数量等。外包装上应标明运输及贮存条件。

8.2.2 产品在运输过程中应使用具有防护措施的洁净的工具，防止重压、尖物碰撞及日晒雨淋。

8.2.3 成品应保存在干燥通风，不受阳光直接照射的室内，防止雨雪淋袭和地面湿气的影响，不得与有污染或有毒化学品共存。

附录A

（规范性附录）

渗透性能的测定方法

A1 仪器材料与测试溶液

A1.1 仪器材料

A1.1.1 天平：感量为0.01g。

A1.1.2 卫生巾渗透性能测试仪（以下简称“测试仪”，示意图见图A.1）。

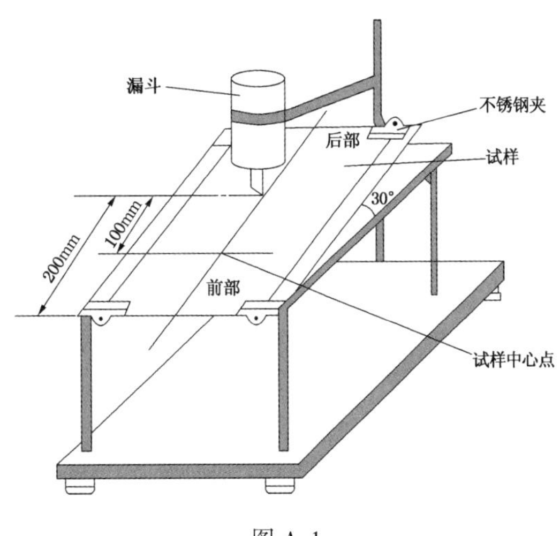

图A.1

A1.1.3 标准放液漏斗（以下简称“漏斗”）：

——婴儿产品专用标准放液漏斗：80mL；

——成人产品专用标准放液漏斗：150mL。

A1.1.4 量筒：100mL和10mL。

A1.1.5 不锈钢夹：夹头宽约65mm。

A1.1.6 烧杯：500mL。

A1.1.7 中速化学定性分析滤纸：符合GB/T 1914要求，以下简称“滤纸”。

A1.1.8 标准压块：ϕ100mm，质量为（1.2±0.002）kg（能够产生1.5kPa的压强）。

A1.1.9 秒表：精确度0.01 s。

A1.2 测试溶液

A1.2.1 0.9%氯化钠溶液：1000mL蒸馏水加入9.0g氯化钠配制成的溶液。

A2 滑渗量的测定

A2.1 试验步骤

A2.1.1 先放好测试仪（A.1.1.2）于水平位置，调节上面板与下面板之间的角度为30°±2°，再调节漏斗（A.1.1.3）的下口，使其中心点的投影距测试仪斜面板下边缘为（200±2）mm，漏斗下口的开口面向操作者。将适量的测试溶液（A.1.2）倒入漏斗中，使漏斗润湿，并用测试溶液润洗漏斗两遍。

A2.1.2 取待测试样一条，将其两边的松紧带（包括立体护边）剪去后，再平整地将试样放在测试仪的斜面板上，使用面朝上，试样后部在斜面板上方，分别距试样内置吸收层的中心点两端各量取100mm作为测试区域，将长出的部分分别向斜面板的上部和底部折回，再用四个不锈钢夹（A.1.1.5）固定试样，不锈钢夹不得妨碍溶液的流动，见图 A.1。调节漏斗高度，使其下口的最下端距试样表面 5mm~10mm，然后在测试仪的下方放一个烧杯(A.1.1.6)，收集经试样渗透后流下的溶液。

A2.1.3 按表 A.1 的规定，用量筒(A.1.1.4)准确量取测试溶液，倒入调节好的漏斗中。然后迅速打开漏斗节门至最大，使溶液自由地流到试样的表面上，并沿斜面往下流动到烧杯中，待溶液流完后，将漏斗节门关闭，并擦拭漏斗下口，使之没有溶液。用量筒量取烧杯中的溶液(量准至 1mL)，作为测试结果。若测试溶液从试样侧面流走，则该试样作废，另取一条重新测试。

表 A.1 单位：毫升

型号	滑渗试验取液量	回渗试验取液量		
		小号(S)及以下	中号(M)	大号(L)及以上
婴儿纸尿裤	60	40	60	80
婴儿纸尿片	50	30	40	50
成人纸尿裤	150	150		
成人纸尿片		100		

A2.2 滑渗量测试结果的计算

滑渗量以试样未吸收测试溶液的体积(mL)来表示，每个样品测 7 条，去掉 7 条测试结果中的最大值和最小值，取其余 5 条的算术平均值作为其最终测试结果，精确至 1mL。

注：若 7 条试样中有 2 条以上(不含 2 条)发生侧流，其结果可以保留。

A3 回渗量及渗漏量的测定

A3.1 回渗量的测定

A3.1.1 试验步骤

用测试溶液润洗漏斗两遍，将漏斗固定在支架上。

在水平操作台面上放置已知质量的 φ230mm 滤纸(A.1.1.7)若干层，将试样展开呈自然状态(直条型试样两头需翘起，使测试区域长度约 200mm)放于滤纸上。

按表 A.1 规定，用量筒准确量取测试溶液，倒入漏斗中。漏斗下开口应朝向操作者，下口的中心点距试样表面的垂直距离为 5mm~10mm，然后迅速打开漏斗节门至最大，使测试溶液自由地流到试样的表面，并同时开始计时(测试时溶液不应从试样两侧溢出)，5min 时，再次用漏斗注入同量的测试溶液，10min 时，迅速将已知质量的φ110mm 滤纸若干层(以最上层滤纸无吸液为止)放到试样表面，同时将标准压块(A.1.1.8)压在滤纸上，重新开始计时，加压 1min 时将标准压块移去，用天平称量试样表面滤纸的质量。

A3.1.2 结果的计算

试样的回渗量以试样表面滤纸试验前后的质量差来表示，按式(A.1)计算：

$$m = m_1 - m_2 \quad \cdots\cdots (A.1)$$

式中 m——回渗量，单位为克(g)；

m_1——试样表面滤纸吸液后的质量，单位为克(g)；

m_2——试样表面滤纸吸液前的质量，单位为克(g)。

取 5 条试样试验结果的算术平均值作为测试结果，精确至 0.1g。

A3.2 渗漏量的测定

如上所述，待测完回渗量后，移去试样，迅速称量放于试样底部滤纸的质量。试样的渗漏量以试样底部滤纸试验前后的质量差来表示。以 5 条试样的算术平均值作为最终测试结果，精确至 0.1g。

A4 纸尿垫(护理垫)渗透性能的测定

打开试样，平铺在水平台面上。用量筒量取 150mL 测试溶液，距试样表面 5mm~10mm，于 5s 内匀速倒入试样中心位置。5min 后观察试样四周有无液体渗出及试样底部有无液体渗漏。随机抽取 3 条试样，任一试样均不应有渗出或渗漏现象。

附 录 B
(规范性附录)
pH 的测定方法

B1 仪器和试剂

B1.1 仪器

B1.1.1 酸度计：精度为 0.01。

B1.1.2 天平：0.01g。

B1.1.3 水银温度计：量程 0℃～100℃。

B1.1.4 烧杯：400mL。

B1.1.5 容量瓶：1000mL。

B1.2 试剂

B1.2.1 蒸馏水或去离子水：pH 为 6.5～7.2。

B1.2.2 标准缓冲溶液：25℃时 pH 为 4.01、6.86、9.18 的标准缓冲溶液。

B2 试验步骤

取 1 条试样，去除底膜，从试样中间部位剪取(1.0±0.1)g，置于烧杯(B1.1.4)内，加入 200mL 蒸馏水，并开始计时，用玻璃棒搅拌，10min 后将电极放入烧杯中测定 pH。

B3 测试结果的计算

每种样品测试两条试样(取自两个包装)，取其算术平均值作为测定结果，精确至 0.1pH 单位。

B4 注意事项

每次使用酸度计前应按仪器使用说明书用标准缓冲溶液(B1.2.2)对仪器进行校准。每条试样测试完毕后应立即用蒸馏水冲洗电极。

一次性使用卫生用品卫生标准(GB 15979—2002)

2002-09-01 实施

1 范围

本标准规定了一次性使用卫生用品的产品和生产环境卫生标准、消毒效果生物监测评价标准和相应检验方法，以及原材料与产品生产、消毒、贮存、运输过程卫生要求和产品标识要求。

在本标准中，一次性使用卫生用品是指：

本标准适用于国内从事一次性使用卫生用品的生产与销售的部门、单位或个人，也适用于经销进口一次性使用卫生用品的部门、单位或个人。

2 引用标准

下列标准所包含的条文，通过在本标准中引用而构成为本标准的条文。本标准出版时，所示版本均为有效。所有标准都会被修订，使用本标准的各方应探讨使用下列标准最新版本的可能性。

GB 15981—1995 消毒与灭菌效果的评价方法与标准

3 定义

本标准采用下列定义：

一次性使用卫生用品

使用一次后即丢弃的、与人体直接或间接接触的，并为达到人体生理卫生或卫生保健(抗菌或抑菌)目的而使用的各种日常生活用品，产品性状可以是固体也可以是液体。例如，一次性使用手套或指套(不包括医用手套或指套)、纸巾、湿巾、卫生湿巾、电话膜、帽子、口罩、内裤、妇女经期卫生用品(包括卫生护垫)、尿布等排泄物卫生用品(不包括皱纹卫生纸等厕所用纸)、避孕套等，在本标准中统称为“卫生用品”。

4 产品卫生指标

4.1 外观必须整洁，符合该卫生用品固有性状，不得有异常气味与异物。

4.2 不得对皮肤与粘膜产生不良刺激与过敏反应及其他损害作用。

4.3 产品须符合表1中微生物学指标。

表1

产品种类	微生物指标				
	初始污染菌[1)] cfu/g	细菌菌落总数 cfu/g 或 cfu/mL	大肠菌群	致病性化脓菌[2)]	真菌菌落总数 cfu/g 或 cfu/mL
手套或指套、纸巾、湿巾、帽子、内裤、电话膜		≤200	不得检出	不得检出	≤100
抗菌(或抑菌)液体产品		≤200	不得检出	不得检出	≤100
卫生湿巾		≤20	不得检出	不得检出	不得检出
口罩					
普通级		≤200	不得检出	不得检出	≤100
消毒级	≤10 000	≤20	不得检出	不得检出	不得检出
妇女经期卫生用品					
普通级		≤200	不得检出	不得检出	≤100
消毒级	≤10 000	≤20	不得检出	不得检出	不得检出
尿布等排泄物卫生用品					
普通级		≤200	不得检出	不得检出	≤100
消毒级	≤10 000	≤20	不得检出	不得检出	不得检出
避孕套		≤20	不得检出	不得检出	不得检出

1）如初始污染菌超过表内数值，应相应提高杀灭指数，使达到本标准规定的细菌与真菌限值。

2）致病性化脓菌指绿脓杆菌、金黄色葡萄球菌与溶血性链球菌。

4.4 卫生湿巾除必须达到表1中的微生物学标准外，对大肠杆菌和金黄色葡萄球菌的杀灭率须≥90%，如需标明对真菌的作用，还须对白色念珠菌的杀灭率≥90%，其杀菌作用在室温下至少须保持1年。

4.5 抗菌(或抑菌)产品除必须达到表1中的同类同级产品微生物学标准外，对大肠杆菌和金黄色葡萄球菌的抑菌率须≥50%(溶出性)或>26%(非溶出性)，如需标明对真菌的作用，还须白色念珠菌的抑菌率≥50%(溶出性)或>26%(非溶出性)，其抑菌作用在室温下至少须保持1年。

4.6 任何经环氧乙烷消毒的卫生用品出厂时，环氧乙烷残留量必须≤250μg/g。

5 生产环境卫生指标

5.1 装配与包装车间空气中细菌菌落总数应≤2 500 cfu/m^3。

5.2 工作台表面细菌菌落总数应≤20 cfu/cm^2。

5.3 工人手表面细菌菌落总数应≤300 cfu/只手，并不得检出致病菌。

6 消毒效果生物监测评价

6.1 环氧乙烷消毒：对枯草杆菌黑色变种芽胞(ATCC 9372)的杀灭指数应≥10^3。
6.2 电离辐射消毒：对短小杆菌芽胞 E6d(ATCC 27142)的杀灭指数应≥10^3。
6.3 压力蒸汽消毒：对嗜热脂肪杆菌芽胞(ATCC 7953)的杀灭指数应≥10^3。

7 测试方法

7.1 产品测试方法
7.1.1 产品外观：目测，应符合本标准 3.1 的规定。
7.1.2 产品毒理学测试方法：见附录 A。
7.1.3 产品微生物检测方法：见附录 B。
7.1.4 产品杀菌性能、抑菌性能与稳定性测试方法：见附录 C。
7.1.5 产品环氧乙烷残留量测试方法：见附录 D。
7.2 生产环境采样与测试方法：见附录 E。
7.3 消毒效果生物监测评价方法：见附录 F。

8 原材料卫生要求

8.1 原材料应无毒、无害、无污染；原材料包装应清洁，清楚标明内含物的名称、生产单位、生产日期或生产批号；影响卫生质量的原材料应不裸露；有特殊要求的原材料应标明保存条件和保质期。
8.2 对影响产品卫生质量的原材料应有相应检验报告或证明材料，必要时需进行微生物监控和采取相应措施。
8.3 禁止使用废弃的卫生用品作原材料或半成品。

9 生产环境与过程卫生要求

9.1 生产区周围环境应整洁，无垃圾，无蚊、蝇等害虫孳生地。
9.2 生产区应有足够空间满足生产需要，布局必须符合生产工艺要求，分隔合理，人、物分流，产品流程中无逆向与交叉。原料进入与成品出去应有防污染措施和严格的操作规程，减少生产环境微生物污染。
9.3 生产区内应配置有效的防尘、防虫、防鼠设施，地面、墙面、工作台面应平整、光滑、不起尘、便于除尘与清洗消毒，有充足的照明与空气消毒或净化措施，以保证生产环境满足本标准第 5 章的规定。
9.4 配置必需的生产和质检设备，有完整的生产和质检记录，切实保证产品卫生质量。
9.5 生产过程中使用易燃、易爆物品或产生有害物质的，必须具备相应安全防护措施，符合国家有关标准或规定。
9.6 原材料和成品应分开堆放，待检、合格、不合格原材料和成品应严格分开堆放并设明显标志。仓库内应干燥、清洁、通风，设防虫、防鼠设施与垫仓板，符合产品保存条件。
9.7 进入生产区要换工作衣和工作鞋，戴工作帽，直接接触裸装产品的人员需戴口罩，清洗和消毒双手或戴手套；生产区前应相应设有更衣室、洗手池、消毒池与缓冲区。
9.8 从事卫生用品生产的人员应保持个人卫生，不得留指甲，工作时不得戴手饰，长发应卷在工作帽内。痢疾、伤寒、病毒性肝炎、活动性肺结核、尖锐湿疣、淋病及化脓性或渗出性皮肤病患者或病原携带者不得参与直接与产品接触的生产活动。
9.9 从事卫生用品生产的人员应在上岗前及定期(每年一次)进行健康检查与卫生知识(包括生产卫

生、个人卫生、有关标准与规范)培训，合格者方可上岗。

10 消毒过程要求

10.1 消毒级产品最终消毒必须采用环氧乙烷、电离辐射或压力蒸汽等有效消毒方法。所用消毒设备必须符合有关卫生标准。

10.2 根据产品卫生标准、初始污染菌与消毒效果生物监测评价标准制定消毒程序、技术参数、工作制度，经验证后严格按照既定的消毒工艺操作。该消毒程序、技术参数或影响消毒效果的原材料或生产工艺发生变化后应重新验证确定消毒工艺。

10.3 每次消毒过程必须进行相应的工艺(物理)和化学指示剂监测，每月用相应的生物指示剂监测，只有当工艺监测、化学监测、生物监测达到规定要求时，被消毒物品才能出厂。

10.4 产品经消毒处理后，外观与性能应与消毒处理前无明显可见的差异。

11 包装、运输与贮存要求

11.1 执行卫生用品运输或贮存的单位或个人，应严格按照生产者提供的运输与贮存要求进行运输或贮存。

11.2 直接与产品接触的包装材料必须无毒、无害、清洁，产品的所有包装材料必须具有足够的密封性和牢固性以达到保证产品在正常的运输与贮存条件下不受污染的目的。

12 产品标识要求

12.1 产品标识应符合《中华人民共和国产品质量法》的规定，并在产品包装上标明执行的卫生标准号以及生产日期和保质期(有效期)或生产批号和限定使用日期。

12.2 消毒级产品还应在销售包装上注明“消毒级”字样以及消毒日期和有效期或消毒批号和限定使用日期，在运输包装上标明“消毒级”字样以及消毒单位与地址、消毒方法、消毒日期和有效期或消毒批号和限定使用日期。

附 录 A

(标准的附录)

产品毒理学测试方法

A1 各类产品毒理学测试指标

当原材料、生产工艺等发生变化可能影响产品毒性时，应按表 A1 根据不同产品种类提供有效的(经政府认定的第三方)成品毒理学测试报告。

表 A1

产 品 种 类	皮肤刺激试验	阴道粘膜刺激试验	皮肤变态反应试验
手套或指套、内裤	√		√
抗菌(或抑菌)液体产品	√	根据用途选择1)	√
湿巾、卫生湿巾	√	根据用途选择1)	根据材料选择
口 罩	√		
妇女经期卫生用品		√	√
尿布等排泄物卫生用品	√		√
避孕套		√	√

1) 用于阴道粘膜的产品须做阴道粘膜刺激试验，但无须做皮肤刺激试验。

A2 试验方法

皮肤刺激试验、阴道粘膜刺激试验和皮肤变态反应试验方法按卫生部《消毒技术规范》(第三版)第一分册《实验技术规范》(1999)中的“消毒剂毒理学实验技术”中相应的试验方法进行。

固体产品的样品制备方法按照A3进行。

注：1 用于皮肤刺激试验中的空白对照应为：生理盐水和斑贴纸。

2 在皮肤变态反应中，致敏处理和激发处理所用的剂量保持一致。

A3 样品制备

A3.1 皮肤刺激试验和皮肤变态反应试验

以横断方式剪一块斑贴大小的产品。对于干的产品，如尿布、妇女经期卫生用品，用生理盐水润湿后贴到皮肤上，再用斑贴纸覆盖。湿的产品，如湿巾，则可以按要求裁剪合适的面积，直接贴到皮肤上，再用斑贴纸覆盖。

A3.2 阴道黏膜刺激试验

A3.2.1 干的产品(如妇女经期卫生用品)

以横断方式剪取足够量的产品，按1g/10mL的比例加入灭菌生理盐水，密封于萃取容器中搅拌后置于37℃±1℃下放置24h。冷却到室温，搅拌后析取样液备检。

A3.2.2 湿的产品(如卫生湿巾)

在进行阴道黏膜刺激试验的当天，挤出湿巾里的添加液作为试样。

A4 判定标准

以卫生部《消毒技术规范》(第三版)第一分册《实验技术规范》(1999)中“毒理学试验结果的最终判定”的相应部分作为试验结果判定原则。

附 录 B

(标准的附录)

产品微生物检测方法

B1 产品采集与样品处理

于同一批号的三个运输包装中至少抽取12个最小销售包装样品，1/4样品用于检测，1/4样品用于留样，另1/2样品(可就地封存)必要时用于复检。抽样的最小销售包装不应有破裂，检验前不得启开。

在100级净化条件下用无菌方法打开用于检测的至少3个包装，从每个包装中取样，准确称取10g±1g样品，剪碎后加入到200mL灭菌生理盐水中，充分混匀，得到一个生理盐水样液。液体产品用原液直接做样液。

如被检样品含有大量吸水树脂材料而导致不能吸出足够样液时，稀释液量可按每次50mL递增，直至能吸出足够测试用样液。在计算细菌菌落总数与真菌菌落总数时应调整稀释度。

B2 细菌菌落总数与初始污染菌检测方法

本方法适用于产品初始污染菌与细菌菌落总数(以下统称为细菌菌落总数)检测。

B2.1 操作步骤

待上述生理盐水样液自然沉降后取上清液作菌落计数。共接种5个平皿，每个平皿中加入1mL样液，然后用冷却至45℃左右的熔化的营养琼脂培养基15~20mL倒入每个平皿内混合均匀。待琼脂凝固后翻转平皿置35℃±2℃培养48h后，计算平板上的菌落数。

B2.2 结果报告

菌落呈片状生长的平板不宜采用；计数符合要求的平板上的菌落，按式(B1)计算结果：

$$X_1 = A \times \frac{K}{5} \quad \cdots\cdots (B1)$$

式中 X_1——细菌菌落总数，cfu/g 或 cfu/mL；

A——5 块营养琼脂培养基平板上的细菌菌落总数；

K——稀释度。

当菌落数在 100 以内，按实有数报告，大于 100 时采用二位有效数字。

如果样品菌落总数超过本标准的规定，按 B2.3 进行复检和结果报告。

B2.3 复检方法

将留存的复检样品依前法复测 2 次，2 次结果平均值都达到本标准的规定，则判定被检样品合格；其中有任何 1 次结果平均值超过本标准规定，则判定被检样品不合格。

B3 大肠菌群检测方法

B3.1 操作步骤

取样液 5mL 接种 50mL 乳糖胆盐发酵管，置 35℃±2℃ 培养 24h，如不产酸也不产气，则报告为大肠菌群阴性。

如产酸产气，则划线接种伊红美蓝琼脂平板，置 35℃±2℃ 培养 18~24h，观察平板上菌落形态。典型的大肠菌落为黑紫色或红紫色，圆形，边缘整齐，表面光滑湿润，常具有金属光泽，也有的呈紫黑色，不带或略带金属光泽，或粉红色，中心较深的菌落。

取疑似菌落 1~2 个作革兰氏染色镜检，同时接种乳糖发酵管，置 35℃±2℃ 培养 24h，观察产气情况。

B3.2 结果报告

凡乳糖胆盐发酵管产酸产气，乳糖发酵管产酸产气，在伊红美蓝平板上有典型大肠菌落，革兰氏染色为阴性无芽胞杆菌，可报告被检样品检出大肠杆菌。

B4 绿脓杆菌检测方法

B4.1 操作步骤

取样液 5mL，加入到 50mL SCDLP 培养液中，充分混匀，置 35℃±2℃ 培养 18~24h。如有绿脓杆菌生长，培养液表面呈现一层薄菌膜，培养液常呈黄绿色或蓝绿色。从培养液的薄菌膜处挑取培养物，划线接种十六烷三甲基溴化铵琼脂平板，置 35℃±2℃ 培养 18~24h，观察菌落特征。绿脓杆菌在此培养基上生长良好，菌落扁平，边缘不整，菌落周围培养基略带粉红色，其他菌不长。

取可疑菌落涂片作革兰氏染色，镜检为革兰氏阴性菌者应进行下列试验：

氧化酶试验：取一小块洁净的白色滤纸片放在灭菌平皿内，用无菌玻棒挑取可疑菌落涂在滤纸片上，然后在其上滴加一滴新配制的 1% 二甲基对苯二胺试液，30s 内出现粉红色或紫红色，为氧化酶试验阳性，不变色者为阴性。

绿脓菌素试验：取 2~3 个可疑菌落，分别接种在绿脓菌素测定用培养基斜面，35℃±2℃ 培养 24h，加入三氯甲烷 3~5mL，充分振荡使培养物中可能存在的绿脓菌素溶解，待三氯甲烷呈蓝色时，用吸管移到另一试管中并加入 1mol/L 的盐酸 1mL，振荡后静置片刻。如上层出现粉红色或紫红色即为阳性，表示有绿脓菌素存在。

硝酸盐还原产气试验：挑取被检菌落纯培养物接种在硝酸盐胨水培养基中，置 35℃±2℃ 培养 24h，培养基小倒管中有气者即为阳性。

明胶液化试验：取可疑菌落纯培养物，穿刺接种在明胶培养基内，置 35℃±2℃ 培养 24h，取出放于4~10℃，如仍呈液态为阳性，凝固者为阴性。

42℃生长试验：取可疑培养物，接种在普通琼脂斜面培养基上，置42℃培养24~48h，有绿脓杆菌生长为阳性。

B4.2 结果报告

被检样品经增菌分离培养后，证实为革兰氏阴性杆菌，氧化酶及绿脓杆菌试验均为阳性者，即可报告被检样品中检出绿脓杆菌。如绿脓菌素试验阴性而液化明胶、硝酸盐还原产气和42℃生长试验三者皆为阳性时，仍可报告被检样品中检出绿脓杆菌。

B5 金黄色葡萄球菌检测方法

B5.1 操作步骤

取样液5mL，加入到50mL SCDLP培养液中，充分混匀，置35℃±2℃培养24h。

自上述增菌液中取1~2接种环，划线接种在血琼脂培养基上，置35℃±2℃培养24~48h。在血琼脂平板上该菌菌落呈金黄色，大而突起，圆形，不透明，表面光滑，周围有溶血圈。

挑取典型菌落，涂片作革兰氏染色镜检，金黄色葡萄球菌为革兰氏阳性球菌，排列成葡萄状，无芽胞与荚膜。镜检符合上述情况，应进行下列试验：

甘露醇发酵试验：取上述菌落接种甘露醇培养液，置35℃±2℃培养24h，发酵甘露醇产酸者为阳性。

血浆凝固酶试验：玻片法：取清洁干燥载玻片，一端滴加一滴生理盐水，另一端滴加一滴兔血浆，挑取菌落分别与生理盐水和血浆混合，5min如血浆内出现团块或颗粒状凝块，而盐水滴仍呈均匀混浊无凝固则为阳性，如两者均无凝固则为阴性。凡盐水滴与血浆滴均有凝固现象，再进行试管凝固酶试验；试管法：吸取1∶4新鲜血浆0.5mL，放灭菌小试管中，加入等量待检菌24h肉汤培养物0.5mL。混匀，放35℃±2℃温箱或水浴中，每半小时观察一次，24h之内呈现凝块即为阳性。同时以已知血浆凝固酶阳性和阴性菌株肉汤培养物各0.5mL作阳性与阴性对照。

B5.2 结果报告

凡在琼脂平板上有可疑菌落生长，镜检为革兰氏阳性葡萄球菌，并能发酵甘露醇产酸，血浆凝固酶试验阳性者，可报告被检样品检出金黄色葡萄球菌。

B6 溶血性链球菌检测方法

B6.1 操作步骤

取样液5mL加入到50mL葡萄糖肉汤，35℃±2℃培养24h。

将培养物划线接种血琼脂平板，35℃±2℃培养24h观察菌落特征。溶血性链球菌在血平板上为灰白色，半透明或不透明，针尖状突起，表面光滑，边缘整齐，周围有无色透明溶血圈。

挑取典型菌落作涂片革兰氏染色镜检，应为革兰氏阳性，呈链状排列的球菌。镜检符合上述情况，应进行下列试验：

链激酶试验：吸取草酸钾血浆0.2mL(0.01g草酸钾加5mL兔血浆混匀，经离心沉淀，吸取上清液)，加入0.8mL灭菌生理盐水，混匀后再加入待检菌24h肉汤培养物0.5mL和0.25%氯化钙0.25mL,混匀，放35℃±2℃水浴中，2min观察一次(一般10min内可凝固)，待血浆凝固后继续观察并记录溶化时间。如2h内不溶化，继续放置24h观察，如凝块全部溶化为阳性，24h仍不溶化为阴性。

杆菌肽敏感试验：将被检菌菌液涂于血平板上，用灭菌镊子取每片含0.04单位杆菌肽的纸片放在平板表面上，同时以已知阳性菌株作对照，在35℃±2℃下放置18~24h，有抑菌带者为阳性。

B6.2 结果报告

镜检革兰氏阳性链状排列球菌，血平板上呈现溶血圈，链激酶和杆菌肽试验阳性，可报告被检样品检出溶血性链球菌。

B7 真菌菌落总数检测方法

B7.1 操作步骤

待上述生理盐水样液自然沉降后取上清液作真菌计数，共接种 5 个平皿，每一个平皿中加入 1mL 样液，然后用冷却至 45℃左右的熔化的沙氏琼脂培养基 15～25mL 倒入每个平皿内混合均匀，琼脂凝固后翻转平皿置 25℃±2℃培养 7 天，分别于 3、5、7 天观察，计算平板上的菌落数，如果发现菌落蔓延，以前一次的菌落计数为准。

B7.2 结果报告

菌落呈片状生长的平板不宜采用；计数符合要求的平板上的菌落，按式(B2)计算结果：

$$X_2 = B \times \frac{K}{5} \qquad \text{(B2)}$$

式中 X_2——真菌菌落总数，cfu/g 或 cfu/mL；

B——5 块沙氏琼脂培养基平板上的真菌菌落总数；

K——稀释度。

当菌落数在 100 以内，按实有数报告，大于 100 时采用二位有效数字。

如果样品菌落总数超过本标准的规定，按 B7.3 进行复检和结果报告。

B7.3 复检方法

将留存的复检样品依前法复测 2 次，2 次结果都达到本标准的规定，则判定被检样品合格，其中有任何 1 次结果超过本标准规定，则判定被检样品不合格。

B8 真菌定性检测方法

B8.1 操作步骤

取样液 5mL 加入到 50mL 沙氏培养基中，25℃±2℃培养 7 天，逐日观察有无真菌生长。

B8.2 结果报告

培养管混浊应转种沙氏琼脂培养基，证实有真菌生长，可报告被检样品检出真菌。

附录 C

(标准的附录)

产品杀菌性能、抑菌性能与稳定性测试方法

C1 样品采集

为使样品具有良好的代表性，应于同一批号三个运输包装中至少随机抽取 20 件最小销售包装样品，其中 5 件留样，5 件做抑菌或杀菌性能测试，10 件做稳定性测试。

C2 试验菌与菌液制备

C2.1 试验菌

C2.1.1 细菌：金黄色葡萄球菌(ATCC 6538)，大肠杆菌(8099 或 ATCC 25922)。

C2.1.2 酵母菌：白色念珠菌(ATCC 10231)。

菌液制备：取菌株第 3～14 代的营养琼脂培养基斜面新鲜培养物(18～24h)，用 5mL 0.03mol/L 磷酸盐缓冲液(以下简称 PBS)洗下菌苔，使菌悬浮均匀后用上述 PBS 稀释至所需浓度。

C3 杀菌性能试验方法

该试验取样部位，根据被试产品生产者的说明而确定。

C3.1 中和剂鉴定试验

进行杀菌性能测试必须通过以下中和剂鉴定试验。

C3.1.1 试验分组

1）染菌样片+5mL PBS。

2）染菌样片+5mL 中和剂。

3）染菌对照片+5mL 中和剂。

4）样片+5mL 中和剂+染菌对照片。

5）染菌对照片+5mL PBS。

6）同批次 PBS。

7）同批次中和剂。

8）同批次培养基。

C3.1.2 评价规定

1）第 1 组无试验菌，或仅有极少数试验菌菌落生长。

2）第 2 组有较第 1 组为多，但较第 3、4、5 组为少的试验菌落生长，并符合要求。

3）第 3、4、5 组有相似量试验菌生长，并在 $1\times10^4\sim9\times10^4$cfu/片之间，其组间菌落数误差率应不超过 15%。

4）第 6~8 组无菌生长。

5）连续 3 次试验取得合格评价。

C3.2 杀菌试验

C3.2.1 操作步骤

将试验菌 24h 斜面培养物用 PBS 洗下，制成菌悬液(要求的浓度为：用 100μL 滴于对照样片上，回收菌数为 $1\times10^4\sim9\times10^4$cfu/片)。

取被试样片(2.0cm×3.0cm)和对照样片(与试样同质材料，同等大小，但不含抗菌材料，且经灭菌处理)各 4 片，分成 4 组置于 4 个灭菌平皿内。

取上述菌悬液，分别在每个被试样片和对照样片上滴加 100μL，均匀涂布，开始计时，作用 2、5、10、20min，用无菌镊分别将样片投入含 5mL 相应中和剂的试管内，充分混匀，作适当稀释，然后取其中 2~3 个稀释度，分别吸取 0.5mL，置于两个平皿，用凉至 40~45℃的营养琼脂培养基(细菌)或沙氏琼脂培养基(酵母菌)15mL 作倾注，转动平皿，使其充分均匀，琼脂凝固后翻转平板，35℃±2℃培养 48h(细菌)或 72h(酵母菌)，作活菌菌落计数。

试验重复 3 次，按式(C1)计算杀菌率：

$$X_3 = (A - B)/A \times 100\% \quad \cdots\cdots \quad (C1)$$

式中 X_3——杀菌率，%；

A——对照样品平均菌落数；

B——被试样品平均菌落数。

C3.2.2 评价标准

杀菌率≥90%，产品有杀菌作用。

C4 溶出性抗(抑)菌产品抑菌性能试验方法

C4.1 操作步骤

将试验菌 24h 斜面培养物用 PBS 洗下，制成菌悬液(要求的浓度为：用 100μL 滴于对照样片上或 5mL 样液内，回收菌数为 $1\times10^4\sim9\times10^4$cfu/片或 mL)。

取被试样片(2.0cm×3.0cm)或样液(5mL)和对照样片或样液(与试样同质材料，同等大小，但不含抗菌材料，且经灭菌处理）各4片（置于灭菌平皿内）或4管。

取上述菌悬液，分别在每个被试样片或样液和对照样片或样液上或内滴加100μL，均匀涂布/混合，开始计时，作用2min、5min、10min、20min，用无菌镊分别将样片或样液（0.5mL）投入含5mL PBS的试管内，充分混匀，作适当稀释，然后取其中2~3个稀释度，分别吸取0.5mL，置于两个平皿，用凉至40~45℃的营养琼脂培养基（细菌）或沙氏琼脂培养基（酵母菌）15mL作倾注，转动平皿，使其充分均匀，琼脂凝固后翻转平板，35℃±2℃培养48h（细菌）或72h（酵母菌），作活菌菌落计数。

试验重复3次，按式（C2）计算抑菌率：

$$X_4 = (A - B)/A \times 100\% \quad \cdots\cdots (C2)$$

式中 X_4——抑菌率，%；

A——对照样品平均菌落数；

B——被试样品平均菌落数。

C4.2 评价标准

抑菌率≥50%~90%，产品有抑菌作用，抑菌率≥90%，产品有较强抑菌作用。

C5 非溶出性抗（抑）菌产品抑菌性能试验方法

C5.1 操作步骤

称取被试样片（剪成1.0cm×1.0cm大小）0.75g分装包好。

将0.75g重样片放入一个250mL的三角烧瓶中，分别加入70mL PBS和5mL菌悬液，使菌悬液在PBS中的浓度为1×10^4~9×10^4cfu/mL。

将三角烧瓶固定于振荡摇床上，以300r/min振摇1h。

取0.5mL振摇后的样液，或用PBS做适当稀释后的样液，以琼脂倾注法接种平皿，进行菌落计数。

同时设对照样片组和不加样片组，对照样片组的对照样片与被试样片同样大小，但不含抗菌成分，其他操作程序均与被试样片组相同，不加样片组分别取5mL菌悬液和70mL PBS加入一个250mL三角烧瓶中，混匀，分别于0时间和振荡1h后，各取0.5mL菌悬液与PBS的混合液做适当稀释，然后进行菌落计数。

试验重复3次，按式（C3）计算抑菌率：

$$X_5 = (A - B)/A \times 100\% \quad \cdots\cdots (C3)$$

式中 X_5——抑菌率，%；

A——被试样品振荡前平均菌落数；

B——被试样品振荡后平均菌落数。

C5.2 评价标准

不加样片组的菌落数在1×10^4~9×10^4cfu/mL之间，且样品振荡前后平均菌落数差值在10%以内，试验有效；被试样片组抑菌率与对照样片组抑菌率的差值>26%，产品具有抗菌作用。

C6 稳定性测试方法

C6.1 测试条件

C6.1.1 自然留样：将原包装样品置室温下至少1年，每半年进行抑菌或杀菌性能测试。

C6.1.2 加速试验：将原包装样品置54~57℃恒温箱内14天或37~40℃恒温箱内3个月，保持相对湿度>75%，进行抑菌或杀菌性能测试。

C6.2 评价标准

产品经自然留样，其杀菌率或抑菌率达到附录C3或附录C4、附录C5中规定的标准值，产品的杀菌或抑菌作用在室温下的保持时间即为自然留样时间。

产品经54℃加速试验，其杀菌率或抑菌率达到附录C3或附录C4、附录C5中规定的标准值，产品的杀菌或抑菌作用在室温下至少保持一年。

产品经37℃加速试验，其杀菌率或抑菌率达到附录C3或附录C4、附录C5中规定的标准值，产品的杀菌或抑菌作用在室温下至少保持二年。

附录D

（标准的附录）

产品环氧乙烷残留量测试方法

D1 测试目的

确定产品消毒后启用时间，当新产品或原材料、消毒工艺改变可能影响产品理化性能时应予测试。

D2 样品采集

环氧乙烷消毒后，立即从同一消毒批号的三个大包装中随机抽取一定量小包装样品，采样量至少应满足规定所需测定次数的量(留一定量在必要时进行复测用)。

分别于环氧乙烷消毒后24h及以后每隔数天进行残留量测定，直至残留量降至本标准4.6所规定的标准值以下。

D3 仪器与操作条件

仪器：气相色谱仪，氢焰检测器(FID)。

柱：Chromosorb 101 HP60~80目；玻璃柱长2m，ϕ3mm。柱温：120℃。

检测器：150℃。

气化器：150℃。

载气量：氮气：35mL/min。

氢气：35mL/min。

空气：350mL/min。

柱前压约为108kPa。

D4 操作步骤

D4.1 标准配制

用100mL玻璃针筒从纯环氧乙烷小钢瓶中抽取环氧乙烷标准气(重复放空二次，以排除原有空气)，塞上橡皮头，用10mL针筒抽取上述100mL针筒中纯环氧乙烷标准气10mL，用氮气稀释到100mL(可将10mL标准气注入到已有90mL氮气的带橡皮塞头的针筒中来完成)。用同样的方法根据需要再逐级稀释2~3次(稀释1000~10000倍)，作三个浓度的标准气体。按环氧乙烷小钢瓶中环氧乙烷的纯度、稀释倍数和室温计算出最后标准气中的环氧乙烷浓度。

计算公式如下：

$$c = \frac{44 \times 10^6}{22.4 \times 10^3 \times k} \times \frac{273}{273 + t} \qquad \text{(D1)}$$

式中 c——标准气体浓度，μg/mL；

k——稀释倍数；

t——室温，℃。

D4.2 样品处理

至少取2个最小包装产品，将其剪碎，随机精确称取2g，放入萃取容器中，加入5mL去离子水，充分摇匀，放置4h或振荡30min待用。如被检样品为吸水树脂材料产品，可适当增加去离子水量，以确保至少可吸出2mL样液。

D4.3 分析

待仪器稳定后，在同样条件下，环氧乙烷标准气体各进样1.0mL，待分析样品(水溶液)各进样2μL，每一样液平行作2次测定。

根据保留时间定性，根据峰面积(或峰高)进行定量计算，取平均值。

D4.4 计算

以所进环氧乙烷标准气的微克(μg)数对所得峰面积(或峰高)作环氧乙烷工作曲线。

以样品中环氧乙烷所对应的峰面积(或峰高)在工作曲线上求得环氧乙烷的量A(μg)，并以式(D2)求得产品中环氧乙烷的残留量。

$$X = \frac{A}{\frac{m}{V_{(萃)}} \times V_{(进)}} \quad \cdots\cdots (D2)$$

式中 X——产品中环氧乙烷残留量，μg/g；

A——从工作曲线中所查得环氧乙烷量，μg；

m——所取样品量，g；

$V_{(萃)}$——萃取液体积，mL；

$V_{(进)}$——进样量，mL。

附录E

(标准的附录)

生产环境采样与测试方法

E1 空气采样与测试方法

E1.1 样品采集

在动态下进行。

室内面积不超过30m^2，在对角线上设里、中、外三点，里、外点位置距墙1m；室内面积超过30m^2，设东、西、南、北、中5点，周围4点距墙1m。

采样时，将含营养琼脂培养基的平板(直径9cm)置采样点(约桌面高度)，打开平皿盖，使平板在空气中暴露5min。

E1.2 细菌培养

在采样前将准备好的营养琼脂培养基置35℃±2℃培养24h，取出检查有无污染，将污染培养基剔除。

将已采集的培养基在6h内送实验室，于35℃±2℃培养48h观察结果，计数平板上细菌菌落数。

E1.3 菌落计算

$$y_1 = \frac{A \times 50000}{S_1 \times t} \quad \cdots\cdots (E1)$$

式中 y_1——空气中细菌菌落总数，cfu/m^3；

A——平板上平均细菌菌落数；

S_1——平板面积，cm^2；

t——暴露时间，min。

E2 工作台表面与工人手表面采样与测试方法

E2.1 样品采集

工作台：将经灭菌的内径为5cm×5cm的灭菌规格板放在被检物体表面，用一浸有灭菌生理盐水的棉签在其内涂抹10次，然后剪去手接触部分棉棒，将棉签放入含10mL灭菌生理盐水的采样管内送检。

工人手：被检人五指并拢，用一浸湿生理盐水的棉签在右手指曲面，从指尖到指端来回涂擦10次，然后剪去手接触部分棉棒，将棉签放入含10mL灭菌生理盐水的采样管内送检。

E2.2 细菌菌落总数检测

将已采集的样品在6h内送实验室，每支采样管充分混匀后取1mL样液，放入灭菌平皿内，倾注营养琼脂培养基，每个样品平行接种两块平皿，置35℃±2℃培养48h，计数平板上细菌菌落数。

$$y_2 = \frac{A}{S_2} \times 10 \quad \text{(E2)}$$

$$y_3 = A \times 10 \quad \text{(E3)}$$

式中 y_2——工作台表面细菌菌落总数，cfu/cm^2；

A——平板上平均细菌菌落数；

S_2——采样面积，cm^2；

y_3——工人手表面细菌菌落总数，cfu/只手。

E2.3 致病菌检测

按本标准附录B进行。

附录F
（标准的附录）
消毒效果生物监测评价方法

F1 环氧乙烷消毒

F1.1 环氧乙烷消毒效果评价用生物指示菌为枯草杆菌黑色变种芽胞(ATCC 9372)。在菌量为5×10^5~5×10^6cfu/片，环氧乙烷浓度为600mg/L±30mg/L，作用温度为54℃±2℃，相对湿度为60%±10%条件下，其杀灭90%微生物所需时间D值应为2.5~5.8min，存活时间≥7.5min，杀灭时间≤58min。

F1.2 每次测试至少布放10片生物指示剂，放于最难杀灭处。消毒完毕，取出指示菌片接种营养肉汤培养液作定性检测或接种营养琼脂培养基作定量检测，将未处理阳性对照菌片作相同接种，两者均置35℃±2℃培养。阳性对照应在24h内有菌生长。定性培养样品如连续观察7天全部无菌生长，可报告生物指示剂培养阴性，消毒合格。定量培养样品与阳性对照相比灭活指数达到10^3也可报告消毒合格。

F2 电离辐射消毒

F2.1 电离辐射消毒效果评价用生物指示菌为短小杆菌芽胞E601(ATCC 27142)，在菌量为5×10^5~5×10^6cfu/片时，其杀灭90%微生物所需剂量D_{10}值应为1.7kGy。

F2.2 每次测试至少选5箱，每箱产品布放3片生物指示剂，置最小剂量处。消毒完毕，取出指示菌片接种营养肉汤培养液作定性检测或接种营养琼脂培养基作定量检测，将未处理阳性对照菌片作相同接种，两者均置35℃±2℃培养。阳性对照应在24h内有菌生长。定性培养样品如连续观察7天全部无菌生长，可报告生物指示剂培养阴性，消毒合格。定量培养样品与阳性对照相比灭活指数达到10^3也可报告消毒合格。

F3 压力蒸汽消毒

参照GB15981—1995规定执行。

附录 G
（标准的附录）
培养基与试剂制备

G1　营养琼脂培养基

成分：

蛋白胨	10g
牛肉膏	3g
氯化钠	5g
琼脂	15~20g
蒸馏水	1000mL

制法：除琼脂外其他成分溶解于蒸馏水中，调 pH 至 7.2~7.4，加入琼脂，加热溶解，分装试管，121℃灭菌 15min 后备用。

G2　乳糖胆盐发酵管

成分：

蛋白胨	20g
猪胆盐（或牛、羊胆盐）	5g
乳糖	10g
0.04%溴甲酚紫水溶液	25mL
蒸馏水	加至 1000mL

制法：将蛋白胨、胆盐及乳糖溶于水中，校正 pH 至 7.4，加入指示剂，分装每管 50mL，并放入一个小倒管，115℃灭菌 15min，即得。

G3　乳糖发酵管

成分：

蛋白胨	20g
乳糖	10g
0.04%溴甲酚紫水溶液	25mL
蒸馏水	加至 1000mL

制法：将蛋白胨及乳糖溶于水中，校正 pH 至 7.4，加入指示剂，分装每管 10mL，并放入一个小倒管，115℃灭菌 15min，即得。

G4　伊红美蓝琼脂（EMB）

成分：

蛋白胨	10g
乳糖	10g
磷酸氢二钾	2g
琼脂	17g
2%伊红 Y 溶液	20mL
0.65%美蓝溶液	10mL
蒸馏水	加至 1000mL

制法：将蛋白胨、磷酸盐和琼脂溶解于蒸馏水中，校正 pH 至 7.1，分装于烧瓶内，121℃灭菌

15min备用，临用时加入乳糖并加热溶化琼脂，冷至 55℃，加入伊红和美蓝溶液摇匀，倾注平板。

G5 SCDLP 液体培养基

成分：

酪蛋白胨	17g
大豆蛋白胨	3g
氯化钠	5g
磷酸氢二钾	2.5g
葡萄糖	2.5g
卵磷脂	1g
吐温 80	7g
蒸馏水	1000mL

制法：将各种成分混合(如无酪蛋白胨和大豆蛋白胨可用日本多价胨代替)，加热溶解，调 pH 至 7.2~7.3，分装，121℃灭菌 20min，摇匀，避免吐温 80 沉于底部，冷至 25℃后使用。

G6 十六烷三甲基溴化铵培养液

成分：

牛肉膏	3g
蛋白胨	10g
氯化钠	5g
十六烷三甲基溴铵	0.3g
琼脂	20g
蒸馏水	1000mL

制法：除琼脂外，上述各成分混合加热溶解，调 pH 至 7.4~7.6，然后加入琼脂，115℃灭菌 20min，冷至 55℃左右，倾注平皿。

G7 绿脓菌素测定用培养基斜面

成分：

蛋白胨	20g
氯化镁	1.4g
硫酸钾	10g
琼脂	18g
甘油(化学纯)	10g
蒸馏水	加至 1000mL

制法：将蛋白胨、氯化镁和硫酸钾加到蒸馏水中，加热溶解，调 pH 至 7.4，加入琼脂和甘油，加热溶解，分装试管，115℃灭菌 20min，制成斜面备用。

G8 明胶培养基

成分：

牛肉膏	3g
蛋白胨	5g
明胶	120g
蒸馏水	1000mL

制法：各成分加入蒸馏水中浸泡 20min，加热搅拌溶解，调 pH 至 7.4，5mL 分装于试管中，115℃灭菌 20min，直立制成高层备用。

G9 硝酸盐蛋白胨水培养基

成分：

蛋白胨	10g
酵母浸膏	3g
硝酸钾	2g
亚硝酸钠	0.5g
蒸馏水	1000mL

制法：将蛋白胨与酵母浸膏加到蒸馏水中，加热溶解，调 pH 至 7.2，煮沸过滤后补足液量，加入硝酸钾和亚硝酸钠溶解均匀，分装到加有小倒管的试管中，115℃灭菌 20min 备用。

G10 血琼脂培养基

成分：

营养琼脂	100mL
脱纤维羊血(或兔血)	10mL

制法：将灭菌后的营养琼脂加热溶化，凉至 55℃左右，用无菌方法将 10mL 脱纤维血加入后摇匀，倾注平皿置冰箱备用。

G11 甘露醇发酵培养基

成分：

蛋白胨	10g
牛肉膏	5g
氯化钠	5g
甘露醇	10g
0.2%溴麝香草酚蓝溶液	12mL
蒸馏水	1000mL

制法：将蛋白胨、氯化钠、牛肉膏加到蒸馏水中，加热溶解，调 pH 至 7.4，加入甘露醇和溴麝香草酚蓝混匀后，分装试管，115℃灭菌 20min 备用。

G12 葡萄糖肉汤

成分：

蛋白胨	10g
牛肉膏	5g
氯化钠	5g
葡萄糖	10g
蒸馏水	1000mL

制法：上述成分溶于蒸馏水中，调 pH 至 7.2～7.4，加热溶解，分装试管，121℃灭菌 15min 后备用。

G13 兔血浆

制法：取灭菌 3.8%柠檬酸钠 1 份，兔全血 4 份，混匀静置，3000r/min 离心 5min，取上清，弃血球。

G14 沙氏琼脂培养基

蛋白胨	10g

葡萄糖	40g
琼脂	20g
蒸馏水	1000mL

用700mL蒸馏水将琼脂溶解，300mL蒸馏水将葡萄糖与蛋白胨溶解，混合上述两部分，摇匀后分装，115℃灭菌15min，即得。使用前，用过滤除菌方法加入0.1g/L的氯霉素或者0.03g/L的链霉素。

定性试验采用沙氏培养液，除不加琼脂外其他成分与制法同上。

G15 营养肉汤培养液

蛋白胨	10g
氯化钠	5g
牛肉膏	3g
蒸馏水	1000mL

调节pH使灭菌后为7.2~7.4，分装，115℃灭菌30min，即得。

G16 溴甲酚紫葡萄糖蛋白胨水培养基

蛋白胨	10g
葡萄糖	5g
蒸馏水	1000mL

调节pH至7.0~7.2，加2%溴甲酚紫酒精溶液0.6mL，115℃灭菌30min，即得。

G17 革兰氏染色液

结晶紫染色液：

结晶紫	1g
95%乙醇	20mL
1%草酸铵水溶液	80mL

将结晶紫溶解于乙醇中，然后与草酸铵溶液混合。

革兰氏碘液：

碘	1g
碘化钾	2g
蒸馏水	300mL

脱色剂

95%乙醇

复染液：

(1) 沙黄复染液：

沙黄	0.25g
95%乙醇	10mL
蒸馏水	90mL

将沙黄溶解于乙醇中，然后用蒸馏水稀释。

(2) 稀石炭酸复红液：

称取碱性复红10g，研细，加95%乙醇100mL，放置过夜，滤纸过滤。取该液10mL，加5%石炭酸水溶液90mL混合，即为石炭酸复红液。再取此液10mL，加水90mL，即为稀石炭酸复红液。

G18 0.03mol/L 磷酸盐缓冲液(PBS，pH 7.2)

成分：

磷酸氢二钠	2.83g
磷酸二氢钾	1.36g
蒸馏水	1000mL

绒毛浆(GB/T 21331—2008)

2008-09-01 实施

1 范围

本标准规定了绒毛浆的产品分类、技术要求、试验方法、检验规则及标志、包装、运输、贮存。

本标准适用于生产一次性卫生用品的原料绒毛浆。

2 规范性引用文件

下列文件中的条款通过本标准的引用而成为本标准的条款。凡是注日期的引用文件，其随后所有的修改单(不包括勘误的内容)或修订版均不适用于本标准，然而，鼓励根据本标准达成协议的各方研究是否可使用这些文件的最新版本。凡是不注日期的引用文件，其最新版本适用于本标准。

GB/T 451.2 纸和纸板定量的测定(GB/T 451.2—2002，eqv ISO 536：1995)

GB/T 451.3 纸和纸板厚度的测定(GB/T 451.3—2002，idt ISO 534：1988)

GB/T 462 纸和纸板 水分的测定(GB/T 462—2003，ISO 287：1985，MOD)

GB/T 740 纸浆 试样的采取(GB/T 740—2003，ISO 7213：1991，IDT)

GB/T 1539 纸板耐破度的测定(GB/T 1539—2007，ISO 2759：1983，EQV)

GB/T 2828.1 计数抽样检验程序 第1部分：按接收质量限(AQL)检索的逐批检验抽样计划(GB/T 2828.1—2003，ISO 2859-1：1999，IDT)

GB/T 7974 纸、纸板和纸浆亮度(白度)的测定 漫射/垂直法(GB/T 7974—2002，neq ISO 2470：1999)

GB/T 7979 纸浆二氯甲烷抽出物的测定

GB/T 10739 纸、纸板和纸浆试样处理和试验的标准大气条件(GB/T 10739—2002，eqv ISO 187：1990)

GB/T 10740—2002 纸浆尘埃和纤维束的测定(GB/T 10740—2002，eqv ISO 5350：1998)

GB 15979 一次性使用卫生用品卫生标准

3 术语和定义

下列术语和定义适用于本标准。

3.1 全处理浆

经过较强物理或化学处理使浆板的蓬松性显著改善的绒毛浆。

3.2 半处理浆

经过弱的物理或化学处理使浆板的蓬松性有一定改善的绒毛浆。

3.3 未处理浆

未经过改善浆板蓬松性处理的绒毛浆。

4 产品分类和分等

4.1 绒毛浆一般为卷筒浆板。

4.2 绒毛浆产品分为全处理浆、半处理浆和未处理浆。

4.3 绒毛浆按质量分为优等品和合格品。

5 技术要求

5.1 绒毛浆的技术指标应符合表1的要求，或按订货合同的规定。

表1

指标名称	单位	规定					
		全处理浆		半处理浆		未处理浆	
		优等品	合格品	优等品	合格品	优等品	合格品
定量偏差	%	±5		±5		±5	
紧度 ≤	g/cm^3	0.60		0.60		0.60	
耐破指数 ≤	$kPa \cdot m^2/g$	0.85		1.10		1.50	
亮度 ≥	%	83.0	80.0	83.0	80.0	83.0	80.0
二氯甲烷抽出物 ≤	%	0.20	0.30	0.12	0.18	0.02	0.08
干蓬松度 ≥	cm^3/g	19.0	17.0	20.0	18.0	22.0	20.0
吸水时间 ≤	s	6.0	9.5	5.0	7.5	3.0	4.0
吸水量 ≥	g/g	9.0	6.0	10.0	7.0	11.0	8.0
尘埃度 $0.3mm^2 \sim 1.0mm^2$ 尘埃 ≤	$mm^2/500g$	25					
尘埃度 $1.0mm^2 \sim 5.0mm^2$ 尘埃 ≤	$mm^2/500g$	10					
尘埃度 大于 $5.0mm^2$ 尘埃	$mm^2/500g$	不应有					
交货水分	%	6~10					

5.2 绒毛浆的卫生要求执行GB 15979。

5.3 绒毛浆板不应有肉眼可见的金属杂质、沙粒等异物，无明显的纤维束和尘埃。

6 试验方法

6.1 试样的采取：按GB/T 740取样，试样处理和试验的标准大气按GB/T 10739进行。

6.2 定量偏差按GB/T 451.2测定。

6.3 紧度按GB/T 451.3测定，应测得厚度后再换算成紧度。

6.4 耐破指数按GB/T 1539测定。

6.5 亮度按GB/T 7974测定。

6.6 二氯甲烷抽出物按GB/T 7979测定。

6.7 尘埃度按GB/T 10740—2002测定，其中有一种方法测定结果合格则判为合格。

6.8 干蓬松度按附录B测定。

6.9 吸水时间和吸水量按附录B测定。

6.10 交货水分按GB/T 462测定。

6.11 卫生指标按GB 15979测定。

6.12 外观质量采用目测检验。

7 检验规则

7.1 生产厂应保证所生产的绒毛浆符合本标准或定货合同的规定，每卷绒毛浆交货时应附有一份产品合格证。

7.2 以一次交货数量为一批，产品交收检验抽样应按GB/T 2828.1的规定进行，样本单位为卷筒

(件)。接收质量限(AQL):干蓬松度、吸水时间、吸水量为4.0;定量偏差、紧度、二氯甲烷抽出物、尘埃度、耐破指数、交货水分、亮度、外观质量为6.5。采用方案、检验水平为特殊检验水平S-2的正常检验二次抽样,其抽样方案见表2。

表2

批量 卷筒(件)	检查水平S-2的正常检查二次抽样方案				
	样本 大小	B类不合格品 AQL=4.0		C类不合格品 AQL=6.5	
		Ac	Re	Ac	Re
≤50	3	0	1	0	1
51~150	3	0	1	—	—
	5 5(10)	— —	— —	0 1	2 2
151~3200	8 8(16)	0 1	2 2	0 3	3 4

7.3 在抽样时,应先检查样本外部包装情况,然后从中采取试样进行检验。

7.4 可接收性的确定:第一次检验的样品数量应等于该方案给出的第一样本量。如果第一样本中发现的不合格品数量小于或等于第一接收数,应认为该批是可接收的;如果第一样本中发现的不合格品数大于或等于第一拒收数,应认为该批是不可接收的。如果第一样本中发现的不合格品数介于第一接收数与第一拒收数之间,应检验由方案给出的样本量的第二样本并累计在第一样本和第二样本中发现的不合格品数。如果不合格品数累计数小于或等于第二接收数,则判定该批是可接收的;如果不合格品累计数大于或等于第二拒收数,则判定该批是不可接收的。

7.5 卫生指标GB 15979进行测定,经检测若卫生指标有一项不符合规定,则判为批不合格。

7.6 需方若对产品质量有异议,应将该批产品封存并在到货后三个月内(或按合同规定)通知供方,由供需双方共同对该批产品进行抽样检验。如不符合本标准规定,则判批不合格,由供方负责处理;如符合本标准规定,则判为批合格,由需方负责处理。

8 标志、包装、运输、贮存

8.1 每卷绒毛浆应标明产品名称、产品标准编号、商标、生产企业名称、地址、规格、批号或卷号、定量、风干重、等级、生产日期,并贴上产品合格证。

8.2 每卷产品应用塑料膜包紧。

8.3 产品运输时,应使用具有防护措施的洁净的运输工具,不应和有污染性的物质共同运输。

8.4 产品在搬运过程中,应注意轻放,防雨、防潮,不应抛扔。

8.5 产品应妥善贮存于干燥、清洁、无毒、无异味、无污染的仓库内。

附录A

(规范性附录)

绒毛浆浆板的分散方法

A.1 仪器

a)切纸刀;

b)实验室绒毛浆板钉型分散器。

设备结构示意图如图A.1所示,钉型分散器的中心是一个直径为150mm外表镶有约500只钉子的金属鼓，由 6000r/min～8000r/min 的电动马达驱动。鼓的外部由机壳保护，机壳上有纸浆喂料器(速度可在 1cm/s～10cm/s 范围内恒速)和绒毛浆收集装置。

A.2 取样方法

除去绒毛浆表层的 2 层浆板后进行取样，用切纸刀裁成 30mm 宽的纸浆试样。

A.3 分散方法

启动分散器和喂料辊电源，待电机达到额定转数后，将 30mm 宽的纸浆条从两个喂料辊之间进料，分散后的绒毛浆用负压从收集口收集。

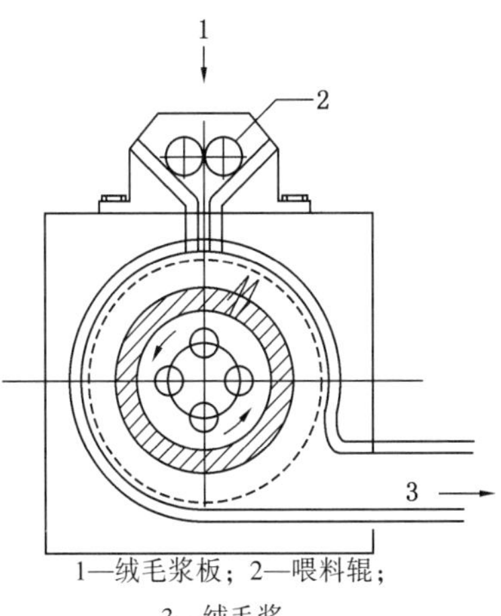

1—绒毛浆板；2—喂料辊；
3—绒毛浆。

图 A.1 绒毛浆分散器原理图

附录B

(规范性附录)

绒毛浆干蓬松度、吸水时间和吸水量的测定

B.1 仪器

B.1.1 试样成型器

试样成型器是将分散的绒毛浆制备成 3g 直径为 50mm 的圆柱状试样，以供测定吸水性能和蓬松度之用，试样中的纤维应分布均匀一致，其结构示意图如图 B.1 所示。分散后的绒毛浆从入口被吸入，在锥型分散管以内螺旋形分散下降，纸浆可通过试样成型器被收集在一个直径为 50mm 的塑料管中，制成用于测定的试样。在成型管内形成一个浆垫试样用于试验。

B.1.2 干蓬松度及吸水性能测定仪

本仪器主要测定绒毛浆试样的干蓬松高度、蓬松度、吸水速度和吸水量，其结构示意图如图 B.2 所示。由试样成型管制成的试样被放置于底部带孔的盘上，加上 500g 的负荷，可测出其蓬松高度，从而计算出干蓬松性。水从底部带孔的盘被试样吸收，用计时器记录试样的吸水时间，当试样完全吸水后，测出吸水量。

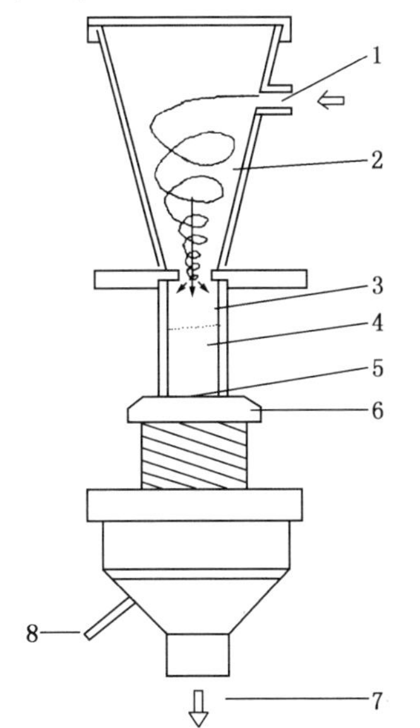

1—绒毛浆进口；2—锥型分散管道；3—成型管；
4—试样；5—金属网；6—成型管件；
7—接真空系统；8—压力计出口。

图 B.1 试样成型器原理示意图

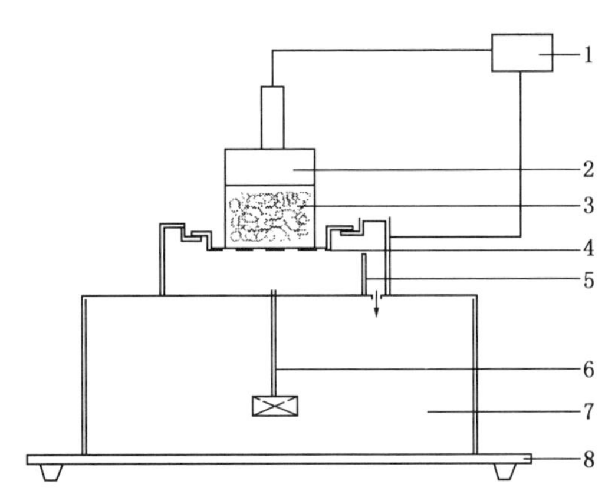

1—自动计时器；2—负荷；3—试样；4—带孔试样盘；
5—溢流板；6—水泵；7—储水箱；8—底座。

图 B.2 干蓬松度及吸水性能测定仪结构示意图

B.2 试验样品的处理

试验用绒毛浆样品应当在 GB/T 10739 规定的标准大气中处理平衡。

B.3 试验步骤

B.3.1 分散样品至绒毛状

用切纸刀将绒毛浆板裁成约 30mm 宽的样品条，启动绒毛浆分散器，从喂料辊加入样品条，分散为绒毛状样品。

B.3.2 绒毛浆干蓬松度、吸水时间和吸水量的测定

取 3g 分散后的绒毛浆，在放入绒毛浆试样成型管中成型。试样保留在成型管中，每种样品至少准备 5 块试样。将试样成型管放置未注水的绒毛浆蓬松度吸水性能测定仪上，轻轻地在绒毛浆上加 500g 负荷。去掉试样成型管，30s 后记录试样高度，即为绒毛浆的蓬松高度，单位为毫米。开动水泵，将 23℃的水注入绒毛浆蓬松度吸水性能测定仪中，启动计时器，当水浸透试样后，记录吸水时间，取两位有效数字。试样吸水应至少 30s 以上，然后降低水位。湿样排水 30s 后，移开负荷，称重湿试样。

至少做三次平行试验，检查每件样品所得结果，舍去极大值，分别计算出干蓬松度、吸水时间及吸水量的平均值。

B.4 结果计算

B.4.1 绒毛浆干蓬松度 $X(cm^3/g)$ 按式(B.1)进行计算，精确至 0.5cm^3/g。

$$X = S \cdot h/10m_1 = 0.655h \quad \text{(B.1)}$$

式中 S——试样的底面积，单位为平方厘米(cm^2)(底面直径 50mm 的 S 为 19.64cm^2)；

h——压缩后试样高度，单位为毫米(mm)；

m_1——标准大气条件下试样的质量，单位为克(g)（此处为 3.0g）。

B.4.2 绒毛浆吸水量 $Y(g/g)$ 按式(B.2)进行计算，取小数点后第一位。

$$Y = (m_2 - m_1)/m_1 \quad \text{(B.2)}$$

式中 m_2——吸水后试样的质量，单位为克(g)；

m_1——标准大气条件下试样的质量，单位为克(g)（此处为 3.0g）。

卫生用品用无尘纸(GB/T 24292—2009)

2010-03-01 实施

1 范围

本标准规定了卫生用品用无尘纸(以下简称“无尘纸”)的分类、技术要求、试验方法、检验规则及标志、包装、运输和贮存的要求。

本标准适用于加工一次性使用卫生用品的无尘纸，包括含有高吸收性树脂的合成无尘纸和不含高吸收性树脂的普通无尘纸，不包括由无纺布、PE 膜等材料复合而成的复合无尘纸。

2 规范性引用文件

下列文件中的条款通过本标准的引用而成为本标准的条款。凡是注日期的引用文件，其随后所有的修改单(不包括勘误的内容)或修订版均不适用于本标准，然而，鼓励根据本标准达成协议的各方研究是否可使用这些文件的最新版本。凡是不注明日期的引用文件，其最新版本适用于本标准。

GB/T 450 纸和纸板 试样的采取及试样纵横向、正反面的测定(GB/T 450—2008，ISO 186:

2002，MOD)

GB/T 451.2　纸和纸板定量的测定(GB/T 451.2—2002，eqv ISO 536：1995)

GB/T 462　纸、纸板和纸浆　分析试样水分的测定(GB/T 462—2008；ISO 287：1985，MOD；ISO 638：1978，MOD)

GB/T 1541　纸和纸板尘埃度的测定

GB/T 7974　纸、纸板和纸浆亮度(白度)的测定　漫射/垂直法(GB/T 7974—2002，neq ISO 2470：1999)

GB/T 10739　纸、纸板和纸浆试样处理和试验的标准大气条件(GB/T 10739—2002，eqv ISO 187：1990)

GB/T 12914　纸和纸板　抗张强度的测定(GB/T 12914—2008；ISO 1924-1：1992，MOD；ISO 1924-2:1994，MOD)

GB 15979—2002　一次性使用卫生用品卫生标准

3　分类

3.1　无尘纸按规格分为盘纸、方包纸(平切纸)。

3.2　无尘纸按品种分为普通无尘纸和合成无尘纸。

4　技术要求

4.1　无尘纸技术指标应符合表1或合同的规定。

表1　无尘纸技术指标

指标名称		单位	规定
定量偏差		%	±10
宽度偏差		mm	±3
厚度偏差		mm	±0.4
纵向抗张指数　≥		N·m/g	1.5
亮度(白度)		%	75.0~90.0
吸水倍率　≥		倍	2.0
pH		—	4.0~9.0
交货水分　≤		%	10
尘埃度	总数　≤	个/m^2	20
	0.2mm^2~1.0mm^2　≤		20
	1.0mm^2~2.0mm^2　≤		1
	大于2.0mm^2		不应有
直径允许偏差		mm	+50 -100
接头　≤	盘纸	个/盘	2
	方包纸(平切纸)	个/包	14

注：含高分子吸收树脂的合成无尘纸不考核吸水倍率。
方包纸(平切纸)不考核直径偏差。

4.2　按合同要求可生产各种规格的无尘纸。

4.3　无尘纸的卫生指标应符合GB 15979—2002中的妇女经期卫生用品要求。

4.4 无尘纸分切端面应平整，不应有明显死折、残缺、破损、透明点、污染物、硬质块、浆团等纸病和杂质。

4.5 无尘纸应无任何异味、无毒、无害。

4.6 无尘纸盘纸单盘水平提起轴芯时，端面变形应不大于3mm。

4.7 无尘纸盘纸的纸芯应无破损、无变形。

4.8 无尘纸的纸面接头应使用与纸面宽度相同、有明显标记、便于识别的胶带进行有效连接。

4.9 废弃的卫生用品不应作为无尘纸的原材料或其半成品。

5 试验方法

5.1 试样的采取和处理

试样的采取按GB/T 450进行，试样的处理和测定按GB/T 10739进行。

5.2 定量偏差

定量按GB/T 451.2测定，定量偏差按式(1)计算，结果修约至1%。

$$\text{定量偏差}=\frac{\text{实际定量}-\text{标称定量}}{\text{标称定量}}\times 100\% \quad\cdots\cdots(1)$$

5.3 宽度偏差

测量实际宽度，根据标称宽度计算宽度偏差，准确至整数。计算方法见式(2)。

$$\text{宽度偏差}=\text{实际宽度}-\text{标称宽度} \quad\cdots\cdots(2)$$

5.4 厚度偏差

厚度偏差按附录A测定，计算方法见式(3)。

$$\text{厚度偏差}=\text{实际厚度}-\text{标称厚度} \quad\cdots\cdots(3)$$

5.5 纵向抗张指数

纵向抗张指数按GB/T 12914测定，仲裁时按GB/T 12914中恒速拉伸法测定。结果保留至三位有效数字。

5.6 亮度(白度)

亮度(白度)按GB/T 7974测定。

5.7 吸水倍率

取一条试样，称其质量约5g(吸前质量)。用夹子垂直夹住试样的一端(≤2mm)。将试样连同夹子完全浸入约10cm深的(23±1)℃蒸馏水中，轻轻压住试样，使其完全浸没60s，然后提起夹子，使试样完全离开水面。垂直悬挂90s后，称其质量(吸后质量)，按式(4)计算吸水倍率。按同样方法测定5个试样，取5个试样的平均值作为测定结果，准确至一位小数。

$$\text{吸水倍率}=\frac{\text{吸后质量}-\text{吸前质量}}{\text{吸前质量}} \quad\cdots\cdots(4)$$

5.8 pH

pH按附录B测定。

5.9 交货水分

交货水分按GB/T 462测定。

5.10 尘埃度

尘埃度按GB/T 1541测定。

5.11 直径允许偏差

测量实际盘纸直径，计算方法见式(5)。

$$\text{直径允许偏差}=\text{实际直径}-\text{标称直径} \quad\cdots\cdots(5)$$

5.12 卫生指标

卫生指标按GB 15979—2002中的7.1.3测定。

6 检验规则

6.1 生产企业应保证所生产的无尘纸符合本标准或合同的规定，以一次交货数量为一批，每批产品应附有产品合格证。

6.2 如果无尘纸的微生物指标不合格，则判定该批是不可接收的。

6.3 计数抽样检验程序按 GB/T 2828.1 规定进行。无尘纸样本单位为卷或件。接收质量限(AQL)：厚度偏差、抗张指数、pH、吸水倍率 AQL 为 4.0，定量偏差、宽度偏差、亮度、交货水分、尘埃度、直径允许偏差、接头、端面变形、外观 AQL 为 6.5。采用正常检验二次抽样，检验水平为特殊检验水平 S-3。其抽样方案见表 2。

表 2 抽 样 方 案

批量/卷(件)	正常检验二次抽样方案 特殊检验水平 S-3				
	样本量	AQL 值为 4.0		AQL 值为 6.5	
		Ac	Re	Ac	Re
2~50	2	—	—	0	1
	3	0	1	—	—
51~150	3	0	1	—	—
	5	—	—	0	2
	5(10)	—	—	1	2
151~500	5	—	—	0	2
	5(10)	—	—	1	2
	8	0	2	—	—
	8(16)	1	2	—	—
501~3200	8	0	2	0	3
	8(16)	1	2	3	4

6.4 可接收性的确定：第一次检验的样品数量应等于该方案给出的第一样本量。如果第一样本中发现的不合格品数小于或等于第一接收数，应认为该批是可接收的；如果第一样本中发现的不合格品数大于或等于第一拒收数，应认为该批是不可接收的。如果第一样本中发现的不合格品数介于第一接收数与第一拒收数之间，应检验由方案给出样本量的第二样本并累计在第一样本和第二样本中发现的不合格品数。如果不合格品累计数小于或等于第二接收数，则判定该批是可接收的；如果不合格品累计数大于或等于第二拒收数，则判定该批是不可接收的。

6.5 需方若对产品质量持有异议，可在到货后三个月内通知供方共同复验或委托共同商定的检验部门进行复验。复验结果若不符合本标准或合同的规定，则判定为批不可接收，由供方负责处理；若符合本标准的规定，则判定为批可接收，由需方负责处理。

7 标志、包装、运输和贮存

7.1 产品标志及包装

7.1.1 产品包装上应标明以下内容：

a) 产品名称；

b) 企业名称、地址、联系方式；

c) 定量、规格、数量、净重；

d) 生产日期和保质期或生产批号和限期使用日期。

7.1.2 与无尘纸直接接触的包装材料应清洁、无毒、无害。无尘纸不应裸露，以保证产品不受污染。

7.1.3 每批无尘纸应附产品质量检验报告和合格证。

7.2 产品运输及贮存

7.2.1 包装上应标明运输及贮存条件。

7.2.2 无尘纸在运输过程中应使用具有防护措施的工具，防止重压、尖物碰撞及日晒雨淋。

7.2.3 无尘纸应保存在干燥通风、不受阳光直接照射的室内，防止雨雪淋袭和地面湿气的影响，不应与有污染或有毒化学品一起贮存。

7.2.4 超过保质期的无尘纸，经重新检验合格后方可限期使用。

附录A
（规范性附录）
厚度偏差的测定

A.1 厚度仪器

仪器的技术参数如下：

a）测量范围：0~9mm；

b）显示分辨率：0.01mm；

c）测量准确度：0.01mm；

d）测量头下降速度：<3mm/s；

e）接触压力：0.25kPa~0.50kPa；

f）接触面积：（20±0.2）cm^2；

g）测量面平面度误差：≤0.005mm；

h）两测量面间平行度误差：≤0.01mm。

A.2 试验步骤

将测量块置于测量头下方的中间位置，使测量头的触点位于测量块的中心点上，将厚度仪回零。将试样放在测量块下方的居中位置，并将试样和测量块置于测量头下方，使测量头触点位于测量块的中心点上，待3s后立即读数。

A.3 测定

测量实际厚度，每条试样测定三点数据，取其算术平均值作为测定结果。根据标称厚度计算厚度偏差，精确至0.01mm。

附录B
（规范性附录）
pH的测定

B.1 仪器和试剂

B.1.1 仪器

B.1.1.1 带复合电极的pH计。

B.1.1.2 天平，最大量程500g，感量0.1g。

B.1.1.3 温度计，精确度为±0.1℃。

B.1.1.4 烧杯，100mL。

B.1.1.5 量筒，100mL和50mL。

B.1.1.6　容量瓶，1000mL。
B.1.1.7　不锈钢剪刀。

B.1.2　试剂

B.1.2.1　蒸馏水或去离子水，pH 为 6.5~7.2。
B.1.2.2　标准缓冲溶液：25℃时 pH 为 6.86 的缓冲溶液（磷酸二氢钾和磷酸氢二钠混合液）。所用试剂应为分析纯，缓冲溶液至少一个月重新配制一次。

配制方法：称取磷酸二氢钾（KH_2PO_4）3.39g 和磷酸氢二钠（Na_2HPO_4）3.54g，置于 1000mL 容量瓶中，用蒸馏水（或去离子水）刻度，摇匀备用。

B.2　试验步骤

在常温下，称取 1g 试样，置于 100mL 烧杯内。加入蒸馏水（或去离子水）50mL，用玻璃棒搅拌，10min 后将复合电极放入烧杯中读取 pH 数值。

B.3　试验结果的计算

每种样品测定两个试样，取其算术平均值作为测定结果，准确至 0.1pH 单位。

B.4　注意事项

每次使用 pH 计前应用标准缓冲溶液（B.1.2.2）进行校准，校准方法详见仪器使用说明书。每个试样测定完毕后，应立即用蒸馏水（或去离子水）洗净电极。

卫生巾高吸收性树脂（GB/T 22875—2008）

2009-09-01 实施

1　范围

本标准规定了卫生巾（含卫生护垫）聚丙烯酸盐类高吸收性树脂的要求、试验方法、检验规则及标志、包装、运输和贮存。

本标准适用于各类妇女卫生巾（含卫生护垫）用聚丙烯酸盐类高吸收性树脂。

2　要求

2.1　卫生巾高吸收性树脂的技术指标应符合表 1 或合同的规定。

表 1

指标名称			单位	要求
残留单体（丙烯酸）		≤	mg/kg	1800
挥发物含量		≤	%	10.0
pH			—	4.0~8.0
粒度分布	<106μm	≤	%	10.0
	<45μm	≤		1.0
密度			g/cm³	0.3~0.9
吸收速度		≤	s	200
吸收量		≥	g/g	20.0

2.2　产品外观应色泽均一。

3 试验方法

3.1 残留单体（丙烯酸）按附录A测定。

3.2 挥发物含量按附录B测定。

3.3 pH按附录C测定。

3.4 粒度分布按附录D测定。

3.5 密度按附录E测定。

3.6 外观：将试样置于正常光线下目测检验。

3.7 吸收速度：用电子天平称取1.0g待测试样，准确至0.001g，然后倒入100mL的烧杯中。晃动烧杯使试样均匀分散在烧杯底部。用量筒量取23℃的标准合成试液（按附录G配制）5mL，倒入盛有试样的烧杯中，同时开始计时。待稍微倾斜烧杯时杯内液体流动性消失，记录所用时间。吸收速度用秒表示，同时进行两次测定。用两次测定的算术平均值，并修约至整数报告结果。

3.8 吸收量按附录F测定。

4 检验规则

4.1 以一次生产批为一批。

4.2 从同一批且不少于3个包装袋中均匀取样，取样量应为1kg。

4.3 产品出厂前应按本标准或合同规定进行项目检验，若经检验有不合格项，则应加倍抽样对不合格项进行复检，复检结果作为最终检验结果。

4.4 供货单位（以下简称供方）应保证产品质量符合本标准或合同规定，交货时应附产品质量合格证。

4.5 购货单位（以下简称需方）有权按本标准或合同规定检验产品，如对产品质量有异议，应在到货一个月内（或按合同规定）通知供方，供方应及时处理，必要时可由供需双方共同抽样复检。如果复检结果不符合本标准或合同规定，则判为批不合格，由供方负责处理；如果复检结果符合本标准或合同规定，则判为批合格，由需方负责处理。双方对复检结果如仍有争议，应提请双方认可的上一级检测机构进行仲裁，仲裁结果作为最后裁决依据。

5 标志、包装、运输、贮存

5.1 产品的标志、包装应按5.2或合同规定进行。

5.2 产品应使用带有内衬塑料薄膜的包装袋进行包装，包装袋应具有足够的强度，保证使用时不会发生断裂、脱落等现象。每批产品应附一份质量合格证，合格证上应注明生产单位名称、产品名称、商标、生产日期、包装量、检验结果和采用标准编号。

5.3 产品运输时应使用防雨、防潮、洁净的运输工具，不应与有污染的物品共同运输。

5.4 产品在搬运过程中不应从高处扔下或就地翻滚移动。

5.5 产品应贮存于阴凉、通风、干燥的仓库内，严防雨、雪和地面湿气的影响。

附录A
（规范性附录）
残留单体（丙烯酸）的测定

A.1 仪器和试剂

A.1.1 烧杯（带盖），容量300mL左右。

A.1.2 磁力搅拌器及搅拌磁子。

A.1.3 漏斗及滤纸。

A.1.4 高效液相色谱。

A. 1. 5　UV 检出器。

A. 1. 6　色谱柱，应选用程序升温时间在 5. 5min 以上的色谱柱。

A. 1. 7　100μL 微量注射器。

A. 1. 8　滤膜过滤器，孔径规格 0. 45μm，水系用。

A. 1. 9　电子天平，感量为 0. 001g。

A. 1. 10　生理盐水，浓度 0. 9%。

A. 1. 11　丙烯酸，优级纯。

A. 1. 12　磷酸（H_3PO_4），优级纯。

A. 2　测定步骤

A. 2. 1　残存单体（丙烯酸）的抽出

称取 1g 试样，准确至 0. 001g，倒入烧杯中。然后加入 200mL 浓度 0. 9%的生理盐水（A. 1. 10），放入回转子（A. 1. 2）后加盖，用磁力搅拌器（A. 1. 2）搅拌 1h。用滤纸（A. 1. 3）过滤，将滤液作为测试溶液。

A. 2. 2　标准曲线

测定已知浓度的丙烯酸溶液的峰面积，以丙烯酸浓度为横坐标，以峰面积为纵坐标，绘制标准曲线。

A. 2. 3　试样的测定

将测试溶液用微量注射器（A. 1. 7）通过滤膜过滤器（A. 1. 8）注入到高效液相色谱（A. 1. 4）中，按以下条件进行测定，并计算出峰面积。

测定条件：

a）流动相：0. 1%H_3PO_4 水溶液；

b）流量：1. 0mL/min~2. 0mL/min；

c）注入量：20μL~100μL；

d）UV 检出器（A. 1. 5）：检测波长 210nm。

A. 3　结果的表示

根据测试溶液的峰面积及标准曲线，按式（A. 1）计算试样中残留单体（丙烯酸）的含量，并准确至小数点后第一位。

$$c = \frac{A}{m} \times 200 \qquad \text{(A. 1)}$$

式中　c——残留单体（丙烯酸）的含量，单位为毫克每千克（mg/kg）；

A——由标准曲线得出的丙烯酸浓度，单位为毫克每升（mg/L）；

m——称取试样的质量，单位为克（g）；

200——加入生理盐水的体积，单位为毫升（mL）。

附 录 B

（规范性附录）

挥发物含量的测定

B. 1　仪器和试剂

B. 1. 1　烘箱，能使温度保持在 105℃±2℃。

B. 1. 2　干燥器。

B. 1. 3　电子天平，感量为 0. 001g。

B. 1. 4　试样容器，用于试样的转移和称量。该容器由能防水蒸气，且在试验条件下不易发生变化的轻质材料制成。

B.2 测定步骤

B.2.1 称取5g试样，准确至0.001g，装入已恒重的容器（B.1.4）中。将装有试样的容器放入温度为（105±2)℃的烘箱（B.1.1)，烘干4h。并将称量容器的盖子打开一起烘干。当烘干结束时，应在烘箱内盖上容器的盖子，然后移入干燥器（B.1.2）内冷却，30min后称取容器及试样的质量。

B.2.2 将该称量容器再次移入烘箱中重复上述步骤，两次连续称量间的干燥时间应不少于1h。当两次连续称量间的差值不大于试样原质量的0.2%时，即可确定试样达到恒重。

B.3 结果的表示

B.3.1 挥发物含量的计算

挥发物的含量可按式（B.1）计算：

$$w = \frac{m_1 - m_2}{m_1} \times 100\% \qquad \text{(B.1)}$$

式中 w——挥发物的含量,%；

m_1——烘干前试样的质量，单位为克（g)；

m_2——烘干后试样的质量，单位为克（g)。

B.3.2 结果的表示

同时进行两次测定，取其算术平均值作为测定结果，并修约至整数位。两次测定结果间的误差，应不超过0.2%（绝对值)。

附录C
（规范性附录）
pH 的 测 定

C.1 仪器和试剂

C.1.1 电子天平，0.001g。

C.1.2 量筒，感量为100mL。

C.1.3 磁力搅拌器。

C.1.4 pH计。

C.1.5 生理盐水，浓度0.9%。

C.2 测定步骤

C.2.1 用量筒（C.1.2）准确量取生理盐水（C.1.5）100mL，倒入150mL烧杯中。并置于磁力搅拌器（C.1.3）上适度搅拌，在搅拌过程中应避免溶液中产生气泡。

C.2.2 用电子天平（C.1.1）称取0.5g试样，准确至0.001g，将称好的试样缓缓加入烧杯中。适度搅拌10min后，将烧杯从磁力搅拌器上移开并停止搅拌，静置8min以使悬浮的树脂沉淀。

C.2.3 根据仪器说明，使用缓冲溶液调整pH计（C.1.4)。然后将pH复合电极慢慢插入沉淀的试样上方的溶液中，2min后读取pH计的数值。为了防止污染电极，电极不应接触到试样。读取示值后，将电极移开并用去离子水彻底清洗，然后浸入电极保护缓冲溶液中。

C.3 测定结果的表示

测定结果直接从pH计上读出，同时进行两次测定，取两次测定的平均值作为测定结果。结果修约至小数点后一位。

附 录 D

（规范性附录）

粒度分布的测定

D.1 仪器和试剂

D.1.1 电子天平，感量为0.01g。

D.1.2 筛网振动器，振幅1mm，频率1400r/min。

D.1.3 筛网，使用网孔为45μm和106μm的标准筛。

D.1.4 接收底盘及盖子。

D.1.5 刷子。

D.2 测定步骤

D.2.1 每次使用前应先清洁筛网（D.1.3），在光源下检查筛网的整个表面，检查每个筛网的损坏情况。如果发现任何破裂或破洞，则丢弃该破损筛网并用新筛网代替。如果筛网不干净，则需清洗。

D.2.2 将筛网叠放在筛网振动器（D.1.2）上，底部放置接收底盘（D.1.4），将筛子按106μm至45μm的顺序自上而下叠放。用250mL的玻璃烧杯称取100g试样，准确至0.01g。将试样轻轻倒入顶部的筛子，加盖（D.1.4）并开动筛网振动器振动10min。然后将筛网小心地取出，分别称量45μm筛网及接收底盘上试样的质量。测定过程中应避免通风气流。用刷子（D.1.5）将筛下部分收集到废物皿中，并清洁筛网。

D.3 测定结果的表示

粒度分布可按式（D.1）和式（D.2）计算：

$$w_1 = \frac{m_2 + m_3}{m_1} \times 100\% \qquad (D.1)$$

$$w_2 = \frac{m_3}{m_1} \times 100\% \qquad (D.2)$$

式中 w_1——粒度为106μm以下的含量，%；

w_2——粒度为45μm以下的含量，%；

m_1——试样的总质量，单位为克（g）；

m_2——残留在45μm筛网上试样的质量，单位为克（g）；

m_3——残留在接收底盘上试样的质量，单位为克（g）。

同时进行两次测定，取其算术平均值作为测定结果，结果修约至小数点后一位。

附 录 E

（规范性附录）

密度的测定

E.1 仪器和试剂

E.1.1 密度仪

E.1.2 漏斗，容量大于120mL，且带有孔式节流阻尼或挡板，孔口内径10.00mm±0.01mm。

E.1.3 密度杯，杯筒容量100cm^3±0.5 cm^3。

E.1.4 电子天平，感量为0.01g。

E.2 测定步骤

E.2.1 将密度仪（E.1.1）放在平台上，调节三个脚上的螺钉，使其保持水平状。将洗净烘干的漏斗（E.1.2）垂直放在密度杯（E.1.3）中心上方 40mm±1mm 高度处，确保漏斗水平。称取空密度杯的质量 m_1，准确至 0.01g。然后将已称量的空密度杯放在漏斗的正下方。

E.2.2 称取约 120g 的试样轻轻加入漏斗中，漏斗下方的孔式节流阻尼或挡板处于关闭状态。快速打开漏斗下方的孔式节流阻尼或挡板，让漏斗内的试样自然落下。用玻璃棒刮掉密度杯顶部多余的试样，不应拍打或震动密度杯。称取装有试样的密度杯的质量 m_2，准确至 0.01g。

E.3 测定结果的表示

试样的密度可按式（E.1）计算：

$$\rho = \frac{m_2 - m_1}{V} \qquad \text{(E.1)}$$

式中 ρ——试样的密度，单位为克每立方厘米（g/cm^3）；

m_1——空密度杯的质量，单位为克（g）；

m_2——装有试样的密度杯质量，单位为克（g）；

V——密度杯的体积，单位为立方厘米（cm^3）。

同时进行两次测定，并取其算术平均值作为测定结果，结果修约至小数点后一位。

附 录 F
（规范性附录）
吸收量的测定

F.1 仪器和试剂

F.1.1 电子天平，感量为 0.001g。

F.1.2 纸质茶袋，尺寸为 60mm×85mm，透气性（230±50）L/（min·100cm^2）（压差 124Pa）。

F.1.3 夹子，固定茶袋用。

F.1.4 标准合成试液（见附录 G）。

F.2 测定步骤

F.2.1 称取 0.2g 试样，准确至 0.001g，并将该质量记作 m。将试样全部倒入茶袋（F.1.2）底部，附着在茶袋内侧的试样也应全部倒入茶袋底部。

F.2.2 将茶袋封口，浸泡至装有足够量的标准合成试液（F.1.4）的烧杯中，浸泡时间为 30min。

F.2.3 轻轻地将装有试样的茶袋拎出，用夹子（F.1.3）悬挂起来，静止状态下滴液 10min。多个茶袋同时悬挂时，注意茶袋之间应不互相接触。

F.2.4 10min 后，称量装有试样茶袋的质量 m_1。

F.2.5 使用没有试样的茶袋同时进行空白值测定，称取空白试验茶袋的质量，并将该质量记作 m_2。

F.3 测定结果的表示

试样的吸收量可按式（F.1）计算：

$$w = \frac{m_1 - m_2}{m} \qquad \text{(F.1)}$$

式中 w——试样的吸收量，单位为克每克（g/g）；

m_1——装有试样茶袋的质量，单位为克（g）；
m_2——空白试验茶袋的质量，单位为克（g）；
m——称取试样的质量，单位为克（g）。

同时进行两次测定，并取其算术平均值作为测定结果，结果修约至小数点后一位。

附 录 G
（规范性附录）
标准合成试液

G.1 原理

该标准合成试液系根据动物血（猪血）的主要物理性能配制，具有与其相似的流动及吸收特性，可以很好地模拟人体经血性能。

G.2 配方

以下试剂均为化学纯。

a）蒸馏水或去离子水：860mL；
b）氯化钠：10.00g；
c）碳酸钠：40.00g；
d）丙三醇（甘油）：140mL；
e）苯甲酸钠：1.00g；
f）食用色素：适量；
g）羧甲基纤维素钠：5.00g；
h）标准媒剂：1%（体积分数）。

G.3 标准合成试液的物理性能

在（23±1）℃时，标准合成试液的物理性能如下：

a）密度：（1.05±0.05）g/cm^3；
b）黏度：（11.9±0.7）s（用4号涂料杯测）；
c）表面张力：（36±4）mN/m。

纸尿裤高吸收性树脂（GB/T 22905—2008）

2009-09-01 实施

1 范围

本标准规定了纸尿裤聚丙烯酸盐类高吸收性树脂的要求、试验方法、检验规则及标志、包装、运输、贮存。

本标准适用于各类婴儿纸尿裤（片）、成人失禁用品用聚丙烯酸盐类高吸收性树脂。

2 要求

2.1 纸尿裤高吸收性树脂的技术指标应符合表1或合同的规定。

表 1

指标名称		单位	要求
残留单体（丙烯酸） ≤		mg/kg	1800
挥发物含量 ≤		%	10.0
pH		—	4.0~8.0
粒度分布	<106μm ≤	%	10.0
	其中<45μm ≤		1.0
密度		g/cm^3	0.3~0.9
吸收量 ≥		g/g	40.0
保水量 ≥		g/g	20.0
加压吸收量 ≥		g/g	10.0

2.2　产品外观应色泽均一。

3　试验方法

3.1　残留单体（丙烯酸）按附录 A 测定。

3.2　挥发物含量按附录 B 测定。

3.3　pH 按附录 C 测定。

3.4　粒度分布按附录 D 测定。

3.5　密度按附录 E 测定。

3.6　外观：将试样置于正常光线下目测检验。

3.7　吸收量、保水量按附录 F 测定。

3.8　加压吸收量按附录 G 测定。

4　检验规则

4.1　以一次生产批为一批。

4.2　从同一批且不少于 3 个包装袋中均匀取样，取样量应为 1kg。

4.3　产品出厂前应按本标准或合同规定进行项目检验，若经检验有不合格项，则应加倍抽样对不合格项进行复检，复检结果作为最终检验结果。

4.4　供货单位（以下简称供方）应保证产品质量符合本标准或合同规定，交货时应附产品质量合格证。

4.5　购货单位（以下简称需方）有权按本标准或合同规定检验产品，如对产品质量有异议，应在到货一个月内（或按合同规定）通知供方，供方应及时处理，必要时可由供需双方共同抽样复检。如果复检结果不符合本标准或合同规定，则判为批不合格，由供方负责处理；如果复检结果符合本标准或合同规定，则判为批合格，由需方负责处理。双方对复检结果如仍有争议，应提请双方认可的上一级检测机构进行仲裁，仲裁结果作为最后裁决依据。

5　标志、包装、运输、贮存

5.1　产品的标志、包装应按 5.2 或合同规定进行。

5.2　产品应使用带有内衬塑料薄膜的包装袋进行包装，包装袋应具有足够的强度，保证使用时不会发生断裂、脱落等现象。每批产品应附一份质量合格证，合格证上应注明生产单位名称、产品名称、商标、生产日期、包装量、检验结果和采用标准编号。

5.3　产品运输时应使用防雨、防潮、洁净的运输工具，不应与有污染的物品共同运输。

5.4　产品在搬运过程中不应从高处扔下或就地翻滚移动。

5.5 产品应贮存于阴凉、通风、干燥的仓库内，严防雨、雪和地面湿气的影响。

附录A

（规范性附录）

残留单体（丙烯酸）的测定

A.1 仪器和试剂

A.1.1 烧杯（带盖），容量300mL左右。

A.1.2 磁力搅拌器及搅拌磁子。

A.1.3 漏斗及滤纸。

A.1.4 高效液相色谱仪。

A.1.5 UV检出器。

A.1.6 色谱柱，应选用程序升温时间在5.5min以上的色谱柱。

A.1.7 100μL微量注射器。

A.1.8 滤膜过滤器，孔径规格0.45μm，水系用。

A.1.9 电子天平，感量为0.001g。

A.1.10 生理盐水，浓度0.9%。

A.1.11 丙烯酸，优级纯。

A.1.12 磷酸（H_3PO_4），优级纯。

A.2 测定步骤

A.2.1 残留单体（丙烯酸）的抽出

称取1g试样，准确至0.001g，倒入烧杯中。然后加入200mL浓度0.9%的生理盐水（A.1.10），放入回转子后加盖，用磁力搅拌器（A.1.2）搅拌1h。用滤纸（A.1.3）过滤，将滤液作为测试溶液。

A.2.2 标准曲线

测定已知浓度的丙烯酸溶液的峰面积，以丙烯酸浓度为横坐标，以峰面积为纵坐标，绘制标准曲线。

A.2.3 试样的测定

将测试溶液用微量注射器（A.1.7）通过滤膜过滤器（A.1.8）注入到高效液相色谱仪（A.1.4）中，按以下条件进行测定，并计算出峰面积。

测定条件：

流动相：0.1%H_3PO_4水溶液；

流量：1.0mL/min~2.0mL/min；

注入量：20μL~100μL；

UV检出器（A.1.5）：检测波长210nm。

A.3 结果的表示

根据测试溶液的峰面积及标准曲线，按式（A.1）计算试样中残留单体（丙烯酸）含量，并准确至小数点后第一位。

$$X = \frac{c}{m} \times 200 \qquad \text{(A.1)}$$

式中 X——残留单体（丙烯酸）含量，单位为毫克每千克（mg/kg）；

c——由标准曲线得出的丙烯酸浓度，单位为毫克每升（mg/L）；

m——称取试样的质量，单位为克（g）。

附 录 B

（规范性附录）

挥发物含量的测定

B.1 仪器和试剂

B.1.1 烘箱，能使温度保持在105℃±2℃。

B.1.2 干燥器。

B.1.3 电子天平，感量为0.001g。

B.1.4 试样容器，用于试样的转移和称量。该容器由能防水蒸气，且在试验条件下不易发生变化的轻质材料制成。

B.2 测定步骤

B.2.1 称取5g试样，准确至0.001g，装入已恒重的容器（B.1.4）中。将装有试样的容器放入温度为（105±2）℃的烘箱（B.1.1），烘干4h。并将称量容器的盖子打开一起烘干。当烘干结束时，应在烘箱内盖上容器的盖子，然后移入干燥器（B.1.2）内冷却，30min后称取容器及试样的质量。

B.2.2 将该称量容器再次移入烘箱中重复上述步骤，两次连续称量间的干燥时间应不少于1h。当两次连续称量间的差值不大于试样原质量的0.2%时，即可确定试样达到恒重。

B.3 结果的表示

B.3.1 挥发物含量的计算

挥发物含量可按式（B.1）计算：

$$X = \frac{m_1 - m_2}{m_1} \times 200 \qquad \text{(B.1)}$$

式中 X——挥发物含量，%；

m_1——烘干前试样的质量，单位为克（g）；

m_2——烘干后试样的质量，单位为克（g）。

B.3.2 结果的表示

同时进行两次测定，取其算术平均值作为测定结果，并修约至整数位。两次测定结果间的误差，应不超过0.2%（绝对值）。

附 录 C

（规范性附录）

pH 的 测 定

C.1 仪器和试剂

C.1.1 电子天平，0.001g。

C.1.2 量筒，感量为100mL。

C.1.3 磁力搅拌器。

C.1.4 pH计。

C.1.5 生理盐水，浓度0.9%。

C.2 测定步骤

C.2.1 用量筒（C.1.2）准确量取生理盐水（C.1.5）100mL，倒入150mL烧杯中，并置于磁力搅拌器（C.1.3）上适度搅拌，在搅拌过程中应避免溶液中产生气泡。

C.2.2 用电子天平（C.1.1）称取0.5g试样，准确至0.001g，将称好的试样缓缓加入烧杯中。适度搅拌10min后，将烧杯从磁力搅拌器上移开并停止搅拌，静置8min以使悬浮的树脂沉淀。

C.2.3 根据仪器说明，使用缓冲溶液调整pH计（C.1.4）。然后将pH复合电极慢慢插入沉淀的试样上方的溶液中，2min后读取pH计的数值。为了防止污染电极，电极不应接触到试样。读取示值后，将电极移开并用去离子水彻底清洗，然后浸入电极保护缓冲溶液中。

C.3 测定结果的表示

测定结果直接从pH计上读出，同时进行两次测定，取两次测定的平均值作为测定结果。结果修约至小数点后一位。

附录D
（规范性附录）
粒度分布的测定

D.1 仪器和试剂

D.1.1 电子天平，感量为0.01g。

D.1.2 筛网振动器，振幅1mm，频率1400r/min。

D.1.3 筛网，使用网孔为45μm和106μm的标准筛。

D.1.4 接收底盘及盖子。

D.1.5 刷子。

D.2 测定步骤

D.2.1 每次使用前应先清洁筛网（D.1.3），在光源下检查筛网的整个表面，检查每个筛网的损坏情况。如果发现任何破裂或破洞，则丢弃该破损筛网并用新筛网代替。如果筛网不干净，则需清洗。

D.2.2 将筛网叠放在筛网振动器（D.1.2）上，底部放置接收底盘（D.1.4），将筛子按106μm至45μm的顺序自上而下叠放。用250mL的玻璃烧杯称取100g试样，准确至0.01g。将试样轻轻倒入顶部的筛子，加盖（D.1.4）并开动筛网振动器振动10min。然后将筛网小心地取出，分别称量45μm筛网及接收底盘上试样的质量。测定过程中应避免通风气流。用刷子（D.1.5）将筛下部分收集到废物皿中，并清洁筛网。

D.3 测定结果的表示

粒度分布可按式（D.1）和式（D.2）计算：

$$X_1 = \frac{m_2 + m_3}{m_1} \times 100\% \qquad (D.1)$$

$$X_2 = \frac{m_3}{m_1} \times 100\% \qquad (D.2)$$

式中 X_1——106μm以下含量，%；

X_2——45μm以下含量，%；

m_1——试样的总质量，单位为克（g）；

m_2——残留在45μm筛网上试样的质量，单位为克（g）；

m_3——残留在接收底盘上试样的质量，单位为克（g）。

同时进行两次测定，取其算术平均值作为测定结果，结果修约至小数点后一位。

附 录 E
（规范性附录）
密度的测定

E.1 仪器和试剂

E.1.1 密度仪。

E.1.2 漏斗，容量大于120mL，且带有孔式节流阻尼或挡板，孔口内径10.00mm±0.01mm。

E.1.3 密度杯，杯筒容量100cm^3±0.5cm^3。

E.1.4 电子天平，感量为0.01g。

E.2 测定步骤

E.2.1 将密度仪（E.1.1）放在平台上，调节三个脚上的螺丝，使其保持水平状。将洗净烘干的漏斗（E.1.2）垂直放在密度杯（E.1.3）中心上方40mm±1mm高度处，确保漏斗水平。称取空密度杯的质量m_1，准确至0.01g。然后将已称量的空密度杯放在漏斗的正下方。

E.2.2 称取约120g的试样轻轻加入漏斗中，漏斗下方的孔式节流阻尼或挡板处于关闭状态。快速打开漏斗下方的孔式节流阻尼或挡板，让漏斗内的试样自然落下。用玻璃棒刮掉密度杯顶部多余的试样，不应拍打或震动密度杯。称取装有试样的密度杯的质量m_2，准确至0.01g。

E.3 测定结果的表示

密度可按式（E.1）计算：

$$\rho = \frac{m_2 - m_1}{V} \quad \cdots\cdots\cdots\cdots (E.1)$$

式中 ρ——密度，单位为克每立方厘米（g/cm^3）；

m_1——空密度杯的质量，单位为克（g）；

m_2——装有试样的密度杯质量，单位为克（g）；

V——密度杯的体积，单位为立方厘米（cm^3）。

同时进行两次测定，并取其算术平均值作为测定结果，结果修约至小数点后一位。

附 录 F
（规范性附录）
吸收量和保水量的测定

F.1 仪器和试剂

F.1.1 电子天平，感量为0.001g。

F.1.2 纸质茶袋，尺寸为60mm×85mm，透气性（230±50）L/（min·100cm^2）（压差124Pa）。

F.1.3 夹子，固定茶袋用。

F.1.4 离心脱水机，直径200mm，转速1500r/min（可产生约250g的离心力）。

F.1.5 生理盐水，浓度0.9%。

F.2 测定步骤

F.2.1 吸收量测定

F.2.1.1 称取0.2g试样，准确至0.001g，并将该质量记作m，将该试样全部倒入茶袋（F.1.2）底部，附着在茶袋内侧的试样也应全部倒入茶袋底部。

F.2.1.2 将茶袋封口，浸泡至装有足够量0.9%生理盐水（F.1.5）的烧杯中，浸泡时间为30min。

F.2.1.3 轻轻地将装有试样的茶袋拎出，用夹子（F.1.3）悬挂起来，静止状态下滴水10min。多个茶袋同时悬挂时，注意茶袋之间应不互相接触。

F.2.1.4 10min后，称量装有试样茶袋的质量 m_1。

F.2.1.5 使用没有试样的茶袋同时进行空白值测定，称取空白试验茶袋的质量，并将该质量记作 m_2。

F.2.2 **保水量测定**

F.2.2.1 将测定完吸收量的装有试样的茶袋在250g离心力（见F.1.4）条件下离心脱水3min。

F.2.2.2 3min脱水结束后，称量装有试样的茶袋质量，并将该质量记作 m_3。

F.2.2.3 使用没有试样的茶袋同时进行空白值测定，称取空白试验茶袋的质量并将该质量记作 m_4。

F.3 测定结果的表示

吸收量和保水量可按式（F.1）和式（F.2）计算：

$$c_1 = \frac{m_1 - m_2}{m} \qquad \text{(F.1)}$$

$$c_2 = \frac{m_3 - m_4}{m} \qquad \text{(F.2)}$$

式中 c_1——吸收量，单位为克每克（g/g）；

c_2——保水量，单位为克每克（g/g）；

m——称取试样的质量，单位为克（g）；

m_1——装有试样茶袋的质量，单位为克（g）；

m_2——空白试验茶袋的质量，单位为克（g）；

m_3——脱水后装有试样茶袋的质量，单位为克（g）；

m_4——脱水后空白试验茶袋的质量，单位为克（g）。

同时进行两次测定，并取其算术平均值作为测定结果，结果修约至小数点后一位。

附录G
（规范性附录）
加压吸收量的测定

G.1 仪器和试剂

G.1.1 塑料圆桶，内径为25mm、外径为31mm、高为32mm，且底面粘有50μm尼龙网。

G.1.2 粘好砝码的塑料活塞（2068Pa），圆桶型，外径25mm，能与塑料圆桶（G.1.1）紧密连接，且能上下自如活动。

G.1.3 电子天平，感量为0.001g。

G.1.4 浅底盘，内径为85mm，高为20mm，且粘有直径为2mm的金属线，如图G.1所示。

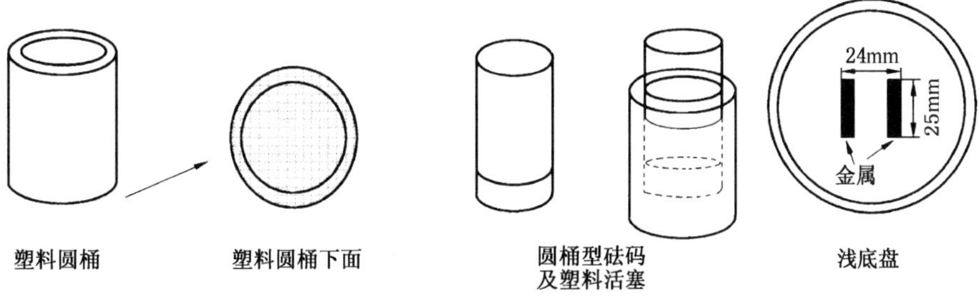

图G.1

G. 1. 5　生理盐水，浓度 0. 9%。

G. 2　测定步骤

G. 2. 1　测定应在（23±2）℃的环境下进行。

G. 2. 2　将温度（23±2）℃的标准生理盐水 25g 加入到浅底盘（G. 1. 4）中，将此盘放在平台上。

G. 2. 3　称取 0. 160g 试样 m_1，准确至 0. 001g，装入塑料圆桶（G. 1. 1）中。

G. 2. 4　将粘好砝码的塑料活塞（G. 1. 2）装入已经装好测试试样的塑料圆桶（G. 1. 1）中，称其质量 m_2。

G. 2. 5　将装入试样的塑料圆桶置于浅底盘的中央。

G. 2. 6　60min 后，将塑料圆桶从浅底盘中提出，称量该圆桶的质量 m_3。

G. 3　测定结果的表示

加压吸收量可按式（G. 1）计算：

$$c=\frac{m_3-m_2}{m_1} \qquad \text{(G. 1)}$$

式中　c——加压吸收量，单位为克每克（g/g）；

m_1——称取试样的质量，单位为克（g）；

m_2——塑料活塞和塑料圆筒的质量，单位为克（g）；

m_3——加压吸收后塑料圆筒、塑料活塞和试样的质量，单位为克（g）。

同时进行两次测定，并取其算术平均值作为测定结果，结果修约至小数点后一位。

卫生巾用面层通用技术规范（GB/T 30133—2013）

2014-12-01 实施

1　范围

本标准规定了卫生巾用面层产品的术语和定义、分类、要求、试验方法、检验规则和标志、包装、运输、贮存。

本标准适用于卫生巾和卫生护垫用面层产品的生产和销售。

2　规范性引用文件

下列文件对于本文件的应用是必不可少的。凡是注日期的引用文件，仅注日期的版本适用于本文件。凡是不注日期的引用文件，其最新版本（包括所有的修改单）适用于本文件。

GB/T 450　纸和纸板　试样的采取及试样纵横向、正反面的测定

GB/T 451. 1　纸和纸板尺寸及偏斜度的测定

GB/T 451. 2　纸和纸板定量的测定

GB/T 462　纸、纸板和纸浆　分析试样水分的测定

GB/T 1545—2008　纸、纸板和纸浆　水抽提液酸度或碱度的测定

GB/T 1914　化学分析滤纸

GB/T 2828. 1　计数抽样检验程序　第 1 部分：按接收质量限（AQL）检索的逐批检验抽样计划

GB/T 10739　纸、纸板和纸浆试样处理和试验的标准大气条件

GB/T 12914　纸和纸板　抗张强度的测定

GB 15979　一次性使用卫生用品卫生标准

GB/T 27741—2011　纸和纸板　可迁移性荧光增白剂的测定

3 术语和定义

下列术语和定义适用于本文件。

3.1 复合膜 composite membrane

由无纺布和打孔膜两种材料复合加工，用于卫生巾和卫生护垫面层的材料。

4 分类

卫生巾用面层产品分为无纺布、打孔膜、复合膜等。

5 要求

5.1 技术要求

卫生巾用面层产品技术指标应符合表1或订货合同的规定。

表1

指标名称			单位	规定		
				无纺布	打孔膜	复合膜
定量偏差			%	±10		
抗张强度	≥	纵向	N/m	400	200	300
伸长率	≥	纵向	%	20	90	25
可迁移性荧光增白剂			—	无		
渗入量	≥		g	1.5		
回渗量	≤		g	2.5	0.5	2.5
透气率	≥		mm/s	1200		
pH			—	4.0~8.5		
交货水分	≤		%	8.0		

5.2 卫生要求

卫生巾用面层产品卫生指标应符合GB 15979的规定。

5.3 规格

卫生巾用面层产品一般以盘为单位，每盘宽度偏差应不超过±3mm，盘面缠绕应松紧适度、凹陷凸起部分应不大于5mm。

5.4 外观

5.4.1 卫生巾用面层产品表面应洁净、无污物，无死褶、破损，无掉毛、硬质块，无明显条状、云斑；无纺布表层不应有硬丝；打孔材料打孔应饱满、规则，打孔膜盲孔数2m内应不超过6个，且不应有大于等于1mm^{2}的盲孔。

5.4.2 卫生巾用面层产品色泽应均匀，同批材料不应有明显色差，无纺布面层不应出现颜色变化的现象。

5.4.3 卫生巾用面层产品切边应整齐。

5.4.4 卫生巾用面层产品应无明显异味。

5.5 原材料

卫生巾用面层产品生产时不得使用有毒有害原材料，不得使用回收原材料。

6 试验方法

6.1 试样的采取按GB/T 450规定进行，试样试验前温湿处理按GB/T 10739规定进行。

6.2 尺寸偏差按GB/T 451.1测定。

6.3　定量偏差按 GB/T 451.2 测定。

6.4　抗张强度、伸长率按 GB/T 12914 测定，采用 50mm 试验夹距，仲裁时采用恒速拉伸法。

6.5　可迁移性荧光增白剂：将试样置于紫外灯下，在波长 254nm 和 365nm 的紫外光下检测是否有荧光现象。若试样在紫外灯下无荧光现象，则判定无可迁移性荧光增白剂。若试样有荧光现象，则按 GB/T 27741—2011 中第 5 章进行可迁移性荧光增白剂测定。

6.6　渗入量按附录 A 进行测定。

6.7　回渗量按附录 B 进行测定。

6.8　透气率按附录 C 进行测定。

6.9　pH 的测定按 GB/T 1545—2008 中 pH 计法进行测定，采用冷抽提。在抽提过程中，装有试样的锥形瓶需在振荡器（振荡速率为往复式 60 次/min，旋转式 30 周/min）上振荡 1h。

6.10　交货水分按 GB/T 462 测定。

6.11　卫生指标按 GB 15979 测定。

6.12　外观质量采用目测检验。

7　检验规则

7.1　以一次交货为一批，但每批应不超过 500 件。

7.2　生产厂应保证所生产的产品符合本标准或订货合同要求。

7.3　产品的卫生指标不合格，则判定该批是不可接收的。

7.4　计数抽样检验程序按 GB/T 2828.1 规定进行，样本单位为件。接收质量限（AQL）：pH、可迁移性荧光增白剂、渗入量、回渗量为 4.0，定量偏差、抗张强度、伸长率、透气率、交货水分、尺寸偏差、外观质量为 6.5。抽样方案采用正常检验二次抽样方案，检查水平为一般检查水平 I。见表 2。

表 2

批量/件	正常检验二次抽样方案　一般检验水平 I				
	样本量	AQL=4.0		AQL=6.5	
		Ac	Re	Ac	Re
2~25	2	—	—	0	1
	3	0	1	—	—
26~90	3	0	1	—	—
	5	—	—	0	2
	5（10）	—	—	1	2
91~150	5	—	—	0	2
	5（10）	—	—	1	2
	8	0	2	—	—
	8（16）	1	2	—	—
151~280	8	0	2	0	3
	8（16）	1	2	3	4
281~500	13	0	3	1	3
	13（26）	3	4	4	5

7.5　可接收性的确定：第一次检验的样品数量应等于该方案给出的第一样本量。如果第一样本中发现的不合格品数小于或等于第一接收数，应认为该批是可接收的；如果第一样本中发现的不合格品数大于或等于第一拒收数，应认为该批是不可接收的。如果第一样本中发现的不合格品数介于第一接收数与第一拒收数之间，应检验由方案给出样本量的第二样本并累计在第一样本和第二样本中发现的不合格品数。如果不合格品累计数小于或等于第二接收数，则判定该批是可接收的；如果不合格品累计数

大于或等于第二拒收数，则判定该批是不可接收的。

7.6 需方有权按本标准或订货合同进行验收，如对该批产品质量有异议，应在到货后三个月内通知供方共同取样进行复验。如符合本标准或订货合同要求，则判为该批可接收，由需方负责处理。如不符合本标准或订货合同要求，则判为该批不可接收，由供方负责处理。

8 标志、包装、运输和贮存

8.1 产品标志及包装

8.1.1 产品包装上应标明以下内容：

a）产品名称；

b）企业名称、地址、联系方式；

c）定量、规格、数量、净重；

d）生产日期和保质期或生产批号和限期使用日期。

8.1.2 与卫生巾面层直接接触的包装材料应清洁、无毒、无害。卫生巾面层不应裸露，以保证产品不受污染。

8.1.3 每件卫生巾面层应附一份产品质量合格证。

8.2 产品运输及贮存

8.2.1 包装上应标明运输及贮存条件。

8.2.2 卫生巾面层在运输过程中应使用具有防护措施的工具，防止重压、尖物碰撞及日晒雨淋。

8.2.3 卫生巾面层应保存在干燥通风、不受阳光直接照射的室内，防止雨雪淋袭和地面湿气的影响，不应与有污染或有毒化学品仪器贮存。

8.2.4 超过保质期的卫生巾面层，经重新检验合格后方可限期使用。

附录A

（规范性附录）

渗入量的测定

A.1 仪器与测试溶液

A.1.1 仪器与材料

A.1.1.1 天平：感量 0.01g；

A.1.1.2 渗透性能测试仪（以下简称测试仪，见图 A.1）；

A.1.1.3 放液漏斗：60mL（以下简称漏斗）；

A.1.1.4 移液管：10mL；

A.1.1.5 烧杯；

A.1.1.6 钢板直尺；

A.1.1.7 化学定性分析滤纸：符合 GB/T 1914 要求的中速化学定性分析滤纸若干张（以下简称“滤纸”），滤纸长（纵）200mm，宽（横）150mm。

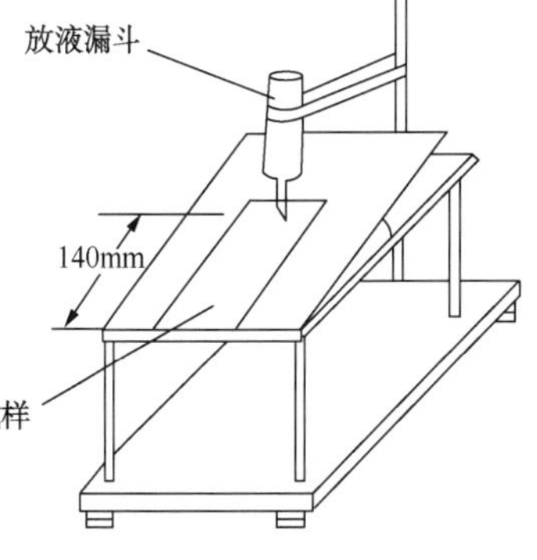

图 A.1 渗透性能测试仪示意图

A.1.2 测试溶液

A.1.2.1 概述

测试溶液是渗透性能测试专用的标准合成试液，配方见 A.1.2.2，测试时测试溶液的温度应保持在（23±1）℃。仲裁检验时应在标准大气条件，即（23±1）℃、（50±2）%相对湿度下处理试样及进行测试。

A.1.2.2 测试溶液配方

蒸馏水或去离子水：860mL；

氯化钠：10.00g；

碳酸钠：40.00g；

丙三醇（甘油）：140mL；

苯甲酸钠：1.00g；

食用色素：适量；

羧甲基纤维素钠：约5g；

标准媒剂：1%（体积分数）。

以上试剂均为分析纯。

A.1.2.3 测试溶液的物理性能

在（23±1）℃时：

密度：（1.05±0.05）g/cm^3；

黏度：（11.9±0.7）s（用4号涂料杯测）；

表面张力：（36±4）mN/m。

A.2 试样采取

切取长（纵向）200mm，宽（横向）100mm的卫生巾用面层试样至少5张，宽度不足100mm的以实际尺寸测试，但应在试验报告中注明。

A.3 试验步骤

A.3.1 先将测试仪（A.1.1.2）放于水平位置，调节上面板与下面板之间的角度为10°，再调节放液漏斗（A.1.1.3）的下口，使其中心点的投影距测试仪斜面板的下边缘为（140±2）mm；漏斗下口开口面向操作者。将适量的测试溶液（A.1.2）倒入漏斗中，使漏斗润湿，并用该溶液润洗漏斗两遍，然后放掉漏斗中的溶液。

A.3.2 取足够层数的滤纸（A.1.1.7），滤纸的层数以测试液不透过为宜，称其质量，记为 m_0。然后取待测试样一张，置于已称好的滤纸上，滤纸的粗糙面朝上，试样正面朝上，试验时应确保试样的长边与滤纸的长边平行，且试样与滤纸上下边缘对齐。将滤纸与试样平整地置于斜面板中心位置，确保滤纸下边缘与斜面板的下边缘对齐，将试样与滤纸固定在斜面板上。调节漏斗高度，使其下口的最下端距试样表面（5~10）mm，然后在测试仪斜面板的下方放一个烧杯（A.1.1.5），接经试样渗透后流下的溶液。

A.3.3 用移液管（A.1.1.4）准确移取测试溶液5mL于调节好的漏斗中，然后迅速打开漏斗节门至最大，使溶液自由地流到试样的表面上，并沿着斜面往下流动；溶液流完后，将漏斗节门关闭，然后将试样移开，将滤纸再次放在天平（A.1.1.1）上称量，计为 m_1。若试液从试样侧面流走，则该试样作废，另取一张重新测试。若同种样品有2个以上试样出现此现象时，其结果可以保留，但应在报告中注明。

A.4 试验结果的计算

试样的渗入量 m 以吸收测试溶液的质量来表示，单位为克（g），按式（A.1）计算每张试样的渗入量。

$$m = m_1 - m_0 \qquad \text{(A.1)}$$

每个样品测5张试样，以5张试样测量的算术平均值作为其最终测试结果，精确至0.1g。

附录B

（规范性附录）

回渗量的测定

B.1 器材与测试溶液

B.1.1 试验器材

B.1.1.1 天平：感量0.01g；

B.1.1.2 移液管：10mL；

B.1.1.3 化学定性分析滤纸：符合GB/T 1914要求的中速化学定性分析滤纸若干张（以下简称“滤纸”），滤纸长150mm，宽150mm。

B.1.1.4 标准压块，ϕ100mm，质量为（1.2±0.002）kg（能够产生1.5kPa的压强）。

B.1.2 测试溶液

同A.1.2。

B.2 试样采取

切取长（纵向）100mm，宽（横向）100mm的卫生巾用面层试样至少5张，宽度不足100mm的以实际尺寸测试，但应在试验报告中注明。

B.3 试验步骤

取待测试样一张，将其正面朝上平铺于150mm×150mm的若干层滤纸（B.1.1.3）上，滤纸的层数以测试溶液不透过为宜，试样的中心点与滤纸的中心点重合，且试样的纵向与滤纸的横向平行放置。用移液管（B.1.1.2）准确移取测试溶液（B.1.2）5mL，在移液管下口中心点距试样表面中心点的垂直距离为5mm～10mm处，使溶液自由地流到试样的表面上，并同时开始计时，5min时，迅速将150mm×150mm已知质量（G_1）的若干层滤纸（B.1.1.3）（以最上层滤纸无吸液为宜）放到试样的表面上，同时将标准压块压（B.1.1.4）于滤纸上，重新开始计时，加压1min时将标准压块移去，用天平（B.1.1.1）称量试样上面滤纸的质量（G_2）。

B.4 试验结果的计算

试样的回渗量（G）以经试样吸收后回渗到滤纸上的液体的质量来表示，单位为克（g），按式（B.1）计算。

$$G = G_2 - G_1 \qquad \text{(B.1)}$$

每个样品测5张试样，取5张试样的算术平均值作为其最终测试结果，精确至0.1g。

附录C

（规范性附录）

透气率的测定

C.1 原理

在规定的压差条件下，测定一定时间内垂直通过试样给定面积的气流流量，计算出透气率。气流流量可直接测出，也可通过测定流量孔径两面的压差换算而得。

C.2 仪器

C.2.1 试样圆台：具有试验面积为5cm^2、20cm^2、50cm^{2}或100cm^{2}的圆形通气孔，试验面积误差应不超过±0.5%。对于较大试验面积的通气孔应有适当的试样支撑网。

C.2.2 夹具：应能平整地固定试样，并保证试样边缘不漏气。

C.2.3 橡胶垫圈：用以防止漏气，与夹具（C.2.2）吻合。

C.2.4 压力计或压力表：连接于试验箱，能指示试样两侧的压降为50Pa、100Pa、200Pa或500Pa，精度至少为2%。

C.2.5 气流平稳吸入装置（风机）：能使具有标准温度的空气进入试样圆台，并可使透过试样的气流产生（50~500）Pa的压降。

C.2.6 流量计、容量计或测量孔径：能显示气流的流量，单位为dm^3/min（L/min），精度不超过±2%；

注1：只要流量计、容量计能满足精度±2%的要求，所测量的气流流量也可用cm^3/s或其他适当的单位表示。

注2：使用压差流量计的仪器，核对所测量的透气量与校正板所标定的透气量是否相差在2%以内。

C.3 试验条件

试验条件：试验面积$20cm^2$，压降50 Pa。

C.4 试样准备

切取足够卫生巾用面层试样，试样宽度至少100mm，总长不低于500mm，作为被测试样，所取试样应具代表性。

C.5 试验步骤

C.5.1 将试样夹持在试样圆台（C.2.1）上，测试点应避开破损处，夹样时采用足够的张力使试样平整且不变形，为防止漏气在试样的低压一侧（即试样圆台一侧）应垫上橡胶垫圈（C.2.3）。

C.5.2 启动吸风机或其他装置（C.2.5）使空气通过试样，调节流量，使压力降逐渐接近50Pa，约1min后或达到稳定时，记录气流流量。

注：如使用容量计，为达到所需精度需测定容积约$10dm^3$以上。

使用压差流量计的仪器，应选择适宜的孔径，记录该孔径两侧的压差。

C.5.3 在同样条件下，每个试样正反面各测3次，同一样品共测定6次。

C.6 结果计算和表示

C.6.1 计算测定值的算术平均值q_v。

C.6.2 按式（C.1）计算透气率R，以mm/s表示，结果保留三位有效数字。

$$R=\frac{q_v}{A}\times 167 \qquad (C.1)$$

式中 q_v——平均气流量，dm^3/min（L/min）；

A——试样面积，cm^2；

167——由$dm^3/min\times cm^2$换算成mm/s的换算系数。

制浆造纸工业水污染物排放标准（GB 3544—2008）

2008-08-01实施

1 适用范围

本标准规定了制浆造纸企业或生产设施水污染物排放限值。

本标准适用于现有制浆造纸企业或生产设施的水污染物排放管理。

本标准适用于对制浆造纸工业建设项目的环境影响评价、环境保护设施设计、竣工环境保护验收及其投产后的水污染物排放管理。

本标准适用于法律允许的污染物排放行为。新设立污染源的选址和特殊保护区域内现有污染源的管理，按照《中华人民共和国大气污染防治法》、《中华人民共和国水污染防治法》、《中华人民共和国海洋环境保护法》、《中华人民共和国固体废物污染环境防治法》、《中华人民共和国放射性污染防治法》、《中华人民共和国环境影响评价法》等法律、法规、规章的相关规定执行。

本标准规定的水污染物排放控制要求适用于企业向环境水体的排放行为。

企业向设置污水处理厂的城镇排水系统排放废水时，有毒污染物可吸附有机卤素（AOX）、二噁英在本标准规定的监控位置执行相应的排放限值；其他污染物的排放控制要求由企业与城镇污水处理厂根据其污水处理能力商定或执行相关标准，并报当地环境保护主管部门备案；城镇污水处理厂应保证排放污染物达到相关排放标准要求。

建设项目拟向设置污水处理厂的城镇排水系统排放废水时，由建设单位和城镇污水处理厂按前款的规定执行。

2 规范性引用文件

本标准内容引用了下列文件或其中的条款。

GB/T 6920—1986　水质　pH 值的测定　玻璃电极法
GB/T 7478—1987　水质　铵的测定　蒸馏和滴定法
GB/T 7479—1987　水质　铵的测定　纳氏试剂比色法
GB/T 7481—1987　水质　铵的测定　水杨酸分光光度法
GB/T 7488—1987　水质　五日生化需氧量（BOD_5）的测定　稀释与接种法
GB/T 11893—1989　水质　总磷的测定　钼酸铵分光光度法
GB/T 11894—1989　水质　总氮的测定　碱性过硫酸钾消解紫外分光光度法
GB/T 11901—1989　水质　悬浮物的测定　重量法
GB/T 11903—1989　水质　色度的测定　稀释倍数法
GB/T 11914—1989　水质　化学需氧量的测定　重铬酸盐法
GB/T 15959—1995　水质　可吸附有机卤素（AOX）的测定　微库仑法
HJ/T 77—2001　水质　多氯代二苯并二噁英和多氯代二苯并呋喃的测定　同位素稀释高分辨毛细管气相色谱/高分辨质谱法
HJ/T 83—2001　水质　可吸附有机卤素（AOX）的测定　离子色谱法
HJ/T 195—2005　水质　氨氮的测定　气相分子吸收光谱法
HJ/T 199—2005　水质　总氮的测定　气相分子吸收光谱法
《污染源自动监控管理办法》（国家环境保护总局令第 28 号）
《环境监测管理办法》（国家环境保护总局令第 39 号）

3 术语和定义

下列术语和定义适用于本标准。

3.1 制浆造纸企业

指以植物（木材、其他植物）或废纸等为原料生产纸浆，及（或）以纸浆为原料生产纸张、纸板等产品的企业或生产设施。

3.2 现有企业

指本标准实施之日前已建成投产或环境影响评价文件已通过审批的制浆造纸企业。

3.3 新建企业

指本标准实施之日起环境影响文件通过审批的新建、改建和扩建制浆造纸建设项目。

3.4 制浆企业

指单纯进行制浆生产的企业，以及纸浆产量大于纸张产量，且销售纸浆量占总制浆量80%及以上的制浆造纸企业。

3.5 造纸企业

指单纯进行造纸生产的企业，以及自产纸浆量占纸浆总用量20%及以下的制浆造纸企业。

3.6 制浆和造纸联合生产企业

指除制浆企业和造纸企业以外、同时进行制浆和造纸生产的制浆造纸企业。

3.7 废纸制浆和造纸企业

指自产废纸浆量占纸浆总用量80%及以上的制浆造纸企业。

3.8 排水量

指生产设施或企业向企业法定边界以外排放的废水的量，包括与生产有直接或间接关系的各种外排废水(如厂区生活污水、冷却废水、厂区锅炉和电站排水等)。

3.9 单位产品基准排水量

指用于核定水污染物排放浓度而规定的生产单位纸浆、纸张(板)产品的废水排放量上限值。

4 水污染物排放控制要求

4.1 自2009年5月1日起至2011年6月30日现有制浆造纸企业执行表1规定的水污染物排放限值。

表1 现有企业水污染物排放限值

企业生产类型			制浆企业	制浆和造纸联合生产企业		造纸企业	污染物排放监控位置
				废纸制浆和造纸企业	其他制浆和造纸企业		
排放限值	1	pH值	6~9	6~9	6~9	6~9	企业废水总排放口
	2	色度（稀释倍数）	80	50	50	50	企业废水总排放口
	3	悬浮物（mg/L）	70	50	50	50	企业废水总排放口
	4	五日生化需氧量（BOD_5，mg/L）	50	30	30	30	企业废水总排放口
	5	化学需氧量（COD_{Cr}，mg/L）	200	120	150	100	企业废水总排放口
	6	氨氮（mg/L）	15	10	10	10	企业废水总排放口
	7	总氮（mg/L）	18	15	15	15	企业废水总排放口
	8	总磷（mg/L）	1.0	1.0	1.0	1.0	企业废水总排放口
	9	可吸附有机卤素（AOX，mg/L）	15	15	15	15	车间或生产设施废水排放口
单位产品基准排水量，吨/吨（浆）			80	20	60	20	排水量计量位置与污染物排放监控位置一致

说明：

1. 可吸附有机卤素(AOX)指标适用于采用含氯漂白工艺的情况。
2. 纸浆量以绝干浆计。
3. 核定制浆和造纸联合生产企业单位产品实际排水量，以企业纸浆产量与外购商品浆数量的总和为依据。
4. 企业漂白非木浆产量占企业纸浆总用量的比重大于60%的，单位产品基准排水量为80吨/吨（浆）。

4.2 自2011年7月1日起，现有制浆造纸企业执行表2规定的水污染物排放限值。

4.3 自2008年8月1日起，新建制浆造纸企业执行表2规定的水污染物排放限值。

表 2　新建企业水污染物排放限值

企业生产类型			制浆企业	制浆和造纸联合生产企业	造纸企业	污染物排放监控位置
排放限值	1	pH 值	6~9	6~9	6~9	企业废水总排放口
	2	色度（稀释倍数）	50	50	50	企业废水总排放口
	3	悬浮物（mg/L）	50	30	30	企业废水总排放口
	4	五日生化需氧量（BOD_5，mg/L）	20	20	20	企业废水总排放口
	5	化学需氧量（COD_{Cr}，mg/L）	100	90	80	企业废水总排放口
	6	氨氮（mg/L）	12	8	8	企业废水总排放口
	7	总氮（mg/L）	15	12	12	企业废水总排放口
	8	总磷（mg/L）	0.8	0.8	0.8	企业废水总排放口
	9	可吸附有机卤素（AOX，mg/L）	12	12	12	车间或生产设施废水排放口
	10	二噁英（pgTEQ/L）	30	30	30	车间或生产设施废水排放口
单位产品基准排水量，吨/吨（浆）			50	40	20	排水量计量位置与污染物排放监控位置一致

说明：

1. 可吸附有机卤素（AOX）和二噁英指标适用于采用含氯漂白工艺的情况。
2. 纸浆量以绝干浆计。
3. 核定制浆和造纸联合生产企业单位产品实际排水量，以企业纸浆产量与外购商品浆数量的总和为依据。
4. 企业自产废纸浆量占企业纸浆总用量的比重大于 80% 的，单位产品基准排水量为 20 吨/吨（浆）。
5. 企业漂白非木浆产量占企业纸浆总用量的比重大于 60% 的，单位产品基准排水量为 60 吨/吨（浆）。

4.4　根据环境保护工作的要求，在国土开发密度较高、环境承载能力开始减弱，或水环境容量较小、生态环境脆弱，容易发生严重水环境污染问题而需要采取特别保护措施的地区，应严格控制企业的污染物排放行为，在上述地区的企业执行表 3 规定的水污染物特别排放限值。

执行水污染物特别排放限值的地域范围、时间，由国务院环境保护行政主管部门或省级人民政府规定。

表 3　水污染物特别排放限值

企业生产类型			制浆企业	制浆和造纸联合生产企业	造纸企业	污染物排放监控位置
排放限值	1	pH 值	6~9	6~9	6~9	企业废水总排放口
	2	色度（稀释倍数）	50	50	50	企业废水总排放口
	3	悬浮物（mg/L）	20	10	10	企业废水总排放口
	4	五日生化需氧量（BOD_5，mg/L）	10	10	10	企业废水总排放口
	5	化学需氧量（COD_{Cr}，mg/L）	80	60	50	企业废水总排放口
	6	氨氮（mg/L）	5	5	5	企业废水总排放口
	7	总氮（mg/L）	10	10	10	企业废水总排放口
	8	总磷（mg/L）	0.5	0.5	0.5	企业废水总排放口
	9	可吸附有机卤素（AOX，mg/L）	8	8	8	车间或生产设施废水排放口
	10	二噁英（pgTEQ/L）	30	30	30	车间或生产设施废水排放口
单位产品基准排水量，吨/吨（浆）			30	25	10	排水量计量位置与污染物排放监控位置一致

说明：

1. 可吸附有机卤素（AOX）和二噁英指标适用于采用含氯漂白工艺的情况。
2. 纸浆量以绝干浆计。
3. 核定制浆和造纸联合生产企业单位产品实际排水量，以企业纸浆产量与外购商品浆数量的总和为依据。
4. 企业自产废纸浆量占企业纸浆总用量的比重大于 80% 的，单位产品基准排水量为 15 吨/吨（浆）。

4.5 水污染物排放浓度限值适用于单位产品实际排水量不高于单位产品基准排水量的情况。若单位产品实际排水量超过单位产品基准排水量，须按公式（1）将实测水污染物浓度换算为水污染物基准水量排放浓度，并以水污染物基准水量排放浓度作为判定排放是否达标的依据。产品产量和排水量统计周期为一个工作日。

在企业的生产设施同时生产两种以上产品、可适用不同排放控制要求或不同行业国家污染物排放标准，且生产设施产生的污水混合处理排放的情况下，应执行排放标准中规定的最严格的浓度限值，并按公式（1）换算水污染物基准水量排放浓度：

$$C_{基} = \frac{Q_{总}}{\Sigma Y_i Q_{i基}} \times C_{实} \quad (1)$$

式中 $C_{基}$——水污染物基准水量排放浓度，mg/L；

$Q_{总}$——排水总量，吨；

Y_i——第 i 种产品产量，吨；

$Q_{i基}$——第 i 种产品的单位产品基准排水量，吨/吨；

$C_{实}$——实测水污染物浓度，mg/L。

若 $Q_{总}$ 与 $\Sigma Y_i Q_{i基}$ 的比值小于 1，则以水污染物实测浓度作为判定排放是否达标的依据。

5 水污染物监测要求

5.1 对企业排放废水采样应根据监测污染物的种类，在规定的污染物排放监控位置进行，有废水处理设施的，应在该设施后监控。在污染物排放监控位置须设置永久性排污口标志。

5.2 新建企业应按照《污染源自动监控管理办法》的规定，安装污染物排放自动监控设备，并与环境保护主管部门的监控设备联网，并保证设备正常运行。各地现有企业安装污染物排放自动监控设备的要求由省级环境保护行政主管部门规定。

5.3 对企业污染物排放情况进行监测的频次、采样时间等要求，按国家有关污染源监测技术规范的规定执行。

二噁英指标每年监测一次。

5.4 企业产品产量的核定，以法定报表为依据。

5.5 对企业排放水污染物浓度的测定采用表 4 所列的方法标准。

表 4 水污染物浓度测定方法标准

序号	污染物项目	方法标准名称	方法标准编号
1	pH 值	水质 pH 值的测定 玻璃电极法	GB/T 6920—1986
2	色度	水质 色度的测定 稀释倍数法	GB/T 11903—1989
3	悬浮物	水质 悬浮物的测定 重量法	GB/T 11901—1989
4	五日生化需氧量	水质 五日生化需氧量（BOD_5）的测定 稀释与接种法	GB/T 7488—1987
5	化学需氧量	水质 化学需氧量的测定 重铬酸盐法	GB/T 11914—1989
6	氨氮	水质 铵的测定 蒸馏和滴定法	GB/T 7478—1987
		水质 铵的测定 纳氏试剂比色法	GB/T 7479—1987
		水质 铵的测定 水杨酸分光光度法	GB/T 7481—1987
		水质 氨氮的测定 气相分子吸收光谱法	HJ/T 195—2005
7	总氮	水质 总氮的测定 碱性过硫酸钾消解紫外分光光度法	GB/T 11894—1989
		水质 总氮的测定 气相分子吸收光谱法	HJ/T 199—2005
8	总磷	水质 总磷的测定 钼酸铵分光光度法	GB/T 11893—1989

续表

序号	污染物项目	方法标准名称	方法标准编号
9	可吸附有机卤素(AOX)	水质　可吸附有机卤素(AOX)的测定　微库仑法	GB/T 15959—1995
		水质　可吸附有机卤素(AOX)的测定　离子色谱法	HJ/T 83—2001
10	二噁英	水质　多氯代二苯并二噁英和多氯代二苯并呋喃的测定　同位素稀释高分辨毛细管气相色谱/高分辨质谱法	HJ/T 77—2001

5.6　企业须按照有关法律和《环境监测管理办法》的规定，对排污状况进行监测，并保存原始监测记录。

6　实施与监督

6.1　本标准由县级以上人民政府环境保护行政主管部门负责监督实施。

6.2　在任何情况下，企业均应遵守本标准的水污染物排放控制要求，采取必要措施保证污染防治设施正常运行。各级环保部门在对企业进行监督性检查时，可以现场即时采样或监测的结果，作为判定排污行为是否符合排放标准以及实施相关环境保护管理措施的依据。在发现企业耗水或排水量有异常变化的情况下，应核定企业的实际产品产量和排水量，按本标准的规定，换算水污染物基准水量排放浓度。

取水定额　第5部分：造纸产品（GB/T 18916.5—2012）

1　范围

GB/T 18916的本部分规定了造纸产品取水定额的术语和定义、计算方法及取水量定额等。

本部分适用于现有和新建造纸企业取水量的管理。

2　规范性引用文件

下列文件对于本文件的应用是必不可少的。凡是注日期的引用文件，仅注日期的版本适用于本文件。凡是不注日期的引用文件，其最新版本（包括所有的修改单）适用于本文件。

GB/T 4687　纸、纸板、纸浆及相关术语

GB/T 12452　企业水平衡测试通则

GB/T 18820　工业企业产品取水定额编制通则

GB/T 21534　工业用水节水 术语

GB 24789　用水单位水计量器具配备和管理通则

3　术语和定义

GB/T 4687、GB/T 18820和GB/T 21534界定的术语和定义用于本文件。

4　计算方法

4.1　一般规定

4.1.1　取水量范围

取水量范围是指企业从各种常规水资源提取的水量，包括取自地表水（以净水厂供水计量）、地下水、城镇供水工程，以及企业从市场购得的其他水或水的产品（如蒸汽、热水、地热水等）的水量。

4.1.2　造纸产品主要生产的取水统计范围

以木材、竹子、非木类（麦草、芦苇、甘蔗渣）等为原料生产本色、漂白化学浆，以木材为原料生产化学机械木浆，以废纸为原料生产脱墨或未脱墨废纸浆，其生产取水量是指从原料准备至成品浆（液态或风干）的生产全过程所取用的水量。化学浆生产过程取水量还包括碱回收、制浆化学品药液制备、黑（红）液副产品（粘合剂）生产在内的取水量。

以自制浆或商品浆为原料生产纸及纸板，其生产取水量是指从浆料预处理、打浆、抄纸、完成以及涂料、辅料制备等生产全过程的取水量。

注：造纸产品的取水量等于从自备水源总取水量中扣除给水净化站自用水量及由该水源供给的居住区、基建、自备电站用于发电的取水量及其他取水量等。

4.1.3 各种水量的计量

取水量、外购水量、外供水量以企业的一级计量表计量为准。

4.2 单位造纸产品取水量

单位造纸产品取水量按式（1）计算：

$$V_{ui}=\frac{V_i}{Q} \quad \cdots\cdots (1)$$

式中 V_{ui}——单位造纸产品取水量，m^3/t；

Q——在一定的计量时间内，造纸产品产量，t；

V_i——在一定的计量时间内，生产过程中常规水资源的取水量总和，m^3。

5 取水定额

5.1 现有企业取水定额

现有造纸企业单位产品取水量定额指标见表1。

表1 现有造纸企业单位产品取水量定额指标

产品名称		单位造纸产品取水量/（m^3/t）
纸浆	漂白化学木（竹）浆	90
	本色化学木（竹）浆	60
	漂白化学非木（麦草、芦苇、甘蔗渣）浆	130
	脱墨废纸浆	30
	未脱墨废纸浆	20
	化学机械木浆	35
纸	新闻纸	20
	印刷书写纸	35
	生活用纸	30
	包装用纸	25
纸板	白纸板	30
	箱纸板	25
	瓦楞原纸	25

注1：高得率半化学本色木浆及半化学草浆按本色化学木浆执行；机械木浆按化学机械木浆执行。

注2：经抄浆机生产浆板时，允许在本定额的基础上增加$10m^3/t$。

注3：生产漂白脱墨废纸浆时，允许在本定额的基础上增加$10m^3/t$。

注4：生产涂布类纸及纸板时，允许在本定额的基础上增加$10m^3/t$。

注5：纸浆的计量单位为吨风干浆（含水10%）。

注6：纸浆、纸、纸板的取水量定额指标分别计。

注7：本部分不包括特殊浆种、薄页纸及特种纸的取水量。

5.2 新建企业取水定额

新建造纸企业单位产品取水量定额指标见表2。

表 2 新建造纸企业单位产品取水量定额指标

产品名称		单位造纸产品取水量/（m^3/t）
纸浆	漂白化学木（竹）浆	70
	本色化学木（竹）浆	50
	漂白化学非木（麦草、芦苇、甘蔗渣）浆	100
	脱墨废纸浆	25
	未脱墨废纸浆	20
	化学机械木浆	30
纸	新闻纸	16
	印刷书写纸	30
	生活用纸	30
	包装用纸	20
纸板	白纸板	30
	箱纸板	22
	瓦楞原纸	20

注 1：高得率半化学本色木浆及半化学草浆按本色化学木浆执行；机械木浆按化学机械木浆执行。

注 2：经抄浆机生产浆板时，允许在本定额的基础上增加 $10m^3/t$。

注 3：生产漂白脱墨废纸浆时，允许在本定额的基础上增加 $10m^3/t$ 。

注 4：生产涂布类纸及纸板时，允许在本定额的基础上增加 10 m^3/t。

注 5：纸浆的计量单位为吨风干浆(含水 10%)。

注 6：纸浆、纸、纸板的取水量定额指标分别计。

注 7：本部分不包括特殊浆种、薄页纸及特种纸的取水量。

6 定额使用说明

6.1 取水定额指标为最高允许值，在实际运用中取水量应不大于定额指标值。

6.2 造纸企业用水计量器具配置和管理应符合 GB 24789 的要求。

6.3 取水定额管理中，企业水平衡测试应符合 GB/T 12452 要求。

6.4 本定额未考虑工艺过程中采用直流冷却水的取水指标。

6.5 本定额中产品名称是通称，其包括内容如下：

（a）化学机械木浆包括化学热磨机械浆（chemi-thermomechanical pulp，简称 CTMP）、漂白化学热磨机械浆（bleached chemi-thermomechanical pulp，简称 BCTMP）和碱性过氧化氢机械浆（alkaline peroxide mechanical pulp，简称 APMP）等。

（b）印刷书写纸包括书刊印刷纸、书写纸、涂布纸等。

（c）生活用纸包括卫生纸品，如卫生纸、面巾纸、手帕纸、餐巾纸、妇女卫生巾、婴儿纸尿裤等。

（d）包装用纸包括水泥袋纸、牛皮纸、书皮纸等。

（c）白纸板包括涂布或未涂布白纸板、白卡纸、液体包装纸板等。

（f）箱纸板包括普通箱纸板、牛皮挂面箱纸板、牛皮箱纸板等。

6.6 其他未列明的纸浆、纸及纸板产品的取水量可相应参照定额执行。

消毒产品标签说明书管理规范
（卫监督发［2005］426 号附件）

第一条 为加强消毒产品标签和说明书的监督管理，根据《中华人民共和国传染病防治法》和

《消毒管理办法》的有关规定，特制定本规范。

第二条 本规范适用于在中国境内生产、经营或使用的进口和国产消毒产品标签和说明书。

第三条 消毒产品标签、说明书标注的有关内容应当真实，不得有虚假夸大、明示或暗示对疾病的治疗作用和效果的内容，并符合下列要求：

（一）应采用中文标识，如有外文标识的，其展示内容必须符合国家有关法规和标准的规定。

（二）产品名称应当符合《卫生部健康相关产品命名规定》，应包括商标名（或品牌名）、通用名、属性名；有多种消毒或抗（抑）菌用途或含多种有效杀菌成分的消毒产品，命名时可以只标注商标名（或品牌名）和属性名。

（三）消毒剂、消毒器械的名称、剂型、型号、批准文号、有效成分含量、使用范围、使用方法、有效期/使用寿命等应与省级以上卫生行政部门卫生许可或备案时的一致；卫生用品主要有效成分含量应当符合产品执行标准规定的范围。

（四）产品标注的执行标准应当符合国家标准、行业标准、地方标准和有关规范规定。国产产品标注的企业标准应依法备案。

（五）杀灭微生物类别应按照卫生部《消毒技术规范》的有关规定进行表述；经卫生部审批的消毒产品杀灭微生物类别应与卫生部卫生许可时批准的一致；不经卫生部审批的消毒产品，其杀灭微生物类别应与省级以上卫生行政部门认定的消毒产品检验机构出具的检验报告一致。

（六）消毒产品对储存、运输条件安全性等有特殊要求的，应在产品标识中明确注明。

（七）在标注生产企业信息时，应同时标注产品责任单位和产品实际生产加工企业的信息（两者相同时，不必重复标注）。

（八）所标注生产企业卫生许可证号应为实际生产企业卫生许可证号。

第四条 未列入消毒产品分类目录的产品不得标注任何与消毒产品管理有关的卫生许可证明编号。

第五条 消毒产品的最小销售包装应当印有或贴有标签，应清晰、牢固、不得涂改。

消毒剂、消毒器械、抗（抑）菌剂、隐形眼镜护理用品应附有说明书，其中产品标签内容已包括说明书内容的，可不另附说明书。

第六条 消毒剂包装（最小销售包装除外）标签应当标注以下内容：

（一）产品名称；

（二）产品卫生许可批件号；

（三）生产企业（名称、地址）；

（四）生产企业卫生许可证号（进口产品除外）；

（五）原产国或地区名称（国产产品除外）；

（六）生产日期和有效期/生产批号和限期使用日期。

第七条 消毒剂最小销售包装标签应标注以下内容：

（一）产品名称；

（二）产品卫生许可批件号；

（三）生产企业（名称、地址）；

（四）生产企业卫生许可证号（进口产品除外）；

（五）原产国或地区名称（国产产品除外）；

（六）主要有效成分及其含量；

（七）生产日期和有效期/生产批号和限期使用日期；

（八）用于黏膜的消毒剂还应标注“仅限医疗卫生机构诊疗用”内容。

第八条 消毒剂说明书应标注以下内容：

（一）产品名称；

（二）产品卫生许可批件号；

(三) 剂型、规格;
(四) 主要有效成分及其含量;
(五) 杀灭微生物类别;
(六) 使用范围和使用方法;
(七) 注意事项;
(八) 执行标准;
(九) 生产企业 (名称、地址、联系电话、邮政编码);
(十) 生产企业卫生许可证号 (进口产品除外);
(十一) 原产国或地区名称 (国产产品除外);
(十二) 有效期;
(十三) 用于黏膜的消毒剂还应标注"仅限医疗卫生机构诊疗用"内容。

第九条 消毒器械包装 (最小销售包装除外) 标签应标注以下内容:
(一) 产品名称和型号;
(二) 产品卫生许可批件号;
(三) 生产企业 (名称、地址);
(四) 生产企业卫生许可证号 (进口产品除外);
(五) 原产国或地区名称 (国产产品除外);
(六) 生产日期;
(七) 有效期 (限于生物指示物、化学指示物和灭菌包装物等);
(八) 运输存储条件;
(九) 注意事项。

第十条 消毒器械最小销售包装标签或铭牌应标注以下内容:
(一) 产品名称;
(二) 产品卫生许可批件号;
(三) 生产企业 (名称、地址);
(四) 生产企业卫生许可证号 (进口产品除外);
(五) 原产国或地区名称 (国产产品除外);
(六) 生产日期;
(七) 有效期 (限生物指示剂、化学指示剂和灭菌包装物);
(八) 注意事项。

第十一条 消毒器械说明书应标注以下内容:
(一) 产品名称;
(二) 产品卫生许可批件号;
(三) 型号规格;
(四) 主要杀菌因子及其强度、杀菌原理和杀灭微生物类别;
(五) 使用范围和使用方法;
(六) 使用寿命 (或主要元器件寿命);
(七) 注意事项;
(八) 执行标准;
(九) 生产企业 (名称、地址、联系电话、邮政编码);
(十) 生产企业卫生许可证号 (进口产品除外);
(十一) 原产国或地区名称 (国产产品除外);
(十二) 有效期 (限于生物指示物、化学指示物和灭菌包装物等)。

第十二条 卫生用品包装（最小销售包装除外）标签应标注以下内容：
（一）产品名称；
（二）生产企业（名称、地址）；
（三）生产企业卫生许可证号（进口产品除外）；
（四）原产国或地区名称（国产产品除外）；
（五）符合产品特性的储存条件；
（六）生产日期和保质期/生产批号和限期使用日期；
（七）消毒级的卫生用品应标注“消毒级”字样、消毒方法、消毒批号/消毒日期、有效期/限定使用日期。

第十三条 卫生用品最小销售包装标签应标注以下内容：
（一）产品名称；
（二）主要原料名称；
（三）生产企业（名称、地址、联系电话、邮政编码）；
（四）生产企业卫生许可证号（进口产品除外）；
（五）原产国或地区名称（国产产品除外）；
（六）生产日期和有效期（保质期）/生产批号和限期使用日期；
（七）消毒级产品应标注“消毒级”字样；
（八）卫生湿巾还应标注杀菌有效成分及其含量、使用方法、使用范围和注意事项。

第十四条 抗（抑）菌剂最小销售包装标签除要标注本规范第十三条规定的内容外，还应标注产品主要原料的有效成分及其含量；含植物成分的抗（抑）菌剂，还应标注主要植物拉丁文名称；对指示菌的杀灭率大于等于90%的，可标注“有杀菌作用”；对指示菌的抑菌率达到50%或抑菌环直径大于7mm的，可标注“有抑菌作用”；抑菌率大于等于90%的，可标注“有较强抑菌作用”。

用于阴部黏膜的抗（抑）菌产品应当标注“不得用于性生活中对性病的预防”。

第十五条 抗（抑）菌剂的说明书应标注下列内容：
（一）产品名称；
（二）规格、剂型；
（三）主要有效成分及含量，植物成分的抗（抑）菌剂应标注主要植物拉丁文名称；
（四）抑制或杀灭微生物类别；
（五）生产企业（名称、地址、联系电话、邮政编码）；
（六）生产企业卫生许可证号（进口产品除外）；
（七）原产国或地区名称（国产产品除外）；
（八）使用范围和使用方法；
（九）注意事项；
（十）执行标准；
（十一）生产日期和保质期/生产批号和限期使用日期。

第十六条 隐形眼镜护理用品的说明书应标注下列内容：
（一）产品名称；
（二）规格、剂型；
（三）生产企业（名称、地址、联系电话、邮政编码）；
（四）生产企业卫生许可证号（进口产品除外）；
（五）原产国或地区名称（国产产品除外）；
（六）使用范围和使用方法；
（七）注意事项；

（八）执行标准；

（九）生产日期和保质期/生产批号和限期使用日期。

有消毒作用的隐形眼镜护理用品还应注明主要有效成分及含量，杀灭微生物类别。

第十七条 同一个消毒产品标签和说明书上禁止使用两个及其以上产品名称。卫生湿巾和湿巾名称还不得使用抗（抑）菌字样。

第十八条 消毒产品标签及说明书禁止标注以下内容：

（一）卫生巾（纸）等产品禁止标注消毒、灭菌、杀菌、除菌、药物、保健、除湿、润燥、止痒、抗炎、消炎、杀精子、避孕，以及无检验依据的抗（抑）菌作用等内容。

（二）卫生湿巾、湿巾等产品禁止标注消毒、灭菌、除菌、药物、高效、无毒、预防性病、治疗疾病、减轻或缓解疾病症状、抗炎、消炎、无检验依据的使用对象和保质期等内容。卫生湿巾还应禁止标注无检验依据的抑/杀微生物类别和无检验依据的抗（抑）菌作用。湿巾还应禁止标注抗/抑菌、杀菌作用。

（三）抗（抑）菌剂产品禁止标注高效、无毒、消毒、灭菌、除菌、抗炎、消炎、治疗疾病、减轻或缓解疾病症状、预防性病、杀精子、避孕，及抗生素、激素等禁用成分的内容；禁止标注无检验依据的使用剂量及对象、无检验依据的抑/杀微生物类别、无检验依据的有效期以及无检验依据的抗（抑）菌作用；禁止标注用于人体足部、眼睛、指甲、腋部、头皮、头发、鼻黏膜、肛肠等特定部位；抗（抑）菌产品禁止标注适用于破损皮肤、黏膜、伤口等内容。

（四）隐形眼镜护理用品禁止标注全功能、高效、无毒、灭菌或除菌等字样，禁止标注无检验依据的消毒、抗（抑）菌作用，以及无检验依据的使用剂量和保质期。

（五）消毒剂禁止标注广谱、速效、无毒、抗炎、消炎、治疗疾病、减轻或缓解疾病症状、预防性病、杀精子、避孕，及抗生素、激素等禁用成分内容；禁止标注无检验依据的使用范围、剂量及方法，无检验依据的杀灭微生物类别和有效期；禁止标注用于人体足部、眼睛、指甲、腋部、头皮、头发、鼻黏膜、肛肠等特定部位等内容。

（六）消毒产品的标签和使用说明书中均禁止标注无效批准文号或许可证号以及疾病症状和疾病名称（疾病名称作为微生物名称一部分时除外，如“脊髓灰质炎病毒”等）。

第十九条 标签和说明书中所标注的内容应符合本规范附件“消毒产品标签、说明书各项内容书写要求”的规定。

第二十条 本规范下列用语的含义：

消毒产品：包括消毒剂、消毒器械（含生物指示物、化学指示物及灭菌物品包装物）和卫生用品。

标签：指产品最小销售包装和其他包装上的所有标识。

说明书：指附在产品销售包装内的相关文字、音像、图案等所有资料。

灭菌（sterilization）：杀灭或清除传播媒介上一切微生物的处理。

消毒（disinfection）：杀灭或清除传播媒介上病原微生物，使其达到无害化的处理。

抗菌（antibacterial）：采用化学或物理方法杀灭细菌或妨碍细菌生长繁殖及其活性的过程。

抑菌（bacteriostasis）：采用化学或物理方法抑制或妨碍细菌生长繁殖及其活性的过程。

隐形眼镜护理用品：是指专用于隐形眼镜护理的，具有清洁、杀菌、冲洗或保存镜片，中和清洁剂或消毒剂，物理缓解（或润滑）隐形眼镜引起的眼部不适等功能的溶液或可配制成溶液使用的可溶性固态制剂。

卫生湿巾：特指符合《一次性使用卫生用品卫生标准》（GB 15979）的有杀菌效果的湿巾。对大肠杆菌和金黄色葡萄球菌的杀灭率 ≥90%，如标注对真菌有作用的，应对白色念珠菌的杀灭率≥90%，其杀菌作用在室温下至少保持 1 年。

消毒级卫生用品：经环氧乙烷、电离辐射或压力蒸气等有效消毒方法处理过并达到《一次性使用卫生用品卫生标准》（GB 15979）规定消毒级要求的卫生用品。

产品责任单位：是指依法承担因产品缺陷而致他人人身伤害或财产损失的赔偿责任的法人单位。委托生产加工时，特指委托方。

第二十一条 本规范自2006年5月1日起施行。由卫生部负责解释。

附：

消毒产品标签、说明书各项内容书写要求

[产品名称]

1. 产品商标已注册者标注“##®”，产品商标申请注册者标注“##™”，其余产品标注“##牌”。

消毒剂的产品名称如：“##® 皮肤黏膜消毒液”、“##™戊二醛消毒液”、“##牌三氯异氰尿酸消毒片”。

消毒器械的产品名称如：“##® RTP-50型食具消毒柜”、“##™YKX-2000医院被服消毒机”、“##牌CPF-100二氧化氯发生器”。

卫生用品产品的名称如：“##® 隐形眼镜护理液”、“##™妇女用抗菌洗液”、“##牌妇女用抑菌洗液”等。

多用途或多种有效杀菌成分的消毒产品名称如：“##®（牌）消毒液（粉、片）”或“##®（牌）YKX-2000消毒机（器）”表示。

2. 不得标注本规范禁止的内容，如下列名称均不符合本规定：“××药物卫生巾”、“××消毒湿巾”、“××抗菌卫生湿巾”、“湿疣外用消毒杀菌剂”、“××白斑净”、“××灰甲灵”、“××鼻康宁”、“××除菌洗手液”、“全能多功能护理液”、“××全功能保养液”和“××速效杀菌全护理液”、“××滴眼露”、“××眼部护理液”等等。

[剂型、型号]

消毒剂、抗（抑）菌剂的剂型如：“液体”、“片剂”、“粉剂”等等；禁止标注栓剂、皂剂。

消毒器械的型号如“RTP-50（型）”等。

[主要有效成分及含量]

1. 消毒剂、抗（抑）菌剂应标注主要有效成分及含量；有效成分的表示方法应使用化学名；含量应标注产品执行标准规定的范围，如戊二醛消毒剂应标注“戊二醛，2.0%~2.2%（w/w）”；三氯异氰尿酸消毒片“三氯异氰尿酸，含有效氯45.0%~50.0%”（w/w）；也可用g/L表示。

2. 具有消毒作用的隐形眼镜护理用品应标注主要有效成分及含量。有效成分的表示方法应使用化学名；含量应按产品执行标准规定的范围进行标注。

3. 对于植物或其他无法标注主要有效成分的产品，应标注主要原料名称（植物类应标注拉丁文名称）及其在单位体积中原料的加入量。

4. 消毒产品禁止标注抗生素、激素等禁用成分，如“甲硝唑”、“肾上腺皮质激素”等等。

[批准文号]

系指产品及其生产企业经省级以上卫生行政部门批准的文号。

生产企业卫生许可证号：“（省、自治区、直辖市简称）卫消证字（发证年份）第××××号”，产品卫生许可批件号：“卫消字（年份）第××××号”、“卫消进字（年份）第××××号”。

不得标注无效批准文号，如：（1996）×卫消准字第××××号。

[执行标准]

产品执行标准应为现行有效的标准，以标准的编号表示，如“GB 15979”、“Q/HJK001”等，可不标注标准的年代号。企业标准应符合国家相关法规、标准和规范的要求。

[杀灭微生物类别]

1. 应按照卫生部《消毒技术规范》的有关规定进行表述。对指示微生物具有抑制、杀灭作用的，应在产品说明书中标注对其代表的微生物种类有抑制、杀灭作用。例如对金黄色葡萄球菌杀灭率≥99.999%，可标注“对化脓菌有杀灭作用”；对脊髓灰质炎病毒有灭活作用，可标注“对病毒有灭活作用”；

2. 禁止标注各种疾病名称和疾病症状，如“牛皮癣”、“神经性皮炎”、“脂溢性皮炎”等。

3. 禁止标注无检验依据的抑/杀微生物类别，如“尖锐湿疣病毒”、“非典病毒”等。

[使用范围和使用方法]

1. 应明确、详细列出产品使用方法。使用方法二种以上的，建议用表格表示。

2. 消毒剂、抗（抑）菌剂、隐形眼镜护理用品应标注作用对象，作用浓度（用有效成分含量表示）和配制方法、作用时间（以抑菌环试验为检验方法的可不标注时间）、作用方式、消毒或灭菌后的处理方法。用于黏膜的消毒剂应标注“仅限医疗卫生机构诊疗用”内容。

例如：戊二醛消毒液的使用范围“适用于医疗器械的消毒、灭菌”；使用方法“①使用前加入本品附带的A剂（碳酸氢钠），充分搅匀溶解；再加入附带的B剂（亚硝酸钠）溶解混匀。②消毒方法：用原液擦拭、浸泡消毒物品20min~45min。③灭菌方法：用原液浸泡待灭菌物品10h。④消毒、灭菌的医疗器械必须用无菌水冲洗干净后方可使用”。

3. 消毒器械应标注作用对象，杀菌因子强度、作用时间、作用方式、消毒或灭菌后的处理方法。如食具消毒柜的使用范围“餐(饮)具的消毒、保洁”；使用方法“将洗净沥干的食具有序地放在层架上；按电源和消毒键，指示灯同时启亮；作用一个周期后，消毒指示灯灭，表示消毒结束。”

4. 使用方法中禁止标注无检验依据的使用对象、与药品类似用语、无检验依据的使用剂量及对象，如“每日×次”，“××天为一疗程，或遵医嘱”等等。

[注意事项]

本项内容包括产品保存条件、使用防护和使用禁忌。对于使用中可能危及人体健康和人身、财产安全的产品，应当有警示标志或者中文警示说明。

[生产日期、有效期或保质期]

生产日期应按“年、月、日”或“20050903”方式表示。

保质期、有效期应按“×年或××个月”方式表示。

[生产批号和限期使用日期]

生产批号形式由企业自定。限期使用日期应按“请在××××年××月前使用”或“有效期至××××年××月”等方式表示。

[主要元器件使用寿命]

本项内容应标注消毒器械产生杀菌因子的元器件的使用寿命或更换时间。使用寿命应按“×年或××××小时”等方式表示。

[生产企业及其卫生许可证号]

生产企业名称、地址应与其消毒产品生产企业卫生许可证一致。

委托生产加工的，需同时标注产品责任单位（委托方）名称、地址和实际生产加工企业（被委托方）的名称及卫生许可证号。

虽不属于委托生产加工，但产品责任单位与实际生产加工企业信息不同时，也应分别标注产品责任单位信息和实际生产加工企业信息。例如责任单位为总公司，实际生产加工企业为其下属某个企业。

进出口一次性使用纸制卫生用品检验规程（SN/T 2148—2008）

2009-03-16 实施

1 范围

本标准规定了进出口一次性使用纸制卫生用品的抽样要求，卫生和毒理学试验要求，包装和产品标识的要求，产品试验方法及检验结果的判定。

本标准适用于一次性使用纸制卫生用品的进出口检验。

2 规范性引用文件

下列文件中的条款通过本标准的引用而成为本标准的条款。凡是注日期的引用文件，其随后所有的修改单（不包括勘误的内容）或修订版均不适用于本标准，然而，鼓励根据本标准达成协议的各方研究是否可使用这些文件的最新版本。凡是不注日期的引用文件，其最新版本适用于本标准。

GB/T 5009.78 食品包装用原纸卫生标准的分析方法

GB 15979—2002 一次性使用卫生用品卫生标准

GB 20810—2006 卫生纸（含卫生纸原纸）

3 术语和定义

下列术语和定义适用于本标准。

3.1 一次性使用纸制卫生用品 disposable sanitary paper products

使用一次后即丢弃的、与人体直接或间接接触的，并为达到人体生理卫生或卫生保健（抗菌或抑菌）目的而使用的各种日常生活用纸制品。例如：纸面巾、纸餐巾、纸手帕、纸湿巾和卫生湿巾、纸台布、纸卫生巾（卫生护垫）、纸尿布（裤）、卫生纸、卫生纸原纸、纸制的衣服和衣着用品、纸制的床单、口罩及其他家庭、卫生和医院用品等。

3.2 检验批 inspection lot

检验检疫报检单所列同一种商品为一检验批。

4 抽样和要求

从同一检验批的三个运输包装中至少抽取 12 个最小销售包装样品，四分之一样品用于检测，四分之一样品用于留样，另两分之一样品封存留在抽样部门必要时用于复验。抽样的最小销售包装不应有破裂，检验前不得开启。

对于无销售包装的产品抽样，从同一检验批的三个运输包装中至少抽取 12 份样品，每份样品量应不少于 150g，四分之一样品用于检测，四分之一样品用于留样，另两分之一样品封存留在抽样部门必要时用于复验。抽样工具和存样容器应预先进行灭菌处理，应保证抽样过程不会对样品造成污染。

5 产品的卫生检验和要求

5.1 产品外观应整洁，符合该卫生用品固有性状，不得有异常气味与异物。

5.2 产品的微生物学指标应符合表 1。

5.3 纸面巾、纸餐巾、纸手帕、纸湿巾等产品应当进行荧光检查，任何一份 $100cm^2$ 样品荧光面积不得大于 $5cm^2$。

表 1 产品的微生物学指标

产品种类	微生物指标				
	初始污染菌[a]/(CFU/g)	细菌菌落总数/(CFU/g 或 CFU/mL)	大肠菌群	致病性化脓菌[b]	真菌菌落总数/(CFU/g 或 CFU/mL)
纸面巾、纸餐巾、纸手帕、纸湿巾、纸台布、纸制的床单、纸制的衣服和衣着用品、其他家庭、卫生和医院用品	—	≤200	不得检出	不得检出	≤100
卫生湿巾	—	≤20	不得检出	不得检出	不得检出
口罩					
普通级	—	≤200	不得检出	不得检出	≤100
消毒级	≤10000	≤20	不得检出	不得检出	不得检出
纸卫生巾（卫生护垫）					
普通级	—	≤200	不得检出	不得检出	≤100
消毒级	≤10000	≤20	不得检出	不得检出	不得检出
纸尿布（纸尿裤）					
普通级	—	≤200	不得检出	不得检出	≤100
消毒级	≤10000	≤20	不得检出	不得检出	不得检出
卫生纸	—	≤600	不得检出	不得检出[c]	—
卫生纸原纸	—	≤500			

a 如初始污染菌超过表内数值，应相应提高杀灭指数，使达到本标准规定的细菌与真菌限值。

b 致病性化脓菌指绿脓杆菌、金黄色葡萄球菌与溶血性链球菌。

c 卫生纸和卫生原纸的致病性化脓菌指金黄色葡萄球菌与溶血性链球菌。

6 产品的毒理学试验要求

6.1 对于初次检验的进出口一次性使用纸制卫生用品，应按表 2 的要求提供有法律效力的产品毒理学测试报告，产品毒理学测试报告应包括测试样品的品名、品牌、规格、测试结果有效期等内容。试验项目按表 2 进行。

表 2 产品毒理学试验项目

产品种类	皮肤刺激试验	阴道黏膜刺激试验	皮肤变态反应试验
纸制的内衣、内裤	✓		✓
纸湿巾、卫生湿巾	✓		
口罩	✓		
纸卫生巾（卫生护垫）		✓	✓
纸尿布（纸尿裤）	✓	✓[a]	✓

a 产品如标有男用标识可不进行该试验。

6.2 未列入表 2 的进出口一次性使用纸制卫生用品可不进行产品毒理学试验。

7 半成品或原材料的卫生要求

7.1 一次性使用纸制卫生用品的半成品应按照本标准对于成品的要求进行微生物项目检验和毒理学试验。

7.2 生产一次性使用纸制卫生用品的原材料应无毒、无害、无污染，重要的原材料应进行微生物检测，检测的项目应与产品需检测的微生物项目相同。

7.3 禁止将使用过的卫生用品作原材料或半成品。

8 产品包装和产品标识的要求

8.1 直接与产品接触的包装材料应无毒、无害、清洁，产品的所有包装材料应具有足够的密封性和牢固性，以保证产品在正常的运输与储存条件下不受污染。

8.2 产品包装应标明产品名称、生产单位、生产日期、生产批号和保质期（使用有效期）等内容。

9 产品试验方法

9.1 产品外观：在抽取样品时进行目视检验，应符合5.1的规定。

9.2 产品（不包括卫生纸和卫生原纸）微生物指标按GB 15979—2002中的附录B进行测定。

9.3 卫生纸和卫生原纸微生物指标按GB 20810—2006中的附录A进行测定。

9.4 产品毒理学试验按GB 15979—2002中的附录A进行测定。

9.5 荧光检查按GB/T 5009.78规定方法进行测定。

10 检验结果的判定

以上各检验项目均为合格时，该检验批为合格，有一项不合格则判该检验批不合格。

11 不合格的处置

对不合格检验批，进口产品不许销售使用，出口产品不许出口。

一次性生活用纸生产加工企业监督整治规定

（国质检执［2003］289号附件1）

第一条 为加强对一次性生活用纸生产、加工企业的监督管理，规范企业的生产、加工行为，提高产品质量，保护消费者的合法权益和安全健康，依据国家有关法律法规制定本规定。

第二条 本规定中的一次性生活用纸是指纸巾纸（含面巾纸、餐巾纸、手帕纸等）、湿巾、皱纹卫生纸。

第三条 纸巾纸、湿巾、卫生纸应符合一次性使用卫生用品卫生标准(GB 15979)和一次性生活用纸产品标准等规定要求。

第四条 一次性生活用纸生产、加工企业的生产加工区不得露天生产操作；纸巾纸、湿巾的生产流程做到人、物分流，不得逆向交叉；在生产加工区与非生产加工区之间，必须设置缓冲区。

第五条 生产纸巾纸、湿巾的缓冲区必须配备流动水洗手池，操作人员在每次操作之前，必须清洗、消毒双手。

第六条 生产纸巾纸、湿巾的加工区必须配备更衣室，直接接触裸装产品的操作人员必须穿戴清洁卫生或经消毒的工作衣、工作帽及工作鞋，并配戴口罩方可生产。

第七条 生产纸巾纸、湿巾的加工区应当配备能够满足需要消毒场所所需数量的紫外灯等设施，必须按规定用紫外灯等空气消毒装置定时消毒，并定期对地面、墙面、顶面及工作台面进行清洁和消毒。

第八条 成品仓库必须具有通风、防尘、防鼠、防蝇、防虫等设施，成品的存放必须保持干燥、清洁和整齐。

第九条 生产纸巾纸，只可以使用木材、草类、竹子等原生纤维作原料，不得使用任何回收纸、纸张印刷品、纸制品及其他回收纤维状物质作原料。

生产湿巾，可以使用干法纸、非织造布作原料，不得使用任何回收纸、回收湿巾及其他回收纤维状物质作原料。

第十条 生产卫生纸可以使用原生纤维、回收的纸张印刷品、印刷白纸边作原料。不得使用废弃的生活用纸、医疗用纸、包装用纸作原料。使用回收纸张印刷作原料的，必须对回收纸张印刷品进行脱墨处理。

第十一条 与一次性生活用纸产品直接接触的包装材料，必须无毒、无害、无污染。包装的密封性和牢固性必须确保在正常运输和贮存时，产品不受污染。

第十二条 一次性生活用纸产品的销售包装标识不得违反国家有关标注规定的要求。

销售用于生产加工一次性生活用纸产品的原纸须标明用于加工纸巾纸或用于加工卫生纸等用途。

第十三条 一次性生活用纸生产、加工企业应确保不购进不合格原材料加工生产，不出厂销售不合格产品。不具备按照第三条所列标准要求项目对购进原料和出厂产品质量检验能力的，应将本企业对购进原料和出厂产品的质量检验责任委托具备该种原料或产品质量检验能力的法定质检机构负责。

受委托质检机构应按标准规定和有关要求对委托企业的购进原料和出厂产品进行抽样检验，不得接受委托企业的送样实施检验。

第十四条 违反本规定第三条要求的，依照产品质量法第 49 条规定处理；产品质量不符合本规定第三条要求，且违反本规定第四条至第八条及第十三条第一款之任一条要求的，依照产品质量法第 49 条规定的上限处理，并责令停产，整改不符合本规定的，不得恢复生产。

第十五条 违反本规定第九条或第十条要求的，依照产品质量法第 50 条规定的上限处理，并责令停产，整改不符合本规定的，不得恢复生产。

第十六条 违反本规定第十二条要求的，依照产品质量法第 54 条处理。

第十七条 受委托质检机构违反本规定第十三条第二款要求的，视为伪造检验结果或出具虚假证明，由此造成被委托企业产品质量不合格并造成企业损失的，依照产品质量法第 57 条处理。

第十八条 对依法必须取得卫生许可证和营业执照等许可证明而未取得，擅自生产加工一次性生活用纸产品不符合本规定第三条、第九条、第十条之任一规定的，依照产品质量法第 60 条处理。

生活用纸和一次性卫生用品的市场(《生活用纸》2014—2015年有关论文索引)

MARKET OF TISSUE PAPER & DISPOSABLE PRODUCTS (INDEX OF PAPERS IN *TISSUE PAPER & DISPOSABLE PRODUCTS* 2014-2015)

[8]

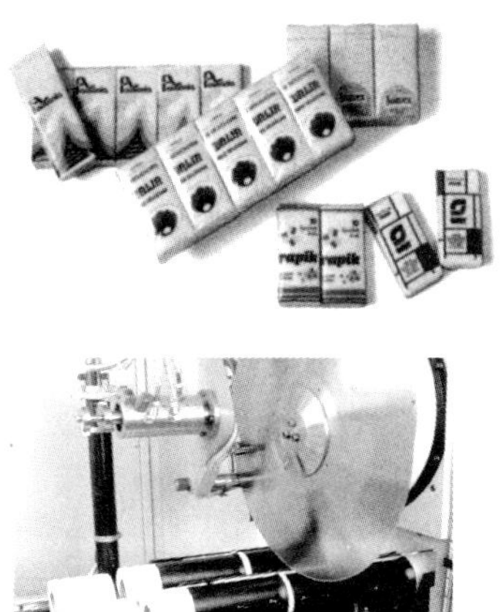

生活用纸和一次性卫生用品的市场

(《生活用纸》2014—2015 年有关论文索引)

序号	论文题目	年份	期号	总期号	页码	备注
生活用纸						
1	非洲南部地区的生活用纸零售市场	2014	2	290	41-43	译文
2	印度尼西亚生活用纸市场：社会经济发展的晴雨表	2014	3	291	10-11	译文
3	2013 年中国生活用纸行业要闻盘点	2014	5	293	8-11	
4	葡萄牙生活用纸市场概况	2014	6	294	41-42	译文
5	前南斯拉夫新独立国家的生活用纸生产与消费趋势	2014	6	294	43-46	译文
6	2013 年全球新上卫生纸机项目介绍	2014	7	295	12-14	译文
7	Metsä 副总裁谈全面研发与创新	2014	10	298	16-17	译文
8	零售决定着全球生活用纸行业的发展方向	2014	10	298	18-20	译文
9	聚焦美国东南部生活用纸企业及市场	2014	12	300	11-15	
10	经济危机重塑北美生活用纸市场	2014	12	300	40-41	译文
11	零售商品牌与生产商品牌在美国生活用纸市场中的竞争	2014	17	305	23-25	译文
12	英国零售商品牌卫生纸销售已达上限，生产商品牌复苏	2014	17	305	26-27	译文
13	全球商品浆市场展望	2014	18	306	38-40	
14	2013 年我国生活用纸行业的概况和展望	2014	19	307	5-13	
15	全球生活用纸市场概况	2014	22	310	22-28	
16	中国生活用纸市场发展形势及对策	2014	24	312	15-17	
17	通货膨胀和价格控制对阿根廷生活用纸市场的影响	2014	24	312	34-37	译文
18	2013 年全球生活用纸消费概况——中国仍占全球市场增量最大份额	2015	1	313	28-30	译文
19	德国生活用纸市场的发展模式及其对欧洲地区的影响	2015	1	313	31-32	译文
20	2014 年中国生活用纸行业大盘点	2015	2	314	19-25	
21	日本生活用纸市场前景黯淡	2015	4	316	41-42	
22	欧洲重量型企业展现其实力	2015	4	316	75-77	译文
23	欧洲生活用纸企业的可持续发展	2015	6	318	62-63	译文
24	墨西哥中产阶级推动生活用纸市场的发展	2015	6	318	64-65	译文

续表

序号	论文题目	年份	期号	总期号	页码	备注
25	生活用纸：俄罗斯市场的发展与机遇	2015	7	319	40-41	译文
26	浅析生活用纸与商品浆的交互影响	2015	8	320	37-40	
27	2014 年我国生活用纸行业的概况和展望	2015	9	321	7-16	
28	全球生活用纸市场概况	2015	9	321	34-40	
29	北美生活用纸行业投资升温	2015	9	321	41-42	译文
30	当前中小型生活用纸企业生存发展调研分析	2015	9	321	45-47	
31	哈萨克斯坦生活用纸市场迎来发展机遇	2015	12	324	71-72	译文
卫生用品						
1	创新推动纸尿裤行业发展——2014 年非织造布行业展望	2014	3	291	7-9	
2	2013 年中国卫生用品行业要闻盘点	2014	4	292	2-4	
3	2013 年全球绒毛浆和溶解浆市场概况及未来展望	2014	6	294	22-26	译文
4	成人失禁用品及其市场新动向	2014	9	297	12-15	译文
5	Ever Green 公司主管谈巴西纸尿裤市场	2014	9	297	45-46	译文
6	女性卫生用品市场	2014	11	299	21-23	译文
7	全球卫生用品行业的发展策略——加强扩张和并购重组	2014	19	307	18-27	译文
8	2013 年中国一次性卫生用品行业的概况和展望	2014	20	308	6-10	
9	原辅材料供应商持续创新，优化卫生用品性能与成本	2014	20	308	16-19	译文
10	怎样让纸尿裤更干爽	2014	20	308	20-25	
11	欧洲卫生用品市场发展现状及趋势	2014	21	309	8-13	
12	中国国产纸尿裤产品发展趋势	2014	22	310	32-34	
13	日本关于医药品医疗器械等的法律	2014	23	311	2-4	
14	日本的卫生巾相关法律法规管制	2014	23	311	5-7	
15	纸尿布自主标准的介绍	2014	23	311	8-12	
16	日本卫生用品市场概述	2014	23	311	13-14	
17	使用过的纸尿布在日本的废弃处理现状	2014	23	311	15-19	
18	东南亚卫生用品市场的强势增长和新趋势	2014	23	311	30-32	译文
19	绒毛浆市场的发展趋势和机遇	2014	24	312	18-19	
20	处于不断变化中的中东卫生用品市场	2014	24	312	20-21	译文

续表

序号	论文题目	年份	期号	总期号	页码	备注
21	弹性材料在卫生用品行业的应用及发展趋势	2014	24	312	38-39	译文
22	2014年中国卫生用品行业大盘点	2015	1	313	11-15	
23	纸尿裤生产商致力于更薄、吸液更快和更柔软的纸尿裤	2015	1	313	69-70	译文
24	进口纸尿裤盛行 国内企业亟需应对	2015	2	314	52-55	
25	根据不同区域消费者的喜好和需要设计婴儿纸尿裤产品	2015	3	315	38-40	译文
26	跨国巨头2014年业绩和展望	2015	4	316	34-40	译文
27	浅析印度婴儿纸尿裤市场	2015	4	316	43	
28	中东和北非地区卫生用品市场持续强势增长	2015	5	317	36-38	译文
29	成人失禁用品市场的发展	2015	6	318	23-29	译文
30	纸尿裤可再生材料的发展探索	2015	6	318	30-32	译文
31	卫生用品：东欧及俄罗斯市场的机遇	2015	7	319	42-43	译文
32	“变”中求胜——卫生用品新常态下的营销革新	2015	8	320	51-58	
33	女性卫生巾市场发展趋势及新媒体形势下的营销方向	2015	8	320	62-71	
34	如何把握成人失禁用品市场的发展机遇?	2015	9	321	43-44	
35	西亚卫生用品市场一撇	2015	9	321	56	
36	2014年我国一次性卫生用品行业的概况和展望	2015	10	322	22-27	
37	有待开发的印度卫生用品市场	2015	10	322	39-41	译文
38	欧洲吸收性卫生用品相关的法规情况	2015	10	322	80-81	
39	全球婴儿纸尿裤市场的发展潜力	2015	11	323	39-41	
40	全球婴儿纸尿裤市场最新发展趋势	2015	11	323	42-48	译文
41	中国市场婴儿纸尿裤的创新特点及发展趋势	2015	11	323	49-54	
42	不同国家裤型婴儿纸尿裤发展情况各异	2015	11	323	55-56	译文
擦拭巾、湿巾、干法纸						
1	欧洲擦拭巾市场的消费发展趋势	2014	2	290	15-17	译文
2	北美擦拭巾市场发展趋势与预测	2014	2	290	18-20	译文
3	南美擦拭巾市场最新进展	2014	2	290	21-23	译文
4	亚太地区的擦拭巾市场潜力、规模及挑战	2014	2	290	24-26	译文
5	抗菌擦拭巾的趋势及解决方案	2014	10	298	44-45	译文

续表

序号	论文题目	年份	期号	总期号	页码	备注
6	全球生活方式的转变及对擦拭巾保存方式的影响	2014	12	300	16-19	译文
7	中国湿巾市场潜力巨大 婴儿湿巾将首先实现突破	2014	16	304	24-26	
8	EU BPR 对湿巾的要求及监管	2014	16	304	27-28	
9	整合中的欧美干法纸市场	2014	17	305	45-47	译文
10	美国擦拭巾产品“争论”及 INDA 会员单位的应对	2014	17	305	48-51	
11	小包湿巾消费者变迁与区域竞争格局	2014	18	306	32-37	
12	美国知名擦拭巾生产商努力拓展市场	2014	23	311	40-42	译文
13	可冲散与不可冲散湿巾	2015	1	313	33-36	译文
14	擦拭巾新法规	2015	7	319	61-68	译文
15	居家用擦拭巾的新机遇	2015	11	323	73-74	译文
非织造布						
1	从非织造布发展看卫生用品市场趋势	2014	6	294	18-21	
2	非织造布产品为医疗保健行业提供安全保障	2014	9	297	16-19	译文
3	2013 年全球非织造布市场回顾	2014	11	299	17-20	
4	东南亚纸尿裤拉动非织造布产能迅速增长	2014	20	308	46-48	译文
5	2014 年全球非织造布行业重要事件盘点	2015	4	316	28-33	译文

生活用纸和一次性卫生用品的技术进展(《生活用纸》2014—2015年有关论文索引)

TECHNOLOGY ADVANCES OF TISSUE PAPER & DISPOSABLE PRODUCTS (INDEX OF PAPERS IN *TISSUE PAPER & DISPOSABLE PRODUCTS* 2014-2015)

[9]

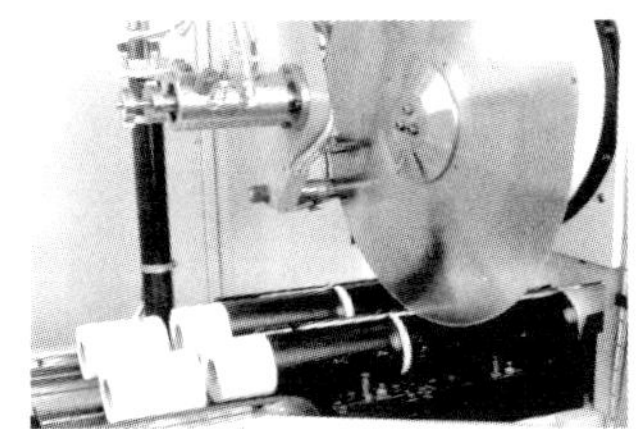

生活用纸和一次性卫生用品的技术进展

(《生活用纸》2014—2015 年有关论文索引)

序号	论文题目	年份	期号	总期号	页码	备注
生活用纸						
1	湿部优化：提高湿强度性能效率(WSPE)	2014	1	289	43-45	
2	首台 ADT 纸机在美国成功运行	2014	2	290	39-40	译文
3	美卓更稳定有效的生活用纸自动化概念	2014	6	294	30-33	
4	生产高质优价的卫生纸	2014	6	294	34-36	
5	我国新型卫生纸机技术应用及发展趋势分析(上)	2014	7	295	19-25	
6	Innventia 对生活用纸性能和功能性的重点研究	2014	7	295	42-43	译文
7	长网双缸卫生纸机生产擦手纸实例	2014	7	295	44-45	
8	特斯克提高能源效率的解决方案	2014	7	295	46-48	译文
9	我国新型卫生纸机技术应用及发展趋势分析(下)	2014	8	296	12-19	
10	全球首台装有高效脱气紧凑型湿部的卫生纸机	2014	8	296	39-42	译文
11	百利怡 MILE7.2 无胶卷纸生产线	2014	9	297	36-38	
12	用纳尔科公司 3D TRASAR™ 控制器保护和监控扬克缸系统	2014	10	298	39-41	译文
13	CPLP 公司利用 NBSK 浆生产高档生活用纸	2014	10	298	42-43	译文
14	TT SYD 钢制扬克缸的实际应用和现场体验	2014	13	301	39-42	译文
15	柔软及芳香的生活用纸——乳霜添加技术经济性分析	2014	15	303	43-44	
16	降低能源成本和提高产品质量是重中之重	2014	15	303	45-48	译文
17	在高水分条件下提高起皱效率和柔软度——纳尔科 TULIP™ 扬克缸涂层化学品介绍	2014	16	304	40-41	
18	Multi Waste 滤尘系统	2014	16	304	42-43	译文
19	增强剂工艺提高获利能力	2014	18	306	45-48	译文
20	Advantage™ NTT® 概念——注重质量、能耗和灵活性的生活用纸生产新技术	2014	19	307	38-41	
21	ViscoNip 软靴压——传统干法起皱卫生纸机中灵活的压榨方式	2014	19	307	42-45	
22	福伊特的创新压榨技术和新型造纸织物	2014	19	307	46-49	
23	特斯克公司的干燥优化节能解决方案	2014	19	307	50-52	

续表

序号	论文题目	年份	期号	总期号	页码	备注
24	高密度卫生卷纸取得最佳切割效果的决定因素	2014	20	308	32-35	
25	创新工艺技术提高生产效率	2014	20	308	36-38	
26	创新的无胶卷纸生产技术	2014	20	308	39-40	
27	AL-FORM系列卫生纸机的设计原则——综合优化是改善当代卫生纸机性能的唯一途径	2014	21	309	31-34	
28	PMP Intelli-Tissue®1200 EcoEc环保经济型卫生纸机——中国运行案例分析	2014	21	309	35-37	
29	适应中国市场新发展的川之江卫生纸机及加工设备	2014	21	309	38-40	
30	丝滑感受，生活用纸新趋势	2014	22	310	43-45	
31	为中小型卫生纸厂升级改造研发的一种机型	2015	1	313	61-62	
32	高速新月型卫生纸机与真空圆网型卫生纸机的性能介绍和对比	2015	1	313	63-65	
33	纳尔科起皱分析工具NCAT的应用	2015	3	315	75-77	
34	福伊特节能技术在卫生纸生产中的应用	2015	4	316	71-74	
35	Wausau Paper的ATMOS纸机助其拓展高档产品市场	2015	5	317	70-73	译文
36	生活用纸自动化仓储物流系统的应用	2015	6	318	55-59	
37	福伊特靴式压榨技术获得全球性成功	2015	6	318	60-61	
38	Advantage™ ReTurne™技术——回收能源，减少环境影响	2015	9	321	63-66	译文
39	高品质，低能耗——福伊特卫生纸机节能生产一站式解决方案	2015	9	321	67-68	
40	卫生纸生产的能源优化利用——环保而经济高效	2015	9	321	69-71	
41	不同需求，不同方案	2015	9	321	72-73	
42	卫生纸机的节能管理——来自PMP集团新成员PMPower的节能解决方案	2015	9	321	74-76	
43	川之江BF1000S-Advance——产量和单位能耗最佳平衡的节能机型	2015	9	321	77-78	
44	探寻钢制烘缸在中国市场的最新发展情况——钢制烘缸制造商访谈录	2015	10	322	53-59	
45	钢制烘缸是卫生纸机发展中的革命性进步——专访维达国际技术总裁董义平先生	2015	10	322	60-61	
46	恒安对卫生纸机钢制烘缸的实践应用	2015	10	322	62-64	
47	意大利特斯克公司钢制扬克烘缸应用的最新成果	2015	10	322	65-67	

续表

序号	论文题目	年份	期号	总期号	页码	备注
48	钢制扬克烘缸的热喷涂	2015	10	322	68-71	
49	钢制扬克烘缸的节能效果	2015	10	322	72-76	
50	扬克烘缸安全性、可靠性和效率最大化的探究	2015	10	322	77-79	译文
51	扬克缸涂层的选型和优化带来的纸机性能提高	2015	11	323	68-70	
52	持续创新战略：新效率推进器	2015	12	324	69-70	
卫生用品						
1	印度用棉织品废料生产低成本卫生巾	2014	3	291	36-38	译文
2	卫生用品弹性材料的应用及其对产品性能的影响	2014	6	294	37-40	译文
3	婴儿纸尿裤性能探讨	2014	13	301	35-38	
4	低气味、低温热熔胶在卫生用品行业的应用	2014	16	304	38-39	
5	先进的黏合剂技术方案在拉拉裤上的应用	2014	17	305	41-44	
6	Fameccanica 创新“无胶”技术——引领全球“绿色”卫生用品新生活	2014	24	312	30-33	
7	开发满足中国市场的卫生用品设备	2015	1	313	66-68	
8	卫材复合膜的技术要求及问题处理	2015	2	314	66-68	
9	薄膜产品在纸尿裤上的应用	2015	2	314	72-74	
10	波士胶(Bostik)专供超薄芯层的胶黏剂解决方案	2015	2	314	75-76	
11	纸尿裤芯层吸收液体的速度与漩涡时间相关吗?	2015	3	315	71-74	
12	卫生用品芯层结构胶改善途径研究	2015	7	319	56-60	
13	原辅材料的创新和生产工艺的改进为产品创新提供了选择	2015	8	320	86-89	
14	热熔胶的气味	2015	12	324	52-53	
15	影响卫材结构胶粘接强度的原因及改善方案	2015	12	324	54-57	
16	纸尿裤 S 切左右贴在线复合用胶解决方案	2015	12	324	58-60	
17	高效高性能提升的全面解决方案	2015	12	324	61-63	
擦拭巾、湿巾、干法纸						
1	如何开发湿巾新品	2014	8	296	36-38	译文
2	全球市场环境下防腐剂面临的挑战	2014	11	299	43-48	译文
3	个人护理用湿巾新配方	2014	12	300	36-39	译文
4	创新的筒装湿巾生产方案	2014	20	308	41-42	
5	家用非织造布擦拭巾的研发进展	2015	5	317	61-64	

续表

序号	论文题目	年份	期号	总期号	页码	备注
6	优化料液配方强化杀菌剂在消毒湿巾中的作用	2015	5	317	65-67	译文
非织造布						
1	非织造布中的香味添加和异味控制	2014	9	297	39-42	译文
2	满足中国纸尿裤市场新需求的柔软非织造布高效解决方案	2015	2	314	69-71	
3	纤维：非织造布生命之源	2015	5	317	58-60	
高吸收性树脂						
1	高吸收性树脂用于纸尿裤30年——如何测试纸尿裤的产品性能？	2015	12	324	64-68	

附录
APPENDIX

[10]

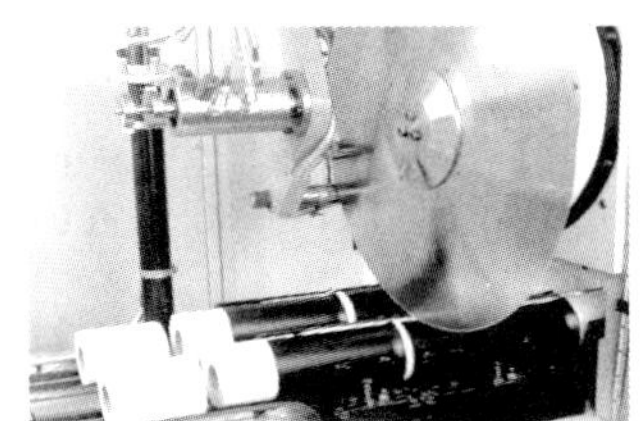

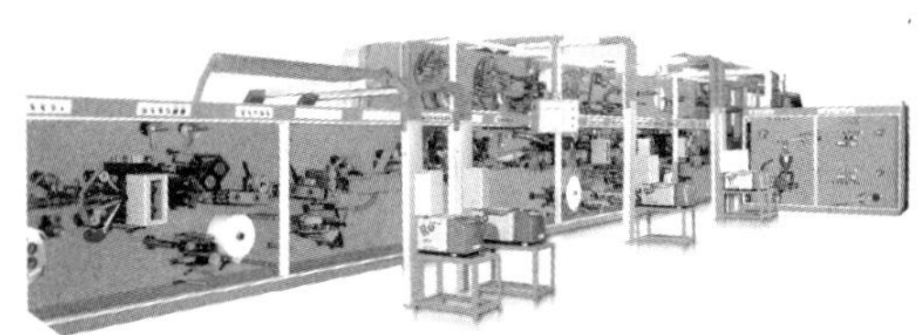

人口数及构成
Population and its composition

单位:万人(10 000 persons)

年份 Year	总人口(年末) Total Population (year-end)	按性别分 By Sex				按城乡分 By Residence			
		男 Male		女 Female		城镇 Urban		乡村 Rural	
		人口数 Population	比重(%) Proportion	人口数 Population	比重(%) Proportion	人口数 Population	比重(%) Proportion	人口数 Population	比重(%) Proportion
1949	54167	28145	51.96	26022	48.04	5765	10.64	48402	89.36
1950	55196	28669	51.94	26527	48.06	6169	11.18	49027	88.82
1955	61465	31809	51.75	29656	48.25	8285	13.48	53180	86.52
1960	66207	34283	51.78	31924	48.22	13073	19.75	53134	80.25
1965	72538	37128	51.18	35410	48.82	13045	17.98	59493	82.02
1970	82992	42686	51.43	40306	48.57	14424	17.38	68568	82.62
1975	92420	47564	51.47	44856	48.53	16030	17.34	76390	82.66
1980	98705	50785	51.45	47920	48.55	19140	19.39	79565	80.61
1982	101654	52352	51.50	49302	48.50	21480	21.13	80174	78.87
1984	104357	53848	51.60	50509	48.40	24017	23.01	80340	76.99
1986	107507	55581	51.70	51926	48.30	26366	24.52	81141	75.48
1988	111026	57201	51.52	53825	48.48	28661	25.81	82365	74.19
1990	114333	58904	51.52	55429	48.48	30195	26.41	84138	73.59
1991	115823	59466	51.34	56357	48.66	31203	26.94	84620	73.06
1992	117171	59811	51.05	57360	48.95	32175	27.46	84996	72.54
1993	118517	60472	51.02	58045	48.98	33173	27.99	85344	72.01
1994	119850	61246	51.10	58604	48.90	34169	28.51	85681	71.49
1995	121121	61808	51.03	59313	48.97	35174	29.04	85947	70.96
1996	122389	62200	50.82	60189	49.18	37304	30.48	85085	69.52
1997	123626	63131	51.07	60495	48.93	39449	31.91	84177	68.09
1998	124761	63940	51.25	60821	48.75	41608	33.35	83153	66.65
1999	125786	64692	51.43	61094	48.57	43748	34.78	82038	65.22
2000	126743	65437	51.63	61306	48.37	45906	36.22	80837	63.78
2001	127627	65672	51.46	61955	48.54	48064	37.66	79563	62.34
2002	128453	66115	51.47	62338	48.53	50212	39.09	78241	60.91
2003	129227	66556	51.50	62671	48.50	52376	40.53	76851	59.47
2004	129988	66976	51.52	63012	48.48	54283	41.76	75705	58.24
2005	130756	67375	51.53	63381	48.47	56212	42.99	74544	57.01
2006	131448	67728	51.52	63720	48.48	58288	44.34	73160	55.66
2007	132129	68048	51.50	64081	48.50	60633	45.89	71496	54.11
2008	132802	68357	51.47	64445	48.53	62403	46.99	70399	53.01
2009	133450	68647	51.44	64803	48.56	64512	48.34	68938	51.66
2010	134091	68748	51.27	65343	48.73	66978	49.95	67113	50.05
2011	134735	69068	51.26	65667	48.74	69079	51.27	65656	48.73
2012	135404	69395	51.25	66009	48.75	71182	52.57	64222	47.43
2013	136072	69728	51.24	66344	48.76	73111	53.73	62961	46.27
2014	136782	70079	51.23	66703	48.77	74916	54.77	61866	45.23

注：1. 1981年及以前数据为户籍统计数；1982、1990、2000、2010年数据为当年人口普查数据推算数；其余年份数据为年度人口抽样调查推算数据。

2. 总人口和按性别分人口中包括现役军人，按城乡分人口中现役军人计入城镇人口。

a) Figures 1981 (inclusive) are from household registrations; for the year 1982, 1990, 2000 and 2010 are the census year estimates; the rest of the data covered in those tables have been estimated on the basis of the annual national sample surveys of population.

b) Total population and population by sex include the military personnel of the Chinese People's Liberation Army, the military personnel are classified as urban population in the item of population by residence.

《中国统计年鉴-2015》

人口出生率、死亡率和自然增长率
Birth rate, death rate and natural growth rate of population

单位:‰

年　份 Year	出生率 Birth Rate	死亡率 Death Rate	自然增长率 Natural Growth Rate
1978	18.25	6.25	12.00
1980	18.21	6.34	11.87
1981	20.91	6.36	14.55
1982	22.28	6.60	15.68
1983	20.19	6.90	13.29
1984	19.90	6.82	13.08
1985	21.04	6.78	14.26
1986	22.43	6.86	15.57
1987	23.33	6.72	16.61
1988	22.37	6.64	15.73
1989	21.58	6.54	15.04
1990	21.06	6.67	14.39
1991	19.68	6.70	12.98
1992	18.24	6.64	11.60
1993	18.09	6.64	11.45
1994	17.70	6.49	11.21
1995	17.12	6.57	10.55
1996	16.98	6.56	10.42
1997	16.57	6.51	10.06
1998	15.64	6.50	9.14
1999	14.64	6.46	8.18
2000	14.03	6.45	7.58
2001	13.38	6.43	6.95
2002	12.86	6.41	6.45
2003	12.41	6.40	6.01
2004	12.29	6.42	5.87
2005	12.40	6.51	5.89
2006	12.09	6.81	5.28
2007	12.10	6.93	5.17
2008	12.14	7.06	5.08
2009	11.95	7.08	4.87
2010	11.90	7.11	4.79
2011	11.93	7.14	4.79
2012	12.10	7.15	4.95
2013	12.08	7.16	4.92
2014	12.37	7.16	5.21

《中国统计年鉴-2015》

按年龄和性别分人口数（2014 年）
Population by age and sex（2014）

本表是 2014 年全国人口变动情况抽样调查样本数据，抽样比为 0. 822‰。

Data in this table are obtained from the 2014 National Sample Survey on Population Changes. The sampling fraction is 0. 822‰.

年 龄 Age	人口数（人） Population （person）	男 Male	女 Female	占总人口比重（%） Percentage to Total Population （%）	男 Male	女 Female	性别比 （女=100） Sex Ratio （Female=100）
总计 Total	**1124402**	**576011**	**548391**	**100. 00**	**51. 23**	**48. 77**	**105. 04**
0–4	63990	34484	29506	5. 69	3. 07	2. 62	116. 87
5–9	63132	34326	28807	5. 61	3. 05	2. 56	119. 16
10–14	58287	31616	26671	5. 18	2. 81	2. 37	118. 54
15–19	64719	34584	30136	5. 76	3. 08	2. 68	114. 76
20–24	90785	46891	43894	8. 07	4. 17	3. 90	106. 83
25–29	98845	49801	49044	8. 79	4. 43	4. 36	101. 54
30–34	82546	41777	40768	7. 34	3. 72	3. 63	102. 47
35–39	81792	41761	40032	7. 27	3. 71	3. 56	104. 32
40–44	101959	52086	49873	9. 07	4. 63	4. 44	104. 44
45–49	99249	50455	48795	8. 83	4. 49	4. 34	103. 40
50–54	77909	39470	38439	6. 93	3. 51	3. 42	102. 68
55–59	66409	33781	32628	5. 91	3. 00	2. 90	103. 53
60–64	61608	30781	30826	5. 48	2. 74	2. 74	99. 85
65–69	41709	20573	21137	3. 71	1. 83	1. 88	97. 33
70–74	29133	14528	14606	2. 59	1. 29	1. 30	99. 47
75–79	21330	10179	11151	1. 90	0. 91	0. 99	91. 28
80–84	13289	5987	7302	1. 18	0. 53	0. 65	81. 99
85–89	5604	2244	3360	0. 50	0. 20	0. 30	66. 79
90–94	1757	581	1175	0. 16	0. 05	0. 10	49. 45
95+	347	106	241	0. 03	0. 01	0. 02	43. 98

注：由于各地区数据采用加权汇总的方法，全国人口变动情况抽样调查样本数据合计与各分项相加略有误差。

Because data by region are calculated by the method of weighted sum, total data of the national sample survey on population changes is not equal to the sum of each item.

《中国统计年鉴-2015》

分地区户数、人口数、性别比和户规模（2014 年）

Household, population, sex ratio and household size by region (2014)

本表是 2014 年全国人口变动情况抽样调查样本数据，抽样比为 0.822‰。

Data in this table are obtained from the 2014 National Sample Survey on Population Changes. The sampling fraction is 0.822‰.

地区	Region	户数（户）Number of Households (household)	家庭户 Family Household	集体户 Collective Household	人口数（人）Population (person)	男 Male	女 Female	性别比（女=100）Sex Ratio (Female=100)	家庭户人口数（人）Family Household Population (person)	男 Male	女 Female	集体户人口数（人）Collective Household Population (person)	男 Male	女 Female	平均家庭户规模（人/户）Average Family Size (person/household)
全　国	**National Total**	**375069**	**365416**	**9653**	**1124402**	**576011**	**548391**	**105.04**	**1084379**	**553385**	**530994**	**40023**	**22626**	**17397**	**2.97**
北　京	Beijing	6827	6220	607	17757	8977	8780	102.24	15503	7753	7750	2254	1224	1030	2.49
天　津	Tianjin	4705	4572	133	12517	6269	6248	100.34	12001	6085	5916	516	184	332	2.62
河　北	Hebei	19013	18917	96	60936	31198	29738	104.91	60450	30967	29483	486	231	255	3.20
山　西	Shanxi	9701	9521	180	30107	15298	14809	103.30	29114	14982	14132	993	316	677	3.06
内蒙古	Inner Mongolia	7726	7664	62	20671	10533	10138	103.90	20513	10453	10060	158	80	78	2.68
辽　宁	Liaoning	13670	13534	136	36236	18363	17873	102.74	35618	18016	17602	618	347	271	2.63
吉　林	Jilin	8325	8313	12	22715	11561	11154	103.65	22647	11527	11120	68	34	34	2.72
黑龙江	Heilongjiang	11713	11621	92	31632	15829	15803	100.16	31033	15799	15234	599	30	569	2.67
上　海	Shanghai	8496	8104	392	20019	10334	9685	106.70	18971	9732	9239	1048	602	446	2.34
江　苏	Jiangsu	22121	21476	645	65692	33116	32576	101.66	63502	31975	31527	2190	1141	1049	2.96
浙　江	Zhejiang	17260	16291	969	45456	23808	21648	109.98	41393	21225	20168	4063	2583	1480	2.54
安　徽	Anhui	16057	15563	494	50201	24924	25277	98.60	47992	24306	23686	2209	618	1591	3.08
福　建	Fujian	11652	11111	541	31409	16349	15060	108.56	29937	15479	14458	1472	870	602	2.69
江　西	Jiangxi	10984	10901	83	37486	19573	17913	109.27	37167	19278	17889	319	295	24	3.41
山　东	Shandong	28391	28267	124	80788	40923	39865	102.65	80211	40548	39663	577	375	202	2.84
河　南	Henan	23089	22622	467	77873	39385	38488	102.33	75502	38156	37346	2371	1229	1142	3.34
湖　北	Hubei	15806	15646	160	47997	24458	23539	103.90	46301	23684	22617	1696	774	922	2.96
湖　南	Hunan	17398	17134	264	55600	28516	27084	105.29	54488	27871	26617	1112	645	467	3.18
广　东	Guangdong	27311	24832	2479	88503	48021	40482	118.62	79154	40955	38199	9349	7066	2283	3.19
广　西	Guangxi	12191	12003	188	39232	20403	18829	108.36	38759	20150	18609	473	253	220	3.23
海　南	Hainan	2049	1960	89	7456	3994	3462	115.37	7039	3720	3319	417	274	143	3.59
重　庆	Chongqing	8952	8678	274	24687	12696	11991	105.88	23578	11986	11592	1109	710	399	2.72
四　川	Sichuan	24765	24259	506	67179	33289	33890	98.23	65198	32582	32616	1981	707	1274	2.69
贵　州	Guizhou	9075	8917	158	28950	14806	14144	104.68	27557	14409	13148	1393	397	996	3.09
云　南	Yunnan	11638	11489	149	38902	19962	18940	105.40	37947	19448	18499	955	514	441	3.30
西　藏	Tibet	642	642		2620	1317	1303	101.07	2620	1317	1303				4.08
陕　西	Shaanxi	10124	9918	206	31155	16108	15047	107.05	30481	15539	14942	674	569	105	3.07
甘　肃	Gansu	6257	6194	63	21381	11082	10299	107.60	20741	10650	10091	640	432	208	3.35
青　海	Qinghai	1496	1461	35	4814	2420	2394	101.09	4663	2380	2283	151	40	111	3.19
宁　夏	Ningxia	1710	1698	12	5460	2807	2653	105.80	5428	2786	2642	32	21	11	3.20
新　疆	Xinjiang	5924	5889	35	18969	9693	9276	104.50	18870	9626	9244	99	67	32	3.20

《中国统计年鉴-2015》

国民经济和社会发展总量与速度指标

Principal aggregate indicators on national economic and social development and growth rates

指　标	Item	总量指标 Aggregate Data				指数(%) Index (%) (2014 为以下各年) (2014 as Percentage of the Following Years)			平均增长速度(%) Average Annual Growth Rate (%)	
		1978	2000	2013	2014	1978	2000	2013	1979—2014	2001—2014
人口(万人)	**Population (10 000 persons)**									
总人口(年末)	Total Population	96259	126743	136072	136782	142. 1	107. 9	100. 5	1. 0	0. 5
城镇人口	Urban Population	17245	45906	73111	74916	434. 4	163. 2	102. 5	4. 2	3. 6
乡村人口	Rural Population	79014	80837	62961	61866	78. 3	76. 5	98. 3	−0. 7	−1. 9
就业(万人)	**Employment(10 000 persons)**									
就业人员数	Employment	40152	72085	76977	77253	192. 4	107. 2	100. 4	1. 8	0. 5
第一产业	Primary Industry	28318	36043	24171	22790	80. 5	63. 2	94. 3	−0. 6	−3. 2
第二产业	Secondary Industry	6945	16219	23170	23099	332. 6	142. 4	99. 7	3. 4	2. 6
第三产业	Tertiary Industry	4890	19823	29636	31364	641. 4	158. 2	105. 8	5. 3	3. 3
城镇登记失业人数	Number of Registered Unemployed Persons in Urban Areas	530	595	926	952	179. 6	160. 0	102. 8	1. 6	3. 4
国民经济核算	**National Accounts**									
国民总收入(亿元)	Gross National Income (100 million yuan)	3650. 2	98562. 2	583196. 7	634043. 4	2813. 9	373. 4	107. 8	9. 7	9. 9
国内生产总值(亿元)	Gross Domestic Product (100 million yuan)	3650. 2	99776. 3	588018. 8	636138. 7	2823. 2	370. 1	107. 3	9. 7	9. 8
第一产业	Primary Industry	1018. 4	14716. 2	55321. 7	58336. 1	481. 6	174. 9	104. 1	4. 5	4. 1
第二产业	Secondary Industry	1736. 0	45326. 0	256810. 0	271764. 5	4441. 1	411. 0	107. 3	11. 1	10. 6
第三产业	Tertiary Industry	895. 8	39734. 1	275887. 0	306038. 2	3856. 6	399. 8	107. 8	10. 7	10. 4
人均国内生产总值(元)	Per Capita GDP (yuan)	382	7902	43320	46629	1978. 7	342. 5	106. 7	8. 6	9. 2
人民生活	**People's Living Conditions**									
城镇居民人均可支配收入(元)	Annual Per Capita Disposable Income of Urban Households (yuan)	343	6280	26955	29381	1310. 5	341. 5	106. 8	7. 4	9. 2
农村居民人均纯收入(元)	Per Capita Net Income of Rural Households (yuan)	134	2253	8896	9892	1404. 7	290. 6	109. 2	7. 6	7. 9
城乡人民币储蓄存款余额(亿元)	Outstanding Amount of Saving Deposits in Urban and Rural Areas(100 million yuan)	211	64332	447602	485261	230418. 5	754. 3	108. 4	24. 0	15. 5

续表Continued

指标	Item	总量指标 Aggregate Data				指数(%) Index (%) (2014 为以下各年) (2014 as Percentage of the Following Years)			平均增长速度(%) Average Annual Growth Rate (%)	
		1978	2000	2013	2014	1978	2000	2013	1979—2014	2001—2014
财政(亿元)	**Government Finance(100 million yuan)**									
一般公共预算收入	General Public Budget Revenue	1132. 3	13395. 2	129209. 6	140370. 0	12402. 0	1048. 2	108. 6	14. 3	18. 3
一般公共预算支出	General Public Budget Expenditure	1122. 1	15886. 5	140212. 1	151785. 6	13505. 2	956. 5	108. 3	14. 6	17. 5
环境、灾害	**Environment and Disaster**									
废水中化学需氧量排放量(万吨)	COD Discharge of Waste Water(10 000 tons)			2353	2295			97. 5		
废气中二氧化硫排放量(万吨)	Sulphur Dioxide Emission of Waste Gas(10 000 tons)			2044	1974			96. 6		
能源(万吨标准煤)	**Energy(10 000 tons of SCE)**									
能源生产总量	Total Energy Production	62770	138570	358784	360000	573. 5	259. 8	100. 5	5. 0	7. 1
能源消费总量	Total Energy Consumption	57144	146964	416913	426000	745. 5	289. 9	102. 2	5. 7	7. 9
固定资产投资	**Investment in Fixed Assets**									
全社会固定资产投资总额(亿元)	Total Investment in Fixed Assets(100 million yuan)		32917. 7	446294. 1	512020. 7			115. 2		22. 4
#房地产开发	Real Estate Development		4984. 1	86013. 4	95035. 6			110. 5		24. 7
全社会住宅投资	Total Investment in Residential Buildings		7594. 1	74870. 7	80615. 1					
全社会房屋施工面积(万平方米)	Floor Space of Buildings under Construction(10 000 sq. m)		265294	1336288	1355560		511. 0	101. 4		12. 4
#住宅	Residential Buildings		180634	673163	689041		381. 5	102. 4		10. 0
全社会房屋竣工面积(万平方米)	Floor Space of Buildings Completed (10 000 sq. m)		181974	349896	355068		195. 1	101. 5		4. 9
#住宅	Residential Buildings		134529	193328	192545		143. 1	99. 6		2. 6
对外经济贸易(亿美元)	**Foreign Trade (100 million USD)**									
货物进出口总额	Total Value of Imports and Exports	206. 4	4742. 9	41589. 9	43015. 3	20840. 7	906. 9	103. 4	16. 0	17. 1
出口额	Exports	97. 5	2492. 0	22090. 0	23422. 9	24023. 5	939. 9	106. 0	16. 4	17. 4
进口额	Imports	108. 9	2250. 9	19499. 9	19592. 3	17991. 1	870. 4	100. 5	15. 5	16. 7
外商直接投资	Foreign Direct Investment		407. 2	1175. 9	1195. 6		293. 7	101. 7		8. 0
外商其他投资	Other Foreign Investment		86. 4	11. 3	1. 4		1. 7	12. 7		−25. 4

续表Continued

指标	Item	总量指标 Aggregate Data				指数(%) Index (%) (2014 为以下各年) (2014 as Percentage of the Following Years)			平均增长速度(%) Average Annual Growth Rate (%)	
		1978	2000	2013	2014	1978	2000	2013	1979—2014	2001—2014
农业	**Agriculture**									
农林牧渔业总产值(亿元)	Gross Output Value of Agriculture, Forestry, Animal Husbandry and Fishery (100 million yuan)	1397. 0	24915. 8	96995. 3	102226. 1	760. 1	194. 0	104. 2	5. 8	4. 8
主要农产品产量(万吨)	Output of Major Farm Products (10 000 tons)									
粮　食	Grain	30476. 5	46217. 5	60193. 8	60702. 6	199. 2	131. 3	100. 8	1. 9	2. 0
棉　花	Cotton	216. 7	441. 7	629. 9	617. 8	285. 1	139. 9	98. 1	3. 0	2. 4
油　料	Oil-bearing Crops	521. 8	2954. 8	3517. 0	3507. 4	672. 2	118. 7	99. 7	5. 4	1. 2
肉　类	Meat	943. 0	6013. 9	8535. 0	8706. 7	923. 3	144. 8	102. 0	6. 4	2. 7
水产品	Aquatic Products	465. 4	3706. 2	6172. 0	6461. 5	1388. 5	174. 3	104. 7	7. 6	4. 1
工业	**Industry**									
主要工业产品产量	Output of Major Industrial Products									
原　煤(亿吨)	Coal (100 million tons)	6. 2	13. 8	39. 7	38. 7	626. 8	279. 9	97. 5	5. 2	7. 6
原　油(万吨)	Crude Oil (10 000 tons)	10405. 0	16300. 0	20991. 9	21142. 9	203. 2	129. 7	100. 7	2. 0	1. 9
天然气(亿立方米)	Natural Gas (100 million cu. m)	137. 3	272. 0	1208. 6	1301. 6	948. 0	478. 5	107. 7	6. 4	11. 8
水　泥(亿吨)	Cement (100 million tons)	0. 7	6. 0	24. 2	24. 9	3819. 9	417. 4	103. 0	10. 6	10. 7
粗　钢(万吨)	Crude Steel (10 000 tons)	3178. 0	12850. 0	81313. 9	82230. 6	2587. 5	639. 9	101. 1	9. 5	14. 2
钢　材(万吨)	Rolled Steel (10 000 tons)	2208. 0	13146. 0	108200. 5	112513. 1	5095. 7	855. 9	104. 0	11. 5	16. 6
汽　车(万辆)	Motor Vehicles (10 000 sets)	14. 9	207. 0	2212. 1	2372. 5	15912. 3	1146. 1	107. 3	15. 1	19. 0
发电机组(万千瓦)	Power Generation Equipment (10 000 kw)	483. 8	1249. 0	14197. 7	15053. 0	3111. 4	1205. 2	106. 0	10. 0	19. 5
金属切削机床(万台)	Metal-cutting Machine Tools (10 000 sets)	18. 3	17. 7	87. 6	85. 8	468. 3	485. 8	98. 0	4. 4	12. 0
发电量(亿千瓦小时)	Electricity (100 million kwh)	2566. 0	13556. 0	54316. 4	56495. 8	2201. 7	416. 8	104. 0	9. 0	10. 7
规模以上工业企业主要指标(亿元)	Principal Indicators of Industrial Enterprises above Designated Size (100 million yuan)									
资产总计	Total Assets		126211	870751	956777		758. 1	109. 9		15. 6

续表Continued

指标	Item	总量指标 Aggregate Data				指数(%) Index (%) (2014 为以下各年) (2014 as Percentage of the Following Years)			平均增长速度(%) Average Annual Growth Rate (%)	
		1978	2000	2013	2014	1978	2000	2013	1979—2014	2001—2014
主营业务收入	Revenue from Principal Business		84152	1038659	1107033		1315. 5	106. 6		20. 2
利润总额	Total Profits		4393	68379	68155		1551. 3	99. 7		21. 6
建筑业	**Construction**									
建筑业总产值(亿元)	Gross Output Value of Construction (100 million yuan)		12498	160366	176713		1414. 0	110. 2		20. 8
房地产业	**Real Estate**									
房地产企业房屋施工面积(万平方米)	Floor Space of Buildings under Construction(10 000 sq. m)		65897	665572	726482		1102. 5	109. 2		18. 7
房地产企业房屋竣工面积(万平方米)	Floor Space of Buildings Completed (10 000 sq. m)		25105	101435	107459		428. 0	105. 9		10. 9
房地产企业商品房销售面积(万平方米)	Floor Space of Commercialized Buildings Sold (10 000 sq. m)		18637	130551	120649		647. 4	92. 4		14. 3
#住宅	Residential Buildings		16570	115723	105188		634. 8	90. 9		14. 1
房地产企业商品房销售额(亿元)	Total Sale of Commercialized Buildings (100 million yuan)		3935	81428	76292		1938. 6	93. 7		23. 6
#住宅	Residential Buildings		3229	67695	62411		1933. 1	92. 2		23. 6
批发、零售和旅游业	**Wholesale, Retail Sales and Tourism**									
社会消费品零售总额(亿元)	Total Retail Sales of Consumer Goods (100 million yuan)	1559	39106	242843	271896	17444. 9	695. 3	112. 0	15. 4	14. 9
外国入境旅客(万人次)	Number of Tourists (Oversea Visitors) (10 000 person-times)	23	1016	2629	2636	11461. 2	259. 4	100. 3	14. 1	7. 0
国内旅客(亿人次)	Number of Tourists (Domestic Visitors) (10 000 person-times)		7. 44	32. 62	36. 11		485. 3	110. 7		11. 9
国际旅游收入(亿美元)	Foreign Exchange Earnings from International Tourism (USD 100 million)	2. 6	162. 2	516. 6	569. 1	21639. 9	350. 8	110. 2	16. 1	9. 4
国内旅游总花费(亿元)	Earnings from Domestic Tourism (100 million yuan)		3175. 5	26276. 1	30311. 9		954. 5	115. 4		17. 5
交通运输业	**Transport**									
客运量(万人)	Passenger Traffic (10 000 persons)	253993	1478573	2122992	2209391			104. 1	6. 2	2. 9
铁　路	Railways	81491	105073	210597	235704	289. 2	224. 3	111. 9	3. 0	5. 9

续表Continued

指标	Item	总量指标 Aggregate Data				指数(%) Index (%) (2014 为以下各年) (2014 as Percentage of the Following Years)			平均增长速度(%) Average Annual Growth Rate (%)	
		1978	2000	2013	2014	1978	2000	2013	1979—2014	2001—2014
公　路	Highways	149229	1347392	1853463	1908198			103. 0	7. 3	2. 5
水　运	Waterways	23042	19386	23535	26293	114. 1	135. 6	111. 7	0. 4	2. 2
民　航	Civil Aviation	231	6722	35397	39195	16967. 5	583. 1	110. 7	15. 3	13. 4
货运量(万吨)	Freight Traffic (10 000 tons)	319431	1358682	4098900	4386800	1373. 3	322. 9	107. 0	7. 5	8. 7
铁　路	Railways	110119	178581	396697	381334	346. 3	213. 5	96. 1	3. 5	5. 6
公　路	Highways	151602	1038813	3076648	3332838	2198. 4	320. 8	108. 3	9. 0	8. 7
水　运	Waterways	47357	122391	559785	598283	1263. 3	488. 8	106. 9	7. 3	12. 0
民　航	Civil Aviation	6	197	561	594	9282. 8	302. 0	105. 9	13. 4	8. 2
管　道	Pipelines	10347	18700	65209	73752	712. 8	394. 4	113. 1	5. 6	10. 3
沿海规模以上港口货物吞吐量(万吨)	Volume of Freight Handled at Coastal Ports above Designated Size (10 000 tons)	19834	125603	728098	769557	3880. 0	612. 7	105. 7	10. 7	13. 8
民用汽车拥有量(万辆)	Possession of Civil Motor Vehicles (10 000 sets)	135. 8	1608. 9	12670. 1	14598. 1	10746. 5	907. 3	115. 2	13. 9	17. 1
#私人汽车	Private Vehicles		625. 3	10501. 7	12339. 4		1973. 3	117. 5		23. 7
邮政、电信和信息软件业	**Postal, Telecommunication & Information Services**									
邮电业务总量(亿元)	Business Volume of Postal and Telecommunication Services (100 million yuan)	34. 1	4792. 7	18432. 2	21834. 4	239912. 6	1706. 5	118. 5	24. 1	22. 5
移动电话年末用户(万户)	Number of Mobile Telephone Subscribers at Year-end (10 000 accounts)		8453. 3	122911. 3	128609. 3		1521. 4	104. 6		21. 5
固定电话年末用户(万户)	Number of Fixed Telephone Subscribers at Year-end (10 000 accounts)	192. 5	14482. 9	26698. 5	24943. 0	12954. 5	172. 2	93. 4	14. 5	4. 0
局用交换机容量(万门)	Capacity of Office Telephone Exchanges (10 000 lines)	405. 9	17825. 6	41089. 3	40517. 1	9982. 5	227. 3	98. 6	13. 6	6. 0
互联网宽带接入用户(万户)	Broadband Subscribers of Internet (10 000 accounts)			18890. 9	20048. 3			106. 1		
软件业务收入(亿元)	Software Income (100 million yuan)			30587	37026			121. 1		
金融业	**Financial Intermediation**									
社会融资规模增量(万亿元)	Increment of All-system Financing Aggregates (trillion yuan)			17. 3	16. 5			95. 2		

续表Continued

指标	Item	总量指标 Aggregate Data				指数(%) Index (%) (2014 为以下各年) (2014 as Percentage of the Following Years)			平均增长速度(%) Average Annual Growth Rate (%)	
		1978	2000	2013	2014	1978	2000	2013	1979—2014	2001—2014
货币和准货币(M2)(万亿元)	Money and Quasi-Money(M2) (trillion yuan)		13. 5	110. 7	122. 8		878. 0	112. 2		16. 8
货币(M1)(万亿元)	Money(M1) (trillion yuan)		5. 3	33. 7	34. 8		643. 1	103. 2		14. 2
流通中现金(M0) (万亿元)	Currency in Circulation(M0) (trillion yuan)		1. 5	5. 9	6. 0		411. 6	102. 9		10. 6
金融机构人民币各项存款余额(万亿元)	Deposits of National Banking System (trillion yuan)	0. 1	12. 4	104. 4	113. 9	98583. 1	919. 7	109. 1	21. 1	17. 2
金融机构人民币各项贷款余额(万亿元)	Loans of National Banking System (trillion yuan)	0. 2	9. 9	71. 9	81. 7	43205. 7	821. 9	113. 6	18. 4	16. 2
股票筹资额(亿元)	Raised Capital of Listed Companies (100 million yuan)		2103	3869	7087		337. 0	183. 2		9. 1
保险公司保费金额(亿元)	Insurance Premium of Insurance Companies (100 million yuan)		1598	17222	20235		1266. 3	117. 5		19. 9
保险公司赔款及给付金额(亿元)	Claim and Payment of Insurance Companies (100 million yuan)		526	6213	7216		1371. 9	116. 1		20. 6
科学技术	**Expenditure for Science and Technology**									
研究与试验发展经费支出(亿元)	Expenditure on R&D (100 million yuan)		895. 7	11846. 6	13015. 6		1453. 1	109. 9		21. 1
发明专利授权数(万件)	Number of Patent Applications Granted (10 000 pieces)		1. 3	20. 8	23. 3		1838. 9	112. 3		23. 1
技术市场成交额(亿元)	Transaction Value in Technical Market (100 million yuan)		650. 8	7469. 0	8577. 0		1318. 0	114. 8		20. 2
教育	**Education**									
专任教师数(万人)	Full-time Teachers (10 000 persons)									
#普通高等学校	Regular Institutions of Higher Education	20. 6	46. 3	149. 7	153. 5	744. 9	331. 6	102. 5	5. 7	8. 9
普通高中	Regular Senior Secondary Schools	74. 1	75. 7	162. 9	166. 3	224. 4	219. 7	102. 1	2. 3	5. 8
初中	Junior Secondary Schools	244. 1	328. 7	348. 1	348. 8	142. 9	106. 1	100. 2	1. 0	0. 4
普通小学	Regular Primary Schools	522. 6	586. 0	558. 5	563. 4	107. 8	96. 1	100. 9	0. 2	-0. 3
在校学生数(万人)	Total Enrollment (10 000 persons)									
#普通本专科	Regular Undergraduates and College Students	85. 6	556. 1	2468. 1	2547. 7	2976. 3	458. 1	103. 2	9. 9	11. 5
普通高中	Regular Senior Secondary Schools	1553. 1	1201. 3	2435. 9	2400. 5	154. 6	199. 8	98. 5	1. 2	5. 1
普通初中	Regular Junior Secondary Schools	4995. 2	6256. 3	4440. 1	4384. 6	87. 8	70. 1	98. 8	-0. 4	-2. 5
普通小学	Regular Primary Schools	14624. 0	13013. 3	9360. 5	9451. 1	64. 6	72. 6	101. 0	-1. 2	-2. 3
教育经费支出(亿元)	Government Expenditures on Education (100 million yuan)		3849. 1	30364. 7						

续表Continued

指标	Item	总量指标 Aggregate Data				指数(%) Index (%) (2014 为以下各年) (2014 as Percentage of the Following Years)			平均增长速度(%) Average Annual Growth Rate (%)	
		1978	2000	2013	2014	1978	2000	2013	1979—2014	2001—2014
卫生	**Public Health**									
医院(个)	Hospitals (unit)	9293	16318	24709	25860	278. 3	158. 5	104. 7	2. 9	3. 3
医院床位数(万张)	Number of Beds of Hospitals (10 000 units)	110. 0	216. 7	457. 9	496. 1	451. 0	229. 0	108. 4	4. 3	6. 1
执业(助理)医师(万人)	Licensed (Assistant) Doctors (10 000 persons)	97. 8	207. 6	279. 5	289. 3	295. 7	139. 3	103. 5	3. 1	2. 4
卫生总费用(亿元)	Total Expenditure for Public Health (100 million yuan)	110. 2	4586. 6	31669. 0	35312. 4	32041. 0	769. 9	111. 5	17. 4	15. 7
文化	**Culture**									
图书出版总印数(亿册、亿张)	Number of Books Published (100 million copies)	37. 7	62. 7	83. 1	81. 8	216. 9	130. 5	98. 5	2. 2	1. 9
电视节目制作时间(万小时)	Time for TV Programs Production (10 000 hours)		58. 5	339. 8	327. 7		560. 2	96. 5		13. 1
故事影片产量(部)	Production of Feature Films (film)	46	91	638	618	1343. 5	679. 1	96. 9	7. 5	14. 7
社会保险	**Welfare and Social Insurance**									
社会保险基金收入(亿元)	Revenue of Social Insurance Fund (100 million yuan)		2645	35253	39828		1505. 8	113. 0		21. 4
社会保险基金支出(亿元)	Expenses of Social Insurance Fund (100 million yuan)		2386	27916	33003		1383. 4	118. 2		20. 6
参加城镇职工基本养老保险人数(万人)	Contributors in Urban Employees Basic Pension Insurance (10 000 persons)		13617	32218	34124		250. 6	105. 9		6. 8
参加失业保险人数(万人)	Number of Employees Joining Unemployment Insurance (10 000 persons)		10408	16417	17043		163. 7	103. 8		3. 6
参加城镇职工基本医疗保险人数(万人)	Contributors in Urban Employees Basic Medical Care Insurance (10 000 persons)		3787	27443	28296		747. 2	103. 1		15. 4

注：1. 本表价值指标除邮电业务总量按不变价格计算外，其余均按当年价格计算。邮电业务总量 2000 年及以前按 1990 年不变价格计算，2001-2010 年按 2000 年不变价格计算，2011 年起按 2010 年不变价格计算。

2. 本表速度指标中，国民总收入、国内生产总值及三次产业增加值、农林牧渔业总产值、邮电业务总量和城乡居民收入指 标均按可比价格计算，固定资产投资平均增长速度按累计法计算。

3. 2011 年起，固定资产投资除房地产投资、农村个人投资外，统计起点由 50 万元提高至 500 万元，城镇固定资产投资数据发布口径改为固定资产投资(不含农户)，即原口径的城镇固定资产投资加上农村企事业组织的项目投资。

a) Figures in value terms in this table are at current prices, except that on the business volume of postal and telecommunication 2010 constant prices. services which is at 1990 constant prices before 2000 and at 2000 constant prices since 2000. Since 2011, it was calculated at 2010 constant prices.

b) The indices and growth rates of the follow indicators are calculated at constant prices: gross national income, gross domestic product, value-added of the three strata of industry, gross output value of agriculture, forestry, animal husbandry and fishery, business volume of postal and telecommunication services, per capita income of urban and rural residents. The average annual growth rate of total investment in fixed assets is calculated at the accumulate method.

c) Since 2011, the cut-off point of projects of investment has changed from 500 000 yuan to 5 million yuan, published coverage of investment in fixed assets in urban area changed into investment in fixed assets (excluding rural households) which included investment in urban area and investment in rural enterprises(units).

《中国统计年鉴-2015》

地区生产总值和指数
Gross regional product and indices

本表绝对数按当年价格计算，指数按不变价格计算。

Level data in this table are calculated at current prices while indices at constant prices.

地　区	Region	地区生产总值(亿元) Gross Regional Product (100 million yuan)					指　数(上年=100) Indices (preceding year=100)				
		2010	2011	2012	2013	2014	2010	2011	2012	2013	2014
北　京	Beijing	14113.58	16251.93	17879.40	19800.81	21330.83	110.3	108.1	107.7	107.7	107.3
天　津	Tianjin	9224.46	11307.28	12893.88	14442.01	15726.93	117.4	116.4	113.8	112.5	110.0
河　北	Hebei	20394.26	24515.76	26575.01	28442.95	29421.15	112.2	111.3	109.6	108.2	106.5
山　西	Shanxi	9200.86	11237.55	12112.83	12665.25	12761.49	113.9	113.0	110.1	108.9	104.9
内蒙古	Inner Mongolia	11672.00	14359.88	15880.58	16916.50	17770.19	115.0	114.3	111.5	109.0	107.8
辽　宁	Liaoning	18457.27	22226.70	24846.43	27213.22	28626.58	114.2	112.2	109.5	108.7	105.8
吉　林	Jilin	8667.58	10568.83	11939.24	13046.40	13803.14	113.8	113.8	112.0	108.3	106.5
黑龙江	Heilongjiang	10368.60	12582.00	13691.58	14454.91	15039.38	112.7	112.3	110.0	108.0	105.6
上　海	Shanghai	17165.98	19195.69	20181.72	21818.15	23567.70	110.3	108.2	107.5	107.7	107.0
江　苏	Jiangsu	41425.48	49110.27	54058.22	59753.37	65088.32	112.7	111.0	110.1	109.6	108.7
浙　江	Zhejiang	27722.31	32318.85	34665.33	37756.58	40173.03	111.9	109.0	108.0	108.2	107.6
安　徽	Anhui	12359.33	15300.65	17212.05	19229.34	20848.75	114.6	113.5	112.1	110.4	109.2
福　建	Fujian	14737.12	17560.18	19701.78	21868.49	24055.76	113.9	112.3	111.4	111.0	109.9
江　西	Jiangxi	9451.26	11702.82	12948.88	14410.19	15714.63	114.0	112.5	111.0	110.1	109.7
山　东	Shandong	39169.92	45361.85	50013.24	55230.32	59426.59	112.3	110.9	109.8	109.6	108.7
河　南	Henan	23092.36	26931.03	29599.31	32191.30	34938.24	112.5	111.9	110.1	109.0	108.9
湖　北	Hubei	15967.61	19632.26	22250.45	24791.83	27379.22	114.8	113.8	111.3	110.1	109.7
湖　南	Hunan	16037.96	19669.56	22154.23	24621.67	27037.32	114.6	112.8	111.3	110.1	109.5
广　东	Guangdong	46013.06	53210.28	57067.92	62474.79	67809.85	112.4	110.0	108.2	108.5	107.8
广　西	Guangxi	9569.85	11720.87	13035.10	14449.90	15672.89	114.2	112.3	111.3	110.2	108.5
海　南	Hainan	2064.50	2522.66	2855.54	3177.56	3500.72	116.0	112.0	109.1	109.9	108.5
重　庆	Chongqing	7925.58	10011.37	11409.60	12783.26	14262.60	117.1	116.4	113.6	112.3	110.9
四　川	Sichuan	17185.48	21026.68	23872.80	26392.07	28536.66	115.1	115.0	112.6	110.0	108.5
贵　州	Guizhou	4602.16	5701.84	6852.20	8086.86	9266.39	112.8	115.0	113.6	112.5	110.8
云　南	Yunnan	7224.18	8893.12	10309.47	11832.31	12814.59	112.3	113.7	113.0	112.1	108.1
西　藏	Tibet	507.46	605.83	701.03	815.67	920.83	112.3	112.7	111.8	112.1	110.8
陕　西	Shaanxi	10123.48	12512.30	14453.68	16205.45	17689.94	114.6	113.9	112.9	111.0	109.7
甘　肃	Gansu	4120.75	5020.37	5650.20	6330.69	6836.82	111.8	112.5	112.6	110.8	108.9
青　海	Qinghai	1350.43	1670.44	1893.54	2122.06	2303.32	115.3	113.5	112.3	110.8	109.2
宁　夏	Ningxia	1689.65	2102.21	2341.29	2577.57	2752.10	113.5	112.1	111.5	109.8	108.0
新　疆	Xinjiang	5437.47	6610.05	7505.31	8443.84	9273.46	110.6	112.0	112.0	111.0	110.0

《中国统计年鉴-2015》

居民消费水平

Household consumption expenditure

本表绝对数按当年价格计算，指数按不变价格计算。

Level in this table are calculated at current prices, while indices are calculated at constant prices.

年 份 Year	绝对数(元) Level(yuan)			城乡消费水平对比(农村居民=1) Urban/Rural Consumption Ratio(Rural Household=1)	指数(上年=100) Index(Preceding Year=100)			指数(1978=100) Index(1978=100)		
	全体居民 All Households	农村居民 Rural Household	城镇居民 Urban Household		全体居民 All Households	农村 Rural Household	城镇 Urban Household	全体居民 All Households	农村 Rural Household	城镇 Urban Household
1978	184	138	405	2.9	104.1	104.3	103.3	100.0	100.0	100.0
1980	238	178	490	2.7	109.1	108.6	107.3	116.8	115.7	110.4
1985	440	346	750	2.2	112.7	114.4	107.4	181.3	192.5	137.4
1990	831	627	1404	2.2	102.8	103.4	101.4	227.5	240.4	163.6
1995	2330	1344	4769	3.5	108.3	105.0	109.5	339.8	288.8	285.6
2000	3721	1917	6999	3.7	110.6	106.6	109.7	493.1	377.6	382.9
2001	3987	2032	7324	3.6	106.1	104.6	103.8	523.2	395.2	397.4
2002	4301	2157	7745	3.6	108.4	106.6	106.3	567.3	421.1	422.5
2003	4606	2292	8104	3.5	105.8	104.6	103.5	600.0	440.5	437.2
2004	5138	2521	8880	3.5	107.2	103.9	106.0	643.0	457.8	463.3
2005	5771	2784	9832	3.5	109.7	106.8	108.5	705.4	488.9	502.6
2006	6416	3066	10739	3.5	108.4	107.3	106.6	765.0	524.7	535.6
2007	7572	3538	12480	3.5	112.8	108.7	111.6	862.6	570.4	597.6
2008	8707	4065	14061	3.5	108.3	107.0	106.5	934.3	610.3	636.4
2009	9514	4402	15127	3.4	109.8	109.3	108.0	1026.1	666.9	687.1
2010	10919	4941	17104	3.5	109.6	107.4	107.9	1124.5	716.0	741.2
2011	13134	6187	19912	3.2	111.0	112.9	108.2	1248.6	808.6	802.1
2012	14699	6964	21861	3.1	109.1	108.9	107.2	1362.0	880.4	859.9
2013	16190	7773	23609	3.0	107.3	108.6	105.3	1462.0	955.8	905.4
2014	17806	8744	25449	2.9	107.8	110.2	105.7	1576.6	1052.9	957.3

注：1. 城乡消费水平对比没有剔除城乡价格不可比的因素。

2. 居民消费水平指按常住人口计算的人均居民消费支出。

a) The effect of price differentials between urban and rural areas has not been removed in the calculation of the urban/rural consumption ratio.

b) Household consumption level refers to per capita household consumption on the basis of usual residents.

《中国统计年鉴-2015》

分地区居民消费水平（2014年）

Household consumption expenditure by region（2014）

本表绝对数按当年价格计算，指数按不变价格计算。

Level in this table are calculated at current prices, while indices are calculated at constant prices.

地区	Region	绝对数(元) Level(yuan) 全体居民 All Households	农村居民 Rural Household	城镇居民 Urban Household	城乡消费水平对比(农村居民=1) Urban/Rural Consumption Ratio(Rural Household=1)	指数(上年=100) Index(Preceding Year=100) 全体居民 All Households	农村居民 Rural Household	城镇居民 Urban Household
北京	Beijing	36057.0	20506.0	38515.0	1.9	104.7	108.9	104.3
天津	Tianjin	28492.0	16949.0	31000.0	1.8	106.9	112.2	106.1
河北	Hebei	12171.3	7022.8	17588.7	2.5	109.4	113.2	106.2
山西	Shanxi	12622.0	7692.0	17189.0	2.2	105.0	107.2	102.4
内蒙古	Inner Mongolia	19827.0	11070.0	25885.0	2.3	108.7	108.6	107.8
辽宁	Liaoning	22260.0	12178.0	27282.0	2.2	108.7	115.7	106.6
吉林	Jilin	13663.0	7810.0	18549.0	2.4	105.5	103.6	105.6
黑龙江	Heilongjiang	15215.0	8594.0	20068.0	2.3	116.1	116.3	115.4
上海	Shanghai	43007.0	22803.0	45352.0	2.0	107.3	108.3	107.3
江苏	Jiangsu	28316.0	17780.0	34074.0	1.9	111.9	114.0	110.4
浙江	Zhejiang	26885.0	17281.0	32186.0	1.9	107.3	110.8	105.7
安徽	Anhui	12944.0	6994.0	19259.0	2.8	107.0	109.8	104.1
福建	Fujian	19099.0	11908.0	23642.0	2.0	107.9	111.1	105.9
江西	Jiangxi	12000.0	7429.0	16914.0	2.3	110.1	113.7	106.3
山东	Shandong	19184.0	11215.0	25869.0	2.3	110.1	116.1	106.6
河南	Henan	13078.0	7439.0	20111.0	2.7	108.6	113.7	104.2
湖北	Hubei	15762.0	8608.0	21854.0	2.5	110.8	111.7	108.8
湖南	Hunan	14384.0	7908.0	21227.0	2.7	109.2	111.2	106.6
广东	Guangdong	24581.7	12674.0	30216.2	2.4	108.3	113.4	106.9
广西	Guangxi	12944.0	6644.0	20518.0	3.1	107.6	112.4	103.8
海南	Hainan	12915.0	8371.0	16823.0	2.0	108.7	115.7	104.8
重庆	Chongqing	17262.0	7577.0	24000.0	3.2	111.1	113.7	108.8
四川	Sichuan	13755.0	9092.0	19318.0	2.1	108.4	110.0	106.6
贵州	Guizhou	11362.0	6620.0	18804.0	2.8	113.1	111.9	110.2
云南	Yunnan	12235.0	7116.0	19569.0	2.8	107.7	114.8	102.3
西藏	Tibet	7204.5	4497.8	15009.2	3.3	111.3	112.8	103.6
陕西	Shaanxi	14812.0	7552.0	21531.0	2.9	110.1	111.4	107.9
甘肃	Gansu	10678.0	5661.0	17925.0	3.2	110.8	107.3	109.6
青海	Qinghai	13534.0	8007.0	19252.0	2.4	109.7	113.2	106.7
宁夏	Ningxia	15193.0	8454.0	21212.0	2.5	111.7	117.7	107.7
新疆	Xinjiang	12435.0	6859.0	19176.0	2.8	107.0	113.5	102.8

《中国统计年鉴-2015》

分地区最终消费支出及构成（2014 年）

Final consumption expenditure and its composition by region（2014）

本表按当年价格计算。

Data in value terms in this table are calculated at current prices.

地区	Region	最终消费支出（亿元）Final Consumption Expenditures（100 million yuan）	居民消费支出 Household Consumption	农村居民 Rural Household	城镇居民 Urban Household	政府消费支出 Government Consumption	最终消费支出=100 Final Consumption Expenditures=100		居民消费支出=100 Household Consumption Expenditures=100	
							居民消费支出 Household Consumption	政府消费支出 Government Consumption	农村居民 Rural Household	城镇居民 Urban Household
北京	Beijing	13329.2	7691.6	597.0	7094.6	5637.6	57.7	42.3	7.8	92.2
天津	Tianjin	6253.6	4258.1	452.2	3805.9	1995.5	68.1	31.9	10.6	89.4
河北	Hebei	12539.0	8955.9	2649.6	6306.3	3583.1	71.4	28.6	29.6	70.4
山西	Shanxi	6365.6	4569.7	1339.0	3230.6	1795.9	71.8	28.2	29.3	70.7
内蒙古	Inner Mongolia	7158.2	4959.2	1132.2	3827.1	2199.0	69.3	30.7	22.8	77.2
辽宁	Liaoning	12192.7	9773.6	1777.9	7995.7	2419.1	80.2	19.8	18.2	81.8
吉林	Jilin	5408.0	3759.9	977.8	2782.1	1648.1	69.5	30.5	26.0	74.0
黑龙江	Heilongjiang	8877.3	5833.4	1393.5	4439.9	3043.9	65.7	34.3	23.9	76.1
上海	Shanghai	13858.1	10409.4	574.0	9835.4	3448.8	75.1	24.9	5.5	94.5
江苏	Jiangsu	31067.3	22510.6	4995.1	17515.5	8556.8	72.5	27.5	22.2	77.8
浙江	Zhejiang	19365.4	14794.8	3382.0	11412.8	4570.6	76.4	23.6	22.9	77.1
安徽	Anhui	10136.8	7839.2	2181.2	5658.0	2297.6	77.3	22.7	27.8	72.2
福建	Fujian	9299.3	7238.4	1747.5	5490.9	2061.0	77.8	22.2	24.1	75.9
江西	Jiangxi	7082.6	5415.6	1737.1	3678.5	1667.0	76.5	23.5	32.1	67.9
山东	Shandong	24193.1	18726.6	4994.2	13732.4	5466.5	77.4	22.6	26.7	73.3
河南	Henan	16850.1	12325.6	3891.0	8434.6	4524.5	73.1	26.9	31.6	68.4
湖北	Hubei	12562.8	9124.5	2292.1	6832.4	3438.3	72.6	27.4	25.1	74.9
湖南	Hunan	12463.1	9657.1	2727.8	6929.3	2806.0	77.5	22.5	28.2	71.8
广东	Guangdong	33920.6	26263.1	4349.3	21913.9	7657.4	77.4	22.6	16.6	83.4
广西	Guangxi	8187.7	6131.5	1718.1	4413.5	2056.1	74.9	25.1	28.0	72.0
海南	Hainan	1722.7	1161.5	348.1	813.4	561.2	67.4	32.6	30.0	70.0
重庆	Chongqing	6764.7	5145.3	926.5	4218.9	1619.3	76.1	23.9	18.0	82.0
四川	Sichuan	14529.9	11174.2	4018.1	7156.1	3355.7	76.9	23.1	36.0	64.0
贵州	Guizhou	5288.5	3982.3	1417.4	2564.8	1306.2	75.3	24.7	35.6	64.4
云南	Yunnan	8207.5	5750.9	1969.9	3781.0	2456.6	70.1	29.9	34.3	65.7
西藏	Tibet	595.2	228.8	106.1	122.7	366.4	38.4	61.6	46.4	53.6
陕西	Shaanxi	7816.1	5584.3	1368.5	4215.8	2231.8	71.4	28.6	24.5	75.5
甘肃	Gansu	4035.6	2761.8	865.2	1896.6	1273.8	68.4	31.6	31.3	68.7
青海	Qinghai	1154.4	785.8	236.4	549.4	368.6	68.1	31.9	30.1	69.9
宁夏	Ningxia	1468.6	999.5	262.4	737.1	469.1	68.1	31.9	26.3	73.7
新疆	Xinjiang	5024.5	2837.0	856.3	1980.7	2187.5	56.5	43.5	30.2	69.8

《中国统计年鉴-2015》

全国居民人均收支情况

Per capita income and consumption expenditure nationwide

单位：元(yuan)

指　标	Item	2013	2014
全国居民人均收入	**Per Capita Income Nationwide**		
可支配收入	Disposable Income	18310. 8	20167. 1
1. 工资性收入	1. Income of Wages and Salaries	10410. 8	11420. 6
2. 经营净收入	2. Net Business Income	3434. 7	3732. 0
3. 财产净收入	3. Net Income from Property	1423. 3	1587. 8
4. 转移净收入	4. Net Income from Transfer	3042. 1	3426. 8
现金可支配收入	Cash Disposable Income	17114. 6	18747. 4
1. 工资性收入	1. Income of Wages and Salaries	10348. 6	11352. 7
2. 经营净收入	2. Net Business Income	3354. 2	3571. 5
3. 财产净收入	3. Net Income from Property	526. 6	621. 8
4. 转移净收入	4. Net Income from Transfer	2885. 2	3201. 3
全国居民人均支出	**Per Capita Expenditure Nationwide**		
消费支出	Consumption Expenditure	13220. 4	14491. 4
1. 食品烟酒	1. Food, Tobacco and Liquor	4126. 7	4493. 9
2. 衣着	2. Clothing	1027. 1	1099. 3
3. 居住	3. Residence	2998. 5	3200. 5
4. 生活用品及服务	4. Household Facilities, Articles and Services	806. 5	889. 7
5. 交通通信	5. Transport and Communications	1627. 1	1869. 3
6. 教育文化娱乐	6. Education, Cultural and Recreation	1397. 7	1535. 9
7. 医疗保健	7. Health Care and Medical Services	912. 1	1044. 8
8. 其他用品及服务	8. Miscellaneous Goods and Services	324. 7	358. 0
现金消费支出	Cash Consumption Expenditure	10917. 4	11975. 7
1. 食品烟酒	1. Food, Tobacco and Liquor	3822. 8	4185. 6
2. 衣着	2. Clothing	1025. 7	1098. 6
3. 居住	3. Residence	1155. 1	1215. 7
4. 生活用品及服务	4. Household Facilities, Articles and Services	801. 8	882. 6
5. 交通通信	5. Transport and Communications	1624. 8	1866. 2
6. 教育文化娱乐	6. Education, Cultural and Recreation	1396. 5	1534. 9
7. 医疗保健	7. Health Care and Medical Services	772. 1	838. 3
8. 其他用品及服务	8. Miscellaneous Goods and Services	318. 7	353. 8

注：从2013年起，国家统计局开展了城乡一体化的住户收支与生活状况调查，与2012年及以前分别开展的城镇和农村住户调查的调查范围、调查方法、指标口径有所不同。

The NBS started an integrated household income and expenditure survey in 2013, including both urban and rural households. The coverage, methodology and definitions used in the survey are different from those used for the separate urban and rural household surveys prior to 2012.

《中国统计年鉴-2015》

城乡居民人均收入
Per capita income of urban and rural households

年 份 Year	城镇居民人均可支配收入 Per Capita Disposable Income of Urban Households		农村居民人均纯收入 Per Capita Net Income of Rural Households	
	绝对数（元） Value（yuan）	指数（1978=100） Index	绝对数（元） Value（yuan）	指数（1978=100） Index
1978	343.4	100.0	133.6	100.0
1980	477.6	127.0	191.3	139.0
1985	739.1	160.4	397.6	268.9
1990	1510.2	198.1	686.3	311.2
1991	1700.6	212.4	708.6	317.4
1992	2026.6	232.9	784.0	336.2
1993	2577.4	255.1	921.6	346.9
1994	3496.2	276.8	1221.0	364.3
1995	4283.0	290.3	1577.7	383.6
1996	4838.9	301.6	1926.1	418.1
1997	5160.3	311.9	2090.1	437.3
1998	5425.1	329.9	2162.0	456.1
1999	5854.0	360.6	2210.3	473.5
2000	6280.0	383.7	2253.4	483.4
2001	6859.6	416.3	2366.4	503.7
2002	7702.8	472.1	2475.6	527.9
2003	8472.2	514.6	2622.2	550.6
2004	9421.6	554.2	2936.4	588.0
2005	10493.0	607.4	3254.9	624.5
2006	11759.5	670.7	3587.0	670.7
2007	13785.8	752.5	4140.4	734.4
2008	15780.8	815.7	4760.6	793.2
2009	17174.7	895.4	5153.2	860.6
2010	19109.4	965.2	5919.0	954.4
2011	21809.8	1046.3	6977.3	1063.2
2012	24564.7	1146.7	7916.6	1176.9
2013	26955.1	1227.0	8895.9	1286.4
2014	29381.0	1310.5	9892.0	1404.7

注：本表1978-2012年数据来源于分别开展的城镇住户调查和农村住户调查，2013-2014年数据根据城乡一体化住户收支与生活状况调查数据按可比口径推算获得。

The data shown of the year 1978-2012 in the table are compiled on the basis of the urban and rural household surveys. And the year 2013-2014 in the table are reckoned at comparable coverage on the basis of the integrated household income and expenditure survey, including both urban and rural households.

《中国统计年鉴-2015》

全国居民分地区人均可支配收入和人均消费支出
Per capita disposable income and per capita consumption expenditure of nationwide households by region

单位：元(yuan)

地　区	Region	人均可支配收入 Per Capita Disposable Income		人均消费支出 Per Capita Consumption Expenditure	
		2013	2014	2013	2014
全　国	**National Average**	**18310. 8**	**20167. 1**	**13220. 4**	**14491. 4**
北　京	Beijing	40830. 0	44488. 6	29175. 6	31102. 9
天　津	Tianjin	26359. 2	28832. 3	20418. 7	22343. 0
河　北	Hebei	15189. 6	16647. 4	10872. 2	11931. 5
山　西	Shanxi	15119. 7	16538. 3	10118. 3	10863. 8
内蒙古	Inner Mongolia	18692. 9	20559. 3	14877. 7	16258. 1
辽　宁	Liaoning	20817. 8	22820. 2	14950. 2	16068. 0
吉　林	Jilin	15998. 1	17520. 4	12054. 3	13026. 0
黑龙江	Heilongjiang	15903. 4	17404. 4	12037. 2	12768. 8
上　海	Shanghai	42173. 6	45965. 8	30399. 9	33064. 8
江　苏	Jiangsu	24775. 5	27172. 8	17925. 8	19163. 6
浙　江	Zhejiang	29775. 0	32657. 6	20610. 1	22552. 0
安　徽	Anhui	15154. 3	16795. 5	10544. 1	11727. 0
福　建	Fujian	21217. 9	23330. 9	16176. 6	17644. 5
江　西	Jiangxi	15099. 7	16734. 2	10052. 8	11088. 9
山　东	Shandong	19008. 3	20864. 2	11896. 8	13328. 9
河　南	Henan	14203. 7	15695. 2	10002. 5	11000. 4
湖　北	Hubei	16472. 5	18283. 2	11760. 8	12928. 3
湖　南	Hunan	16004. 9	17621. 7	11945. 9	13288. 7
广　东	Guangdong	23420. 7	25685. 0	17421. 0	19205. 5
广　西	Guangxi	14082. 3	15557. 1	9596. 5	10274. 3
海　南	Hainan	15733. 3	17476. 5	11192. 9	12470. 6
重　庆	Chongqing	16568. 7	18351. 9	12600. 2	13810. 6
四　川	Sichuan	14231. 0	15749. 0	11054. 7	12368. 4
贵　州	Guizhou	11083. 1	12371. 1	8288. 0	9303. 4
云　南	Yunnan	12577. 9	13772. 2	8823. 8	9869. 5
西　藏	Tibet	9740. 4	10730. 2	6306. 8	7317. 0
陕　西	Shaanxi	14371. 5	15836. 7	11217. 3	12203. 6
甘　肃	Gansu	10954. 4	12184. 7	8943. 4	9874. 6
青　海	Qinghai	12947. 8	14374. 0	11576. 5	12604. 8
宁　夏	Ningxia	14565. 8	15906. 8	11292. 0	12484. 5
新　疆	Xinjiang	13669. 6	15096. 6	11391. 8	11903. 7

注：数据来源于国家统计局开展的城乡一体化住户收支与生活状况调查。

The data are compiled on the basis of the integrated household income and expenditure survey of the NBS, including both urban and rural households.

《中国统计年鉴-2015》

全国居民分地区人均可支配收入来源（2014 年）

Per capita disposable income of nationwide households by sources and region（2014）

单位：元（yuan）

地 区	Region	可支配收入 Disposable Income	工资性收入 Income from Wages and Salaries	经营净收入 Net Business Income	财产性收入 Income from Properties	转移性收入 Income from Transfers
全 国	**National Average**	**20167.1**	**11420.6**	**3732.0**	**1587.8**	**3426.8**
北 京	Beijing	44488.6	27554.9	1452.2	7000.9	8480.6
天 津	Tianjin	28832.3	17163.0	2875.6	2781.7	6012.0
河 北	Hebei	16647.4	9829.3	2681.4	1138.5	2998.2
山 西	Shanxi	16538.3	10168.3	2593.1	935.5	2841.4
内蒙古	Inner Mongolia	20559.3	10904.0	5104.3	1202.8	3348.3
辽 宁	Liaoning	22820.2	12082.5	4062.6	1478.2	5196.8
吉 林	Jilin	17520.4	8289.3	4835.1	754.2	3641.8
黑龙江	Heilongjiang	17404.4	8794.9	4208.9	973.1	3427.5
上 海	Shanghai	45965.8	28752.5	1376.4	6504.1	9332.8
江 苏	Jiangsu	27172.8	15706.7	4421.3	2299.9	4744.8
浙 江	Zhejiang	32657.6	19068.8	5958.9	3586.2	4043.6
安 徽	Anhui	16795.5	9068.5	3937.9	904.5	2884.7
福 建	Fujian	23330.9	13658.5	4593.2	2238.6	2840.5
江 西	Jiangxi	16734.2	9386.1	3106.3	1242.7	2999.1
山 东	Shandong	20864.2	12044.4	4708.3	1314.9	2796.7
河 南	Henan	15695.2	7963.0	3854.1	863.2	3014.9
湖 北	Hubei	18283.2	9094.2	4216.0	1079.4	3893.5
湖 南	Hunan	17621.7	8930.8	3605.8	1293.6	3791.4
广 东	Guangdong	25685.0	18439.3	3458.1	2376.2	1411.3
广 西	Guangxi	15557.1	7305.0	3782.7	1003.9	3465.5
海 南	Hainan	17476.5	9854.2	3929.9	1253.9	2438.5
重 庆	Chongqing	18351.9	9888.7	2981.0	1256.2	4225.9
四 川	Sichuan	15749.0	7932.1	3459.1	918.5	3439.4
贵 州	Guizhou	12371.1	6336.2	2833.1	672.5	2529.2
云 南	Yunnan	13772.2	6309.0	3743.4	1450.0	2269.8
西 藏	Tibet	10730.2	5212.8	3503.8	453.6	1560.0
陕 西	Shaanxi	15836.7	8848.9	2404.4	1033.4	3550.1
甘 肃	Gansu	12184.7	6414.6	2346.3	872.2	2551.6
青 海	Qinghai	14374.0	8291.7	2397.4	699.3	2985.6
宁 夏	Ningxia	15906.8	9612.7	3161.0	589.9	2543.2
新 疆	Xinjiang	15096.6	7810.1	3997.2	673.6	2615.8

《中国统计年鉴-2015》

全国居民分地区人均消费支出（2014 年）

Per capita consumption expenditure of nationwide households by region（2014）

单位：元（yuan）

地区	Region	消费支出 Consumption Expenditure	食品烟酒 Food, Tobacco and Liquor	衣着 Clothing	居住 Residence	生活用品及服务 Household Facilities Articles and Services	交通通信 Transport and Communications	教育文化娱乐 Education, Culture and Recreation	医疗保健 Health Care and Medical Services	其他用品及服务 Miscellaneous Goods and Services
全　国	**National Average**	**14491.4**	**4493.9**	**1099.3**	**3200.5**	**889.7**	**1869.3**	**1535.9**	**1044.8**	**358.0**
北　京	Beijing	31102.9	7467.8	2359.8	9497.7	2041.4	3578.6	3268.3	1914.2	975.2
天　津	Tianjin	22343.0	7376.6	1859.3	4873.0	1295.5	2904.7	1833.8	1584.5	615.5
河　北	Hebei	11931.5	3263.7	971.8	2727.7	773.6	1749.3	1144.5	1027.5	273.5
山　西	Shanxi	10863.8	2940.5	1084.8	2198.8	619.4	1214.7	1484.6	1008.6	312.4
内蒙古	Inner Mongolia	16258.1	4746.4	1688.0	2795.2	1008.9	2405.1	1813.2	1319.7	481.5
辽　宁	Liaoning	16068.0	4554.8	1477.8	3400.5	918.7	1949.7	1834.4	1419.2	512.9
吉　林	Jilin	13026.0	3531.6	1228.9	2561.3	689.5	1636.3	1550.8	1458.0	369.6
黑龙江	Heilongjiang	12768.8	3537.9	1292.8	2689.6	670.9	1588.4	1406.8	1258.3	324.1
上　海	Shanghai	33064.8	9011.6	1613.0	10789.1	1531.6	3596.5	3311.4	2223.9	987.6
江　苏	Jiangsu	19163.6	5591.7	1385.2	4126.7	1107.2	2869.3	2238.2	1331.3	514.0
浙　江	Zhejiang	22552.0	6569.2	1587.1	5577.2	1117.7	3670.6	2169.0	1358.2	503.1
安　徽	Anhui	11727.0	4003.1	870.3	2541.8	694.2	1324.9	1157.3	870.0	265.3
福　建	Fujian	17644.5	6081.9	1097.5	4278.5	1032.3	2067.0	1667.2	926.8	493.1
江　西	Jiangxi	11088.9	3785.8	853.4	2576.6	679.3	1164.3	1151.1	635.0	243.4
山　东	Shandong	13328.9	3932.3	1168.9	2825.8	993.6	1821.9	1303.0	989.6	293.7
河　南	Henan	11000.4	3202.4	1111.8	2208.6	875.1	1225.5	1160.8	929.0	287.1
湖　北	Hubei	12928.3	4139.7	1009.7	2810.2	813.4	1339.8	1479.8	1056.2	279.3
湖　南	Hunan	13288.7	4240.5	914.1	2708.4	796.9	1600.2	1764.9	972.2	291.4
广　东	Guangdong	19205.5	6589.8	1014.6	4300.2	1116.5	2795.1	1965.0	890.5	533.9
广　西	Guangxi	10274.3	3680.1	460.5	2341.5	614.0	1198.3	1115.3	679.3	185.3
海　南	Hainan	12470.6	4915.0	549.9	2558.2	686.0	1437.4	1358.4	716.8	248.8
重　庆	Chongqing	13810.6	4971.9	1275.9	2554.4	978.8	1476.2	1319.3	966.1	268.1
四　川	Sichuan	12368.4	4548.2	974.3	2217.3	879.6	1437.0	1061.0	964.5	286.5
贵　州	Guizhou	9303.4	3151.9	666.3	1826.9	619.1	1080.4	1222.0	572.0	164.7
云　南	Yunnan	9869.5	3211.5	567.0	2018.5	568.4	1513.6	1096.7	739.4	154.4
西　藏	Tibet	7317.0	3370.2	733.7	1311.5	399.7	796.0	266.7	197.6	241.5
陕　西	Shaanxi	12203.6	3405.1	944.6	2585.8	796.2	1535.4	1500.4	1178.2	257.9
甘　肃	Gansu	9874.6	3218.2	884.2	2015.0	652.1	1072.2	1092.4	737.2	203.3
青　海	Qinghai	12604.8	3854.4	1153.0	2374.5	733.5	1790.1	1293.0	1071.2	335.0
宁　夏	Ningxia	12484.5	3555.6	1170.0	2214.4	797.9	1763.5	1416.4	1239.9	326.7
新　疆	Xinjiang	11903.7	3855.0	1205.6	2226.4	669.2	1624.5	1102.2	978.3	242.4

《中国统计年鉴-2015》

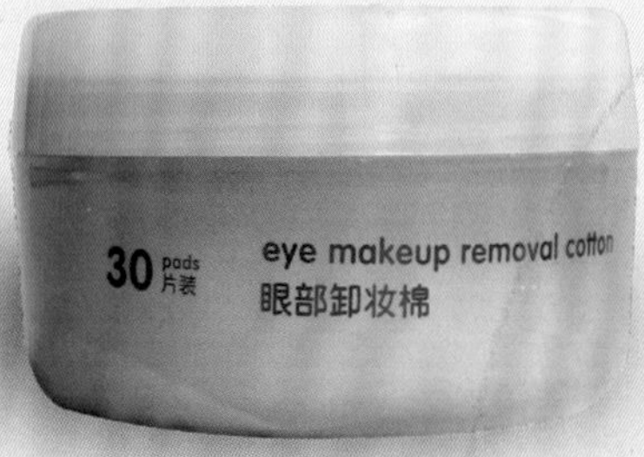